손에 잡히는
데이터 통신

한빛아카데미
Hanbit Academy, Inc.

지은이 **임석구** sklim@bu.ac.kr

한국항공대학교 전자공학과를 졸업했습니다. 서울대학교에서 전자공학 석사 학위를 취득했으며, LG 중앙연구소, 한국전자통신연구원에서 근무했습니다. 한국항공대학교에서 전자공학 박사 학위를 취득한 후 현재는 백석대학교 컴퓨터공학부 교수로 재직 중입니다.

주요 저서 및 공저로 『IT CookBook, 최신 컴퓨터 구조』(한빛아카데미, 2019), 『IT CookBook, 디지털 논리회로(4판)』(한빛아카데미, 2021), 『IT CookBook, 처음 만나는 디지털 논리회로』(한빛아카데미, 2016), 『IT CookBook, 디지털 논리회로 실험(2판)』(한빛아카데미, 2021), 『IT CookBook, C 언어로 배우는 8051 마이크로프로세서』(한빛아카데미, 2010), 『IT CookBook, 어셈블러로 배우는 마이크로프로세서』(한빛미디어, 2006), 『순서도 for C』(정익사, 2013), 『공업수학』(대영사, 2006), 『고등학교 디지털 논리회로』(서울교과서, 2018) 등이 있습니다. 관심 연구 분야는 정보 통신 네트워크, 이동 통신 시스템, 임베디드 시스템 등입니다. 주요 강의 과목은 논리회로, 마이크로프로세서, 데이터 통신, 센서 공학, 자동제어, IoT 응용제어 등입니다.

손에 잡히는 데이터 통신

초판발행 2021년 1월 23일
3쇄발행 2024년 3월 11일

지은이 임석구 / **펴낸이** 전태호
펴낸곳 한빛아카데미㈜ / **주소** 서울시 서대문구 연희로2길 62 한빛아카데미㈜ 2층
전화 02-336-7112 / **팩스** 02-336-7199
등록 2013년 1월 14일 제2017-000063호 / **ISBN** 979-11-5664-528-3 93000

총괄 박현진 / **책임편집** 유경희 / **기획·편집** 유경희 / **교정** 박정수 / **진행** 정지윤
디자인 표지 이아란, 내지 박정화 / **전산편집** 김정하 / **제작** 박성우, 김정우
영업 김태진, 김성삼, 이정훈, 임현기, 이성훈, 김주성 / **마케팅** 길진철, 김호철, 심지연

이 책에 대한 의견이나 오탈자 및 잘못된 내용에 대한 수정 정보는 아래 이메일로 알려주십시오.
잘못된 책은 구입하신 서점에서 교환해 드립니다. 책값은 뒤표지에 표시되어 있습니다.
홈페이지 www.hanbit.co.kr / 이메일 question@hanbit.co.kr

Published by HANBIT Academy, Inc. Printed in Korea

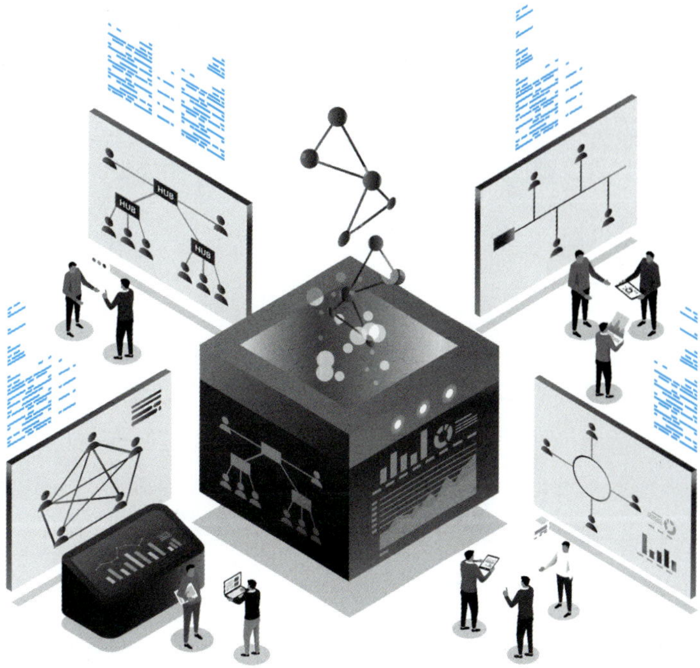

손에 잡히는

데이터 통신

임석구 지음

한빛아카데미
Hanbit Academy, Inc.

인생에서 실패한 사람 중 다수는 성공을 목전에 두고도 모른 채 포기한 이들이다.

– 토머스 에디슨Thomas A. Edison

코로나19 사태 이후 우리나라는 정보 통신 기술 기반의 원격 교육, 재택 근무 등 비대면 활동을 특징으로 한 뉴노멀 시대에 진입하면서, 4차 산업혁명이 급속하게 진행되고 있습니다. 특히 5G 네트워크 기술은 스마트 시티, 스마트 오피스, 스마트 홈, 스마트 팩토리, 커넥티드 카, 실감 미디어, 관광, 물류 · 유통, 재난 관리 등 모든 산업을 변화시키고 있습니다. 현재 5G의 핵심인 모바일 에지 컴퓨팅(MEC), 즉 단말 기기와 서비스를 제공하는 서버 간에 데이터가 오가는 전송 구간을 줄이는 기술 공략이 한창 진행 중입니다.

데이터 통신은 전기 신호의 표현과 변환 같은 데이터 통신에 대한 기본 사항을 바탕으로 전송 매체, 교환, 공중망의 개념, 오류 검출과 정정, 링크 제어, 라우팅 등 통신망을 구성하는 물리 계층, 데이터링크 계층 그리고 네트워크 계층의 기본 기능을 학습하는 과목입니다. 인터넷 표준 프로토콜인 TCP/IP와 차세대 모바일 네트워크인 5G의 개념과 구성 요소, 동작 원리를 이해하기 위해 가장 기본이 되는 개념을 다룹니다.

근래에 데이터 통신과 컴퓨터 네트워크 기술을 요구하는 전문 직종의 수가 급속하게 늘고 있습니다. 그러나 해당 기술 범위가 워낙 광범위하여 이 분야에 입문하려는 학생들이 많이 어려워하고 있는 실정입니다.

필자는 데이터 통신과 컴퓨터 네트워크 분야에 입문하려는 학생들뿐만 아니라 이 분야에 종사하는 사람들에게 정보 통신에 대한 전체적인 기본기를 다질 수 있는 책이 필요함을 절감하고, 이들에게 어떤 도움을 줄 수 있을지 고민해왔습니다. 그 결과, 지난 수 년간 대학에서 강의한 내용을 정리하고 보충하여 한 권의 책으로 출간하게 되었습니다.

이 책의 구성과 특징을 소개하면 다음과 같습니다.

- 데이터 통신의 기본 개념을 소개하고, 컴퓨터 네트워크의 기초인 OSI 참조 모델을 기반으로 근거리 통신망(LAN), 광역 통신망(WAN), 인터넷과 TCP/IP 프로토콜, 이동 통신망에 이르기까지 정보 통신 분야에 관한 광범위한 내용을 가능한 쉽게 설명하려고 노력하였습니다.
- 눈으로 직접 확인할 수 있는 실습과 달리 이론은 독자 스스로 이해했다고 확신하기 어렵습니다. 이런 점을 고려하여, 풍부한 그림과 예제를 실어 실제로 데이터가 오가는 원리를 보여주고자 했습니다.
- 각 장의 연습문제를 객관식, 단답형, 주관식 문제로 풍부하고 다양하게 구성하였습니다. 객관식 문제는 최근 10년 동안 출제된 각종 기사 문제들을 선별 · 수록하여 자격증 시험의 출제 경향을 분석하면서 정리할 수 있게 하였습니다. 아울러 주관식 문제는 심도 있는 내용을 접할 수 있도록 구성하였습니다. 본문에서 연습문제를 푸는 데 필요한 내용들을 최대한 쉽게 설명해두었으므로, 기사 및 산업기사를 대비한 수험서로도 충분히 활용할 수 있으리라 생각합니다.

책을 쓰는 동안, 독자 입장에서 쉽게 이해하며 학습할 수 있도록 최대한 노력했습니다. 그러나 뜻하지 않은 오류도 있을 것입니다. 이를 계속 수정 · 보완하여 좀 더 유익한 책이 되도록 노력할 것을 약속합니다. 모쪼록 이 책이 학생들에게 많은 도움이 되길 바랍니다.

끝으로 책을 집필하는 데 도움을 받은 여러 참고문헌의 저자에게 감사드리며, 책을 출판하기까지 많은 도움을 준 한빛아카데미㈜ 관계자들께도 감사드립니다.

저자 **임석구**

- **강의 보조 자료** 한빛아카데미 홈페이지에서 '교수회원'으로 가입하신 분은 인증 후 교수용 강의 보조 자료를 제공받을 수 있습니다. 한빛아카데미 홈페이지 상단의 〈교수전용공간〉 메뉴를 클릭하세요.
http://www.hanbit.co.kr/academy

- **연습문제 해답 안내** 본 도서는 대학 강의용 교재로 개발되었으므로 연습문제 해답은 제공하지 않습니다. 단, 객관식 문제 해답은 본문에서 함께 제공합니다.

- **구성**

❶ **데이터 통신 및 OSI 참조 모델(1~2장)** 데이터 통신에 대한 전반적인 이해를 돕기 위해 데이터 통신의 기본 개념 및 구성 요소, OSI 참조 모델에 대해 개략적으로 설명합니다.

❷ **신호 및 신호 변환(3~4장)** 전송 매체로 전달되는 신호의 특성을 살펴보고, 데이터를 신호로 변환하는 과정을 알아봅니다. 전송 매체의 채널 용량과 전송 손상에 대해서도 살펴봅니다.

❸ **데이터 통신의 기초 및 전송 매체(5~6장)** 데이터 통신의 기초인 통신 회선의 접속 방식, 이용 방식, 전송 방식에 대해 알아봅니다. 그리고 물리 인터페이스 규격, 네트워크 토폴로지, 전송 매체의 특성도 알아봅니다.

❹ **다중화(7장)** 네트워크 자원의 효율성을 위한 핵심 기술인 FDM, TDM, CDM에 대해 알아봅니다. 그리고 다중화 기술의 응용 및 확장 형태인 SONET/SDH와 WDM에 대해서도 알아봅니다.

❺ **데이터링크 제어 및 프로토콜(8~9장)** 데이터링크 제어의 핵심 기술인 흐름 제어와 오류 제어 기술을 설명합니다. 그리고 대표적인 데이터링크 프로토콜인 HDLC와 이의 응용인 PPP에 대해서도 알아봅니다.

❻ **LAN 기술 및 WAN 기술(10~11장)** CSMA/CD, 토큰 제어, 고속 LAN, 무선 LAN, WPAN에 대해 알아봅니다. 그리고 PSTN, PSDN, ISDN, 이동통신망에 대해서도 알아봅니다.

❼ **인터넷 및 TCP/IP(12~13장)** 인터네트워킹 장비의 종류 및 주소 체계, 라우팅 알고리즘에 대해 알아봅니다. 그리고 인터넷의 표준 프로토콜인 TCP/IP에 대해서도 알아봅니다.

•구성 요소

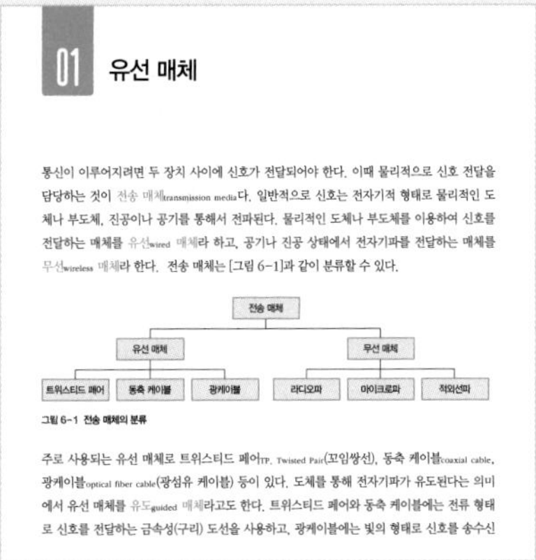

01 유선 매체

통신이 이루어지려면 두 장치 사이에 신호가 전달되어야 한다. 이때 물리적으로 신호 전달을 담당하는 것이 전송 매체transmission media다. 일반적으로 신호는 전자기적 형태로 물리적인 도체나 부도체, 진공이나 공기를 통해서 전파된다. 물리적인 도체나 부도체를 이용하여 신호를 전달하는 매체를 유선wired 매체라 하고, 공기나 진공 상태에서 전자기파를 전달하는 매체를 무선wireless 매체라 한다. 전송 매체는 [그림 6-1]과 같이 분류할 수 있다.

그림 6-1 전송 매체의 분류

주로 사용되는 유선 매체로 트위스티드 페어TP, Twisted Pair(꼬임쌍선), 동축 케이블coaxial cable, 광케이블optical fiber cable(광섬유 케이블) 등이 있다. 도체를 통해 전자기파가 유도된다는 의미에서 유선 매체를 유도guided 매체라고도 한다. 트위스티드 페어와 동축 케이블에는 전류 형태로 신호를 전달하는 금속성(구리) 도선을 사용하고, 광케이블에는 빛의 형태로 신호를 송수신

|본문|

주요 개념 간의 관계를 그림과 함께 보여주어, 쉽게 이해할 수 있게 구성했습니다.

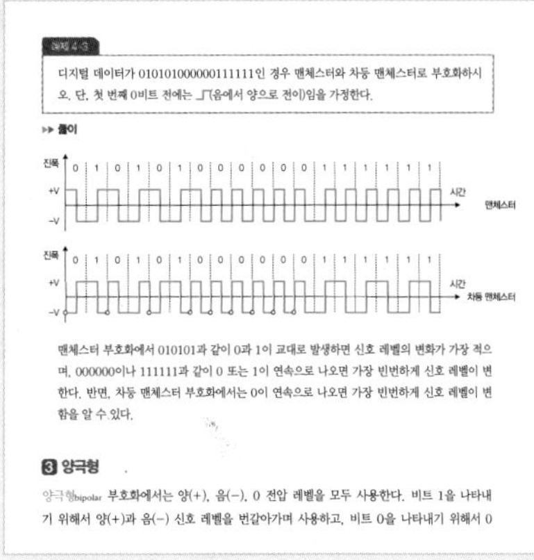

디지털 데이터가 010101000000111111인 경우 맨체스터와 차등 맨체스터로 부호화하시오. 단, 첫 번째 0비트 전에는 ⎍(음에서 양으로 전이)임을 가정한다.

▶▶ 풀이

맨체스터 부호화에서 010101과 같이 0과 1이 교대로 발생하면 신호 레벨의 변화가 가장 적으며, 000000이나 111111과 같이 0 또는 1이 연속으로 나오면 가장 빈번하게 신호 레벨이 변한다. 반면, 차등 맨체스터 부호화에서는 0이 연속으로 나오면 가장 빈번하게 신호 레벨이 변함을 알 수 있다.

3 양극형

양극형bipolar 부호화에서는 양(+), 음(−), 0 전압 레벨을 모두 사용한다. 비트 1을 나타내기 위해서 양(+)과 음(−) 신호 레벨을 번갈아가며 사용하고, 비트 0을 나타내기 위해서 0

|예제|

문제와 풀이로 구성된 예제를 통해 개념을 더 탄탄하게 다질 수 있게 하였습니다.

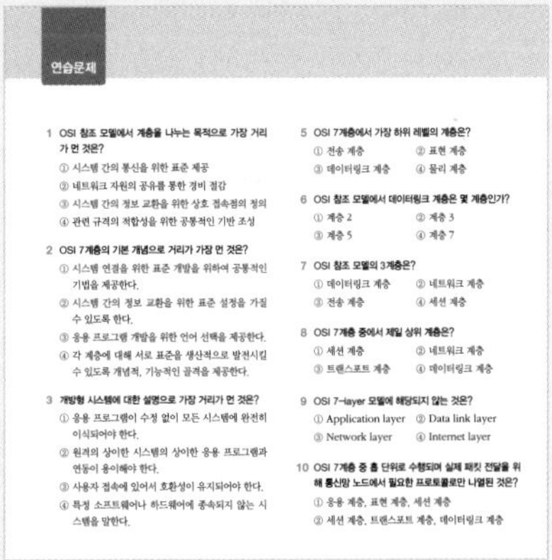

연습문제

1 OSI 참조 모델에서 계층을 나누는 목적으로 가장 거리가 먼 것은?
① 시스템 간의 통신을 위한 표준 제공
② 네트워크 자원의 공유를 통한 경비 절감
③ 시스템 간의 정보 교환을 위한 상호 접속점의 정의
④ 관련 규격의 적합성을 위한 공통적인 기반 조성

2 OSI 7계층의 기본 개념으로 거리가 가장 먼 것은?
① 시스템 연결을 위한 표준 개발을 위하여 공통적인 기법을 제공한다.
② 시스템 간의 정보 교환을 위한 표준 설정을 가질 수 있도록 한다.
③ 응용 프로그램 개발을 위한 언어 선택을 제공한다.
④ 각 계층에 대해 서로 표준을 생산적으로 발전시킬 수 있도록 개념적, 기능적인 골격을 제공한다.

3 개방형 시스템에 대한 설명으로 가장 거리가 먼 것은?
① 응용 프로그램이 수정 없이 모든 시스템에 완전히 이식되어야 한다.
② 원격의 상이한 시스템의 상이한 응용 프로그램과 연동이 용이해야 한다.
③ 사용자 접속에 있어서 호환성이 유지되어야 한다.
④ 특정 소프트웨어나 하드웨어에 종속되지 않는 시스템을 말한다.

5 OSI 7계층에서 가장 하위 레벨의 계층은?
① 전송 계층 ② 표현 계층
③ 데이터링크 계층 ④ 물리 계층

6 OSI 참조 모델에서 데이터링크 계층은 몇 계층인가?
① 계층 2 ② 계층 3
③ 계층 5 ④ 계층 7

7 OSI 참조 모델의 3계층은?
① 데이터링크 계층 ② 네트워크 계층
③ 전송 계층 ④ 세션 계층

8 OSI 7계층 중에서 제일 상위 계층은?
① 세션 계층 ② 네트워크 계층
③ 트랜스포트 계층 ④ 데이터링크 계층

9 OSI 7-layer 모델에 해당되지 않는 것은?
① Application layer ② Data link layer
③ Network layer ④ Internet layer

10 OSI 7계층 중 홉 단위로 수행되어 실제 패킷 전달을 위해 통신망 노드에서 필요한 프로토콜로만 나열된 것은?
① 응용 계층, 표현 계층, 세션 계층
② 세션 계층, 트랜스포트 계층, 데이터링크 계층

|연습문제|

객관식, 단답형, 주관식 문제로 구성했습니다. 객관식 문제는 최근 10년간 출제된 각종 기사, 산업기사 시험 문제로 출제 경향을 살펴볼 수 있게 하였습니다. 단답형과 주관식 문제는 심도 있는 내용으로 구성하였습니다.

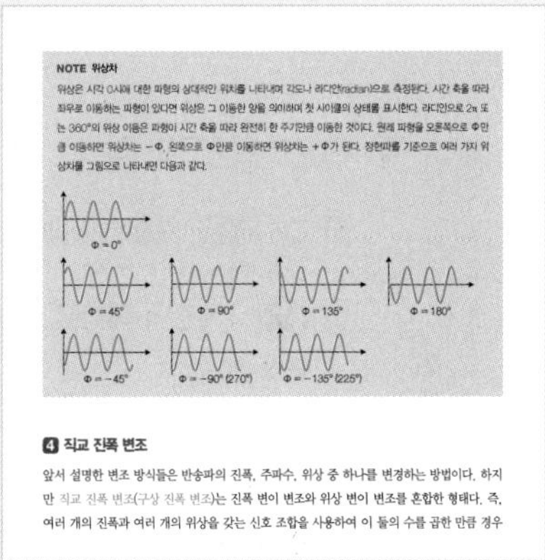

NOTE 위상차

위상은 시각 0시에 대한 파형의 상대적인 위치를 나타내며 각도나 라디안(radian)으로 측정된다. 시간 축을 따라 좌우로 이동하는 파형이 있다면 위상은 그 이동한 양을 의미하며 첫 사이클의 상태를 표시한다. 라디안으로 2π 또는 360°의 위상 이동은 파형이 시간 축을 따라 완전히 한 주기만큼 이동한 것이다. 원래 파형을 오른쪽으로 Φ만큼 이동하면 위상차는 −Φ, 왼쪽으로 Φ만큼 이동하면 위상차는 +Φ가 된다. 정현파를 기준으로 여러 가지 위상차를 그림으로 나타내면 다음과 같다.

4 직교 진폭 변조

앞서 설명한 변조 방식들은 반송파의 진폭, 주파수, 위상 중 하나를 변경하는 방법이다. 하지만 직교 진폭 변조(구상 진폭 변조)는 진폭 변이 변조와 위상 변이 변조를 혼합한 형태다. 즉, 여러 개의 진폭과 여러 개의 위상을 갖는 신호 조합을 사용하여 이 둘의 수를 곱한 만큼 경우

|NOTE|

본문과 관련된 개념이나 보충할 내용을 실어, 본문을 더 깊이 이해할 수 있게 하였습니다.

차례

Chapter 03 신호

Chapter 04 신호 변환

Chapter 09 데이터링크 프로토콜

Chapter 10 LAN 기술

Chapter 13 TCP/IP

CHAPTER 01
데이터 통신 개요

학습목표

- 데이터 통신에 대해 설명할 수 있다.
- 데이터 통신 시스템에 대해 설명할 수 있다.
- LAN과 WAN의 차이를 설명할 수 있다.
- 프로토콜의 주요 요소와 기능을 설명할 수 있다.
- 표준화 기구에 대해 설명할 수 있다.

01 데이터 통신의 개념과 역사

1 데이터 통신의 개념

데이터 통신을 이해하려면 먼저 데이터와 정보의 개념을 살펴볼 필요가 있다. 데이터data는 현실 세계에서 단순한 관찰 또는 측정을 통해 수집한 사실이나 값을 문자, 숫자, 기호 등으로 표현한 것이다. 컴퓨터 시스템에서는 0과 1로 이루어진 2진 형태의 디지털 데이터를 말한다. 정보information는 데이터를 가공 · 처리하여 가치와 의미를 부여한 것이다. [그림 1-1]에 데이터와 정보의 관계를 나타냈다.

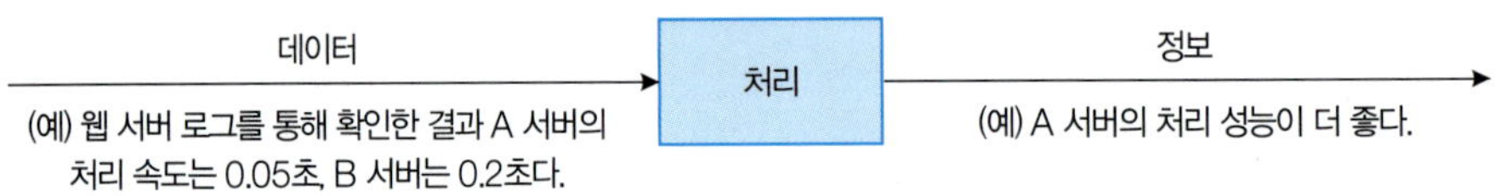

그림 1-1 데이터와 정보

통신communication은 정보 공유를 의미하는 라틴어 'communicare'에서 파생된 단어로, 이는 정보를 표현하고 변환하고 전달하는 전 과정을 포함한다. 그러므로 통신은 두 사람(장치) 이상의 정보 공유를 위해 정해진 규칙(프로토콜)에 따라 한 지점에서 다른 지점으로 정보를 전달하는 과정으로 정의할 수 있다.

데이터와 통신의 개념을 사용해 데이터 통신data communication을 정의하면, 컴퓨터 같이 통신 기능이 있는 둘 이상의 통신 장치communication device 사이에서 전송 매체를 통하여 정해진 규칙에 따라 데이터로 표현된 정보를 교환하는 과정이다. 이는 다음과 같이 간단히 표현된다.

데이터 통신 = 데이터 처리 + 데이터 전송

데이터 통신이 이루어지려면 컴퓨터와 같은 데이터 처리 장치가 정보 전송 및 교환 장치 등과 함께 연결된 데이터 통신 네트워크data communication network가 필요하다. 데이터 통신 네트워크는 지리적으로 분산된 여러 정보원에 정보를 전송하고 이를 공유하기 위해서 설계된 상호 연결 시스템이다. 데이터 통신 네트워크는 컴퓨터 네트워크computer network라고도 하며 간단히 네트워크network라고도 한다. 이처럼 데이터 통신은 데이터 처리 장치는 물론 전송 및 교환 장치 등이 상호 연결된 네트워크 시스템을 통해 이루어진다.

최근에는 컴퓨터 기술, 통신 기술, 컴퓨터 기술과 통신 기술을 결합하여 만든 새로운 기술까지 모두 포함한 정보 통신information communication이란 용어도 많이 사용한다.

2 데이터 통신의 역사

1837년 모르스Samuel Morse가 독자적인 부호 체계(일명 모르스 부호)를 사용한 전신 통신이 전기 통신의 시초다. 1876년에는 벨Alexander Graham Bell이 전화기를 발명하였고, 1895년에는 마르코니Gugliemo Marconi가 무선 통신 기술을 개발하였다. 1946년에는 최초의 컴퓨터인 에니악ENIAC이 출현했고, 1951년에는 폰 노이만Von Noiman이 2진수 체계와 프로그램 내장 방식을 적용한 에드박EDVAC을 개발하였다. 또한 1951년에는 최초의 상업용 컴퓨터인 유니박UNIVAC이 출현하여 정보 통신의 시대를 열었다. 이 시기의 컴퓨터는 과학 기술 계산용으로 개발되어 주로 대학 및 연구소 등에서 사용되었다.

그 후 1960년대에는 트랜지스터transistor가 컴퓨터에 응용되고, 대용량 기억 장치 및 고속의 주변 장치들이 개발되었다. 이때부터 컴퓨터가 기업 활동과 관련된 대용량 파일을 처리하는 일반 사무실의 업무용으로 사용되었다.

최초의 데이터 통신 시스템은 1958년 개발된 미 공군의 반자동 방공 시스템인 SAGESemi-Automatic Ground Environment다. 이 시스템은 미국의 방공 체계를 강화하기 위한 것으로 관제 센터의 컴퓨터와 미국 전역을 관할하는 대공 레이더망을 유무선 통신 회선으로 연결하여 항공기나 유도탄의 침입에 즉각 대처할 수 있게 했다. 즉, 군사 분야에서 데이터 통신 시스템이 최초로 사용되었다.

SAGE 시스템 개발을 통한 기술 축적은 상업적인 데이터 통신 시스템의 개발로 이어졌다. 1963년 아메리칸 에어라인American Airline 항공사는 비행기 좌석 예약 및 회계 업무 등을 온라인으로 처리하는 SABRESemi-Automatic Business Research Environment를 개발하였다. 그리고 이 같은 새로운 응용 분야는 컴퓨터 자체에도 영향을 주어 시분할 시스템TSS, Time-Sharing System 개발을 촉진하는 계기가 되었다.

데이터 통신은 온라인 시스템이 보편화되고 컴퓨터의 소형화 및 고성능화가 이루어져 PC가 보급되기 시작하면서 단순 시분할 공동 이용보다는 통신 기능을 보다 중요하게 여기는 형태로 바뀌었다. 단말 장치의 분산, 자원의 공동 이용, 사용자의 상호 통신이 원활하게 이루어지려면 컴퓨터 간 접속이 필요했고 그에 따른 회선 비용 절감 노력도 중요했다.

또한 통신이 가능한 컴퓨터에 대한 요구가 많아지면서, 고속의 데이터 전송과 정교한 인터페이스 결합이 필요해 종래의 공중 전화망과는 다른 고도의 통신망 기능이 새롭게 요구되었다. 이에 1969년 미국 국방성은 최초의 패킷 교환packet switching 방식을 적용한 컴퓨터 네트워크인 알파넷ARPANET을 개발하였다. 그리고 1970년에는 하와이 대학에서 최초의 무선 패킷 교환망인 알로하ALOHA, Additive Links Online Hawaii Area를 개발하였다.

알파넷은 1971년부터 미국 국방성을 중심으로 미국 전체 대학과 연구 기관이 참여하였다. 다수의 컴퓨터와 단말 장치를 디지털 회선으로 접속하여 각 단말 장치에서 임의의 컴퓨터를 원격 접속할 수 있는 실용적인 시스템으로 발전하였으며, 현재 사용하는 인터넷의 효시가 되었다.

표 1-1 데이터 통신의 발달 과정

년도	내용	비고
1837년	전신기telegraph	• 모르스가 전신기 개발 • 최초의 전기 통신
1876년	전화telephone	• 벨이 전화 발명 • 음성 통신의 시초
1895년	무선 전신	• 마르코니가 무선 전신기 발명
1946년	ENIAC	• 에커트와 모클리가 개발한 컴퓨터 • 최초의 전자식 컴퓨터
1951년	EDVAC	• 폰 노이만이 2진수 체계와 프로그램 내장 방식을 적용한 컴퓨터 개발
1951년	UNIVAC	• 에커트와 모클리가 유니박을 개발하여 인구조사통계국에 설치 • 최초의 상업용 컴퓨터
1958년	SAGE	• 미국 공군이 개발한 반자동 방공 시스템 • 최초의 데이터 통신 시스템
1963년	SABRE	• 아메리칸 에어라인 항공사에서 도입한 좌석 예약 시스템 • 최초의 상업용 데이터 통신 시스템
1964년	CTSS	• MIT에서 개발한 최초의 시분할 시스템 • 대학 내 대형 컴퓨터의 공동 이용 목적
1969년	ARPANET	• 미국 국방성이 개발한 최초의 패킷 교환망 • 인터넷의 효시
1970년	ALOHA	• 미국 하와이 대학에서 개발한 최초의 무선 패킷 통신망
1974년	SNA	• IBM사가 개발한 컴퓨터 간 접속 표준
1975년	Telnet, Tymnet	• 패킷 교환 방식의 데이터 통신 서비스 개시
1990년	WWW	• 최초의 하이퍼텍스트 브라우저 개발 및 하이퍼텍스트 등장

1970년대 중반부터 위성이나 무선 패킷망을 이용한 데이터 통신에 대한 연구가 시작되었다. 그에 따라 다양한 네트워크를 연결하여 패킷을 전달하기 위한 프로토콜의 필요성이 대두되어 오늘날 인터넷 프로토콜의 기초가 된 TCP/IPTransmission Control Protocol/Internet Protocol가 탄생하였다. TCP/IP는 1970년대 말부터 개발이 시작되었지만 1983년 1월부터 알파넷의 새로운 표준 프로토콜로 정식 채택되었다. 인터넷에서 다양한 네트워크를 거쳐 패킷을 전달할 수 있는 핵심은 바로 IP 프로토콜이다.

1980년대 들어와 PC와 워크스테이션이 급격히 보급되면서 고가의 프린터나 하드디스크 같은 컴퓨터 기기들을 효율적으로 공유할 필요성이 대두되었다. 1973년 메칼프Metcalfe가 제안한 이더넷Ethernet은 이더넷 LAN으로 발전하면서 LAN의 성장에 크게 기여하였다. 이외에도 토큰 링, 토큰 버스, FDDIFiber Distributed Data Interface 등의 다양한 LAN 기술이 개발되었고, 10Mbps 이더넷과 100Mbps 이더넷이 널리 사용되고 있으면서 Gbps급 이더넷도 등장하였다.

1980년대 중반 이후에는 전화선으로 데이터까지 통합 전송하는 ISDNIntegrated Service Digital Network에 대한 연구가 시작되었다. 협대역 ISDNN-ISDN, Narrowband-ISDN이라 불리는 이 기술은 기존 전화 가입자 선을 디지털화하여 전화, FAX, PC를 동시에 연결해 통신할 수 있게 하였다. 지금은 144Mbps까지 고속 인터넷을 접속하기 위한 수단으로도 사용되고 있다.

1980년대 말 ITU-T에서는 전화, 데이터, 동영상까지 미래의 모든 정보 통신 서비스를 통합하여 전송 및 교환하기 위한 새로운 광대역 ISDNB-ISDN, Broadband-ISDN 표준화 작업을 시작하였고, 이를 위해 ATMAsynchronous Transfer Mode을 B-ISDN의 표준 기술로 채택하였다. 당시에는 B-ISDN이 서비스 품질이 보장되지 않는 현재의 인터넷을 대체하고, 모든 네트워크 응용에는 TCP/IP가 아닌 ATM 프로토콜을 사용할 것으로 예상하였다. 그러나 1990년대 초에 WWWWorld Wide Web가 등장하면서 누구나 손쉽게 인터넷을 사용할 수 있게 되었고, 이로 인해 상상을 초월하는 속도로 인터넷 대중화가 이루어졌다.

1989년 팀 버너스 리Tim Berners-Lee가 개발한 웹의 핵심은 웹 서버와 클라이언트, HTTPHyperText Transfer Protocol와 HTMLHyperText Makeup Language이다. 웹의 등장으로 인터넷이 급속하게 확산됨에 따라 2000년대 들어 인터넷의 데이터 통화량은 전화 통화량을 추월하였다. 그에 따라 정보 통신의 패러다임도 전화망에서 인터넷으로 급격하게 바뀌었다. 또한 데이터 전달을 위해 개발된 IP 프로토콜이 음성까지 전달하면서 인터넷 전화VoIP까지 가능해졌다. 인터넷을 구성하는 네트워크들은 서로 다른 기술이나 동작 방식을 사용할 수 있어 다양한 네트워크가 동시에 존재할 수 있다는 장점이 있다.

02 데이터 통신 시스템의 기본 구성

1 데이터 통신 시스템의 구성 요소

데이터 통신 시스템은 원거리에 있는 컴퓨터와 단말기(터미널) 또는 컴퓨터와 컴퓨터를 통신 매체로 연결하여 정보를 처리하는 시스템이다. 따라서 원거리에 분산된 다수의 최종 사용자 간 정보 전달에 참여하는 물리 단위, 논리 단위, 기능 단위가 모두 포함된다.

데이터 통신 시스템은 기본적으로 [그림 1-2]와 같이 5가지 요소로 구성되며, 이 중 데이터 통신의 3대 요소라고 하면 송신기, 수신기, 전송 매체를 의미한다.

❶ 송신기sender : 메시지의 생성과 송신을 담당하는 장치로, 전송하려는 데이터를 전송 매체에 적합한 형태로 변환하는 기능을 수행한다. 보통 컴퓨터가 사용된다.

❷ 수신기receiver : 전송 매체를 통해 전송된 메시지를 수신하는 장치로, 메시지를 수신기가 이해할 수 있는 형태로 변환하는 기능을 수행한다. 보통 컴퓨터가 사용된다.

❸ 전송 매체medium : 메시지가 송신기에서 수신기로 이동하는 물리적인 경로다. 유선 매체와 무선 매체가 있는데, 유선 매체로는 트위스티드 페어TP, Twisted Pair(꼬임쌍선), 동축 케이블coaxial cable, 광케이블optical fiber이 있다.

❹ 메시지message : 통신의 목적이 되는 정보로, 정보 전송에 적합한 부호로 변환된 단위 정보 또는 데이터다.

❺ 프로토콜protocol : 데이터 통신을 제어하는 약속 또는 규칙들의 집합으로, 통신 장치 사이의 상호 합의를 나타낸다.

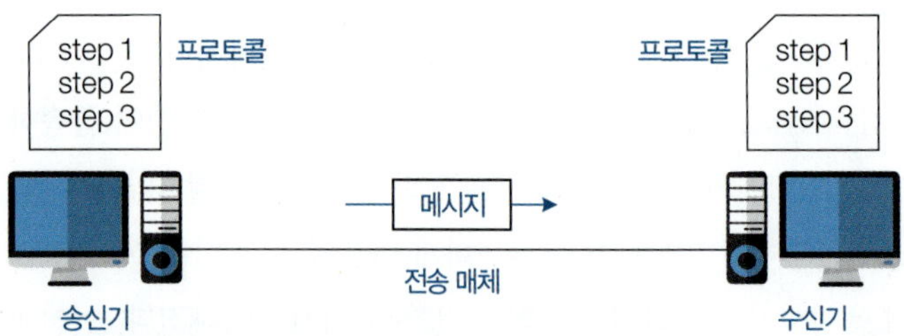

그림 1-2 데이터 통신 시스템의 구성 요소

2 데이터 전송계와 데이터 처리계

데이터 통신 시스템은 [그림 1-3]과 같이 데이터 전송을 담당하는 데이터 전송계와 데이터 처리를 담당하는 데이터 처리계로 구분할 수 있다. 데이터 전송계는 단말 장치와 데이터 전송 회선, 통신 제어 장치로 나누어지며, 데이터 전송 회선은 신호 변환 장치와 통신 회선으로 구분된다. 데이터 처리계는 데이터 전송계를 통해 입출력되는 데이터를 처리하며, 일반적으로 중앙 처리 장치와 주변 장치로 구성되는 컴퓨터 시스템을 의미한다.

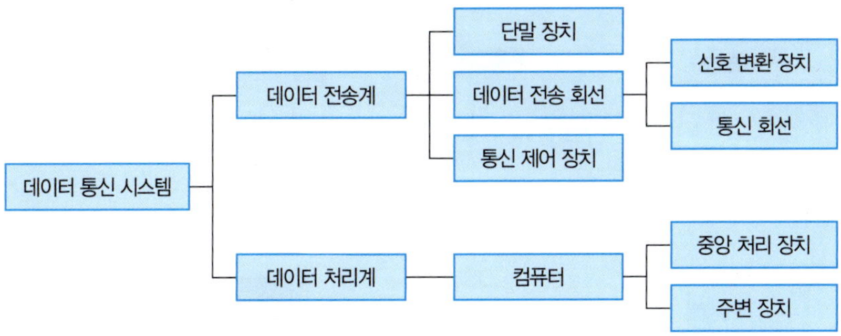

그림 1-3 데이터 통신 시스템의 기본 구성

단말 장치

단말 장치terminal(터미널)는 데이터 통신 시스템과 외부 사용자의 접속점에 위치하여 최종적으로 데이터를 입출력하는 장치다. 단말 장치의 주요 기능은 입출력 기능, 전송 제어 기능, 기억 기능이다.

단말 장치는 작업 처리 능력에 따라 단순한 입출력 장치로만 구성되어 단독으로는 데이터를 처리할 수 없는 더미 단말dummy terminal과 중앙 처리 장치와 기억 장치를 가지고 있어서 단독으로 데이터를 처리할 수 있는 지능형 단말intelligent terminal로 구분할 수 있다. 초기에는 더미 단말이 주종을 이루었으나 최근에는 하드웨어 기술 발달로 정보 처리 능력을 갖춘 지능형 단말이 사용되고 있다.

신호 변환 장치

신호 변환 장치signal converter는 논리적 표현으로 데이터 회선 종단 장치DCE, Data Circuit Equipment라고 한다. DCE는 컴퓨터나 단말 장치의 데이터를 통신 회선을 통하여 전송하기에 적합한 신호로 변경하거나 통신 회선으로부터 수신되는 신호를 컴퓨터나 단말 장치에 적합한 데이터로 변경하는 신호 변환 기능을 수행한다. 데이터를 아날로그 회선으로 전송하기 위한 모뎀MODEM, Modulator and Demodulator(변복조기)과 디지털 회선으로 전송하기 위한 DSUDigital Service Unit 등이 대표적인 예다. 또한 디지털 회선으로 전송하기 위한 신호 변환 장치로 CSUChannel Service Unit가 있는데, CSU는 여러 개의 채널을 다중화하여 전송하는 장비를 말한다. CSU 장비에는 T-1 방식과 E-1 방식이 있다.

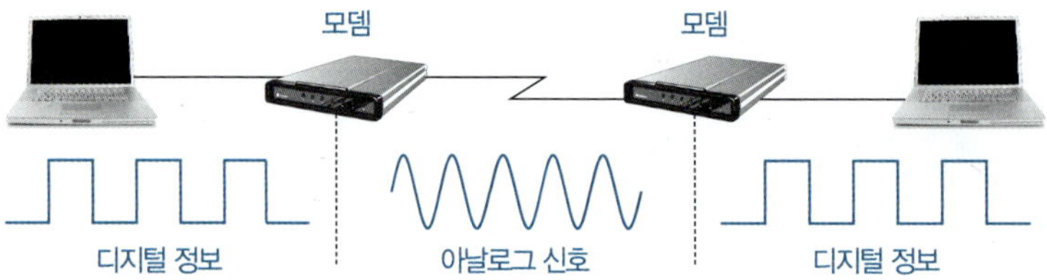

(a) 모뎀을 이용한 신호 변환

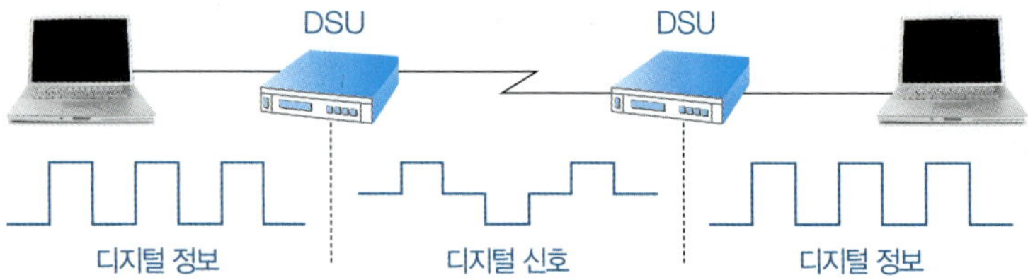

(b) DSU를 이용한 신호 변환

그림 1-4 신호 변환 장치

통신 제어 장치

통신 제어 장치CCU, Communication Control Unit는 전송 회선과 대형 컴퓨터 사이에서 대형 컴퓨터가 데이터 처리에만 전념할 수 있도록 대형 컴퓨터를 대신하여 데이터 전송에 관한 전반적인 제어 기능을 수행한다. 통신 제어 장치의 부가 장치로 통신 제어 처리 장치CCP, Communication Control Processor와 전단 처리기FEP, Font End Processor가 있다. CCP는 CCU에 소형 CPU와 메모리를 부착하여 보다 정밀한 제어 기능을 수행한다. FEP는 대형 컴퓨터와 단말기 사이에서 한쪽은 고속 통신 회선에 그리고 다른 한쪽은 대형 컴퓨터에 연결되어 대형 컴퓨터의 통신 관련 부하를 낮춘다.

메인 프레임main frame에서는 전단 처리기, PC에서는 LAN 카드가 통신 제어 기능을 담당한다. 통신 제어 장치의 주요 기능은 [표 1-2]와 같다.

표 1-2 통신 제어 장치의 기능

기능	설명
전송 제어	• 다중 접속 제어 : 하나의 통신 회선을 여러 개의 단말 장치가 공유하는 경우 전송 회선을 선택 • 교환 접속 제어 : 데이터 송수신을 위한 회선의 설정과 해제 • 통신 방식 제어 : 단방향, 반이중, 전이중 등의 통신 방식 결정 • 우회 경로 설정 : 통신 회선에 장애가 발생한 경우 우회 전송이 가능하도록 다른 통신 회선을 선택
동기 및 오류 제어	• 동기 제어 : 컴퓨터의 처리 속도와 통신 회선 상의 전송 속도 차이를 조정 • 오류 제어 : 통신 회선과 단말 장치에서 발생하는 오류를 제어 • 흐름 제어 : 수신 가능한 데이터 양을 송신 측에 알려 원활한 정보 전송이 가능하도록 조정 • 응답 제어 : 수신 정보 확인 • 정보의 분해 및 조립 : 전송 정보를 패킷 등의 적당한 길이 단위로 분할 및 결합 • 데이터의 직병렬 변환 : 통신 회선을 통해 직렬로 수신한 데이터를 컴퓨터가 처리하기 쉽게 일정 크기로 묶거나(병렬) 그 반대의 작업을 수행 • 투명성 : 전송할 실제 데이터의 비트열에 확장 비트를 부가 및 소거 • 정보 형식의 변환 : 문자 코드, 데이터 형식 등의 변환 • 우선권 제어
기타 기능	• 제어 정보 식별 : 일반 데이터와 제어 정보를 구분 • 기밀 보호 : 암호화 등의 제어 • 관리 기능 : 통신에 관한 요금, 통계 정보를 수집

통신 회선

통신 회선은 데이터가 전달되는 전송 매체를 의미하며, [그림 1-5]와 같이 크게 유선 매체와 무선 매체로 구분할 수 있다. 유선 매체에는 트위스티드 페어twisted pair, 동축 케이블coaxial cable, 광케이블optical cable 등이 있으며, 전자기파가 물리적으로 둘러싸인 경로를 따라 전달된다. 무선 매체는 전자기파를 유도하지는 않으며 전송을 위한 수단을 제공한다. 무선에서 송수신은 안테나를 통해 이루어진다. 전송 시에는 안테나가 공기 등의 매체로 전자기파를 방출하고, 수신 시에는 안테나가 주위의 매체로부터 전자기파를 끌어들인다.

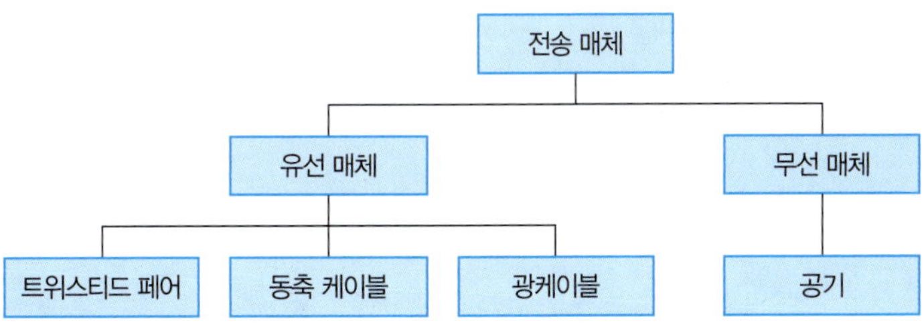

그림 1-5 전송 매체

3 데이터 통신 관련 장비

데이터 통신 관련 장비를 통신 입장에서 분류하면 정보를 보내는 쪽과 받는 쪽을 모두 동일한 입장에서 보게 되므로 단말 장치, 통신 제어 장치, 데이터 처리 관련 장비(컴퓨터)로 분류할 수 있다. 특히 데이터 전송 관련 장비와 대비하여 데이터 단말 장치DTE, Data Terminal Equipment라고 부르기도 하는데, 이 경우에는 통신 제어 장치와 단말 장치가 DTE에 포함된다.

데이터 전송 관련 장비는 일반적으로 신호 변환 장치signal converter라고 하며 DTE와 대비하여 데이터 통신 장치DCE, Data Communication Equipment라고 부르기도 한다. 또한 데이터 전송계에서 통신 회선의 양쪽 끝에 위치한다는 의미를 강조하여 데이터 회선 종단 장치DCE, Data Circuit-terminating Equipment라고도 부른다.

따라서 데이터 통신 관련 장비는 DTE와 DCE로 구분할 수 있다. [그림 1-6]은 데이터 통신 관련 장비를 사용하여 데이터 통신 시스템을 구성한 경우를 나타낸다.

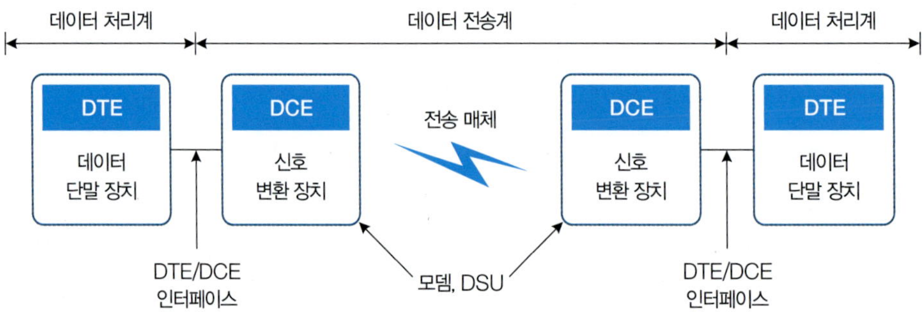

그림 1-6 데이터 통신 시스템의 구성 예

■ **DTEData Terminal Equipment(데이터 단말 장치)**

데이터 송수신 장치로 동작하며 데이터 통신 제어 기능을 갖춘 단말 장치나 컴퓨터를 의미한다. 즉, 데이터를 송수신 또는 처리하는 사용자 장치를 데이터 회선 종단 장치(DCE)와 구별하여 부르는 용어다.

■ DCE Data Communication Equipment(데이터 통신 장치)

DTE와 데이터 전송로 사이에서 접속 설정 · 유지 · 해제하며 부호 변환과 신호 변환을 위해 필요한 기능을 제공하는 장치를 총칭한다. DCE는 사용자 댁내(구내)에 설치되어 전송로를 종단하고 사용자의 DTE와 상호 접속하기 위한 물리적인 인터페이스를 제공한다. DCE에는 아날로그 회선(일반 전화 회선)용인 모뎀, 디지털 회선용인 디지털 서비스 장치 DSU와 채널 서비스 장치 CSU가 있다.

NOTE DTE/DCE 정의

- 전자산업협회(Electronic Industries Association, EIA)에서는 DTE를 데이터 단말 장치(Data Terminal Equipment), DCE를 데이터 통신 장치(Data Communication Equipment)라고 정의한다.
- 국제전기통신연합(International Telecommunication Union, ITU)에서는 DTE를 데이터 종단 장치(Data Terminating Equipment), DCE를 데이터 회선 종단 장치(Data Circuit-terminating Equipment)라고 정의한다.

03 네트워크의 필요성과 분류

1 네트워크의 필요성

데이터 통신의 간단한 형태는 [그림 1-7](a)와 같이 단말 장치들을 점대점으로 직접 연결하는 방법이다. 만일 N개의 단말 장치가 있다면 이들을 완전하게 연결하기 위해서는 $N(N-1)/2$개의 전송 링크가 필요하고, 각 단말 장치에는 $(N-1)$개의 통신 포트가 필요하다. 따라서 단말 장치 수가 많아지고 거리가 멀어지는 경우 점대점 링크는 통신 비용 측면에서 볼 때 비효율적이다.

이러한 문제의 해결책으로 나온 것이 각 단말 장치를 [그림 1-7](b)와 같이 네트워크를 통해 연결하는 방법이다. 각 단말 장치는 통신 포트 1개로 네트워크의 노드에 접속할 수 있으며, 여러 단말 장치 간에 노드와 전송 링크 등의 네트워크 설비를 공유함으로써 단말 장치 간 연결에 드는 비용을 크게 줄일 수 있다.

네트워크Network는 Net과 Work의 합성어다. 여기서 Net는 '그물'이므로 단어 그대로 해석하면 '일하는 그물' 정도가 될 것이다. '그물처럼 서로 엮여서 일하는 것'이란 의미가 되는 셈이다. 이것을 통신에 접목하면, 각종 통신 장비들이 서로 연결되어 데이터를 교환하는 방식으로 일하는 통신망이라 할 수 있다. IEEE(전기전자기술자협회)에서는 네트워크, 그중에서도

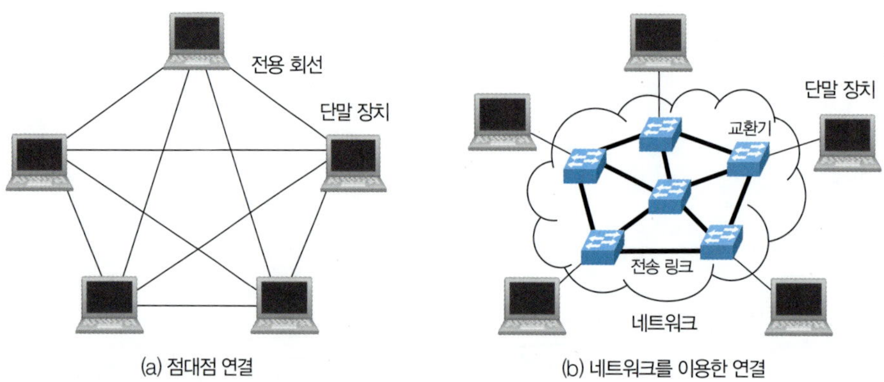

그림 1-7 점대점 연결과 네트워크를 이용한 연결 예

LAN을 "몇 개의 독립적인 장치가 적절한 영역 내에서 적당히 빠른 속도의 물리적 통신 채널을 통하여 서로가 직접 통신할 수 있도록 지원해주는 데이터 통신 체계"라고 정의하였다.

2 네트워크의 분류

네트워크는 [표 1-3]과 같이 데이터 전송 형태, 연결 형태, 네트워크 규모, 교환 방식, 사용 목적에 따라 다양하게 분류할 수 있다. 이 절에서는 이 중에서 네트워크의 규모에 따른 분류를 소개한다.

표 1-3 네트워크 분류

항목	종류
데이터 전송 형태	아날로그 통신망, 디지털 통신망
연결 형태	스타형, 버스형, 링형, 트리형, 메쉬형, 혼합형
네트워크 규모	LAN, MAN, WAN
교환 방식	회선 교환망, 패킷 교환망, 메시지 교환망
사용 목적	부가가치 통신망, 종합 정보 통신망, 공중망

네트워크를 규모에 따라 분류하면 [그림 1-8]과 같이 단일 건물이나 좁은 지역에 한정되는 LAN(근거리 통신망), 도시 전역을 연결하는 MAN(도시형 통신망), 여러 도시나 국가 이상을 연결하는 WAN(광역 통신망)으로 분류할 수 있다. 그러나 LAN을 확장한 형태인 MAN은 최근 LAN과 경계가 모호해지면서 이 용어는 잘 사용되지 않는다.

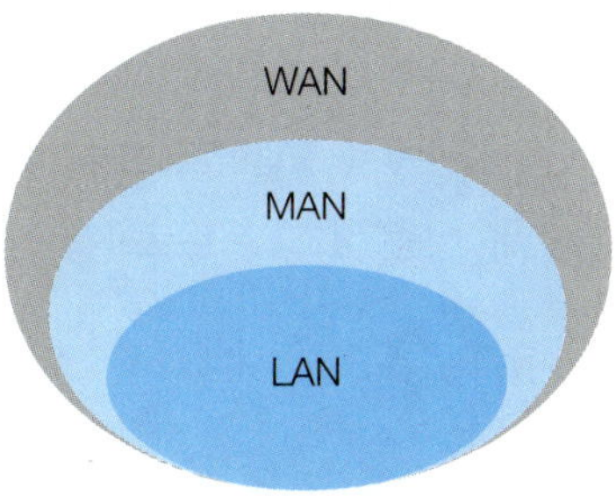

그림 1-8 규모에 따른 네트워크 분류

LAN

LAN Local Area Network(근거리 통신망)은 여러 대의 컴퓨터와 주변 장치를 전용 통신 회선으로 연결한 근거리 통신망으로 그 규모가 한 사무실이나 한 건물, 한 학교 등과 같이 비교적 가까운 지역으로 한정된다. 사전적인 의미로는 "반경 수Km 이내에서 수Mbps 또는 수백 Mbps까지의 전송 속도를 지원하는 고속 통신이 가능하며, 사설 기관에 속하는 통신 네트워크"라고 정의되어 있다. 초기 LAN은 공유 채널을 사용하여 점대점 point-to-point 형태로 연결되었지만, 최근에는 랜 스위치 LAN switch를 채택하는 구조로 바뀌었다. LAN의 성능을 결정짓는 주요 사항으로는 연결 거리와 전송 속도 및 대역폭을 들 수 있다. 초기 LAN에는 토큰 버스 token bus, 토큰 링 token ring, FDDI 등 다양한 방식들이 사용되었으나 현재는 LAN을 대표하는 표준으로 이더넷 Ethernet이 가장 많이 사용되고 있다. 또한 최근에는 보다 빠른 전송의 필요성에 따라 기가비트 이더넷, 무선 랜 같은 다양한 네트워크가 사용되고 있다. LAN의 특징을 요약하면 다음과 같다.

- 단일 기관 소유의 네트워크로 확장 및 기기의 재배치 등에 유리하다.
- 광대역 전송 매체를 사용하므로 고속 통신이 가능하다.
- 신뢰성이 높은 데이터 전송을 보장한다.
- 데이터 전송 오류율이 낮다.
- 네트워크 내에 있는 어떤 기기와도 데이터 전송이 가능하다는 잠재력이 있다.

MAN

MAN Metropolitan Area Network(도시형 통신망)은 LAN과 WAN의 중간 정도 크기로, 오류율과 지연 시간이 LAN보다 크며, 하나 또는 여러 조직에서 소유한다. WAN에 비해 고속 전송 서비스를 제공하는 데 중점을 두고 있다. 하지만 최근 LAN이 발달하면서 MAN은 LAN의 확장 형태로 간주되고 있으며 표준화 역시 LAN 표준 기관에서 주관한다. IEEE에서는 MAN의 표준으로 DQDB Distributed Queue Dual Bus(분산 큐 이중 버스) 프로토콜을 권장하고 있다.

WAN

WAN Wide Area Network(광역 통신망)은 메인 프레임 main frame과 멀리 떨어진 단말 장치들을 연결하기 위하여 등장했다. 초창기 네트워크의 기본인 전화망 telephone network이 대표적인 WAN이다. 이 때문에 WAN은 지금까지도 전화망의 백본 네트워크와 같이 규모가 전국 범위로 확대된 원거리 통신망의 일반적인 개념으로 쓰인다. LAN과 비교하자면, 비교적 전송 속도가 느리고 불특정 다수를 통신 대상자로 한다. 네트워크를 관리하는 곳도 나라나 자치단체 같은 비교적 광범위한 집단이다. WAN에 사용되는 기술로는 인터넷의 기초가 되는 TCP/IP 프로토콜, 패킷 교환망의 표준인 X.25, 프레임 릴레이frame relay, 종합 정보 통신망ISDN, Integrated Service Digital Network, B-ISDNBroadband-ISDN 등이 있다.

LAN과 비교했을 때 WAN의 특징은 다음과 같다.

- LAN은 좁은 지역을 연결하므로 비교적 간단한 형태의 구조를 갖는다. 그러나 WAN은 LAN에 비해 훨씬 넓은 지역을 담당하므로 네트워크의 형태 역시 매우 복잡하다.
- WAN은 넓은 지역에 걸쳐 많은 통신 장비를 연결해야 하므로 공유 채널의 개념을 사용하지 않고 스위치switch 개념을 사용한다. 새로운 지역이나 더 많은 컴퓨터를 연결하기 위해 필요할 때마다 스위치를 추가한다.
- 일반적으로 WAN은 LAN에 비해 상대적으로 먼 거리를 연결하기 때문에 네트워크를 구축하는 데 비용이 많이 들며, 전송 속도는 LAN에 비해 느리다.
- 관리 측면에서 보면 LAN은 네트워크 소유가 분명하지만, WAN은 정부 기관에 속하거나 관련 단체들이 협력하여 운영한다.

LAN, MAN, WAN은 단순히 거리뿐 아니라 확장성, 경제성, 전송 속도 등으로도 구별할 수 있다. LAN에서 연결 거리를 확장하는 기술이 발전하여 훨씬 멀리 떨어진 장치들도 연결할 수 있지만 이를 두고 WAN이라고 하지는 않는다. WAN에서는 넓은 지역에 걸쳐 많은 컴퓨터를 연결할 수 있어야 하고 최소한의 성능을 보장할 수 있어야 하기 때문이다. 즉, LAN과 WAN을 구별하는 중요한 요인으로 확장성을 들 수 있다.

컴퓨터 두 대 또는 컴퓨터와 주변 장치 간 통신을 위해서는 직접 채널을 연결하면 된다. 하지만 연결하는 컴퓨터나 장치 수가 많아질수록 모든 통신 상대 간에 1:1 전용선을 연결하는 것은 현실적으로 어려울 뿐만 아니라 비경제적이다. 그리고 연결 거리가 멀어질수록 설치 비용이나 전송 속도 등에서 많은 어려움이 따른다. 이때 고려할 것이 'LAN으로부터 확장할 것이냐, WAN을 이용한 네트워크를 확장할 것이냐'다.

[그림 1-9]는 인터넷Internet을 구성하는 주요 요소를 나타낸다. 물론 인터넷의 목적은 호스트host라는 종단 시스템을 상호 연결하는 것이다. 여기에는 PC, 워크스테이션, 서버, 메인 프레임 등이 포함된다. 인터넷을 사용하는 대부분의 호스트는 LAN 또는 WAN과 같은 네트워크

에 연결되어 있다. 이 네트워크는 라우터로 연결되고, 각 라우터는 둘 이상의 네트워크에 연결된다. 메인 프레임 또는 서버와 같은 일부 호스트는 네트워크를 통하지 않고 라우터에 직접 연결될 수 있다.

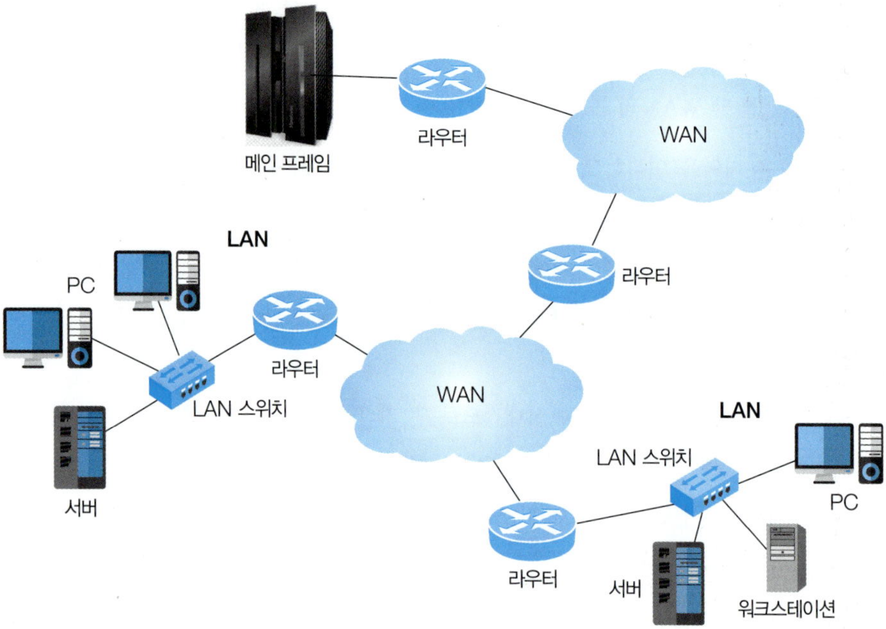

그림 1-9 인터넷의 주요 구성 요소

인터넷에서 호스트는 다른 호스트로 데이터를 보낼 수 있다. 소스 호스트는 전송할 데이터를 IP 데이터그램 또는 IP 패킷이라고 하는 작은 패킷으로 분할한다. 각 패킷에는 목적지 호스트의 주소가 포함되는데 이를 IP 주소라고 한다. 목적지 주소를 기반으로 각 패킷은 라우터와 네트워크를 통해 목적지로 전달된다. 각 라우터는 패킷을 수신할 때 라우팅 결정을 내리고 패킷을 목적지로 전달한다.

NOTE internet과 Internet의 차이

- internet : 2개 이상의 네트워크를 연결하면 인터네트워크(internetwork) 혹은 인터넷(internet)이라고 한다. 여기서 internet은 소문자 i를 사용하였다.
- Internet : 대문자 I를 사용하는 인터넷(Internet)은 서로 연결된 수십만 개 이상의 범세계적인 네트워크로 구성되어 있다.

04 프로토콜

원래 프로토콜protocol은 외교상의 용어로 국가와 국가 간의 교류를 원활하게 하기 위하여 외교에 관한 의례나 국가 간의 약속을 정한 의정서를 말한다. 이러한 프로토콜의 의미를 통신에 적용한 것이 통신 프로토콜communication protocol이다.

데이터 통신은 서로 다른 시스템에 있는 개체entity(엔티티) 간에 이루어진다. 개체는 정보를 송신하거나 수신하는 기능을 담당하는 실체적인 주체다. 예를 들면, 응용 프로그램, 브라우저browser, 데이터베이스 관리 시스템DBMS, 전자 우편 소프트웨어 등이 있다. 시스템은 하나 이상의 개체를 포함하고 있는 물리적인 객체object를 말하며 컴퓨터, 서버, 라우터, 교환기 등이 있다.

그러나 통신을 수행하는 개체가 비트 스트림을 보내기만 하면 수신 측이 이해할 수 있는 것은 아니다. 통신을 위해 개체들은 프로토콜에 합의해야 한다. 프로토콜은 통신을 제어하는 규칙들의 집합이다. 프로토콜에서는 무엇을 통신할 것인가, 어떻게 통신할 것인가, 언제 통신할 것인가를 정해야 한다.

1 프로토콜의 주요 요소

프로토콜의 세 가지 주요 요소는 구문, 의미, 타이밍으로 [그림 1-10]과 같이 나타낼 수 있다.

■ 구문

구문syntax은 '무엇을'에 해당한다. 구문 요소에는 데이터 구조나 형식, 부호화, 크기 등이 있으며 데이터가 어떤 순서로 표현되는가에 관한 내용을 다룬다. 예를 들어, 어떤 프로토콜에서 데이터의 첫 번째 8비트는 송신자 주소, 두 번째 8비트는 수신자 주소를 의미하고 나머지는 실제 정보를 의미한다고 약속하는 것이다.

■ 의미

의미semantics는 '어떻게'에 해당한다. 데이터의 특정 형태를 어떻게 해석하고, 그 해석에 따라 어떤 동작을 취할 것인가 등 전송 제어 및 오류 처리를 위한 제어 정보 등을 포함한다.

예를 들어, 응답을 나타내는 1개의 비트 값이 0이면 긍정 응답, 1이면 부정 응답을 나타내는 것으로 정하고, 각 응답에 따른 후속 처리 절차를 어떻게 할 것인가에 대한 규정 등이 이에 해당한다.

■ **타이밍**

타이밍timing은 '언제'에 해당한다. 데이터를 언제 전송할 것인가, 얼마나 빠른 속도로 전송할 것인가와 같은 내용을 포함한다. 예를 들면, 송신자가 100Mbps의 속도로 데이터를 전송하는데 수신자는 단지 10Mbps로 처리한다면 수신자는 감당할 수 없는 정도로 데이터가 수신되므로 대부분의 데이터를 잃어버리게 된다.

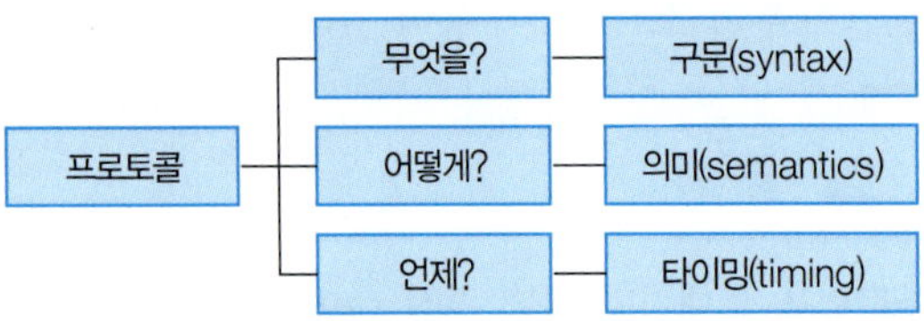

그림 1-10 프로토콜의 주요 요소

2 프로토콜의 주요 기능

두 개체가 서로 통신하기 위한 프로토콜에는 다양한 종류가 있으며 역할과 기능도 다양하다. 프로토콜을 구성할 때는 여러 가지 기능을 종합하지만, 구성된 프로토콜마다 모든 기능이 다 들어 있는 것은 아니다. 경우에 따라서는 몇 가지 동일한 기능이 다른 계층의 프로토콜에 나타나기도 한다. 다음은 프로토콜의 대표적인 기능이다.

- 주소 지정addressing : 데이터가 목적지까지 정확하게 전송되도록 목적지의 이름, 주소, 경로를 부여하는 기능이다. 수신 주소는 데이터의 경로를 결정하고 데이터를 전달하기 위한 정보를 제공하며, 발신 주소는 수신 측이 데이터 전송의 출발점을 식별할 수 있게 한다.
- 순서 제어sequence control : 전송되는 데이터 블록Protocol Data Unit, PDU에 전송 순서를 부여하는 기능이다. 순서를 지정하는 이유는 흐름 제어 및 오류 제어를 용이하게 하기 위해서다. 데이터 블록을 전송하면 수신 측에서는 순서에 맞게 데이터를 재구성하고 오류가 있으면 재전송을 요청한다.

- 데이터의 단편화 및 재조립fragmentation&reassembly : 송신 측에서 전송할 데이터를 전송에 적합한 크기의 작은 블록(패킷)으로 자르는 작업을 단편화라고 한다. 그리고 수신 측에서 단편화된 블록을 원래의 데이터로 다시 조립하는 것을 재조립이라고 한다. 단편화된 데이터의 길이가 길어질수록 오류가 발생할 확률이 높아지므로 재전송할 확률도 높아진다. 반면, 단편화된 데이터의 길이가 너무 짧으면 고정된 패킷의 크기와 버퍼 제어 정보로 인해 기억 장치의 효율이 떨어질 수 있다. 따라서 단편화된 패킷의 길이는 지연 현상과 기억 장치 효율 측면에서 적절하게 선정되어야 한다.
- 캡슐화encapsulation : 단편화된 데이터에 송수신지의 주소, 오류 검출 부호, 프로토콜 기능을 수행하기 위한 프로토콜 제어 정보 등을 부가하는 기능이다. 보통 데이터 앞에는 헤더header를, 뒤에는 트레일러trailer를 붙인다.
- 연결 제어connection control : 데이터를 교환할 때 연결 설정 유무에 따라 연결 지향형 데이터 전송connection oriented data transfer과 비연결 지향형 데이터 전송connectionless data transfer으로 나뉜다.
- 흐름 제어flow control : 수신 측의 버퍼 메모리에서 데이터가 흘러넘치지 않도록 수신 측의 처리 능력에 따라 송신 측에서 보내는 데이터양을 조절하는 기능이다. 주로 송신 측의 데이터 전송 속도가 수신 측보다 빠를 경우에 사용된다. 대표적으로 정지-대기stop-and-wait 방식과 슬라이딩 윈도sliding window 방식이 사용된다.
- 오류 제어error control : 데이터 전송 도중에 발생하는 오류를 검출하고 정정하는 기능이다. 대표적으로 패리티 비트parity bit, 순환 중복 검사CRC, Cyclic Redundancy Check, 검사합checksum 기법 등이 사용된다.
- 동기화synchronization : 송수신 측이 동일한 상태를 유지하도록 타이밍을 맞추는 기능이다.
- 다중화multiplexing : 하나의 통신 회선을 여러 가입자가 동시에 이용할 수 있도록 하는 기능이다.
- 라우팅routing : 출발지에서 목적지까지 최적의 경로를 지정하는 기능이다.
- 전송 서비스 : 우선순위 결정 및 서비스 등급과 보안 요구 제어 등의 서비스를 말한다.

05 표준의 분류와 표준화 기구

표준의 의미는 광의와 협의로 나누어 살펴볼 수 있다. 광의의 표준은 '판단의 기준이 되는 일정한 약속으로 타의 규범이 되는 규칙, 규범 또는 기준'이다. 협의의 정보 통신 표준은 '전자적인 수단으로 이루어지는 각종 정보 통신 시스템을 통한 다양한 형태의 서비스 제공 및 이용을 위해 서로 다른 지역 간, 서로 다른 기종 간의 의사소통 방법과 절차 등을 여러 정보 통신 주체들이 합의한 규약'이다.

정보 통신 시스템이나 서비스는 상대방과 접속할 수 있을 때 가치와 의미가 있으므로 표준과 표준화의 역할이 매우 중요하다. 여기서 표준화는 실제로 특정 표준을 정하고 이에 따라 제품 혹은 서비스를 구현하며, 이를 제공하고 이용하는 데 이르는 일련의 과정을 의미한다.

1 표준의 분류

표준은 분류 기준에 따라 다양한 형태로 구분된다. 우선 표준화 참여 범위에 따라 국제 표준, 지역 표준, 국가 표준, 단체 표준 등으로 구분된다. 또 표준의 규정 내용에 따라 기본 표준, 기능 표준, 이용자 표준, 시험 표준으로 구분되며, 표준의 적용 방법에 따라 강제 표준과 권고 표준으로 구분되기도 한다.

■ 국제 표준

국제 표준은 세계 모든 국가가 참여해 합의를 도출하는 표준으로 ISO, ITU, IEC 등의 3대 국제 표준화 기구에서 제정한다.

■ 지역 표준

지역 표준은 특정 지역에 소속된 국가들이 참여하여 합의를 통해 제정하는 표준으로 유럽 지역의 국가들이 주축이 된 ETSI European Tele-communications Standards Institute 표준을 예로 들 수 있다.

■ **국가 표준**

국가 표준은 어느 특정 국가 내의 이해 당사자들이 합의한 표준으로 우리나라의 산업 표준KS, Korean Standard, 일본의 공업 표준JIS, Japanese Industrial Standard, 미국의 ANSIAmerican National Standards Institute 표준 등이 있다.

■ **단체 표준**

단체 표준은 표준화 단체가 합의한 표준으로 우리나라 한국정보통신기술협회TTA의 단체 표준, 미국의 T1 위원회T1 Committee 표준 등이다.

이외에도 표준이 제정되는 절차와 참여 주체의 공식성 정도에 따라 공식 표준de jure standard과 사실상의 표준de facto standard으로 구분되기도 한다. 공식 표준을 제정하는 대표적인 공식 표준화 기구로는 ITU, ISO, IEC, ISO/IEC JTC1Joint Technology Committee 1 등을 들 수 있다. 반면, 사실상의 표준을 제정하는 사실 표준화 기구는 정부 기관이 관여하지 않고 민간 차원에서 자율적인 표준화 작업을 수행하는 표준화 기구로 IETFInternet Engineering Task Force, W3CWorld Wide Web Consortium, IPv6 포럼, MSFMultiservice Switching Forum 등을 들 수 있다. 사실 표준화 기구는 특정 기술에 대한 국제적 수준의 표준 개발을 목표로 하는 경우가 많다.

2 표준화 기구

다양한 통신 분야의 프로토콜 표준화를 담당하는 많은 기구들이 있으나 여기서는 데이터 및 컴퓨터 통신과 관련된 대표적인 표준 기구만 소개한다.

■ **ISOInternational Standardization Organization(국제표준화기구)**

ISO는 1947년에 설립된 비정부기구NGO, Non-Governmental Organization로 스위스 제네바에 본부가 있으며 총 163개의 회원국으로 구성되어 있다. ISO는 상품 및 서비스의 국제 간 교류를 원활하게 하고 지식, 과학, 기술 및 경제 활동 분야에서 국제 협력을 조성하기 위해 세계적인 규격을 개발하여 표준으로 제공하며 1개국에 1기관만 인정한다.

1987년 이후 정보 기술 분야는 IECInternational Electrotechnical Commission와 공동(ISO/IEC JTC1)으로 표준안을 만들고 있다. 예를 들어, 최근에는 IoT(사물인터넷), 빅데이터, 스마트 시티 등의 분야에서 예비 보고서를 만들고 있다.

OSIOpen System Interconnection는 ISO가 만든 컴퓨터 통신 분야의 가장 대표적인 표준이다. OSI 7계층 모델은 네트워크 구성을 계층적인 구조로 분리하여 각 계층마다 기능을 정의한 것으로 각 계층에 맞게 프로토콜을 설계하면 어떤 종류의 컴퓨터와도 통신이 가능하다.

■ ITU International Telecommunication Union (국제전기통신연합)

ITU는 데이터 전송과 국제 간 전신 전화에 대한 표준화를 담당했던 CCITTConsultative Committee on International Telegraph and Telephone가 1993년에 개칭된 것이다. 현재 약 193개 회원국(2017년 기준)이 있으며, 우리나라는 1952년에 가입하였다. ITU는 전기 통신의 개방화 · 세계화 · 탈규제화 환경에 대응하기 위해 ITU-T, ITU-R, ITU-D로 재편되었다.

ITU-T ITU-Telecommunication Standardization Sector는 전기 통신과 관련된 국제 협약, 표준 제정 등을 목적으로 국제 표준화 활동을 하고 있으며 [표 1-4]와 같이 여러 개의 연구 그룹으로 구성되어 있다. V 시리즈와 X 시리즈 표준안을 제정하였다.

ITU-R ITU-Radiocommunication Sector은 전파를 이용하는 모든 무선 통신 업무에서 무선 주파수 스펙트럼의 합리적 사용을 보장하기 위한 업무를 수행한다. 전파통신총회(RA)가 정한 체계 안에서 6개 연구그룹SG, Study Group이 무선 통신 서비스와 시스템에 대한 기술적인 특성, 주파수 사용 등의 표준화 활동을 수행한다.

ITU-D ITU-Development Sector는 정보 통신 서비스 및 기반 구조 등의 확산을 통해 전 세계 인류에게 통신할 권리를 보장하는 것을 목표로 한다. ICT의 이행을 위한 기술적 · 인적 · 재정적 필요에 대한 지원 및 ICT 분야 보급 확장, 정보 격차 해소를 위한 여러 활동의 촉진과 참여, 개발도상국에 맞는 정책 및 프로그램 관리 등의 임무를 수행한다.

표 1-4 ITU-T 연구 그룹 업무

연구 그룹	업무	비고
SG2	통신망 및 서비스 운용	
SG3	요금 및 정산 원칙	
SG4	TMN 및 통신망 유지 보수	
SG5	전자기적 영향으로부터 통신 설비 보호	
SG6	옥외 설비	
SG7	데이터 통신망 및 개방 시스템 통신	활동 종료
SG8	텔레마틱 서비스를 위한 단말기	활동 종료
SG9	TV 및 음성 신호 전송	
SG10	전기 통신 응용 언어	활동 종료
SG11	교환과 신호 방식	
SG12	통신망 및 단말기의 점대점 전송	활동 종료
SG13	IP 망 및 그 밖의 일반적인 망의 통신망 일반 사항	
SG15	전송망, 전송 시스템 장비	
SG16	멀티미디어 서비스 및 시스템	
SG17	데이터 네트워크 및 통신 네트워크	
SG19	이동 통신망	
SSG	IMT-2000 and beyond	

■ IEEE Institute of Electrical and Electronic Engineers (전기전자기술자협회)

IEEE는 전파공학자협회IRE, Institute of Radio Engineers(1912년 설립)와 미국전기공학자협회 AIEE, American Institute of Electrical Engineers(1884년 설립)가 합병되어 설립되었으며 약 160개국 410,000명의 회원을 보유한 비영리기구다. 컴퓨터 엔지니어링, 생물 의학 기술 및 전기 통신 공학부터 전력, 항공 우주, 소비 전자 공학까지 다양한 기술 분야를 선도한다. 데이터 통신 부분에는 LAN 표준안, IEEE 1394 표준안 등을 규정하고 있다. [표 1-5]에는 IEEE 802 위원회의 연구 내용을 나타내었다.

표 1-5 IEEE LAN 관련 위원회

구분	설명	비고
IEEE 802.1	Higher Layer LAN Protocols	
IEEE 802.2	Logical Link Control (LLC)	비활성
IEEE 802.3	Ethernet (CSMA/CD)	
IEEE 802.4	Token Bus	해체
IEEE 802.5	Token Ring	비활성
IEEE 802.6	Metropolitan Area Networks (DQDB)	비활성
IEEE 802.7	Broadband LAN Using Coaxial Cable	비활성
IEEE 802.8	Fiber Optic TAG (광섬유)	비활성
IEEE 802.9	Integrated Services LAN	비활성
IEEE 802.10	Interoperable LAN Security (네트워크 보안)	비활성
IEEE 802.11	Wireless LAN & Wi-Fi (무선) (IEEE 802.11a/b/g/n)	비활성
IEEE 802.12	Demand Priority (100VG-Any LAN)	
IEEE 802.13	Not Used	사용 안 함
IEEE 802.14	Cable Modems - 케이블 TV	비활성
IEEE 802.15	Wireless PAN	
IEEE 802.15.1	Bluetooth	
IEEE 802.15.4	ZigBee	
IEEE 802.16	Broadband Wireless Access (WiMAX)	
IEEE 802.16e	Broadband Wireless Access (Mobile)	
IEEE 802.16.1	Local Multipoint Distribution Service	
IEEE 802.17	Resilient Packet Ring	
IEEE 802.18	Radio Regulatory TAG	
IEEE 802.19	Coexistence TAG	
IEEE 802.20	Mobile Broadband Wireless Access	
IEEE 802.21	Media Independent Handoff	
IEEE 802.22	Wireless Regional Area Network	
IEEE 802.23	Broadband ISDN	실험용

■ EIA Electronic Industries Association (전자산업협회)

EIA는 미국의 전자 기기 제조업 대부분을 대표하는 단체로 1924년 RMA Radio Manufacturers Association라는 명칭으로 발족하여 1957년 EIA로 개칭하였다. 신호 품질, 디지털 인터페이스, 통신망 인터페이스 등 주로 하드웨어에 관한 규격을 개발하고 있다. RS-232C 인터페이스 규격, RS-449 인터페이스 규격이 대표적인 예다.

■ IEC International Electrotechnical Commission (국제전기표준회의)

1906년 설립되었으며 전력, 전자, 전기 통신 및 원자력 에너지 분야의 표준화에 공헌하고 있다. 데이터 통신 부분에서는 통신 기기의 안전성, 데이터 통신 전자 부품의 특성, 시험 방법, 품질, 안전성 등을 검토하고 있다. 국제전기기술위원회라고도 한다.

■ ANSI American National Standards Institute (미국국립표준협회)

1918년에 설립되었으며 미국에서 제품, 서비스, 과정, 시스템, 인력 관리 분야의 표준 개발을 감독하는 비영리 민간 기구다. 미국 내의 표준 제정은 물론 ISO와 IEC 등의 국제 표준화 활동에서 미국을 대표하고 있다.

■ IETF Internet Engineering Task Force (국제인터넷표준화기구)

1986년에 설립되었으며 인터넷의 운영, 관리, 개발에 대해 협의하고 프로토콜과 구조적인 사안들을 분석하는 인터넷 표준화 작업 기구다. 인터넷 아키텍처 위원회IAB, Internet Architecture Board의 산하 기구로 인터넷의 운영, 관리 및 기술적인 쟁점 등을 해결하는 것이 목적이며 망 설계자, 관리자, 연구자, 망 사업자 등으로 구성된 개방된 공동체다. 인터넷 표준안인 RFC Request For Comments의 제정을 담당하고 있다.

RFC는 인터넷 관련 기술을 다루는 공식 문서로, IETF 및 관련 기관 IAB, IRTF에서 무료로 배포한다. 단, 하드웨어와 특정 응용 계층의 프로토콜에 대해서는 다루지 않는다. 새로운 문서 번호로 업데이트되며, 사용자는 RFC 편집 사이트와 인덱스를 통해 빠르게 정보를 얻을 수 있다. [표 1-6]에 RFC 표준 문서의 예를 나타내었다.

표 1-6 RFC 표준 문서 예

RFC 문서 번호	내용
RFC 768	UDP(User Datagram Protocol)
RFC 791	IP(Internet Protocol)
RFC 793	TCP(Transmission Control Protocol)
RFC 854	Telnet
RFC 959	FTP(File Transfer Protocol)
RFC 1661	PPP(Point-to-Point Protocol)
RFC 2616	HTTP 1.1

■ W3C World Wide Web Consortium

월드 와이드 웹www을 위한 표준을 개발하고 장려하는 조직으로 1994년에 설립되었다. W3C는 회원 기구, 정직원, 공공 기관이 협력하여 웹 표준을 개발하는 국제 컨소시엄이다. W3C의 설립취지는 웹의 지속적인 성장을 도모하는 프로토콜과 가이드라인을 개발하여 월드 와이드 웹의 모든 잠재력을 이끌어내는 것이다. HTML, XML 등이 대표적인 예다.

■ KS/KICS 표준

국내의 표준안으로 한국산업표준KS, Korean Standards과 한국정보통신표준KICS, Korean Information and Communication Standards이 있다. KICS는 TTATelecommunication and Information Technology Association(한국정보통신기술협회)에서 제정을 담당하고 있으며, ITU의 표준화 분야를 모태로 하는 통신 분야의 표준화뿐만 아니라 전산망, 소프트웨어, 정보 기술, 적합성 시험 등의 국가 표준안에 대한 내용을 담고 있다. KS 표준안의 경우 1997년 기존 KS 규격의 번호 체계와 분류가 개정됨에 따라 KS C를 사용해오던 정보 기술 분야의 표준이 KS X 시리즈(정보 부문)로 개편되었다.

연습문제

1 최초의 라디오 패킷radio packet 통신 방식을 적용한 컴퓨터 네트워크 시스템은?

① DECNET ② ALOHA
③ SNA ④ ARPANET

2 미국 국방성에서 개발한 세계 최초의 패킷 교환망은?

① SNA ② ARPANET
③ ALOHA ④ Ethernet

3 통신을 구성하는 요소가 아닌 것은?

① 정보를 보내는 장소source
② 전송 매체(통신 회선)
③ 정보를 수신하는 장소destination
④ 정보를 저장하는 장소storage

4 정보 통신 시스템의 기본 구성에서 데이터 전송계에 속하지 않는 것은?

① 중앙 처리 장치 ② 전송 회선
③ 단말 장치 ④ 통신 제어 장치

5 디지털 신호를 음성 대역(0.3~3.4KHz) 내의 아날로그 신호로 변환(변조)한 후 음성 전송용으로 설계된 전송로에 송신한다든지 반대로 전송로로부터 아날로그 신호를 디지털 신호로 변환(복조)하는 장치는?

① 모뎀MODEM ② 단말terminal
③ 전화교환기 ④ 허브hub

6 DTE에서 출력되는 디지털 신호를 디지털 회선망에 적합한 신호 형식으로 변환하는 장치는?

① MODEM ② CCU
③ DCS ④ DSU

7 DSU에 대한 설명 중 옳지 않은 것은?

① DSU는 디지털 서비스 유닛Digital Service Unit의 약자다.
② DSU는 직렬 유니폴라 신호를 변형된 바이폴라 신호로 바꿔준다.
③ 데이터 전송을 위해서 필요성이 증대되고 있다.
④ 모뎀이 송수신단에 필요하다.

8 다음 괄호 안에 들어갈 장치의 이름을 순서대로 나열한 것은?

> 전송 회선이 아날로그 회선인 경우에는 ( )을(를) 신호 변환 장치로 사용하고, 디지털 회선인 경우에는 ( )을(를) 사용한다.

① CSU, DSU ② 모뎀, ONU
③ DSU, CSU ④ 모뎀, DSU

9 데이터 전송 회선과 컴퓨터의 전기적 결합과 전송 문자를 조립, 분해하는 장치는?

① 신호 변환 장치
② 통신 제어 장치
③ 다중화 장치
④ 망 제어 장치

10 통신 제어 장치의 기능이 아닌 것은?

① 문자의 조립, 분해
② 에러의 검출, 제어
③ 신호의 증폭, 재생
④ 회선의 감시, 접속 제어

11 DCE에 대한 설명으로 틀린 것은?

① 데이터 회선 종단 장치를 뜻한다.
② 디지털 전송 설비가 사용될 때 DSU가 적합하다.
③ 공중 전화망에 접속할 경우에는 MODEM이 적합하다.
④ 전송 데이터의 오류 제어 및 변복조 기능을 갖는다.

12 DCEData Circuit-terminating Equipment에 속하지 않는 것은?

① MODEM 장치 ② DSU 장치
③ CSU 장치 ④ FEP 장치

13 T-1급 혹은 E-1급 전용선을 사용하여 네트워크를 구축할 경우 적합한 디지털 전송 장비는?

① CSU ② MODEM
③ CCU ④ CODEC

14 통신망의 크기network coverage에 따라 통신망을 분류할 때 적절하지 않은 것은?

① LAN ② MAN
③ WAN ④ CAN

15 다음 설명에 해당하는 통신망은?

- 제한된 지역 내의 통신
- 파일 공유
- 공중망을 이용하는 광역 통신망에 대조되는 통신망
- 소 단위의 고속 정보 통신망

① 종합 정보 통신망ISDN
② 부가가치 통신망VAN
③ 근거리 통신망LAN
④ 가입 전산망Teletex

16 정보 통신 기술 발전에 의해 출현한 정보화의 한 형태로서, 한 건물 또는 공장, 학교 구내, 연구소 등 일정 지역 내에 설치된 통신망으로서 각종 기기 사이의 통신을 실행하는 통신망은?

① LAN ② WAN
③ MAN ④ ISDN

17 LANLocal Area Network의 특성이 아닌 것은?

① 고속 통신이 가능하다.
② 구성 및 연결, 사용 방법이 복잡하다.
③ 패킷 지연이 최소화된다.
④ 네트워크 유지, 보수, 운용이 용이하다.

18 지방과 지방, 국가와 국가, 국가와 대륙, 전 세계에 걸쳐 형성되는 통신망으로 지리적으로 멀리 떨어져 있는 넓은 지역을 연결하는 통신망은?

① PAN ② LAN
③ MAN ④ WAN

19 WAN과 LAN에 대한 설명으로 옳지 않은 것은?

① WAN은 국가망 또는 각 국가의 공중 통신망을 상호 접속시키는 국제 정보 통신망으로 설계 및 구축, 운용된다.
② LAN은 사용자 구내 망으로 구축되며, 제한된 영역에서 구내 사설 데이터 통신망으로 운영될 수 있다.
③ LAN의 대표적인 예로는 일반 음성 전화망인 PSTN, 패킷 교환 데이터 통신망인 PSDN 등이 있다.
④ WAN은 공중 통신망 사업자가 구축하고, 일반 대중 기업자들에게 보편적인 정보 통신 서비스를 제공한다.

20 컴퓨터끼리 또는 컴퓨터와 단말기 사이 등에서 정보 교환이 필요한 경우, 이를 원활하게 하기 위하여 정한 여러 가지 통신 규약을 무엇이라 하는가?

① protocol ② link
③ terminal ④ interface

21 통신 프로토콜의 정의로 가장 올바른 것은?

① 정보 전송의 통신 규약이다.
② 통신 하드웨어의 표준 규격이다.
③ 통신 소프트웨어의 개발 환경이다.
④ 하드웨어와 사람 사이의 인터페이스다.

22 정보를 송수신할 수 있는 능력을 가진 개체로서, 주어진 입력에 대하여 어떤 기능을 수행하고 출력하는 것은?

① 데이터data ② 엔티티entity
③ 프로토콜protocol ④ 스테이트state

23 통신 프로토콜의 기본 구성 요소는?

① 주소 지정, 연결 해제, 계층 구조
② 데이터 형식, 코딩, 신호 레벨
③ 제어 정보, 에러 정보, 분할 정보
④ 구문, 의미, 타이밍

24 프로토콜의 구성 요소가 아닌 것은?

① 엔티티entity ② 구문syntax
③ 의미semantic ④ 타이밍timing

25 프로토콜의 주요 구성 요소 중에서 데이터의 구조나 형식 등을 규정하는 것은?

① 타이밍 ② 구문
③ 의미 ④ 표준

26 프로토콜의 구성 요소 중 "통신할 신호들의 실제 의미"란 뜻으로 상호 협상과 오류 처리에 대한 제어 정보 등이 포함되어 있는 것은?

① 의미semantics ② 구문syntax
③ 타이밍timing ④ 포맷format

27 프로토콜의 주요 요소 중에서 데이터 전송 시기와 전송 속도에 관한 특성을 나타내는 것은?

① 타이밍 ② 구문
③ 의미 ④ 표준

28 통신 프로토콜의 기능과 관계가 없는 것은?

① 오류 제어 ② 흐름 제어
③ 전송 제어 ④ 연결 제어

29 송신기에서 발생된 정보의 정확한 전송을 위해 사용자 정보에 헤더header와 트레일러trailer를 부가하는 과정을 무엇이라 하는가?

① 정보의 조립
② 정보의 분할
③ 정보의 캡슐화
④ 정보의 다중화

30 출발지에서 목적지까지 이용 가능한 전송로를 찾아본 후에 가장 효율적인 전송로를 선택하는 것은?

① Routing ② DNS
③ Peer ④ Hub

31 프로토콜의 기능 중 흐름 제어에 대한 설명으로 옳은 것은?

① 연결 설정, 데이터 전송, 연결 해제의 기능
② 하나의 통신로를 다수의 가입자들이 동시에 사용하도록 하는 기능
③ 송수신하는 두 기기 간의 처리 속도에 따라 통신 속도를 조절하는 기능
④ 통신 개시에 앞서 데이터링크를 설정하고 순서에 맞는 전달 제어 및 오류 제어를 설정하는 기능

32 정보 통신 표준에서 표준 규정에 해당되지 않는 것은?

① 권고 표준
② 기본 표준
③ 기능 표준
④ 시험 표준

33 데이터 통신의 물리적인 연결 인터페이스와 전자 신호의 규격을 주로 규정하는 표준화 기구는?

① RFC ② EIA
③ IEEE ④ ITU-R

34 표준 제정을 위한 표준 기구와 거리가 먼 것은?

① ANSI ② ITU-T
③ IEEE ④ OSI

35 표준화 단체인 IETF가 인터넷 표준화를 위해 만든 작업 문서를 무엇이라 하는가?

① RFC ② NFC
③ TFC ④ IFC

36 정보 통신 기술 분야의 표준화를 목적으로 한 국제 표준화 기구는?

① ITUInternational Telecommunication Union
② ISOInternational Organization for Standardization
③ IEEEInstitute of Electrical and Electronics Engineers
④ TTATelecommunication Technology Association

37 ITU-T에 관한 내용과 거리가 먼 것은?

① CCITT의 후신이다.

② 전기 통신 일반에 관한 표준을 제정한다.

③ 무선 통신 시스템에 관한 표준을 제정한다.

④ 전화 및 데이터 통신 시스템에 관한 표준을 제정한다.

38 여러 가지 데이터를 처리한 후, 특정 목적을 수행하기 위하여 체계화한 것을 무엇이라고 하는가?

39 데이터 통신 시스템이 최초로 사용된 분야는?

40 현재 사용하는 인터넷의 효시가 된 컴퓨터 네트워크는?

41 DTE에서 출력되는 디지털 신호를 디지털 회선망에 적합한 신호 형식으로 변환하는 장치는?

42 1993년까지 CCITT라는 이름으로 표준화 활동을 해왔으며 전화 전송, 전화 교환, 신호 방법 등에 관한 여러 표준을 권고한 표준화 기구는?

43 변화하는 네트워크 환경에 따라 새로운 기술들을 제시하고 인터넷 표준안을 제정하기 위한 기술 위원회는?

44 인터넷의 표준 문서를 무엇이라 하는가?

45 데이터와 정보의 차이를 설명하시오.

46 데이터 통신 시스템의 5가지 구성 요소에 대해 설명하시오.

47 통신 제어 장치의 기능 5가지를 써보시오.

48 모뎀MODEM과 디지털 서비스 유닛DSU의 차이점을 설명하시오.

49 데이터 전송 시스템의 전송 제어 장치인 DCE 기능에 대해 설명하시오.

50 WAN, MAN, LAN을 간단하게 설명하시오.

51 통신 시스템을 LAN이나 WAN으로 구분하는 요소는 무엇인지 설명하시오.

52 internet과 Internet이 어떻게 다른지 설명하시오.

53 데이터 통신 시스템에서 프로토콜이 필요한 이유를 설명하시오.

54 프로토콜의 주요 기능을 간단하게 설명하시오.

55 표준이 필요한 이유를 설명하시오.

56 우리나라의 정보 통신 분야 기술 기준 및 각종 프로토콜에 대한 표준화 업무를 어느 곳에서 추진하고 있는지 쓰시오. 국제적인 표준화 기구 또는 주요 각국의 표준화 업무를 수행하고 있는 기구를 4개만 열거하시오.

1 ②	2 ②	3 ④	4 ①	5 ①	6 ④	7 ④	8 ④	9 ②	10 ③
11 ④	12 ④	13 ①	14 ④	15 ③	16 ①	17 ②	18 ④	19 ③	20 ①
21 ①	22 ②	23 ④	24 ①	25 ②	26 ①	27 ①	28 ③	29 ③	30 ①
31 ③	32 ①	33 ②	34 ④	35 ①	36 ①	37 ③			

CHAPTER 02
OSI 참조 모델

학습목표

- OSI 참조 모델의 목적과 주요 기능에 대해 설명할 수 있다.
- OSI 참조 모델의 7개 계층의 기능에 대해 설명할 수 있다.
- OSI 참조 모델의 계층 간 기본적인 통신 프로세스에 대해 설명할 수 있다.

01 OSI 참조 모델의 목적과 동작

1 OSI 참조 모델의 등장 배경

통신 기능은 요구 사항이 상당히 복잡해 단일 기능 모듈로 설계하기가 매우 어렵다. 일반적으로 복잡한 시스템은 작은 기능 모듈로 나누어 설계해야 복잡도를 낮출 수 있고 설계와 구현, 오류 수정, 유지 보수 등이 용이하다. 그래서 프로토콜 기능도 다수의 기능 모듈로 나누어 설계되었다. 기능 모듈은 고유 기능을 가지면서 다른 기능 모듈과 상호 작용한다.

프로토콜 모델에서는 각 계층layer이 기능 모듈에 해당된다. 각 계층은 독립적으로 설계될 뿐 아니라 구현 및 수정도 다른 계층과 별개로 진행될 수 있다.

통신을 위한 규약인 프로토콜이 호환되면 통신 기기 또는 시스템 간 정보 교환이 가능하다. 초기의 네트워크도 프로토콜에 따라 통신했다. 그런데 당시에는 특정 회사가 자사의 장비들을 연결하기 위해 만든 프로토콜이라 서로 다른 네트워크 간에는 호환되지 않아 결과적으로 사용자들이 한 회사의 시스템에 종속되는 문제가 있었다. 그러자 1970년대에 들어와서 서로 다른 시스템 간에도 통신이 가능한 네트워크 장비를 개발하기 위해 개방형 네트워크 구조에 대한 요구가 매우 커졌다.

ISOInternational Standards Organization에서는 서로 다른 기종 간의 데이터 통신을 위해 OSIOpen System Interconnection 7계층 모델을 제안하였다. 이 모델은 1984년에 표준화가 이루어졌는데, 표준화 과정이 더디게 진행되면서 이미 산업계에서는 알파넷ARPANET에서 발전된 TCP/IP 프로토콜이 주로 사용되고 있는 상황이었다. 그 후 인터넷이 급속도로 확산되면서 지금도 OSI 모델보다는 TCP/IP 모델이 컴퓨터 통신을 위한 사실상의 표준 모델로 사용되고 있다. OSI 계층 모델은 구조적인 측면에서는 매우 논리적이지만 산업계에서는 사용되지 않았다. 다만, 새로운 프로토콜을 이해하거나 설계할 때 큰 도움이 되기 때문에 참조 모델로 남게 되었다.

OSI 모델은 TCP/IP 프로토콜 이후에 표준화가 완성되었다. 대부분의 전문가들은 OSI 모델이 TCP/IP 모델을 모두 대체할 것이라고 생각했다. 하지만 이러한 현상이 일어나지 않았고 그 이유는 다음 세 가지로 요약할 수 있다.

첫째, TCP/IP 모델이 완전히 자리 잡고, 많은 자금과 시간이 TCP/IP 모델에 투자되었을 때 OSI 모델이 완성되었기 때문이다. 다른 모델로 변경하려면 많은 비용이 들어간다.

둘째, OSI 모델의 일부 계층은 완전히 정의되지 않았기 때문이다. 예를 들어, 세션 계층과 표현 계층에 대한 실제 프로토콜은 완전히 정의되지 않았고 대응하는 소프트웨어도 완전히 개발되지 않았다.

셋째, OSI가 TCP/IP에 비해 충분히 높은 수준의 성능을 보여주지 못했기 때문이다.

NOTE 개방형 시스템(open system)

개방형 시스템이란 서로 다른 특성을 지닌 컴퓨터나 정보 처리 기기들 사이에서 상호 연결이 가능한 시스템으로, 제조 업체나 기종에 상관없이 접속할 수 있는 시스템을 통틀어 일컫는 말이다. 이에 대응하는 시스템을 폐쇄형 시스템(closed system)이라고 한다.

2 OSI 참조 모델의 구성

OSI 참조 모델OSI reference model은 통신망을 통한 통신 시스템의 상호 접속에 필요한 제반 통신 절차를 7개의 계층으로 분류하여 정의하였다. 또한 각 계층 간 독립성을 유지할 수 있도록 하였으며, 어느 한 모듈에 대한 변경이 다른 전체 모듈에 미치는 영향을 최소화하는 데 목적을 두고 있다.

OSI 참조 모델은 [그림 2-1]과 같이 7개의 계층으로 구성되어 있다. 제1계층은 물리 계층physical layer, 제2계층은 데이터링크 계층data link layer, 제3계층은 네트워크 계층network layer, 제4계층은 전송 계층transport layer, 제5계층은 세션 계층session layer, 제6계층은 표현 계층presentation layer, 제7계층은 응용 계층application layer이다. 참고로 TCP/IP 프로토콜은 물리 계층, 데이터링크 계층, 인터넷 계층, 전송 계층, 응용 계층의 5개 계층으로 구성되어 있다. 물리 계층과 데이터링크 계층을 합하여 네트워크 액세스 계층network access layer 또는 네트워크 인터페이스 계층network interface layer이라고 부르기도 한다.

하위 계층인 물리 계층, 데이터링크 계층, 네트워크 계층은 정보 전송 기능을 담당하며, 실제로 데이터가 공간을 이동하는 것과 관련된 기능을 수행한다. 상위 3개의 계층인 세션 계층, 표현 계층, 응용 계층은 정보 처리 기능을 담당하며, 중간의 전송 계층은 하위 계층과 상위 계층을 연결하는 기능을 수행한다. 보통 4~7계층의 작업은 컴퓨터 내부에서 수행된다.

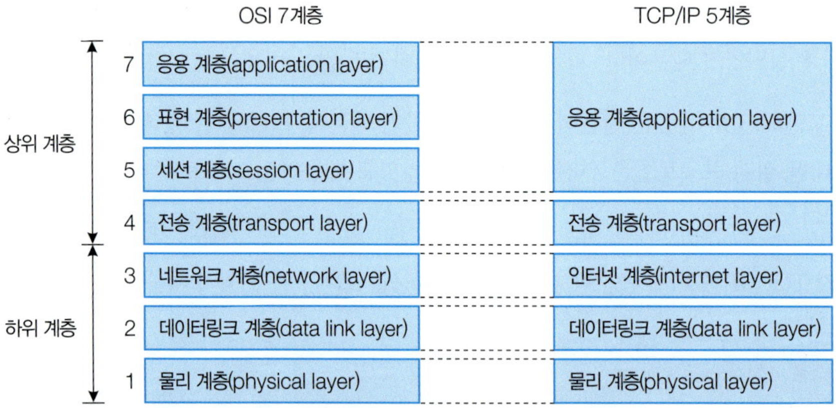

그림 2-1 OSI 7계층과 TCP/IP 5계층 구조 비교

OSI 7계층 모델에서 각 계층의 주요 기능은 [표 2-1]과 같다.

표 2-1 OSI 모델에서 각 계층의 주요 기능

계층	주요 기능
7. 응용 계층	• 사용자가 네트워크에 접속하는 것을 가능하게 하고, 사용자 인터페이스를 제공 • 파일 전송이나 이메일 같은 종단 사용자end user 서비스 제공
6. 표현 계층	• 데이터의 표현을 공통된 형식으로 변환 • 압축, 암호화 기능 수행
5. 세션 계층	• 특정 프로세스 간에 세션session이라는 연결을 확립하고 유지 • 응용 프로그램 간에 데이터 전송을 위한 동기화, 데이터의 오류 검사 및 복구
4. 전송 계층	• 종단 간end-to-end 신뢰성 있는 데이터 전송 • 종단 간 오류 제어, 흐름 제어, 전송 제어
3. 네트워크 계층	• 호스트 간의 데이터 전송 기능host-to-host packet delivery • 데이터의 전송 경로 설정routing
2. 데이터링크 계층	• 인접 노드 사이의 데이터 전송 기능 수행node-to-node frame delivery • 인접 노드 사이의 오류 제어, 흐름 제어, 전송 제어
1. 물리 계층	• 물리적인 전송로를 제공 • 전송 방식, 신호 형태, 케이블 형태

3 OSI 7계층의 동작

계층화 구조

정보가 장치 A에서 장치 B로 전송될 때 관련된 계층은 [그림 2-2]와 같다. 전송 과정에서 많은 노드를 경유할 수 있는데 중간 경유지에 있는 노드들은 보통 OSI 모델의 하위 3개 계층만 관련되어 있다. 또한 각 계층은 하위 계층을 통해 서비스를 받고 상위 계층으로 서비스를 제공하도록 규정되어 있다. 예를 들어, 네트워크 계층은 데이터링크 계층을 통해 서비스를 받고, 상위 계층인 전송 계층에 작업한 내용을 서비스하는 식이다.

장치들 사이에서 장치 A의 (*N*)계층은 장치 B의 (*N*)계층과 통신한다. 이러한 통신은 프로토콜에 의해 제어된다. 해당 계층에서 통신하는 각 장치의 프로세스를 대등-대-대등 프로세스 peer-to-peer process라고 한다. 그러므로 장치 간 통신은 적절한 프로그램을 사용하는 해당 계층의 대등-대-대등 프로세스다.

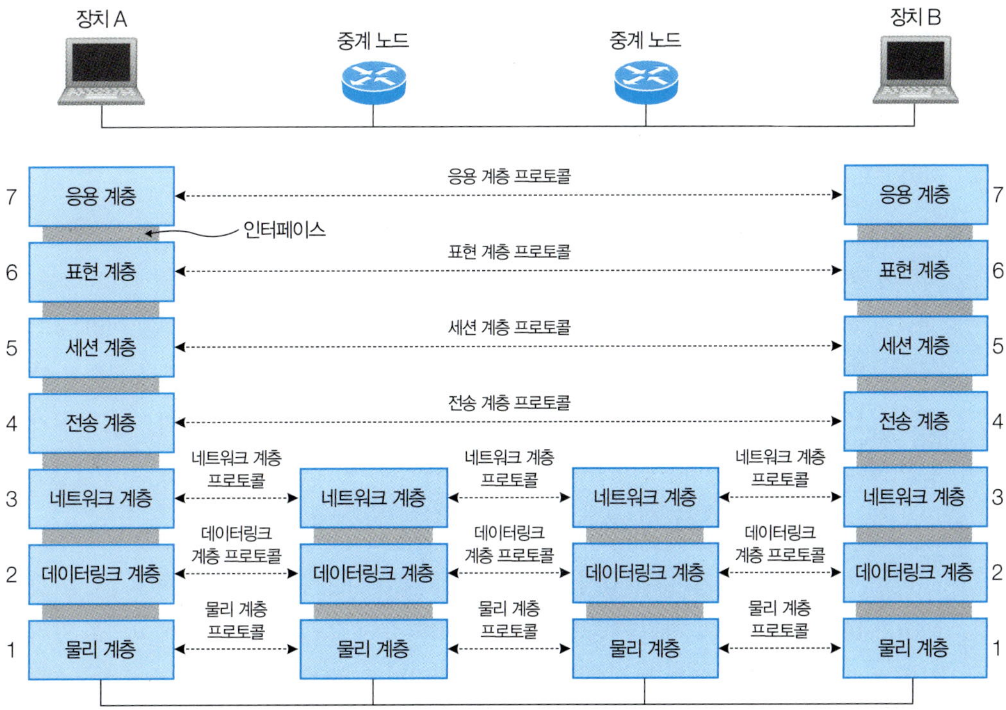

그림 2-2 OSI 모델의 계층 간 상호 작용

프로토콜과 인터페이스

각 계층 프로토콜은 동일 계층 사이peer-to-peer에 존재한다. 즉, 장치 A의 프로토콜 개체는 장치 B의 동등peer 프로토콜 개체와 약속된 프로토콜에 따라 동작한다. 각 계층에 대한 프로토콜 관계는 [그림 2-3]과 같다.

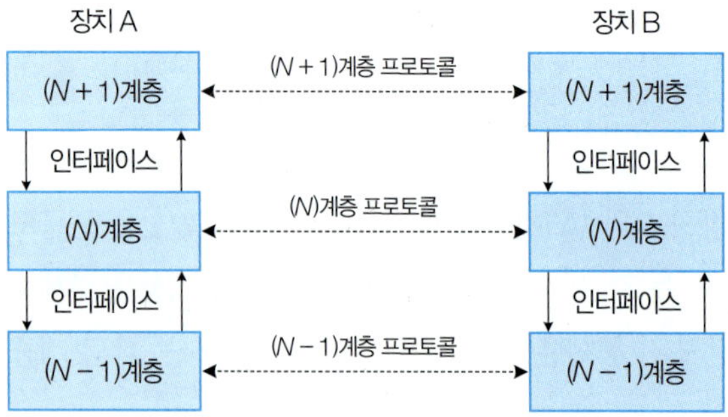

그림 2-3 계층 구조에서 프로토콜과 인터페이스

동일한 장치 내에서 다른 계층과 상호 작용하는 것을 인터페이스interface라고 한다. 계층 간 인터페이스는 다른 계층에게 서비스를 요구하고 그 결과를 받는 동작이다.

서비스 프리미티브

서비스 프리미티브service primitive는 인터페이스를 통해 이루어지는 계층 간 상호 작용을 추상화하여 단순한 모습으로 제공하기 위한 서비스 단위다. 상위 계층은 하위 계층에 서비스를 요구하고, 하위 계층은 상위 계층에 서비스를 제공한다. 인터페이스가 추상적abstract이라는 의미는 시스템의 서비스를 사용자에게 나타낼 때 내부의 복잡한 모습은 감추고 단순화하여 나타낸다는 것이다. 추상화를 이용하여 단순화된 모습으로 서비스를 표현함으로써 사용자가 기능을 이해하기 쉽고, 사용하기에 더 용이하다는 장점이 있다.

[그림 2-4]와 같이 서비스 프리미티브에는 request요구, indication지시, response응답, confirm확인의 네 가지가 있다. 장치 A 사용자가 장치 B 사용자에게 서비스를 요청하는 것이 request이고, 이 요청이 하위 계층에 의해 장치 B까지 전달되어 사용자에게 요청을 알리는 것이 indication이다. 장치 B 사용자가 요청을 처리하여 응답 보내는 것을 response라 하고, 이것이 하위 계층에 의해 장치 A로 전달되어 서비스를 요청했던 사용자에게 알리는 것을 confirm이라고 한다.

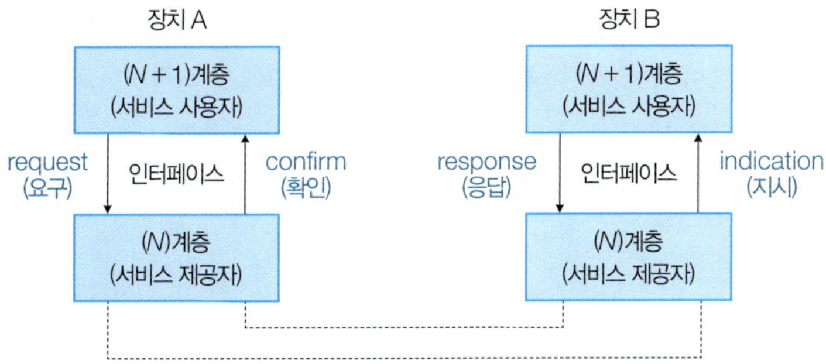

그림 2-4 서비스 프리미티브

장치 A에서 장치 B에 데이터를 전달하고 B가 이에 대한 응답을 A에 전달하는 서비스일 경우 [그림 2-4]처럼 4개의 서비스 프리미티브를 모두 이용한다. 그러나 서비스 요청만 있고 응답이 없는 서비스일 경우에는 요구 데이터만 전달하기 때문에 request요구와 indication지시 2개만 이용한다.

캡슐화와 역캡슐화

각 계층은 [그림 2-5]와 같이 전송 데이터에 각 계층의 요구 조건과 정보가 들어 있는 헤더header나 트레일러trailer라는 고유의 제어 정보를 추가하여 아래 계층으로 보낸다. 이러한 과정

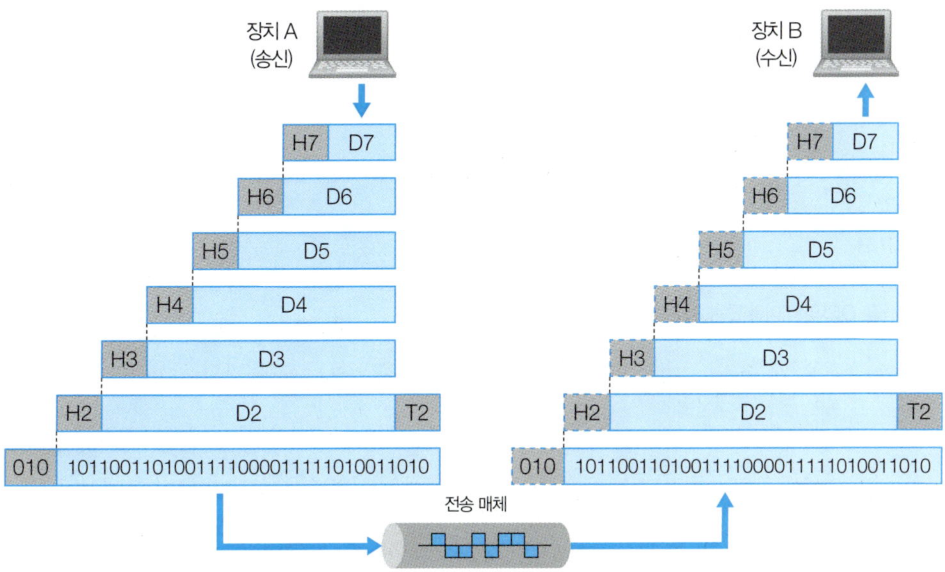

그림 2-5 데이터의 캡슐화 및 역캡슐화

을 데이터의 캡슐화encapsulation라고 한다. 헤더는 수신 측의 동일 계층에 의해 해석되고 처리된다. 예를 들면 장치 A의 5계층에서 추가된 헤더는 장치 B의 5계층에서 해석되며, 해석된 헤더는 요구된 작업을 수행한 다음 제거된 상태로 위 계층으로 올라가 최종적으로 장치 B에는 데이터만 전송된다. 수신 측에서 헤더를 제거하는 작업을 역캡슐화decapsulation라고 한다.

데이터 단위

OSI 모델에서 데이터 단위는 두 가지로, 서비스 데이터 단위Service Data Unit, SDU와 프로토콜 데이터 단위Protocol Data Unit, PDU가 있다.

- SDU : 상위 계층과 하위 계층 간의 인터페이스를 통해 전달되는 실제 정보
- PDU : 동일 계층peer-to-peer 간에 운반(교환)되는 데이터(PDU = SDU + 헤더)

[그림 2-6]에서 $SDU_{(N)}$은 SAPService Access Point를 통해 $(N+1)$계층에서 (N)계층으로 넘겨주는 데이터 단위가 되고, $PDU_{(N)}$은 (N)계층 프로토콜에 따라 송수신되는 데이터 단위를 나타낸다. 즉, $PDU_{(N)}$은 $SDU_{(N)}$에 헤더에 해당하는 $PCI_{(N)}$을 추가한 데이터 단위가 된다. PCIProtocol Control Information에는 발신지 주소, 수신지 주소, 순서 번호, 오류 제어 정보 등이 들어 있다.

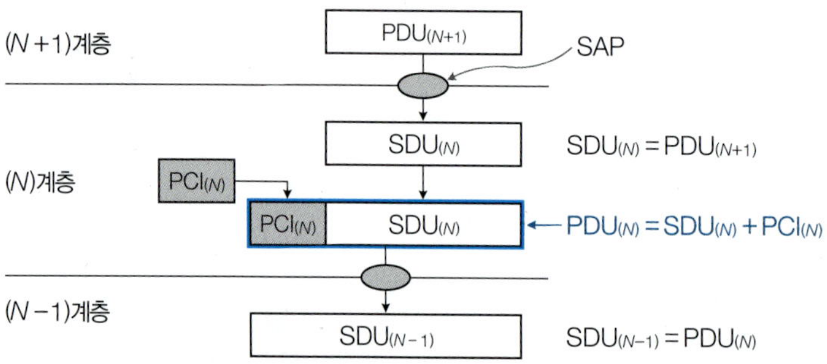

그림 2-6 OSI의 데이터 단위(SDU와 PDU 관계)

OSI 모델에서는 [표 2-2]와 같이 계층마다 PDU의 이름을 달리하여 사용한다. 2계층 PDU는 프레임frame, 3계층 PDU는 패킷packet 또는 데이터그램datagram, 4계층 PDU는 세그먼트segment, 5계층 이상에서는 메시지message라고 부른다.

표 2-2 OSI 모델의 PDU

계층	PDU
7. 응용 계층	메시지message
6. 표현 계층	
5. 세션 계층	
4. 전송 계층	세그먼트segment
3. 네트워크 계층	패킷packet / 데이터그램datagram
2. 데이터링크 계층	프레임frame
1. 물리 계층	비트bit

NOTE 트레일러에 들어 있는 프로토콜 제어 정보(PCI)

트레일러를 주로 사용하는 계층은 데이터링크 계층이고, 오류를 검출하는 데 사용하는 정보가 들어 있다. 이 정보를 헤더에 포함시킬 수도 있다. 하지만 일반적으로 오류 검출을 할 때는 메시지의 처음부터 마지막까지 모든 부분에 대해서 순서대로 읽어가며 처리해야 하기 때문에 마지막에 붙이는 것이 처리하기 좋다.

02 OSI 7계층의 계층별 기능

1 물리 계층

OSI 참조 모델에서 최하위 계층인 물리 계층physical layer에서는 물리적인 전송 매체를 통해 데이터를 목적지까지 전송하기 위해 필요한 기능들을 제어한다. 물리 계층은 인터페이스의 기계적·전기적 규격과 인터페이스를 규정한다. 또한 물리적인 장치와 인터페이스가 전송을 위해 필요한 기능과 처리 절차를 규정한다.

- 기계적 특성 : DTE와 DCE 사이의 물리적인 연결에 관한 사항이다. 주로 케이블의 종류, 커넥터의 외형, 핀 수 등의 내용을 규정한다. 예를 들어 RS-232C는 대표적인 물리 계층의 프로토콜이며 EIA-232C라고도 불린다. 기계적인 규격은 양 끝에 암수의 DB-25 핀 커넥터가 연결된 25선 케이블로 인터페이스를 정의한다. 이 표준은 컴퓨터에서 USBUniversal Serial Bus가 사용되기 이전에 단말 장치와 모뎀을 연결하는 직렬 포트로 널리 사용되었다.
- 전기적 특성 : 신호 형식(아날로그, 디지털), 전송 방식(베이스밴드 전송, 브로드밴드 전송), 부호화 방식(ASK, FSK, PSK, QAM 등), 변조 방식(AM, FM), 신호의 전압 레벨(논리 1을 +5V로 할 것인지 +12V로 할 것인지), 신호의 타이밍 등 주로 전기적인 특성을 규정한다. 이러한 특성에 따라 전송 거리와 전송 속도가 결정된다.
- 기능적 특성 : 인터페이스의 각 핀이 수행하는 기능을 규정한다. 예를 들면, 송신용 핀을 1번으로 할지 3번으로 할지를 정한다.
- 절차적 특성 : 인터페이스의 기능적인 특징을 사용하여 데이터를 교환할 때 일련의 절차를 규정한다. 예를 들면, 인터페이스의 몇 번 핀이 처음으로 동작하여 데이터를 보낼 준비가 완료되었음을 알리고, 모든 전송이 완료되었을 때 또 다른 몇 번 핀으로 신호가 전달되어 이런 사실을 알릴 것인지와 같은 일련의 절차를 규정하고 있다.

[그림 2-7]은 전송 매체와 데이터링크 계층에 관련된 물리 계층의 위치를 나타내고 있다.

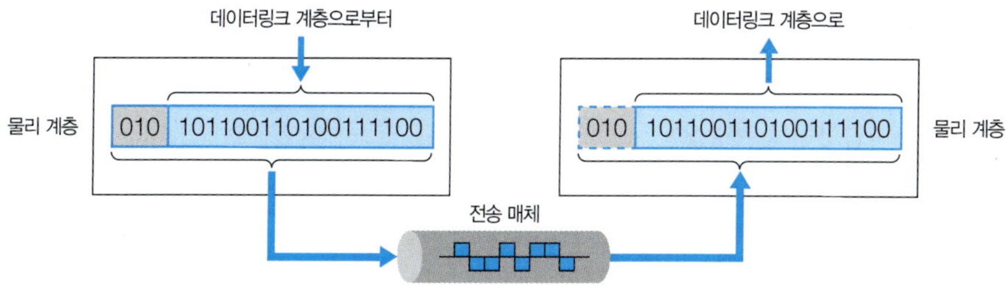

그림 2-7 물리 계층의 기능

대표적인 물리 계층 프로토콜에는 ITU-T의 V.21, V.22, V.29, X.21, X.21bis 등과 EIA의 RS232C, RS-442, RS-449 등이 있다. 물리 계층과 관련된 주요 기능은 다음과 같다.

- 인터페이스와 전송 매체의 물리적인 특성 : 장치와 전송 매체 간의 인터페이스 특성을 규정한다. 또한 전송 매체의 유형에 대해서도 규정한다.
- 비트의 표현 : 비트를 전송하려면 전기적인 신호나 광학적인 신호로 부호화해야 한다. 물리 계층은 부호화의 유형을 규정한다(0과 1을 신호로 변환하는 방법).
- 데이터 속도 : 전송 속도(초당 전송되는 비트 수)도 물리 계층에서 규정한다.
- 비트의 동기화 : 송신자와 수신자는 같은 비트를 사용해야 한다. 즉, 송신자와 수신자는 같은 클록을 사용해야 한다.
- 회선 구성 : 2개 이상의 장치들에 대한 물리적인 연결 방법을 제공하는 것으로 점대점 방식과 다중점 방식이 있다. 전송 회선의 공유 여부 및 사용 권한도 규정한다.
- 접속 형태 : 장치들이 어떤 방식으로 연결되어 네트워크를 구성하는지를 결정한다. 메쉬형, 스타형, 링형, 버스형, 혼합형 등이 있다.
- 데이터 전송 방식 : 두 장치 사이의 데이터 전송 방향을 결정한다. 단방향 방식, 반이중 방식, 전이중 방식이 있다.

2 데이터링크 계층

데이터링크 계층data link layer은 인접하는 두 노드(컴퓨터, 라우터 등)를 직접 연결하는 링크상에서 프레임 전달을 담당한다. 데이터링크 계층에서 인접 노드 간 데이터 전송을 hop-by-hop 또는 node-by-node 전송이라 한다. 이를 그림으로 나타내면 [그림 2-8]과 같다. 프레임을 A에서 F로 전달하는 동안 세 부분에서 전송이 일어난다.

먼저, A의 데이터링크 계층은 B(라우터)의 데이터링크 계층에 프레임을 보낸다. 이어서 B의 데이터링크 계층은 E의 데이터링크 계층으로 새 프레임을 보낸다. 마지막으로 E의 데이터링크 계층은 F의 데이터링크 계층으로 새 프레임을 보낸다. 노드들 사이에 교환되는 프레임의 각 헤더는 서로 상이한 값을 갖는다. A에서 B로 전달되는 프레임에는 B가 목적지 주소가 되고, A가 발신지 주소가 된다. B에서 E로 가는 프레임에는 E가 목적지 주소가 되고 B가 발신지 주소가 된다. 트레일러의 값들도 다를 수 있다.

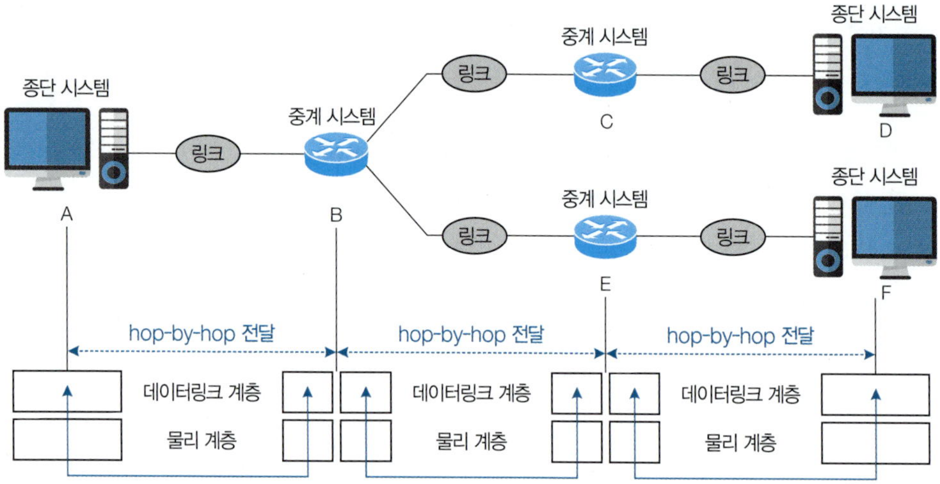

그림 2-8 데이터링크 계층의 지점 대 지점hop-by-hop 전달

데이터링크 계층에서는 [그림 2-9]와 같이 네트워크 계층에서 내려온 데이터에 헤더와 트레일러를 덧붙여서 프레임frame을 구성하여 흐름 제어와 오류 제어(또는 에러 제어)를 통해 신뢰성 있는 프레임 단위의 전달을 제공한다. 헤더 부분에는 데이터의 시작을 나타내는 표시와 목적지 주소 등이 들어가고, 트레일러 부분에는 전송 에러를 검출하기 위한 오류 제어 정보가 들어간다.

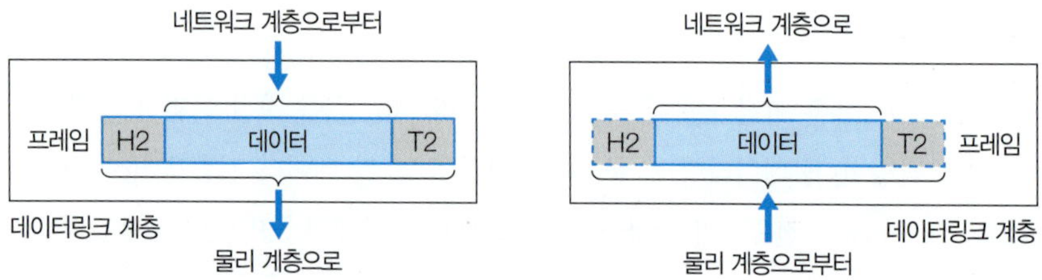

그림 2-9 데이터링크 계층의 캡슐화 및 역캡슐화

신뢰성 있는 프레임을 전달하기 위한 데이터링크 계층의 주요 기능은 다음과 같다.

- 프레임 구성 : 네트워크 계층으로부터 받은 비트 스트림을 일정한 길이로 분할하여 프레임 단위로 나눈다.
- 주소 지정 : 송신자와 수신자의 물리 주소를 프레임 헤더에 추가한다. 만약 수신자가 송신자 네트워크의 외부에 있는 시스템일 경우 수신자 주소는 다음 네트워크에 연결된 접속 장치의 주소가 된다.
- 흐름 제어 : 송수신 시스템의 처리 속도가 다를 때 수신 측의 데이터 처리 능력을 넘어서지 않도록 조절하는 기능이다. 정지-대기stop-and-wait 방식과 슬라이딩 윈도sliding window 방식이 있다.
- 오류 제어 : 에러가 발생한 프레임을 검출하고 이를 재전송하거나 복구하는 기능을 말한다. 주로 ARQ 방법이 사용되며 실제 프로토콜에서는 흐름 제어와 결합되어 구현된다.
- 접근 제어 : 둘 이상의 장치가 같은 링크에 연결되어 있을 때 어떤 장치가 매체를 사용할 것인지를 결정하기 위한 기능이다.
- 동기화 : 각 프레임의 시작과 끝을 정확하게 수신 측에 알려서 프레임에 대한 동기화 기능을 제공한다.

대표적인 데이터링크 계층 프로토콜에는 HDLCHigh-level Data Link Control, BSCBinary Synchronous Control, PPPPoint-to-Point Protocol, LAN에서 사용하는 LLCLogical Link Control 등이 있다.

3 네트워크 계층

네트워크 계층network layer에는 패킷을 발신지로부터 여러 네트워크(링크)를 경유하여 목적지까지 전달하는 기능이 있다. 데이터링크 계층이 인접한 두 노드(컴퓨터, 라우터 등) 간에 프레임을 전달한다면, 네트워크 계층은 각 패킷의 발신지에서부터 최종 목적지까지 패킷을 전달한다. 이를 종단 간 전달end-to-end delivery이라고 하며, 그림으로 나타내면 [그림 2-10]과 같다.

A의 네트워크 계층은 B의 네트워크 계층으로 패킷을 보낸다. 라우터 B에서 패킷을 받으면 라우터 B는 패킷의 최종 목적지 F에 근거하여 경로를 결정한다. 라우터 B는 라우팅 테이블routing table을 사용하여 라우터 E로 전달할 것을 결정한다. 마지막으로 E의 네트워크 계층은 F의 네트워크 계층으로 패킷을 전달한다.

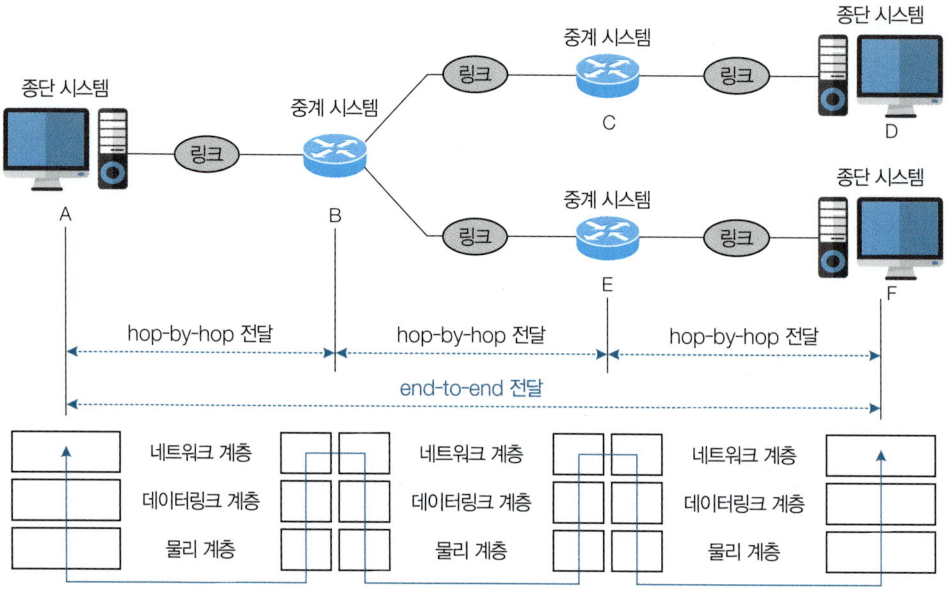

그림 2-10 네트워크 계층의 종단 간end-to-end **전달**

[그림 2-11]은 네트워크 계층에서 이루어지는 동작을 나타낸 것이다. 송신 측의 네트워크 계층은 전송 계층에서 전달받은 데이터를 패킷(데이터 + 헤더)으로 구성하여 데이터링크 계층으로 내려보낸다. 수신 측의 네트워크 계층은 데이터링크 계층으로부터 받은 데이터에서 헤더를 제거한 후, 전송 계층으로 올려보낸다.

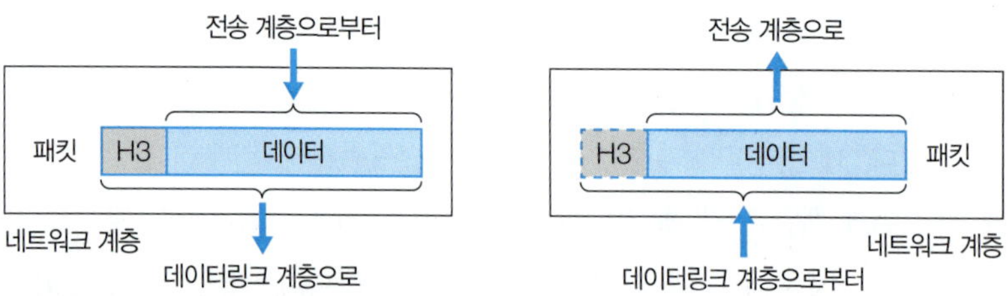

그림 2-11 네트워크 계층의 캡슐화 및 역캡슐화

네트워크 계층의 주요 기능은 다음과 같다.

- 패킷 전달 : 발신지에서 목적지까지 패킷을 전달하는 기능이다.
- 논리 주소 지정 : 발신지와 목적지의 논리 주소logical address를 헤더에 추가하는 기능이다. 논리 주소는 전송 도중에 바뀌지 않는다.

- 라우팅routing(경로 배정) : 발신지에서 목적지까지 데이터가 전송될 수 있는 여러 경로 중 가장 적절한 전송 경로를 선택하는 기능이다.
- 다중화multiplexing : 하나의 데이터 회선을 사용하여 동시에 많은 상위 프로토콜과의 데이터 전송을 수행하는 기능이다.
- 폭주 제어congestion control : 일시적으로 과도한 패킷이 네트워크로 유입되어 일어날 수 있는 폭주를 제어하는 기능이다.

대표적인 네트워크 계층 프로토콜에는 ITU-T의 X.25, TCP/IP의 IPInternet Protocol 프로토콜 등이 있다.

4 전송 계층

컴퓨터는 여러 개의 프로그램을 동시에 실행하는 경우가 많다. 그러므로 발신지에서 목적지로 메시지를 전달하는 것은 한 컴퓨터에서 다른 컴퓨터로 메시지를 전달하는 것을 의미할 뿐 아니라 한 컴퓨터의 특정 프로세스(실행 중인 응용 프로그램)에서 다른 컴퓨터의 특정 프로세스로 메시지를 전달하는 것을 의미한다.

전송 계층transport layer은 하부 네트워크와 독립적으로 신뢰성 있는 프로세스 상호 간의 완전한 메시지 전달 기능을 제공한다. 즉, 프로세스-대-프로세스process-to-process 전달을 제공한다. 이를 그림으로 나타내면 [그림 2-12]와 같다.

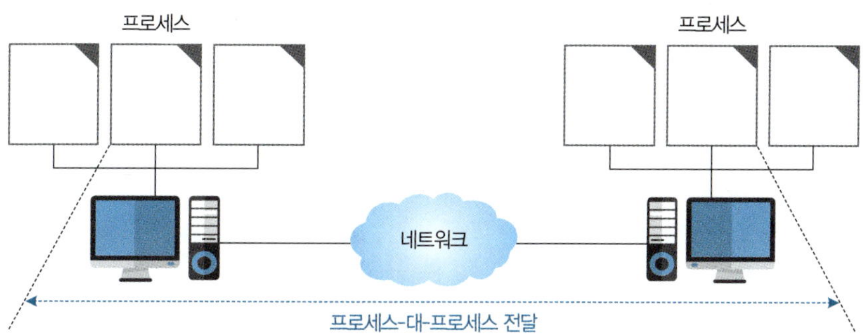

그림 2-12 전송 계층의 프로세스-대-프로세스 전달

네트워크 계층은 개별 패킷들의 종단 간 전달을 담당하지만 패킷들 간의 관계는 전혀 인식하지 못하므로 마치 별개의 메시지인 듯 각각의 패킷을 독립적으로 전달한다. 반면에 전송 계층은 오류 제어와 흐름 제어를 종단 간(발신지–대–목적지) 수준에서 수행하면서 전체 메시지가 올바른 순서대로 도착하는 것을 보장한다.

[그림 2–13]은 전송 계층에서 이루어지는 동작을 나타낸 것이다. 전송 계층이 세션 계층으로부터 받은 데이터에 헤더를 추가하여 네트워크 계층으로 내려보낸다. 전송 계층의 헤더에는 포트 주소port address 또는 소켓 주소라고 불리는 서비스 지점 주소가 들어 있다. 이러한 포트 주소 때문에 송신 측의 데이터가 수신 측의 해당 프로세스로 정확하게 전달되며, 이를 종단 간 전송 기능이라고 한다.

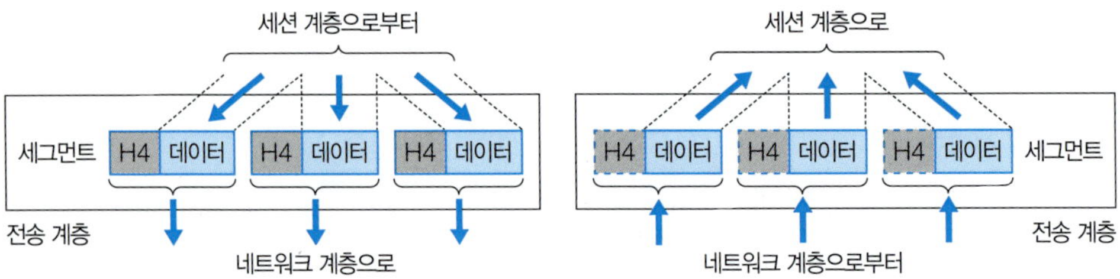

그림 2–13 전송 계층의 캡슐화 및 역캡슐화

전송 계층의 주요 기능은 다음과 같다.

- 서비스 지점 주소 지정 : 전송 계층의 헤더에는 서비스 지점 또는 포트 주소가 들어 있다. 네트워크 계층은 각 패킷을 컴퓨터에 전달하지만 전송 계층은 해당 컴퓨터의 프로세스에 전달한다.
- 분할과 재조립 : 메시지를 세그먼트 단위로 분할하고segmentation 각 세그먼트에는 순서 번호sequence number가 부여된다. 순서 번호는 세그먼트가 목적지에 도착하면 전송 계층이 재조립reassembly할 수 있게 한다.
- 연결 제어 : 전송 계층에는 비연결형 서비스와 연결형 서비스가 있다. 비연결형 서비스는 각 세그먼트를 독립된 패킷으로 취급하여 독자적으로 목적지 시스템의 전송 계층으로 전달한다. 연결형 서비스는 패킷을 전달하기 전에 목적지 시스템의 전송 계층과 연결을 설정한 후 전송한다. 모든 데이터가 전송된 후에는 연결을 종료한다. 즉, 연결형 서비스는 연결 설정 → 데이터 전송 → 연결 해제의 세 단계로 수행된다.
- 흐름 제어 : 데이터링크 계층과 같이 전송 계층도 흐름 제어를 제공한다. 그러나 전송 계층의 흐름 제어는 단일 링크가 아닌 종단 간end-to-end에 수행된다.
- 오류 제어 : 데이터링크 계층과 같이 전송 계층도 오류 제어를 제공한다. 그러나 전송 계층의 오

류 제어는 단일 링크가 아닌 종단 간에 수행된다. 송신하는 전송 계층은 전체 메시지를 보낼 때 오류(에러, 손상, 유실 등) 없이 수신하는 전송 계층에 도착할 수 있게 한다. 오류 정정은 재전송을 통해 이루어진다.

대표적인 전송 계층 프로토콜에는 ISO의 TP Transport Protocol, IETF에서 표준화한 연결형 서비스인 TCP Transmission Control Protocol와 비연결형 서비스인 UDP User Datagram Protocol 등이 있다.

5 세션 계층

세션 계층 session layer은 특정한 프로세스들 사이에서 세션 session이라는 가상 연결을 확립하고 유지하며 동기화하는 기능을 제공한다. 여기서 프로세스는 사용자의 실제 응용 프로그램을 말한다. 한 사용자가 상대방 프로세스와 대화하기를 원한다면 이 대화를 구성하기 위해 양단 간 연결을 설정해야 한다. 일단 연결이 완료되면 순차적인 방법으로 대화를 관장하여 대화의 흐름이 원활하게 이루어지도록 동기화 기능을 제공하거나 반이중 또는 전이중 전송 같은 전송 방향을 결정하는 기능을 제공한다.

[그림 2-14]는 세션 계층의 동작을 나타낸 것으로 송신 측의 세션 계층은 표현 계층으로부터 받은 메시지를 효율적인 세션 관리를 위해 짧은 데이터 단위로 나눈 후에 전송 계층으로 내려보낸다. 수신 측의 세션 계층은 전송 계층으로부터 받은 메시지에서 헤더에 담긴 데이터의 종류와 동기점 정보 등을 확인한 후 표현 계층으로 데이터를 올려보낸다. 여기서 동기점을 두는 이유는 다음과 같다. 긴 파일을 전송하다가 통신 상태가 불량하여 전송 계층의 연결이 끊어지는 상황이 발생할 수 있다. 이때 어디까지 전송이 진행되었는지를 나타내는 동기점 synchronization point이 있으면 처음부터 다시 파일을 전송하지 않고도 오류를 효과적으로 복구할 수 있다.

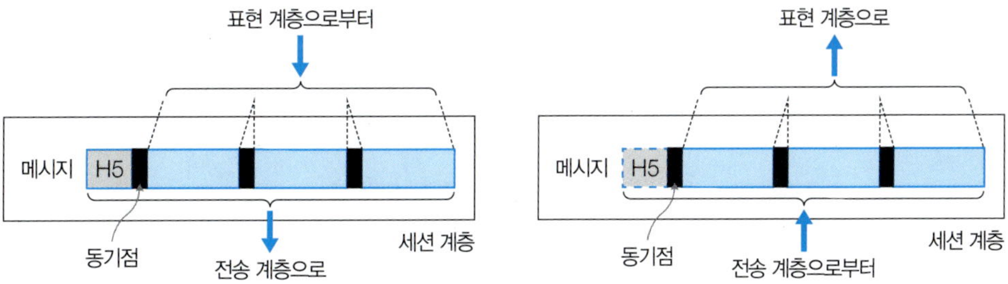

그림 2-14 세션 계층의 캡슐화 및 역캡슐화

세션 계층은 사용자와 전송 계층 간의 인터페이스 역할을 하면서 사용자 간의 데이터 교환을 조직화하는 수단을 제공한다. 세션 계층의 주요 기능은 다음과 같다.

- 세션 관리 : 프로세스 간의 세션을 연결하고 관리한다.
- 대화 제어 : 반이중half-duplex 또는 전이중full-duplex 대화 등을 결정한다. 반이중은 전송이 한 번에 한쪽 방향으로만 교대로 이루어지는 방식이며, 전이중은 전송이 동시에 양방향으로 이루어지는 방식을 말한다.
- 동기화 : 데이터 단위를 전송 계층으로 전송하기 위한 순서를 결정하고, 데이터의 중간 점검 및 동기점을 제공한다.

6 표현 계층

표현 계층presentation layer은 데이터 표현상의 차이와 관계없이 응용 계층 간에 통신이 가능하도록 한다. 이를 위해 표현 계층은 컴퓨터 기종마다 다를 수 있는 정보의 표현 형식을 서로 이해할 수 있는 공통의 구문 형식으로 변환하여 보내고, 상대방에서는 이를 다시 자신의 표현 형식으로 바꾸게 된다. 예를 들어, 한 사용자는 ASCII 코드를 사용하고, 상대방은 EBCDIC 코드를 사용하는 경우 표현 계층에서 코드를 상호 변환한다. 암호화나 데이터 압축 기능도 표현 계층에서 담당한다.

[그림 2-15]는 표현 계층의 동작을 나타낸 것으로, 송신 측의 표현 계층은 응용 계층으로부터 받은 메시지의 보안과 효율적인 전송을 위해 암호화와 압축을 수행하여 세션 계층으로 내려 보낸다. 수신 측의 표현 계층에서는 세션 계층으로부터 받은 메시지를 해독하고 압축을 해제하여 응용 계층으로 올려보낸다.

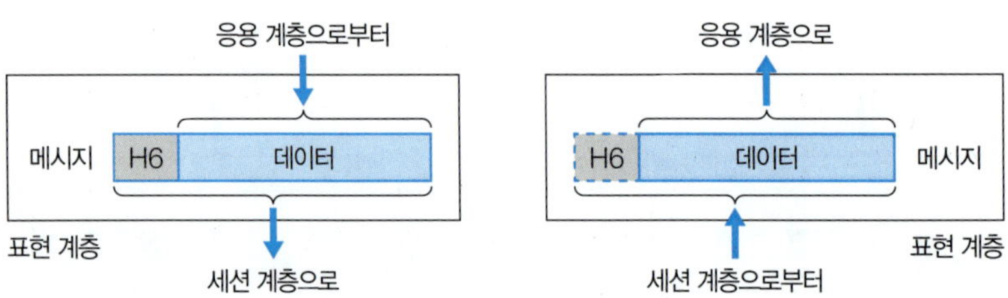

그림 2-15 표현 계층의 캡슐화 및 역캡슐화

표현 계층은 두 시스템 사이에 교환되는 정보의 구문 및 의미와 관련이 있다. 표현 계층의 주요 기능과 역할은 다음과 같다.

- 변환 : 송신자가 사용하는 메시지의 형식을 수신자가 해석할 수 있도록 미리 정의된 형식으로 변환하며, 수신지에서는 수신자가 이해할 수 있는 형식으로 변환한다.
- 암호화 : 중요한 정보를 전달하기 위해 시스템은 비밀을 보장할 수 있어야 한다. 암호화와 복호화를 통하여 데이터의 보안성을 제공한다.
- 압축 : 압축compression이란 정보에 들어 있는 비트 수를 줄이는 것이다. 송신 측에서는 데이터를 압축하여 전송률을 높이고 수신 측에서는 압축을 해제해 데이터를 이용한다. 데이터 압축은 문자, 오디오, 비디오 등이 혼합된 멀티미디어를 전송할 때 특히 중요하다.
- 보안 : 패스워드와 로그인 코드를 이용해 보안 기능을 수행한다.

데이터 압축

데이터 압축이란 데이터를 효율적으로 기록하기 위해 작은 공간에 저장하는 기술을 말한다. 데이터 압축은 인코딩 과정과 디코딩 과정으로 이루어진다. 인코딩은 압축 알고리즘에 따라 데이터를 작은 크기로 변환하는 것이고 디코딩은 저장된 데이터를 다시 원래의 데이터 형태로 복원하는 것이다. 압축 기술에는 데이터의 내용을 바꾸지 않고 원래 내용 그대로 디코딩하는 무손실 압축lossless compression 방법과 데이터의 디테일을 일부 손실하여 압축하는 손실 압축loss compression 방법이 있다.

무손실 압축 방법은 원래의 데이터와 복원 후의 데이터가 정확히 일치하는 방법이다. 이 방법은 텍스트 파일이나 프로그램 파일을 압축할 때와 같이 데이터에서 1비트도 달라지면 안 되는 경우에 사용한다. 무손실 압축 기법의 종류는 다음과 같다.

- 실행 길이 부호화run-length coding 방식 : 하나의 기호가 연속적으로 반복될 경우 그 기호와 발생 빈도 수만 전송함으로써 데이터를 압축하는 방법이다.
- 허프만 부호화Huffman coding 방식 : 자주 발생하는 기호에는 짧은 코드를 할당하고 가끔 발생하는 코드에는 긴 코드를 배정하여 데이터를 압축하는 방법이다. 가변 길이 부호화 방식이라고 한다.
- LZLempel-Ziv 방식 : 송수신자 간의 통신 세션에 사용된 문자열의 사전dictionary을 미리 만들어두어, 이미 사용된 문자열은 사전에 있는 색인으로 대체하여 압축하는 방법이다.

정지/동영상 압축 기법

그림 파일이나 동영상 파일의 경우 사람의 눈과 귀가 구별할 수 없을 정도로 데이터를 손실하여 압축해도 큰 지장이 없다. 이러한 경우에는 손실 압축 방법이 사용된다.

- JPEG Joint Picture Experts Group : 대표적인 정지 화상 압축 표준이다.
- H.261 : 동영상 비디오 압축과 부호화 기법에 대한 표준이다.
- MPEG Moving Picture Experts Group : 동영상 압축 표준이다.
- MHEG Multimedia and Hypermedia Experts Group : 분산 환경하에서 멀티미디어/하이퍼미디어 정보의 상호 교환을 위한 표준이다.

암호 방식

암호를 이용하여 보호해야 할 메시지를 평문plane text이라 하고, 평문을 암호화하여 변환한 것을 암호문cypher text이라고 한다. 이때 평문을 암호문으로 변환하는 과정을 암호화encryption라고 하며, 암호문을 다시 평문으로 변환하는 과정을 복호화decryption라고 한다.

초기 암호화는 평문을 암호 알고리즘에 입력하여 암호화된 문장을 얻어내는 방식이었다. 하지만 이러한 방식은 암호 알고리즘이 노출될 경우 암호화된 문장을 누구나 해독할 수 있다. 그래서 최근의 암호화 알고리즘은 "평문+key"를 입력 값으로 하여 암호화한다. 마찬가지로 "암호문+key"를 입력값으로 하여 복호화한다. 이러한 방식은 암호화 알고리즘이 노출되더라도 키key 값을 알지 못하면 복호화할 수 없기 때문에 훨씬 안전하다는 장점이 있다.

암호 방법은 암호화와 복호화에 사용하는 암호 키가 같으면 대칭키 기법이라 하고, 다르면 비대칭키 기법이라고 한다.

■ 대칭키 암호 방식

대칭키 암호 방식은 암호화와 복호화에 동일한 비밀키secret key를 사용하는 방식이다. 하지만 대칭키 암호 방식은 그 원리상 데이터를 송신하는 A와 데이터를 수신하는 B가 동일한 키를 가져야 하므로 '어떻게 해야 A와 B가 같은 키를 가질 수 있는가?'라는 문제가 생긴다. A가 키를 만들고 이 키를 네트워크를 통해 B에게 전달하는 방법은 공격자가 중간에서 키를 가로챌 수 있기 때문에 사용하는 데 문제가 있다.

일반적으로 이 문제를 해결하는 방법에는 두 가지가 있다. 첫 번째는 뒤에서 설명할 비대칭키 암호 방식을 이용하여 키를 암호화한 후 전송하는 방법이다. 두 번째는 실제 키를 전송하지 않고도 A와 B가 동일한 키를 생성할 수 있도록 하는 알고리즘을 사용하는 것인데, 대표적인 알고리즘으로 Diffie-Hellman 알고리즘이 있다.

대칭키 암호 방식은 계산 속도가 빠르다는 장점이 있지만 상대방과 안전하게 키를 공유하기가 어렵다. 또한 상대방이 많아질수록 키를 관리하기도 어렵다. 대칭형 알고리즘의 예로는 DES Data Encryption Standard, AES Advanced Encryption Standard, SEED(한국인터넷진흥원에서 자체 개발한 국제 표준) 등이 있다.

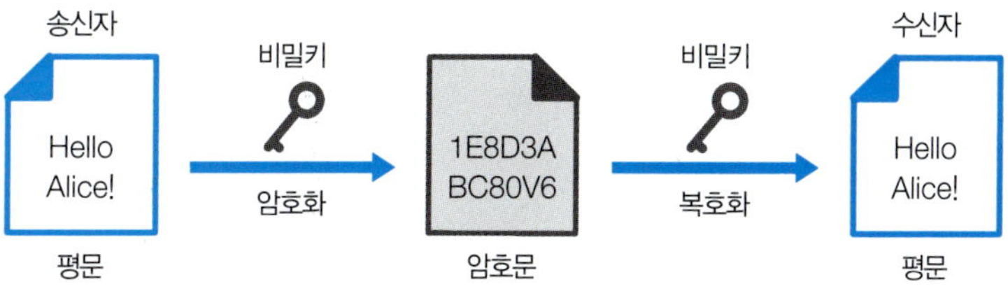

그림 2-16 대칭키 암호 방식

- **비대칭키 암호 방식**

비대칭키 암호 방식은 흔히 공개키 암호 public key cryptography 방식이라고 불린다. 비대칭키 암호 방식을 이용하여 데이터를 전송하는 방식은 다음과 같다.

A와 B는 각각 공개키 public key와 개인키 private key를 생성한다. 공개키는 누구나 알 수 있지만 그에 대응하는 개인키는 키의 소유자만 알 수 있어야 한다. 생성된 공개키와 개인키는 수학적으로 다음과 같은 특성을 가진다.

- 공개키를 이용하여 암호화된 데이터는 개인키로만 복호화할 수 있다.
- 개인키를 이용하여 암호화된 데이터는 공개키로만 복호화할 수 있다.

이제 A와 B가 통신하는 방법을 살펴보자. A와 B는 각자의 공개키를 서로에게 알려준다. 각자의 공개키를 나눠 가지면 A에게는 공개A키, 개인A키, 공개B키가 있고, B에게는 공개B키, 개인B키, 공개A키가 있다. 공격자도 물론 공개A키와 공개B키를 가지고 있다. A는 B에게 데이터를 전송하기 위해 B의 공개B키를 이용하여 데이터를 암호화한 후 전송한다. 암호화된 데이터는 개인B키를 가지고 있는 B만 해독할 수 있다. 이렇듯 공개키가 공개되더라도 안전하게 통신을 할 수 있다.

[그림 2-17]은 비대칭키 암호화 및 복호화 과정을 나타낸 것이다. 먼저 송신자는 수신자의 공개키를 받아 데이터를 암호화하여 네트워크를 통해 원격지에 전달한다. 수신자는 공개키로 암호화된 데이터를 자신의 개인키로 데이터를 복호화하여 평문을 복원한다.

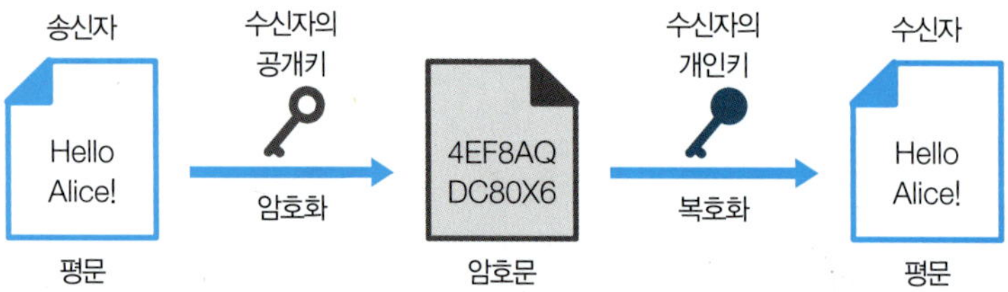

그림 2-17 비대칭키 암호 방식

대표적인 비대칭키 암호 방식에는 RSARon Rivest, Adi Shamir, Leonard Adleman가 있다. 비대칭키 암호 방식은 앞에서 언급했듯이 대칭키 암호 방식의 키를 암호화하거나 인증하는 데 많이 사용된다.

7 응용 계층

OSI 참조 모델의 최상위 계층인 응용 계층application layer은 응용 프로세스(이용자나 응용 프로그램 등)가 네트워크 환경에 접근할 수 있는 수단을 제공하여 응용 프로세스들이 상호 간 정보 교환을 할 수 있는 창구 역할을 담당한다. 응용 계층에서는 네트워크 관리 기능을 비롯하여 X.500, FTAM, X.400 등의 범용 서비스 기능을 담당한다.

[그림 2-18]은 응용 계층의 사용자와 표현 계층의 관계를 나타낸다. 응용 계층에는 여러 가지 응용 서비스가 있지만 X.400(메시지 처리 서비스), X.500(디렉토리 서비스), 파일 전송, 접근과 관리를 담당하는 FTAMFile Transfer, Access, and Management만 나타냈다. 송신 측 응용 계층에서 파일 전송(FTAM)을 위한 메시지를 작성하여 표현 계층으로 내려보낸다. 수신 측의 응용 계층에서는 표현 계층에서 받은 메시지를 파일 전송 관련 응용 프로그램을 통해 사용자가 볼 수 있게 한다.

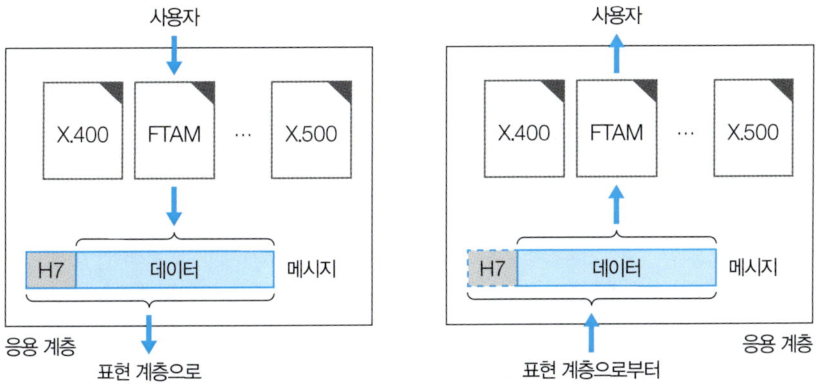

그림 2-18 응용 계층의 동작

응용 계층은 주로 정보의 의미semantics와 관련되어 있으며, 응용 계층 프로토콜을 사용해 다음과 같은 기능을 수행한다.

- 네트워크 가상 터미널NVT, Network Virtual Terminal : 사용자가 원격 시스템으로 로그인할 수 있게 해준다.
- 파일 전송, 접근과 관리FTAM, File Transfer, Access, and Management : 로컬 시스템에서 원격 시스템에 들어 있는 파일을 관리하거나 제어하게 해준다.
- 우편 서비스 : 전자 우편을 사용하는 데 필요한 메일 전송 및 저장 기능을 제공한다.
- 디렉토리 서비스DS, Directory Service : 분산 데이터베이스 소스를 제공하고 다양한 객체와 전역 정보에 대한 접근을 제공한다.

연습문제

1 OSI 참조 모델에서 계층을 나누는 목적으로 가장 거리가 먼 것은?

① 시스템 간의 통신을 위한 표준 제공
② 네트워크 자원의 공유를 통한 경비 절감
③ 시스템 간의 정보 교환을 위한 상호 접속점의 정의
④ 관련 규격의 적합성을 위한 공통적인 기반 조성

2 OSI 7계층의 기본 개념으로 거리가 가장 먼 것은?

① 시스템 연결을 위한 표준 개발을 위하여 공통적인 기법을 제공한다.
② 시스템 간의 정보 교환을 위한 표준 설정을 가질 수 있도록 한다.
③ 응용 프로그램 개발을 위한 언어 선택을 제공한다.
④ 각 계층에 대해 서로 표준을 생산적으로 발전시킬 수 있도록 개념적, 기능적인 골격을 제공한다.

3 개방형 시스템에 대한 설명으로 가장 거리가 먼 것은?

① 응용 프로그램이 수정 없이 모든 시스템에 완전히 이식되어야 한다.
② 원격의 상이한 시스템의 상이한 응용 프로그램과 연동이 용이해야 한다.
③ 사용자 접속에 있어서 호환성이 유지되어야 한다.
④ 특정 소프트웨어나 하드웨어에 종속되지 않는 시스템을 말한다.

4 OSI 7계층의 최하위부터 최상위 순서가 옳은 것은?

① Physical Layer → Network Layer → Transport Layer → Data Link Layer → Session Layer → Presentation Layer → Application Layer
② Physical Layer → Network Layer → Data Link Layer → Transport Layer → Session Layer → Presentation Layer → Application Layer
③ Physical Layer → Data Link Layer → Network Layer → Transport Layer → Session Layer → Presentation Layer → Application Layer
④ Physical Layer → Data Link Layer → Network Layer → Transport Layer → Presentation Layer → Session Layer → Application Layer

5 OSI 7계층에서 가장 하위 레벨의 계층은?

① 전송 계층　② 표현 계층
③ 데이터링크 계층　④ 물리 계층

6 OSI 참조 모델에서 데이터링크 계층은 몇 계층인가?

① 계층 2　② 계층 3
③ 계층 5　④ 계층 7

7 OSI 참조 모델의 3계층은?

① 데이터링크 계층　② 네트워크 계층
③ 전송 계층　④ 세션 계층

8 제시한 OSI 7계층 중에서 제일 상위 계층은?

① 세션 계층　② 네트워크 계층
③ 트랜스포트 계층　④ 데이터링크 계층

9 OSI 7-layer 모델에 해당되지 않는 것은?

① Application layer　② Data link layer
③ Network layer　④ Internet layer

10 OSI 7계층 중 홉 단위로 수행되며 실제 패킷 전달을 위해 통신망 노드에서 필요한 프로토콜만 나열된 것은?

① 응용 계층, 표현 계층, 세션 계층
② 세션 계층, 트랜스포트 계층, 데이터링크 계층
③ 네트워크 계층, 데이터링크 계층, 물리 계층
④ 트랜스포트 계층, 네트워크 계층, 데이터링크 계층

11 대등-대-대등peer-to-peer 프로세스에 대한 가장 적절한 설명은?

① 통신 장치 간에 통신할 때 해당 계층에서 통신하는 각 장치의 프로세스
② 하나의 장치에서 각 계층이 바로 아래 계층의 서비스를 이용하는 프로세스
③ 인접한 계층 사이의 인터페이스를 통해 전달되는 프로세스
④ 임의의 두 통신 장치 간에 자신의 구조에 상관없이 서로 통신할 수 있도록 해주는 프로세스

12 통신 시스템 내에 있는 동위 계층 또는 동위 개체 사이에서의 데이터 교환을 위한 프로토콜은?

① 네트워크 프로세스 간 프로토콜
② 응용 지향 프로토콜
③ 네트워크 액세스 프로토콜
④ 네트워크 내부 프로토콜

13 OSI 참조 모델에서 서비스 프리미티브의 유형이 아닌 것은?

① REQUEST ② INDICATION
③ REVIEW ④ RESPONSE

14 OSI 7계층에서 상위 계층에서 하위 계층으로 데이터 전달시 필요한 제어 정보header/trailer를 붙이는 과정은?

① Packet ② Assembly
③ Reassembly ④ Encapsulation

15 OSI 참조 모델에서 (N–1)계층 패킷의 데이터 부분이 (N)계층의 패킷(데이터와 헤더) 전체를 포함하는 개념은?

① 서비스 ② 인터페이스
③ 대등-대-대등 프로세스 ④ 캡슐화

16 OSI 참조 모델에서 데이터 패킷이 하위 계층에서 상위 계층으로 이동함에 따라 헤더는 어떻게 처리되는가?

① 삭제된다. ② 추가된다.
③ 재배열된다. ④ 변경된다.

17 프로토콜 계층 구조에서 인접한 계층 간의 데이터 전송을 나타낸 것이다. 색칠된 부분이 의미하는 것은?

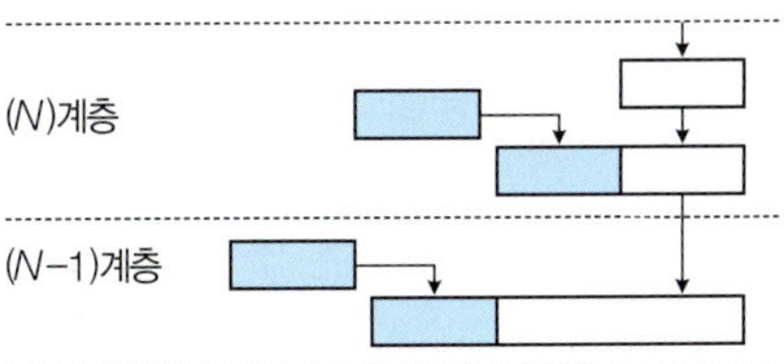

① Protocol Data Unit
② Interface Data Unit
③ Service Data Unit
④ Protocol Control Information

18 계층 간의 통신에 대한 모델에서 네트워크의 다른 지역에 있는 대등 개체에 보내지는 정보로 그 개체에게 어떤 서비스 기능을 수행하도록 지시하는 프로토콜 제어 정보를 의미하는 것은?

① SDU ② IDU
③ PCI ④ ICI

19 OSI 참조 모델의 구성 요소 중 서비스와 데이터 단위에 대한 설명이다. 괄호 안에 알맞은 말은?

> (N)–계층이 상위 계층인 (N+1)–계층에 제공해주는 기능을 ( )라고 한다.

① (N)–서비스 ② (N)–SAP
③ (N)– SDU ④ (N+1)–SAP

20 2개의 호스트가 있다. 각 호스트의 (N+1)계층과 (N+1)계층 또는 각 호스트의 (N)계층과 (N)계층처럼 동일한 수평적 계층 사이에 주고받는 데이터 단위는?

① PDU ② SDU
③ SAP ④ PCI

21 OSI 참조 모델에서 상위 계층과 하위 계층 사이에 주고받는 데이터 단위를 무엇이라 하는가?

① SDU ② PDU
③ PCI ④ HEADER

22 정보의 캡슐화encapsulation에 사용되는 프로토콜 제어 정보가 아닌 것은?

① 동기 신호 ② 수신 주소
③ 송신 주소 ④ 오류 검출 코드

23 엔티티entity 간에 교환되는 프로토콜 데이터 유니트PDU가 가지는 제어 정보가 아닌 것은?

① 주소 ② 데이터 형식
③ 에러 검출 코드 ④ 프로토콜 제어 정보

24 OSI 7 layer의 데이터링크 계층에서 사용하는 데이터 전송 단위는?

① 바이트 ② 프레임
③ 레코드 ④ 워드

25 OSI 7계층에서 통신 매체에 대해 전기적, 기계적인 인터페이스를 다루며, 비트를 전송하기 위해 전기적 신호로 부호화하여 전송하는 계층은?

① 응용 계층　② 물리 계층
③ 네트워크 계층　④ 표현 계층

26 OSI 7계층 중 장치와 전송 매체 간의 인터페이스 특성 규정, 전송 매체의 유형 규정, 전송로의 연결, 유지 및 해제를 담당하는 계층은?

① 전송 계층　② 네트워크 계층
③ 데이터링크 계층　④ 물리 계층

27 OSI 7계층 중 물리 계층에서 규정한 특성이라고 할 수 없는 것은?

① 기계적 특성　② 전기적 특성
③ 오류 제어 특성　④ 절차적 특성

28 물리 계층의 4대 특성 중 DTE와 DCE 간 신호의 전압 레벨, 상승 시간, 하강 시간, 잡음 이득을 규정한 것은?

① 기계적 특성　② 전기적 특성
③ 기능적 특성　④ 절차적 특성

29 OSI 7계층 중 모뎀이나 RS-232C와 같이 전기적 신호의 전송과 관계 있는 계층은?

① 물리 계층　② 표현 계층
③ 네트워크 계층　④ 응용 계층

30 OSI 7계층 중 물리 계층에 대한 설명으로 틀린 것은?

① 전송 신호의 준위와 폭과 같은 전기적인 규격을 규정한다.
② 접속하기 위한 커넥터의 모양, 핀의 수와 같은 기계적인 규격을 규정한다.
③ 물리적인 연결을 통해 데이터를 주고받기 위한 절차적인 규격을 규정한다.
④ 어떤 전송 링크와 노드를 거쳐 패킷을 전달할 것인지의 경로 선택을 규정한다.

31 OSI 7계층 중 한 노드에서 다른 노드로 프레임을 전송하는 책임을 갖는 계층Layer은?

① 물리 계층　② 데이터링크 계층
③ 네트워크 계층　④ 응용 계층

32 개방형 시스템의 7계층에서 인접 장치 간에 원활한 데이터의 전송이 이루어질 수 있도록 정보의 프레임화, 에러 검출 및 제어를 주로 하는 계층은?

① 물리 계층　② 데이터링크 계층
③ 네트워크 계층　④ 세션 계층

33 다음 설명에 해당하는 OSI 7계층은?

- 두 노드 간을 직접 연결하는 링크상에서 프레임의 전달을 담당한다.
- 흐름 제어와 오류 복구를 통하여 신뢰성 있는 프레임 단위의 전달을 제공한다.
- 대표적인 프로토콜로 PPP, LLC 등이 있다.

① 물리 계층　② 데이터링크 계층
③ 네트워크 계층　④ 트랜스포트 계층

34 OSI 7계층 중 데이터링크 계층의 기능이 아닌 것은?

① 순서 제어　② 흐름 제어
③ 서비스의 선택　④ 에러 검출 및 정정

35 OSI 데이터링크 계층 프로토콜의 주요 기능이 아닌 것은?

① 프레임의 순서 제어　② 흐름 제어
③ 중계 제어　④ 에러 제어

36 OSI 7계층 중 데이터링크 계층의 프로토콜은?

① TCP　② DTE/DCE
③ HDLC　④ UDP

37 OSI 7계층 중 데이터링크 계층에 해당하는 프로토콜이 아닌 것은?

① PPP　② LLC
③ HDLC　④ UDP

38 OSI 7계층 중 데이터링크 계층의 설명으로 틀린 것은?

① 전송 계층으로부터 받은 비트 스트림을 프레임 $_{frame}$이라는 데이터 단위로 나눈다.
② 두 노드 간을 직접 연결하는 링크상에서 프레임의 전달을 담당한다.
③ 흐름 제어와 오류 복구를 통하여 신뢰성 있는 프레임 단위의 전달을 제공한다.
④ 대표적인 데이터링크 계층의 프로토콜로는 HDLC, PPP, LLC 등이 있다.

39 데이터링크 계층의 기능에 관한 내용으로 틀린 것은?

① 인접 노드 간의 흐름 제어와 에러 제어 기능을 수행한다.
② 매체 공유를 위한 매체 접근 제어(MAC)를 수행한다.
③ 발신지에서 목적지까지 최적의 패킷 전송 경로를 설정한다.
④ 프레임을 노드에서 노드로 전달한다.

40 데이터링크 계층의 역할로서 옳지 않은 것은?

① 노드 대 노드 전달을 책임진다.
② 이 계층에서 추가된 트레일러 부분에는 다음 차례로 접근할 노드의 목적지 주소 등이 포함된다.
③ 프로토콜은 일반적으로 오류가 발생한 프레임을 검출하고 이를 재전송하는 방법 등을 포함한다.
④ 데이터 동기를 제공하며 비트들을 식별하는 기능을 제공함으로써 채널상으로 데이터를 전송하는 책임을 진다.

41 OSI 7계층 중 통신망을 통하여 목적지까지 패킷 전달을 담당하는 계층은?

① 데이터링크 계층 ② 네트워크 계층
③ 전송 계층 ④ 표현 계층

42 ISO의 OSI 7계층 중 통신망의 경로$_{routing}$ 선택 및 통신량의 폭주 제어를 담당하는 계층은?

① 응용 계층 ② 네트워크 계층
③ 표현 계층 ④ 물리 계층

43 OSI 7계층에서 네트워크의 논리적 어드레싱과 라우팅 기능을 수행하는 계층은?

① 1계층 ② 2계층
③ 3계층 ④ 4계층

44 OSI 7계층 중 네트워크 계층에 대한 설명으로 틀린 것은?

① 데이터의 암호화 및 압축 기능이 있다.
② 통신망을 통해 목적지까지 패킷 전달을 담당한다.
③ 패킷의 경로 선택 및 중계 역할을 한다.
④ 과도한 패킷 유입에 대한 폭주 제어 기능을 한다.

45 OSI 참조 모델 중 다음 기능을 수행하는 계층은?

- 종단 간 메시지 전달 서비스를 담당한다.
- 흐름 제어와 오류 복구를 통해 신뢰성 있는 메시지를 전달한다.
- 대표적인 프로토콜로는 TCP와 UDP가 있다.

① 세션 계층 ② 트랜스포트 계층
③ 네트워크 계층 ④ 데이터링크 계층

46 다음 설명에 해당하는 OSI 7계층은?

종단 간 메시지 전달 서비스를 담당하며, 연결형과 비연결형 서비스로 구분된다.

① 물리 계층 ② 전송 계층
③ 응용 계층 ④ 네트워크 계층

47 OSI 7계층 중 통신 종단 간$_{end-to-end}$의 에러 제어와 흐름 제어를 하는 계층은?

① 응용 계층 ② 네트워크 계층
③ 물리 계층 ④ 전송 계층

48 OSI 7계층에서 단말기 사이의 오류 수정과 흐름 제어를 수행하여 신뢰성 있고 명확한 데이터를 전달하는 계층은?

① 전송 계층 ② 응용 계층
③ 세션 계층 ④ 표현 계층

49 OSI 참조 모델 중 종단 간end-to-end의 데이터 전송을 책임지며, 세그먼테이션segmentation과 재조립reassembly의 기능을 수행하는 계층은?

① 물리 계층 ② 전송 계층
③ 네트워크 계층 ④ 데이터링크 계층

50 다음 중 전송 계층의 주요 기능은?

① 동기화
② 프로세스 대 프로세스 전달
③ 노드 대 노드 전달
④ 라우팅 테이블의 생성과 유지

51 OSI 7계층 중 응용 process 간의 대화 단위나 전송 방향을 결정하는 것은?

① Data Link Layer ② Network Layer
③ Transport Layer ④ Session Layer

52 OSI 7계층 중 프로세스 간의 대화 제어dialogue control 및 동기점synchronization point을 이용한 효율적인 데이터 복구를 제공하는 계층은?

① Data Link layer ② Network layer
③ Transport layer ④ Session layer

53 다음 설명에 해당하는 OSI 7계층은?

- 응용 간의 대화 제어dialogue control를 담당한다.
- 긴 파일 전송 중에 통신 상태가 불량하여 트랜스포트 연결이 끊어지는 경우 처음부터 다시 전송을 하지 않고 어디까지 전송이 진행되었는지를 나타내는 동기점synchronization point을 이용하여 오류를 복구한다.

① 데이터링크 계층 ② 네트워크 계층
③ 세션 계층 ④ 표현 계층

54 세션 계층에 대한 설명으로 옳지 않은 것은?

① 암호화와 형식 변환의 기능을 제공한다.
② 통신 시스템 간의 회화 기능을 제공한다.
③ 전송하는 정보의 일정한 부분에 체크점check point을 둔다.
④ 소동기점과 대동기점을 이용하여 회화 동기를 조절한다.

55 OSI 7계층 중 암호화, 코드 변환, 데이터 압축의 역할을 담당하는 계층은?

① Data link Layer ② Application Layer
③ Presentation Layer ④ Session Layer

56 OSI 7계층 중 응용 프로세스 간에 데이터 표현상의 차이에 상관없이 통신이 가능하도록 독립성을 제공(코드 변환, 데이터 압축 등)하는 계층은?

① 물리 계층 ② 표현 계층
③ 데이터링크 계층 ④ 세션 계층

57 OSI 7계층 참조 모델에서 표현 계층의 중요 기능에 해당되지 않는 것은?

① 형식 변환 ② 암호화
③ 데이터 압축 ④ 경로 선택

58 OSI 참조 모델 중 6계층의 기능에 대한 설명으로 가장 적합한 것은?

① 정보 전송을 위한 데이터 회선의 설정, 유지, 해제 기능 수행
② 다양한 정보의 표현 형식을 공통의 전송 형식으로 변환, 암호화, 압축 등의 기능 수행
③ 통신망의 품질을 보장하고 에러 검출, 정정 및 다중화 기능 수행
④ 응용 프로세스 간의 정보 교환 및 인터페이스 등의 응용 기능 수행

59 출현 확률이 큰 신호 계열에 짧은 부호를, 출현 확률이 적은 신호 계열에 긴 부호를 할당하여 송신 부호를 할당하는 부호화 방법은 어느 것인가?

① 예측 부호화 ② 직교 변환 부호화
③ 런렝스 부호화 ④ 허프만 부호화

60 정지 화상 압축 기술의 표준은?

① MPEG ② JPEG
③ H.261 ④ G.711

61 동영상 압축 기법으로 사용되는 방법이 아닌 것은?

① MPEG ② H.261
③ DVI ④ PKZIP

62 네트워크를 통해 데이터 전송 시 사용되는 암호화 기법 중 암호화할 때 하나의 키를 사용하고, 해독 과정에서 또 다른 키를 사용하는 것은?

① DES ② RSA
③ SEED ④ RC2

63 데이터를 전송할 때는 항상 정보에 대한 보안 문제가 대두되며, 이를 해결하기 위해 다양한 암호화 방식이 사용된다. 다음의 암호화 방식을 사용하는 것은?

- 암호화할 때는 하나의 키를 사용하고, 해독 과정에서 또 다른 키를 사용한다.
- 망 내의 각 단말 시스템은 수신될 메시지의 암호화와 해독에 사용될 키의 쌍을 생성한다.
- 암호화는 공개키를 사용하고 복호화는 개인키를 사용한다.

① DES ② RSA
③ SEED ④ IDEA

64 우리나라가 독자 개발한 대칭키 암호화 기술 중 국제 표준으로 채택된 기술은?

① SEED ② RSA
③ DES ④ RC4

65 OSI 네트워크 환경에서 사용자에게 서비스를 제공하는 계층은?

① 데이터링크 계층 ② 물리 계층
③ 응용 계층 ④ 세션 계층

66 OSI 7 Layer 중 응용 프로그램이 네트워크 자원을 사용할 수 있는 통로 제공 역할을 담당하는 Layer는?

① Application Layer ② Session Layer
③ Transport Layer ④ Presentation Layer

67 OSI 7계층 중 네트워크 가상 터미널network virtual terminal이 존재하여 서로 상이한 프로토콜에 의해 발생하는 호환성 문제를 해결하는 계층은?

① 데이터링크 계층 ② 세션 계층
③ 표현 계층 ④ 응용 계층

68 OSI 7계층에서 다음 서비스를 제공하는 계층은?

- 파일 전송, 전자 우편, 문서 교환
- 원격 로그인, 원격 트랜잭션 처리
- 도메인명 서비스, 망 관리

① 데이터링크 계층 ② 물리 계층
③ 응용 계층 ④ 세션 계층

69 ITU-T의 메시지 처리 시스템(MHS) 관련 표준안의 권고는?

① I 시리즈 ② T 시리즈
③ V.400 시리즈 ④ X.400 시리즈

70 OSI 7계층과 이와 관련된 표준으로 서로 옳지 않게 연결된 것은?

① 물리 계층 : RS-232
② 데이터링크 계층 : HDLC
③ 네트워크 계층 : X.25
④ 전송 계층 : ISDN

71 OSI 참조 모델 각 계층의 기능 설명이 옳지 않은 것은?

① 물리 계층-전기적, 기능적, 절차적 규격 규정
② 데이터링크 계층-흐름 제어와 에러 복구
③ 네트워크 계층-경로 설정 및 폭주 제어
④ 전송 계층-코드 변환, 구문 검색

72 OSI 7 layer의 계층별 기능으로 틀린 것은?

① 물리 계층 : 기계적인 규격과 전기적인 규격 규정
② 네트워크 계층 : 효율적인 경로 선택
③ 세션 계층 : 응용프로세스 간 대화 제어
④ 데이터링크 계층 : 정보 표현 형식을 구문 형식으로 변환

73 서로 다른 특성을 가진 컴퓨터나 정보 처리 기기들 사이의 상호 연결이 가능한 시스템으로 제조 업체나 기종에 상관없이 접속할 수 있는 시스템을 통틀어 말하는 용어는?

74 OSI 7계층 모델에서 호스트 간의 통신은 결국 두 호스트의 같은 계층들 간 통신에 의해 이루어진다. 이때 같은 계층들 간의 데이터 전송 단위는 무엇인가?

75 네트워크 계층에서 데이터 단위는 무엇인가?

76 데이터가 장치 A에서 장치 B로 전송될 때, 장치 A의 5계층 헤더는 장치 B의 어느 계층에서 읽혀지는가?

77 데이터링크 계층에서 송수신 간의 효율적인 데이터 교환을 위해 수신 측의 최고 처리 속도를 초과하지 않도록 송신 측이 송신 속도를 제어하는 기능을 무엇이라 하는가?

78 하나의 프로세스에서 다른 프로세스로 메시지 전송에 대한 책임이 있는 계층은?

79 인터넷에서 파일을 다운로드 받는 중에 트래픽의 증가로 다운로드가 중단되었다. 다시 다운로드를 시도할 때 중단된 이후부터 전송 기능을 지원한다면 이 기능은 OSI의 어느 계층에 해당하는가?

80 미국에 있는 친구에게 편지를 쓰고, 편지 봉투에 보내는 사람과 받는 사람의 주소를 써서 보냈다. 네트워크 통신 관점에서 보내는 사람과 받는 사람의 주소를 기입하는 기능은 OSI의 어느 계층에서 수행하는가?

81 데이터 패킷을 메시지로 재조립하는 기능은 OSI의 어느 계층에서 수행하는가?

82 프레임의 노드-대-노드 전달에 책임이 있는 계층은?

83 전송 매체를 통해 신호를 전송하는 기능은 OSI의 어느 계층에서 수행하는가?

84 ASCII 코드에서 EBCDIC 코드로 데이터 형식을 변환하는 기능은 OSI의 어느 계층에서 수행하는가?

85 종단 사용자를 위해 네트워크에 접근할 수 있도록 하는 기능은 OSI의 어느 계층에서 수행하는가?

86 OSI와 ISO는 서로 어떤 관련이 있는지 설명하시오.

87 OSI 참조 모델과 TCP/IP 모델의 계층 구조를 비교하여 설명하시오.

88 OSI 7계층 모델에서 사용하는 데이터 단위에 대해 설명하시오.

89 헤더와 트레일러에 들어가는 정보에 대해 설명하고, 어떻게 더해지고 제거되는지 설명하시오.

90 대등-대-대등 프로세스peer-to-peer process에 대해 설명하시오.

91 통신 프로토콜의 기능 중 캡슐화에 대해 간단히 설명하시오.

92 OSI의 데이터링크 계층과 전송 계층은 모두 흐름 제어와 오류 제어 기능을 갖고 있다. 데이터링크 계층과 전송 계층에서 수행되는 이들 기능이 어떻게 다른지 설명하시오.

1 ②	2 ③	3 ①	4 ③	5 ④	6 ①	7 ②	8 ①	9 ④	10 ③
11 ①	12 ①	13 ③	14 ④	15 ④	16 ①	17 ④	18 ③	19 ①	20 ①
21 ①	22 ①	23 ②	24 ②	25 ②	26 ④	27 ③	28 ②	29 ①	30 ④
31 ②	32 ②	33 ②	34 ③	35 ③	36 ③	37 ④	38 ①	39 ③	40 ②
41 ②	42 ②	43 ③	44 ①	45 ②	46 ②	47 ④	48 ①	49 ②	50 ②
51 ④	52 ④	53 ③	54 ①	55 ③	56 ②	57 ④	58 ②	59 ④	60 ②
61 ④	62 ②	63 ②	64 ①	65 ③	66 ①	67 ④	68 ③	69 ④	70 ④
71 ④	72 ④								

CHAPTER 03

신호

학습목표

- 신호의 종류와 형태에 대해 설명할 수 있다.
- 아날로그 신호의 진폭, 주파수, 위상, 주기 및 대역폭에 대해 설명할 수 있다.
- 디지털 신호의 개념 및 특징에 대해 설명할 수 있다.
- 채널 용량을 이해하고 계산할 수 있다.
- 전송 도중 오류를 발생시키는 전송 손상에 대해 설명할 수 있다.

01 데이터와 신호

물리 계층의 주요 기능은 전송 매체를 통해 정보를 전달하는 것이다. 정보는 숫자, 문자, 음성, 사진 등과 같이 사용자가 읽어서 그 의미를 알 수 있는 것을 말한다. 일반적으로 사람에게 유용한 정보는 네트워크로 전송할 수 있는 형태가 아니다. 예를 들어, 데이터 통신에서는 사진 자체를 직접 네트워크로 전송하지 않는다. 수신 장치가 사진을 재구성할 수 있도록 사진의 내용을 0과 1 같은 데이터data로 변환하여 전송한다. 그러나 0과 1 같은 데이터도 그대로 보낼 수는 없으며, 신호signal로 변환하여 전송해야 한다. 즉, 데이터 통신에서는 데이터를 전자기 신호electromagnetic signal로 변환하여 전송 매체를 통해 전달한다.

1 아날로그 데이터와 디지털 데이터

데이터는 아날로그 또는 디지털 형태일 수 있다. 아날로그 데이터analog data는 연속적인 값을 갖는 정보를 말하며, 디지털 데이터digital data는 이산적인 값을 갖는 정보를 말한다. 예를 들어, 아날로그 시계에는 연속적인 형태로 정보를 주는 시침, 분침, 초침이 있다. 반면, 디지털 시계에서는 초가 갑자기 바뀐다.

인간의 목소리는 아날로그 데이터의 한 예다. 사람이 말을 하면 공기 중에 아날로그 파가 형성되고, 이 파는 마이크로폰microphone에 포착되어 아날로그 신호로 변환될 수 있다. 컴퓨터 기억 장치에 저장된 0과 1은 디지털 데이터의 한 예다. 기억 장치의 디지털 데이터는 디지털 신호로 변환되어 중앙 처리 장치CPU로 전송된다.

2 아날로그 신호와 디지털 신호

데이터를 표현하는 신호도 아날로그 또는 디지털 형태일 수 있다. 아날로그 신호analog signal는 전체 시간 동안 불연속점 없이 부드럽게 변하는 연속적인 파형이다. 어떤 파형이 A값에서 B값으로 이동한다면 무한개의 값으로 이루어진 경로를 따라 이동한다. 반면, 디지털 신호digital signal는 이산적이므로 0과 1같이 제한된 수의 정의 값만 갖는다.

신호는 수직축에 신호의 값이나 세기를 나타내고, 수평축에 시간의 경과를 나타내어 간단히 표시할 수 있다. [그림 3-1]은 아날로그 신호와 디지털 신호를 나타낸 그림이다. 아날로그 신호에서 곡선은 무한히 많은 점들을 지나고 있지만 디지털 신호의 수직선은 값과 값 사이에서 급격한 이동을 보여준다. 디지털 신호에서 평평한 부분은 값이 고정되어 있음을 나타낸다. 요약하면 아날로그 신호는 시간에 따라 연속적으로 변화하고 디지털 신호는 순간적으로 변화한다고 말할 수 있다.

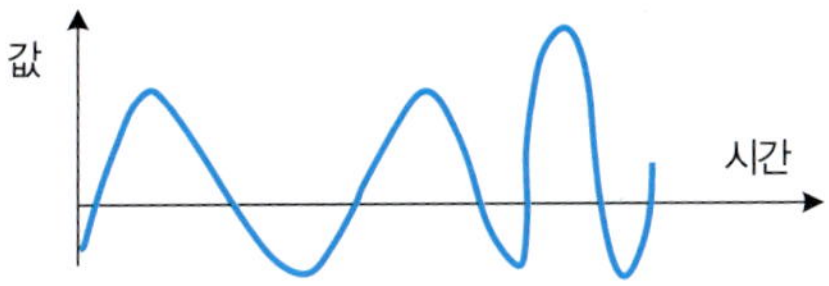

(a) 아날로그 신호

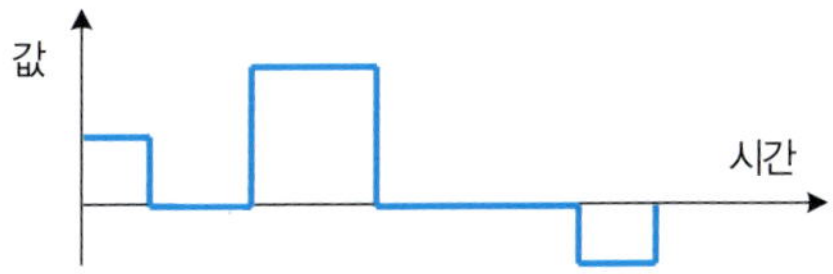

(b) 디지털 신호

그림 3-1 아날로그 신호와 디지털 신호 비교

3 주기적 신호와 비주기적 신호

모든 신호는 주기적 신호periodic signal와 비주기적 신호non-periodic signal로 나뉜다. 주기적 신호는 주기period라는 시간 내 특정한 패턴이 다음 주기 동안 동일하게 반복된다. 완성된 하나의 패턴을 사이클cycle이라고 한다. 비주기적 신호는 시간이 지나는 동안 반복되는 사이클이나 패턴 없이 불규칙하게 변하는 신호다. [그림 3-1]에 나타낸 신호는 모두 비주기적 신호다.

아날로그 신호나 디지털 신호는 모두 주기적 신호나 비주기적 신호가 될 수 있다. 그러나 데이터 통신에서는 데이터를 전송하기 위해 주로 주기적인 아날로그 신호를 사용하거나 비주기적인 디지털 신호를 사용한다.

02 아날로그 신호(정현파)

아날로그 신호는 단순 신호와 복합 신호로 나뉜다. 정현파는 단순 아날로그 신호이며, 복합 아날로그 신호는 여러 개의 정현파가 합해진 신호를 말한다.

정현파sine wave는 주기적인 아날로그 신호의 기본적인 형태다. 정현파는 [그림 3-2]와 같이 한 사이클이 진행되는 동안 변화가 일정하게 연속적으로 흘러가는 듯한 모양을 띤다.

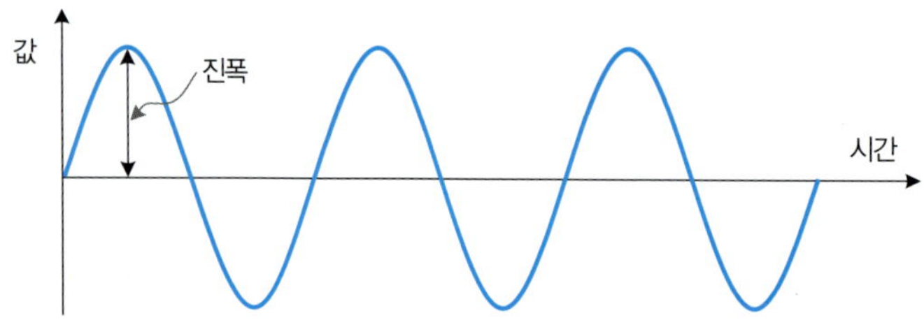

그림 3-2 정현파

정현파는 다음과 같이 수학적으로 표현할 수 있다. 여기서 s는 정현파의 순시 값이고, A는 진폭, f는 주파수, ϕ는 위상이다. 정현파는 3개 파라미터 진폭, 주파수, 위상으로 완전하게 표현할 수 있다.

$$s(t) = A\sin(2\pi ft + \phi)$$

1 진폭

정현파에서 진폭amplitude은 파형의 높이를 나타낸 것으로, 물리적으로 진폭은 신호의 세기를 의미한다. 신호의 종류에 따라 진폭은 전압, 전류, 전력이 될 수 있다. [그림 3-3]은 주파수와 위상은 같지만 진폭이 다른 신호 2개를 보여준다.

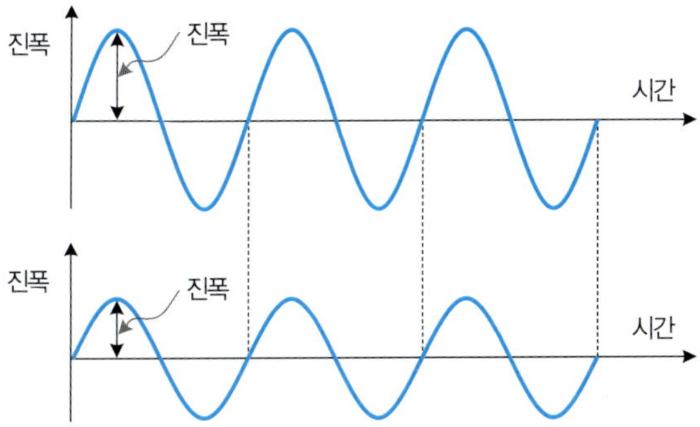

그림 3-3 주파수와 위상은 같지만 진폭이 다른 신호

2 주파수와 주기

주기period는 신호가 한 사이클을 완성하는 데 걸리는 시간을 의미하며, 주파수frequency는 초당 반복되는 사이클의 수를 말한다. 주파수와 주기는 서로 역의 관계다.

$$f = \frac{1}{T}, \qquad T = \frac{1}{f}$$

주파수 f의 단위는 헤르츠Hertz, Hz, 주기 T의 단위는 초sec다. [그림 3-4]는 진폭과 위상은 같지만 주파수가 다른 신호 2개를 보여준다.

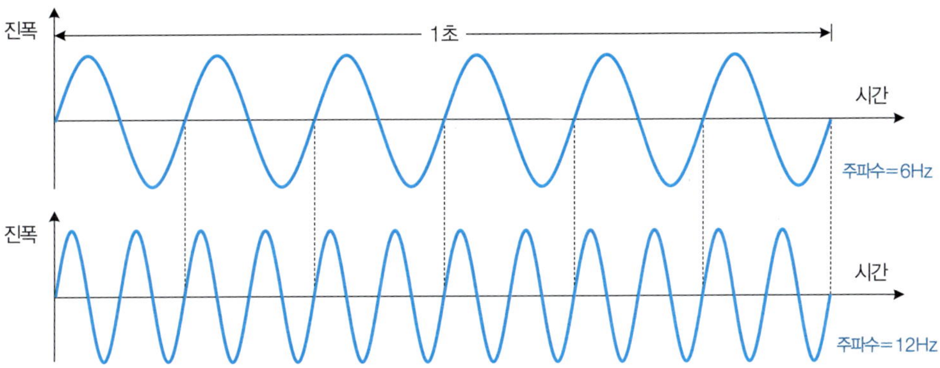

그림 3-4 진폭과 위상은 같지만 주파수가 다른 신호

3 위상

위상phase은 시각 0시에 대한 파형의 상대적인 위치를 나타낸다. 위상은 각도나 라디안radian으로 측정된다. [그림 3-5]는 진폭과 주파수는 같지만 위상이 다른 파형을 보여준다. (a)는 위상이 0°이고, (a)를 왼쪽으로 90° 이동하면 (b)가 된다. 마찬가지로 (a)를 180°, 270° 왼쪽으로 이동하면 각각 (c)와 (d)가 만들어진다.

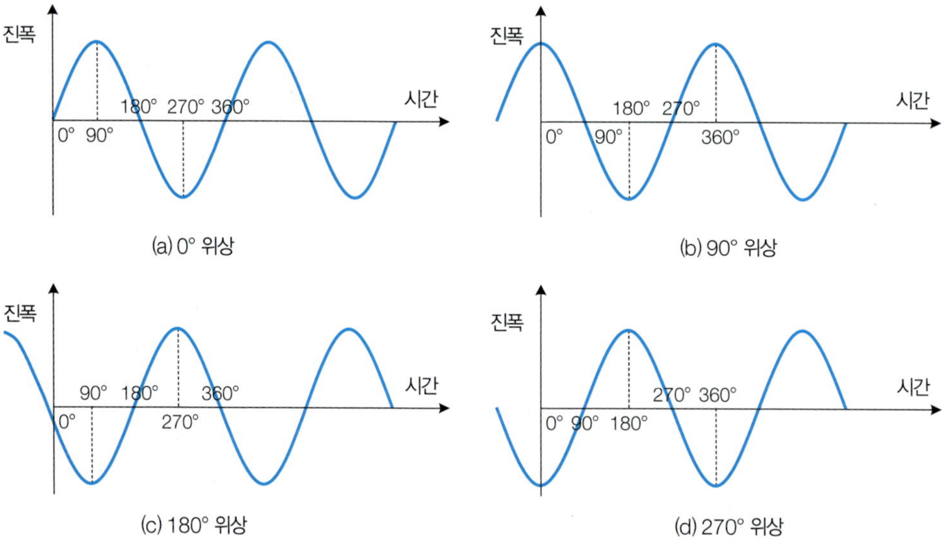

그림 3-5 진폭과 주파수는 같지만 위상이 다른 신호

예제 3-1

다음 파형의 진폭, 주파수, 위상을 구하고 신호 파형의 식을 써보시오.

(a)

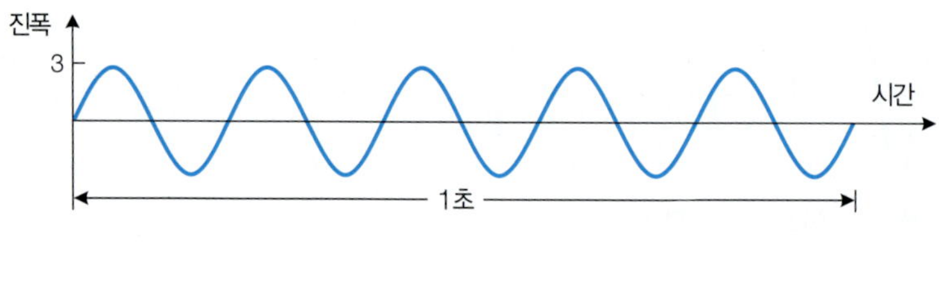

(b)

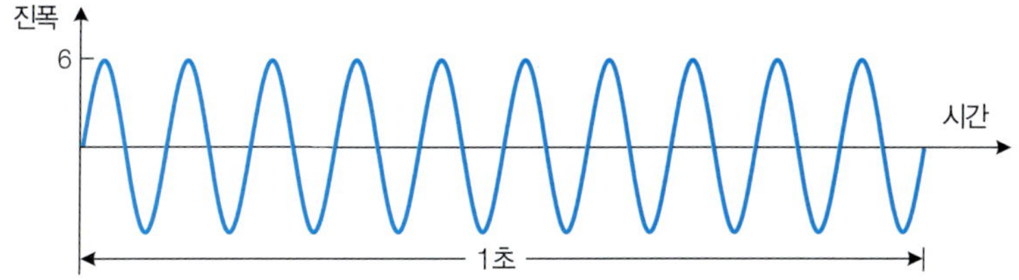

(c)

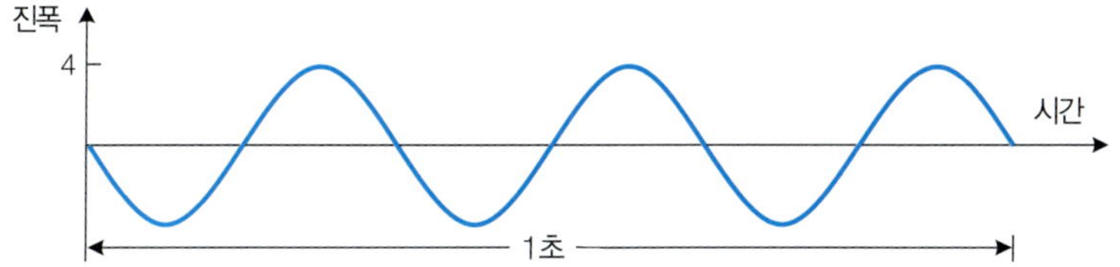

▶▶ **풀이**

(a) $A = 3$, $f = 5$, $\phi = 0°$이므로 $s(t) = 3\sin(2\pi 5t + 0°) = 3\sin(10\pi t + 0°)$다.

(b) $A = 6$, $f = 10$, $\phi = 0°$이므로 $s(t) = 6\sin(2\pi 10t + 0°) = 6\sin(20\pi t + 0°)$다.

(c) $A = 4$, $f = 3$, $\phi = 180°$이므로 $s(t) = 4\sin(2\pi 3t + 180°) = 4\sin(6\pi t + 180°)$다.

4 복합 신호

데이터 통신에서는 아날로그 신호로 단순 정현파 신호를 사용하지 않으며, 주파수가 다른 다수의 정현파가 합쳐진 복합 신호를 사용한다. 예를 들어, 다음과 같은 신호는 $f = 1$, $f = 3$, $f = 5$와 같은 세 가지 주파수 성분이 합쳐진 복합 신호다.

$$s(t) = \sin(2\pi t) + \frac{1}{3}\sin(2\pi \times 3t) + \frac{1}{5}\sin(2\pi \times 5t)$$

[그림 3-6](a)는 세 가지 정현파 신호를 시간 t에 대해 나타낸 것이다. (b)는 세 가지 정현파 신호를 합하여 만든 신호인데, 시간 영역time-domain으로 표현했기 때문에 이 그림을 보고 주파수 성분의 특성을 파악하기는 어렵다. 신호의 주파수 성분을 나타내려면 푸리에 해석Fourier analysis을 이용하여 주파수 영역frequency-domain으로 표현해야 한다.

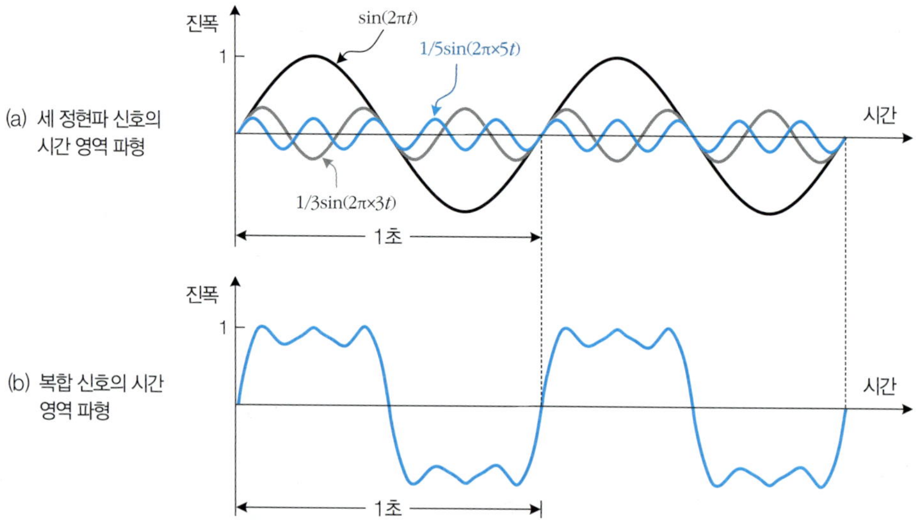

그림 3-6 신호 파형의 시간 영역 표현

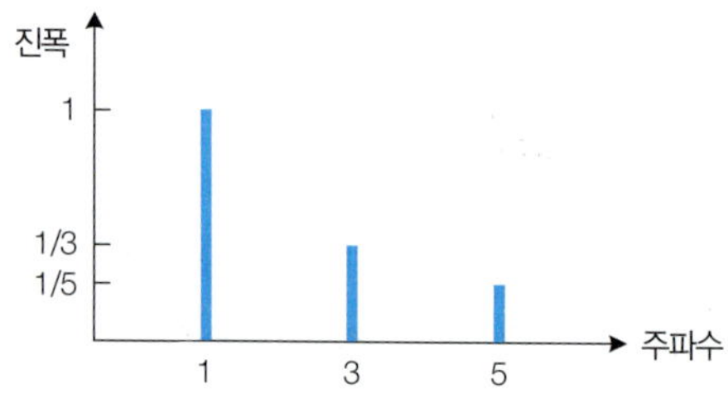

그림 3-7 복합 신호에 대한 주파수 영역 표현

[그림 3-6](b)의 복합 신호에 대한 주파수 영역을 표현하면 [그림 3-7]과 같다. 시간 영역에서는 시간 변화에 따른 신호의 세기 변화를 나타낸 것에 비해 주파수 영역에서는 신호가 가지고 있는 주파수 성분에 대한 신호 세기를 나타낸다. 따라서 신호에 포함된 주파수 성분을 쉽게 알 수 있다. 이와 같이 신호를 주파수 영역의 모든 성분들을 사용하여 표현하는 것을 주파수 스펙트럼frequency spectrum이라고 한다. [그림 3-7]은 3개의 주파수 성분을 사용하여 만든 주파수 스펙트럼의 예를 나타낸다.

NOTE 푸리에 해석(Fourier Analysis)

푸리에 해석은 주기 함수를 단순한 삼각함수의 합으로 표현하는 무한 급수를 말한다. 단순한 삼각함수는 부드러운 곡선으로 이루어져 있다. 이러한 삼각함수를 계속 더해나가면 다른 형태의 함수를 얻을 수 있다. 주기 함수를 해석하는 푸리에 급수(Fourier series), 비주기 함수를 해석하는 푸리에 변환(Fourier transformation)이 있다. 푸리에 해석을 이용한 주파수 분석 기술은 전파 통신, 신호 처리, 영상 처리, 데이터 압축 등 다양한 분야에서 널리 활용되고 있다.

5 대역폭

신호가 가지고 있는 주파수 성분들의 범위를 신호 대역폭bandwidth이라고 한다. 즉, 대역폭은 신호의 주파수 성분 중에서 가장 높은 주파수 성분과 가장 낮은 주파수 성분의 차이를 구하여 얻는다. 예를 들어, [그림 3-8]에 나타낸 주기적인 신호의 대역폭은 4,000(= 5,000 − 1,000) Hz가 된다.

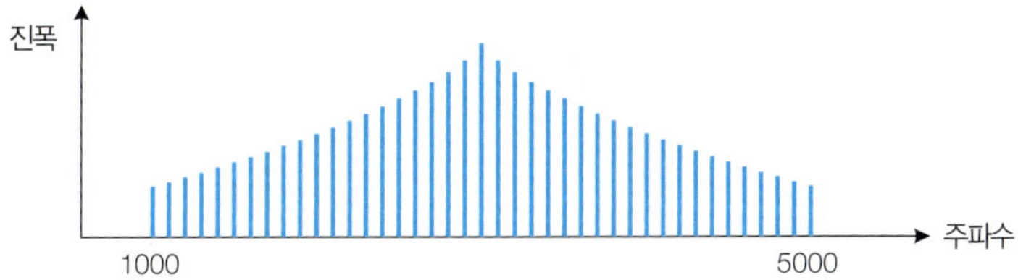

그림 3-8 주기적인 신호의 대역폭

사람의 음성에 대한 주파수 성분이 300~3,300Hz 범위에 주로 존재한다고 가정하면 대역폭은 3,000Hz(= 3,300 − 300)다. 이와 같이 신호의 주된 성분이 분포하는 대역폭을 유효 대역폭effective bandwidth이라고 한다. 300~3,300Hz 범위 밖에도 약간의 신호 성분이 존재하나 무시해도 무방할 경우 유효 대역폭을 이용한다. 대역폭은 하나의 자원이기 때문에 가능하면 작은 범위를 이용하여 시스템을 구현하는 것이 효과적이다.

예제 3-2

그림과 같은 주파수 영역 특성을 갖는 신호의 대역폭을 구하시오.

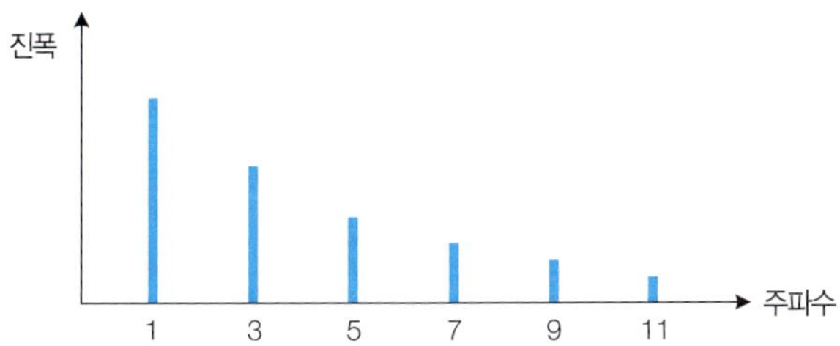

▶▶ 풀이

대역폭 = 최고 주파수 − 최소 주파수이므로 대역폭은 10Hz(= 11 − 1)다.

종종 전송 매체가 통과시키는 주파수 영역을 대역폭이라고 한다. 어떠한 전송 매체도 무한대(∞)의 대역폭을 갖지 않기 때문에 모든 주파수 성분을 통과시키지 못한다. 만일 전송 매체의 대역폭이 신호의 스펙트럼과 일치하지 않으면 주파수 성분의 일부를 잃어버리게 된다. [그림 3-9]에 나타낸 바와 같이 무한대의 주파수 스펙트럼을 갖는 입력 신호가 유한한 대역폭을 갖는 전송 매체를 통해 전송되면, 출력 신호는 변형되어 나온다. 따라서 신호의 대역폭과 전송 매체의 대역폭을 구분해서 이해할 필요가 있다.

그림 3-9 대역폭이 유한한 전송 매체에 의한 신호 왜곡

03 디지털 신호

디지털 신호는 이산discrete 값을 갖는다. 2진수를 표현하기 위해 0V와 +5V를 사용하는 경우 데이터 100101을 디지털 신호로 표현하면 [그림 3-10]과 같다. 그림과 같이 대부분의 디지털 신호는 비주기적이기 때문에 주기나 주파수를 사용할 수 없다. 대신 디지털 신호는 비트 간격이나 비트율을 사용하여 표현한다.

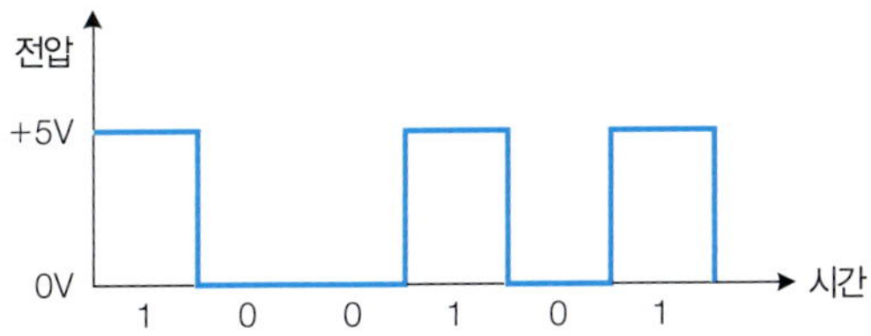

그림 3-10 디지털 신호의 예

디지털 신호는 대역폭이 무한대인 복합 신호다. 푸리에 해석에 따르면 비주기 신호는 주파수 영역에서 무한개의 주파수 성분이 더해져야 만들 수 있다. 다만 조파harmonic의 차수가 높은 주파수 성분은 크기가 작아 낮은 조파(1차 조파, 3차 조파, 5차 조파, 7차 조파 등)의 주파수 성분만 합해도 매우 유사한 파형을 얻을 수 있다. 실제 데이터 통신에서는 대부분의 신호 세기가 존재하는 주파수 대역의 성분을 이용해 신호를 표현하고 이 대역이 디지털 신호의 유효 대역폭이 된다.

[그림 3-11]은 주기 신호와 비주기 신호의 주파수 영역 그래프를 나타낸다. 각 디지털 신호의 대역폭은 무한대(∞)이지만 대부분의 에너지가 존재하는 부분만 나타냈다. (a)의 주기 신호는 이산 주파수 성분을, (b)의 비주기 신호는 연속 주파수 성분을 갖는다.

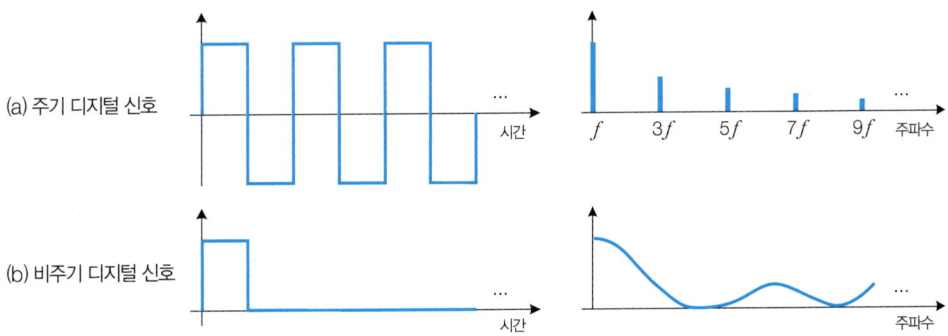

그림 3-11 디지털 신호의 시간 영역 및 주파수 영역 표현

1 비트율

대부분의 디지털 신호는 비주기적이므로 주기나 주파수를 사용할 수 없다. 주기 대신 비트 하나를 전송하는 데 필요한 시간을 의미하는 비트 간격bit interval을 사용하고, 주파수 대신 1초 동안 전송된 비트 수를 의미하는 비트율bit rate을 사용한다. 일반적으로 비트율의 단위는 bpsbit per second가 사용된다. [그림 3-12]는 비트 간격과 비트율 예를 나타낸다. 1초 동안 8비트가 전송되므로 비트율은 8bps이고, 비트 간격은 1/8 = 0.125sec이다.

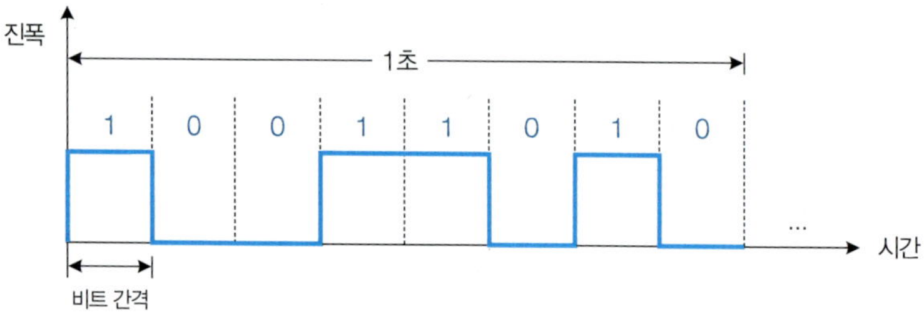

그림 3-12 비트 간격과 비트율

아날로그 신호는 전송 매체의 특성을 대역폭으로 나타내지만 디지털 신호는 비트율로 표현한다.

예제 3-3

디지털 신호의 비트율이 2,000bps일 때 비트 간격을 계산하시오.

▶▶ 풀이

비트 간격은 비트율의 역수이므로 500μs가 된다.

$$\text{비트 간격} = \frac{1}{\text{비트율}} = \frac{1}{2{,}000} = 0.0005 = 500\mu s$$

2 대역폭

전송 매체를 통해 아날로그 신호를 전송하면 Hz로 표시되는 대역폭이 중요하다. 아날로그 대역폭은 전송 매체가 통과시키는 주파수 영역이다. 한편, 전송 매체를 통해 디지털 신호를 전송하면 bps(초당 비트 수)로 표시되는 비트율이 중요하다. 디지털 대역폭은 전송 매체가 통과시킬 수 있는 최대 비트율이다. Hz와 bps는 전송 매체의 동일한 성질을 서로 다른 척도로 나타낸 것이다.

04 채널 용량

특정 대역폭을 갖는 전송 매체는 그 매체의 대역폭보다 좁은 대역폭을 갖는 디지털 신호를 통과시킬 수 있다. 전송 매체가 전송할 수 있는 최대 비트율을 그 매체의 채널 용량channel capacity이라고 하며, 전송 매체의 대역폭은 전송 가능한 비트율의 상한선을 의미한다. 여기서 채널은 물리적인 통로를 말한다. 채널 용량은 다음과 같은 세 가지 요소에 의해 결정된다.

- 전송 매체의 대역폭(아날로그 대역폭은 Hz로 나타내고, 디지털 대역폭은 bps로 나타낸다.)
- 신호 준위 수(부호화 방법)
- 채널의 품질(잡음의 정도)

데이터는 디지털 신호로 표현할 수 있다. 예를 들어, 2개의 신호 준위level를 갖는 경우 0은 0V로, 1은 +5V로 부호화하여 보낼 수 있다. 마찬가지로 4개의 신호 준위를 갖는 경우 00, 01, 10, 11로 부호화된다. [그림 3-13](a)에서는 각 준위마다 1비트를, (b)에서는 각 준위마다 2

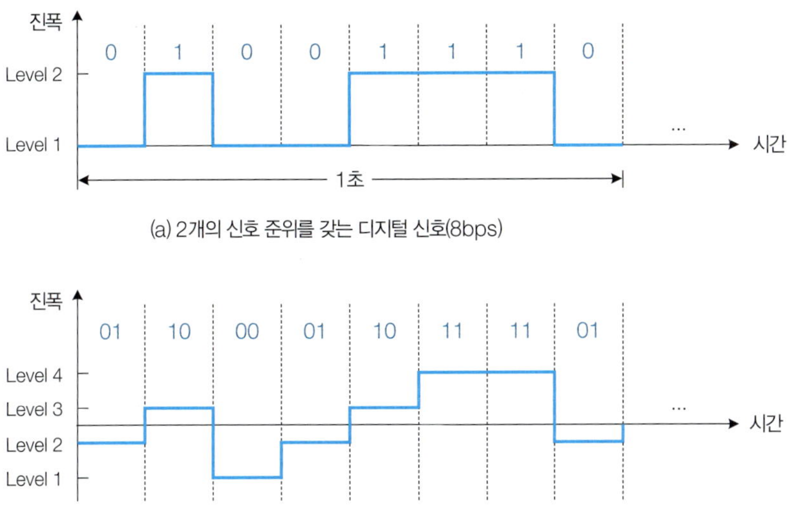

(a) 2개의 신호 준위를 갖는 디지털 신호(8bps)

(b) 4개의 신호 준위를 갖는 디지털 신호(16bps)

그림 3-13 2개 또는 4개의 신호 준위를 갖는 디지털 신호

비트를 부호화하여 보낼 수 있다. 일반적으로 신호가 L개의 준위를 가지면 각 준위는 $\log_2 L$개의 비트를 보낼 수 있다. 따라서 (b)에서 $\log_2 4 = 2$비트를 보낼 수 있다. 신호 준위를 L, 비트 수를 n이라고 하면 L과 n은 다음과 같은 관계를 갖는다.

$$2^n = L,\ n = \log_2 L$$

1 무잡음 채널(나이퀴스트 비트율)

잡음이 없는 경우 채널 용량 C는 다음과 같이 주어진다. 이를 나이퀴스트 비트율Nyquist bit rate이라고 한다. 여기서 W는 채널의 대역폭(단위는 Hz), L은 신호 레벨 수이며, C의 단위는 bps다. 나이퀴스트 비트율은 이론적인 최대 전송율을 정의한다.

$$C = 2W \log_2 L$$

이 수식에는 두 가지 문제점이 있다. 하나는 과연 실제 채널에서 구분 가능한 신호 레벨을 몇 개 전송할 수 있는가 하는 점이고, 다른 하나는 채널에서 잡음 영향 등을 고려하지 않았다는 점이 있다.

예제 3-4

신호 레벨의 수 $L = 8$이고 채널 대역폭이 1KHz일 때 이론적인 최대 전송율을 계산하시오.

▶▶ 풀이

$C = 2W\log_2 L = 2 \times 1{,}000 \times \log_2 8 = 2 \times 1{,}000 \times 3 = 6$Kbps다.

예제 3-5

채널 대역폭이 400Hz이고, 원하는 전송율이 3,200bps일 때 요구되는 신호 레벨의 수를 계산하시오. 단, 잡음의 영향은 없다고 가정한다.

▶▶ 풀이

$3{,}200 = 2 \times 400 \times \log_2 L$이므로 $L = 2^4 = 16$이다.

2 잡음이 있는 채널(섀넌 용량)

섀넌Shannon은 대역폭이 W인 채널에 N이라는 잡음 세력이 있고, 이 채널에 S라는 신호 세력을 가진 신호를 전송할 때 얻을 수 있는 채널 용량을 구하여 다음과 같은 섀넌의 법칙을 증명하였다.

$$C = W\log_2\left(1+\frac{S}{N}\right)$$

여기서 S/N비는 신호 대 잡음비signal-to-noise ratio, SNR라고 한다. 섀넌의 채널 용량에는 신호의 준위가 없는데, 이 수식은 채널의 특성을 정의하는 것이지 전송 방법을 정의하는 것이 아니기 때문이다.

보통 S/N비는 데시벨decibel, dB 단위로 다음과 같이 표현되므로 채널 용량을 계산할 경우에는 주의해야 한다.

$$\frac{S}{N}_{\mathrm{dB}} = 10\log_{10}\left(\frac{S}{N}\right)$$

예를 들어, 전송 매체의 S/N비가 20dB로 주어진 경우 S/N비는 100이 된다.

$$20 = 10\log_{10}\left(\frac{S}{N}\right) \leftrightarrow \frac{S}{N} = 10^2 = 100$$

채널 용량은 대역폭과 신호의 크기에 비례하고 잡음에 반비례하므로 채널 용량을 향상시키는 방법은 다음과 같다.

- 대역폭을 늘린다.
- 신호 크기를 크게 한다.
- 잡음 크기를 작게 한다.

예제 3-6

3KHz의 대역폭과 30dB의 전형적인 신호 대 잡음 전력 비율(SNR)을 가진 음성급 채널의 채널 용량을 계산하시오.

▶▶ 풀이

먼저 SNR이 30dB이므로 $S/N = 1{,}000$이 된다.

$$30 = 10 \times \log_{10}\left(\frac{S}{N}\right) \leftrightarrow \frac{S}{N} = 10^3 = 1{,}000$$

따라서 채널 용량은 29.901Kbps가 된다.

$$C = 3{,}000 \times \log_2(1 + 1{,}000) = 3{,}000 \times 9.967 = 29.901\text{Kbps}$$

통신에서 데시벨decibel, dB은 신호의 세기를 나타내는 단위로 흔히 사용된다. 그러나 데시벨은 절대 단위가 아닌 상대 단위로 두 신호의 세기 비를 대수적으로 나타낸 것이다. 어떤 신호 전력 P_1과 P_2의 전력비를 데시벨로 나타내면 다음과 같다.

$$\text{데시벨} = 10\log_{10}\left(\frac{P_2}{P_1}\right)$$

예를 들어, $P_1 = 10\text{W}$이고, $P_2 = 100\text{W}$이면 데시벨 값은 $10\log_{10}(100/10) = 10\text{dB}$이 된다.

처음에 데시벨이 소리의 크기를 기준으로 사용되었기 때문에 그 세기의 비가 대수적인 단위로 나타나고 있다. 사람이 소리의 크기를 느낄 때 소리의 에너지에 비례하여 느끼는 것이 아니고 소리 에너지의 대수 값에 비례하여 느끼기 때문이다. 예를 들어, 장소 A의 잡음 에너지가 장소 B의 잡음 에너지보다 100배 크다면 사람의 귀에는 20배($= 10\log_{10} 100$) 더 시끄럽게 느껴진다.

데시벨은 전력 대신 전압이나 전류의 비로 나타낼 수 있는데, 두 전류의 세기를 I_1, I_2라 하고 두 전압의 세기를 V_1, V_2라고 하면 데시벨은 다음과 같이 표현된다.

$$\text{데시벨}_{(\text{전류})} = 20\log_{10}\left(\frac{I_2}{I_1}\right) \qquad \text{데시벨}_{(\text{전압})} = 20\log_{10}\left(\frac{V_2}{V_1}\right)$$

NOTE 데시벨(dB)과 네퍼(Neper)

- 데시벨(dB)은 상용로그를 이용한 입출력(또는 송수신)의 비를 상대 레벨로 표시
- 네퍼(Np)는 자연로그를 이용한 입출력(또는 송수신)의 비를 상대 레벨로 표시

$$\text{dB} = 10\log_{10}\left(\frac{P_2}{P_1}\right) = 20\log_{10}\left(\frac{V_2}{V_1}\right) = 20\log_{10}\left(\frac{I_2}{I_1}\right)$$

$$\text{Np} = \frac{1}{2}\log_e\left(\frac{P_2}{P_1}\right) = \log_e\left(\frac{V_2}{V_1}\right) = \log_e\left(\frac{I_2}{I_1}\right)$$

$$1\text{Np} = 20\log_{10} e = 8.686\text{dB}, \ 1\text{dB} = \frac{1}{8.686} = 0.115\text{Np}$$

05 전송 손상

신호가 목적지로 전달되는 과정에서 여러 가지 이유로 인해 신호에 손상이 발생하는데 이를 전송 손상transmission impairment이라고 한다. [그림 3-14]와 같이 전송 손상의 종류에는 감쇠, 왜곡, 잡음이 있다.

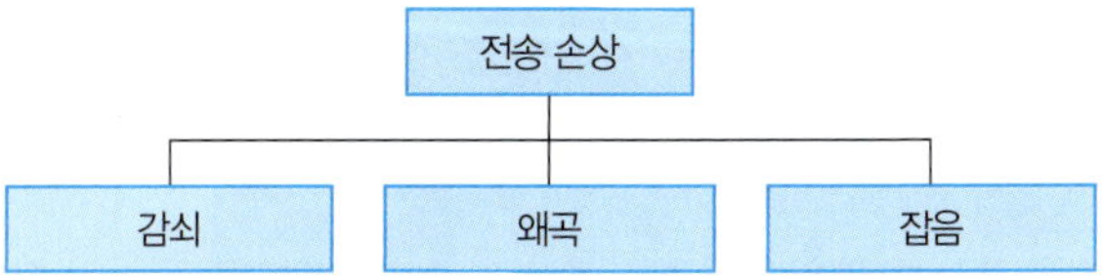

그림 3-14 전송 손상의 종류

1 감쇠

신호가 목적지로 전송되는 과정에서 전송 매체의 저항 성분에 의해 신호가 약해지는데 이를 감쇠attenuation라고 한다. 감쇠는 모든 전송 매체에서 발생한다. 유선 매체에서는 신호의 세기가 거리에 따라 처음에는 급격하게 감소하다가 점차 완만하게 줄어드는 대수logarithm 형태다. 무선 매체에서는 거리뿐 아니라 주변 대기 환경에도 영향을 받는다. 자유 공간에서 일어난 손실 L은 다음과 같이 거리의 제곱에 비례한다. 여기서 d는 거리, λ는 파장이다.

$$L = \left(\frac{4\pi d}{\lambda}\right)^2$$

감쇠가 너무 심해지면 목적지에서 정상적인 신호를 인식할 수 없으므로 목적지 수신기에 적당한 정도로 신호가 유지되어야 한다. 따라서 신호가 감쇠되면 이를 보상해야 한다. 아날로그 신호인 경우에는 증폭기amplifier, 디지털 신호인 경우에는 리피터repeater를 사용하여 신호의 감쇠를 보상한다. [그림 3-15]는 신호의 감쇠와 증폭 과정을 나타낸다. P_1 지점에서 전송된 신호가 전송 매체를 통해 전송됨에 따라 감쇠되어 P_2 지점에 도달하였다. P_2에서는 감쇠된 신호를 증폭하여 원래의 신호로 복원한다.

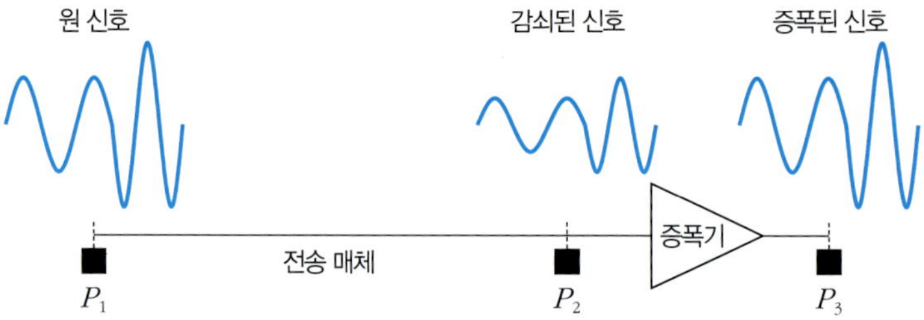

그림 3-15 신호의 감쇠와 증폭

신호가 약해지는 정도가 일정하면 수신기에서는 약해진 정도만큼 증폭시키면 된다. 증폭기가 모든 신호를 균일한 비율로 증폭시키지 못하면 신호가 변형될 수 있다. 특히, 여러 개의 증폭기를 직렬로 연결한 경우 누적된 신호의 변형이 증폭 효과를 상쇄할 수 있으므로 송신기와 수신기 사이에서 사용할 수 있는 증폭기 수가 제한된다.

디지털 신호를 전송할 때는 리피터로 2진 정보를 복원하여 재전송한다. 리피터는 증폭기와 달리 누적된 신호 변형을 피할 수 있다. 그러나 리피터에도 0의 신호를 1로 해석하거나 반대로 1을 0으로 해석하는 비트 오류bit error가 발생할 수도 있다.

데시벨은 신호 크기의 감쇠를 표현하는 데 사용된다. 어떤 신호가 10dB 감소(−10dB)했다면 원래 신호 크기가 0.1로 줄었다는 의미다. 반대로 10dB 증가(+10dB)했다면 원래 신호 크기에서 10배가 늘었다는 의미다.

$$-10 = 10\log_{10}\left(\frac{P_2}{P_1}\right) \leftrightarrow \frac{P_2}{P_1} = 10^{-1} = 0.1$$

$$10 = 10\log_{10}\left(\frac{P_2}{P_1}\right) \leftrightarrow \frac{P_2}{P_1} = 10^{1} = 10$$

예제 3-7

신호가 전송 매체를 통해 목적지에 도착했을 때 전력이 반으로 감소하였다. 신호 감쇠를 계산하시오.

▶▶ 풀이

전력이 반으로 감소하였으므로 $P_2 = 0.5P_1$이다. 따라서 감쇠(전력 손실)는 −3dB이 된다.

$$10\log_{10}\frac{P_2}{P_1} = 10\times\log_{10}\left(\frac{0.5P_1}{P_1}\right) = 10\times\log_{10}0.5 = 10\times(-0.301) = -3\text{dB}$$

2 왜곡

왜곡distortion은 신호의 모양이나 형태가 변형되는 것을 말한다. 왜곡에는 주파수에 따라 신호의 감쇠 정도가 다르기 때문에 발생하는 감쇠 왜곡attenuation distortion과 신호가 전송 매체를 통과할 때 전파 속도가 주파수별로 다르기 때문에 발생하는 지연 왜곡delay distortion이 있다.

감쇠 왜곡

푸리에 해석에 의하면 신호의 주파수 스펙트럼은 여러 주파수 성분으로 구성된 복합 신호라고 하였다. 신호의 감쇠는 주파수에 따라 서로 다르게 나타난다(진폭이 달라짐). 특히 높은 주파수에서 감쇠는 더 많이 일어난다. 감쇠 왜곡은 디지털 신호에 비해 아날로그 신호에서 더욱 심각하다. 디지털 신호는 주파수 스펙트럼이 비교적 좁은 범위에 밀집되어 있으므로 아날로그 신호에 비해 감쇠 왜곡이 적다.

이와 같이 감쇠 왜곡은 주파수 스펙트럼에 따라 감쇠의 정도가 균일하지 못해 발생하는 신호의 변형을 말한다. 따라서 이러한 문제를 해결하려면 주파수 대역별(성분별)로 감쇠 정도를 알아내어 대역별로 증폭해야 한다. 이처럼 주파수 대역별로 다른 증폭을 수행하는 장치를 등화기equalizer라고 한다.

지연 왜곡

신호의 전파 속도는 전송 매체에 따라 다르며, 주파수 성분에 따라서도 다르다. 모든 주파수에서 일정한 속도를 갖는 공기air와 달리 유선 매체(트위스티드 페어, 동축 케이블, 광케이블)에서는 상이한 주파수 성분 사이의 전파 속도 차이에 의한 지연 왜곡이 발생한다(주파수마다 위상이 달라짐).

디지털 신호 전송에서 지연 왜곡은 신호 변형에 중대한 영향을 미친다. 수신기에 들어온 신호들이 주파수 성분별로 도착 시간이 다르다면 하나의 비트에 포함되는 에너지의 일정 부분이 인접한 다른 비트에 겹칠 수 있어 계속해서 들어오는 경우 0 또는 1의 비트 값을 구분하기가 어렵다. 이러한 현상을 상호간섭이라고 하며, 디지털 정보의 최대 전송 속도를 결정하는 주된 요인이 된다. [그림 3-16]을 보면 위상 차이에 의한 지연 왜곡으로 인해 수신 측 신호가 변형되어 있음을 알 수 있다.

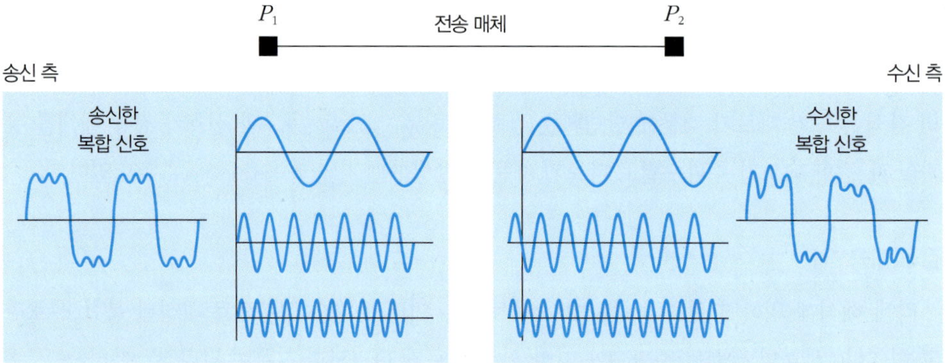

그림 3-16 신호의 지연 왜곡

3 잡음

잡음noise은 신호를 전송하는 과정에서 발생하는 원하지 않는 신호를 말한다. 잡음에는 전송 매체의 물리적인 특성에 기인한 잡음과 번개 같은 돌발적인 외부 요인 때문에 발생하는 잡음 등이 있다.

열잡음

열잡음thermal noise은 백색잡음white noise이라고도 하는데 전도체 내부의 전자들이 열에 의해 불규칙하게 움직이면서 나타나는 잡음이다. 이 잡음은 어떤 형태의 전자 장비나 전송 매체에서도 나타나며, 절대온도에 비례한다. 또한 모든 주파수 범위에 대해 균일한 전력 스펙트럼을 갖고 있으며, 제거될 수 없다. 열잡음 N은 다음과 같은 식으로 특성을 표현한다.

$$N = KTW$$

여기서 K는 볼쯔만 상수Boltzmann constant(1.38×10^{-23}), T는 절대온도, W는 대역폭이다. 열잡음은 대역폭에 비례함을 알 수 있다. 전송 중에 신호 전력은 잡음 전력에 비해 상대적으로 커야 하는데, 보통 S/N비는 30dB 이상 되는 것이 바람직하다.

상호변조잡음

상호변조잡음inter-modulation noise은 동일한 전송 매체에서 서로 다른 주파수로 구성되는 신호들이 전송될 때 주파수의 합, 차 또는 배수에 해당하는 새로운 주파수가 만들어짐으로써 나타나는 잡음이다. 예를 들어, $f_1 = 2{,}000$Hz이고 $f_2 = 4{,}000$Hz를 가지는 주파수 성분으로부터 6,000Hz($f_2 + f_1$), 2,000Hz($f_2 - f_1$) 등의 새로운 주파수가 발생한다. 이러한 경우 6,000Hz의 주파수를 사용하는 다른 신호와 간섭현상을 일으킨다. 이러한 현상은 통신 시스템의 선형성이 불완전하기 때문에 발생하는 것으로 알려져 있다.

누화

누화crosstalk는 서로 다른 신호 채널의 전자기파가 서로 영향을 주어서 발생하는 현상이다. 전화 통화 중 다른 사람의 말이 약하게 들리는 혼선과 같은 현상으로 열잡음에 비해 크기가 작다. 이것은 이웃 채널의 신호가 전자기 유도 현상에 의해 다른 채널에 영향을 주는 것이다. 차폐가 안 된 동선들이 인접해 있거나 안테나로 신호를 수신할 때 반사된 신호가 같이 수신되는 경우에 발생한다.

충격 잡음

예측할 수 없는 외부 요인(번개, 기계적인 충격 등)에 의해 발생하는 돌발적인 잡음이 충격 잡음impulse noise이다. 이 잡음은 단속적이고 펄스와 같이 뾰족하게 돌출한 형태를 띠며, 순간적이지만 다른 잡음에 비해 상대적으로 크기가 크므로 데이터 전송 시 에러를 일으키는 중요한 원인이 된다. 음성과 아날로그 전송에서는 큰 문제가 되지 않으나 디지털 전송에서는 다수의 비트가 집단적인bursty 오류를 일으킬 가능성이 있다. 예를 들어, 4,800bps의 속도로 디지털 데이터를 전송할 때 0.01초 동안의 짧은 충격 잡음도 48비트에 해당하는 데이터를 상실하게 하여 정보 전체를 파악할 수 없게 할 수도 있다.

[그림 3-17]은 디지털 전송에서 잡음의 영향을 보여준다. 왼쪽에서 4번째와 11번째 데이터에 오류가 발생하였음을 알 수 있다.

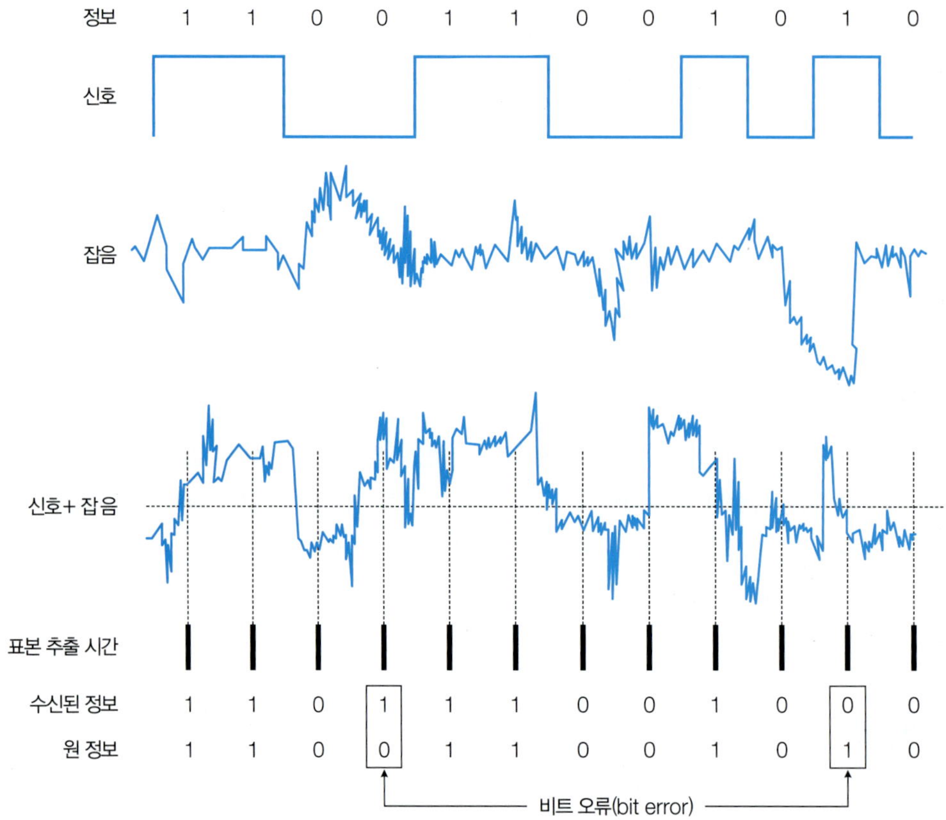

그림 3-17 디지털 신호 전송에서 잡음의 영향

1 정보가 전송되기 위해서는 어떤 신호로 변환되어야 하는가?

① 주기 신호 ② 비주기 신호
③ 전자기 신호 ④ 초고주파 신호

2 신호의 세기와 관계 있는 신호 성분은?

① 진폭 ② 주파수
③ 위상 ④ 파장

3 신호가 동일한 패턴을 반복하는 주기 신호일 때 반복되는 정도를 나타내는 신호 성분은?

① 진폭 ② 주파수
③ 위상 ④ 파장

4 어떤 신호의 주기가 0.001초다. 이 신호의 주파수는?

① 1Hz ② 1KHz
③ 1MHz ④ 1GHz

5 어떤 정현파의 주파수가 8KHz인 신호의 주기는?

① 100μs ② 125μs
③ 250μs ④ 500μs

6 신호의 주파수가 증가함에 따라 그 신호의 주기는 어떻게 변하는가?

① 변함이 없다.
② 증가한다.
③ 감소한다.
④ 2배 증가한다.

7 다음 중 옳지 않은 것은?

① 주기와 주파수는 서로 역의 관계에 있다.
② 짧은 시간 내의 변화는 낮은 주파수를 의미한다.
③ 주기란 신호가 한 사이클을 완성하는 데 걸린 시간을 말한다.
④ 신호의 주파수는 시간에 대한 변화율로 초당 반복되는 패턴의 횟수를 말한다.

8 시간 0에 대한 상대적인 파형의 위치를 나타내는 신호 성분은?

① 진폭 ② 주파수
③ 위상 ④ 파장

9 비주기적인 임의 파형의 주파수 스펙트럼을 해석하는 방법으로 가장 적절한 것은?

① 푸리에 급수로 해석한다.
② 펄스 열로 표시한다.
③ 델타함수 열로 해석한다.
④ 푸리에 변환으로 해석한다.

10 대역폭bandwidth에 관한 설명으로 옳은 것은?

① 최고 주파수를 의미한다.
② 최저 주파수를 의미한다.
③ 최고 주파수의 절반을 의미한다.
④ 최고 주파수와 최저 주파수 사이 간격을 의미한다.

11 어떤 신호의 주파수 성분이 4KHz에서 40KHz 사이에 분포하였다. 이 신호의 대역폭은 얼마인가?

① 36KHz ② 40KHz
③ 44KHz ④ 48KHz

12 신호의 대역폭이 8KHz이고 최저 주파수가 40KHz일 때 최고 주파수는?

① 36KHz ② 40KHz
③ 44KHz ④ 48KHz

13 최대 전송률을 예상할 수 있는 나이퀴스트Nyquist 공식으로 맞는 것은? (단, C는 채널 용량, B는 전송 채널의 대역폭, M은 신호 레벨 수, S/N비는 신호 대 잡음비)

① $C = B \times \log_2(M)$
② $C = 2 \times B \times \log_2(M)$
③ $C = B \times \log_2(M \times 1 + S/N)$
④ $C = 2 \times B \times \log_2(M \times 1 + S/N)$

14 통신 채널의 용량 C를 올바르게 표시한 식은? (단, W: 채널 대역폭, S/N: 신호 대 잡음비)

① $C = W\log_2 \frac{S}{N}$　② $C = W\log_2 \left(1+\frac{S}{N}\right)$

③ $C = 2\log_2 \frac{S}{N}$　④ $C = 2\log_2 \left(1+\frac{S}{N}\right)$

15 섀넌의 정의에서 채널 용량을 결정하는 요소가 아닌 것은?

① 대역폭　② 신호 전력

③ 잡음 전력　④ 변조 방식

16 채널 용량channel capacity에 대한 설명으로 틀린 것은?

① 정해진 오류 발생률 내에서 채널을 통해 최대로 전송할 수 있는 정보의 양을 의미한다.

② 측정 단위는 초당 전송되는 비트 수(bps)로 나타낸다.

③ 섀넌Shannon은 채널 용량을 $C = W\log_2(1 + S \times N)$으로 나타내었다.

④ 채널을 통해서 보내지는 데이터의 양은 그 채널의 대역폭Bandwidth과 비례한다.

17 통신 회선의 전송 용량을 증가시키기 위한 방법으로 옳은 것은?

① 주파수 대역폭을 증가시킨다.

② 신호 세력을 줄인다.

③ 잡음 세력을 높인다.

④ 신호 대 잡음비를 줄인다.

18 채널 용량은 섀넌의 정리와 나이퀴스트의 전송률에 의해 정리할 수 있는데, 섀넌과 나이퀴스트 정리에서 채널 용량과 전송률을 높이기 위한 공통점은 무엇인가?

① 대역폭　② 주파수

③ 데이터의 비트 수　④ 신호 대 잡음비

19 대역폭이 B(Hz), 신호 대 잡음비가 0인 채널을 사용하여 데이터를 전송하는 경우 채널 용량(bps)은?

① 0　② $1B$

③ $2B$　④ $4B$

20 채널 대역폭이 1MHz이고 S/N이 1일 때 채널 용량은?

① 1Mbps　② 2Mbps

③ 3Mbps　④ 4Mbps

21 채널 대역폭이 150KHz이고 S/N이 15일 때 채널 용량은?

① 150Kbps　② 300Kbps

③ 600Kbps　④ 750Kbps

22 신호 대 잡음비(S/N)가 1000이고 채널 대역폭이 1MHz일 때 채널 용량은 약 몇 Mbps인가?

① 2.45　② 4.86

③ 9.96　④ 12.99

23 채널 용량이 100 Kbps이고, 채널 대역폭이 10KHz일 때 신호 대 잡음비는?

① 10　② 420

③ 624　④ 1023

24 2개의 지점에서 신호의 세기를 측정한 결과, 각각 P_1과 P_2였다. 여기서 $P_2/P_1 = 0\text{dB}$이 의미하는 것은?

① P_1 전력 레벨이 0dB이다.

② P_2 전력 레벨이 0dB이다.

③ P_1이 P_2보다 전력이 크다.

④ P_1과 P_2의 전력 크기가 같다.

25 전송 매체에서 발생할 수 있는 전송 손상 요인으로 거리가 가장 먼 것은?

① 감쇠 현상　② 지연 왜곡

③ 잡음　④ 채널 용량

26 데이터 전송에서 오류 발생의 주된 원인으로 옳지 않은 것은?

① 신호 감쇠 현상　② 지연 왜곡

③ 잡음　④ 채널 수

27 다음 내용이 설명하는 것은?

> 데이터를 전송 매체에 따라서 먼 거리로 보내고자 할 때, 전자기 신호의 세기가 거리가 더 멀어질수록 점차적으로 약해지는 현상

① 감쇠　② 혼선
③ 왜곡　④ 잡음

28 다음 중 데이터 전송 시 진폭 감쇠나 전송 지연에 의한 왜곡을 보완하여주기 위한 것은?

① 등화기　② 여파기
③ 평활 회로　④ 분파 회로

29 신호를 구성하는 주파수에 따라서 전파 속도가 다르기 때문에 일어나는 전송 손상 현상은?

① 감쇠 현상　② 상호변조잡음
③ 누화 잡음　④ 지연 왜곡

30 서로 다른 주파수들이 똑같은 전송 매체를 공유할 때 이 주파수들이 서로의 합과 차의 신호를 발생함으로써 발생되는 잡음을 무엇이라 하는가?

① 상호변조잡음　② 열잡음
③ 누화 잡음　④ 충격 잡음

31 데이터 통신 시스템에서 발생하는 잡음에 대한 설명이다. 어떤 잡음에 대한 설명인가?

> - 비연속적이고 불규칙한 진폭을 가지며, 순간적으로 높은 진폭이 발생하는 잡음이다.
> - 외부의 전자기적 충격이나 기계적인 통신 시스템에서의 결함 등이 원인이다.
> - 디지털 데이터를 전송하는 경우 중요한 오류 발생의 원인이 된다.

① 열잡음　② 누화 잡음
③ 충격 잡음　④ 상호변조잡음

32 수신기의 통과 대역폭(B), 절대온도(T), 볼쯔만 상수(K), 잡음 전력(P)의 관계식으로 맞는 것은?

① $P = KB^2T$　② $P = K^2BT$
③ $P = KBT^2$　④ $P = KBT$

33 백색 잡음white noise이란 무엇인가?

① 가우스 잡음으로 제한된 대역폭을 갖는 잡음
② 임펄스성 잡음으로 제한된 대역폭을 갖는 잡음
③ 백색을 나타내는 저주파수대로 이루어진 잡음
④ 모든 주파수에 걸쳐서 포함된 잡음

34 전화 통신망(PSTN)에서 인접 선로 간 차폐가 완전하지 않아, 인접 선로 상의 다른 신호에 영향을 미쳐 발생하는 품질 저하 요인은?

① 누화crosstalk　② 신호 감쇠
③ 에코Echo　④ 신호 지연

35 데이터를 전송하는 데 에러의 주된 원인이 되는 잡음은?

① 열잡음　② 충격성 잡음
③ 전자파 잡음　④ 험 잡음

36 데이터 전송 시 오류의 발생 원인에 대하여 잘못 설명한 것은?

① 감쇠 : 전송 신호 세력이 전송 매체를 통과하는 과정에서 거리에 따라 약해지는 현상
② 지연 왜곡 : 도체 내의 온도에 따른 전자 운동량의 변화와 전자기적 충격으로 주파수가 왜곡 지연되는 현상
③ 상호간섭잡음 : 서로 다른 주파수들이 하나의 전송 매체를 공유할 때 주파수 간의 합이나 차로 인해 새로운 주파수가 생성되는 잡음
④ 누화 잡음 : 인접한 전송 매체의 전자기적 상호 유도 작용에 의해 생기는 잡음으로, 전화 통화 중 다른 전화의 내용이 함께 들리는 현상

37 정현파는 주기적 아날로그 신호의 가장 기본적인 형태다. 정현파를 표현하는 데 사용되는 세 가지 요소는?

38 주파수가 2.5MHz인 정현파가 있다. 이 정현파의 주기는?

39 신호 $s(t) = 4 \sin 628t$의 주파수는?

40 통신 시스템에 전력을 인가하면 저항 성분에 의해서 항상 발생하는 잡음은?

41 통신 시스템의 비선형성으로 인하여 신호의 주파수 성분에 없었던 새로운 주파수 성분이 만들어짐으로써 나타나는 잡음은?

42 감쇠 왜곡을 보상하기 위하여 사용하는 장치는?

43 1,000Hz에서 2,000Hz의 주파수 스펙트럼(대역폭 1,000Hz)을 갖는 신호가 있다. 전송 매체가 3,000Hz에서 4,000Hz(대역폭 1,000Hz)의 주파수를 통과시킨다고 한다. 이 신호는 전송 매체를 통과할 수 있는지 설명하시오.

44 신호의 대역폭이 전송 매체의 대역폭보다 작아야 하는 이유를 설명하시오.

45 주파수 0Hz, 20Hz, 50Hz, 200Hz의 4개의 정현파로 분해될 수 있는 신호의 대역폭은 얼마인가? 모든 진폭은 같다고 가정하고 주파수 스펙트럼을 그려보시오.

46 다음 신호의 대역폭을 구하고 또한 주파수 스펙트럼을 그려보시오.

$$s(t) = 8 + 3\sin 100\pi t + 5\sin 200\pi t$$

47 대역폭이 100Hz이고 원하는 전송률이 1,600bps일 때 요구되는 신호 요소의 레벨 수를 계산하시오. 단, 잡음의 영향은 무시한다.

48 신호 대 잡음비가 20dB이고, 대역폭이 4KHz인 경우 채널 용량을 계산하시오.

49 주파수 대역폭이 f_dHz이고 통신로의 채널 용량이 $6f_d$bps인 통신로에서 필요한 S/N비를 데시벨(dB)로 구하시오.

50 중계 케이블의 신호 전압이 55V이고 잡음 전압이 0.055V일 때 S/N비를 데시벨(dB)로 계산하시오.

51 신호의 S/N비가 15일 때 용량이 4Kbps인 통신로가 있다. 통신로 용량을 1.5배로 증대하기 위하여 필요한 신호의 S/N비를 계산하시오.

52 통신 채널에서 신호 전력 100W, 신호 대 잡음비 30dB일 때 잡음 전력은?

53 −2dB/Km의 손실을 가지는 케이블의 시작점 전력이 4mW였다면 5Km 뒤의 신호 전력은 얼마인가?

54 다음 그림에서 전송로의 손실은 몇 dB인지 구하시오. (단, 소수점 둘째 자리에서 반올림)

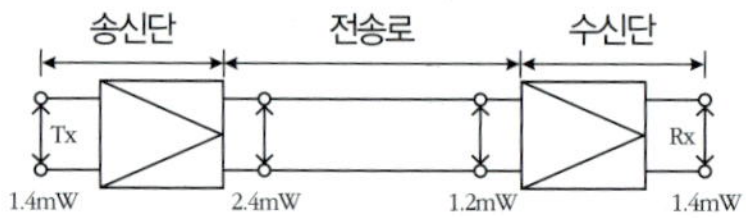

55 디지털 신호의 전송에서 재생 중계기를 사용하는 목적을 쓰시오. 또한 디지털 재생 중계기와 아날로그 중계기의 차이점을 설명하시오.

1 ③	2 ①	3 ②	4 ②	5 ②	6 ③	7 ②	8 ③	9 ④	10 ④
11 ①	12 ④	13 ②	14 ②	15 ④	16 ③	17 ①	18 ①	19 ①	20 ①
21 ③	22 ③	23 ④	24 ④	25 ④	26 ④	27 ①	28 ①	29 ④	30 ①
31 ③	32 ④	33 ④	34 ①	35 ②	36 ②				

CHAPTER 04
신호 변환

학습목표

- 아날로그 전송과 디지털 전송을 이해하고 설명할 수 있다.
- 디지털 데이터 – 디지털 신호 부호화에 대해 설명할 수 있다.
- 디지털 데이터 – 아날로그 신호 부호화에 대해 설명할 수 있다.
- 아날로그 데이터 – 디지털 신호 부호화에 대해 설명할 수 있다.
- 아날로그 데이터 – 아날로그 신호 부호화에 대해 설명할 수 있다.
- 비트율과 보오율을 이해하고 계산할 수 있다.

01 디지털 전송과 아날로그 전송

데이터를 원거리에 있는 목적지로 전송할 때 반송파carrier에 실어 전송하는 것을 브로드밴드 전송broadband transmission(광대역 전송)이라고 한다. 여기서 데이터를 반송파에 싣는 과정을 변조modulation라고 하고, 목적지에서 데이터와 반송파를 분리하는 과정을 복조demodulation라고 한다. 데이터를 근거리에 있는 목적지로 전송할 때는 변조를 하지 않고 데이터를 그대로 전송하는 방법이 유리한데, 이것을 베이스밴드 전송baseband transmission(기저대역 전송)이라고 한다.

데이터를 다른 지점으로 전송할 때는 신호로 변환(부호화 또는 변조)되어야 한다. 실제로 전송 매체를 통해 이동하는 것은 신호다. 데이터와 신호 각각 아날로그와 디지털이 있어 데이터를 전송하기 위하여 신호로 변환하는 방식에는 [표 4-1]과 같이 네 가지가 있다.

표 4-1 전송 신호의 변환 방식

데이터	신호	장비	비고	
디지털	디지털	DSU/CSU	라인코딩	디지털 전송
아날로그	디지털(데이터)	코덱CODEC	PCM 변환	
디지털	아날로그	모뎀MODEM	디지털 변조	아날로그 전송
아날로그	아날로그	AM, FM	아날로그 변조	

변환 신호 중에서 디지털 신호는 근거리 전송에 사용되며, 아날로그 신호는 원거리 전송에 사용된다. 전송 신호가 디지털이면 디지털 전송, 아날로그면 아날로그 전송으로 분류한다.

디지털 전송은 디지털 신호를 사용하여 전송하는 것으로 베이스밴드 전송이라고 한다. 베이스밴드 전송은 데이터를 근거리에 전송할 때 변조하지 않고 그대로 디지털 신호로 바꾸어 전송하는 것을 의미한다. 이때 디지털 데이터를 디지털 신호로 변환하는 것을 회선 부호화line coding(라인코딩)라 한다. 디지털 데이터를 디지털 신호로 변환하는 장비로는 DSU/CSUDigital Service Unit/Channel Service Unit가 있다. 아날로그 데이터를 디지털 신호로 변환하는 것이 PCMPulse Code Modulation이며, PCM 과정을 수행하는 장치를 코덱Coder and Decoder, CODEC이라고 한다.

아날로그 전송은 아날로그 신호를 사용하여 전송하는 것으로 대역 전송(브로드밴드 전송)이라고 한다. 대역 전송은 데이터를 원거리에 전송할 때 아날로그 신호로 변조하여 전송하는 것을 말한다. 변조는 실어 나르는 데이터가 디지털이면 디지털 변조, 아날로그면 아날로그 변조라고 한다. 디지털 데이터를 아날로그 회선에 적합한 아날로그 신호로 변환하는 장비로는 모뎀MOdulator and DEModulator, MODEM이 있다.

초기 통신에서는 음성이나 영상 같은 아날로그 데이터를 아날로그 신호로 변조하여 전송하는 방법을 많이 사용했지만 최근에는 디지털 전송을 더 많이 사용하고 있다. 디지털 신호는 아날로그 신호보다 넓은 주파수 대역이 필요하지만 다음과 같은 장점이 있다.

- 여러 형태의 정보를 한 전송 매체를 통해 전송하는 데 적합하다. 디지털 전송에 사용되는 시분할 다중화TDM 방법을 이용하면 문서, 팩스, 음성, 이미지 정보들을 한 전송 매체를 통해 동시에 전송할 수 있다.
- 경제적인 전송이 가능하다. 아날로그 데이터를 디지털 신호로 변환하여 전송하면 보다 넓은 주파수 대역이 필요하여 비경제적일 수도 있으나 압축 기술이 발달하여 효율적으로 전송할 수 있게 되었다.
- 디지털화에 드는 비용이 저렴하다. 디지털 전송을 위한 여러 회로 장치들의 가격은 대규모 집적회로VLSI와 같은 반도체 기술의 발달로 계속 하락하고 있다.
- 고품질 전송이 가능하다. 아날로그 전송은 증폭기를 사용하므로 잡음과 감쇠가 누적되어 신호 품질이 떨어지지만 디지털 전송은 중계기repeater를 사용하여 신호를 재생하므로 잡음과 감쇠가 누적되지 않아 우수한 품질의 신호를 전송할 수 있다.

NOTE DSU와 CSU

- DSU(Digital Service Unit)는 컴퓨터나 단말기에서 생성된 디지털 데이터를 디지털 신호로 부호화하여 전송하고 수신된 디지털 신호를 디지털 데이터로 복호화하는 기능을 수행하는 가입자 측 장치다.
- CSU(Channel Service Unit)는 T-1 또는 E-1 트렁크(trunk)에 접속할 수 있는 장비로서 각각의 트렁크를 속도에 맞게 나누어 전송하는 장비다. Channel Service에서 Channel이란 1개의 채널에 64Kbps 또는 56Kbps의 전송 속도를 갖는 것을 말한다. 보통 64Kbps를 1채널로 본다. 그래서 128Kbps는 64Kbps 채널을 2개 사용하는 것이다. 256Kbps나 512Kbps도 마찬가지로 전송로에 할당된 채널 여러 개를 사용해서 전송 속도를 얻는다. 실제로 전송할 때 각각의 채널을 따로 전송하는 게 아니라 다중화 장비가 여러 개의 채널을 모아서 하나의 대용량 전송로를 통하여 한꺼번에 전송한다. 그러므로 CSU는 바로 이러한 트렁크 라인(T-1이나 E-1)을 그대로 수용할 수 있는 전화국 측 장비다.

02 디지털 데이터를 디지털 신호로 변환

회선 부호화(라인코딩)는 디지털 데이터를 디지털 신호로 변환하는 과정이다. 문자, 숫자, 오디오, 영상, 비디오 형태의 데이터는 모두 연속적인 비트이며 컴퓨터 메모리에 저장되어 있다. 회선 부호화는 일련의 비트들을 디지털 신호로 바꾼다. [그림 4-1]과 같이 송신 측에서는 디지털 데이터가 디지털 신호로 부호화coding되고, 수신 측에서는 디지털 신호를 복호화decoding하여 디지털 데이터를 재생하게 된다. 이 방식은 베이스밴드 전송을 사용하는 LAN이나 컴퓨터에 직접 연결된 주변 장치들과 통신할 때 사용되고 있다.

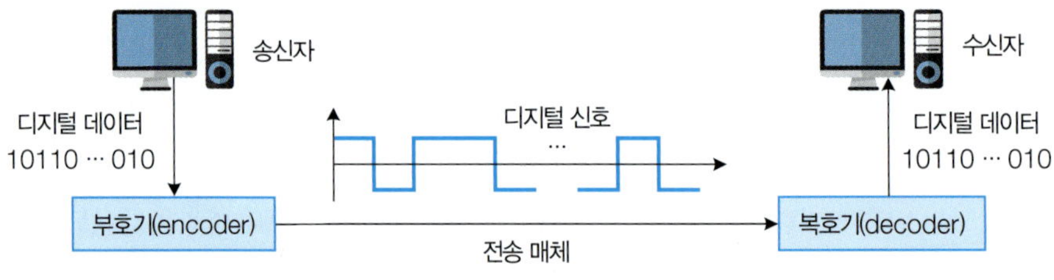

그림 4-1 회선 부호화와 복호화

디지털 데이터의 0과 1을 표현하기 위해 회선 부호화는 [그림 4-2]와 같이 5가지로 분류된다.

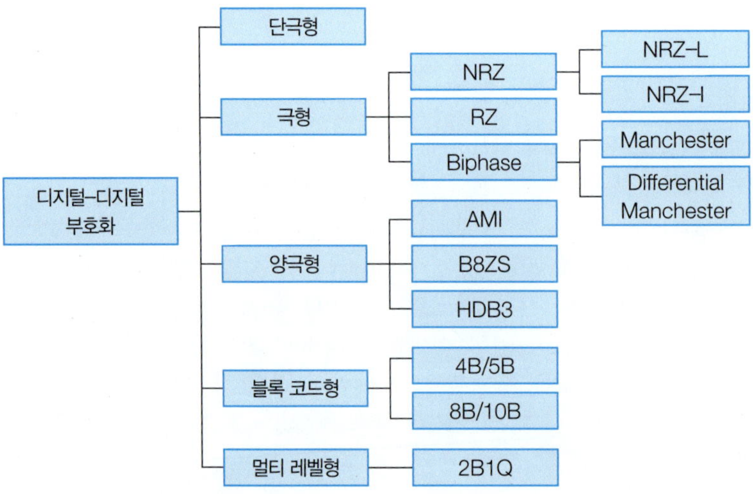

그림 4-2 회선 부호화의 종류

1 단극형

단극형unipolar 부호화는 디지털 데이터의 0과 1을 나타내기 위해 전압 레벨을 하나만 사용하는 방식이다. 0은 0전압을 사용하고, 1은 양(+) 전압이나 음(−) 전압 중 하나를 사용한다. 1은 +V 전압으로, 0은 0전압으로 나타낸 단극형 부호화의 예는 [그림 4−3]과 같다. 이 방법은 매우 간단하고 구현 비용이 저렴하지만 직류 성분과 동기화 문제 때문에 거의 사용되지 않는다.

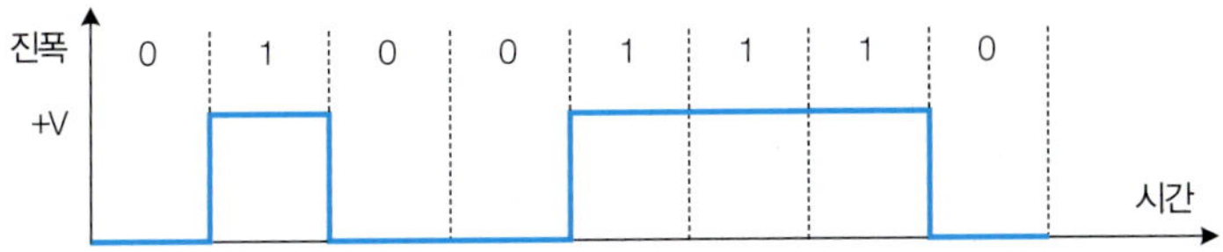

그림 4−3 단극형 부호화

예제 4-1

[그림 4−3]에서 양 전압이 +5V일 경우 평균 전압을 구하시오.

▶▶ 풀이

그림에서 0과 1의 개수가 4개씩 동일하므로 평균 전압은 2.5V다. 0과 1의 개수가 달라지면 평균 전압도 다르다. 그러나 확률적으로 0과 1의 개수는 균등하게 분포하므로 전체적으로 평균 전압은 2.5V가 된다.

[그림 4−3]에서는 1에 +V 전압을 사용했지만, 반대로 −V를 사용할 수도 있다. 이와 같이 단극형 부호화인 경우 신호의 평균 전압이 임의의 상수 값을 갖게 되고 결과적으로 직류 성분DC component이 생기게 된다. 직류 성분은 전송 과정에 있는 변압기transformer를 통과하지 못하기 때문에 시스템 설계에 제약을 준다. 반면, 교류 성분은 전자기 유도 성질에 의해 변압기를 통과할 수 있기 때문에 회로 설계 측면에서 장점이 된다.

비트의 시작과 끝을 구별해내는 것을 동기화synchronization라고 한다. 단극형 부호화에서 0이나 1이 연속으로 발생할 경우 신호의 전압 천이transition가 발생하지 않으므로 수신 측에서 신호의 타이밍timing을 정확하게 알 수 없다. 수신 측에서 신호의 타이밍은 수신되는 신호의 전압 레벨 변화(0 → 1 또는 1 → 0) 시점을 살피는 방법으로 알아내기 때문이다. 또한 신호가 전달되면서 지연에 변화가 생겨 각 비트의 타이밍이 미세하게 변하기 때문에 정확한 타이밍을 알기 어렵다. 따라서 신호의 전압 천이를 계속 발생시키도록 부호화해야 한다. 이러한 동기 문제를 해결하기 위해 독립된 클록clock 신호 회선이 필요하므로 비용이 증가하게 된다.

2 극형

극형polar 부호화는 디지털 데이터의 0과 1을 나타내는데 양(+) 전압과 음(−) 전압을 모두 사용하기 때문에 평균 전압의 크기가 단극형에 비해 매우 작아지므로 직류 성분 문제를 완화시킨다는 장점이 있다. 극형 부호화에는 NRZ, RZ, Biphase 방식이 있다.

NRZ

NRZNon-Return to Zero는 디지털 데이터 0과 1에 양(+) 전압 또는 음(−) 전압을 각각 대응시켜 부호화하는 방법이다. NRZ는 [그림 4-4]와 같이 NRZ-LNRZ-Level과 NRZ-INRZ-Invert의 두 가지 방법으로 나뉜다.

- NRZ-L에서는 0에 +V 전압을 대응시키고, 1에 −V 전압을 대응시켜 나타낸다.
- NRZ-I에서는 다음 비트가 1이면 이전 전압 레벨을 반전시키고 0이면 유지한다.

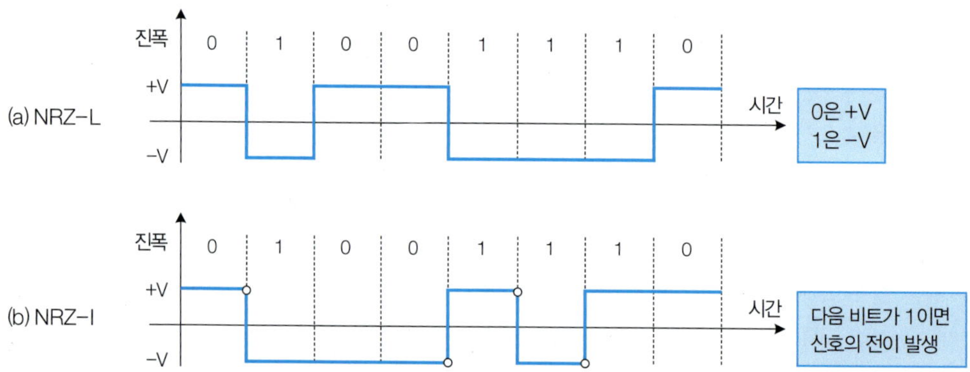

그림 4-4 NRZ-L과 NRZ-I의 부호화

예제 4-2

[그림 4-4](a)에서 양 전압이 +5V, 음 전압이 −5V일 경우 평균 전압을 구하시오.

▶▶ **풀이**

그림에서 0과 1의 개수가 4개씩 동일하므로 전체 전압의 합은 0V다. 0과 1의 개수가 달라지면 평균 전압도 달라지지만 확률적으로 0과 1의 개수는 균등하게 분포하므로 전체적으로 평균 전압은 0V가 된다. [그림 4-4](b)에 대해서도 동일한 결과를 얻을 수 있다.

NRZ 부호화는 신호 레벨의 변화가 비교적 적기 때문에 사용 대역폭도 작다는 장점이 있다. 하지만 0이나 1이 연속으로 발생할 경우 직류 성분의 문제가 발생할 수 있고, 신호 동기를 위한 타이밍을 얻을 수 없다는 단점이 있다.

RZ

RZReturn to Zero는 양(+), 음(−), 0 전압을 모두 사용한다. 디지털 데이터가 0일 경우에는 음(−) 전압으로 시작해서 비트의 중간에 0 전압 레벨로 돌아가고, 데이터가 1일 경우에는 양(+) 전압으로 시작해서 비트의 중간에 0 전압 레벨로 돌아가는 방식이다. [그림 4-5]는 RZ 부호화 방식의 예를 보여준다. 매 비트마다 신호 변화가 발생하므로 수신 측에서는 이러한 신호 변화를 통해 동기화 문제를 해결할 수 있다.

RZ 부호화는 모든 비트에서 2개의 신호 레벨을 이용하기 때문에 신호 레벨 변화가 빈번하여 신호가 요구하는 대역폭이 NRZ보다 크다는 단점이 있다. 그러나 동기화가 용이하고, 전달되는 데이터의 0과 1의 개수가 확률적으로 같다면 평균 전압이 0에 근접하므로 직류 성분 문제를 완화한다는 장점이 있다.

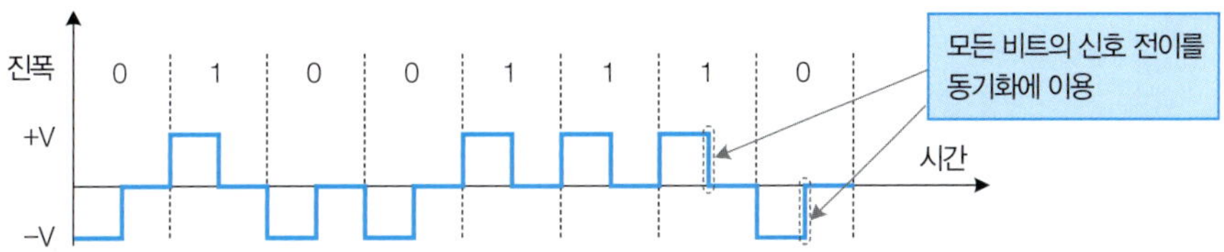

그림 4-5 RZ 부호화

Biphase

Biphase 부호화는 RZ와 유사하지만 RZ처럼 0 전압 레벨로 돌아가는 게 아니라 다른 전압 레벨로 바뀐다. 따라서 매 비트마다 신호 변화가 발생하므로 동기화 문제를 해결할 수 있다. Biphase 부호화에는 맨체스터Manchaster 방식과 차등 맨체스터differential Manchaster 방식이 있다.

■ **맨체스터**

0비트인 경우에는 비트의 중간에 양(+) 신호 레벨에서 음(−) 신호 레벨로 전이가 일어나며, 1비트인 경우에는 반대로 비트의 중간에 음(−) 신호 레벨에서 양(+) 신호 레벨로 전이가 발생한다. [그림 4−6]은 맨체스터 부호화의 예를 보여준다.

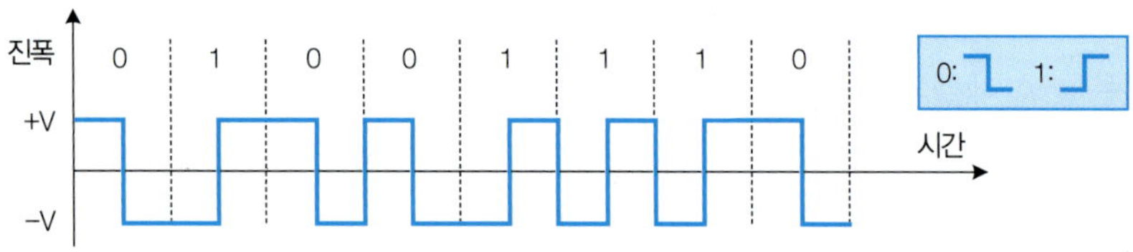

그림 4−6 맨체스터 부호화

맨체스터 부호화는 모든 비트의 중간에서 신호 레벨 전이가 발생하므로 직류 성분이 0이고, 비트 동기화 능력을 갖는다는 장점이 있다. 그러나 신호 레벨 전이가 자주 발생하기 때문에 신호가 요구하는 대역폭이 넓다는 단점이 있다. 맨체스터 부호화 방식은 이더넷 LAN에서 사용되고 있다.

■ **차등 맨체스터**

차등 맨체스터 부호화 방식도 각 비트의 중간에서 신호 레벨이 전이하는 것은 맨체스터 부호화와 동일하다. 다만 0비트인 경우에는 이전 비트의 전이와 동일한 방식으로 변하며, 1비트인 경우에는 이전 비트의 전이 방식과 반대로 변한다. [그림 4−7]은 차등 맨체스터 부호화의 예를 보여준다. 그림에서 ○ 표시는 비트의 시작점에서 전이가 발생함을 의미한다.

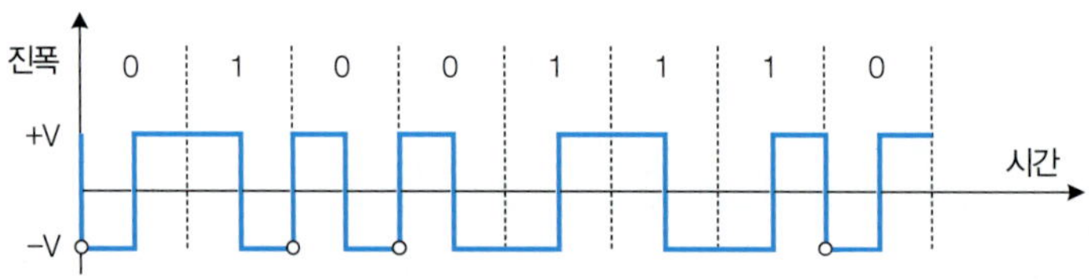

그림 4−7 차등 맨체스터 부호화

이전 신호가 인 경우

- 다음 비트가 0이면 이전 신호와 같이 으로 변하며,
- 다음 비트가 1이면 이전 신호와 반대로 으로 변한다.

이전 신호가 인 경우

- 다음 비트가 0이면 이전 신호와 같이 으로 변하며,
- 다음 비트가 1이면 이전 신호와 반대로 으로 변한다.

차등 맨체스터 부호화도 모든 비트의 중간에서 신호 레벨 전이가 발생하므로 직류 성분이 0이고, 비트 동기화 능력을 갖는다는 장점이 있다. 차등 맨체스터 부호화 방식은 토큰링 token ring에서 사용되고 있다.

예제 4-3

디지털 데이터가 010101000000111111인 경우 맨체스터와 차등 맨체스터로 부호화하시오. 단, 첫 번째 0비트 전에는 (음에서 양으로 전이)임을 가정한다.

▶▶ 풀이

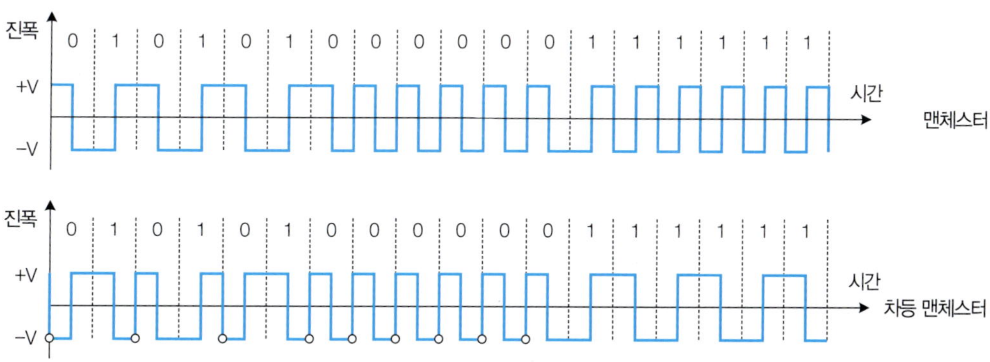

맨체스터 부호화에서 010101과 같이 0과 1이 교대로 발생하면 신호 레벨의 변화가 가장 적으며, 000000이나 111111과 같이 0 또는 1이 연속으로 나오면 가장 빈번하게 신호 레벨이 변한다. 반면, 차등 맨체스터 부호화에서는 0이 연속으로 나오면 가장 빈번하게 신호 레벨이 변함을 알 수 있다.

3 양극형

양극형bipolar 부호화에서는 양(+), 음(−), 0 전압 레벨을 모두 사용한다. 비트 1을 나타내기 위해서 양(+)과 음(−) 신호 레벨을 번갈아가며 사용하고, 비트 0을 나타내기 위해서 0 신호 레벨을 사용한다. 양극형에는 AMI, B8ZS, HDB3 등이 있다.

AMI

AMIAlternate Mark Inversion 부호화에서 비트 1은 양(+) 또는 음(−) 신호 레벨을 번갈아가며 사용하고, 비트 0은 0 신호 레벨을 사용하여 부호화한다. 처음 비트 1에 양(+) 전압이 사용되었다면 그다음에 나오는 비트 1에 음(−) 전압 레벨을 사용하여 부호화한다. 즉, 홀수 번째 비트 1은 양(+) 전압, 짝수 번째 비트 1은 음(−) 전압 레벨로 부호화된다. [그림 4−8]은 AMI 부호화의 예를 보여준다. AMI 부호화에서 비트 1이 나올 때마다 양(+) 전압과 음(−) 전압이 교대로 사용되어 평균 전압은 0이므로 직류 성분 문제가 발생하지 않는다.

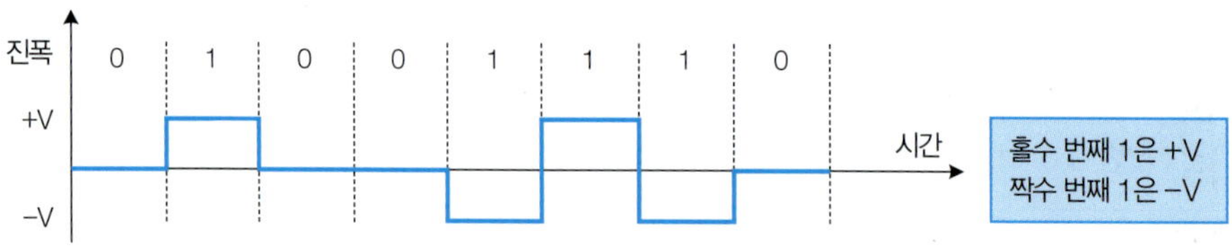

그림 4−8 AMI 부호화

AMI 부호화에서는 연속으로 비트 1이 나오는 경우에도 직류 성분이 0이 되고, 동기화 문제도 해결된다. 그러나 연속으로 비트 0이 발생할 경우 신호 레벨이 계속해서 0 전압 신호가 되어 신호 레벨 전이가 발생하지 않으므로 동기화 문제가 발생한다. 이와 같이 연속적인 비트 0이 나올 경우 의도적으로 신호 레벨 전이를 만들어서 동기화 문제를 해결하는데 이와 같은 처리를 스크램블링scrambling이라고 한다. AMI 부호화에 스크램블링을 적용한 방식으로는 B8ZS와 HDB3 부호화 방식이 있다.

B8ZS

B8ZSBipolar 8−Zero Substitution는 북미의 T-1 인터페이스에서 사용하는 방법으로 AMI 부호화에서 비트 0이 연속으로 8개가 나오면 0 대신 알려진 비트 패턴을 삽입한다. 스크램블링 과정은 다음과 같다.

- 00000000 이전의 비트 1이 양(+) 전압 레벨이면 00000000 대신 000+−0−+로 변환한다.
- 00000000 이전의 비트 1이 음(−) 전압 레벨이면 00000000 대신 000−+0+−로 변환한다.

수신 측에서는 000+−0−+, 000−+0+−와 같은 비트 패턴을 수신하면 대체 코드로 인식하고 8개의 0으로 바꿔놓는다. [그림 4−9]는 B8ZS 부호화 과정을 나타낸다.

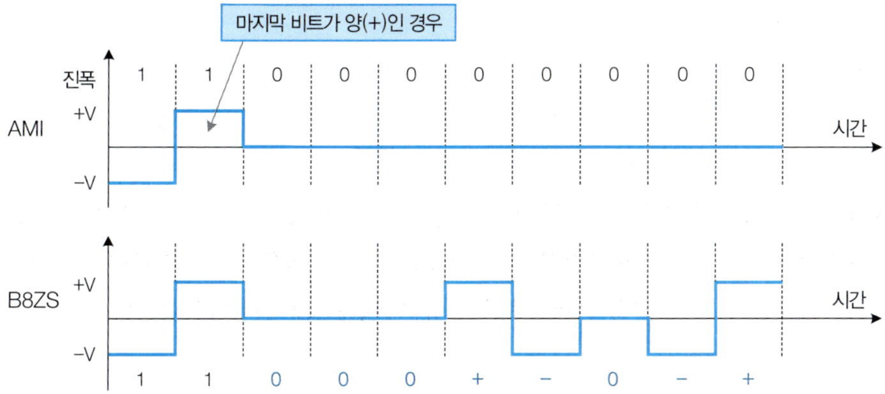

(a) 마지막 비트가 양(+)인 경우

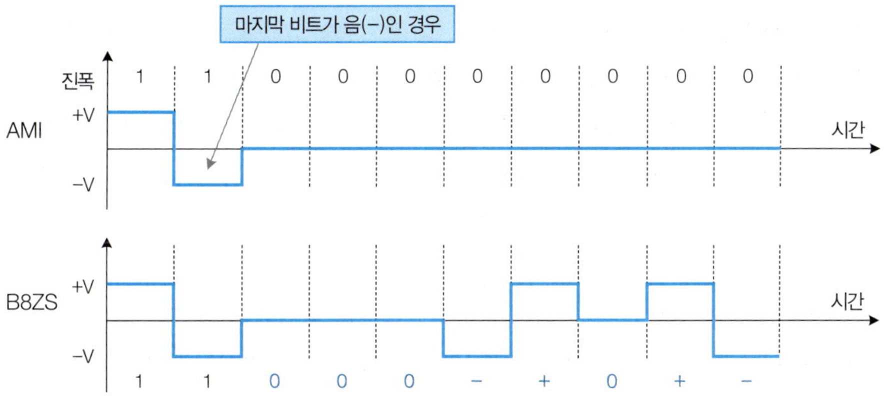

(b) 마지막 비트가 음(−)인 경우

그림 4-9 B8ZS 부호화

HDB3

HDB3High Density Bipolar 3 방식은 유럽의 E-1 인터페이스에서 사용하는 방법으로, B8ZS 방식과 유사하게 AMI 방식에서 비트 0이 4번 연속하여 발생하는 경우에 스크램블링한다. 연속해서 비트 0이 4회 발생하면 마지막 변환 이후로 1이 나타난 횟수에 따라 다음과 같이 변환한다.

- 홀수 개일 경우에는 +0000 → +000+, −0000 → −000−로 변환한다(변환 후에는 1의 개수가 짝수 개).
- 짝수 개일 경우에는 +0000 → +−00−, −0000 → −+00+로 변환한다(변환 후에는 1의 개수가 짝수 개).

[그림 4-10]은 HDB3 부호화 과정을 나타낸다.

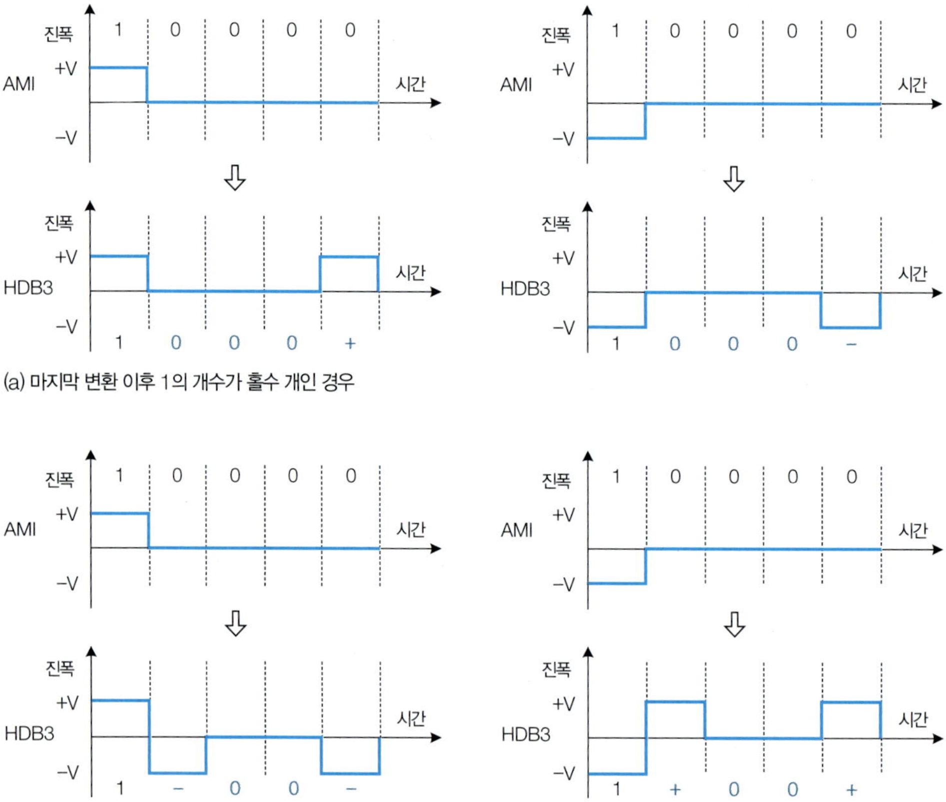

(a) 마지막 변환 이후 1의 개수가 홀수 개인 경우

(b) 마지막 변환 이후 1의 개수가 짝수 개인 경우

그림 4-10 HDB3 부호화

예제 4-4

디지털 데이터가 1100001000000000인 경우 AMI 부호화를 수행하면 다음 그림과 같다. 동기화 문제를 해결하기 위해 HDB3로 부호화하시오.

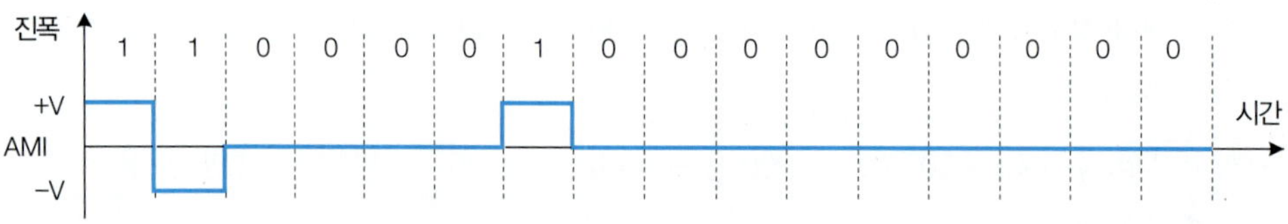

▶▶ **풀이**

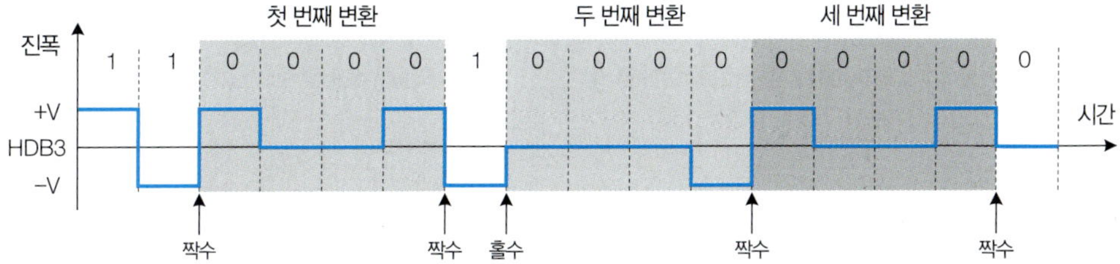

첫 번째 변환 이전에 1의 개수가 짝수 개이므로 −0000 → −+00+로 변환한다. 두 번째 변환에서는 이전에 1의 개수가 홀수 개이므로 −0000 → −000−로 변환한다. 세 번째 변환에서는 이전에 1의 개수가 짝수 개이므로 −0000 → −+00+로 변환한다. 따라서 변환이 완료된 후에는 1의 개수가 항상 짝수 개가 됨을 알 수 있다.

4 mB/nB 블록 코드형

먼저 디지털 데이터 스트림을 m비트 길이의 그룹으로 나눈다. mB/nB 블록 코드형은 그룹으로 나뉜 m비트 길이의 디지털 데이터를 n비트 길이의 코드로 변환한다. 주로 동기화 문제를 해결하기 위해 사용되며 4B/5B, 8B/10B, 64B/66B, 1024B/1027B 등이 있다.

4B/5B

4비트 길이의 그룹을 5비트 길이의 코드 비트로 변환하는 방식이며, 0 또는 1이 연속으로 전송되지 않도록 코드화하였다. [표 4-2]의 변환표를 보면 비트 0이 3개 이상 연속되지 않음을 알 수 있다. 4비트 그룹은 16(=2^4)개의 조합이 생기지만, 5비트 그룹은 32(=2^5)개의 조합이 생기므로 32개 중에서 16개 조합은 사용되지 않는다. 이 중 일부는 제어 목적으로 사용되며 나머지 조합은 사용되지 않는다. 사용되지 않는 조합은 일종의 오류 검출에 사용된다. 만일 사용되지 않는 조합이 전송되면 수신자는 전송 중에 오류가 발생하였다고 판단한다.

4B/5B는 NRZ-I와 혼합하여 사용한다. NRZ-I 부호화는 신호 레벨의 변화가 비교적 작기 때문에 사용 대역폭도 작다는 장점이 있지만 0이나 1이 연속으로 발생하는 경우 직류 성분의 문제가 발생할 수 있고 신호 동기를 위한 타이밍을 얻을 수 없다는 단점이 있었다. 따라서 4B/5B 부호화를 통해 동기화 문제를 해결하고 이를 NRZ-I로 전송하면 된다. [그림 4-11]은 고속 이더넷(100Base-FX)에서 4B/5B를 NRZ-I와 혼합하여 부호화하고 복호화하는 과정을 나타낸다.

표 4-2 4B/5B 코드표

데이터 비트(4비트)	코드 비트(5비트)
0 0 0 0	1 1 1 1 0
0 0 0 1	0 1 0 0 1
0 0 1 0	1 0 1 0 0
0 0 1 1	1 0 1 0 1
0 1 0 0	0 1 0 1 0
0 1 0 1	0 1 0 1 1
0 1 1 0	0 1 1 1 0
0 1 1 1	0 1 1 1 1
1 0 0 0	1 0 0 1 0
1 0 0 1	1 0 0 1 1
1 0 1 0	1 0 1 1 0
1 0 1 1	1 0 1 1 1
1 1 0 0	1 1 0 1 0
1 1 0 1	1 1 0 1 1
1 1 1 0	1 1 1 0 0
1 1 1 1	1 1 1 0 1

제어 순서	코드 비트(5비트)
Q Quiet	0 0 0 0 0
I Idle	1 1 1 1 1
H Halt	0 0 1 0 0
J Start delimiter	1 1 0 0 0
K Start delimiter	1 0 0 0 1
T End delimiter	0 1 1 0 1
S Set	1 1 0 0 1
R Reset	0 0 1 1 1

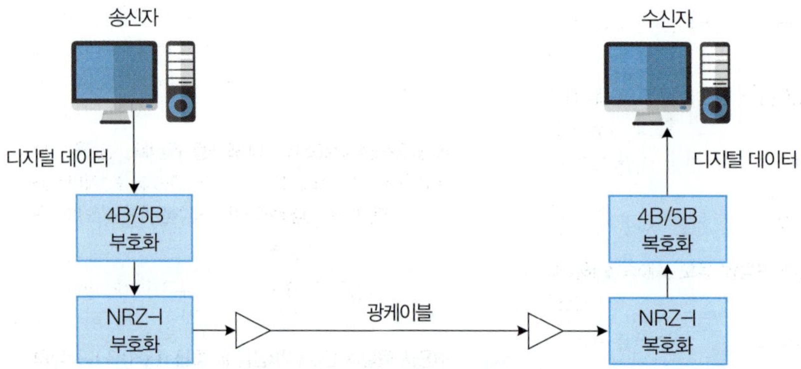

그림 4-11 4B/5B와 NRZ-I를 혼합한 부호화 및 복호화 과정

8B/10B

8비트 길이의 그룹을 10비트 길이의 코드 비트로 변환하는 블록 코드 방식이다. 1024(=2^{10})개 코드 중 비트 반전이 많은 260여 개의 코드들만 유효 코드로 사용해서 연속으로 0 또는 1이 나오는 것을 최소화한다. 그에 따라 비트 동기화가 가능해진다. 또한 0과 1의 발생 비율을 평균적으로 동일하게 함(각각 5개씩 또는 4개, 6개)으로써 직류 성분 문제를 해결하였다. 8B/10B에서는 768(=$2^{10}-2^{8}$)개의 사용하지 않는 조합이 생기며, 사용하지 않는 조합은 비트 불균형 확인과 오류 검출에 사용된다. 일반적으로 8B/10B는 향상된 오류 확인 기능과 동기화 때문에 4B/5B에 비해 우수하다. 8B/10B는 광 채널Fiber channel, 기가비트 이더넷1000Base-X, USB 3.0 등에서 활용되고 있다.

5 멀티 레벨형

멀티 레벨형은 3개 이상의 전압 레벨을 사용하며 2B1Q, 8B6T, MLT-3 방식이 있다.

대표적인 2B1Q2 Binary, 1 Quaternary는 비트 2개로 만들어지는 패턴을 4개의 전압 레벨에 부호화한다. 2비트로 구성되는 4종류의 디지털 데이터(00, 01, 10, 11)를 4개의 심벌(-3, -1, +1, +3) 중 하나로 부호화하는 방식이다. 디지털 데이터에서 첫 번째 비트는 극성을, 두 번째 비트는 심벌의 크기를 의미한다. 예를 들어, 디지털 데이터가 00이면 -3을 의미한다. 마찬가지로 01은 -1, 10은 +3, 11은 +1이다. 이 방식은 1심벌이 2비트로 표현되므로 대역폭이 1/2로 줄어든다. 2B1Q 방식은 고속 인터넷 접속(xDSL)이나 ISDN에 사용되고 있다.

- 첫 번째 비트가 0이면 -, 1이면 +
- 두 번째 비트가 0이면 3, 1이면 1

[그림 4-12]는 2B1Q 부호화 예를 보여준다.

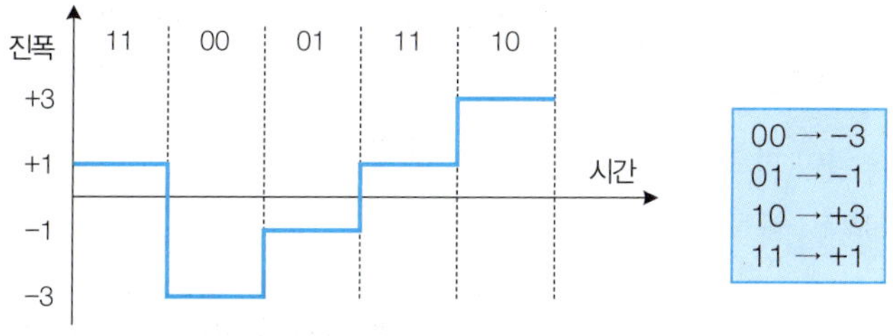

그림 4-12 2B1Q 부호화 예

03 디지털 데이터를 아날로그 신호로 변환

컴퓨터에서 발생한 디지털 데이터를 아날로그 통신망인 전화망을 이용해 전송하려면 디지털 데이터를 아날로그 신호로 변환해야 한다. 이와 같이 디지털 데이터를 아날로그 신호로 변환하는 것을 대역 전송 또는 디지털 변조라고 한다. 아날로그 신호를 장거리로 전송하기 위해 전송 매체에 적합한 정현파를 사용하며 이러한 정현파를 반송파carrier라고 한다. 그리고 반송파에 데이터를 싣는 것을 변조라고 한다. [그림 4-13]과 같이 송신 측에서는 디지털 데이터가 아날로그 신호로 변조modulation되고, 수신 측에서는 아날로그 신호를 복조demodulation하여 디지털 데이터를 재생한다.

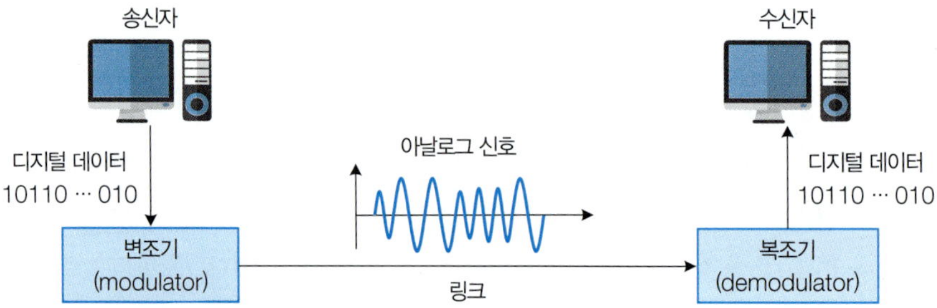

그림 4-13 디지털-아날로그 변조 및 복조 과정

변조란 전달하려는 데이터를 목적지까지 효율적으로 보내기 위해 신호를 채널에 적합한 전송 신호로 변환하는 과정이라고 할 수 있다. 변조하는 이유를 요약하면 다음과 같다.

- 전송 매체에 적합한 변조 방식을 사용하면 장거리 전송이 가능하다.
- 변조는 넓은 주파수 대역에 걸쳐 이루어지므로 여러 채널을 그룹화할 수 있어 다중화가 가능하다.
- 주파수가 높아짐에 따라 안테나 길이 및 크기 단축이 가능하다.
- 신호 대역폭을 늘려주어 잡음 및 간섭에 강해진다.

정현파는 진폭, 주파수, 위상의 세 가지 특성으로 정의된다. 따라서 디지털 데이터를 아날로그 신호로 부호화하는 방법에는 진폭 편이 변조Amplitude Shift Keying, ASK, 주파수 편이 변조

Frequency Shift Keying, FSK, 위상 편이 변조Phase Shift Keying, PSK가 있다. 또한 진폭과 위상을 조합한 직교 진폭 변조Quadrature Amplitude Modulation, QAM가 있다. 직교 진폭 변조는 구상 진폭 변조라고도 불리며, 오늘날 가장 많이 사용되고 있는 변조 방식이다. [그림 4-14]는 디지털 데이터를 아날로그 신호로 변환하는 방법을 보여준다.

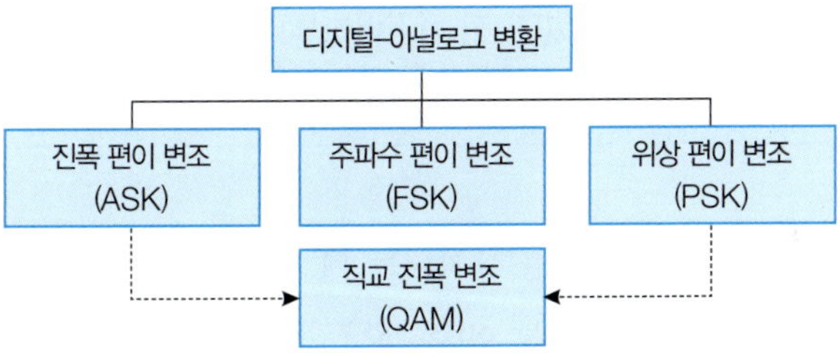

그림 4-14 디지털-아날로그 변환의 종류

통신 속도는 단위 시간 동안 전송되는 데이터양이고, 데이터양을 표현하는 방법에 따라 데이터 전송 속도, 변조 속도, 베어러bearer 속도 등으로 나타낸다. 여기서 베어러 속도는 베이스밴드 전송에서 데이터 신호 이외에 동기 신호, 상태 신호 등을 포함하는 전송 속도를 말한다.

■ 비트율

비트율bit rate은 초당 전송되는 비트 수를 나타내는 것으로 단위는 bpsbits per second이고, 일반적으로 말하는 전송 속도다. 예를 들어 전송 속도가 64Kbps라고 하면 초당 64,000비트를 전송한다는 의미다.

■ 보오율

보오율baud rate은 초당 몇 개의 신호 변화가 있었는지를 나타내는 신호 속도signaling speed로 단위는 보오baud를 사용한다. 디지털 데이터를 아날로그 신호로 변조하는 경우 보오율은 초당 변조 횟수를 나타낸다. 또한 보오율과 변조 속도는 같은 의미로 사용된다.

한 비트가 한 신호 단위로 쓰이는 경우 비트율과 보오율은 같다. 그러나 하나의 신호가 2개의 비트를 전송한다면 비트율은 보오율의 2배가 된다. 또한 하나의 신호가 4개의 비트를 전송한다면 비트율은 보오율의 4배가 된다. 그러므로 비트율은 항상 보오율보다 크거나 같다.

비트율 $= n \times$ 보오율 (n은 신호당 비트 수)

비트율과 보오율은 초당 통과하는 사람 수와 자동차 수로 비유할 수 있다. 지나가는 사람 수가 비트율이고, 통과하는 자동차 수가 보오율이 된다. 자동차에 한 사람만 타고 통과하는 경우 비트율과 보오율은 같다. 2명씩 타고 통과하는 경우에는 자동차가 1대 지나갈 때 사람은 2명이 지나가는 것이다. 즉, 비트율은 보오율의 2배가 된다.

예제 4-5

어떤 장치가 1Kbps 속도로 데이터를 외부로 보내고 있다. 한 글자(8비트)를 외부로 보내는 데 걸리는 시간을 계산하시오.

▶▶ 풀이

1Kbps 속도로 데이터를 외부로 내보내므로 1비트를 내보내는 데 걸리는 시간은 1ms (=1/1000)다. 따라서 8비트를 내보내는 데 걸리는 시간은 8ms(=8×1ms)가 된다.

1 진폭 편이 변조

진폭 편이 변조ASK는 디지털 데이터 0과 1을 표현하기 위해 반송파의 진폭을 변화시키는 방식이며 이때 주파수와 위상은 변하지 않는다. 진폭 편이 변조는 회로 구성이 간단하지만 잡음에 약하다는 단점이 있다. 단극 형태의 2진 데이터에 대응하여 반송파를 on시키거나 off시키는 방식으로 동작하므로 OOKOn-Off Keying라고도 한다. 즉, 2진 데이터가 0이면 반송파를 송출하지 않고, 1이면 반송파를 송출한다. [그림 4-15]는 진폭 편이 변조 방식을 나타내며, 디지털 데이터와 반송파 신호를 곱해서 변조된 신호를 얻는다. 1신호당 1비트가 전송되므로 비트율과 보오율은 같다. 2진 비트에 대응하는 신호를 식으로 나타내면 다음과 같다.

$$s(t) = \begin{cases} A \sin 2\pi f_C t & \text{1인 경우} \\ 0 & \text{0인 경우} \end{cases}$$

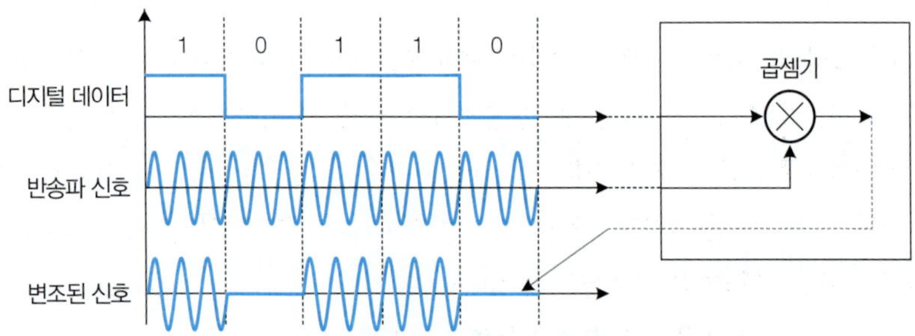

그림 4-15 2진 진폭 편이 변조

수신 측에서는 수신된 신호의 진폭을 감지하여 0과 1의 2진 데이터를 판별할 수 있다. 이와 같이 두 가지 진폭을 비트 값에 대응시키는 방식을 2진binary ASKBASK라고 한다. 만약 네 가지 서로 다른 진폭을 대응시킬 수 있다면 각 진폭 값에 00, 01, 10, 11 등의 비트 값을 대응시킬 수 있으므로 한 진폭 값으로 두 비트가 표현될 수 있다. 이 경우에는 1신호당 2비트가 전송되므로 비트율은 보오율의 2배가 된다.

2 주파수 편이 변조

주파수 편이 변조FSK는 0과 1을 표현하기 위해 반송파의 주파수(f_C)를 변화시키는 방식이며, 이때 진폭과 위상은 변하지 않는다. 주파수 편이 변조는 진폭 편이 변조보다 잡음에 강하고, 회로도 비교적 간단하기 때문에 많이 사용된다. [그림 4-16]은 2진 주파수 편이 변조BFSK 방식이다. 1신호당 1비트가 전송되므로 비트율과 보오율은 같다. 데이터가 0이면 반송파 주파수 f_{C0}인 신호가 사용되며, 데이터가 1이면 f_{C1}인 신호가 사용된다. 2진 비트에 대응하는 신호를 식으로 나타내면 다음과 같다.

$$s(t) = \begin{cases} A \sin 2\pi f_{C1} t & \text{1인 경우} \\ A \sin 2\pi f_{C0} t & \text{0인 경우} \end{cases}$$

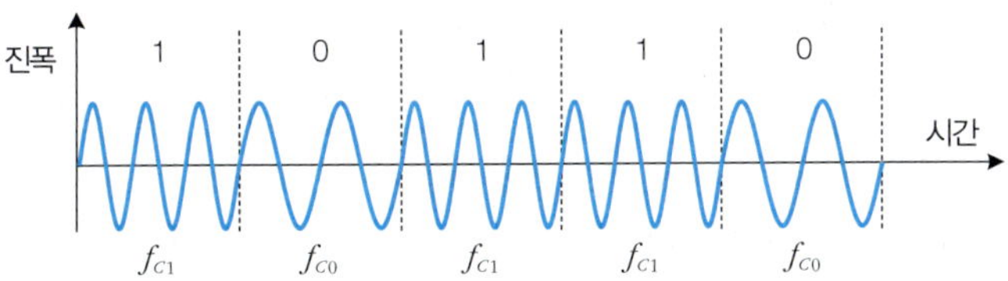

그림 4-16 2진 주파수 편이 변조(BFSK)

3 위상 편이 변조

위상 편이 변조PSK는 0과 1을 표현하기 위해 반송파의 위상을 변화시키는 방식이며, 이때 진폭과 주파수는 변하지 않는다. 가장 간단한 위상 편이 변조는 데이터 1에 위상 0°, 데이터 0에 위상 180°인 2개의 신호만 사용하는 2진 PSKBPSK다. 2진 비트에 대응하는 신호를 식으로 나타내면 다음과 같다.

$$s(t) = \begin{cases} A \sin 2\pi f_C t & \text{1인 경우} \\ A \sin(2\pi f_C t + 180°) & \text{0인 경우} \end{cases}$$

[그림 4-17]은 2진 위상 편이 변조 방식을 나타낸다. 위상 편이 변조는 구현이 간단하고 잡음에 강하다는 장점이 있다. 잡음에 의해 진폭은 영향을 많이 받지만 위상은 쉽게 변하지 않는다. 또한 대역폭 측면에서 보면 위상 편이 변조는 2개의 주파수를 사용할 필요가 없기 때문에 주파수 편이 변조보다 우수하다.

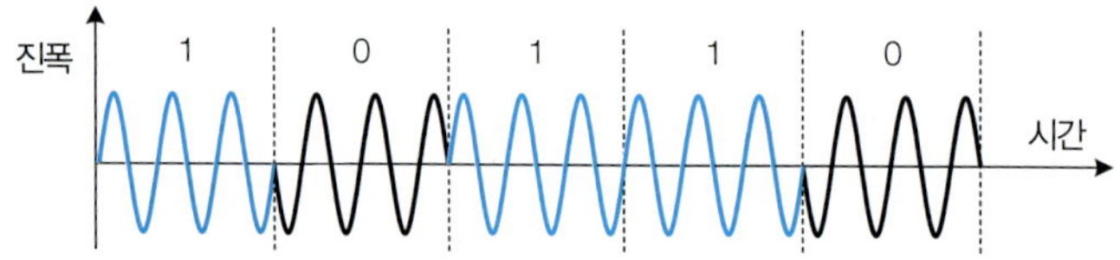

그림 4-17 2진 위상 편이 변조(BPSK)

위상 편이 변조 방식은 위상을 2, 4, 8등분함으로써 2위상, 4위상, 8위상 변조 방식으로 구현할 수 있다. 2위상에서 신호당 1비트를 보낼 수 있지만, 4위상에서는 신호당 2비트를 전송할 수 있으므로 데이터 전송률을 높일 수 있다. 예를 들어, 90° 간격으로 위상을 표시하는 QPSKQuadrature PSK의 경우 0°의 위상에서 시작하는 신호는 데이터 00을 나타내고, 90°는 01, 180°는 10, 270°는 11에 해당하기 때문에 신호당 2비트를 전송할 수 있다. 물론 위상은 45°, 135°, −135°, −45° 등으로 구성할 수 있다. 또한 45° 간격으로 위상을 표시하는 OPSKOctal PSK는 신호당 3비트를 전송할 수 있으므로 BPSK에 비해 3배의 전송률 향상을 얻을 수 있다.

그러나 위상 편이 변조에서 계속해서 위상의 개수를 늘려 전송률을 높이는 방법에는 한계가 있다. 위상의 개수를 늘리면 각 신호 간 위상차가 줄어들게 되므로 외부 잡음에 의해 신호 지연이 발생하거나 왜곡되어서 수신된 신호를 올바르게 판별할 수 없기 때문이다.

[그림 4-18]은 2위상, 4위상, 8위상 PSK의 위상 배치 예를 보여준다.

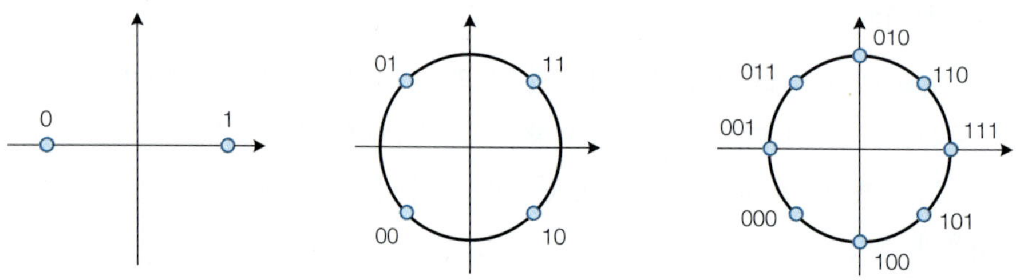

(a) BPSK(2위상 PSK) (b) QPSK(4위상 PSK) (c) OPSK(8위상 PSK)

그림 4-18 위상 편이 변조에서 위상 배치 예

[그림 4-18](b)의 위상 배치를 적용한 QPSK의 예는 [그림 4-19]와 같다. 여기서 반송파 신호를 식으로 나타내면 다음과 같다.

$$
s(t)=\begin{cases} A\sin(2\pi f_C t-135°) & \text{00인 경우} \\ A\sin(2\pi f_C t+135°) & \text{01인 경우} \\ A\sin(2\pi f_C t-45°) & \text{10인 경우} \\ A\sin(2\pi f_C t+45°) & \text{11인 경우} \end{cases}
$$

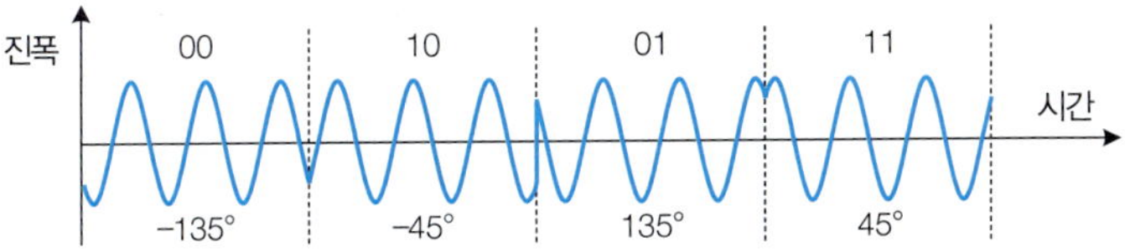

그림 4-19 QPSK 적용 예

NOTE 위상차

위상은 시각 0시에 대한 파형의 상대적인 위치를 나타내며 각도나 라디안(radian)으로 측정된다. 시간 축을 따라 좌우로 이동하는 파형이 있다면 위상은 그 이동한 양을 의미하며 첫 사이클의 상태를 표시한다. 라디안으로 2π 또는 360°의 위상 이동은 파형이 시간 축을 따라 완전히 한 주기만큼 이동한 것이다. 원래 파형을 오른쪽으로 ϕ만큼 이동하면 위상차는 $-\phi$, 왼쪽으로 ϕ만큼 이동하면 위상차는 $+\phi$가 된다. 정현파를 기준으로 여러 가지 위상차를 그림으로 나타내면 다음과 같다.

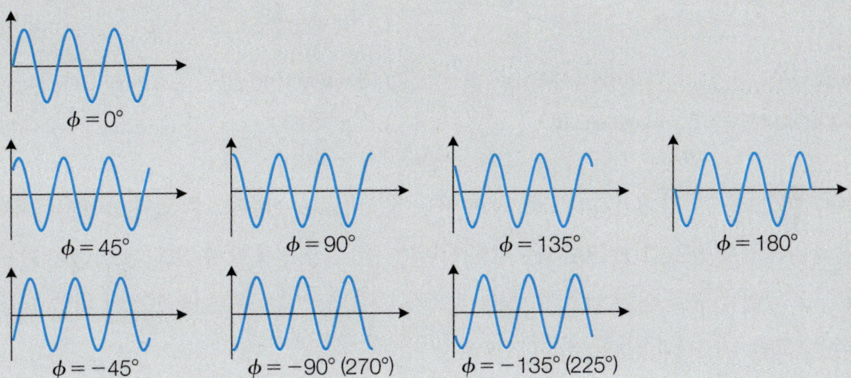

4 직교 진폭 변조

앞서 설명한 변조 방식들은 반송파의 진폭, 주파수, 위상 중 하나를 변경하는 방법이다. 하지만 직교 진폭 변조(구상 진폭 변조)는 진폭 편이 변조와 위상 편이 변조를 혼합한 형태다. 즉, 여러 개의 진폭과 여러 개의 위상을 갖는 신호 조합을 사용하여 이 둘의 수를 곱한 만큼 경우의 수를 갖게 되고 이를 통해서 여러 비트를 전송할 수 있다. 기본 수식은 다음과 같이 표현할 수 있다.

$$s_i(t) = A_i \sin(2\pi f_C t + \phi_i), \quad i = 1, 2, 3, \cdots, M$$

PSK와 유사하게 QAM에서도 진폭과 위상의 배치를 살펴보자.

[그림 4-20]에서 (a)는 2진폭 4위상인 8-QAM이다. (b)~(d)는 점의 개수가 16개이므로 16-QAM이다. 먼저 (b)는 2진폭 8위상이며 QAM에서 가장 먼저 제안된 방법으로 원 안쪽 점과 바깥쪽 점의 수가 동일하다. 따라서 안쪽 점들의 거리가 가깝기 때문에 잡음에 취약하다. (c)는 2진폭 12위상으로, 2진폭 8위상의 문제점을 개선하기 위해 바깥쪽 점의 수를 늘리고 안쪽 점의 수를 줄였다. 이를 통해 안쪽 점들 간 거리와 바깥쪽 점들 간 거리가 거의 비슷해졌다. (d)는 점들의 위치를 수정해서 아주 간단하게 구성한 3진폭 12위상이며, 현재 가장 널리 사용되는 형태다.

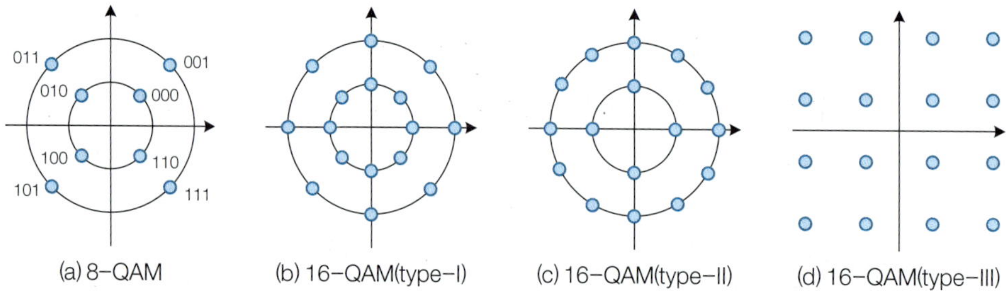

그림 4-20 QAM에서 진폭과 위상의 배치 예

8-QAM은 신호 종류가 8가지이므로 신호 하나에 3비트를 전송할 수 있다. 따라서 비트율은 보오율의 3배가 된다. 16-QAM은 신호 하나에 4비트를 전송할 수 있고 32-QAM, 64-QAM 등도 있어 전송률을 더 높일 수 있다. [그림 4-20](a)의 8-QAM 신호에 대한 시간 영역 표현은 [그림 4-21]과 같다.

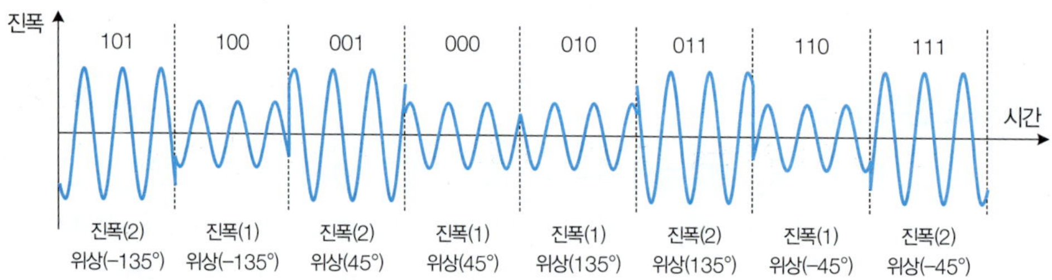

그림 4-21 8-QAM 신호에 대한 시간 영역 표현 예

[표 4-3]은 변조 방식에 따른 비트율과 보오율을 비교한 것이다.

표 4-3 변조 방식의 비트율과 보오율의 비교

변조 방식	단위	비트/보오	보오율	비트율
ASK, FSK, BPSK	bit	1	N	N
QPSK, 4-QAM	dibit	2	N	$2N$
OPSK, 8-QAM	tribit	3	N	$3N$
16-QAM	quadbit	4	N	$4N$
32-QAM	pentabit	5	N	$5N$
64-QAM	hexabit	6	N	$6N$
128-QAM	septabit	7	N	$7N$
256-QAM	octabit	8	N	$8N$

예제 4-6

BPSK 변조에서 0 또는 1을 나타내는 반송파 교류 신호가 1비트를 보내는 데 걸리는 시간이 5ms인 경우 변조 속도를 구하시오.

▶▶ 풀이

하나의 신호를 지속하는 시간이 5ms이고, 변조 속도(보오율)는 1초 동안 전송되는 신호 수를 의미하므로 200baud가 된다.

$$\text{변조 속도} = \frac{1}{5 \times 10^{-3}} = \frac{1000}{5} = 200$$

예제 4-7

QPSK 변조 방식을 사용하는 모뎀에서 데이터 변조 속도가 2,400baud일 때 전송 속도를 구하시오.

▶▶ 풀이

QPSK는 4개의 신호 레벨을 사용하므로 신호당 2비트를 전송한다. 전송 속도(비트율) = $n \times$ 변조 속도(보오율)이므로 전송 속도는 4,800bps(=2×2,400)가 된다.

04 아날로그 데이터를 디지털 신호로 변환

음성이나 영상은 아날로그 데이터이므로 이를 디지털 네트워크를 통해서 전달하려면 해당 데이터를 디지털 신호로 변환해야 한다. 일반적으로 아날로그 데이터를 디지털 신호로 변환하는 과정을 아날로그의 디지털화digitalization라고 한다. 아날로그 데이터를 디지털화하는 대표적인 방법으로 펄스 코드 변조Pulse Code Modulation, PCM와 델타 변조Delta Modulation, DM가 있다. 펄스 코드 변조는 장거리 전송보다는 정보 가공을 목적으로 하는 신호 처리 개념으로 볼 수 있다. 따라서 아날로그 데이터를 디지털 데이터로 만든 후에는 이를 디지털 신호로 변환하여 전송해야 한다(디지털 데이터를 디지털 신호로 변환).

1 펄스 코드 변조(PCM)

펄스 코드 변조PCM는 아날로그 데이터를 표본화, 양자화, 부호화하는 단계를 거쳐 2진 비트열bit stream로 디지털화해서 송신한다. 수신부에서는 수신한 디지털 신호를 복호화 및 필터링하여 아날로그 신호로 변환한다. [그림 4-22]는 펄스 코드 변조 및 복조 과정을 블록도로 나타낸다.

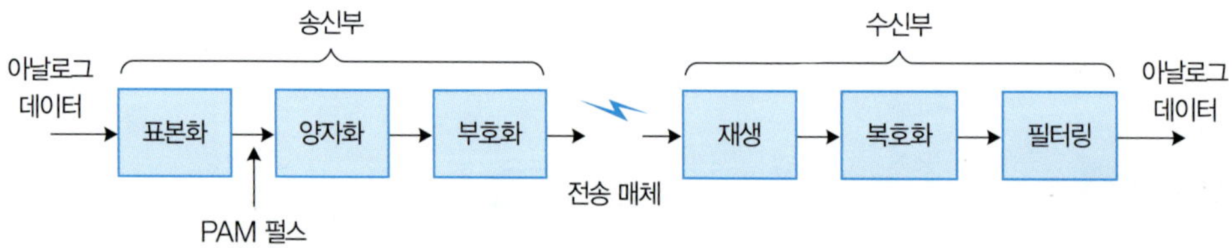

그림 4-22 펄스 코드 변조 및 복조 과정 블록도

표본화

표본화sampling는 연속적으로 변하는 아날로그 신호에서 일정한 주기의 불연속적인 진폭을 갖는 PAMPulse Amplitude Modulation 펄스를 얻는 과정이다. 단위 시간당 표본 추출의 횟수(표본화 주파수)는 수신부에서 원 신호를 충실하게 재생하기 위한 중요한 요인이 된다. 단위 시간당 표본 수는 나이퀴스트Nyquist의 표본화 정리sampling theorem에 의해 결정된다.

표본화 정리에 따르면, 연속적으로 변하는 아날로그 신호에 포함된 최고 주파수를 f_m이라고 할 때 적어도 $1/2f_m$의 주기(T_S)로 표본을 추출하면 추출된 데이터로부터 원래의 신호를 재생할 수 있다는 것이다. 즉, 표본화 간격 $T_S(=1/f_S)$와 최고 주파수 f_m의 관계식은 다음과 같다.

$$T_S \leq \frac{1}{2f_m} \quad (f_S \geq 2f_m)$$

예를 들어, 우리가 흔히 음성 전송에 이용하는 주파수 대역은 30~3,400Hz로, 음성 대역폭은 3KHz다. 음성 대역은 이웃하는 채널 간 간섭을 피하기 위한 보호 대역guard band까지 포함하여 4KHz가 되는 것이 보통이다. 따라서 음성 신호를 재생시키려면 4KHz의 2배인 8KHz, 즉 1초 동안 8,000번 표본화해야 한다. 이 결과로 표본화하는 순간 아날로그 신호의 진폭과 같은 크기의 진폭을 가지는 PAM 펄스를 얻는다. [그림 4-23](a)는 아날로그 신호를 표본화하여 얻은 펄스를 표시한 것이다.

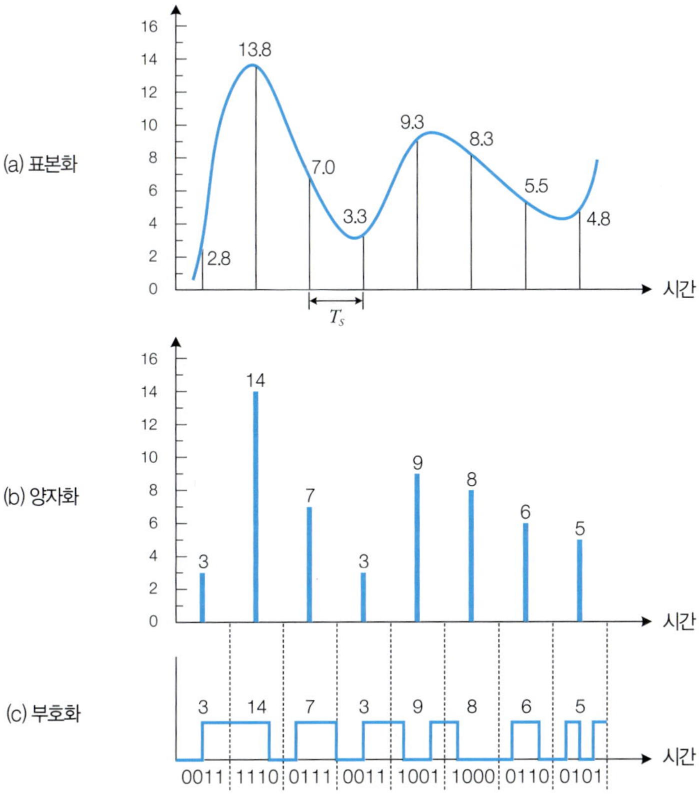

그림 4-23 펄스 코드 변조의 세부 과정

양자화

[그림 4-23](b)와 같이 펄스의 진폭 크기를 디지털양으로 변환하는 것을 양자화quantization라 한다. 즉, 최대 아날로그 신호의 진폭을 양자화 레벨의 숫자로 나누어 각 간격에서 뽑아낸 표본 값을 미리 정해진 값에서 가장 가까운 값으로 변환하는 것이다. 이 과정에서 불가피하게 양자화 잡음quantization noise 또는 양자화 오차quantization error가 발생한다. 예를 들어, [그림 4-23](b)에서 첫 번째 표본점의 원 신호 2.8과 양자화 파형 3.0 사이에는 0.2 차이가 존재하게 되고 이것을 양자화 잡음이라 한다. 양자화 레벨 수(분해능resolution)를 늘리면 레벨 간의 간격이 좁아져 양자화 잡음이 줄어들 것이다. 그러나 양자화 레벨 수가 많아지면 이를 2진수로 부호화하기 위한 비트 수가 증가하므로 전송하려는 데이터양이 많아진다는 단점이 있다.

양자화 레벨 간의 간격을 Δ(델타)라고 하면 양자화 잡음은 $-\Delta/2 \leq$ 양자화 잡음 $\leq +\Delta/2$다. 양자화 잡음은 섀넌의 채널 용량에 영향을 미친다. 신호의 SNR_{dB}에 미치는 양자화 잡음의 정도는 샘플당 비트 수 n_b에 의해 다음 수식으로 표시할 수 있다. 샘플당 비트 수가 1비트 증가할 때마다 6.02dB의 SNR이 개선되므로 채널 용량이 증가하게 된다.

$$\text{SNR}_{\text{dB}} = 6.02n_b + 1.76\text{dB}$$

양자화 잡음을 줄이기 위해 비선형 양자화non-linear quantization를 이용하기도 한다. 비선형 양자화에서는 입력 신호가 작을 때는 양자화 간격을 작게 하고, 입력 신호가 클 때는 양자화 간격을 넓히는 방법을 이용한다. [그림 4-23](b)는 선형 양자화linear quantization를 적용한 예다. 일반적으로 선형 양자화는 영상 신호에 사용되고, 비선형 양자화는 음성 신호에 사용된다. [그림 4-24]는 선형 양자화와 비선형 양자화의 입출력 특성 곡선을 보여준다.

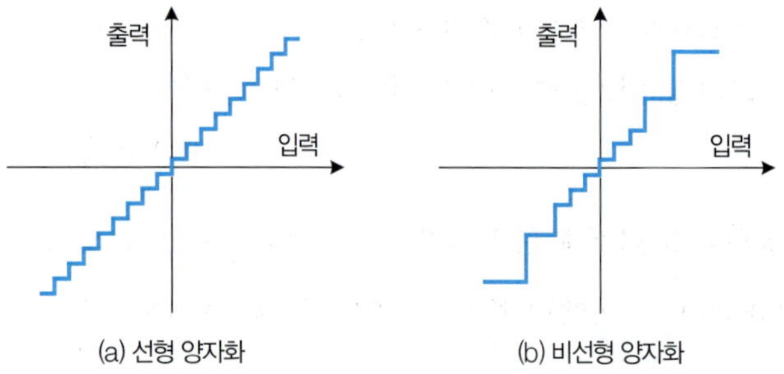

그림 4-24 선형 양자화와 비선형 양자화

예제 4-8

전화 회선의 SNR_{dB} 값은 40dB 이상이 되어야 한다. 샘플당 최소 비트 수를 계산하시오.

▶▶ 풀이

$SNR_{dB} = 6.02n_b + 1.76$dB에서 $40 = 6.02n_b + 1.76$이므로 $n_b = 6.35$가 된다. 따라서 전화 회사에서는 보통 샘플당 7 또는 8비트를 사용한다.

부호화

부호화encoding는 양자화한 값을 2진 디지털 부호로 변환하는 과정이다. 부호화에 사용되는 비트 수는 양자화에 사용된 레벨 수에 따라 결정된다. 예를 들어, 레벨 수가 8이면 부호화에 사용되는 비트 수는 3비트($2^3 = 8$)다. 레벨 수가 16이면 4비트, 64면 6비트, 128이면 7비트가 된다. 만약 양자화 레벨 수가 128이라면 각 양자화 레벨에 −64에서 63까지의 값을 대응시켜 부호화할 수도 있고, 0에서 127까지의 값으로 대응시킬 수도 있다. [그림 4−23](c)에서는 4비트로 단극형 부호화하는 경우를 나타냈는데 일반적으로 전화 음성에서는 8비트(부호화 비트 수 7 + 패리티 비트 1)로 부호화한다.

예제 4-9

사람의 음성을 PCM 변조하는 경우 요구되는 샘플링률은 얼마인가? 또한 양자화 레벨의 개수가 128이라고 가정할 때 부호화된 데이터의 전송률을 계산하시오.

▶▶ 풀이

샘플링률은 2×4KHz $=$ 8000Hz $=$ 8KHz다. 양자화 레벨 개수가 128이면 부호화에 요구되는 비트 수는 7비트이므로 데이터 전송률은 56Kbps($= 8000 \times 7$)가 된다.

재생, 복호화, 필터링

송신 측에서 전송한 디지털 신호를 수신 측에서는 재생, 복호화, 필터링 과정을 거쳐 원래의 신호로 재현한다. 이 과정을 그림으로 나타내면 [그림 4−25]와 같다. 재생regeneration 과정에서는 펄스 유무만 판단하여 유효 펄스만 재생된 후 복호기로 들어간다.

복호화는 부호화 과정의 역순으로, 재생된 2진 데이터를 PAM 펄스 형태로 변환하는 과정이다. 이는 [그림 4−25](b)와 같이 나타낼 수 있다.

복호된 PAM 펄스는 저역 통과 필터Low Pass Filter, LPF를 통과해서 원래의 아날로그 신호로 복원된다. 음성 신호인 경우 저역 통과 필터는 4KHz 이상의 모든 주파수 성분을 제거하므로 원하는 아날로그 신호만 남게 된다.

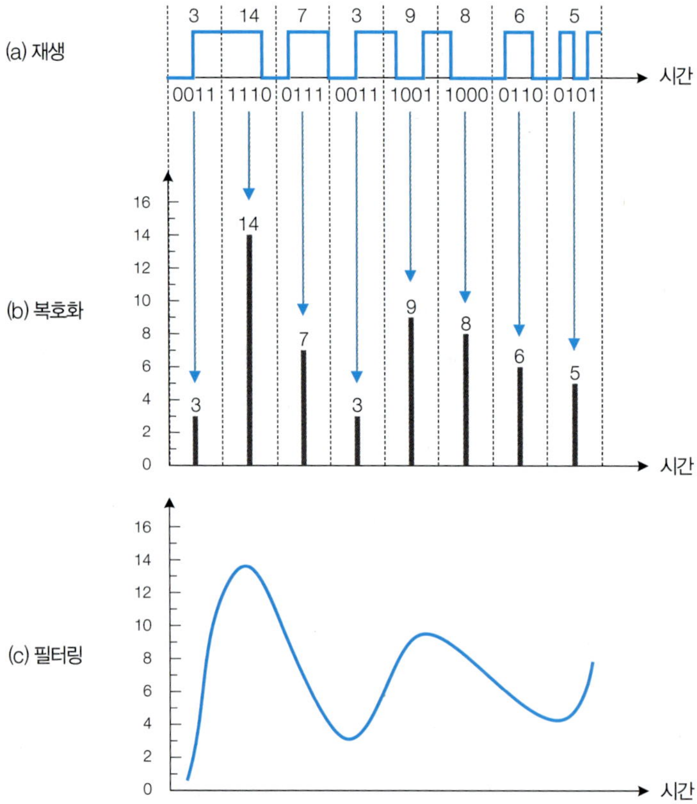

그림 4-25 펄스 코드 변조의 복호 과정

2 델타 변조(DM)

델타 변조Delta Modulation, DM는 아날로그 신호와 기준 신호의 크기를 비교하여 기준 신호가 아날로그 신호보다 작으면 정해진 크기 δ만큼 기준 신호를 증가시키고, 만약 기준 신호가 크면 δ만큼 기준 신호를 감소시킨다. 이러한 과정을 통해 기준 신호의 크기가 아날로그 신호에 근접하도록 한다. 이러한 처리는 일정한 시간 간격(T)으로 연속적으로 수행된다. 이때 δ만큼 증가될 경우에는 1을, 감소될 경우에는 0으로 부호화한다. [그림 4-26]은 델타 변조의 예를 보여준다. 송신 측에서는 생성된 2진 데이터를 전송한다. 수신 측에서 이를 수신하고 처리한 계단 파형이 저역 통과 필터를 통과하면 아날로그 신호가 재생된다.

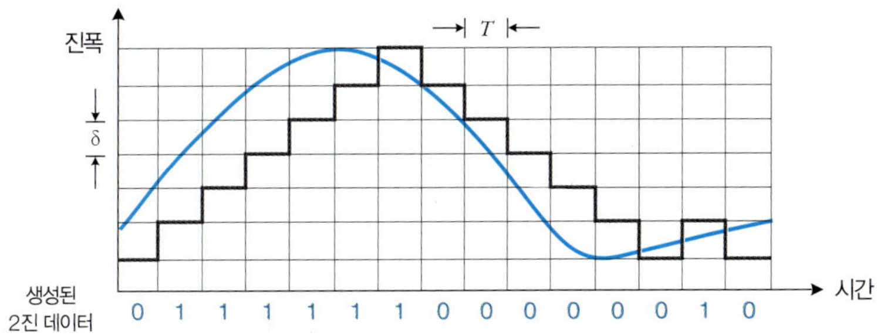

그림 4-26 델타 변조 과정

델타 변조에는 두 가지 중요한 변수가 있는데, 계단 파형의 증가 또는 감소 폭인 δ와 샘플링 속도sampling rate다. [그림 4-27]을 보면 원래의 아날로그 신호가 급격하게 변하여 계단 파형이 그 변화를 추적할 수 없을 때 경사 과부하 잡음slope overload noise이 발생한다. 반면, 아날로그 신호가 매우 완만하게 변화할 때는 그래뉼러 잡음granular noise이 발생한다. 스텝 크기 δ 값을 선정할 때 두 잡음은 서로 상충되는 특징이 있다. 경사 과부하 잡음을 줄이기 위해 δ를 증가시키면 신호 변화가 심한 경우에는 잘 따라가지만 신호 변화가 거의 없는 경우에는 그래뉼러 잡음이 커져 양자화 오차도 커진다. 샘플링 속도를 증가시키면 자주 증가–감소가 발생하므로 빠른 변화에 잘 적응할 수 있어 델타 변조의 성능은 향상되지만 높은 데이터 전송률을 요구한다.

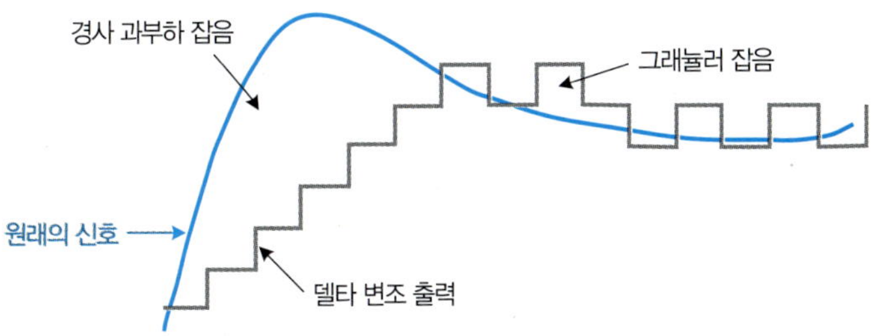

그림 4-27 델타 변조의 양자화 잡음

예제 4-10

델타 변조에서 초당 8,000번인 아날로그 신호와 비교하여 다음 비트 값을 결정하는 경우, 데이터 전송률을 구하시오.

▶▶ 풀이

한 번의 비교를 통해 1비트가 결정되므로 초당 8,000비트가 된다. 따라서 데이터 전송률은 8Kbps다.

05 아날로그 데이터를 아날로그 신호로 변환

변조는 전송하려는 신호를 반송파carrier와 합성하여 높은 주파수 대역으로 옮기는 과정으로, 장거리 전송이 가능하다. 다시 말해, 변조는 신호에 담긴 정보를 그대로 유지한 채 전송 매체의 주파수 특성에 적합한 주파수 대역으로 옮겨 전송하는 과정이다. 반송파로는 정현파가 사용된다.

예를 들어, 사람의 음성을 라디오 방송을 통해 전송하려면 음성 신호의 주파수 대역을 라디오 전파에서 사용되는 주파수 대역으로 옮겨야 한다. 각 라디오 방송국에서 만들어진 음성 신호는 모두 같은 영역에 속하는 저대역 통과 신호다. 서로 다른 방송을 듣기 위해서는 이러한 저대역 통과 신호들을 서로 다른 주파수 대역으로 옮겨서 송출한다. 이를 위해 정부는 각 라디오 방송국에 특정 대역폭을 할당한다. 수신 측에서는 해당 방송 주파수 대역만 통과시키는 대역 통과 필터Band Pass Filter, BPF 회로를 이용하여 해당 방송국의 신호를 걸러내 재생한다.

[그림 4-28]과 같이 아날로그 데이터를 아날로그 신호로 변조하는 방법에는 진폭 변조(AM), 주파수 변조(FM), 위상 변조(PM)가 있다.

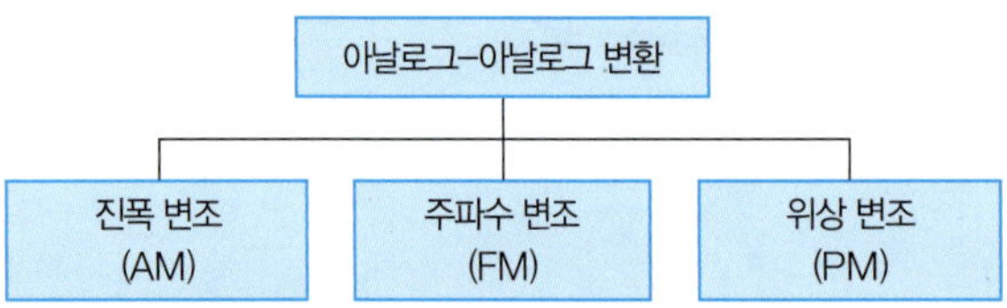

그림 4-28 아날로그-아날로그 변환의 종류

1 진폭 변조

진폭 변조Amplitude Modulation, AM는 전송하려는 아날로그 신호(전송 신호)의 변화에 따라 반송파의 진폭만 변하고, 주파수와 위상은 그대로 유지되는 방식이다. [그림 4-29]에서 진폭 변조의 파형을 보면 전송하려는 정보는 반송파의 외곽선envelope 형태로 나타난다.

진폭 변조된 신호의 대역폭(B_{AM})은 전송 신호 대역폭(B)의 2배가 되고 외부 잡음에 민감하다.

$$B_{AM} = 2B$$

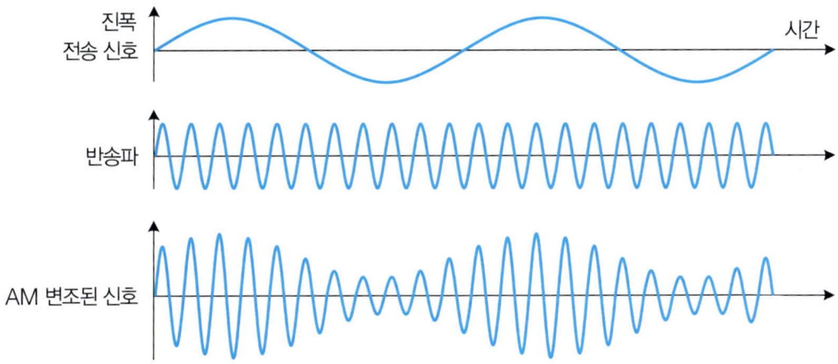

그림 4-29 진폭 변조 신호

2 주파수 변조

주파수 변조Frequency Modulation, FM에서는 전송하려는 아날로그 신호(전송 신호)의 변화에 따라 반송파의 주파수만 변하고, 진폭과 위상은 그대로 유지되는 방식이다. [그림 4-30]은 주파수 변조의 파형을 보여준다. 전송 신호의 전압이 높을수록 주파수가 높아져서 파장이 밀집되고, 반대로 전압이 낮을수록 주파수가 낮아져서 파장이 길어진다.

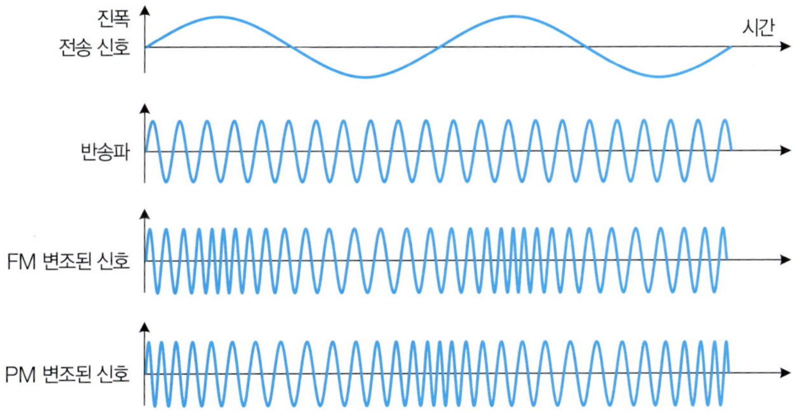

그림 4-30 주파수 변조 및 위상 변조 신호

주파수 변조된 신호의 대역폭(B_{FM})은 전송 신호의 대역폭(B)으로부터 다음과 같이 구할 수 있다. 여기서 β는 변조 기술에 따라 다르지만 보통 4 정도의 값을 갖는다. β = 4인 경우 주파수 변조된 신호의 대역폭은 전송 신호 대역폭의 10배가 된다.

$$B_{FM} = 2(1 + \beta)B$$

15KHz의 대역폭을 갖는 오디오 신호(음성이나 음악)를 FM 변조하여 방송하려면 FM 라디오 방송국에서는 최소한 150KHz의 대역폭이 필요하다. 그러나 실제로는 200KHz의 대역폭을 사용하는데 이웃 대역 신호와 상호간섭을 피하기 위해 보호 대역guard band을 두기 때문이다.

3 위상 변조

위상 변조Phase Modulation, PM는 전송하려는 아날로그 신호(전송 신호)의 변화에 따라 반송파의 위상만 변하고, 진폭과 주파수는 그대로 유지되는 방식이다. [그림 4-30]은 위상 변조의 파형을 보여준다. FM 변조에서 반송파의 순간적인 변화는 전송 신호의 진폭에 비례하지만, PM 변조에서 반송파의 순간적인 변화는 전송 신호의 진폭 변화율에 비례한다. 이해를 돕기 위해 [그림 4-31]은 구형파 신호에 대한 AM, FM, PM 파형의 모양을 보여준다.

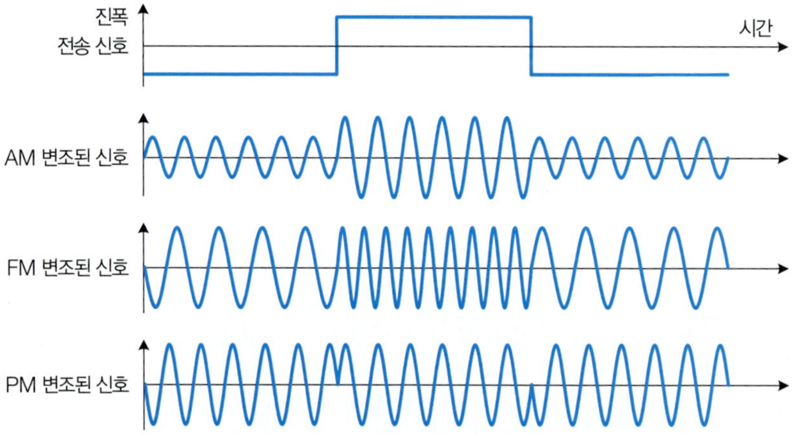

그림 4-31 구형파 입력 신호에 대한 AM, FM, PM 변조 파형

위상 변조에서는 고속으로 데이터를 전송할 수 있지만 잡음의 영향을 많이 받는다. 그리고 진폭 변조나 주파수 변조에 비해 변복조 회로가 다소 복잡하다.

1 **디지털 전송의 특징으로 옳은 것은?**

① 신호에 포함된 잡음도 증폭기에서 같이 증폭되므로 왜곡 현상이 심하다.
② 아날로그 전송보다 훨씬 작은 대역폭을 필요로 한다.
③ 아날로그 전송과 비교하여 유지 비용이 훨씬 더 요구된다.
④ 장거리 전송 시 데이터의 감쇠 및 왜곡 현상을 방지하기 위해서 리피터$_{\text{repeater}}$를 사용한다.

2 **디지털 전송의 특징이 아닌 것은?**

① 전송 용량을 다중화함으로써 효율성이 높다.
② 중계기를 사용함으로 신호의 왜곡과 잡음 등을 줄일 수 있다.
③ 암호화 작업이 불가능하므로 안정성이 없다.
④ 디지털 기술의 발전으로 전송 장비의 소형화가 가능하며, 가격도 저렴해지고 있다.

3 **펄스 파형을 그대로 변조 없이 전송하는 방식은?**

① 베이스밴드 전송 방식
② 직렬 전송 방식
③ 대역 전송 방식
④ 병렬 전송 방식

4 **베이스밴드$_{\text{baseband}}$ 통신에 대한 설명으로 옳은 것은?**

① 변조 과정 없이 기본적인 신호의 대역폭만으로 행하는 통신이다.
② FM 통신을 위해 반송파에 싣는 과정을 의미한다.
③ 아날로그 신호의 통신을 의미한다.
④ 다중화 방식으로 TDM 방식을 의미한다.

5 **LAN의 전송 방식에서 원래의 신호를 다른 주파수 대역으로 옮기지 않고 전송하는 방식은?**

① 브로드밴드 방식
② 링 방식
③ 루프 방식
④ 베이스밴드 방식

6 **디지털 신호의 펄스열을 그대로 또는 다른 형식의 디지털 펄스 파형으로 변환시켜 전송하는 방식은?**

① 베이스밴드 전송 방식
② 반송 대역 전송 방식
③ 브로드밴드 전송 방식
④ 대역 변조 전송 방식

7 **베이스밴드 전송 방식에 관한 설명으로 가장 적합한 것은?**

① 아날로그 신호 전송에 주로 사용한다.
② 디지털 신호의 펄스열을 그대로 전송하는 방식이다.
③ 디지털 신호를 반송파에 비례하여 전송하는 방식이다.
④ 일정한 주파수 대역을 통과하는 신호만을 전송하는 방식이다.

8 **데이터 전송에서 아날로그 전송 매체를 통해 데이터 전송이 가능하도록 하는 기기는?**

① 공동화기　② 다중화기
③ 변복조기　④ 디지털 서비스 유닛

9 **아날로그 데이터를 디지털 데이터로 변조하여 전송할 수 있는 장치는?**

① MODEM　② DSU
③ CODEC　④ 전화

10 **변조의 개념을 가장 잘 설명한 것은?**

① 전송 신호를 고주파 신호 성분과 저주파 신호 성분으로 분리하는 것이다.
② 수신 신호로부터 반송파를 제거하는 것이다.
③ 아날로그 신호를 디지털 신호로 변환하는 것이다.
④ 채널을 통해 효율적으로 전송되도록 송신 신호를 변환하는 것이다.

11 **NRZ 전송 부호에서 1의 경우 low level, 0의 경우 high level을 부여하는 것은?**

① NRZ-X　② NRZ-L
③ NRZ-M　④ NRZ-S

12 2원 전송 부호인 NRZ의 설명으로 틀린 것은?

① 0_{ZERO} 전압으로 돌아오지 않는다.
② RZ 부호에 비해 대역폭을 효율적으로 사용한다.
③ 직류 성분이 존재한다.
④ 1의 입력 신호 펄스를 양 전압과 음 전압으로 교대로 처리한다.

13 다음이 설명하고 있는 디지털 전송 신호의 부호화 방식은?

- CSMA/CD LAN에서의 전송 부호로 사용된다.
- 신호 준위 천이가 매 비트 구간의 가운데서 비트 0에 대해서는 고 준위에서 저 준위로 천이하며, 비트 1은 저 준위에서 고 준위로 천이한다.

① Alternating Mark Inversion 코드
② Manchester 코드
③ Bipolar 코드
④ Non Return to Zero 코드

14 다음에서 설명하고 있는 디지털 신호 부호화 방식은?

매 비트 구간에서는 반드시 한 번 이상의 신호 준위 천이가 발생하므로 이를 이용하여 클록 신호를 추출할 수 있어 동기화 능력을 가지게 된다.

① NRZ-L
② TTL
③ Manchester
④ TDM

15 다음 중 '1'은 한 펄스폭을 2개로 나누어서 반 구간은 양(+), 펄스의 나머지 구간은 음(-)으로 구성하고 '0'은 '1'과 반대로 구성하는 데이터 전송 방법은?

① 바이폴라 펄스
② 맨체스터 펄스
③ 차동 펄스
④ 단극 RZ 펄스

16 디지털 비트 구간의 1/2 지점에서 항상 신호와 위상이 변화하는 신호의 이름은?

① 맨체스터 코드
② 바이폴라 RZ
③ $AMI_{Alternating\ Mark\ Inversion}$
④ $NRZ_{Non\ Return\ to\ Zero\ Inversion}$

17 베이스밴드 전송 방식으로 신호를 그림과 같이 부호화하는 방식은?

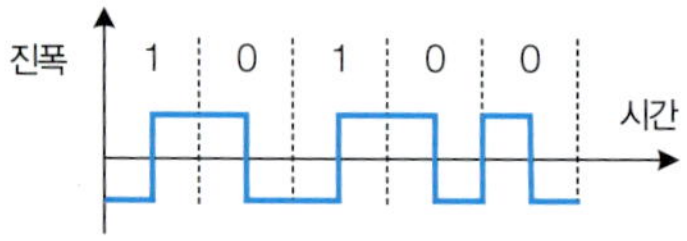

① 단극 RZ
② 양극 NRZ
③ Differential 코드
④ Manchester 코드

18 다음 그림의 베이스밴드 전송 방식은?

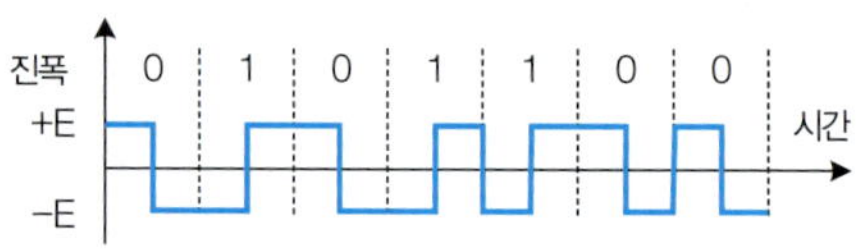

① $바이페이즈_{bi-phase}$ 방식
② 복류 RZ 방식
③ AMI 방식
④ 차분 방식

19 바이폴라 부호의 특징에 해당되지 않는 것은?

① 0은 0 레벨의 펄스로, 1은 +A와 -A의 두 가지 레벨의 펄스로 교대로 변환시키는 방법이다.
② 이 부호는 3원 부호로 보이지만 전송할 수 있는 정보량은 2원 부호와 동등하다.
③ 직류 성분이 포함되는 단점이 있다.
④ 0 부호의 연속을 억압하는 기능이 없어 수신단에서 $타이밍_{timing}$ 추출에 어려움이 있다.

20 LAN의 선로 부호로 많이 사용되는 맨체스터 코드 Manchester code의 가장 큰 장점은?

① 채널 효율이 높다.
② 신호의 스펙트럼 특성이 양호하다.
③ 신호 레벨의 종류가 적다.
④ 동기를 위한 타이밍 정보가 충분하다.

21 베이스밴드baseband 전송 방식에서 사용되는 신호 방식이 아닌 것은?

① Manchester 방식
② AMI 방식
③ QPSK 방식
④ NRZ 방식

22 0 연속(0이 연속되는 것)을 억압하기 위해 사용되는 전송 부호는?

① 바이폴라bipolar
② 맨체스터Manchester
③ CMI
④ B8ZS

23 전송로를 통해 디지털 신호를 전달하기 위하여 수행되는 디지털 신호 코딩 방식에서 요구되는 사항으로 적합하지 않은 것은?

① 수신 측에서 용이하게 클록을 복원할 수 있어야 한다.
② 코딩된 신호에는 직류 성분이 많아야 한다.
③ 신호 오류의 감지가 용이해야 한다.
④ 신호의 코딩에 의한 대역폭의 증가가 최소화되어야 한다.

24 ASK, FSK, PSK와 같이 세 가지 방식이 있으며, 디지털 변조에서 디지털 데이터를 아날로그 신호로 변환시키는 것을 의미하는 것은?

① Carrier ② Manchester
③ Keying ④ Converter

25 디지털 변조에서 디지털 데이터를 아날로그 신호로 변환시키는 것을 키잉keying이라고 하며, 키잉에는 기본적으로 세 가지 방식이 있다. 이에 해당하지 않는 것은?

① Amplitude–Shift Keying
② Code–Shift Keying
③ Frequency–Shift Keying
④ Phase–Shift Keying

26 아날로그–디지털 부호화 방법이 아닌 것은?

① ASKAmplitude Shift Keying
② FSKFrequency Shift Keying
③ QAMQuadrature Amplitude Modulation
④ CDMCode Division Multiplexing

27 디지털 데이터를 아날로그 신호로 변조하는 방법으로만 나열된 것은?

① 위상 변조, 진폭 변조
② 주파수 변조, 시간 변조
③ 진폭 편이 변조, 시간 편이 변조
④ 주파수 편이 변조, 위상 편이 변조

28 반송파로 사용하는 정현파의 진폭에 정보를 싣는 변조 방식은?

① FSK ② ASK
③ PSK ④ PCM

29 다음 그림은 어떤 변조 파형인가?

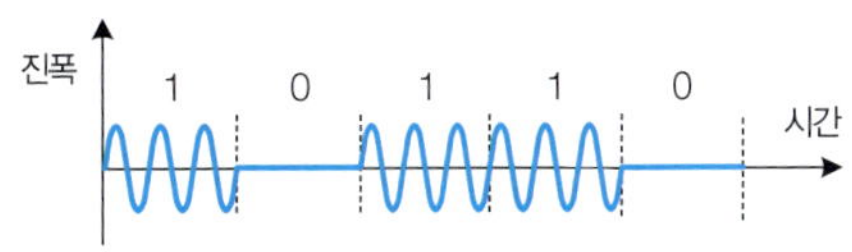

① DPSK ② FSK
③ ASK ④ PSK

30 다음 그림과 같은 변조된 파형을 얻을 수 있는 변조 방식은?

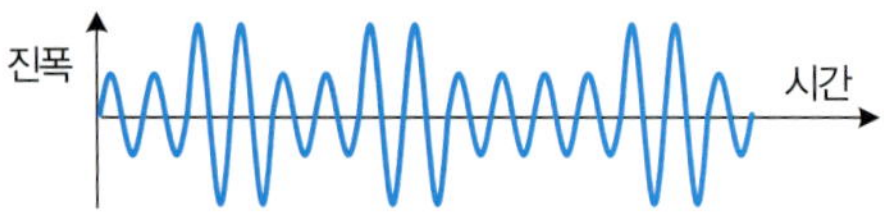

① 진폭 편이 변조 방식$_{ASK}$
② 주파수 편이 변조 방식$_{FSK}$
③ 위상 편이 변조 방식$_{PSK}$
④ 직교 진폭 변조 방식$_{QAM}$

31 다음 그림은 어떤 디지털 변조 방식의 파형인가?

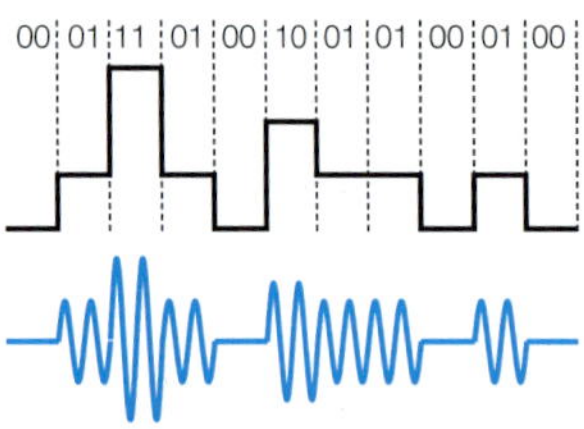

① ASK ② FSK
③ PSK ④ QAM

32 정보에 따라 위상을 변환시키는 디지털 변조 방식은?

① ASK ② FSK
③ PSK ④ PCM

33 PSK에서 반송파 간의 위상차는? (단, M은 진수다.)

① π/M ② $\pi \times M$
③ $2\pi/M$ ④ $5\pi/2M$

34 8진 PSK에서 반송파 간의 위상차는?

① π ② $\pi/2$
③ $\pi/4$ ④ $\pi/8$

35 반송파의 진폭과 위상을 상호 변환하여 신호를 전송함으로써 전송 속도를 높이는 변조 방식은?

① ASK ② FM
③ PSK ④ QAM

36 다음 신호 공간 다이어그램이 나타내는 변조 방식은?

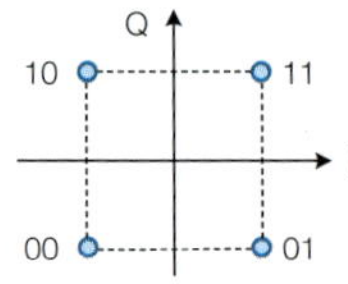

① ASK ② BPSK
③ FSK ④ QAM

37 QAM 변조 방식에 대한 설명으로 가장 적합한 것은?

① 입력 신호에 따라 반송파의 진폭을 변화시키는 방식
② 입력 신호에 따라 반송파의 최소 주파수를 변화시키는 방식
③ 진폭 신호에 따라 적은 전력으로 다량의 정보를 전송시키는 방식
④ 반송파의 진폭과 위상을 데이터에 따라 변화시키는 진폭 변조와 위상 변조 방식의 혼합

38 한 번에 4개의 비트를 전송하려고 할 때 사용할 수 있는 디지털 변조 방식은?

① 2진 ASK ② 4진 FSK
③ 8진 PSK ④ 16진 QAM

39 데이터 통신망에서 사용되는 일반적인 전송 속도 단위로서 1초간 운반할 수 있는 데이터의 비트 수를 무엇이라 하는가?

① bps
② band
③ byte
④ throughput

40 어느 회선의 속도가 400baud이고, 각 신호가 4비트의 정보를 나타낸다면 데이터 전송률은 몇 bps인가?

① 400bps ② 800bps
③ 1,600bps ④ 3,200bps

41 쿼드 비트를 사용하여 1,600baud의 변조 속도를 지니는 데이터 신호가 있다. 이때 데이터 신호 속도(bps)는?

① 2,400bps ② 3,200bps
③ 4,800bps ④ 6,400bps

42 회선의 변조 속도가 2,400baud이고, 8-QAM을 사용할 때 얻을 수 있는 데이터 속도(bps)는?

① 2,400bps ② 4,800bps
③ 7,200bps ④ 19,200bps

43 데이터 전송 속도가 초당 9,600bps인 회선 상에 한 번의 신호로 3개의 bit를 전송할 때, 신호 속도는?

① 3,200baud ② 4,800baud
③ 6,400baud ④ 9,600baud

44 최단 펄스시간 길이가 $1,000 \times 10^{-6}$sec일 때, 이 펄스의 변조 속도는?

① 1baud ② 10baud
③ 100baud ④ 1,000baud

45 아날로그 데이터를 디지털 신호로 변환하는 변조 방식은?

① 진폭 편이 변조$_{ASK}$
② 위상 편이 변조$_{PSK}$
③ 펄스 부호 변조$_{PCM}$
④ 주파수 편이 변조$_{FSK}$

46 PCM$_{Pulse\ Code\ Modulation}$에 대한 설명으로 옳지 않은 것은?

① PCM은 음성 정보와 같은 아날로그 정보를 디지털 신호로 변환하기 위해 널리 사용되는 방식이다.
② 입력 아날로그 데이터를 일정한 주기마다 표본화하여 PAM$_{Pulse\ Amplitude\ Modulation}$ 펄스로 만든다.
③ Frequency Modulation을 사용하여 변조한다.
④ 300~3,400Hz 범위에 대부분의 주파수 성분을 가지는 음성 정보의 경우, 표본화 주파수를 8,000Hz로 하면 원래의 음성 정보를 손실 없이 유지할 수 있다.

47 아날로그-디지털 부호화 방식인 송신 측 PCM$_{Pulse\ Code\ Modulation}$ 과정을 순서대로 바르게 나타낸 것은?

① 표본화 → 양자화 → 부호화
② 양자화 → 부호화 → 표본화
③ 부호화 → 양자화 → 표본화
④ 표본화 → 부호화 → 양자화

48 PCM 단계 중에서 연속적인 아날로그 신호를 입력으로 받아 불연속적인 진폭을 갖는 펄스를 생성하는 과정에 해당되는 것은?

① 표본화 ② 양자화
③ 부호화 ④ 압축기

49 PCM$_{Pulse\ Code\ Modulation}$ 과정에 포함되지 않는 것은?

① 다중화 ② 샘플링
③ 양자화 ④ 부호화

50 아날로그 데이터를 디지털 신호로 변환하는 과정에 포함되지 않는 것은?

① Encryption
② Sampling
③ Quantization
④ Encoding

51 아날로그 데이터를 디지털 신호로 변환 시 표본화 과정을 거쳐 생성되는 신호로 맞는 것은?

① 펄스폭 변조$_{PWM}$
② 펄스 진폭 변조$_{PAM}$
③ 펄스 위치 변조$_{PPM}$
④ 펄스 부호 변조$_{PCM}$

52 표본화 주파수가 10KHz이고, 원신호 파형의 주파수가 1KHz라면 1주기당 PAM 신호는 몇 개인가?

① 1개 ② 2개
③ 5개 ④ 10개

53 어떤 신호 $f(t)$를, $f(t)$가 가지는 최고 주파수의 2배 이상으로 샘플링하면, 샘플링된 신호는 원래의 신호가 가지는 모든 정보를 포함한다는 이론은?

① 표본화 이론 ② 양자화 이론
③ 부호화 이론 ④ 이진화 이론

54 연속적인 신호 파형에서 최고 주파수가 W(Hz)일 때 나이퀴스트 표본화 주기(T)는?

① $T=\frac{1}{W}$ ② $T=W$
③ $T=\frac{1}{4W}$ ④ $T=\frac{1}{2W}$

55 나이퀴스트Nyquist 표본화 주파수(f_s)로 알맞은 것은?

① $f_s \geq 2f_m$ ② $f_s < 2f_m$
③ $f_s > 2f_m$ ④ $f_s \leq 2f_m$

56 최고 주파수 f_m으로 대역 제한된 신호를 표본화할 때 원 신호를 재생하는 데 필요한 최소한의 시간 간격은 얼마인가?

① $1/0.5f_m$ ② $1/f_m$
③ $1/1.5f_m$ ④ $1/2f_m$

57 신호 $f(t)=3\cos 60\pi t+2\cos 100\pi t$를 표본화하였을 때, 나이퀴스트Nyquist 표본화 간격은 얼마인가?

① 1ms ② 5ms
③ 10ms ④ 20ms

58 PCM 파를 수신하여 원래의 신호로 복원하기 위한 필터로 적합한 것은?

① 고역 통과 필터
② 저역 통과 필터
③ 대역 통과 필터
④ 대역 차단 필터

59 최고 4,000Hz를 포함한 신호를 PCM으로 디지털화할 때 요구되는 초당 최소 샘플링 횟수는?

① 2,000회 ② 4,000회
③ 8,000회 ④ 16,000회

60 음성 신호 4KHz를 PCM 다중화하기 위한 Nyquist 표본화 주기는?

① 8000μs ② 125μs
③ 225μs ④ 8μs

61 PCM 통신 방식에서 4KHz의 대역폭을 갖는 음성 정보를 8bit 코딩으로 표본화하면 음성을 전송하기 위해 필요한 데이터 전송률은?

① 4Kbps ② 8Kbps
③ 32Kbps ④ 64Kbps

62 PCM은 아날로그 신호의 크기를 표본화, 양자화한 뒤 몇 개의 2진수 비트를 전기 신호로 송출하는 방식이다. 양자화란 어떠한 과정인가?

① 원 신호의 전압 값을 평균하여 일정 값의 전기 신호로 변환하는 과정이다.
② 전기 신호의 전류를 이에 비례하는 2진수 값으로 변환하는 과정이다.
③ 아날로그 신호의 진폭을 일정한 시간 간격으로 추출하는 과정이다.
④ 표본화 과정을 거친 신호의 진폭을 이산 값으로 변환하는 과정이다.

63 PCM 과정 중 양자화 과정에서 레벨 수가 128레벨인 경우 몇 비트로 부호화되는가?

① 7bit ② 8bit
③ 9bit ④ 10bit

64 양자화 스텝 수가 5비트이면 양자화 계단 수는?

① 16개 ② 32개
③ 64개 ④ 128개

65 양자화 잡음에 대한 설명으로 맞는 것은?

① PAM 펄스의 아날로그 값을 양자화 잡음이라 한다.
② PCM 펄스의 디지털 값을 양자화 잡음이라 한다.
③ PAM 펄스의 아날로그 값과 양자화된 PCM 펄스의 디지털 값의 합을 양자화 잡음이라 한다.
④ PAM 펄스의 아날로그 값과 양자화된 PCM 펄스의 디지털 값의 차이를 양자화 잡음이라 한다.

66 실제 표본 값과 추정 표본 값의 차이만을 양자화하는 방식으로 1bit 양자화를 수행하는 방식은?

① FM ② PCM
③ ASK ④ DM

67 델타$_{\text{delta}}$ 변조 방식과 관계가 없는 것은?

① 전송 정보는 디지털 형태를 갖는다.
② 표본화 순간의 값을 바로 직전의 표본화 순간의 값과 비교한다.
③ 소규모 회선에서 보다 경제성이 있다.
④ FM 변조 방식의 일종이다.

68 델타 변조$_{\text{DM}}$에 대한 설명으로 가장 적합한 것은?

① 하드웨어가 복잡하다.
② 일반적으로 예측기는 비선형 예측기를 사용한다.
③ 통상 PCM의 표본화 주파수와 동일한 주파수를 사용한다.
④ 스텝 사이즈를 크게 하면 그래뉼러 잡음$_{\text{Granular Noise}}$은 증가한다.

69 아날로그 신호 $X(t)$를 매 1초마다 샘플링한 후 델타 변조하여 전송하려고 한다. $|X(t)| \leq 8$일 때 샘플링된 신호당 전송되는 비트의 수는?

① 1개 ② 2개
③ 3개 ④ 4개

70 아날로그 데이터를 아날로그 신호로 전송할 때 사용되는 변조 방식으로 옳지 않은 것은?

① DM ② AM
③ PM ④ FM

71 AMI 부호화에서 연속적인 비트 0이 나올 경우 의도적으로 신호 레벨 전이를 만들어 동기화 문제를 해결하는 처리를 무엇이라고 하는가?

72 E-1 인터페이스에서 사용하는 부호화 방법은?

73 이더넷 LAN에서 사용하는 부호화는 무엇인가?

74 PCM 변조에서 송신 측의 처리 과정을 순서대로 써보시오.

75 QPSK를 이용할 때 한 진폭 값으로 나타낼 수 있는 비트의 개수는?

76 음성 또는 영상과 같은 아날로그 데이터를 디지털 신호로 변환하는 코더$_{\text{coder}}$와 역변환하는 디코더$_{\text{decoder}}$의 합성어로 변복조기라는 말로 풀이되는 장치는?

77 데이터의 전송 방법인 베이스밴드$_{\text{baseband}}$ 방식과 브로드밴드$_{\text{broadband}}$ 방식에 대해 설명하시오.

78 다음과 같은 디지털 데이터를 NRZ-L, 맨체스터, AMI 방식으로 전송하려는 경우 전송되는 파형을 각각 그려보시오.

0 1 0 1 0 1 0 0 0 0 0 1 1 1 1 1

79 AMI 부호화에서 스크램블링이 필요한 이유에 대해 설명하시오.

80 4B/5B 블록 부화기의 입력 스트림이 다음과 같을 때 출력 스트림은 어떻게 되는가?

0100 0000 0000 0000 0000 0001

81 만약 가능한 전송률이 64Kbps라고 가정할 때, 음성을 PCM 방식으로 변환하면 양자화 레벨의 개수는 몇 개가 가능한지 계산하시오. 단, 음성의 대역폭은 4KHz로 가정한다.

82 PCM 양자화 단계에서 발생하는 양자화 잡음에 대해 설명하고 이를 개선하기 위해 시행하는 비선형 양자화에 대해 설명하시오.

83 $s(t)=4\sin 200\pi t$ [V]인 신호를 PCM 신호 3비트로 변조하려고 할 때 양자화 스텝의 크기는 몇 [V]인가?

84 $s(t)=A\sin 2\pi ft$인 정현파를 양자화 레벨이 8인 양자화기에 입력했을 때 출력에서 신호 대 잡음비를 구하시오. (단, 양자화 잡음만 존재한다고 가정한다.)

85 아날로그 신호가 일정한 값을 갖는다고 가정할 때 델타 변조에서 증가 감소 폭을 δ라고 하면 양자화에 따른 오차의 평균 값이 얼마에 수렴하는지 계산하시오.

86 8-위상, 2-진폭 변조를 혼합하여 변복조하는 동기식 모뎀의 변조 속도가 2,400Baud일 때 데이터의 신호 속도(bps)를 구하시오.

87 각각의 경우 대역폭을 계산하시오.

(1) 대역폭이 4KHz인 신호의 AM 변조 신호

(2) 대역폭이 10KHz인 신호의 FM 변조 신호

1 ④	2 ③	3 ①	4 ①	5 ④	6 ①	7 ②	8 ③	9 ③	10 ④
11 ②	12 ④	13 ②	14 ③	15 ②	16 ①	17 ④	18 ①	19 ③	20 ④
21 ③	22 ④	23 ②	24 ③	25 ②	26 ④	27 ④	28 ②	29 ③	30 ①
31 ①	32 ③	33 ③	34 ③	35 ④	36 ④	37 ④	38 ④	39 ①	40 ③
41 ④	42 ③	43 ①	44 ④	45 ③	46 ③	47 ①	48 ①	49 ①	50 ①
51 ②	52 ④	53 ①	54 ④	55 ①	56 ④	57 ③	58 ②	59 ③	60 ②
61 ④	62 ④	63 ①	64 ②	65 ④	66 ④	67 ④	68 ④	69 ①	70 ①

CHAPTER 05
데이터 통신 기초

학습목표

- 통신 회선의 접속 방식을 이해하고 설명할 수 있다.
- 단방향, 반이중, 전이중 방식을 이해하고 설명할 수 있다.
- 데이터 전송 방식의 종류와 특성에 대해 설명할 수 있다.
- 물리적 접속 규격의 종류와 특성에 대해 설명할 수 있다.
- 토폴로지의 의미와 종류, 특성에 대해 설명할 수 있다.

01 통신 회선의 접속 방식

데이터 통신 시스템은 여러 가지 하드웨어hardware와 소프트웨어software로 구성된다. 전체적인 데이터 통신 환경을 이해하기에 앞서 전송과 관련된 몇 가지 기초 개념을 이해해야 한다.

회선 구성line configuration이란 둘 이상의 장치가 하나의 링크에 연결되는 방식을 말한다. 링크link는 하나의 장치로부터 다른 장치로 데이터를 보내는 물리적인 통신 경로다. 예를 들어, 두 지점을 연결하는 하나의 선을 떠올리면 된다. 통신하려면 두 장치는 동시에 같은 링크에 연결되어야 한다. 데이터 통신 시스템들 간의 회선 연결 방식에는 다음과 같은 것들이 있다.

- 점대점 회선 방식
- 다중점 회선 방식
- 집선 회선 방식
- 다중 회선 방식

1 점대점 회선 방식

점대점 회선point-to-point line 구성은 두 장치를 전용 회선으로 직접 연결하는 형식이다. 채널의 전체 용량은 두 장치가 독점한다. [그림 5-1]과 같이 대부분의 점대점 회선 구성은 양쪽 끝에 연결된 케이블을 이용하지만 무선 연결도 가능하다. 이 방식은 전화 회선 구성에도 이용되는데 교환기를 이용하여 공중 회선을 사용할 수 있다. 응답 속도가 빠르므로 고속 처리에 이용

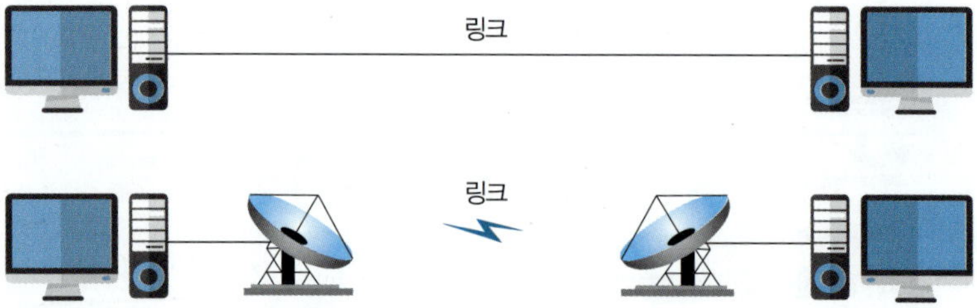

그림 5-1 점대점 회선 구성

된다. TCP/IP 환경에서는 PPPPoint-to-Point Protocol를 사용하여 두 노드 간에 1:1로 연결된 경우가 이에 해당된다.

2 다중점 회선 방식

다중점 회선multipoint line(멀티포인트 회선)은 [그림 5-2]와 같이 3개 이상의 장치가 하나의 링크를 공유하는 방식이며, 멀티드롭 회선multi-drop line이라고 한다. 예를 들어, 하나의 장치(컴퓨터)에 연결된 전용 회선에 여러 단말 장치를 연결하여 데이터를 송수신하는 방식이 있다.

다중점 회선에서 데이터 전송은 폴링polling과 셀렉션selection에 의해 수행된다. 폴링은 단말 장치에서 컴퓨터로 데이터를 전송할 경우에 이용한다. 이 방법에서는 컴퓨터 감시 프로그램 쪽에서 신호를 보내 송신할 데이터의 유무를 주기적으로 검사한다. 셀렉션은 컴퓨터가 특정 단말 장치를 지정하여 데이터를 전송할 경우에 이용하는데, 특정 단말 장치를 지정하는 제어 문자를 데이터 앞에 포함시켜 데이터를 전송한다. 물론 1개의 데이터를 여러 대의 단말기에 동시에 전송할 수 있다. 폴링과 셀렉션 이외에도 경쟁contention 방식이 있는데, 단말 장치들이 서로 경쟁하여 회선에 접근하는 방식이다.

다중점 방식은 각 단말 장치에서 송수신할 데이터양이 적을 때 효과적이고, 회선을 공유하기 때문에 회선 비용을 줄일 수 있다. 그러나 연결할 수 있는 단말 장치의 수는 회선 속도, 단말 장치에서 발생되는 트래픽 양, 하드웨어와 소프트웨어의 처리 능력에 따라 달라진다.

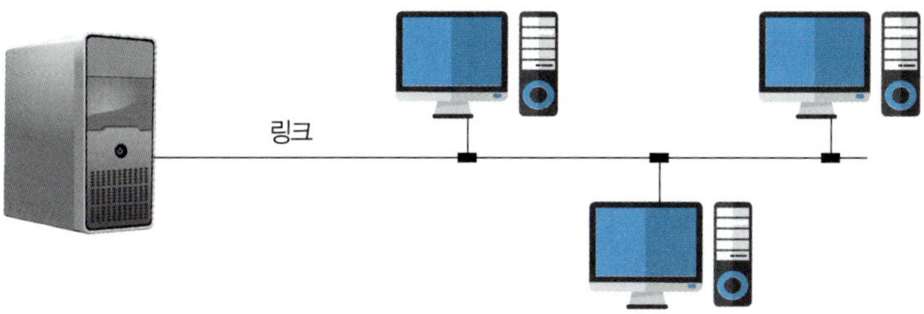

그림 5-2 다중점 회선 구성

3 집선 회선 방식

집선 회선line concentration 방식은 일정 지역 내의 중심에 집선 장치concentrator(집중화기)를 설치하고 여기에 여러 대의 단말 장치를 연결하는 방식이다. 집선 장치는 다수 개의 입력 회선을 소수의 출력 회선으로 집중화하는 장비이며, 단말 장치에서 저속으로 전송되는 데이터를 모아서 컴퓨터에 고속으로 전송하는 역할을 한다. 컴퓨터와 집선 장치 사이에는 고속의 단일 회선을 연결하거나 단말 장치의 수보다 적게 연결할 수 있다. 즉, 단말 수를 m, 고속 통신 회선 채널 수를 n이라고 하면 $m \geq n$이다. 따라서 이 방식에서는 통신 회선을 효율적으로 사용할 수 있다. 또한 다중점 회선 방식처럼 단말기의 회선 사용률이 낮을 경우에 적합하다.

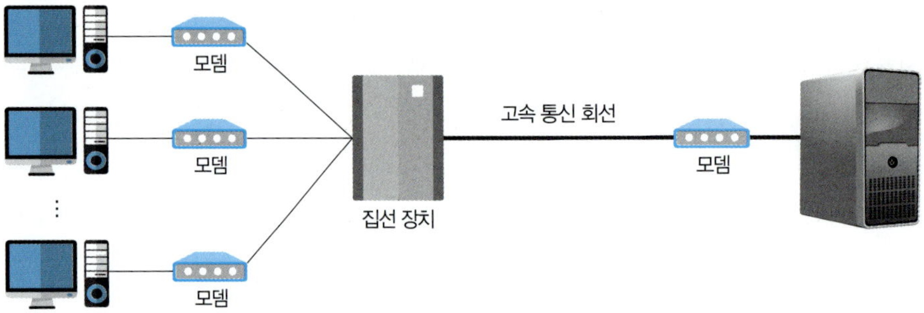

그림 5-3 집선 회선 방식

4 다중 회선 방식

다중 회선multiplexing line 방식은 집선 회선 방식과 유사하다. 일정 지역 내에 있는 여러 대의 단말 장치를 지역의 중심에 설치된 다중화 장비multiplexer(멀티플렉서)에 연결하고 다중화 장비와 역다중화 장비 사이에는 대용량 회선으로 연결하는 방식이다. 다중화 통신 회선은 회선 사용률이 비교적 높은 단말기의 데이터 통신에도 적용할 수 있다.

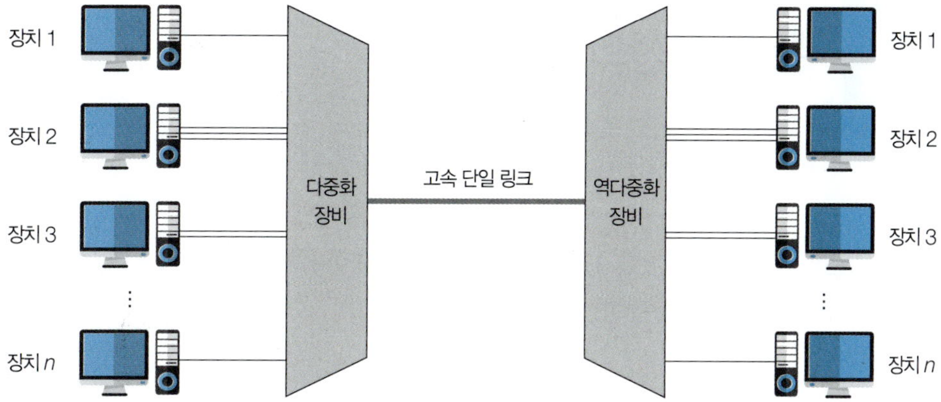

그림 5-4 다중 회선 방식

집선 장치는 저속의 단말 장치들이 고속의 통신 회선을 공유한다는 개념으로 보면 다중화 장비와 같다. 다만 다중화 장비를 쓰면 주파수와 시간을 분할하여 여러 대의 단말 장치가 동시에 통신 회선을 사용하는 것이고, 집선 장치를 쓰면 데이터가 도착한 순서대로 한 대의 단말 장치가 통신 회선을 독점하여 사용한다는 점에서 다르다.

02 통신 회선의 이용 방식

통신 방식은 데이터의 교환 방향에 따라 단방향 방식과 양방향 방식으로 나눌 수 있다. 다시 양방향 방식은 반이중 방식과 전이중 방식으로 나뉜다.

1 단방향 방식

단방향simplex 방식에서는 [그림 5-5]와 같이 하나의 링크에 연결된 두 단말 장치에서 한쪽은 송신만 할 수 있고 다른 쪽은 수신만 할 수 있다. TV, 라디오 같은 방송이 이에 속한다. 또한 어떤 장비를 임의의 시간에 켜거나on 끌 때off 사용될 수 있다. 이 경우 데이터 전송 방향은 한쪽으로만 이루어진다. 일반적인 컴퓨터 통신에 단방향 방식은 없다.

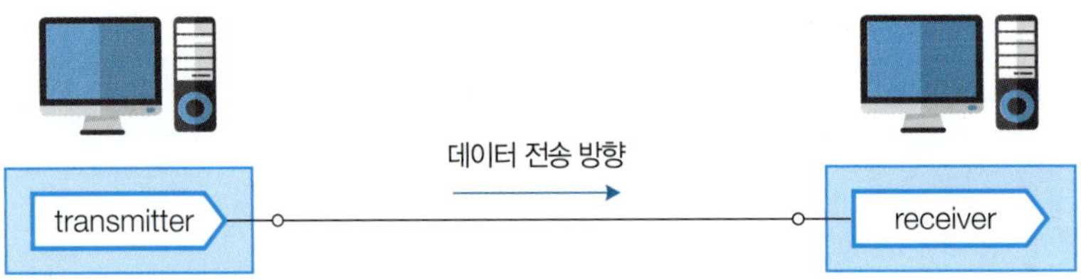

그림 5-5 단방향 통신 방식

2 반이중 방식

반이중half-duplex 방식에서 두 단말 장치는 송신과 수신을 할 수 있지만 동시에 할 수는 없다. [그림 5-6]과 같이 한 단말 장치가 데이터를 송신하면 다른 단말 장치는 수신만 할 수 있다. 즉, 시간상으로 볼 때 교대로 데이터를 교환하는 방식이다. 반이중 방식은 양방향으로 통행이 가능한 외길과 같다. 자동차가 한쪽 방향으로 이동하면 다른 방향의 자동차들은 기다려야 한다. 반이중 방식에서 채널의 전체 용량은 송신하는 장치가 전부 사용한다. 무전기가 반이중 방식의 대표적인 예다.

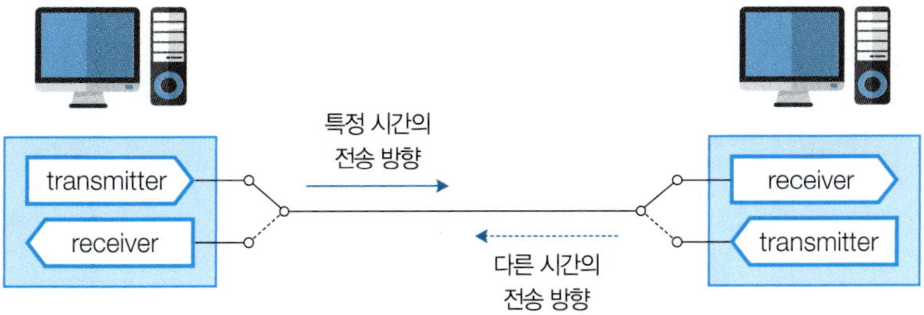

그림 5-6 반이중 통신 방식

3 전이중 방식

전이중full-duplex 방식은 [그림 5-7]과 같이 양쪽 단말 장치가 동시에 송신과 수신을 할 수 있는 형태다. 따라서 송신과 수신을 위한 독립적인 채널이 필요한데 이는 양방향 통행이 가능한 2차선 도로와 같다. 전이중 방식에서 신호는 링크의 용량을 공유해서 양방향으로 전달되므로 회선의 사용 효율이 높다. 전화와 일반적인 컴퓨터 통신은 전이중 방식의 대표적인 예다.

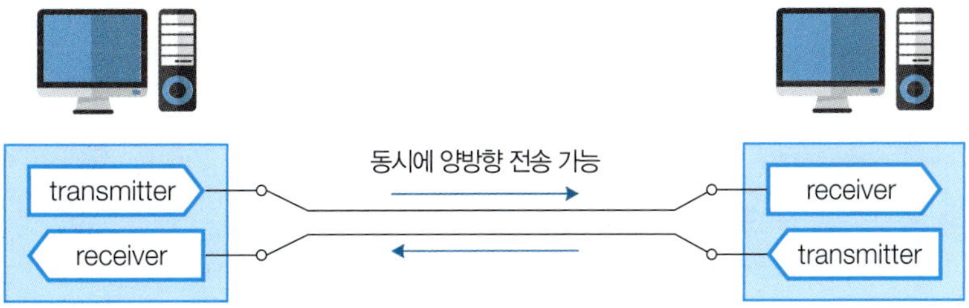

그림 5-7 전이중 통신 방식

03 데이터 전송 방식

컴퓨터에서는 정보를 전송할 때 2진 데이터를 바이트byte 단위로 전송하는데 통신 회선상으로 보내는 방식에 따라 두 종류로 나뉜다. 하나의 통신 회선을 이용하여 2진 데이터를 하나씩 순차적으로 전송하는 직렬 전송과 여러 개의 통신 회선을 사용하여 여러 개의 2진 데이터를 한꺼번에 전송하는 병렬 전송이 있다.

또한 수신 측에서 데이터를 올바르게 수신하려면 송신 측에서 정보의 시작과 끝을 알려주어야 하는데, 이를 동기화synchronization라고 한다. 즉, 송신 측에서는 데이터와 데이터 사이를 구별하기 위해 일련의 비트(동기 비트)를 첨가하여 전송하고 수신 측에서는 수신된 데이터로부터 비트들을 분리하여 데이터를 복원해야 한다. 따라서 송수신 측 사이에 전송 비트에 대한 약속이 있어야 한다. 이처럼 송수신 측 사이의 동기화를 위한 방식에는 동기식 전송과 비동기식 전송이 있다. 데이터 전송 방식은 [그림 5-8]과 같이 분류할 수 있다.

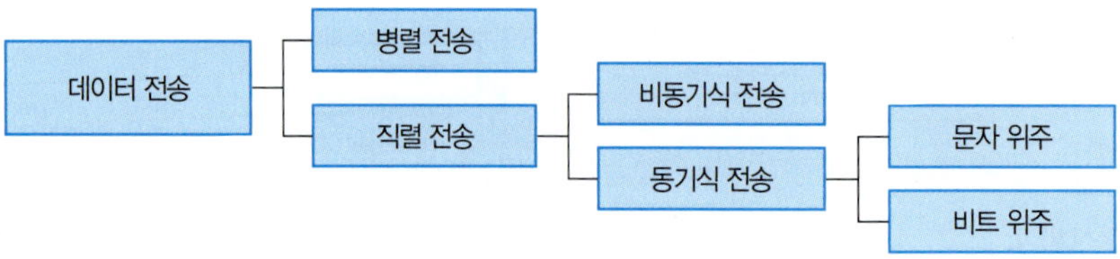

그림 5-8 데이터 전송 방식 분류

1 직렬 전송

직렬 전송serial transmission은 [그림 5-9]와 같이 한 번에 한 비트씩 순서대로 데이터를 전송하는 방식이다. 단말 장치나 컴퓨터 내부에서는 여러 비트를 한 단위로 처리하는 것이 일반적이다. 그러므로 직렬 전송을 위해 송신 측은 병렬 데이터를 직렬 데이터로 변환(병렬-직렬 변환기)하여 전송하고, 수신 측은 수신된 직렬 데이터를 병렬로 변환(직렬-병렬 변환기)하여 사용한다. 일반적으로 직렬-병렬 변환은 시프트 레지스터shift register를 이용한다. 직렬 전송의 대표적인 예로는 RS-232C와 USB가 있다.

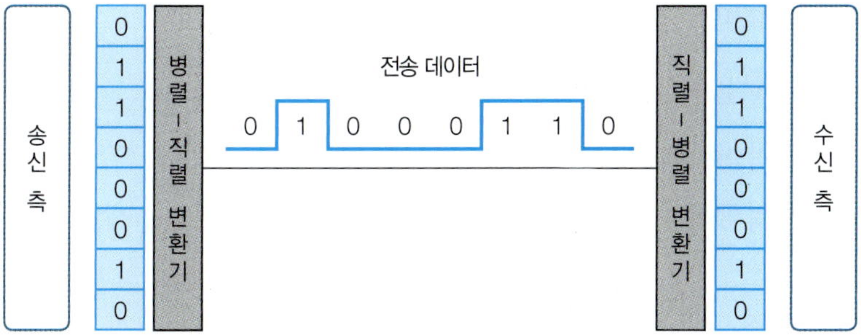

그림 5-9 직렬 전송

직렬 전송의 특징은 다음과 같다.

- 원거리 전송에 적합하다.
- 1개의 데이터 전송 회선을 사용하므로 회선 비용이 경제적이다.
- 직병렬 변환기가 필요하므로 시스템이 복잡하다.
- 데이터 전송 회선이 1개이므로 병렬 전송에 비해 전송 속도가 느리다.

2 병렬 전송

병렬 전송parallel transmission은 [그림 5-10]과 같이 하나의 문자 데이터를 구성하는 여러 개의 비트를 그룹으로 묶어 동시에 전송하는 방식이다. 하나의 그룹을 전송하는 데 필요한 비트 수만큼의 전송로를 통해 각 비트들이 전송된다. 이때 데이터를 전송하기 위한 비트 외에 패리티parity 또는 제어 비트를 전송할 수 있는 추가 전송로가 필요하다. 병렬 전송은 컴퓨터 내부나 주변 기기 간 데이터 전송에 주로 이용된다. 병렬 전송은 전송 속도가 빠르지만 거리가 멀어지면 전송 비용이 증가하므로 일반적인 컴퓨터 통신에서는 사용하지 않는다.

그림 5-10 병렬 전송

병렬 전송의 특징은 다음과 같다.

- 비트 수만큼 통신 회선이 필요하므로 통신 회선 비용이 많이 든다.
- 인터페이스 구성이 직렬 전송에 비해 단순하다.
- 컴퓨터와 주변 기기 사이의 데이터 전송, 동일 장치 및 동일 건물 내의 단거리 고속 전송에 적합하다.
- 거리가 멀면 전송 비용이 증가하므로 단말 장치의 연결에서는 거의 사용하지 않는다.

예제 5-1

직렬 전송을 8비트 병렬 전송으로 변경한다고 가정하면 어느 정도의 전송 속도 향상이 예측되는가?

▶▶ 풀이

병렬 전송은 동시에 8비트를 전송하므로 직렬 전송에 비해 8배의 전송 속도 향상이 예상된다.

3 비동기식 전송

비동기식 전송asynchronous transmission은 한 번에 한 문자에 해당하는 비트들을 전송하는 방식으로 스타트-스톱start-stop 방식이라고도 한다. 즉, 송수신 사이에 클록(타이밍)을 일치시키는 별도의 과정 없이 문자 단위로 데이터를 전송하는 방식이다.

전송하려는 문자들을 각각 구별하기 위해 문자 데이터의 시작과 끝을 알리는 시작 비트start bit와 종료 비트stop bit를 보낸다. 보통 문자 데이터는 5~8비트로 구성된다. 시작 비트는 1비트로 구성되고, 종료 비트는 1비트, 1.5비트, 2비트로 구성된다. 또한 오류를 검출하기 위해 데이터 비트와 종료 비트 사이에 패리티 비트parity bit를 삽입하여 전송한다. 따라서 한 문자의 전체 데이터 길이는 시작 비트와 종료 비트를 포함하여 10~12비트 정도가 된다. [그림 5-11]은 비동기식 전송의 데이터 구조를 나타낸다.

비동기식 전송에서는 전송할 데이터가 없는 경우 휴지 상태idle state를 나타내는 비트 1을 계속해서 전송한다. 그러다가 전송할 데이터가 있으면 시작 비트 0을 1비트 보내고 전송할 문자 데이터에 해당하는 비트와 패리티 비트, 종료 비트를 보내어 문자 데이터의 전송을 완료한다. 계속해서 전송할 문자 데이터가 있으면 시작 비트 0을 보내고, 없으면 휴지 상태 1을 유지한

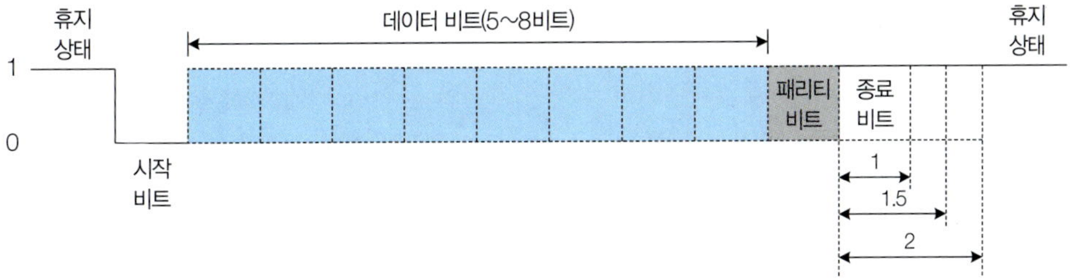

그림 5-11 비동기식 전송의 데이터 구조

다. 따라서 수신 측에서는 휴지 상태에 있다가 시작 비트를 의미하는 0의 상태를 감지하면 이후에 들어오는 8비트를 하나의 문자로 인식하면 되므로 간단하게 동기화가 이루어져 정확하게 문자 데이터를 수신할 수 있다.

비동기식 전송은 동기화는 간단하지만 문자 데이터 하나를 전송하기 위해 시작 비트 및 종료 비트 2~3비트를 추가하므로 전송 효율이 70~80%로 떨어져서 저속 데이터 통신용으로 사용한다. 예를 들어, 키보드 하나를 누르면 데이터가 전송되고 다음 번 키를 누를 때까지 휴지 상태가 계속된다. 비동기식 방식은 초기에 전송 속도가 300~2,400bps 정도 되는 비교적 저속의 데이터 전송에 사용되었으나 최근에는 고속 전송에도 사용되고 있다.

비동기식 전송의 특성은 다음과 같다.

- 전송되는 각 문자에는 앞쪽에 1개의 시작 비트, 뒤쪽에 1~2개의 종료 비트가 있다.
- 전송되는 문자 사이에는 일정하지 않은 휴지 시간이 있다.
- 전송 문자를 구성하는 각 비트의 길이는 통신 속도에 따라 정해지며 일정하다.
- 동기는 문자 단위로 이루어지며 송수신 측이 항상 동기 상태에 있을 필요는 없다.

예제 5-2

7비트 문자에 1개의 시작 비트와 1개의 종료 비트를 추가하여 비동기식으로 전송하는 경우 전송 효율을 구하시오.

▶▶ 풀이

전송 효율은 전송된 총 비트 수에 대한 순수 정보 비트 수를 백분율로 표시한 것이므로 77.78%다.

$$\text{전송 효율} = \frac{7}{1+7+1} \times 100 = 77.78\%$$

4 동기식 전송

동기식 전송synchronous transmission은 회선의 이용 효율을 높이기 위해 문자 또는 비트들의 집합인 데이터 블록 단위로 전송하는 방식이다. 또한 데이터 블록의 앞뒤에 특정한 제어 문자를 삽입한다. 앞부분에 삽입되는 제어 문자를 프리앰블preamble, 뒷부분에 삽입되는 제어 문자를 포스트앰블postamble이라고 한다. 전송 데이터 블록과 제어 문자를 합해서 프레임frame이라고 한다. 동기식 전송은 프레임 형식에 따라 문자 위주 방식과 비트 위주 방식으로 나뉜다.

■ 문자 위주 방식

문자 위주character-oriented 방식은 송수신 측이 동기를 맞추기 위해, 전송되는 데이터 블록 앞에 동기 문자(SYN)를 붙인다. 그리고 전송되는 데이터 블록의 시작과 끝을 구별하기 위해 데이터 블록 앞에는 본문의 시작을 알리는 시작 문자(STX)를, 블록 뒤에는 종료 문자(ETX)를 추가하여 전송한다. [그림 5-12]는 문자 위주 방식의 데이터 구조를 나타낸다.

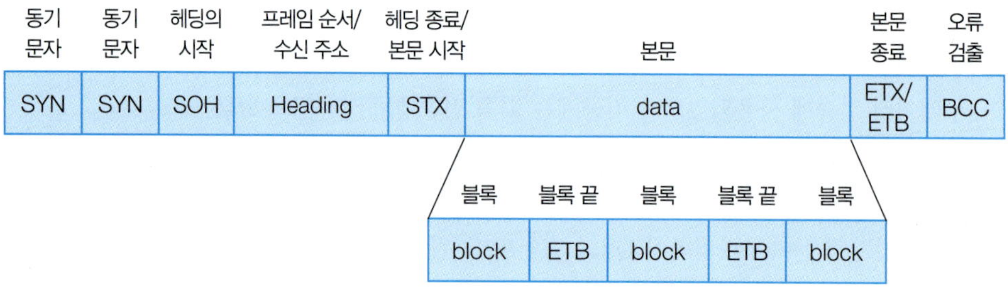

그림 5-12 문자 위주 방식의 동기식 전송

문자 위주 방식에서 전송할 데이터가 없으면 어떤 신호도 보내지 않고, 전송할 데이터가 있으면 먼저 동기 문자(SYN) 1~2개를 보낸다. 그런 다음 헤딩heading의 시작을 나타내는 SOH와 헤딩을 보낸다. 이어서 본문의 시작을 알리는 STX를 보낸 다음, 본문(데이터 블록)을 모두 보내고, 마지막으로 ETX와 오류 검출 정보를 보낸다. 이후에는 어떤 데이터도 보내지 않는 상태가 된다. 수신 측에서는 동기 문자로 동기를 맞춘 다음 데이터 블록을 수신하면 된다. [표 5-1]은 전송 제어 문자의 의미와 기능을 보여준다.

표 5-1 전송 제어 문자

문자	의미	기능	코드(16진수)
SYN	Synchronization	문자 동기	16H
SOH	Start of Header	헤더의 시작	01H
STX	Start of Text	본문의 시작 및 헤더의 종료	02H
ETX	End of Text	본문의 종료	03H
ETB	End of Transmission Block	블록의 종료	17H
EOT	End of Transmission	전송 종료 및 데이터링크 해제	04H
ENQ	Enquiry	상대편에 데이터링크 설정 및 응답 요구	05H
DLE	Data Link Escape	데이터 내의 제어 문자를 데이터로 취급	10H
ACK	Acknowledgement	긍정 응답	06H
NAK	Negative Acknowledgement	부정 응답	15H

■ 비트 위주 방식

비트 위주bit-oriented 방식은 [그림 5-13]과 같이 전송 단위를 문자열이 아닌 비트의 묶음으로 보고, 송수신 측의 동기를 맞추기 위해 데이터 블록 앞뒤에 플래그flag를 추가하여 한꺼번에 데이터 비트열을 전송하는 방식이다. 플래그는 데이터 비트열의 시작과 끝을 나타내는 특별한 8비트 패턴(01111110)이다.

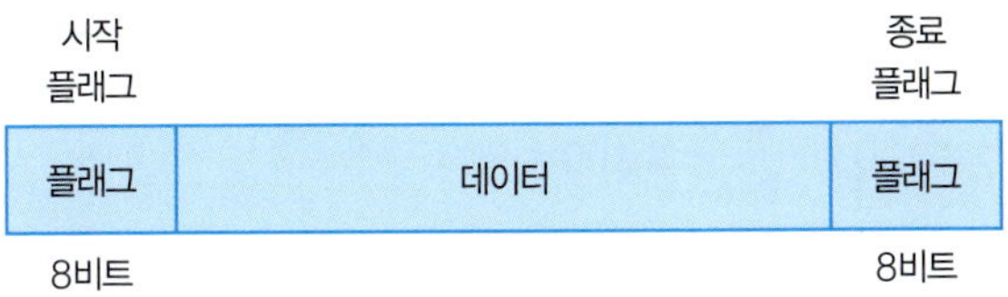

그림 5-13 비트 위주 방식의 동기식 전송

비트 위주 방식은 전송할 데이터가 없어도 일정 패턴의 비트 플래그를 계속 보내 송수신 측 사이에 항상 동기를 맞춘다. 그러다가 전송할 데이터가 있으면 플래그 사이에 전송할 데이터 비트열을 넣어 한꺼번에 전송한다. 수신 측에서는 데이터 비트를 전송받다가 플래그 패턴을 만나면 전송이 끝났다고 판단한다.

동기식 방식은 대용량 데이터를 전송하려는 경우 비동기식 방식보다 효율적이다. 왜냐하면 비동기식 방식에서는 오버헤드(사용자 정보가 아닌 전송 제어를 위한 데이터)가 각 문자 정보마다 요구되지만, 동기식 전송에서는 이러한 오버헤드를 줄일 수 있기 때문이다.

동기식 전송의 특성을 요약하면 다음과 같다.

- 데이터의 앞쪽에 반드시 동기 문자가 온다.
- 동기 문자는 송수신 측이 동기를 맞추려는 목적으로 사용된다.
- 한 묶음으로 구성되는 문자들 사이에는 휴지 간격이 없다.
- 동기 신호는 모뎀(변복조기)이나 단말 장치에서 공급된다.
- 단말 장치는 반드시 버퍼를 가지고 있어야 한다.

예제 5-3

문자 위주 동기식 전송에서 STX가 8비트, ETX가 8비트이고, 100개의 문자를 전송하려는 경우 전송 효율을 구하시오. 단, 문자 1개는 8비트라고 가정한다.

▶▶ 풀이

전송 효율은 전송된 총 비트 수에 대한 순수 정보 비트 수를 백분율로 표시한 것이므로 98%다.

$$\text{전송 효율} = \frac{800}{8+800+8} \times 100 = \frac{800}{816} \times 100 = 98\%$$

반면, 100개의 문자를 비동기식으로 전송(시작 비트와 종료 비트가 각각 1비트)하는 경우 전송 효율은 80%가 된다.

$$\text{전송 효율} = \frac{800}{100+800+100} \times 100 = \frac{800}{1000} \times 100 = 80\%$$

동기식 전송 방식을 사용하는 시스템의 대표적인 예로 미국 AT&T 벨 연구소Bell laboratory에서 개발한 동기식 광통신 시스템인 메트로버스Metrobus 시스템이 있다. 이 시스템은 1982년에 제안되어 1987년에 상용화 시험이 이루어졌다. 뒤이어 벨 통신연구소Bellcore에서 제안하여 북미 표준으로 채택된 광통신 시스템의 접속 표준으로 SONETSynchronous Optical Network이 있다. 광섬유를 사용하게 되면서 그에 따른 표준 시스템 구축 요구에 따라 개발된 것이다. 이들 시스템을 기반으로 유럽 방식을 포함하여 국제적 통신 표준으로 개발된 것이 SDHSynchronous Digital Hierarchy다.

04 물리 인터페이스

컴퓨터 같은 DTE에서 발생하는 데이터를 원거리에 있는 상대방에게 전달하려면 데이터를 다른 형태의 신호로 변환해야 한다. 이러한 신호 변환 기능은 DCE에서 수행한다. 따라서 DTE와 DCE 사이에는 표준화된 인터페이스 규격이 필요하다. 인터페이스 규격에는 기계적, 전기적, 기능적, 절차적인 특성들이 정의되어 있다. [그림 5-14]는 DTE, DCE, 물리 인터페이스 관계다.

그림 5-14 DTE-DCE 사이의 물리 인터페이스

일반적으로 DTE-DCE 접속 규격에는 신호의 전송 방식이나 사용하는 회선의 종류에 따라 여러 가지가 있다. 현재 세계적으로 널리 사용되고 있는 접속 규격은 EIA-232(또는 RS-232)이며, 이 밖에도 V.35, USB, IEEE 1394 등이 있다.

1 EIA-232

EIA-232는 원래 단말 장치를 모뎀에 접속해서 직렬로 데이터를 전송하기 위한 인터페이스다. ISO 2110, ITU-T의 V.24와 V.28의 세 가지 권고안을 1969년 미국 EIA(전자산업협회)가 통신용으로 규격화하여, DTE와 DCE를 접속해 데이터를 전송하기 위한 기계적, 전기적, 기능적, 절차적 특성을 정의한 것이다. 여기서 ISO 2110은 25핀 커넥터와 핀 배치를 규정(기계적 특성)하고, ITU-T 권고안인 V.24와 V.28은 전기적, 기능적, 절차적 특성을 규정한 표준이다. EIA-232 규격은 15m 거리 이내에서 20Kbps로 데이터를 전송한다. 거리가 가까워지면 전송 속도는 더 높아진다. 또한 EIA-232는 신호 변환으로 NRZ-L을 사용하고 점대점 회선 연결을 지원한다.

기본적으로 25핀 커넥터를 표준으로 사용하고 있으나 현재 많이 사용되는 규격은 IBM사가 만든 9핀 커넥터다. [그림 5-15]는 9핀 커넥터와 25핀 커넥터의 핀 배치다. 커넥터의 모양이 사다리꼴 형태인 것은 커넥터의 좌우가 반대로 연결되는 것을 방지하기 위함이다.

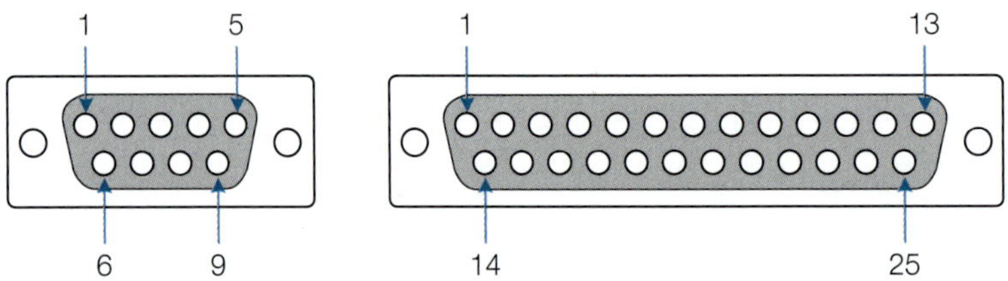

(a) 9핀 커넥터(DB-9 male)   (b) 25핀 커넥터(DB-25 male)

그림 5-15 EIA-232의 9핀과 25핀 커넥터 배치

[표 5-2]는 커넥터의 각 핀 명칭 및 기능에 대한 설명이다. 25핀 커넥터에서는 4개 핀(2, 3, 13, 16)만 데이터 전송에 사용되고, 9핀 커넥터에서는 2, 3번 핀만 사용된다. 나머지 핀들은 제어와 접지, 테스트와 같은 기능을 수행하는 데 사용된다.

표 5-2 EIA-232의 9핀과 25핀 커넥터의 주요 핀 명칭 및 기능

핀 명칭		핀 번호		신호 방향	기능
		9핀	25핀		
TXD	Transmit Data	3	2	DTE → DCE	송신 데이터 신호
RXD	Receive Data	2	3	DTE ← DCE	수신 데이터 신호
GND	ground	5	7		접지선 연결
RTS	Ready To Send	7	4	DTE → DCE	데이터 전송 요구 신호
CTS	Clear To Send	8	5	DTE ← DCE	데이터 전송 요구에 대한 응답
DTR	DTE Ready	4	20	DTE → DCE	DTE가 준비되었음을 알리는 신호
DSR	DCE Ready	6	6	DTE ← DCE	DCE가 준비되었음을 알리는 신호
DCD	Data Carrier Detect	1	8	DTE ← DCE	채널에 캐리어 신호가 감지됨
RI	Ring Indicator	9	22	DTE ← DCE	회선이 호출되었음을 알림

■ 널null 모뎀

널 모뎀null MODEM 방식은 두 대의 컴퓨터를 모뎀과 전화선 없이 케이블로 연결하여 데이터를 교환할 수 있는 전송 방식이다. 이때 연결에 사용된 9핀 케이블을 널 모뎀 케이블null MODEM cable 또는 크로스오버 케이블crossover cable이라고 한다. [그림 5-16]은 널 모뎀의 상호 연결 상태를 나타낸다.

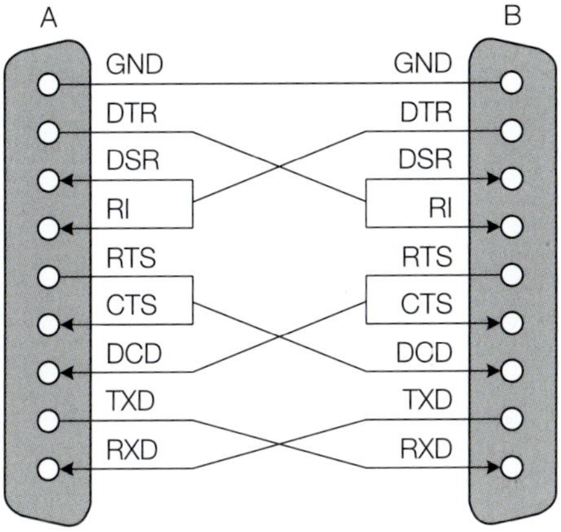

그림 5-16 널 모뎀 핀 연결

널 모뎀 방식은 A 컴퓨터의 송신 선(TXD)이 B 컴퓨터의 수신 선(RXD)으로 연결되고, 반대인 경우 B 컴퓨터의 송신 선(TXD)이 A 컴퓨터의 수신 선(RXD)으로 연결된다. 이와 같이 송신용 선과 수신용 선을 교차함으로써 널 모뎀을 구성한다. 공유기나 USB 메모리가 대중화되기 전에 PC의 파일을 노트북으로 옮길 때 25핀의 FX 케이블을 사용했는데, 이것이 널 모뎀의 응용 예가 된다.

■ UART

UARTUniversal Asynchronous Receiver and Transmitter는 비동기 통신을 위한 전용 하드웨어를 말한다. 비동기 통신에서는 정해진 직렬 통신 속도에 맞추어 병렬 데이터를 직렬로 변환하여 전송해야 한다. 이러한 직렬-병렬 데이터 변환을 수행하는 하드웨어 장치가 UART다.

UART는 EIA-232와 논리 규격에서 호환될 뿐이지 실제로 물리적인 규격은 맞지 않다. 다시 말해, UART가 있으면 비동기 통신이 가능하지만 UART 송수신 핀을 컴퓨터의 직렬 포트에 직접 연결할 수는 없다. 왜냐하면 UART 전압 레벨은 TTLTransistor Transistor Logic로 EIA-232 전압 특성과 다르기 때문이다. TTL 전압 레벨은 0~5V(또는 3.3V)로 표현하지만 EIA-232 전압 레벨은 -12V~+12V이기 때문에 이들을 변환하는 변환기가 필요하다. 이러한 기능을 수행하는 집적회로IC를 RS-232 트랜시버RS-232 transceiver라고 하며, MAX232와 같은 IC가 있다. [그림 5-17]은 UART를 이용한 비동기 통신 구성과 전압 레벨 변환을 보여준다. TXD, RXD, GND의 3개 핀을 이용하여 전이중full-duplex 통신을 수행한다.

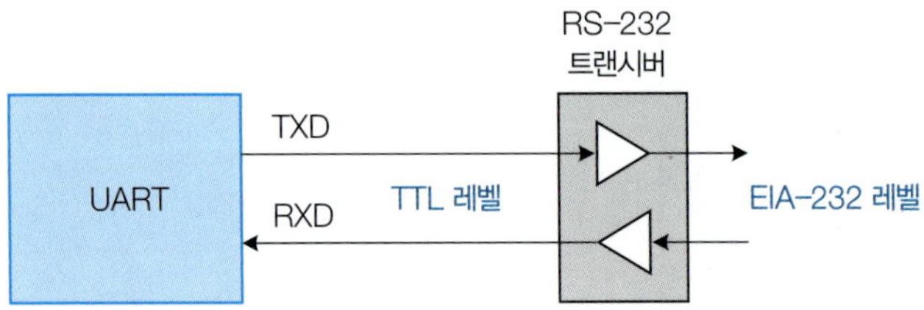

(a) UART를 이용한 비동기 통신 구성

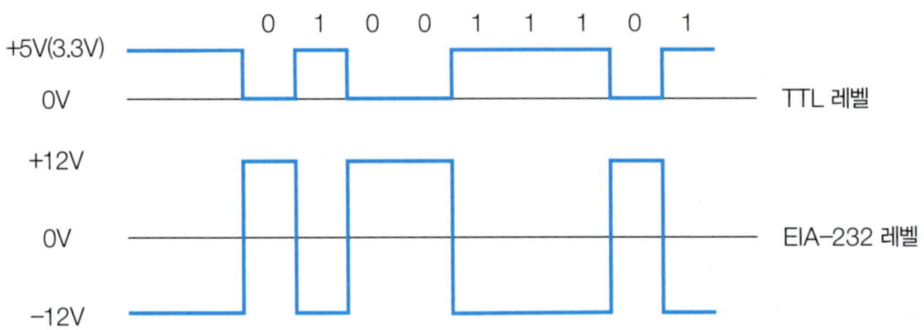

(b) 전압 레벨 변환

그림 5-17 UART를 이용한 비동기 통신 구성과 전압 레벨 변환

최근에는 아두이노Arduino 같은 오픈 소스 하드웨어에도 UART 기능이 포함되어 있다. 아두이노 우노UNO 보드에서 RX(0번 핀), TX(1번 핀), 접지(GND)를 이용하여 외부 장치들과 UART 통신이 가능하다. [그림 5-18]은 PC와 아두이노 우노 보드 사이의 직렬 통신을 위한 기능 모듈을 나타낸다.

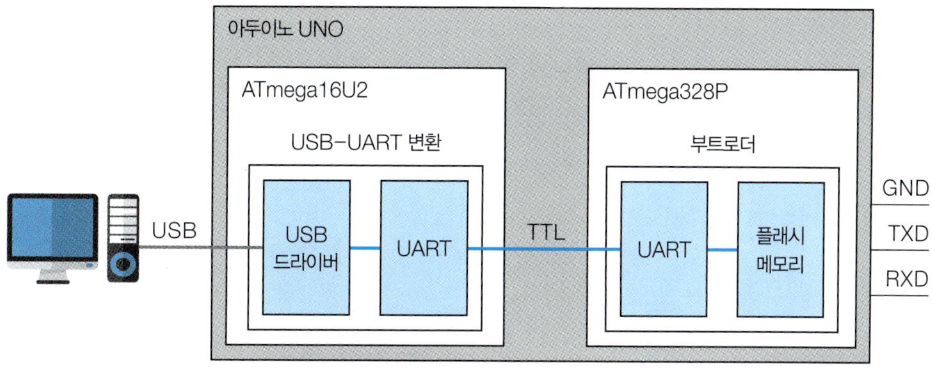

그림 5-18 PC와 아두이노 우노 보드의 UART 인터페이스

UART를 EIA-232나 USB 등과 인터페이스하기 위해서는 디지털 신호를 변환하는 장치가 필요하다. [그림 5-18]을 보면 PC의 USB 인터페이스 신호를 다시 TTL로 변환하기 위해서 ATmega16U2 칩을 사용한다. 또한 마이크로 컨트롤러인 ATmega328 칩은 UART 인터페이스를 이용하여 프로그램을 플래시 메모리에 저장한다.

2 기타 규격들

EIA-449

EIA-449(RS-449 또는 TIA-449)는 고속 데이터 통신을 위해 개발된 인터페이스다. 데이터 전송 방식으로 균형 모드balanced mode와 불균형 모드unbalanced mode가 있다. 이 인터페이스는 접지와 노이즈 문제를 해결하여 100m 이상 되는 거리까지 10Mbps로 전송할 수 있다.

EIA-449는 37핀 커넥터(DB-37)와 9핀 커넥터(DB-9) 2개의 조합으로 구성된다. 그러나 37핀 커넥터만 사용하고 9핀 커넥터는 잘 사용하지 않는다. EIA-449는 단순하게 케이블만 정의한 표준이다. 따라서 전기 신호를 전송하는 방법은 불균형 모드(RS-423)나 균형 모드(RS-422) 중 하나를 활용한다.

원래 EIA-449로 EIA-232를 대체하려고 했지만 이미 광범위하게 설치된 DB-25 커넥터와 설치 가능한 커넥터 수를 제한하는 37핀의 EIA-449 커넥터 때문에 널리 적용되지 못했다.

■ **불균형 모드**

불균형 모드unbalanced mode는 하나의 회선으로 신호를 전송하고 공통 접지를 사용한다. [그림 5-19]는 불균형 모드의 신호 전송을 나타낸다. 불균형 모드는 균형 모드에 비해 전송 거리가 짧고 통신 속도가 느리다는 단점이 있으나 전송 회선이 하나만 필요하므로 비용이 절감된다는 장점이 있다.

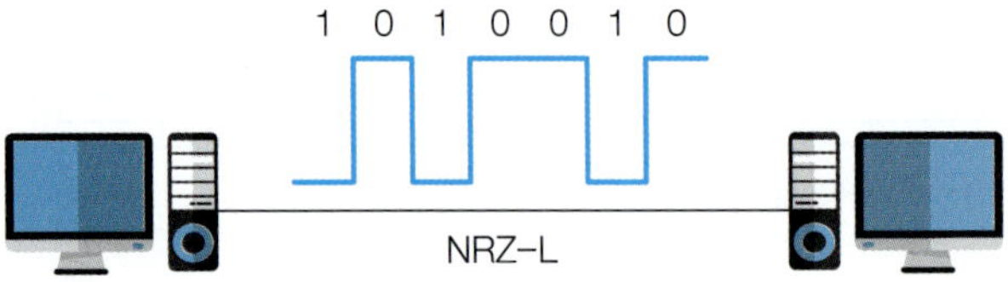

그림 5-19 불균형 모드의 신호 전송

■ **균형 모드**

균형 모드balanced mode는 공통 접지와 2개의 회선으로 신호를 전송하고 동일한 거리에서 불균형 모드보다 높은 데이터 전송률을 얻을 수 있다. [그림 5-20]은 균형 모드의 신호 전송을 나타낸다.

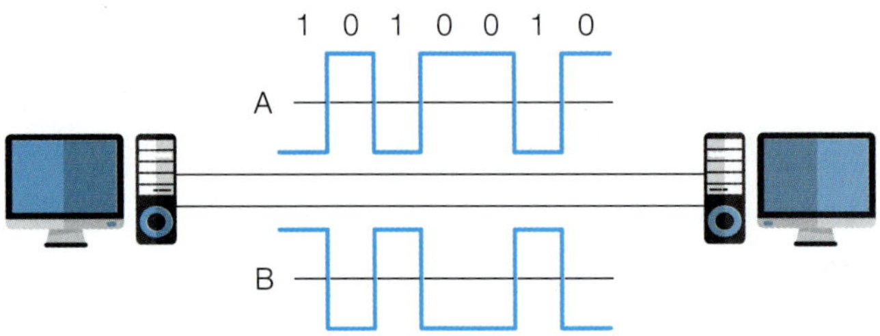

그림 5-20 균형 모드의 신호 전송

균형 모드에서 한 회선(A)에는 NRZ-L 신호를 전송하고, 다른 회선(B)에는 보수complement를 취한 신호를 전송한다. 이렇게 하면 전송 중에 발생하는 잡음을 제거할 수 있는데, 그 과정은 [그림 5-21]과 같다. 전송 중에 잡음이 발생하면 2개의 회선에 동시에 영향을 미친다. 그러나 처리 후에는 전송 중에 발생한 잡음이 상쇄됨을 알 수 있다.

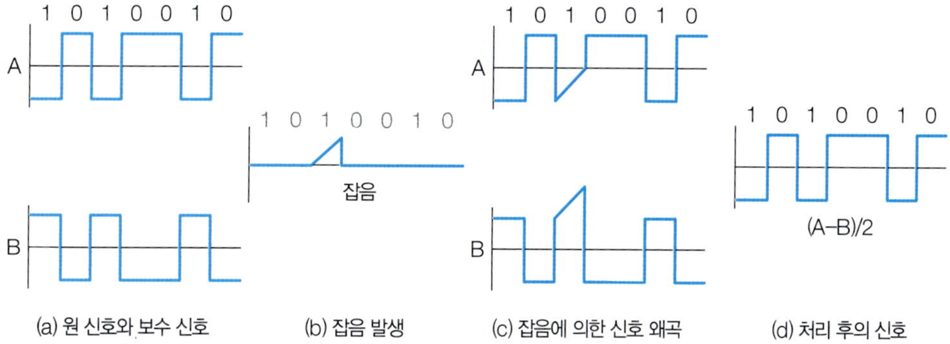

그림 5-21 균형 모드의 잡음 제거 과정

EIA-530

EIA-530(RS-530)은 EIA-232와 같은 25핀 커넥터(DB-25)를 사용하며, EIA-449의 변형이다. EIA-530은 100m 이상 되는 거리에서 2Mbps 이상의 데이터 전송률을 제공한다.

X.21

X.21은 ITU-T에서 권고한 회선 교환망에서 DTE와 DCE 사이의 액세스 표준이다. 반면 X.25는 패킷 교환망에 대한 액세스 표준이다. X.21은 15핀 커넥터(DB-15)를 사용하며 전이중 방식, 동기식 전송을 지원한다. 또한 전송 속도는 600bps~64Kbps 범위에서 동작한다.

X.21bis는 디지털 통신망이 널리 보급되기 전에 아날로그 통신망에서 사용된 중간 단계의 표준안이며, 패킷 교환망에서 물리적인 인터페이스로 사용되었다. 8핀만 사용하는 EIA-232라고 볼 수 있다. 여기서 bis는 표준안의 두 번째 버전을 뜻한다.

V.35

V.35는 6Mbps까지 높은 전송 속도를 지원하기 위해 개발된 표준이다. V.35는 직사각형의 34핀 커넥터를 사용한다. 특히 V.35 케이블은 DCE 장비 없이 라우터와 라우터를 직접 연결하는 전용 케이블로 사용되고 있다.

3 USB

USB Universal Serial Bus는 PC나 노트북의 인터페이스로 가장 많이 사용되고 있다. 명칭에서 알 수 있듯이 직렬 통신 방식의 인터페이스를 제공한다. 앞에서 설명한 원거리 통신을 위한 프로토콜과 달리 USB는 5m 이내의 가까운 거리에 있는 컴퓨터와 주변 기기 간의 접속을 위한 규격이다. 거리가 가깝기 때문에 전송 속도는 수백Mbps에서 수Gbps까지 고속 통신을 제공할 수 있다.

USB가 나오기 전에는 각 장치마다 서로 다른 인터페이스 방식을 사용했기 때문에 PC와 주변 기기를 접속할 때마다 장치의 고유 드라이버 소프트웨어를 설치해야 하는 번거로움이 있었다. 그리고 연결된 주변 기기가 별도의 외부 전원 없이 그대로 동작한다면 훨씬 더 편리할 것이다. 이에 따라 1996년 마이크로소프트사, IBM사, 인텔사, DEC사, 컴팩사, NEC사, Nortel사 등이 합의하여 USB 규격을 개발하였다.

전송 속도 이외에도 USB 장치는 접속한 후 자동으로 PC에서 인식되고 정상적인 동작이 이루어지는 플러그-앤-플레이plug and play와 연결되어 재부팅 없이 바로 사용할 수 있는 핫-플러깅hot plugging 기능을 제공한다. 이 때문에 사용자들에게 많은 인기를 얻었다.

USB 연결은 하나의 호스트host에 여러 개의 장치들이 스타star 형태로 접속하는 방식을 이용한다. 장치가 접속하는 위치에 다음 계층의 허브hub가 연결되어 다시 그 아래에 다수의 장치들을 접속할 수 있다. 전체적으로 [그림 5-22]와 같은 트리tree 형태로 구성된다.

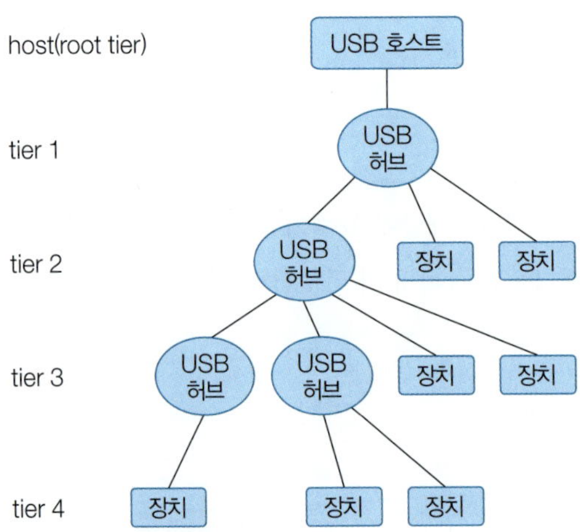

그림 5-22 USB 연결 형태

최근에 개발된 USB 3.0에서는 최대 5Gbps의 전송 속도가 지원된다. 이전 버전인 USB 2.0은 최대 480Mbps의 전송 속도를 제공하였다. 이처럼 높은 전송 속도 이외에 주변 기기들을 데이지 체인daisy chain 방식으로 연결하기 때문에 케이블 하나에 최대 127개까지 연결할 수 있다.

USB 2.0에서는 4개의 차폐된 선을 사용하는데, 2개는 전원(V_{bus})과 접지(GND) 선이고, 2개는 데이터를 위한 차등 신호differential signal(D+와 D−)다. 차등 신호는 [그림 5−20]에서 설명한 균형 모드의 신호를 의미한다. [그림 5−23]은 USB 커넥터의 핀 배열을 보여준다.

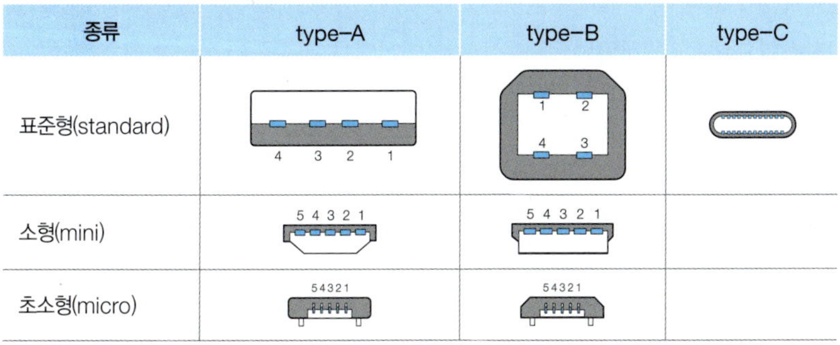

그림 5−23 USB 플러그 형태(표준형, 소형, 초소형)

USB 2.0 표준형 커넥터에서 각 핀의 기능은 [표 5−3]과 같다.

표 5−3 표준형 USB 핀의 기능

핀 번호	명칭	기능	색깔
1	V_{bus}	+5V(전원)	빨간색 또는 오렌지색
2	D−	데이터−	흰색 또는 금색
3	D+	데이터+	녹색
4	GND	접지	검은색 또는 파란색

표준형 커넥터 이외에도 소형mini, 초소형micro 커넥터가 있다. 이들은 크기가 작은 장치의 인터페이스에 사용되고 있다. 최근 초소형 커넥터와 type−C는 스마트폰에서 많이 사용되고 있다. 소형과 초소형 커넥터에는 5개 핀이 있는데, 1~3번의 기능은 표준형 커넥터와 동일하고 4번은 OTGOn−The−Go ID 핀이며, 5번은 접지(GND) 핀이다.

OTG는 USB 장치인 태블릿이나 스마트폰 등이 USB의 호스트 기능을 할 수 있게 한다. 즉, 태블릿이나 스마트폰에 USB를 연결하여 플래시 메모리, 디지털카메라, 키보드 등의 다른 장치들로부터 데이터를 읽어올 수 있다. type-A에서 OTG는 전원을 공급하는 호스트가 되고, type-B는 전원을 공급받는 클라이언트가 된다. 호스트와 클라이언트의 역할은 호스트 협상 프로토콜에 의해 결정된다.

호스트와 클라이언트는 데이터 전송을 위해 NRZ-I 부호화 방식을 사용한다. 각 패킷은 동기를 맞추기 위해 동기sync 필드를 사용한다. 2.0 버전에서는 반이중 방식으로 데이터를 전송하고 3.0 버전에서는 2개의 차등 신호 쌍(SSTx+, SSTx-, SSRx+, SSRx-)이 추가되어 SSSuper-Speed(슈퍼 스피드) 모드에서 전이중 방식으로 데이터를 전송한다.

USB 2.0에서 케이블의 길이는 5m로 제한된다. USB 3.0에서는 명시적으로 길이를 제한하지 않았지만 전기적인 규격을 만족해야 한다.

05 캐스팅 모드의 전송 방식

캐스팅 모드casting mode는 통신에 참여하는 송신자와 수신자의 수로, [그림 5-24]와 같이 유니캐스트, 애니캐스트, 멀티캐스트, 브로드캐스트 등 여러 종류가 있다.

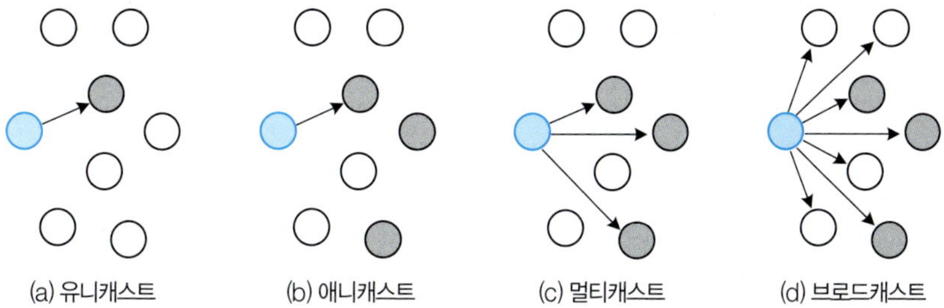

그림 5-24 캐스팅 모드의 전송 방식

■ 유니캐스트

유니캐스트unicast는 정보를 송수신할 때 송신 노드와 수신 노드가 각각 하나인 경우다.

■ 애니캐스트

애니캐스트anycast는 송신 노드가 네트워크에 연결된 수신 가능한 노드 중에서 한 노드에만 데이터를 전송하는 경우다. 몇 대의 프린터 서버가 연결된 네트워크에서 송신 노드가 특정 수신 노드인 프린터 서버를 지정하지 않고 출력 서버에 출력하라는 명령을 주어도 프린트를 수행하고 있는 프린터 서버를 피해 다른 프린터 서버에서 출력할 수 있는 방식이다.

■ 멀티캐스트

멀티캐스트multicast는 하나의 송신 노드가 네트워크에 연결된 하나 이상의 수신 노드에 데이터를 전송하는 경우다. 이때 송신 노드는 수신될 노드를 미리 정한다. 전자 우편 서비스를 할 때 주소록에 주소를 미리 등록하여 보내는 방식이 멀티캐스트의 대표적인 예다.

■ 브로드캐스트

브로드캐스트broadcast는 하나의 송신 노드가 네트워크에 연결된 모든 수신 가능한 노드에 데이터를 전송하는 경우다. 라디오나 TV 통신이 대표적인 예다.

06 토폴로지

토폴로지topology는 물리적 또는 논리적인 네트워크의 배치 방식을 의미한다. 하나의 링크에 2개 이상의 노드가 연결되기도 하며, 2개 이상의 링크가 하나의 토폴로지를 구성하기도 한다. 토폴로지는 링크와 연결된 노드 간의 관계를 기하학적으로 표현한 것이다. 토폴로지는 [그림 5-25]와 같이 버스형bus, 메쉬형mesh, 링형ring, 스타형star, 트리형tree으로 구분할 수 있다.

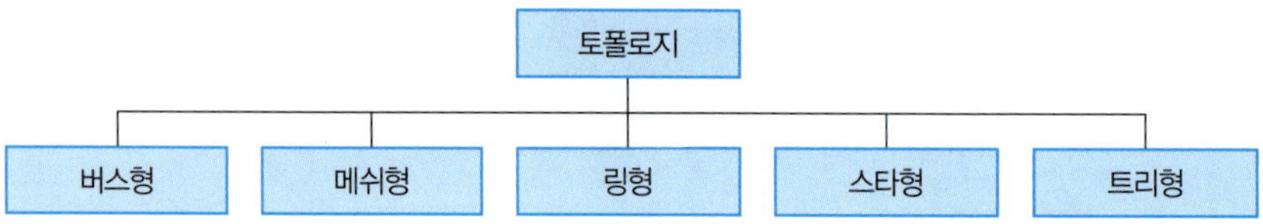

그림 5-25 토폴로지 분류

1 버스형

버스형bus type 토폴로지는 다중점 형태([그림 5-2] 참조)로서 버스라고 부르는 공통 배선을 모든 노드가 공유하는 근거리 통신망LAN에서 일반적으로 사용하는 방식이다.

[그림 5-26]과 같이 버스형 토폴로지에서 노드는 탭tap과 유도선drop line에 의해 버스로 연결된다. 유도선은 공통 배선과 장치를 연결하는 선line이며, 탭은 공통 배선의 연결 장치나 전선의 금속 심에 연결하기 위해 케이블의 피복에 구멍을 낸 것이다. 버스의 시작과 끝에는 종단 장치terminator가 부착되어 전송 신호가 순환되는 것을 방지한다. 링크에 연결된 노드가 데이터를 전송하면 브로드캐스트(방송) 형태가 되어 연결된 모든 노드에 수신된다. 통신 속도가 비교적 빠르고 케이블링에 소요되는 비용을 최소화할 수 있다. 신호가 공통 배선을 따라 이동할 때 에너지의 일부는 열로 변환되므로 멀리 이동할수록 신호는 점점 약해진다. 이러한 이유로 버스가 수용할 수 있는 탭의 수와 탭 간의 거리가 제한된다.

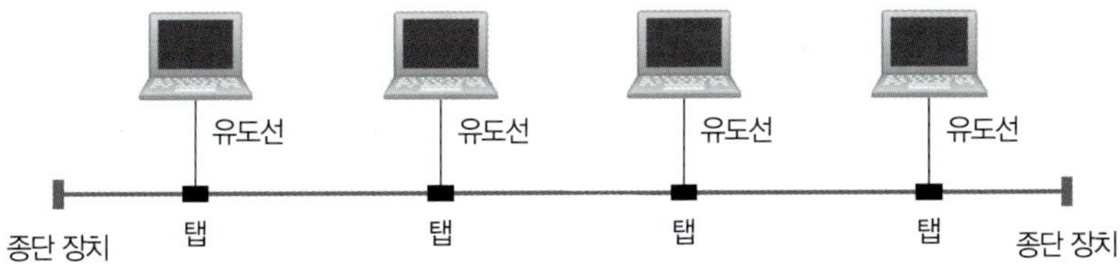

그림 5-26 버스형 토폴로지

버스형 토폴로지의 장점과 단점을 요약하면 다음과 같다.

장점

- 네트워크 구성이 간단하고 소규모 네트워크에 유용하며 사용하기 쉽다.
- 설치가 간단하고 비용이 저렴하다.
- 확장성이 양호하고 한 노드의 오류가 다른 노드에 영향을 주지 않아 안정성이 높다.
- 연결에 필요한 링크의 길이가 최소화된다.

단점

- 통신 채널이 1개이므로 버스 고장 시 네트워크 전체가 동작하지 않는다. 따라서 여분의 채널이 필요하다.
- 링크의 길이가 길어지면 신호의 감쇠 현상으로 인해 중계기를 사용해야 한다.
- 둘 이상의 노드가 동시에 신호를 전송하면 충돌 현상이 발생한다. 따라서 데이터양이 많아지거나 노드 수가 증가하면 충돌 현상이 빈번하여 네트워크 성능이 떨어진다.

2 스타형

스타형star type 토폴로지는 성형星形이라고도 부른다. [그림 5-27]과 같이 각 노드는 허브hub라는 중앙 제어 장치와 전용의 점대점 방식으로 연결되어 있다. 각 노드는 직접 연결되어 있지 않으므로 모든 전송은 중앙의 허브를 통하여 중계된다.

스타형 토폴로지는 메쉬형 토폴로지에 비해 비용이 적게 든다. 스타형에서 각 노드는 다른 노드와 연결하기 위해 1개의 링크와 1개의 입출력 포트만 필요하므로 설치와 재구성도 쉽다. 만약 한 링크가 끊어져서 작동하지 않으면 오직 해당 링크만 영향을 받고 다른 링크는 아무런 영향을 받지 않으므로 안정성이 높다. 이 때문에 고장을 식별하고 수리하기가 편리하다. 그러나 중앙에 있는 허브가 고장 나면 전체 네트워크가 동작하지 않으므로 허브는 고장에 강한 구조를 가져야 한다.

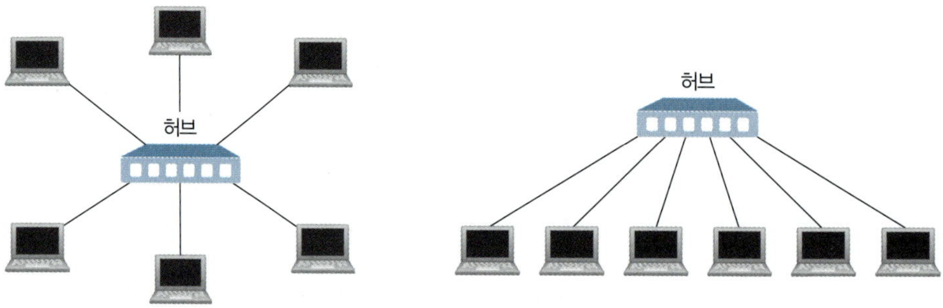

그림 5-27 스타형 토폴로지

스타형 토폴로지의 장점과 단점을 요약하면 다음과 같다.

장점

- 각 노드의 연결은 하나의 링크와 입출력 포트만 요구하므로 설치 비용이 저렴하다.
- 고장 발견과 수리가 쉽고, 노드 증설과 이전이 쉽다.
- 하나의 링크가 끊어져도 다른 링크에 영향을 주지 않으므로 안정성 측면에서 유리하다.
- 접속하는 링크가 서로 독립적이므로 노드의 확장성 측면에서 유리하다.

단점

- 중앙에 있는 허브에 문제가 발생하면 네트워크 전체가 통신 불능 상태에 빠진다.
- 버스형이나 링형에 비해 연결에 필요한 링크 수가 많아진다.
- 데이터양이 증가하면 지연 시간이 길어진다.

3 링형

링형ring type 토폴로지는 환형環形이라고도 부르며 [그림 5-28]과 같이 각 노드는 자신의 양쪽에 있는 노드와 전용의 점대점 방식으로 연결된 형태다. 신호는 한 방향으로만 링을 따라 목적지에 도달할 때까지 전송된다. 링형 네트워크에 있는 각 노드는 중계기를 포함하고 있다. 중계기는 다른 노드가 보낸 신호를 받아서 이를 재생하여 전송한다.

링형 토폴로지는 상대적으로 설치와 재구성이 쉽다. 각 노드는 이웃하는 노드에만 연결되어 있다. 노드를 추가하거나 제거하기 위해서는 단지 2개의 연결선만 움직이면 된다. 링형 토폴로지에서는 신호가 항상 순환되므로 특정한 시간 내에 한 장치가 신호를 받지 못하면 경보를 보내고, 이 경보는 네트워크 관리자에게 문제 발생과 발생 위치를 알려준다. 제약 사항은 링의 최대 길이와 노드의 개수다. 또한 한 방향으로만 전송하기 때문에 링이 고장 나면 전체 네트워크가 마비된다는 단점이 있다.

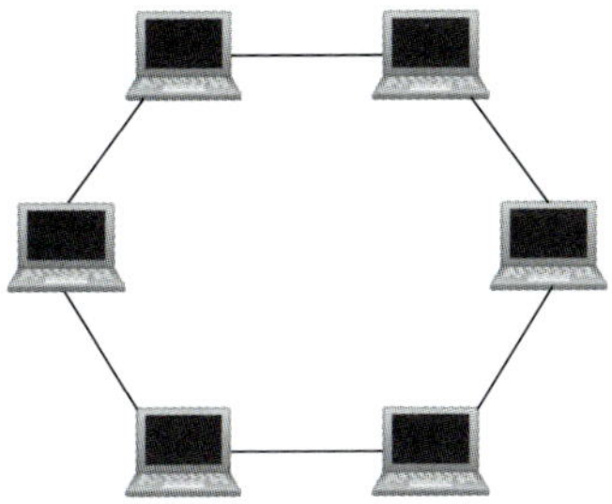

그림 5-28 링형 토폴로지

링형 토폴로지의 장점과 단점을 요약하면 다음과 같다.

장점

- 구조가 간단하여 설치와 재구성이 쉽다.
- 스타형보다 링크의 길이를 줄일 수 있어 경제적이다.
- 링크로 보낸 신호는 순환되어 모든 노드를 거치므로 장애가 발생한 노드를 파악하기 쉽다.
- 문제가 발생했을 경우 신속하게 링을 복구할 수 있다.

단점

- 링을 제어하기 위한 절차가 복잡하다.
- 어떤 노드라도 문제가 발생하면 네트워크 전체가 통신 불능 상태에 빠질 수 있다. 따라서 이중 링 형태로 구성하여 이러한 문제를 해결한다.
- 새로운 노드를 추가하려면 물리적으로 링을 절단하고 노드를 추가해야 한다.

4 메쉬형

메쉬형mesh type 토폴로지는 그물형이라고도 부르며, [그림 5-29]와 같이 노드 간 점대점 방식으로 직접 연결된 형태다. 따라서 메쉬형 네트워크에서 n개의 장치를 서로 연결하려면 $n(n-1)/2$개의 물리적인 채널이 필요하다. 또한 이처럼 많은 링크를 수용하려면 모든 장치가 $(n-1)$개의 입출력 포트를 가지고 있어야 한다. 메쉬형 토폴로지에서는 특정 회선에 장애가 발생하더라도 다른 경로를 통하여 데이터를 전송할 수 있다. 이러한 신뢰성 때문에 링형과 더불어 백본backbone 네트워크를 구성하는 방식으로 사용된다.

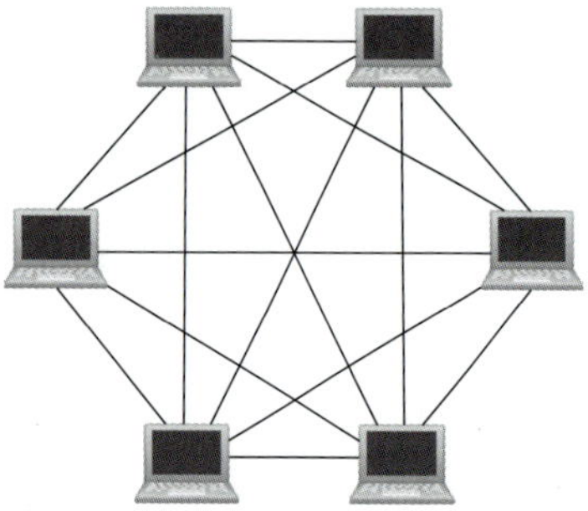

그림 5-29 메쉬형 토폴로지

메쉬형 토폴로지의 장점과 단점을 요약하면 다음과 같다.

장점

- 신뢰성이 좋다.
- 고장을 발견하기 쉽다.
- 한 노드에 문제가 생겨도 네트워크의 다른 트래픽에 미치는 영향을 최소화할 수 있다.

단점

- 선로 구축 비용이 많이 든다.
- 선로 설치 및 설정 과정이 상대적으로 오래 걸리고 어렵다.

예제 5-4

네트워크의 구조가 메쉬형인 경우 노드가 120개일 때 전체 회선의 수는 몇 개인가?

▶▶ **풀이**

노드의 수를 n이라고 하면 7,140개가 된다.

$$\frac{n(n-1)}{2} = \frac{120 \times 119}{2} = 7140$$

5 트리형

트리형tree type 토폴로지는 스타형 토폴로지의 변형이다. [그림 5-30]과 같이 트리에 연결된 노드는 네트워크상의 통신을 제어하는 중앙 허브에 연결된다. 그러나 모든 노드가 중앙 허브에 직접 연결되지는 않는다. 대부분의 노드는 중앙 허브에 연결된 2차 허브에 연결된다.

트리형에서 중앙 허브는 중계기 기능을 갖춘 능동적인 허브다. 2차 허브는 능동적일 수도, 수동적일 수도 있다. 수동적인 허브는 연결된 노드를 단순히 물리적으로만 연결해준다.

트리형 토폴로지의 장단점은 대체로 스타형 토폴로지와 비슷하다. 다만, 2차 허브로 인해 두 가지 장점이 생긴다. 첫째, 중앙 허브에 많은 노드를 연결할 수 있고, 이로 인해 각 노드 간 신호의 이동 거리가 길어질 수 있다. 둘째, 네트워크는 여러 노드로부터 통신을 분리하거나 우선순위를 부여할 수 있다. 예를 들면, 2차 허브에 연결된 특정 노드에 우선순위를 부여할 수 있다. 이러한 방법으로 네트워크 관리자는 시간에 민감한 자료를 전송할 때 기다리지 않고 빨리 전송될 수 있도록 한다.

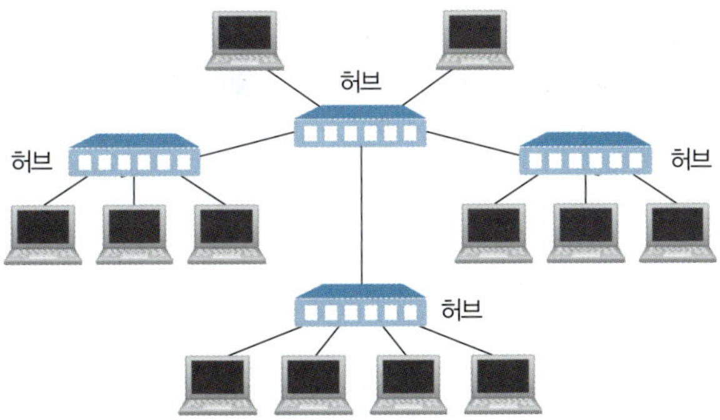

그림 5-30 트리형 토폴로지

트리형 토폴로지의 장점과 단점을 요약하면 다음과 같다.

장점

- 고장 발견과 수리가 쉽고, 노드 증설과 이전이 쉽다.
- 하나의 1차 허브에 많은 노드를 연결할 수 있다.
- 2차 허브로 네트워크를 분리하거나 해당 네트워크에 우선순위를 부여할 수 있다.

단점

- 중앙 허브에 병목 현상이 발생할 수 있다.
- 중앙 허브에 문제 발생 시 대체 방법이 없을 경우 네트워크가 마비 또는 분할될 수 있다.

6 혼합형

소규모 네트워크를 서로 연결하여 대규모 네트워크가 되도록 여러 가지 토폴로지를 결합할 수 있다. [그림 5-31]은 버스형, 링형, 스타형 토폴로지 등을 서로 연결한 혼합형hybrid type 토폴로지를 나타낸다. 혼합형 토폴로지는 네트워크의 규모, 용도 등 다양한 요소에 따라 구성될 수 있으며 보통 여러 형태의 근거리 통신망LAN을 연결한 MAN 또는 WAN에서 자주 볼 수 있는 구조다. 혼합형 토폴로지는 여러 종류의 기술을 사용하기 때문에 관리하기가 어렵다.

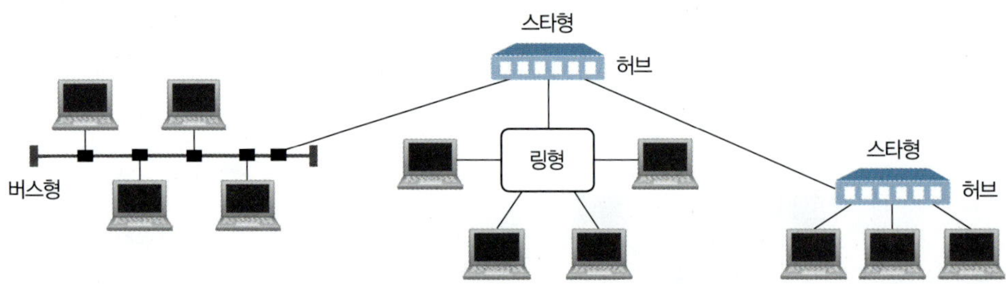

그림 5-31 혼합형 토폴로지

연습문제

1 회선 구성 방식 중 2개의 스테이션 간 별도 회선을 사용하여 1:1로 연결하는 가장 보편적인 방식은?

① 멀티드롭 링크　② 멀티포인트 링크
③ 점대점 링크　④ 균형 링크

2 다음 중 정보 통신 시스템의 회선 구성 방식에서 전송되는 정보량이 많은 경우에 가장 적합한 방식은?

① 회선 다중 방식
② 집선 방식
③ 포인트 투 포인트 방식
④ 멀티포인트 방식

3 셋 이상의 스테이션들을 공유된 전송 회선으로 연결함으로써 보다 효율적으로 링크를 이용하는 방식으로, 하나의 회선이나 하나의 컴퓨터에 여러 개의 단말기가 접속되어 있는 회선 구성 방식은?

① 점대점 링크 방식　② 멀티드롭 방식
③ 전이중 방식　④ 반이중 방식

4 멀티드롭 선로에 연결할 수 있는 단말기의 수를 결정하는 요인이 아닌 것은?

① 선로의 길이
② 선로의 속도
③ 단말기에 의해 생기는 교통량
④ 하드웨어와 소프트웨어의 처리 능력

5 여러 개의 터미널 신호를 하나의 통신 회선을 통해 전송할 수 있도록 하는 장치는?

① 변복조기　② 멀티플렉서
③ 신호 변환기　④ 디멀티플렉서

6 여러 단말기가 같은 장소에 위치하는 경우, 다중화 기능을 이용하여 전송로의 수를 감소시키기 위해 사용하는 장비는?

① 모뎀　② 허브
③ 멀티플렉서　④ 라우터

7 다음이 설명하고 있는 것은?

> • 경쟁의 원리를 이용한 장비이며, 여러 개의 입력 채널이 이보다 적은 수의 출력 채널에 접속하기 위하여 요청을 근거로 경쟁하는 것을 의미한다.
> • 하나 또는 소수의 통신 회선에 여러 대의 단말기를 접속하여 사용할 수 있도록 하는 장치다.

① 다중화기　② 라우터
③ 이더넷　④ 집중화기

8 여러 개의 채널을 몇 개의 소수 회선으로 공유화하는 장치는?

① 다중화기　② 집중화기
③ 변복조기　④ 선로 공동 이용기

9 집중화기concentrator의 특징이 아닌 것은?

① 구조가 복잡하면서 규칙적인 전송에 사용한다.
② 입출력 각각의 대역폭이 다르다.
③ m개의 입력 회선을 n개의 출력 회선으로 집중화하는 장치다.
④ 입력 회선의 수는 출력 회선의 수보다 같거나 많아야 한다.

10 집중화기concentrator에 대한 설명으로 틀린 것은?

① 하나의 고속 통신 회선에 많은 저속 통신 회선을 접속하기 위한 전송 장비다.
② 단일 회선 제어기, 중앙 처리 장치, 다수 선로 제어기 등으로 구성된다.
③ 집중화기는 동적 방법을 통해 실제 전송할 데이터가 있는 단말에게만 시간 폭을 할당한다.
④ 집중화기는 입력 측과 출력 측의 전체 대역폭이 같고 동적인 방법으로 시간 폭을 할당한다.

11 데이터 통신 회선의 이용 방식에 의한 분류에 포함되지 않는 것은?

① Simplex Communication
② Half Duplex Communication
③ Full Duplex Communication
④ Multi Access Communication

12 데이터 전송 시스템에 있어서 통신 방식의 종류가 아닌 것은?

① 단방향 통신 방식 ② 반이중 통신 방식
③ 회선 다중 방식 ④ 전이중 통신 방식

13 통신 전송의 세 가지 기본 방식으로 옳은 것은?

① 단방향 통신, 양방향 통신, 전이중 통신
② 단방향 통신, 반이중 통신, 전이중 통신
③ 양방향 통신, 반이중 통신, 전이중 통신
④ 단방향 통신, 이중 통신, 혼합 통신

14 하나의 통신 채널을 이용하며 데이터의 송신과 수신이 교번식으로 가능한 통신 방식은?

① 반이중 통신 ② 전이중 통신
③ 단방향 통신 ④ 시분할 통신

15 양방향으로 신호의 전송이 가능하나, 어느 순간에는 한쪽 방향으로만 전송이 이루어지는 통신 방식은?

① 전이중 통신 full-duplex transmission
② 단방향 통신 one way transmission
③ 무선 통신 radio telecommunication
④ 반이중 통신 half-duplex transmission

16 데이터 통신 방식 중 반이중 방식의 설명으로 틀린 것은?

① 2선식 전송로를 이용하며 어느 시점 한 방향으로만 데이터를 전송
② 전송 데이터양이 적을 때 사용
③ 데이터 전송 방향을 바꾸는 데 소요되는 시간인 전송 반전 시간 필요
④ 전이중 방식보다 전송 효율이 높은 특징을 보유

17 2선식 전송로를 이용하여 양방향 신호 전송이 가능하지만 동시에 양방향 전송이 불가능한 통신 방식은?

① Simplex ② Half-Duplex
③ Full-Duplex ④ One-way

18 전화와 같이 동시에 송신과 수신을 하는 전송 방식은?

① 반이중 통신
② 포인트 투 포인트 point-to-point 통신
③ 전이중 통신
④ 멀티드롭 multi-drop 통신

19 데이터 통신 방식 중 Full-Duplex 방식의 가장 큰 장점은?

① 비동기식 전송 방식에 적합하다.
② 데이터를 동시에 전송하지 않는다.
③ 동시에 송수신이 가능하다.
④ 데이터를 병렬로 보낼 수 있다.

20 데이터 통신 방식에 대한 설명으로 가장 옳은 것은?

① 전이중 통신 방식은 통신 회선의 효율이 가장 높으며 전화 등에 사용된다.
② 반이중 통신 방식의 예로는 TV, radio, 무전기 등이 있다.
③ 단방향 통신 방식이나 반이중 통신 방식의 경우 반드시 4선식 회선이 필요하다.
④ 전이중 통신 방식은 양쪽 방향으로 신호 전송이 가능하기는 하나 어떤 순간에는 반드시 한쪽 방향으로만 전송이 이루어지는 경우다.

21 다음 중 데이터 전송 방식에서 직렬 전송 방식에 대한 설명이 아닌 것은?

① 현재 대부분의 데이터 전송 시스템에 활용되고 있다.
② 단말 장치에서의 입출력 부호 형식으로 사용된다.
③ 부호를 구성하는 모든 비트를 하나의 전송로를 통해 차례로 전송하는 방식이다.
④ 송수신 간에 동기가 필요하다.

22 다음 중 다량의 데이터를 고속 전송하는 컴퓨터와 주변장치 간에 사용되는 방식은?

① 단방향 전송 ② 직교 전송
③ 반이중 전송 ④ 병렬 전송

23 다음 중 병렬 전송 방식의 특징이 아닌 것은?

① 데이터 전송 속도가 빠르다.
② 컴퓨터와 프린터 간에 이용된다.
③ 원거리 전송에 적합하다.
④ 전송로 비용이 비싸다.

24 **통신 라인을 통해 데이터를 전송하는 직렬 전송과 병렬 전송 중 병렬 전송의 특징이 아닌 것은?**

① 원거리 통신에 주로 사용된다.

② 송수신 사이에 동기를 위한 추가적인 타이밍 선이 필요하다.

③ 일정한 시간 내에 다량의 정보 전송이 유리하다.

④ 비용이 많이 든다.

25 **병렬 전송과 비교한 직렬 전송의 특징으로 틀린 것은?**

① 전송 속도가 빠르다.

② 전송로의 비용이 저렴하다.

③ 직 · 병렬 변환 회로가 필요하다.

④ 데이터 전송 시스템에 주로 사용된다.

26 **병렬 전송과 비교하여 직렬 전송에 대한 설명 중 적합하지 않은 것은?**

① 전송 속도가 느리다.

② 직 · 병렬 변환 회로가 필요하다.

③ 전송로 비용이 저렴하다.

④ 주로 근거리 전송에 사용된다.

27 **데이터 통신 시스템의 부호 전송 방식 설명 중 병렬 전송 방식과 비교하여 직렬 전송 방식의 특징으로 가장 옳은 것은?**

① 직 · 병렬 변환 회로가 필요하다.

② 단거리 데이터 전송에 적합하다.

③ 동일 시간 내에 많은 정보를 보낼 수 있다.

④ 비트 수에 대응한 전송로 및 변복조 회로가 필요하다.

28 **데이터 전송 방식 중 비동기 전송 방식에 대한 설명으로 틀린 것은?**

① 시작$_{start}$ 비트는 2진수의 "0"의 값을 가지며, 한 비트의 길이를 갖는다.

② 정지$_{stop}$ 비트는 2진수의 "1"의 값을 가지며, 최소 길이는 보통 정상 비트의 1~2배로 규정한다.

③ 수신기는 자신의 클록 신호를 사용하여 회선을 샘플링하여 각 비트의 값을 읽어내는 방식이다.

④ 전송할 데이터를 블록으로 구성하여, 송신기와 수신기가 동일한 클록을 사용하여 데이터를 송수신한다.

29 **비동기 전송에서 한 문자의 전송과 그다음 문자의 전송을 어떻게 구별하는가?**

① 문자 처음과 끝에 block pattern (01111110)을 추가해 구분한다.

② 문자 앞에 (01101101) 코드를 추가해 구분한다.

③ 각 문자 코드의 맨 앞에는 시작 비트를 두고, 문자 코드 맨 뒤에는 정지 비트를 두어 구분한다.

④ 문자와 문자 사이에 (11111111) 코드를 추가해 구분한다.

30 **문자의 시작과 끝에 각각 start 비트와 stop 비트가 부가되어 전송의 시작과 끝을 알려 전송하는 방식은?**

① 비동기식 전송　② 동기식 전송

③ 전송 동기　④ PCM 전송

31 **비동기 전송 방식에서 스타트$_{start}$와 스톱$_{stop}$ 신호의 필요성에 대하여 가장 잘 설명한 것은?**

① 메시지 단위로 정보를 전송하기 위해 사용한다.

② 정보 단위의 하나이므로 사용한다.

③ 바이트$_{byte}$와 바이트$_{byte}$ 사이를 구분하기 위하여 사용한다.

④ 비트$_{bit}$를 표본화하기 위하여 사용한다.

32 **'TEST'라는 문자를 아스키$_{ASCII}$ 코드 형태로 변환하여 비동기 방식으로 전송할 때 스타트 비트, 스톱 비트를 각각 1비트로 할 경우 전송되는 총 비트 수는?**

① 6bit　② 28bit

③ 32bit　④ 40bit

33 **8비트 코드(데이터)에 1개의 시작 비트와 2개의 정지 비트를 추가하여 전송하면 전송 효율은 약 몇 %인가?**

① 62.5%　② 65.7%

③ 72.7%　④ 82.5%

34 데이터 비트 7bit, start와 stop 및 패리티 비트가 각각 1bit로 구성된 문자를 1,600bps의 회선을 사용해 비동기식으로 전송 시 데이터 최대 전송 속도는?

① 9,600(자/분) ② 7,200(자/분)
③ 9,000(자/분) ④ 8,200(자/분)

35 다음이 설명하고 있는 전송 방식은?

- 송신기와 수신기에서 동일한 클록을 사용하여 데이터를 송수신하는 방법이다.
- 일반적으로 데이터 블록과 제어 정보를 합쳐서 프레임이라 부른다.
- 프레임의 형식은 크게 문자 위주와 비트 위주로 나뉜다.

① 비동기식 전송 ② 동기식 전송
③ 주파수식 전송 ④ 비트식 전송

36 데이터를 블록block 단위로 전송하는 데이터 전송 방식은?

① 비동기 전송 ② 동기 전송
③ 시리얼 전송 ④ 페러럴 전송

37 동기식 전송 방식의 구성 형식은 동기 문자와 제어 정보, 데이터 블록으로 구성되는데 이러한 구성 형식을 무엇이라 하는가?

① 플래그 ② 패리티
③ 프레임 ④ 사이클

38 데이터 통신에서 동기식 전송 방식에 대한 설명으로 틀린 것은?

① 문자 또는 비트들의 데이터 블록을 송수신한다.
② 전송 데이터와 제어 정보를 합쳐서 레코드라 한다.
③ 수신기가 데이터 블록의 시작과 끝을 정확히 인식하기 위한 프레임 레벨의 동기화가 요구된다.
④ 문자 위주와 비트 위주 동기식 전송으로 구분된다.

39 동기식 전송 방식에 대한 설명으로 옳은 것은?

① 비동기 전송에 비해 고속의 데이터 전송이 가능하다.
② 각 글자는 1개의 start bit와 1~2개의 stop bit를 갖는다.
③ 일반적으로 비동기 전송에 비해 오버헤드가 훨씬 높다.
④ 동기는 문자 단위로만 이루어지고, 송수신 측이 항상 동기 상태에 있을 필요는 없다.

40 다음 그림과 같은 전송 방식으로 옳은 것은?

SYN	SYN	STX	TEXT	ETX	오류 검출

① 문자 동기 방식 ② 비트 지향형 동기 방식
③ 조보식 동기 방식 ④ 프레임 동기 방식

41 터미널과 컴퓨터 사이에 RS-232C를 이용하여 직접 접속하는 모뎀의 이름은?

① 널Null 모뎀 ②동기식 모뎀
③ 비동기식 모뎀 ④인터페이스 모뎀

42 RS-232C 통신 방식의 제정 기관은?

① ISO ② IEEE
③ EIA ④ ITU

43 ITU-T V 시리즈 표준안 중 DTE/DCE 간에 EIA의 RS-232C 인터페이스 규격과 같은 것은?

① V.20 ② V.24
③ V.25 ④ V.31

44 EIA의 RS-232C 25핀 접속 규격 중 핀 번호의 정의가 틀린 것은?

① 핀 2번 : 데이터 송신(TXD)
② 핀 4번 : 송신 요구(RTS)
③ 핀 6번 : 데이터 세트 준비 완료(DSR)
④ 핀 8번 : 데이터 단말 준비 완료(DTR)

45 EIA-232 표준은 프로토콜 계층으로는 어디에 속하는가?

① 물리 계층
② 데이터링크 계층
③ 네트워크 계층
④ 전송 계층

46 다음 중 USB의 특징이 아닌 것은?

① plug-and-play 방식을 지원한다.
② 직렬 통신 방식을 이용한 고속 데이터 전송
③ 최대 127개의 장치를 연결할 수 있다.
④ 전원은 공급하지 않는다.

47 다음 중 USB에 대한 설명 중 옳지 않은 것은?

① USB 2.0에서 케이블의 길이는 5m로 제한된다.
② NRZ-I 인코딩을 이용한다.
③ 차등 신호 방식으로 데이터를 전달한다.
④ USB 2.0에서는 전이중 방식으로 통신한다.

48 다음 중 USB의 특징으로 틀린 것은?

① Plug and Play 기능 지원
② 컴퓨터 기반의 병렬 인터페이스 표준
③ USB 2.0에서 최대 접속 기기는 127개
④ 장착된 USB 장치와 Master-Slave 형태로 정보 교환

49 망network 구조의 기본 유형이 아닌 것은?

① 스타형 ② 링형 ③ 트리형 ④ 십자형

50 다음 LAN의 네트워크 토폴로지topology는 어떤 형인가?

① 링형 ② 스타형 ③ 버스형 ④ 트리형

51 중앙에 호스트 컴퓨터가 있고 이를 중심으로 터미널들이 연결되는 네트워크 구성 형태topology는?

① 버스형bus ② 링형ring
③ 스타형star ④ 메쉬형mesh

52 25개의 장치들을 망형으로 연결하면 필요한 회선의 수는 몇 회선인가?

① 250회선 ② 300회선
③ 350회선 ④ 500회선

53 "모든 스테이션이 중앙 스위치에 연결된 형태로 두 스테이션은 회선 교환에 의해 통신을 행한다." 이 내용은 무엇을 설명한 것인가?

① 토폴로지 ② 토큰 링
③ 스타형 망 ④ 토큰 버스

54 다음 LAN의 네트워크 토폴로지는 어떤 형인가?

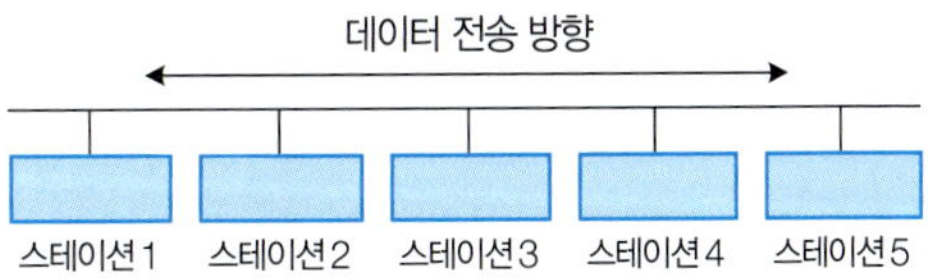

① 버스형 ② 스타형
③ 링형 ④ 메쉬형

55 다음 설명에 해당하는 LAN 토폴로지는?

- 멀티포인트 링크 구성을 갖는다.
- 전송 순서를 결정할 필요가 있다.
- 데이터의 반사를 막기 위해 터미네이터가 필요하다.
- 이더넷Ethernet이 필요하다.

① 스타Star형 ② 링Ring형
③ 버스Bus형 ④ 메쉬Mesh형

56 데이터는 한쪽 방향으로만 흐르고 병목 현상이 드물지만, 두 노드 사이의 채널이 고장 나면 전체 네트워크가 손상될 수 있는 단점을 가지는 토폴로지는?

① 링형 토폴로지 ② 메쉬형 토폴로지
③ 스타형 토폴로지 ④ 계층형 토폴로지

57 일반적으로 많은 단말기로부터 많은 양의 통신을 필요로 하는 경우에 유리한 네트워크 형태는?

① 스타형망 ② 링형망
③ 계층망 ④ 메쉬형망

58 데이터 전송 방식 중에서 각 문자의 앞과 뒤에 스타트 비트와 스톱 비트를 가지는 start-stop 방식으로서 단거리 전송용에 사용되는 방식은?

59 네트워크상에서 컴퓨터의 위치나 컴퓨터 간의 케이블 연결 등의 물리적인 배치를 의미하는 것은?

60 통신 장비 중 무전기의 전송 방식은?

61 컴퓨터 본체와 키보드(자판)에서 사용하는 전송 방식은?

62 항상 양방향으로 데이터 전송이 일어나는 전송 방식은?

63 3개 또는 그 이상의 장치가 회선을 공유하는 회선 구성 방식은?

64 전체 단말의 속도의 합을 Ls라 하고 고속 다중화 채널의 속도를 Hs라 할 때 다중화기와 집중화기의 관계를 괄호 안에 등호 또는 부등호로 나타내시오.

다중화기	집중화기
Ls ( ) Hs	Ls ( ) Hs

65 EIA-232를 이용한 데이터의 직렬 전송 시 전송 속도와 전송 거리는?

66 송신 노드가 네트워크에 연결된 수신 가능한 노드 중에서 한 노드에만 데이터를 전송하는 캐스팅 모드는?

67 다중점 형태로 구성되는 네트워크 토폴로지는?

68 개인용 컴퓨터와 주변 기기 사이의 연결을 쉽게 하기 위해서 만든 표준 직렬 통신 방식은?

69 데이터 블록의 앞뒤에 플래그$_{flag}$를 추가하여 송수신 간에 동기를 맞추는 방식은?

70 비동기 전송을 사용하여 1,000개의 ASCII 문자를 전송하려면 최소 몇 개의 추가 비트가 필요한가? 그리고 전송 효율을 백분율로 계산하시오. 단, ASCII 문자 한 개는 패리티 비트를 포함하여 8비트임을 가정한다.

71 전송 속도가 2,400bps인 회선이 있다.

(1) 1바이트의 데이터를 직렬로 전송하는 데 필요한 시간을 구하시오.

(2) 1바이트의 데이터를 병렬로 전송하는 데 필요한 시간을 구하시오.

72 프레임 형식에 따라 동기식 전송은 문자 위주 방식과 비트 위주 방식으로 나뉜다. 각각의 방식에서 동기를 맞추는 방법에 대해 설명하시오.

73 균형 모드를 이용한 잡음 제거 과정을 설명하시오.

74 n개의 노드(장치)가 있는 네트워크에서 메쉬형, 링형, 버스형, 스타형 접속 형태에 대해 각각 요구되는 링크의 수를 구하시오.

75 메쉬형 접속 형태에 8개의 노드가 배치되어 있다고 가정하자. 필요한 링크 수와 각 노드마다 필요한 포트의 수를 구하시오.

76 링형 백본과 2개의 버스형 네트워크를 연결한 혼합형 네트워크를 그려보시오.

1 ③	2 ③	3 ②	4 ①	5 ②	6 ③	7 ④	8 ②	9 ①	10 ④
11 ④	12 ③	13 ②	14 ①	15 ④	16 ④	17 ②	18 ③	19 ③	20 ①
21 ②	22 ④	23 ③	24 ①	25 ①	26 ④	27 ①	28 ④	29 ③	30 ①
31 ③	32 ④	33 ③	34 ①	35 ②	36 ②	37 ③	38 ②	39 ①	40 ①
41 ①	42 ③	43 ②	44 ④	45 ①	46 ④	47 ④	48 ②	49 ④	50 ②
51 ③	52 ②	53 ③	54 ①	55 ③	56 ①	57 ④			

CHAPTER 06
전송 매체

학습목표

- 유선 매체의 종류 및 특성에 대해 설명할 수 있다.
- 무선 매체의 종류 및 특성에 대해 설명할 수 있다.

01 유선 매체

통신이 이루어지려면 두 장치 사이에 신호가 전달되어야 한다. 이때 물리적으로 신호 전달을 담당하는 것이 전송 매체transmission media다. 일반적으로 신호는 전자기적 형태로 물리적인 도체나 부도체, 진공이나 공기를 통해서 전파된다. 물리적인 도체나 부도체를 이용하여 신호를 전달하는 매체를 유선wired 매체라 하고, 공기나 진공 상태에서 전자기파를 전달하는 매체를 무선wireless 매체라 한다. 전송 매체는 [그림 6-1]과 같이 분류할 수 있다.

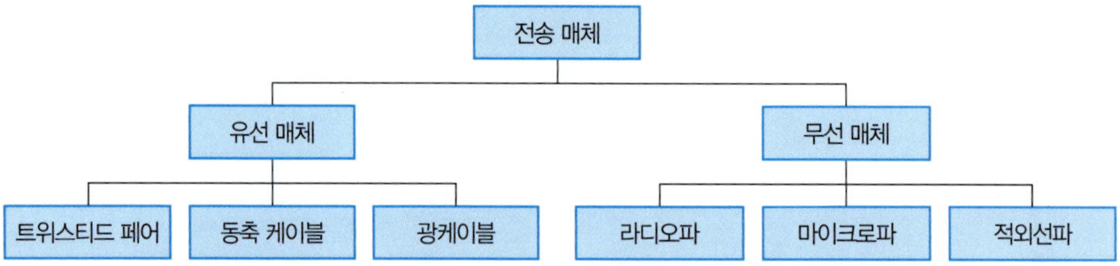

그림 6-1 전송 매체의 분류

주로 사용되는 유선 매체로 트위스티드 페어TP, Twisted Pair(꼬임쌍선), 동축 케이블coaxial cable, 광케이블optical fiber cable(광섬유 케이블) 등이 있다. 도체를 통해 전자기파가 유도된다는 의미에서 유선 매체를 유도guided 매체라고도 한다. 트위스티드 페어와 동축 케이블에는 전류 형태로 신호를 전달하는 금속성(구리) 도선을 사용하고, 광케이블에는 빛의 형태로 신호를 송수신하는 유리나 플라스틱 케이블을 사용한다. 무선wireless 매체에는 라디오파radio wave, 마이크로파micro wave, 적외선파infrared wave 등이 있으며, 비유도unguided 매체라고도 한다.

1 트위스티드 페어

트위스티드 페어TP는 [그림 6-2]와 같이 2개 이상의 구리 도선이 꼬인 형태이며 각 도선은 절연체로 싸여 있다. 도선 하나는 수신기에 신호를 전달하며, 다른 하나는 접지ground로 사용된다. 수신기는 이 둘의 전압 차이를 이용하여 신호를 구분한다.

그림 6-2 트위스티드 페어

도선을 통해 전달된 신호는 잡음noise의 영향을 받아 원하지 않는 신호로 수신될 수 있다. 만일 두 도선 근방에 모터가 있다면 모터에서 발생하는 전자기 잡음이 도선에 영향을 미친다. [그림 6-3](a)와 같이 두 도선이 평행하면 잡음원에 가까운 도선은 더 많은 잡음의 간섭을 받을 수 있고 잡음원으로부터 멀리 떨어져 있는 도선에 비해 더 높은 전압을 갖게 되므로 부하의 변동이 생기고 이로 인해 신호 왜곡이 심해진다. 그러나 [그림 6-3](b)와 같이 두 도선을 규칙적으로 꼬아놓으면 각 도선이 잡음에 영향을 받는 시간 중 절반은 잡음원에 가깝고 나머지 반은 멀어지게 된다. 즉, 도선을 꼬아줌으로써 두 도선에 미치는 잡음의 누적 효과가 동일해진다. 또한 도선을 꼬았다고 해서 잡음이 제거되는 것은 아니지만 단위 길이당 꼬인 횟수가 증가하면 상당한 감소 효과가 있다.

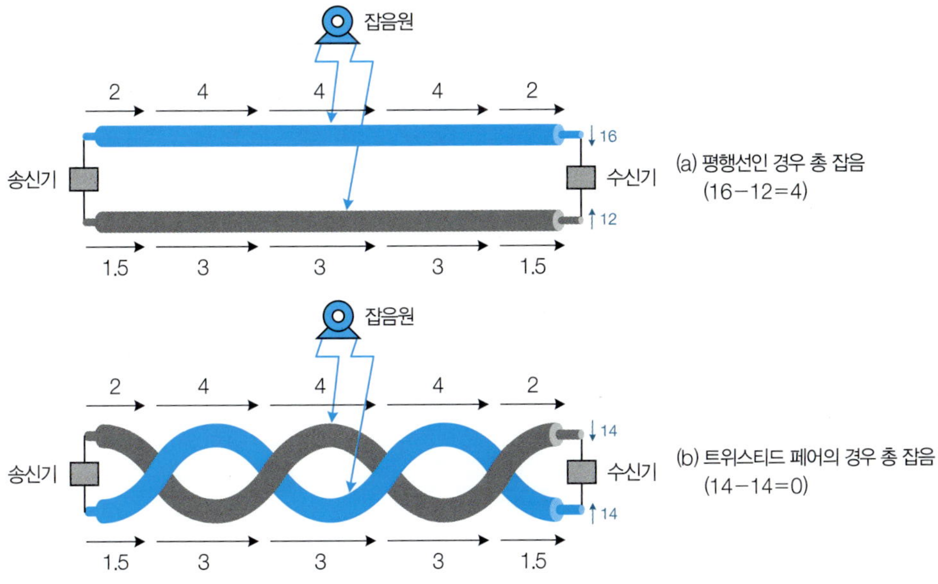

그림 6-3 도선을 꼬는 이유(잡음의 효과 예)

외부에서 오는 전계 및 자계의 영향을 차단(차폐, 쉴드)하기 위해, 트위스티드 페어에 얇은 금속 박막을 입히기도 한다. 그리고 금속 박막이 없는 트위스티드 페어를 UTPUnshielded Twisted

Pair, 금속 박막이 있는 트위스티드 페어를 STPShielded Twisted Pair라 한다. [그림 6-4]는 기본적인 UTP와 STP 케이블 모양을 보여준다.

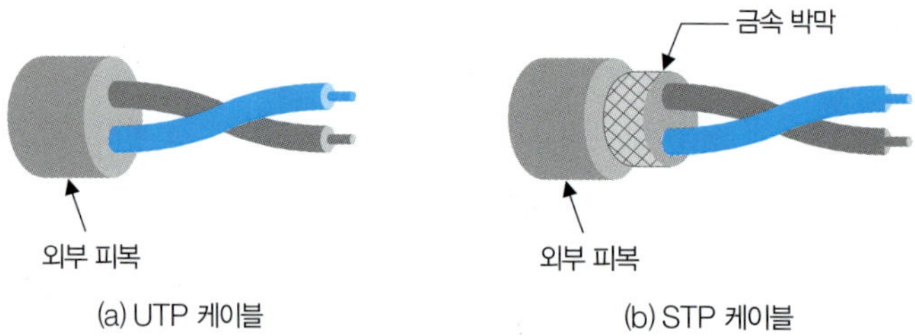

그림 6-4 UTP와 STP 케이블 기본 구조

트위스티드 페어는 오랫동안 전화선으로 사용되었으며, 최근에는 LAN의 100BASE-T, 기가비트 이더넷gigabit Ethernet 등 고속 LAN에서 많이 사용되고 있다. LAN에서는 8가닥의 케이블(2개씩 꼬여 4쌍)이 사용되며, 차폐 여부 및 정도에 따라 UTP, FTP, STP 등으로 분류된다.

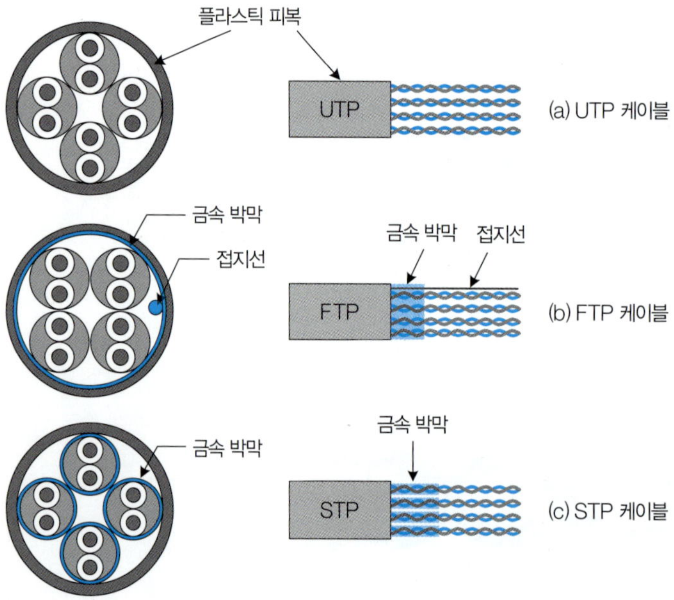

그림 6-5 UTP, FTP, STP 케이블 구조 비교

UTP 케이블은 비차폐 케이블이며 선을 꼬는 것만으로 외부 잡음을 방지한다. FTPFoiled Twisted Pair 케이블은 8가닥의 케이블 말고도 접지선(어스선)이 하나 더 있고 외부 피복 안쪽을 포일(금속 박막)로 한 번 감싼 구조다. STP 케이블은 안쪽의 모든 트위스티드 페어를 각각 금속 박막으로 감싼 형태다. [그림 6-5]는 LAN에서 사용되는 UTP, FTP, STP 케이블의 구조를 나타낸다.

UTP

UTP 케이블은 [그림 6-6]과 같이 8가닥이 4개의 쌍으로 구성되어 있으며 금속 박막 없이 간단하게 플라스틱 피복에 싸여 있다. 단순히 각 쌍의 전선을 꼬아서 잡음의 영향을 최소화하였다.

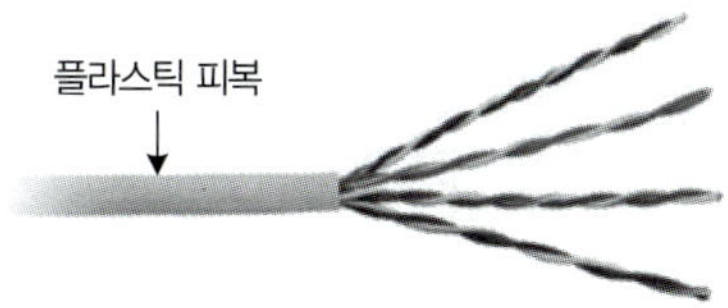

그림 6-6 UTP 케이블 구조

EIA(전자산업협회)는 품질에 따라 UTP 케이블의 등급을 매긴 표준을 개발했다. UTP 케이블은 [표 6-1]과 같이 전송 속도와 전송 거리에 따라 여러 등급category으로 분류된다. 여기서 CATCATegory이라는 구분법은 UTP 케이블의 성능을 대역폭으로 분류한 방법이다.

표 6-1 UTP 케이블의 등급 분류

등급	전송 속도	용도
CAT. 1	저속	전화선에 사용
CAT. 2	4Mbps	음성 통신 및 저속 데이터 전송에 사용
CAT. 3	10Mbps	전화 시스템의 표준 케이블, 10Base-T에 사용
CAT. 4	16Mbps	토큰 링token ring과 10Base-T에 사용
CAT. 5	100Mbps	고속 이더넷(100Base-T)에 사용
CAT. 5E	1Gbps	155MHz 대역폭으로 기가비트 이더넷까지 지원
CAT. 6	1Gbps	250MHz 대역폭으로 기가비트 이더넷에 사용
CAT. 6E	10Gbps	500MHz 대역폭으로 10GBase-T에 사용
CAT. 7	10Gbps	600MHz 대역폭으로 10GBase-T, 100Base-TX에 사용

UTP 케이블은 주로 가정이나 회사에서 LAN을 구축하는 데 사용한다. 가정에 100Mbps 속도를 제공하면서 CAT. 5를 사용하였으나 최근에는 CAT. 5를 유지 보수용으로만 사용하고

있으며 CAT. 5E 케이블을 가장 많이 사용한다. 또한 기가비트 이더넷gigabit Ethernet 구축에 CAT. 5E 케이블을 사용할 수 있으나 속도와 거리에 제한이 있기 때문에 CAT. 6 이상의 케이블을 사용해야 한다. 최근에는 10기가비트 이더넷의 보급으로 CAT. 7 케이블을 사용하고 있다. CAT. 7 케이블은 STP와 FTP 케이블이 결합된 구조인 S-STPScreened Shielded Twisted Pair, S/FTP다. S-STP 구조를 보면, 안쪽에 꼬여 있는 트위스티드 페어에도 각각 금속 박막으로 쉴드하고 전부 모아서 한 번 더 쉴드한 뒤 피복하였다. 특히, 피복 아래에 있는 쉴드는 편조 쉴드로서 실선이 그물처럼 촘촘히 짜여 있는 구조다. [그림 6-7]은 S-STP 구조를 보여준다.

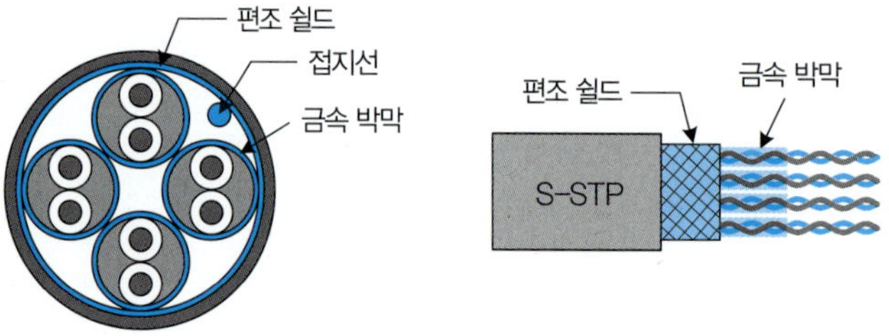

그림 6-7 S-STP 케이블 구조

UTP 커넥터connector로는 [그림 6-8]과 같은 RJ-45Register Jack가 가장 많이 사용된다. RJ-45 커넥터에는 8가닥의 전선이 4개 쌍으로 구성된 UTP 케이블이 연결된다. UTP 케이블의 8가닥 선은 각각 다른 색으로 구별되어 있으며, 각 색마다 번호가 지정되어 있다.

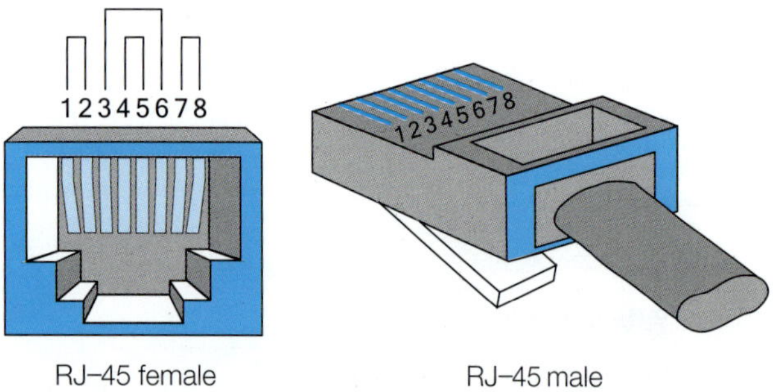

선 번호	색깔
1	오렌지색에 흰색 줄무늬
2	오렌지색
3	녹색에 흰색 줄무늬
4	파란색
5	파란색에 흰색 줄무늬
6	녹색
7	갈색에 흰색 줄무늬
8	갈색

그림 6-8 UTP 커넥터(RJ-45)

UTP 케이블을 RJ-45 커넥터에 연결하는 방식에 따라 [그림 6-9]와 같이 다이렉트 케이블direct cable과 크로스 케이블cross cable로 나뉜다.

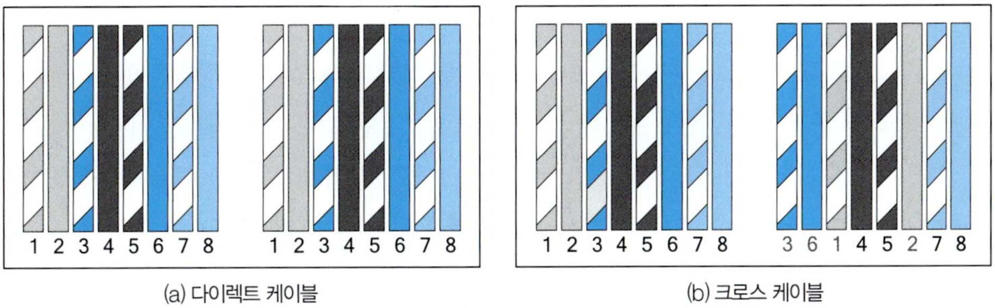

그림 6-9 다이렉트 케이블과 크로스 케이블 전선 배치

2쌍으로 통신하는 CAT. 5 기준(CAT. 5E는 송수신을 위해 4쌍을 사용)으로 보면 송신용으로 1, 2번을 쓰고 수신용으로 3, 6번을 쓴다. 그런데 다이렉트 케이블에서는 송수신이 변함없지만, 크로스 케이블에서는 송수신이 바뀌어야 한다. 다이렉트 케이블은 PC와 허브, PC와 스위치 장비를 연결할 때 사용한다. 크로스 케이블은 PC와 PC, 허브와 허브를 연결할 때 사용한다.

UTP 케이블의 특성을 정리하면 다음과 같다.

- 가격이 저렴하고 사용하기 쉽다.
- 유연하여 설치하기 쉽다.
- 커넥터는 RJ-45를 사용한다.
- 최대 전송 거리는 100m이고, 155MHz 대역폭을 제공한다(CAT. 5E 기준).

FTP

[그림 6-10]과 같이 FTP Foiled Twisted Pair 케이블은 접지선과 4쌍의 선을 포일(금속 박막)로 한 번 감싼 다음 외부를 피복한 구조다. FTP 케이블은 UTP 케이블에 비해 좀 더 우수한 성능을 보여주지만 제작하기가 어렵다. 주로 공장이나 PC방 등에서 사용된다.

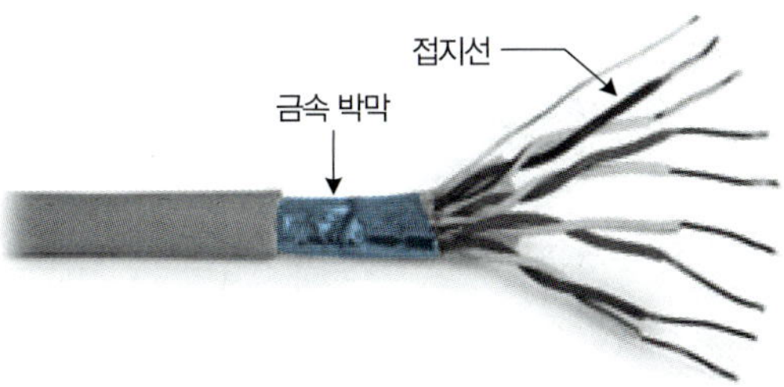

그림 6-10 FTP 케이블 구조

STP

STPShielded Twisted Pair 케이블은 UTP 케이블의 외부 피복 내에 있는 각 쌍들을 얇은 금속 박막으로 둘러싼 구조이며 [그림 6-11]과 같다. STP 케이블은 초기 LAN에서 많이 사용되었으나 점차 UTP 케이블로 대체되었다. STP 케이블은 UTP 케이블보다 가격이 비싸지만 성능이 월등히 뛰어나지 못하고 설치가 불편해서 특별한 경우 이외에는 거의 사용하지 않는다.

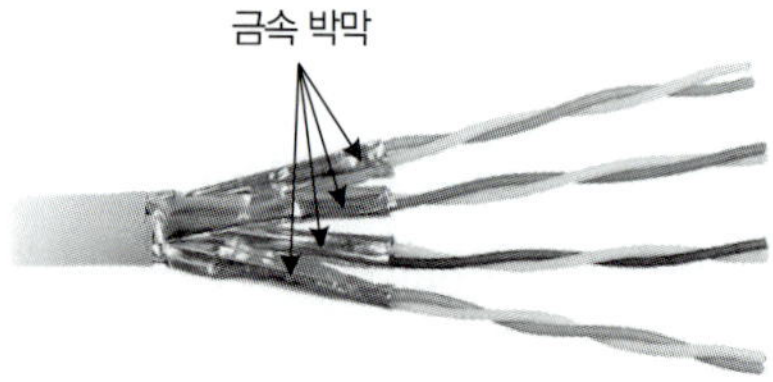

그림 6-11 STP 케이블 구조

STP 케이블의 특성을 정리하면 다음과 같다.

- 각 케이블 쌍마다 금속 박막을 입혀 외부로부터 잡음의 영향을 거의 받지 않는다.
- UTP 케이블에 비해 가격이 비싸다.
- 금속 박막을 접지하기 위해 특수한 커넥터가 필요하므로 설치가 복잡하다.
- 이론상으로는 500Mbps도 가능하나 155Mbps로 제한된다.

2 동축 케이블

동축 케이블coaxial cable은 1970년대 중반에 개발된 유선 매체로, 내부에 도체가 있고 외부에는 원통형의 도체가 이를 감싸고 있는 형태인데 이들 사이에 절연체(부도체)가 있어 두 도체를 분리한다. 이러한 구조는 외부의 전기적 간섭을 적게 받는다. [그림 6-12]는 동축 케이블의 모양을 보여준다.

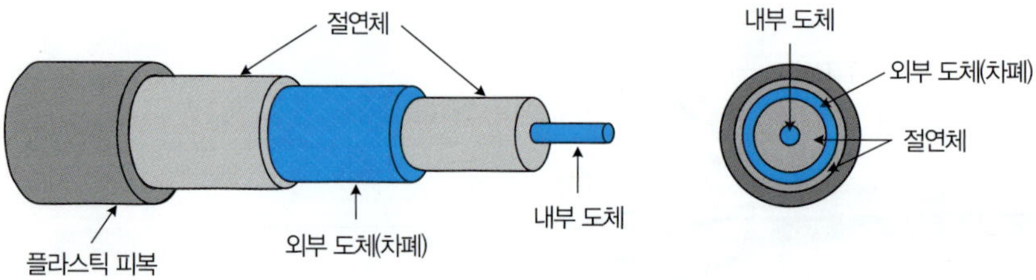

그림 6-12 동축 케이블 구조

동축 케이블을 장비에 연결하려면 커넥터connector가 필요하다. 오늘날 가장 널리 사용되는 커넥터는 베이어닛-닐-컨슬만Bayonet Neil-Concelman 또는 BNC라는 커넥터다. [그림 6-13]은 BNC 커넥터, BNC T 커넥터, BNC 종단기의 모양을 보여준다.

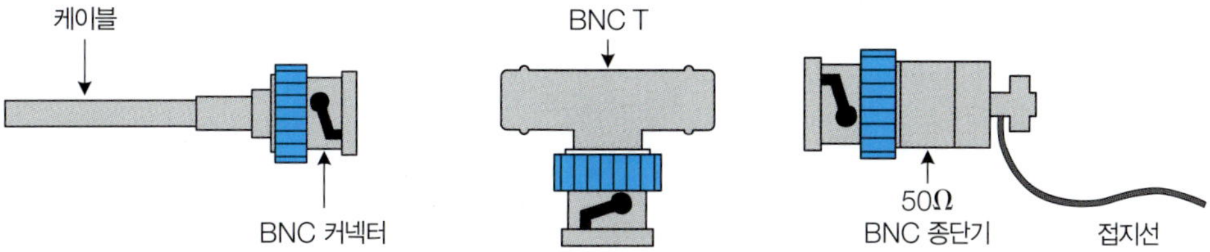

그림 6-13 BNC 커넥터

BNC 커넥터는 TV와 같은 장비에 케이블의 한 끝을 연결하는 데 사용한다. BNC T 커넥터는 이더넷 네트워크에서 한 컴퓨터로부터 다른 장비로 분기branch하는 데 사용한다. BNC 종단기terminator는 신호가 반사되는 것을 방지하기 위해 케이블 끝에 사용한다.

동축 케이블은 구조상 외부 잡음이나 간섭을 차단할 수 있기 때문에 전자기적 차폐성이 우수하다. 또한 트위스티드 페어에 비해 대역폭이 훨씬 크기 때문에 많은 음성 채널을 다중화해서 전달할 수 있으며, 큰 대역폭을 요구하는 영상 신호 전달에도 사용된다. 흔히 가정에서 TV 안테나 선이나 케이블 TV(CATV) 망에서 사용되는 것을 볼 수 있다.

동축 케이블은 아날로그 신호와 디지털 신호를 모두 전송할 수 있다. 아날로그 신호를 전송할 때는 주파수 범위가 500MHz까지 가능하며 수Km마다 증폭기amplifier가 필요한데, 주파수가 높아질수록 더 많은 증폭기가 필요하다. 디지털 신호 전송에서는 1Km마다 리피터repeater를 사용해야 한다.

동축 케이블 표준은 미국 무선국RG, Radio Government에서 규정하고, 주로 사용되는 것은 [표 6-2]와 같다.

표 6-2 동축 케이블 등급

등급	특성 임피던스	용도
RG-6	75Ω	CATV, 위성TV 등
RG-8	50Ω	10BASE5 LAN(Thick Ethernet)
RG-11	75Ω	10BASE5 LAN
RG-58	50Ω	10BASE2 LAN(Thin Ethernet)
RG-59	75Ω	CATV

동축 케이블은 10,000개의 음성 신호를 다중화한 아날로그 방식의 전화망에서 처음 사용되었지만 오늘날 전화망은 대부분 광케이블로 대체되었다. 그러나 CATV망에서는 가입자 망 부분에서 아직도 동축 케이블이 사용되고 있다.

동축 케이블의 특성을 정리하면 다음과 같다.

- 동축 케이블은 구조적 특성 때문에 차폐성이 좋아 외부의 간섭현상이 적다.
- 주파수 특성이 트위스티드 페어에 비해 우수하여 높은 주파수에서 빠른 데이터 전송(수백 Mbps)이 가능하다.
- 전력 손실이 적다.
- 장비에 연결할 때는 BNC 커넥터를 사용한다.
- 바다 밑이나 땅 속에 묻어도 성능에 큰 지장이 없다.

3 광케이블

광케이블은 광섬유를 수백 가닥씩 묶어 케이블로 만든 것이다. 매우 가는 유리 섬유를 이용해 정보를 보내는 것으로 넓은 대역폭을 가지며 전송 속도가 매우 높고 오류가 적다. 또한 빛을 이용해 정보를 보내기 때문에 전자기적인 간섭을 받지 않는다.

광섬유optical fiber는 금속 도체 대신 유리나 플라스틱 재질로 만든 매체로 빛 신호를 전달한다. 빛은 진공 상태에서 3×10^8m/s의 속도로 이동한다. 빛은 매체의 밀도가 높아지면 속도가 점점 느려진다. 또한 밀도가 갑자기 변하는 경계 지점에서는 빛의 굴절refraction이 발생한다. 높은 밀도에서 낮은 밀도로 이동하는 빛은 경계에서 굴절하는데 이 현상을 표현하면 [그림 6-14](a)와 같다. 빛이 굴절률 n_1인 매질 1에서 굴절률 n_2인 매질 2로 진행할 때 입사각과 굴절각의 사인 값의 비는 항상 일정한데 이것이 스넬의 법칙Snell's law이다.

$$\frac{\sin\theta_2}{\sin\theta_1}=\frac{n_1}{n_2},\quad n_1\sin\theta_1=n_2\sin\theta_2$$

[그림 6-14](a)에서 입사각이 커지면 굴절각도 따라서 커지는데 굴절각이 90°가 되면 경계면을 따라 빛이 직진한다. 이때의 입사각을 임계각critical angle이라고 하며 [그림 6-14](b)와 같다. 따라서 임계각을 θ_C로 나타내면 다음과 같은 식이 성립한다.

$$n_1\sin\theta_C=n_2\sin 90°$$

따라서 임계각은 다음과 같이 나타낼 수 있다(sin 90° = 1).

$$\theta_C = \mathrm{Sin}^{-1}\left(\frac{n_2}{n_1}\right)$$

공기-유리의 경우 상대 굴절률이 1.46 정도이므로 임계각은 43.2° 정도가 된다. 한편 [그림 6-14](c)와 같이 임계각보다 더 큰 입사각에 대해서는 굴절각이 90°보다 더 커지고 결과적으로 빛이 밖으로 나가지 못하는 반사reflection가 발생한다. 이렇게 되면 빛은 더 이상 밀도가 낮은 매체로 들어가지 않으며 입사각과 반사각은 항상 동일하게 된다.

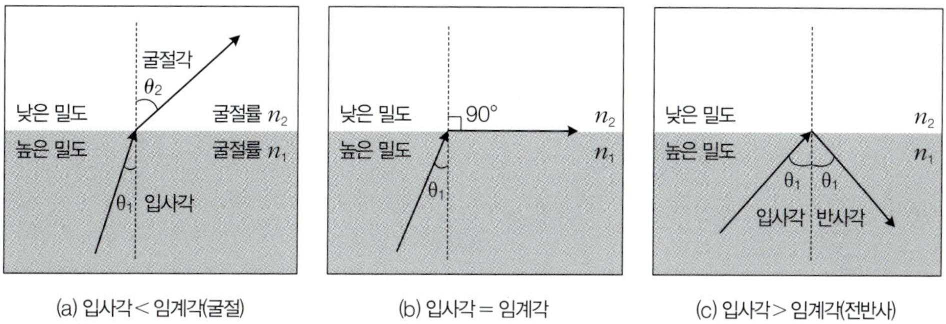

그림 6-14 빛의 굴절

광섬유에서는 빛을 전달하기 위해 빛의 반사 성질을 이용한다. 즉, 빛이 밖으로 굴절되어 나가지 않고 반사되어 안에 머무르게 함으로써 보다 많은 빛 에너지가 전달되도록 하는 원리를 이용한다. 광섬유는 빛이 전달되는 코어core, 빛이 반사될 수 있게 코어를 둘러싼 클래딩cladding 그리고 코팅coating으로 구성된다. 광섬유 구조는 [그림 6-15]와 같다.

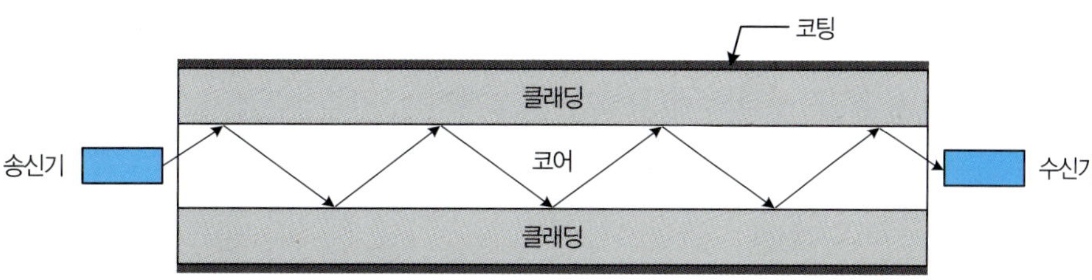

그림 6-15 광섬유 구조

경사지게 입사되는 빛이 밖으로 나가지 않고 반사가 일어나도록 하기 위하여 코어는 클래딩보다 밀도가 더 높은 유리나 플라스틱으로 만들어진다. 클래딩은 코어 외부를 감싸고 있으며 거울과 같은 역할을 수행하여 빛을 반사한다. 코어와 클래딩의 밀도 차이가 적절해야 반사가 일어난다. 코팅은 코어와 클래딩을 보호하기 위한 것으로, 합성수지로 만든 피복을 이용해 외부를 감싼다.

광섬유의 전파 방식

[그림 6-16]과 같이 광섬유의 전파 방식은 다중 모드multi mode와 단일 모드single mode로 나뉘며, 다시 다중 모드는 계단형step-index, SI과 증가형grade-index, GI으로 나뉜다. 다중 모드는 송신부로부터 나온 광선이 코어에서 서로 다른 경로를 타고 수신부로 전달되는 방식인데, 코어의 밀도가 일정한 경우에는 계단형 다중 모드가 된다. 코어의 밀도가 클래딩 쪽으로 갈수록 연속적으로 감소할 경우에는 증가형 다중 모드가 된다.

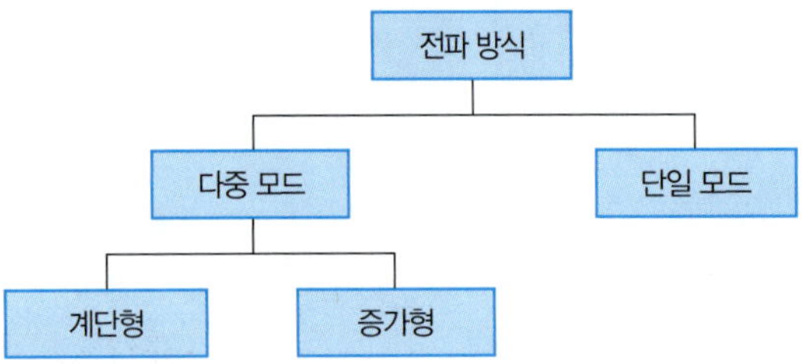

그림 6-16 광섬유의 전파 방식 분류

계단형 다중 모드는 코어의 밀도가 일정하므로 [그림 6-17](a)와 같이 광선은 코어와 클래딩의 경계면에 도달할 때까지 직선으로 움직인다. 다중 모드에서는 입사각이 임계각보다 작은 성분은 클래딩을 통해서 밖으로 굴절되어 나가고, 임계각보다 더 큰 성분들은 코어 내부로 반사되어 전진한다. 반사된 성분들은 반사 정도에 따라 여러 경로로 전달되기 때문에 경로에 따라 길이가 서로 다르고 결국 목적지에 도달하는 시간에 지연이 발생한다. 그러므로 송신부의 신호가 한 시점에서 집중되지 못하고 퍼지는 현상이 발생한다. 이를 모드 분산이라고 하며 이로 인해 전송 속도가 제한된다. 계단형은 만들기가 쉽고 가격이 저렴하며 근거리 단파장용으로 사용된다.

[그림 6-17](b)와 같이 증가형 다중 모드는 계단형에 나타난 모드 분산의 영향을 줄이기 위해 코어의 밀도가 클래딩 쪽으로 갈수록 연속으로 감소하게 하여 광선이 구부러지면서 전진한다. 이럴 경우 입사각이 달라지더라도 수신부 도착 시간은 거의 차이가 없다. 따라서 계단형 방식보다는 증가형 방식이 더 좋은 수신 특성을 갖는다.

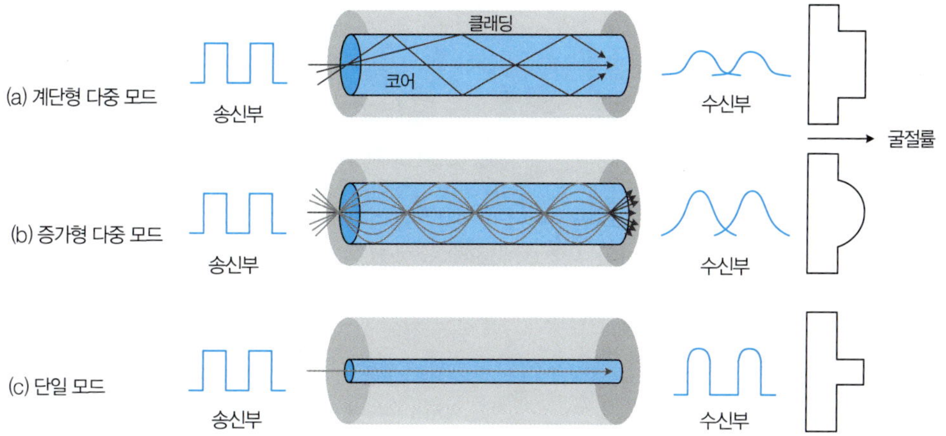

그림 6-17 광섬유의 전파 방식

단일 모드는 하나의 광섬유에 계단형 단일 광선을 전송하는 형태다. 코어의 지름을 빛의 파장과 비슷하게 매우 좁게 만들고 밀도를 더 낮게 만들어 굴절이 적게 발생하게 한다. 이렇게 되면 송신부로부터 발생한 광선이 경로를 타고 직진하게 되는데, 결과적으로 송신부에서 출발한 광선은 수신부에서 동일 시점에 집중해서 수신되기 때문에 다중 모드보다 우수한 수신 특성을 갖는다. 단일 모드는 다중 모드에 비해 데이터 손실이 적어 장거리 전송에 사용된다. 하지만 코어의 지름이 작으면 광섬유 접속에 고도의 기술이 필요하다.

광섬유의 종류별 특징은 [표 6-3]과 같다. 광섬유의 크기는 코어 지름과 클래딩 지름의 비율로 정의되며, 단위는 μm(마이크로미터)로 표시한다. 클래딩의 지름은 125μm로 ITU-T에서 표준화하였다.

표 6-3 광섬유의 종류

종류		계단형(SI) 다중 모드	증가형(GI) 다중 모드	단일 모드(SM)
재료	코어	석영	석영	석영
	클래딩	석영	석영	석영
지름(μm)	코어	50	50, 62.5, 100	9~10
	클래딩	125	125	125
전송 대역폭		수십MHz/Km	수백MHz~수GHz/Km	10GHz/Km 이상
용도		LAN, 데이터링크용	고속 장거리 LAN, 데이터링크용	대용량(100Mbps 이상), 장거리(30Km 이상) 공중망용

광통신 시스템

일반적으로 전기 신호를 이용하는 통신 시스템이 광섬유를 이용하여 신호를 송신하려면 전기 신호를 광 신호로 변환하는 장치(전-광 변환기E/O converter)를 이용해야 한다. 이를 위해서 송신부에서는 발광 다이오드LED, Light Emitting Diode와 분사 레이저 다이오드ILD, Injection Laser Diode와 같은 소자가 사용된다. 단거리에는 LED를 사용하고 장거리에는 레이저 신호를 사용한다. 반대로 수신부에는 광 신호를 전기 신호로 변환하는 장치(광-전 변환기O/E converter)가 필요하다. 이를 위해서 PDPhoto Diode나 APDAvalanche Photo Diode가 사용된다. [그림 6-18]은 광통신 시스템의 구성을 간단히 나타낸 것이다.

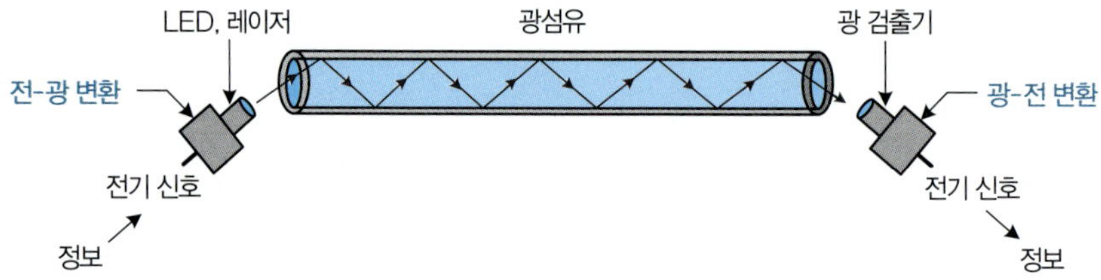

그림 6-18 광통신 시스템

광섬유의 장단점

광섬유의 장점과 단점은 [표 6-4]와 같다.

표 6-4 광섬유의 장점과 단점

장점	• 대역폭이 넓다 : 가시광선의 넓은 대역폭을 이용하여 높은 데이터 전송률을 얻는다. • 신호 감쇠가 낮다 : 신호 감쇠가 낮아서 중계기 없이 50Km까지 신호를 전달할 수 있다. 트위스티드 페어나 동축 케이블은 5Km마다 중계기가 필요하다. • 전자기파 간섭에 강하다 : 일반 전자기파는 광섬유에 영향을 주지 않는다. • 도청에 강하다 : 구리 선에는 선을 쉽게 연결하여 도청할 수 있지만 광섬유에는 선을 연결하기가 매우 어렵기 때문에 도청하려면 전문적인 도구와 기술이 요구된다. • 무게가 가볍다.
단점	• 설치와 유지 보수가 어렵다. 이를 위해서는 특정 도구와 기술이 요구된다. 또한 금속 도체에 비해 광섬유는 부러지기 쉽다. • 레이저 광원은 전기 신호 발생기보다 가격이 매우 높다.

광섬유의 전송 손실

광 손실이 발생하는 요인에는 [그림 6-19]와 같이 광섬유가 갖는 고유 손실과 광섬유 제조 후에 부가되는 손실이 있다. 전자에는 레일리 산란 손실, 흡수 손실, 구조 불완전에 의한 손실이 있으며, 후자에는 마이크로벤딩 손실, 휨 손실, 접속 손실이 있다.

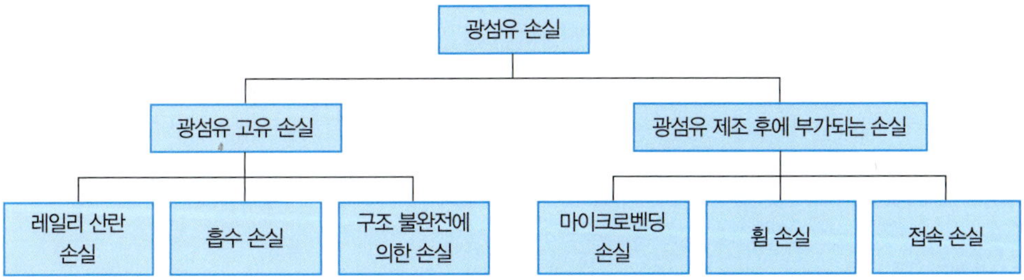

그림 6-19 광섬유 손실

■ 레일리 산란 손실

광이 미소한 입자에 부딪힐 때 광이 여러 방향으로 진행하는 현상이다. 광섬유는 2000°C의 고온에서 급격하게 냉각시키므로 이때에 생기는 밀도나 조성의 불균형이 그대로 광섬유 내에 잔류해 있다. 이러한 요인 때문에 레일리 산란Rayleigh scattering 손실이 일어난다.

■ 흡수 손실

광섬유에 포함된 철, 구리, 코발트, 망간 등과 같은 불순물과 OH-기의 수분에 의한 흡수로 광 출력이 광 섬유 내에서 일부 열로 유실되는 현상이다.

■ 구조 불완전에 의한 손실

실제 광섬유에서 코어와 클래딩의 경계는 이상적으로 평탄한 원통 면이 아니며 아주 미세한 요철(凹, 凸)이 존재한다. 이와 같이 불균일한 면이 있으면 광 에너지의 일부가 코어 밖으로 나와 광 손실이 증가한다.

■ 마이크로벤딩 손실

마이크로벤딩micro bending 손실은 광섬유 제조 과정에서 광섬유 측면에 불균일한 압력이 가해져서 광섬유의 축이 휘기 때문에 발생하는 손실이다. 이것은 광섬유에 적당한 플라스틱 코팅을 하거나 코팅 후 광섬유에 적당한 온도 변화를 주면 개선된다.

■ **휨 손실**

광섬유 설치 시 광섬유가 구부러져서 발생하는 손실이다. 곡률 반경이 작게 구부러진 광섬유 내에서 코어와 클래딩의 경계 면에 입사하는 광선의 각도가 임계각보다 작게 되어 광선이 클래딩 쪽으로 누설되면서 발생하는 손실이다. 광섬유 포설 또는 접속할 때 휨 정도가 허용 곡률 반경보다 작지 않아야 한다.

■ **접속 손실**

광섬유를 접속할 때 정확하게 코어에 맞추지 않을 경우에 발생하는 손실이다. 완전하게 맞추지 않으면 코어에서 나온 광의 일부가 클래딩으로 방사되어 손실이 일어난다.

광섬유의 분산

광섬유의 한쪽에서 광 펄스를 입력했을 때 반대쪽 단면에서 출력되는 광은 입력된 광 펄스의 시간 폭보다 넓어진다. 이것은 광 펄스가 광섬유를 통과하는 동안 시간적인 퍼짐이 발생하기 때문이다. 이러한 현상을 분산dispersion이라고 한다. 광 펄스가 퍼지면 신호 간 구별이 어렵기 때문에 분산은 손실과 더불어 광 전송에 많은 영향을 미친다. [그림 6-20]과 같이 분산은 발생 요인별로 모드 분산과 색 분산chromatic dispersion으로 나뉘며, 색 분산에는 재료 분산과 구조 분산이 있다.

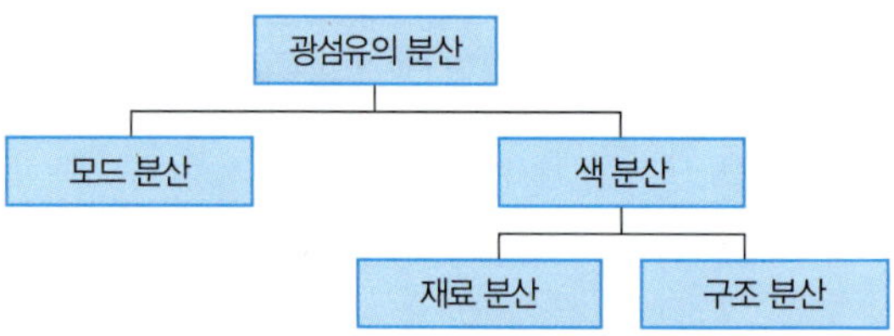

그림 6-20 광섬유의 분산

단일 모드 광섬유의 경우 전파하는 모드가 하나뿐이므로 모드 분산은 존재하지 않고, 주로 다중 모드 광섬유에서만 모드 분산이 문제가 된다. 분산 크기는 모드 분산, 재료 분산, 구조 분산의 순으로 나타난다.

- 모드 분산은 광원과 상관없이 광섬유의 종류에 따라 결정된다.
- 단일 모드 광섬유에는 모드 분산이 없다.
- 광섬유의 전송 용량은 분산이 작을수록 커진다.

■ 모드 분산

모드 분산은 다중 모드형 광섬유에서 각 모드의 전파 경로가 달라져 출력단에서 도착 시간의 차이에 의해 발생한다. 계단형 다중 모드의 경우 전반사하는 횟수가 많은 고차 모드high-order mode일수록 출력단에 도달하기까지 전파 거리가 길어지고 그만큼 시간도 많이 걸린다. 그 결과 입사할 때에는 시간 폭이 짧은 펄스라도 모드별 도달 시간의 차이로 인해 출력단에서는 시간적으로 퍼지는 현상이 발생하게 되는데, 이를 모드 분산mode dispersion이라고 한다.

이와 같은 모드 분산은 계단형 다중 모드 광섬유에 많은 영향을 미쳐 전송 대역폭을 제한한다. 증가형 다중 모드 광섬유는 이러한 문제를 개선하기 위하여 굴절률 분포를 서서히 증가시키는 형태다. 저차 모드의 경우 굴절률이 높은 부분을 지나기 때문에 속도를 줄여 고차 모드와 저차 모드의 도착 시간을 줄여준다.

■ 재료 분산

광섬유의 재료인 유리의 굴절률은 전파하는 빛의 파장에 따라서 다른 값을 갖는다. 이것은 여러 파장의 광을 포함하고 있는 태양광이 프리즘에 의해 7가지 색깔로 나타나는 것과 같다. 이 때문에 파형이 벌어지는 현상이 발생하는데 이를 재료 분산material dispersion이라고 한다.

광통신에 사용되는 레이저에서 방출되는 빛은 거의 단일 파장이지만 완전하게 단일 파장이 될 수 없고 어떤 폭을 갖는 파장 특성을 갖고 있다. 빛의 속도는 굴절률에 반비례하므로 파장에 따라 전파 속도가 달라지는데 이로 인해 도착 시간 차가 발생하여 파형이 벌어지는 현상이 발생한다.

■ 구조 분산

광섬유에서 코어와 클래딩의 굴절률 차이가 작은 경우, 경계 면에서 전반사 현상은 빛의 일부가 클래딩 부분으로 누설되는 것처럼 일어난다. 또한 누설되는 빛의 양은 빛의 파장에 따라 다르므로 결과적으로 광의 전파 길이가 파장에 따라 달라진다. 따라서 어떤 파장 폭을 갖는 광 펄스를 입사시키면 전파 경로의 길이 차이로 도달 시간 차가 생겨 펄스폭이 넓어진다. 이와 같이 펄스 파형이 시간적으로 퍼지는 현상을 구조 분산 또는 도파로 분산waveguide dispersion이라고 한다.

02 무선 매체

무선 매체는 특별한 도체 없이 공기 중의 전자기파electromagnetic wave를 이용하여 정보를 전달하는 매체를 말하며 비유도 매체unguided media라고도 한다. 이러한 무선 매체를 이용한 통신을 무선 통신wireless communication이라고 한다. [그림 6-21]은 무선 통신에서 사용되는 주파수 스펙트럼을 나타낸다. 라디오파radio wave와 마이크로파micro wave 사이에 분명한 경계는 없지만, 3KHz에서 1GHz 주파수 영역을 라디오파라고 하고, 1GHz에서 300GHz 주파수 영역을 마이크로파라고 한다. 보통 전파wave라고 하면 라디오파와 마이크로파를 의미한다.

전자기파는 전파, 적외선, 가시광선, 자외선 등을 포괄하는 개념이지만, 일반적으로는 전파와 동일한 개념으로 인식되고 있다. ITU-R(국제전기통신연합)은 "인공적인 유도 없이 공간에 퍼져나가는 3,000GHz 이하 주파수의 전자기파를 전파"라고 정의한다.

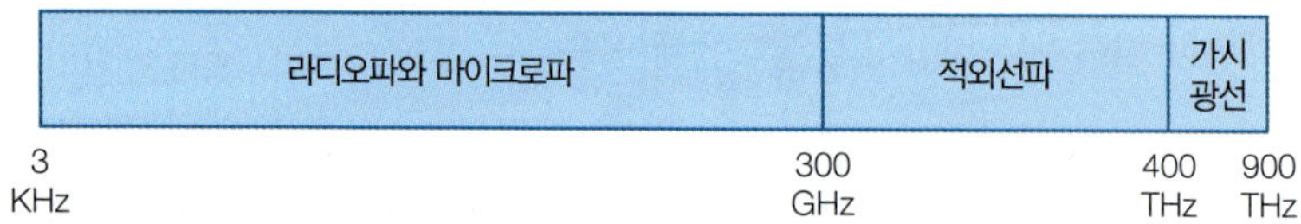

그림 6-21 무선 통신의 주파수 스펙트럼

먼저 주파수에 따른 전파의 특성을 간단히 살펴보자. 전파는 주파수가 낮으면 멀리 진행하고, 주파수가 높으면 곧게 진행하는 특성이 있다. 주파수가 높을수록 감쇠(파동이나 입자가 물질을 통과하는 사이에 흡수나 산란이 일어나서 에너지나 입자의 수가 줄어드는 현상)가 심하지만 직진성이 강하므로 대량의 정보 전송이 가능해 고정 통신이나 초고속 통신 등에 적합하다. 또한 주파수가 높을수록 안테나를 소형으로 제작할 수 있다. 반면, 주파수가 낮을수록 회절성(전파가 어떤 장애물의 끝을 통과할 때 그 후방까지 도달하는 성질)이 강하고 감쇠는 적으나 전송 가능한 정보량은 적어 해상 및 항공 통신 등의 장거리 통신에 적합하다.

또한 전파는 진행 거리의 제곱에 반비례해 출력이 감쇠하는 특성도 있다. 따라서 특정 거리 이상이 되면 신호 수신이 어려워지는데 이 거리를 커버리지coverage라고 한다. 일반적으로 도심 지역에는 장애물이 많아 커버리지가 좁다.

이러한 전파의 특성을 고려하여 무선 신호는 [그림 6-22]와 같이 발신지로부터 목적지까지 다양한 방식으로 전파된다. 지표면 전파surface propagation는 라디오파가 지구를 감싸는 대기의 가장 낮은 부분을 통하여 이동하는 방식이다. 가장 낮은 주파수를 사용하며 신호는 송신 안테나로부터 모든 방향으로 지표면의 굴곡을 따라 전파된다. 전파 거리는 신호의 전력량에 비례하여 높은 전력의 신호가 더 먼 거리까지 전파된다.

전리층 전파ionosphere propagation는 높은 주파수의 라디오파가 전리층으로 발사되었다가 반사되어 지상으로 되돌아오는 방식이다. 대류권과 전리층의 밀도 차이 때문에 신호가 전리층에서 반사되어 지상으로 되돌아오는 성질을 이용하는 것으로 멀리까지 전파될 수 있다.

가시선 전파line-of-sight propagation는 초단파 신호가 안테나에서 안테나로 직선으로 직접 전송되는 방식이다. 안테나는 반드시 마주 보고 있어야 하며 지구 곡률에 영향을 받지 않을 정도로 충분히 높거나 서로 가까워야 한다. 전파가 완벽하게 한 점으로 모이지 않기 때문에 가시선 전파는 까다롭다. 또한 전파는 지표면이나 대기에 의해 반사되므로 이러한 반사파는 직접 전송된 것보다 수신 안테나에 늦게 도착해서 수신 신호를 왜곡할 수 있다. 기본적으로 인공위성을 이용한 전송은 위성을 중계기로 사용하는 가시선 전파에 속한다.

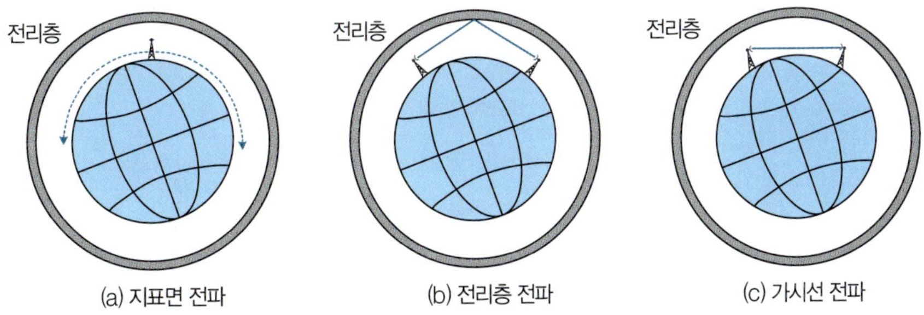

그림 6-22 무선 통신의 전파 방법

무선 전송은 [그림 6-23]과 같이 라디오파, 마이크로파, 적외선파로 나눌 수 있다.

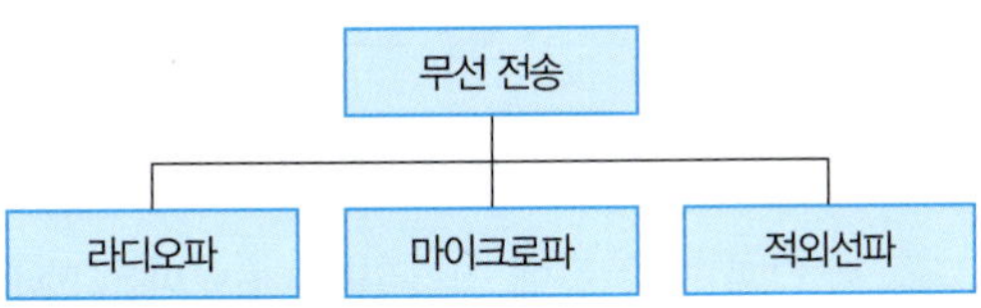

그림 6-23 무선 전송파

1 방송형 무선 라디오파

무선 라디오파radio frequency wave는 빛의 속도로 정보를 전달할 수 있다. 다른 물체에 흡수되지 않고 반사되며 대부분의 고체, 진공, 대기를 통과할 수 있기 때문에 통신에 유용하게 사용된다. 무선 라디오파는 [그림 6-24], [표 6-5]와 같이 주파수 대역에 따라 초장파부터 마이크로파까지 등급이 매겨져 있으며, 각 등급에 따라 활용 분야도 다르다.

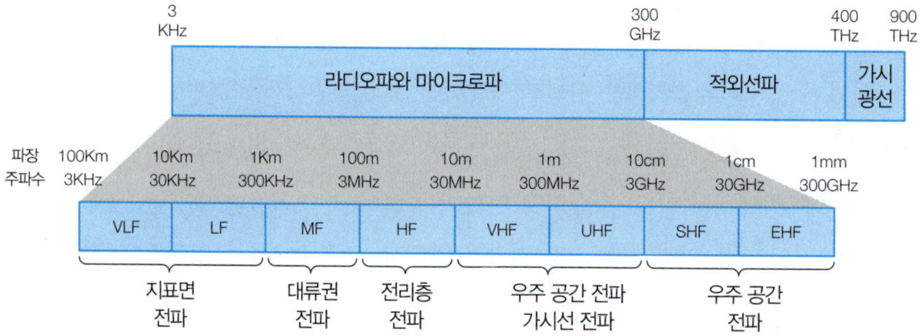

그림 6-24 무선 통신 대역

표 6-5 무선 주파수 스펙트럼

명칭	약어	주파수 대역	활용 분야
초장파Very Low Frequency	VLF	3KHz～30KHz	장거리 무선 항해
장파Low Frequency	LF	30KHz～300KHz	선박, 항공기 등의 무선 통신
중파Medium Frequency	MF	300KHz～3MHz	AM 라디오, 해상 라디오
단파High Frequency	HF	3MHz～30MHz	단파 방송, 아마추어 무선(HAM)
초단파Very High Frequency	VHF	30MHz～300MHz	VHF TV, FM 라디오
극초단파Ultra High Frequency	UHF	300MHz～3GHz	마이크로파(TV 방송, 이동 전화, 레이더)
초고주파Super High Frequency	SHF	3GHz～30GHz	마이크로파(위성 통신, 레이더)
마이크로파Extremely High Frequency	EHF	30GHz～300GHz	미사일, 우주 통신

장파는 해안이나 선박용 AM 라디오 방송 등에 이용되고, 중파는 AM 라디오 방송, 단파는 아마추어 무선HAM, 민간 무전기citizen band radio, 국제 단파 방송 등에 이용된다. 초단파는 FM 라디오, TV 방송, 원격 조정 장난감 등에 이용되고, 극초단파는 이동 통신 서비스, 무선 LAN, 경찰 무선, 이동 위성 통신 등에 이용된다.

무선 라디오파는 모든 방향으로 신호가 전파되므로 전방향 안테나omnidirectional antenna(무지향성 안테나)를 사용한다. 이런 특성 때문에 방송국에서는 불특정 다수를 대상으로 공중파 방송을 하는 데 무선 라디오파를 사용하였다. 이동 통신과 무선 LAN에서 무선 라디오파는 인접한 기지국과 다른 주파수 대역을 사용함으로써 주파수 대역을 재사용할 수 있다. 또한 기지국의 커버리지 내에서 모든 컴퓨터에 무선 링크를 제공할 수 있고 이동성도 보장해준다. 무선 라디오파의 특징은 다음과 같다.

- 감쇠가 적다.
- 고출력 단일 주파수인 경우 장거리 전송이 가능하다.
- 전파는 모든 방향으로 방사되는 전방향성이다.
- 주파수 대역을 재사용할 수 있다.
- 물체에 의한 반사로 인해 여러 경로로 전파된다.

2 지상 마이크로파

3~40GHz 주파수 대역을 사용하는 지상 마이크로파terrestrial microwave는 장거리 구간에서 수십Mbps의 높은 데이터 전송 속도를 제공하기 위해 사용한다. 지상 마이크로파는 유선 매체를 설치하기 곤란한 경우, 습지대 또는 사막을 횡단하는 경우에 유용하다. [그림 6-25]와 같이 마이크로파(마이크로웨이브)는 한 방향으로만 신호를 보내는 안테나(지향성 안테나)를 이용하고 가시선 전송만 가능하다.

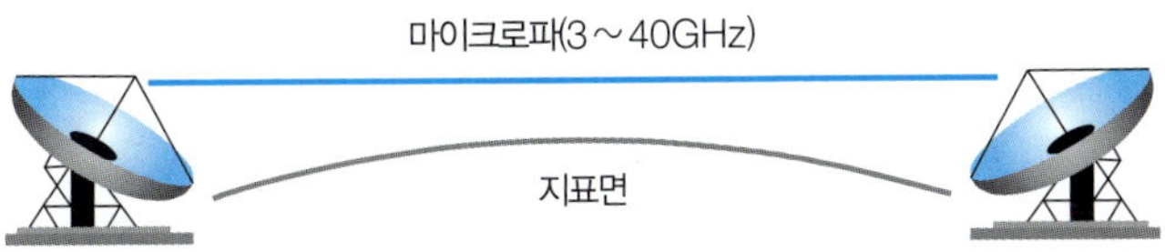

그림 6-25 지상 마이크로파 통신

> **NOTE 주파수와 파장의 관계**
>
> 주파수와 파장은 반비례 관계에 있다. 여기서 λ는 파장, f는 주파수, c는 빛의 속도(3×10^8m/s).
>
> $$\lambda = \frac{c}{f}$$

중간에 장애물이 없는 경우 지상 마이크로파의 최대 전송 거리는 대략 다음과 같다.

$$d = 7.14\sqrt{Kh}$$

여기서 d는 안테나 간 거리(Km)를 나타내고, h는 안테나의 높이(m), K는 마이크로파의 굴절과 지구의 곡률 반경을 고려한 상수로 4/3 정도의 값을 갖는다. 예를 들어, 100m 높이의 안테나를 이용할 때 대략 80Km 정도의 직접 전송이 가능하다. 실제 지상 마이크로파 통신에서 전파의 감쇠 특성 때문에 주파수 10GHz 이하에서 중계 간격은 50Km 정도가 사용된다.

지상 마이크로파 통신에서는 한 방향으로만 신호를 보내는 지향성 안테나를 사용하는데, 접시형(파라볼라) 안테나와 혼 안테나가 있다. [그림 6-26](a)와 같이 접시형 안테나parabolic dish antenna는 포물선 반사를 이용한 안테나다. 포물선 회전체의 단면을 반사판으로 삼아 수집한 전파를 초점에 모을 수 있도록 설계되어 있다. (b)의 혼 안테나horn antenna는 큰 국자처럼 보인다. 외부로 나가는 신호는 자루(도파관)를 따라 이동하여 둥근 헤드에 의해 연속된 좁은 평행 광선의 형태로 나간다. 수신된 신호는 둥근 헤드에 모여서 굴절되어 자루를 따라 아래쪽으로 이동한다.

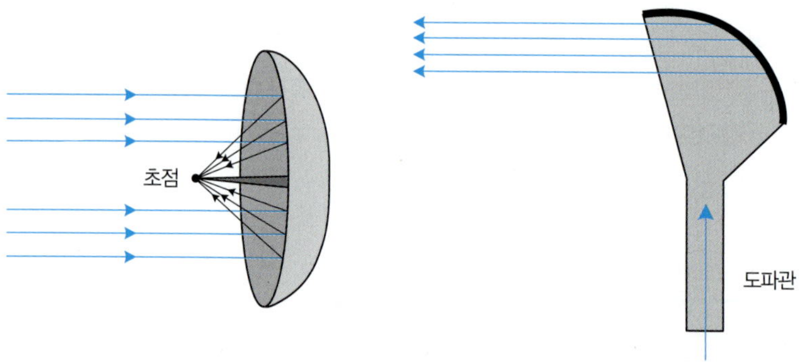

(a) 접시형 안테나 (b) 혼 안테나

그림 6-26 지향성 안테나

지상 마이크로파는 단방향성으로 인해 유니캐스트unicast 통신에 유리하며 주로 휴대 전화, 위성 통신, 무선 LAN, 전화나 TV의 장거리 중계에 이용된다. 지상 마이크로파의 특징은 다음과 같다.

- 유선 매체를 설치하는 데 드는 비용이 비싸거나 설치가 불가능할 때 주로 사용된다.
- 가시선 전파를 이용하므로 안테나는 고지대에 위치해야 한다.
- 지향성 안테나인 접시형 안테나나 혼 안테나가 사용된다.
- 장거리 구간에서는 높은 데이터 전송률을 제공한다.
- 동축 케이블에 비해 훨씬 적은 수의 증폭기나 리피터가 필요하다.
- 대기를 통해 통신이 이루어지므로 구조물이나 기상 조건에 영향을 받는다.

3 위성 마이크로파

위성 마이크로파satellite microwave는 위성을 매개체로 전자기파를 보내 데이터를 송수신하는 데 사용한다. 위성 마이크로파를 이용한 위성 통신이란 공중에 떠 있는 위성을 중계기로 사용하여 지상에 있는 송신국과 수신국 사이에 마이크로파를 이용해서 통신하는 방식이다. 따라서 송신국과 수신국 둘 다 도달할 수 있는 공통된 지점에 위성이 있어야 통신을 할 수 있다. 위성 통신은 전리층을 통과하여 전파되어야 하기 때문에 1GHz 이상의 주파수를 이용해야 한다. [표 6-6]은 위성 통신에서 사용하는 주파수 대역을 보여준다.

표 6-6 위성 통신 주파수 대역

대역 명칭	상향 링크	하향 링크	활용 분야
L	1.6GHz	1.5GHz	이동체 위성 통신(인마셋, inmarsat)
S	2.6GHz	2.5GHz	이동체 위성 통신
C	6GHz	4GHz	국제 및 지역 위성(인텔셋, intelsat)
Ku	14GHz	12GHz	국가 및 지역 위성(무궁화위성)
Ka	30GHz	20GHz	초고속 통신(미국 기술위성, ACTS)

지상에서 위성으로 전송하는 채널을 상향 링크uplink라 하고, 위성에서 지상으로 전송하는 채널을 하향 링크downlink라고 한다. 상향 링크와 하향 링크는 겹치는 영역이 있기 때문에 서로 다른 주파수 채널을 이용해야 한다. 예를 들어, 정지 궤도 위성에서 사용하는 C 대역의 상향 링크는 6GHz, 하향 링크는 4GHz를 사용한다. 상향 링크에 더 높은 주파수를 할당하는 이

유는 지상에서 보다 강한 신호 송신이 용이하기 때문이다. 반면 위성에서는 시스템 크기나 전력 문제 등으로 강한 송신기를 갖추기 어려워 감쇠가 상대적으로 적은 낮은 주파수를 이용한다. [그림 6-27]은 위성 통신의 상향 링크와 하향 링크를 보여준다.

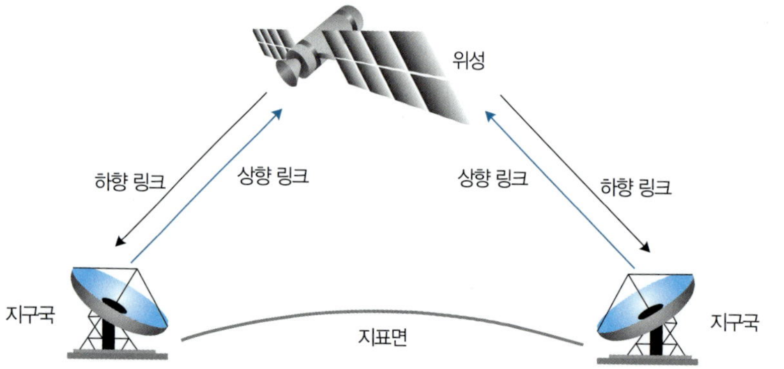

그림 6-27 위성 마이크로파 통신

위성의 고도에 따라 저궤도(100~1,500Km), 중궤도(5,000~20,000Km), 정지 궤도 위성으로 나뉜다. 정지 궤도Geostationary Earth Orbit 위성은 약 36,000Km 상공의 적도 궤도에 위치한다. 정지 궤도 위성은 지구 자전 속도에 맞추어 지구를 돌기 때문에 지상에서 보면 마치 정지되어 있는 것처럼 보인다. 정지 궤도 위성을 이용하면 지상의 송신국과 수신국이 항상 같은 위치에 고정되어 있는 것처럼 보이므로 통신에 활용하기가 좋다.

위성 마이크로파의 장점과 단점은 [표 6-7]과 같다.

표 6-7 위성 마이크로파의 장점과 단점

장점	• 위성은 지상으로부터 매우 높은 곳에 있으므로 지상으로 신호를 전파할 때 매우 넓은 영역에 신호가 도달한다. 그러므로 다중점 연결 구성에 유리하다. • 위성 통신에서 사용하는 C 대역 링크의 대역폭은 500MHz로 매우 넓기 때문에 많은 음성 채널을 다중화할 수 있다. • 위성 채널은 거리가 멀지만 오류가 발생하는 대기의 통과 거리는 비교적 짧아서 상대적으로 오류율은 낮다. 지상 마이크로파의 오류율은 1×10^{-5} 정도이고, 위성 통신의 오류율은 1×10^{-8} 정도로 감소한다.
단점	• 거리가 멀기 때문에 전송 지연이 길다. 정지 궤도 위성의 경우 위성이 36,000Km 상공에 있으므로 상향 링크와 하향 링크를 경유하는 시간은 약 0.24초(= 2 × 36000/300000)가 된다. • 사용 주파수가 높아질수록 기후 현상(비, 눈 등)에 의한 신호의 감쇠가 심해진다. • 보안성이 떨어지며, 위성이 고장 나면 수리하기 어렵다.

4 적외선파

적외선infrared파의 주파수 대역은 가시광선보다 낮은 300GHz에서 400THz의 영역이다. 적외선 신호는 가까운 거리의 통신에 이용되며 벽을 통과하지 못하는 특성이 있다. 따라서 원거리 통신보다는 실내 통신에 활용되며 송신기와 수신기는 가시선 확보가 필수다. TV 리모컨에서 사용하는 신호가 적외선 신호를 사용하는 대표적인 예다. 벽을 통과하지 못한다는 것은 신호가 실외로 전파되지 못한다는 의미이므로 보안에 강점이 있다. 또한 적외선파는 건물 밖에서는 사용할 수 없는데, 태양 빛이 적외선 통신을 방해하기 때문이다.

적외선파의 주파수 대역은 300GHz~400THz이므로 매우 높은 데이터 전송률을 제공할 수 있다. 적외선 통신의 표준을 제정하는 IrDAInfrared Data Association에서는 키보드, 마우스, 프린터 등의 주변 기기와 PC가 무선으로 통신할 수 있는 표준을 제공하고 있다. 원래 규정된 데이터 전송률은 8m 이내에서 75Kbps이었으나 최근 4Mbps까지 개선되었다.

1 **다음 문장의 괄호 안에 있는 a-b-c-d-e가 순서대로 바르게 짝지어진 것은?**

> 통신망을 구성하는 각 노드들은 통신 회선을 이용하여 연결하여야만 신호가 전달된다. 이때 사용하는 통신 회선을 (a)라 하는데 여기에는 (b)와 (c)가 있다. (b)는 물리적 통로를 따라 유도되는 것으로 (d) 등을 말하고, (c)는 전자파(전파)를 전송하는 매체로 (e) 등이 있다.

① 토폴로지 – 중계기 – 스위치 – 교환기 – 증폭기
② 링크 – 집중화기 – 다중화기 – MUX – 안테나
③ 네트워크 – 이더넷 – 무선 통신망 – 전화선 – 발진기
④ 전송 매체 – 유도 전송 매체 – 비유도 전송 매체 – 유선 – 공기

2 **금속 박막에 의한 차단 유무에 따라 STP 케이블과 UTP 케이블로 분류되는 전송 매체는?**

① 동축 케이블
② 꼬임쌍선
③ 단일 모드 광섬유
④ 다중 모드 광섬유

3 **UTP 케이블의 카테고리category라 함은 표준화 기구에서 정의한 케이블 회선의 꼬임 정도 등을 나타내는 인터페이스 규격이다. 다음 중 대부분 unshielded 형태로 제작되며, 최대 100MHz의 전송 대역까지 통신 가능한 미국 표준(EIA-568) 규격은?**

① Category 5 또는 5E
② Category 6
③ Category 6A
④ Category 7

4 **가장 널리 사용되는 100Mbps 디지털 전송용 UTP 케이블의 접속에 사용되는 8핀 커넥터 표준 규격은?**

① RS-22　② RS-42
③ RJ-22　④ RJ-45

5 **STP 케이블에 대한 설명으로 적합하지 않은 것은?**

① UTP 케이블에 비해 더 비싸다.
② UTP 케이블보다 유연하며 설치가 쉽다.
③ UTP 케이블보다 최대 전송 가능 속도가 높다.
④ UTP 케이블보다 외부의 전기적 간섭에 영향을 덜 받는다.

6 **이중 나선twisted pair wire형 전송 회선의 특징으로 볼 수 없는 것은?**

① PC용 LAN에서 주로 사용된다.
② 고속 전송이 어렵다.
③ 넓은 대역폭을 제공하고 전송 속도가 15Mbps 이상이다.
④ 두 줄의 전선을 꼬아놓은 케이블 형태다.

7 **광섬유 전송 매체와 비교했을 때 일반적인 트위스티드 페어twisted Pair 케이블에 대한 설명으로 잘못된 것은?**

① 신호의 감쇠 및 간섭에 약하다.
② 아날로그 및 디지털 전송에 모두 사용할 수 있다.
③ 비용이 저렴한 편이다.
④ 대역폭이 넓다.

8 **불평형 선로이기 때문에 저주파에 있어서는 외부로부터 방해를 받기 쉬우나 정전계, 전자계를 외부에 개방하지 않은 폐쇄성 선로이고, 외부 도체의 차폐 작용 때문에 고주파에 있어서 차폐성이 우수하고, 손실이 적어 장거리와 광대역 전송에 적합한 전송로는?**

① 광케이블　② 동축 케이블
③ UTP 케이블　④ 나선 케이블

9 **동축 케이블의 설계는 RGRadio Guide 등급에 의해 분류되는데, 각각의 카테고리, 특성 임피던스, 사용 용도의 순서로 틀린 것은?**

① RG-59, 75Ω, 케이블TV
② RG-58, 75Ω, 10Base5 또는 Thick Ethernet
③ RG-11, 7Ω, 10Base5 또는 Thick Ethernet
④ RG-58, 50Ω, 10Base2 또는 Thin Ethernet

10 **동축 케이블의 특징으로 가장 옳은 것은?**

① 초기에는 주로 장거리 전화 전송망에 사용되었으나, 지금은 케이블 TV 분배망이나 LAN 등에 널리 쓰인다.
② 다른 전송 매체에 비해 가격이 비싸다.
③ 잡음 저항력이 좋으며 도청으로부터 고도의 안정성을 보장한다.
④ 거리, 대역폭, 데이터 전송률에 있어 많은 제약을 가지고 있다.

11 **동선과 비교할 때 동축 케이블의 장점이 아닌 것은?**

① 용량이 커서 많은 신호를 한 번에 전송한다.
② 케이블 간의 신호 간섭을 억제한다.
③ 주파수 신호 세력의 감쇠나 전송 지연의 변화가 적다.
④ 선로 구축 비용이 저렴하다.

12 **동축 케이블에 대한 설명으로 맞지 않은 것은?**

① 광대역 다중화 전송에 적합하다.
② Twisted Pair 케이블보다 주파수 특성이 우수하다.
③ 동심원 구조의 사용으로 Twisted Pair 케이블보다 누화에 약하다.
④ 근거리 및 소규모 회선 구간에 적용하면 비경제적일 수 있다.

13 **스넬의 법칙Snell's law이란 광선 또는 전파가 서로 다른 매질의 경계 면에 입사하여 통과할 때 입사각과 굴적각의 관계를 표현한 법칙이다. 다음 그림과 같이 굴절률이 n_1과 n_2로 서로 다른 두 매질이 맞닿아 있을 때 매질을 통과하는 빛의 경로는 매질마다 광속이 다르므로 휘게 되는데, 그 휜 정도를 빛의 입사 평면상에서 각도로 표시하면 θ_1과 θ_2가 된다. 이때 스넬의 법칙으로 n_1, n_2, θ_1, θ_2의 상관관계를 올바르게 정의한 것은?**

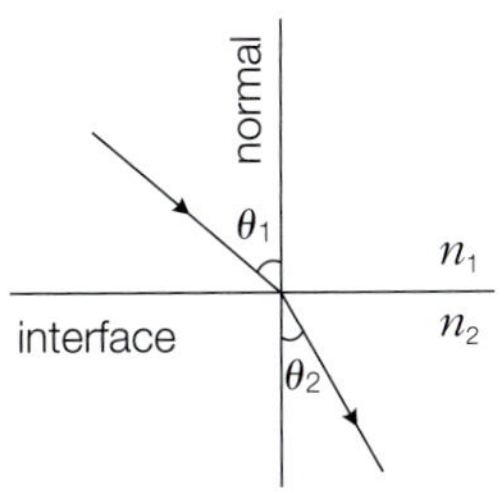

① $n_1 + \cos\theta_1 = n_2 + \sin\theta_2$
② $n_1 + \cos\theta_2 = n_2 + \sin\theta_1$
③ $n_1 \sin\theta_1 = n_2 \sin\theta_2$
④ $n_1 \sin\theta_2 = n_2 \sin\theta_1$

14 **다음 중 광케이블을 통해 정보 전송이 가능한 것은 빛의 어떤 성질 때문인가?**

① 굴절
② 산란
③ 회절
④ 전반사

15 **다음은 광섬유의 어느 부분을 설명한 것인가?**

> 광을 전송하는 영역으로 거울과 같은 역할을 수행하여 빛이 반사하며, 유리나 플라스틱으로 구성된다.

① 코어
② 클래딩
③ 코팅
④ AWG

16 **광섬유 케이블 심선에 있어서 core의 굴절률을 점차 높이면(증가시키면) 통화용 레이저 광선의 전파 속도는 어떻게 변화되는가?**

① 점차 빨라진다.
② 점차 늦어진다.
③ 전혀 불변이다.
④ 주기적으로 빨라졌다 늦어졌다 한다.

17 **광섬유의 종류에 해당되지 않은 것은?**

① 스텝 인덱스Step Index
② 그레이드 인덱스Graded Index
③ 단일 모드Single Mode
④ 복합 모드Complex Mode

18 광섬유를 SIF 및 GIF로 분류하는 것은 무엇에 따른 것인가?

① 코어의 굴절률 분포 형태
② 클래드의 굴절률 분포 형태
③ 코어와 클래드 사이의 굴절률 분포 형태
④ 클래드와 코팅 층 사이의 굴절률 분포 형태

19 아래 그림과 같은 광 도파 형태를 나타내는 광섬유는 어떤 종류에 속하는가?

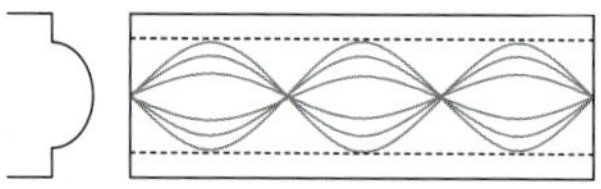

① 단일 모드 스텝 인덱스형
② 다중 모드 그레이디드 인덱스형
③ 다중 모드 스텝 인덱스형
④ 단일 모드 편파 보존형

20 다중 모드 광섬유multi mode fiber에 대한 설명으로 알맞지 않은 것은?

① 코어 내를 전파하는 모드가 여러 개 존재한다.
② 모드 간 간섭이 있어 전송 대역이 제한된다.
③ 고속, 대용량 전송에 사용된다.
④ 단일 모드 광섬유보다 제조 및 접속이 용이하다.

21 다중 모드 광섬유multi mode fiber와 비교하여 단일 모드 광섬유single mode fiber의 특징이 아닌 것은?

① 전송 대역이 광대역이다.
② 분산 손실이 적다.
③ 고속 대용량 전송에 적합하다.
④ 단거리 전송에 적합하다.

22 단일 모드single mode 광섬유에 대한 설명으로 알맞은 것은?

① 광섬유 속을 지나는 전파 모드가 여러 개다.
② 광선의 도착 시간 차이에 의해 전송 대역폭이 제한된다.
③ 광선이 도착하는 시간 차가 없으므로 10GHz의 넓은 전송 대역폭을 가진다.
④ 코어 직경이 크므로 제조 및 접속이 용이하고 초대용량 단거리 전송에 적합하다.

23 광섬유 케이블의 특성이 아닌 것은?

① 회선 접속이 용이하다.
② 전기적 잡음의 영향이 거의 없다.
③ 보안성이 뛰어나다.
④ 대역폭이 넓다.

24 광섬유의 특징에 대한 설명으로 알맞지 않은 것은?

① 아주 빠른 전송 속도를 가지고 있다.
② 손실률이 높다.
③ 매우 낮은 전송 에러율을 가지고 있다.
④ 네트워크 보안성이 높다.

25 광섬유의 특징에 관한 설명으로 적합하지 않은 것은?

① 접속이 용이하다.
② 장거리 전송이 가능하다.
③ 광-전 변환이 필요하다.
④ 외부적 전기 신호의 영향을 받지 않는다.

26 동축 케이블과 비교하여 광섬유 케이블의 특징으로서 적합하지 않는 것은?

① 가볍다. ② 부피가 작다.
③ 광대역이다. ④ 가공이 쉽다.

27 광섬유 케이블이 광대역 통신망에 적합한 이유로 가장 적합한 것은?

① 전송 대역폭이 크다.
② 전송 손실이 극히 적다.
③ 전자파나 라디오파의 유도 장애를 받지 않는다.
④ 가볍고 취급이 용이하다.

28 광통신 방식에서 광신호를 전기적 신호로 변환해주는 소자는?

① LD, LED ② LD, APD
③ LED, APD ④ APD, PD

29 광섬유 케이블의 산란 손실에 대한 설명으로 가장 적합한 것은?

① 코어나 클래드의 경계면에 발생한 요철에 의한 손실이다.

② 광섬유의 흡수 현상으로 광 전력의 일부가 열로 유실되는 손실이다.

③ 광섬유 재료의 밀도, 성분, 분자가 불균일하여 굴절률이 변화되어 일어나는 손실이다.

④ 2개의 광섬유를 접속시킬 때 중심축이 서로 어긋나거나 기울어져 일어나는 손실이다.

30 광섬유 케이블에서 야기되는 손실이 아닌 것은?

① 유도 손실 ② 흡수 손실

③ 산란 손실 ④ 마이크로밴딩 손실

31 광섬유의 광 손실에 해당하지 않는 것은?

① 산란 손실

② 구조 불완전에 의한 손실

③ 복사 손실

④ 마이크로밴딩 손실

32 광섬유 케이블에서 주로 발생하는 손실의 종류가 아닌 것은?

① 산란 손실 ② 흡수 손실

③ 누화 손실 ④ 마이크로밴딩 손실

33 광섬유 케이블의 고유한 손실에 속하지 않는 것은?

① 흡수 손실

② 산란 손실

③ 접속에 의한 손실

④ 구조 불완전에 의한 손실

34 광섬유의 유리 중에 포함된 Fe나 Cu 등의 천이 금속이나 수분 등의 불순물에 의해 일어나는 손실은?

① 접속 손실 ② 결합 손실

③ 흡수 손실 ④ 불균형 손실

35 광섬유의 광 손실 중 외부의 힘에 의한 손실은?

① 매크로밴딩$_{\text{macro banding}}$ 손실

② 마이크로밴딩$_{\text{micro banding}}$ 손실

③ 나노밴딩$_{\text{nano banding}}$ 손실

④ 피코밴딩$_{\text{pico banding}}$ 손실

36 광섬유에 대한 설명으로 틀린 것은?

① 모드 분산은 단일 모드 광섬유에서만 발생한다.

② 재료 분산은 광섬유의 재질인 석영 유리의 굴절률이 전파하는 빛의 파장에 따라 변화하면서 생긴다.

③ 광소자란 빛을 발생하고 처리하고 감지하는 기능이 있는 전자 장치를 말한다.

④ 발광 다이오드는 자연 방출 현상으로 빛을 발생하며, 레이저 다이오드는 유도 방출 현상으로 빛을 발생한다.

37 다중 모드 광케이블에서 발생하는 분산으로 가장 적합한 것은?

① 색 분산 ② 모드 분산

③ 색 분산, 모드 분산 ④ 도파로 분산

38 전파하는 광의 파장에 따른 전파 속도 차 때문에 발생하는 분산은?

① 색 분산 ② 영 분산

③ 모드 분산 ④ 도파로 분산

39 광통신 시스템에서 전송 속도를 제한하는 주된 요인으로 알맞은 것은?

① 광 분산 ② 광 손실

③ 전반사 ④ 굴절

40 광섬유의 분산에 대한 설명으로 적합하지 않은 것은?

① 분산에는 색 분산과 모드 분산이 있다.

② 색 분산에는 재료 분산과 구조 분산이 있다.

③ 다중 모드 광케이블에는 색 분산과 모드 분산이 존재한다.

④ 재료 분산은 파장의 폭을 갖는 광 펄스 입사 시 빛의 전파 경로 길이가 파장에 따라 달라져 발생한다.

41 전송로상의 구조 분산(도파로 분산)에 대한 설명으로 틀린 것은?

① 광섬유의 구조에 변화가 생겨 빛과 광케이블이 이루는 각이 파장에 따라 변해서 발생
② 실제 전송로의 경로 길이에 변화가 발생하게 되고 도착 시간의 차이가 발생
③ 광 펄스가 옆으로 퍼지는 현상
④ 모드 사이의 전달되는 전파 속도 차이 때문에 발생하는 분산

42 전송 선로 중 대역폭이 가장 넓은 것은?

① 가공 나선 ② 평형대 케이블
③ 동축 케이블 ④ 광케이블

43 전자파(전파)에 대한 설명으로 틀린 것은?

① 전자파를 파장이 짧은 것부터 순서대로 나열하면 감마선, x선, 적외선 등이 있다.
② 전자파는 파장이 짧을수록 직진성 및 지향성이 강하다.
③ 전자파는 진공 또는 물질 속을 전자장의 진동이 전파함으로써 전자 에너지를 운반하는 것이다.
④ 전파는 인공적인 유도에 의해 공간에 퍼져 나가는 파다.

44 보기 중 일반적으로 파장이 긴 것부터 순서대로 나열한 것은?

(1) 마이크로파 (2) 가시광선
(3) 초단파 (4) 단파 (5) 자외선

① (1)-(2)-(3)-(4)-(5)
② (2)-(4)-(1)-(3)-(5)
③ (4)-(3)-(1)-(2)-(5)
④ (5)-(1)-(2)-(4)-(3)

45 레이더 또는 위성 통신에 이용되며, Ka밴드, K밴드, Ku밴드, X밴드, L밴드 등 특수한 용어를 사용하여 밴드를 분류하는 파는?

① 단파 ② 마이크로파
③ 밀리미터파 ④ 초단파

46 다음 문장의 괄호 안에 들어갈 내용으로 알맞은 것은?

일반적으로 신호 주파수가 높을수록 지향성이 (a), 동일한 전력일 경우 지향성이 클수록 전파 거리는 (b), 무선 라디오$_{\text{radio}}$는 날씨의 영향을 (c), 마이크로파$_{\text{micro wave}}$는 지향성이 (d) 위성 통신 등에 사용되고 있다.

① (a) 크며 (b) 멀고 (c) 받으며 (d) 크므로
② (a) 크며 (b) 짧고 (c) 안 받으며 (d) 작으므로
③ (a) 작으며 (b) 멀고 (c) 받으며 (d) 크므로
④ (a) 작으며 (b) 짧고 (c) 안 받으며 (d) 작으므로

47 마이크로파 통신의 특징이 아닌 것은?

① 장거리 통신은 중간에 중계소를 설치해야 한다.
② 가시거리 내 통신으로 장애물이 없는 거리 내에서만 가능하다.
③ 파장이 짧아 지향성이 예민한 안테나를 사용할 수 있다.
④ 협대역 전송이 가능하고 보안성이 높다.

48 마이크로파 통신의 특징에 대한 설명으로 옳지 않은 것은?

① 광대역 전송이 가능하다.
② 산악 등 지형 장애물의 영향이 적다.
③ 지향성 안테나를 사용하며 유선 통신에 비해 회선 구성이 용이하다.
④ 소형의 고이득 안테나를 사용할 수 있다.

49 마이크로파 통신의 특징이 아닌 것은?

① 광대역 통신이 가능하다.
② 외부 잡음의 영향이 적다.
③ 전송 지연이 많이 발생한다.
④ 기상 조건에 따라 전송 품질이 영향을 받는다.

50 마이크로파 통신에서 전파의 감쇠 특성 때문에 주파수에 따라 중계 간격이 다르게 설계되는데 중계 거리로 가장 합당한 것은?

① 10GHz 이하에서 중계 간격은 100Km 정도
② 10GHz 이하에서 중계 간격은 50Km 정도
③ 20GHz 이하에서 중계 간격은 20Km 정도
④ 30GHz 이하에서 중계 간격은 10Km 정도

51 마이크로웨이브 전송의 장점에 해당되지 않는 것은?

① 안테나를 소형으로 제작 가능
② 광대역 전송 가능
③ 보안에 강함
④ 회선 구성의 융통성이 큼

52 마이크로웨이브 무선 통신의 장점이 아닌 것은?

① 광대역 통신이 가능하다.
② 외부 잡음의 영향이 적다.
③ 전파 손실이 적다.
④ 기상 조건에 따라 전송 품질이 영향을 받는다.

53 전파 통신이 가능한 가시거리$_{\text{Line-of-Sight}}$를 구하는 공식은? (단, d는 가시거리, K는 지구의 곡률에 의한 보정계수, H는 안테나의 높이[m])

① $d=K\times4.17\sqrt{H^3}$ Km
② $d=7.14\sqrt{KH}$ Km
③ $d=4.17\sqrt{K^3H}$ Km
④ $d=\mathrm{K}\times7.14\sqrt{H^3}$ Km

54 위성 통신에서 다운 링크$_{\text{downlink}}$에 대한 설명으로 옳은 것은?

① 위성으로부터 송신 지구국으로의 회선
② 위성으로부터 수신 지구국으로의 회선
③ 송신 지구국으로부터 수신 지구국으로의 회선
④ 수신 지구국으로부터 송신 지구국으로의 회선

55 위성 통신에서 업 링크$_{\text{uplink}}$에 대한 설명으로 옳은 것은?

① 위성으로부터 지구국으로의 회선
② 지구국으로부터 위성으로의 회선
③ 지구국으로부터 지구국으로의 회선
④ 위성으로부터 위성으로의 회선

56 지구국으로부터 통신 위성까지의 거리가 36,000Km일 때, 이 지구국에서 발사된 전파가 통신 위성을 경유하여 지구국에 도착할 때까지 걸리는 이론적 시간은 얼마인가? (단, 지구국과 통신 위성 장치에서 소요되는 시간은 고려하지 않음)

① 240ms ② 245ms
③ 250ms ④ 255ms

57 인공위성 궤도의 종류에 해당하지 않는 것은?

① 저궤도$_{\text{Low Earth Orbit}}$
② 중궤도$_{\text{Medium Earth Orbit}}$
③ 임의 궤도$_{\text{Random Earth Orbit}}$
④ 정지 궤도$_{\text{Geostationary Orbit}}$

58 위성이 정지 궤도에 있기 위한 설명으로 틀린 것은?

① 적도 상공에만 위치하여야 한다.
② 자전 주기는 지구의 자전 주기와 일치하는 24시간이어야 한다.
③ 위성이 7.91Km/s의 속도로 움직여야 한다.
④ 위성의 높이와 관계되며 중궤도인 1,500~10,000 Km 내에 위치해야 한다.

59 전송 매체를 크게 2개의 범주로 나눈다면 각 범주의 이름은 무엇인가?

60 전화선이나 고속 LAN 등에 사용되는 전송 매체는?

61 UTP 케이블을 연결할 때 사용하는 커넥터 이름은?

62 Hub(허브)등이 없는 상태에서 동종 장비 간, 예를 들어 컴퓨터와 컴퓨터 간에 직접 연결하여 정보를 교환할 때 사용하는 케이블은?

63 단일 전선과 이를 둘러싸고 있는 원통형의 외부 도체로 구성되며, 장거리 전화, TV 전송 등에 사용되는 전송 매체는?

64 동축 케이블을 연결할 때 사용하는 커넥터 이름은?

65 광선이 서로 다른 밀도의 매체를 통과할 때 입사각이 임계각보다 클 경우 일어나는 현상은?

66 코어 내의 밀도가 일정하게 제조된 광섬유는 무엇인가?

67 무선 통신 스펙트럼의 대역이 분류되는 기준은 무엇인가?

68 위성 통신에서 사용되는 주파수 대역은 무엇인가?

69 신호가 매체를 통해서 전송될 때 지향성이 없고 전방향 특성을 가진 전송 매체는?

70 장거리 통신 서비스용으로 어떤 요인에 의해 설치가 불가능할 때 이를 대체하는 데 사용되는 무선 매체는?

71 적외선 통신의 표준을 제정하는 기관은?

72 PC와 주변 장치 사이의 통신에 사용되는 무선 전송 매체는?

73 트위스티드 페어 케이블의 내부 전선을 각 쌍으로 꼬는 이유를 설명하시오.

74 STP가 UTP에 비해 성능이 우수하지만 많이 사용되지 않는 이유를 설명하시오.

75 전송 매체로서 광케이블의 단점에 대해 설명하시오.

76 빛이 광섬유를 따라 전파될 때 광섬유의 길이가 10Km라면 전파 지연 시간은 얼마인가? 단, 전파 속도는 2×10^8m/s라고 가정한다.

77 광케이블의 보안성이 우수한 이유를 설명하시오.

78 지상 마이크로파의 최대 전송 거리가 50Km가 되기 위한 안테나의 높이를 계산하시오. 단, 중간에 장애물이 없다고 가정한다.

79 위성 통신에서 하향 링크보다 상향 링크에 더 높은 주파수를 할당하는 이유를 설명하시오.

1 ④	2 ②	3 ①	4 ④	5 ②	6 ③	7 ④	8 ②	9 ②	10 ①
11 ④	12 ③	13 ③	14 ④	15 ①	16 ②	17 ④	18 ①	19 ②	20 ③
21 ④	22 ③	23 ①	24 ②	25 ①	26 ④	27 ①	28 ④	29 ③	30 ①
31 ③	32 ③	33 ③	34 ③	35 ②	36 ①	37 ③	38 ①	39 ①	40 ④
41 ④	42 ④	43 ④	44 ③	45 ②	46 ①	47 ④	48 ②	49 ③	50 ②
51 ③	52 ④	53 ②	54 ②	55 ②	56 ①	57 ③	58 ④		

CHAPTER 07
다중화

학습목표

- 다중화와 역다중화의 개념에 대해 설명할 수 있다.
- 주파수 분할 다중화와 파장 분할 다중화에 대해 설명할 수 있다.
- 시분할 다중화에 대해 설명할 수 있다.
- 코드 분할 다중화에 대해 설명할 수 있다.
- 스펙트럼 확산 기술에 대해 설명할 수 있다.
- 다중화 기술의 응용인 SONET/SDH에 대해 설명할 수 있다.

01 다중화와 역다중화

1 다중화

데이터 전송 비용을 최소화하는 일은 매우 중요하다. 두 장치를 연결할 매체의 전송 용량이 두 장치가 요구하는 전송량보다 크면 링크link를 공유해 이용 효율을 높일 수 있다. 다중화multiplexing는 단일 링크로 신호 여러 개를 동시에 전송할 수 있는 기술이다.

[그림 7-1]은 n개의 장치가 단일 링크의 대역폭을 공유하는 다중화 시스템의 기본 구성을 나타낸다. 왼쪽의 n개 장치가 전송할 데이터를 다중화기multiplexer, MUX로 보내고 다중화기는 그 데이터들을 하나로 묶어 하나의 링크를 통하여 다중 복구기demultiplexer, DEMUX로 전송한다. 그러면 다중 복구기는 이 데이터들을 각 채널별로 분리하여 오른쪽에 있는 해당 장치로 보낸다. 그림에서 링크link는 물리적인 경로이며, 채널channel은 한 쌍의 송수신기 간 전송을 위한 논리적인 경로logical path다. 따라서 링크 하나에 채널이 여러 개 있을 수 있다.

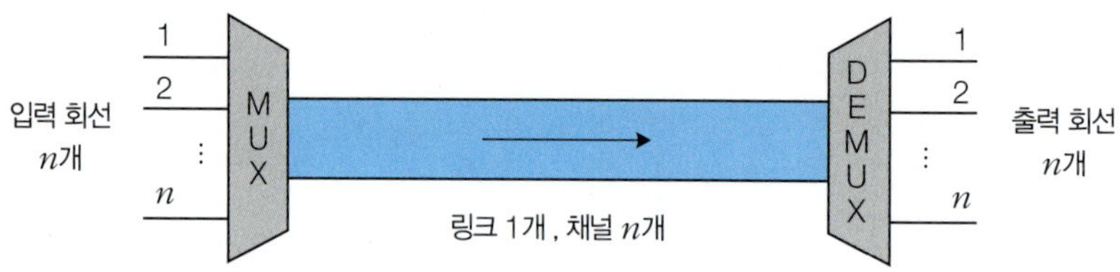

그림 7-1 다중화 시스템의 기본 구성

다중화는 [그림 7-2]와 같이 주파수 분할 다중화FDM, 파장 분할 다중화WDM, 시분할 다중화TDM, 코드 분할 다중화CDM로 나뉜다. FDM과 WDM은 아날로그 신호를 다중화하는 것이고, TDM은 디지털 신호를 다중화하는 것이다. 그리고 CDM은 FDM과 TDM을 혼합한 방식으로 확산 대역spread spectrum을 이용하여 다중화한다.

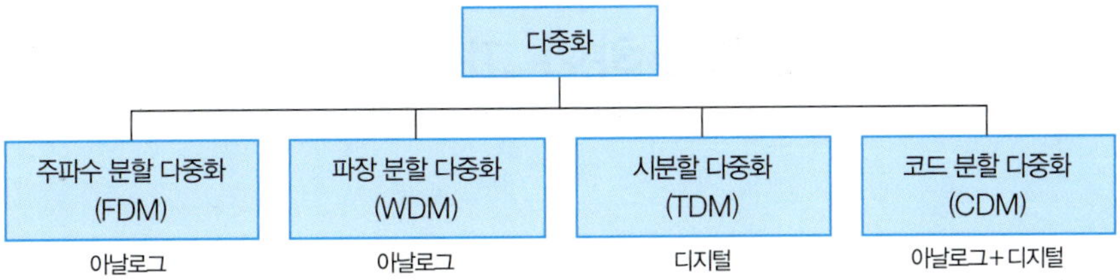

그림 7-2 다중화의 종류

2 역다중화

역다중화inverse multiplexing는 다중화의 반대 과정으로 [그림 7-3]과 같이 1개의 고속 회선으로부터 데이터를 받아서 여러 개의 저속 회선으로 나누어 전송하는 것이다.

그림 7-3 역다중화의 개념

예를 들어, 서로 다른 데이터 전송 속도를 요구하는 음성과 디지털 데이터를 전송하려는 경우를 생각해보자. 음성을 전송하려면 64Kbps, 디지털 데이터를 전송하려면 128Kbps가 필요하다고 할 경우, 이러한 요구를 수용하기 위해 저속 채널을 여러 개 사용하는 것이다. 음성 전송에는 64Kbps 채널 하나를 사용하면 되고, 디지털 전송에는 채널 2개를 사용하면 된다. 다시 말해, 디지털 데이터는 2개 회선으로 역다중화될 수 있다. 만일 통신 회선 하나가 고장 난다 해도 회선 경로를 변경해서 계속 전송할 수 있다.

02 주파수 분할 다중화와 파장 분할 다중화

1 주파수 분할 다중화

주파수 분할 다중화Frequency Division Multiplexing, FDM는 넓은 도로를 몇 개의 차선으로 나누는 것과 같이 넓은 대역폭을 몇 개의 좁은 대역폭으로 나누어 사용하는 것이다. 즉, 겹치지 않는 주파수 대역을 갖는 각각의 신호들이 합쳐져 전송된다.

주파수 분할 다중화에서는 각 송신 장치에서 발생한 신호들이 서로 다른 반송파 주파수로 변조되고 변조된 신호가 링크를 통해 전달될 수 있는 하나의 복합 신호로 합쳐진다. 반송파 주파수는 변조 신호들을 수용할 수 있을 만큼 서로 충분히 떨어져 있어야 한다. 즉, 각 신호가 이동하는 대역인 채널을 보호 대역guard band만큼 떨어뜨려 인접한 채널 간의 간섭을 막는다. 따라서 주파수 분할 다중화는 전송할 신호들의 대역폭을 합한 것보다 링크의 대역폭이 클 경우에 적용할 수 있다. 그렇다고 디지털 신호를 보내는 데 사용할 수 없다는 것은 아니다.

[그림 7-4]는 FDM의 개념을 그림으로 표현한 것이다. 전송 경로가 네 부분으로 나누어 있는데 각 경로는 장치에서 신호가 전송되는 채널을 나타낸다.

그림 7-4 주파수 분할 다중화의 개념

[그림 7-5]는 보호 대역을 고려해 큰 대역폭을 채널 여러 개로 나누는 개념을 나타낸 것으로, 시간 영역과 주파수 영역 관점에서 표현하였다.

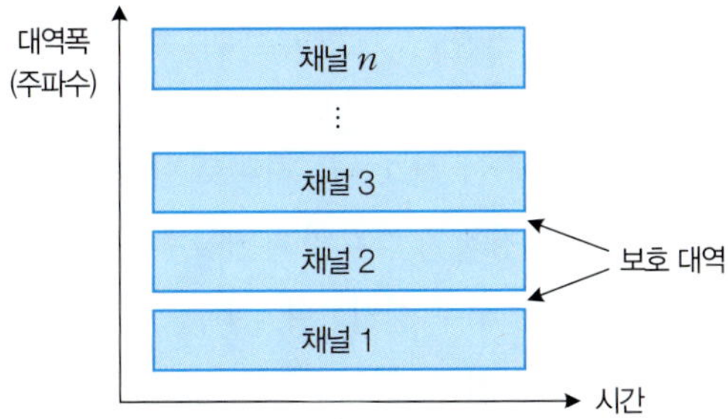

그림 7-5 주파수 분할 다중화에서 채널과 보호 대역

[그림 7-6]은 주파수 분할 다중화 과정을 시간 영역에서 개념적으로 나타낸 것이다. 각 전화는 유사한 주파수 영역의 신호를 만들어낸다. 이 신호들은 다중화기 내부에서 f_1, f_2, f_3과 같이 각기 다른 반송파 주파수로 변조된다. 이렇게 변조된 신호들은 하나의 복합 신호로 합쳐져 큰 대역폭의 링크를 통해 전송된다. 다중 복구기는 수신된 복합 신호를 분리하기 위해 필터 filter를 사용한다. 복조기에서는 반송파에서 신호만 분리하여 수신 장치로 보낸다.

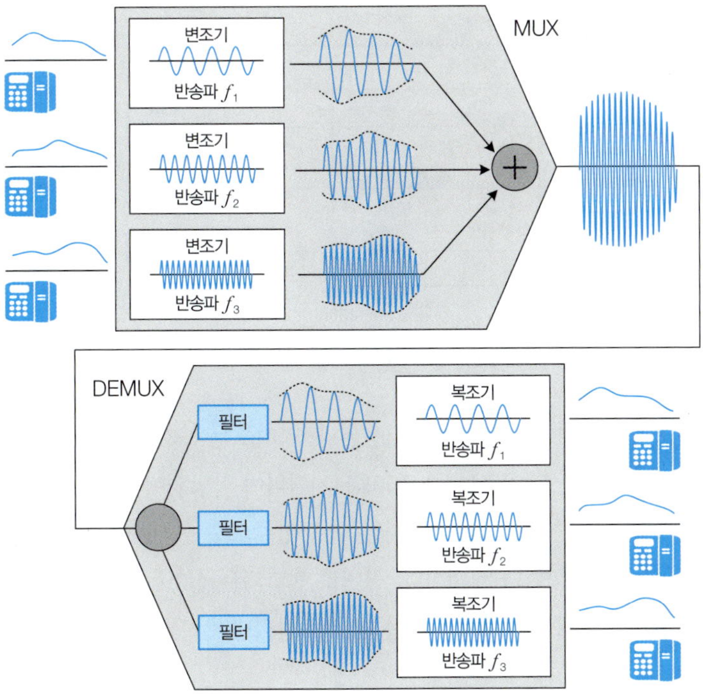

그림 7-6 시간 영역에서 FDM의 다중화 과정 및 다중화 복구 과정 예

전화 신호를 다중화하는 예를 주파수 영역에서 살펴보면 [그림 7-7]과 같다. 음성의 대역폭이 4KHz라면 첫 번째 채널은 20~24KHz 대역을, 두 번째 채널은 24~28KHz 대역을, 세 번째 채널은 28~32KHz 대역을 사용하게 된다. 그다음에 이 신호들을 하나로 합하여 전송한다. 수신 측에서는 대역 통과 필터Band-Pass Filter, BPF를 사용하여 각각의 채널을 분리해낸다. 대역 통과 필터는 해당 주파수 대역만 통과시키고 나머지는 모두 제거한다. 실제로는 해당 주파수 대역의 신호만 정확하게 분리해내는 대역 통과 필터가 없기 때문에 어느 정도 겹치는 부분이 존재할 수밖에 없다. 따라서 채널 간의 간섭을 줄이기 위해 채널과 채널 사이에 보호 대역을 설정한다.

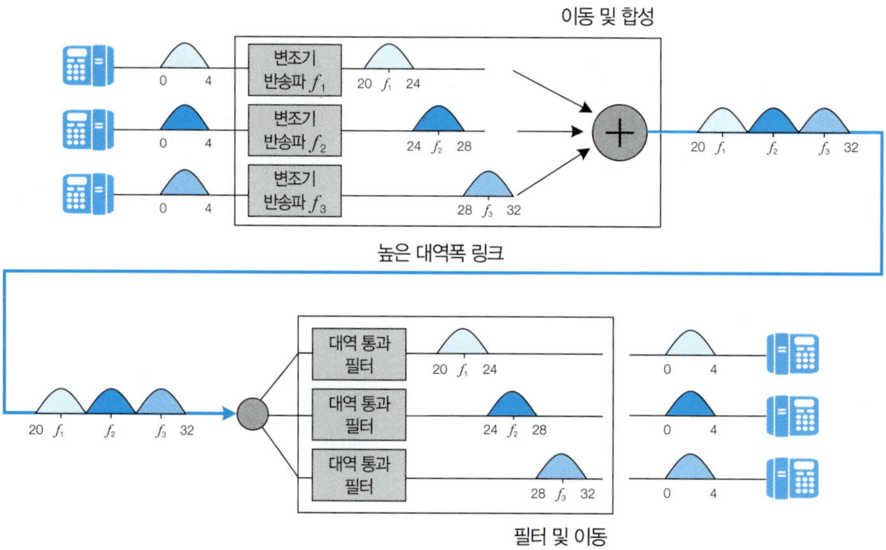

그림 7-7 주파수 영역에서 FDM의 다중화 과정 및 다중화 복구 과정 예

주파수 분할 다중화는 라디오 방송이나 케이블 TV에 사용된다. 라디오는 공기를 전송 매체로 사용하고 있으며 AM 라디오 방송에는 530KHz~1,700KHz 대역이 할당되어 있다. 각 AM 라디오 방송국은 10KHz의 대역폭을 사용하되 서로 다른 반송파 주파수를 사용하는데 이는 방송국이 자기 신호를 전송할 때 다중화한다는 의미다. 공기로 전파되는 신호는 이 모든 신호들을 합한 것이다. 수신 장치는 이 신호를 받아서 원하는 신호만 걸러낸다.

예제 7-1

50KHz의 대역폭을 갖는 5개의 채널을 FDM으로 다중화하려고 한다. 채널 간 간섭을 줄이기 위해 5KHz의 보호 대역이 필요하다면 전송에 필요한 최소 대역폭을 계산하시오.

▶▶ **풀이**

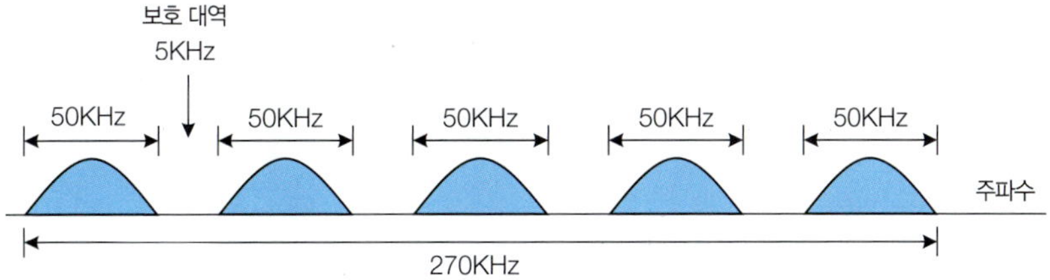

5개 채널 간 간섭을 피하려면 최소 4개의 보호 대역이 필요하다. 따라서 전송에 필요한 최소 대역폭은 270KHz(= 5 × 50KHz + 4 × 5KHz)가 된다.

FM 라디오 방송에는 88MHz~108MHz 대역이 할당되어 있으며, 각 FM 라디오 방송국은 200KHz의 대역폭을 사용한다. 과거 아날로그 TV 방송도 FDM을 사용하였으며, 각 TV 방송국은 6MHz의 대역폭을 사용하였다.

주파수 분할 다중화는 매우 쉽게 구현할 수 있다. 라디오나 TV 방송과 같이 일반적으로 다중화기와 다중 복구기가 필요 없다. 각기 다른 주파수의 반송파를 사용하여 변조하면 곧바로 다중화된다.

아날로그 계층 구조

전화 회사는 자사의 인프라를 최대로 활용하기 위해 낮은 대역폭 회선들을 높은 대역폭 회선들로 다중화하였다. 아날로그 회선에는 주파수 분할 다중화가 사용되므로 전화 회사에서 사용하는 아날로그 계층 구조는 [그림 7-8]과 같다.

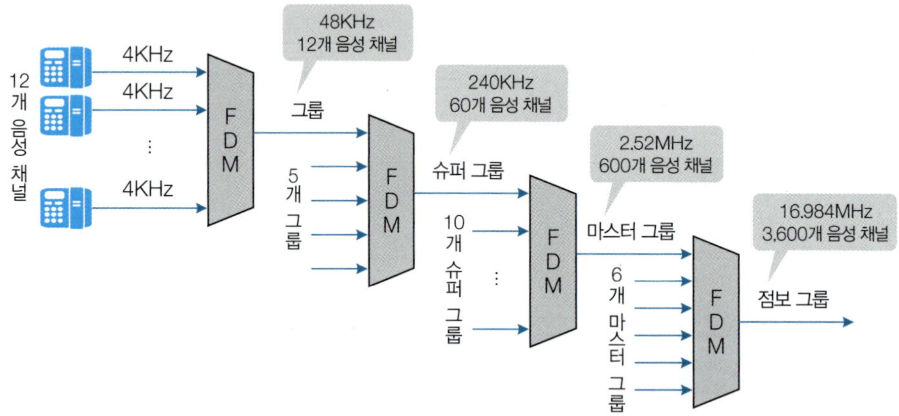

그림 7-8 아날로그 계층 구조

아날로그 계층 구조analog hierarchy에서는 대역폭이 4KHz인 음성 채널 12개가 대역폭이 48KHz인 회선 1개로 다중화되어 그룹group을 형성한다. 그리고 그룹 5개가 합해져서 대역폭이 240KHz인 슈퍼 그룹super group으로 다중화된다. 따라서 슈퍼 그룹은 음성 채널을 60개 지원한다.

슈퍼 그룹 10개가 합해져 대역폭이 2.52MHz인 마스터 그룹master group으로 다중화된다. 240KHz의 슈퍼 그룹 10개를 다중화하면 2.4MHz가 되지만 채널 간 보호 대역으로 인해 대역폭은 2.52MHz로 넓어진다. 마스터 그룹은 음성 채널을 600개 지원한다.

마지막으로 마스터 그룹 6개가 합해져서 점보 그룹jumbo group으로 다중화된다. 점보 그룹도 보호 대역이 필요하므로 대역폭은 16.984MHz가 된다. 점보 그룹은 음성 채널을 3,600개 지원한다.

직교 주파수 분할 다중화

직교 주파수 분할 다중화Orthogonal Frequency Division Multiplexing, OFDM는 다수의 주파수에 직각으로 교차하는 신호를 이용하여 다중화하는 방식이다. 직각으로 교차하는 신호는 서로 겹치더라도 수신 측에서 분리할 수 있기 때문에 주파수 분할 다중화FDM보다 더 많은 채널을 다중화할 수 있다. [그림 7-9](a)와 같이 FDM에서는 보호 대역을 사용하여 주파수가 낭비되지만, (b)의 OFDM에서는 각 채널을 잘 오버랩overlap시켜 스펙트럼 중심부에서는 주변 채널의 간섭이 일어나지 않도록 함으로써 상당한 주파수를 절약할 수 있다.

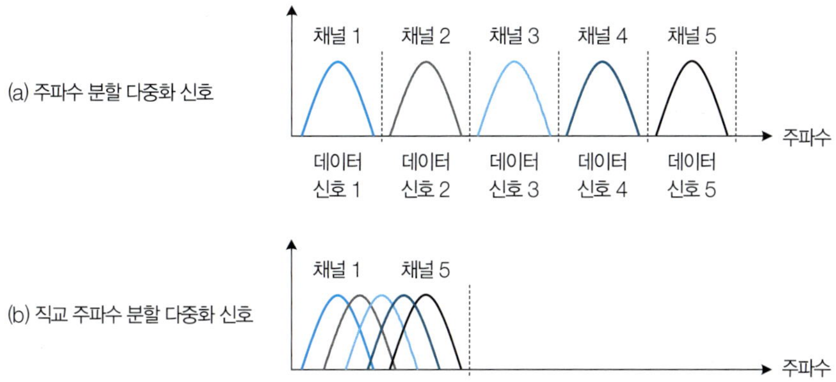

그림 7-9 직교 주파수 분할 다중화 신호의 주파수 영역 표현

OFDM은 일정한 간격으로 떨어져 있는 여러 개의 부반송파sub-carrier에 데이터를 분산시켜 전송하는 멀티 캐리어 전송 방식이다. 전송 중에 손실이 생겨도 일부 반송파에 국한되며, 전체 신호에는 큰 영향을 주지 않는다는 것이다. 즉, 다중 경로 페이딩multi path fading에 강하다는 장점이 있다. 또한 고속 전송이 가능하고, 이동 통신에서 셀 간 간섭이 없으며, 자원 할당이 용이하다. 이러한 이유로 무선 랜wireless LAN 프로토콜인 IEEE 802.11a는 52개의 부반송파를 사용하는 OFDM 변조 방식을 채택하였다. 이외에도 OFDM은 높은 다중화 특성 때문에 WiMAX나 LTE 등의 이동 통신 분야에서도 사용되고 있다.

2 파장 분할 다중화

파장 분할 다중화Wavelength Division Multiplexing, WDM는 광섬유의 고속 전송률을 이용하기 위한 아날로그 다중화 방식이다. 광섬유는 다른 전송 매체보다 전송률이 매우 높으므로 다중화를 통하여 링크 하나에 회선을 여러 개 연결할 수 있다.

[그림 7-10]은 WDM의 개념을 그림으로 표현한 것이다. 서로 다른 파장인 λ_1, λ_2, λ_3 광 신호는 광 다중화기에 의해 하나의 광 신호로 합쳐지며, 다시 광 다중 복구기에 의해 원래의 파장을 갖는 광 신호로 분리된다. 이렇게 분리된 광 신호는 수신 측에서 필터를 사용하여 원하는 파장만 얻을 수 있다. 즉, 파장 분할 다중화의 원리는 주파수 분할 다중화의 원리와 같음을 알 수 있다. 광통신에서 전기적 신호는 광 신호로 변환되고, 광 신호는 다시 광 다중화기에 의해 다중화된다.

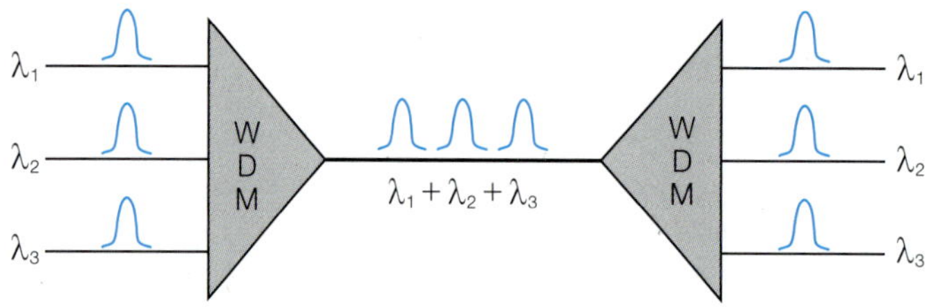

그림 7-10 파장 분할 다중화 개념

WDM의 원리는 기술적으로 매우 복잡하지만 아이디어는 간단하다. 다중화기에서 여러 빛을 하나의 빛으로 결합하고, 다중 복구기를 통하여 그 역의 동작을 수행하는 것이다. 빛들을 결합하고 분리하는 것은 프리즘prism을 사용해 쉽게 수행할 수 있다. 프리즘은 임계각과 주파수를 기반으로 하여 광 신호를 휘게 한다. 이러한 방법을 사용해서 다중화기는 좁은 대역의 주파수를 가진 여러 입력 광선을 넓은 대역폭의 주파수를 가진 하나의 출력 광선으로 결합할 수 있다. [그림 7-11]에 그 개념을 나타냈다.

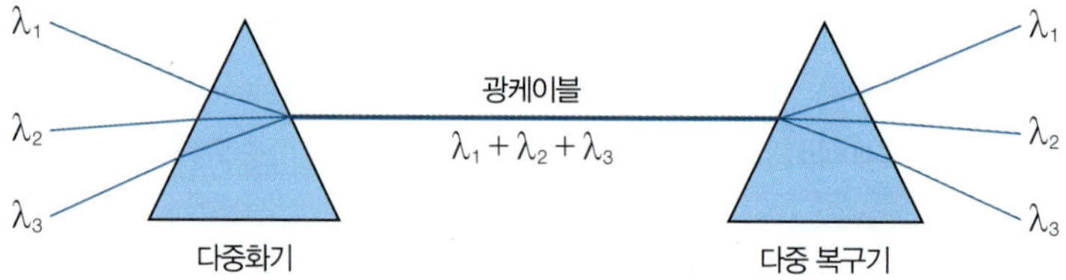

그림 7-11 파장 분할 다중화와 다중화 복구를 위한 프리즘

가시광선의 대역폭은 일반 라디오파 대역보다 훨씬 크기 때문에 고속의 데이터를 다중화할 수 있다. 일반적으로 광섬유 하나에 8개 이하의 파장을 다중화하면 WDM, 8개 이상이면 DWDMDense Wavelength Division Multiplexing으로 분류한다. DWDM의 경우 2.5Gbps 채널을 80개 이상 다중화할 수 있다.

03 시분할 다중화

시분할 다중화Time Division Multiplexing, TDM는 높은 대역폭을 갖는 링크 하나를 여러 회선이 공유하는 디지털 다중화 방식이다. 본래 아날로그인 음성은 PCM 방식을 사용하여 디지털로 변환해야 시분할 다중화를 이용할 수 있다.

주파수 분할 다중화에서는 주파수를 공유하지만 시분할 다중화에서는 시간을 공유한다. [그림 7-12]는 시분할 다중화 개념을 나타낸다. 그림에서 1, 2, 3, 4번 신호에 해당하는 부분이 차례대로 링크를 차지하고 있음을 알 수 있다.

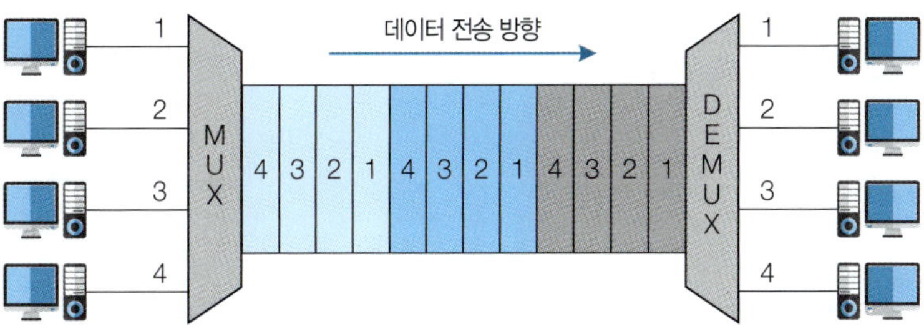

그림 7-12 시분할 다중화 개념

시분할 다중화에서도 주파수 분할 다중화에서처럼 같은 링크를 사용하지만 링크는 주파수가 아닌 시간으로 나뉘어 있다. [그림 7-13]은 시간의 흐름에 따른 시분할 다중화 방식을 표현한 것으로 동일한 주파수 대역을 사용한다. 시분할 다중화는 동기 TDM과 비동기 TDM으로 나뉜다.

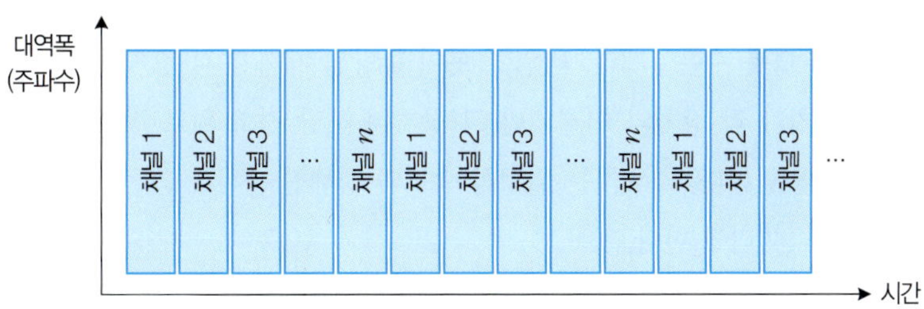

그림 7-13 시분할 다중화 방식

1 동기 시분할 다중화

동기 시분할 다중화Synchronous TDM(동기 TDM, STDM)는 전송 매체의 데이터 전송률이 전송할 디지털 신호의 데이터 전송률보다 높을 때 사용할 수 있는 방법이다. 동기 TDM에서 '동기'는 데이터 통신의 다른 분야에서 사용하는 의미와 다르다. 여기서 동기는 다중화기가 각 장치에 대해 그 장치가 전송할 데이터의 유무와 관계없이 항상 동일한 타임 슬롯time slot을 할당한다는 의미다. 다시 말해, 각 장치에 할당된 시간이 돌아오면 그 장치는 데이터 일부를 보내지만 만일 전송할 데이터가 없다면 해당 타임 슬롯은 빈 상태로 전송된다.

[그림 7-14]와 같이 타임 슬롯은 프레임frame으로 묶인다. 한 프레임은 각 장치에 할당된 타임 슬롯들과 프레임을 구분하는 비트로 이루어져 있다. 입력 회선이 n개인 시스템에서 각 프레임은 최소 n개의 타임 슬롯을 가지고 있다. 모든 입력 장치들이 동일한 속도로 데이터를 전송한다면 각 장치는 프레임마다 타임 슬롯을 1개씩 갖게 된다. 그러나 전송 속도를 서로 다르게 할 수도 있다. 프레임마다 타임 슬롯을 2개 사용하면 2배 빨리 전송할 수 있다. 한 장치에 주어진 타임 슬롯은 각 프레임에서 매번 같은 위치를 차지하게 되며 그 장치의 채널을 구성한다.

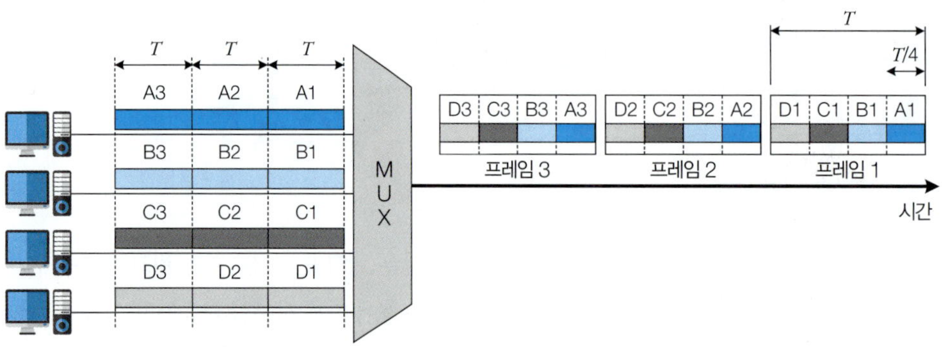

그림 7-14 동기 TDM의 프레임 구성

[그림 7-15]와 같이 동기 TDM은 매우 빨리 회전하는 스위치에 비유할 수 있다. 입력 장치가 4개이므로 각 프레임의 타임 슬롯 수는 4개다. 타임 슬롯이 할당될 때까지 각 장치들은 버퍼에 데이터를 저장한다. 스위치가 각 장치와 연결되면 그 장치는 해당 경로 위로 정해진 양의 데이터를 보낼 수 있는 기회를 얻는다. 스위치는 일정한 속도와 정해진 순서로 회전하는데, 이러한 과정을 인터리빙interleaving이라고 한다.

[그림 7-15]는 한 문자씩 인터리빙하는 예이지만 임의 길이의 데이터 단위에 대해서도 그 개념은 동일하다. 다중화기는 문자들을 인터리빙한 다음, 프레임을 구성하여 링크로 보낸다. 수신 단에서는 다중 복구기가 각 프레임으로부터 차례대로 문자를 추출함으로써 프레임을 분해한다. 프레임에서 분리된 문자는 해당 수신 장치로 들어간다.

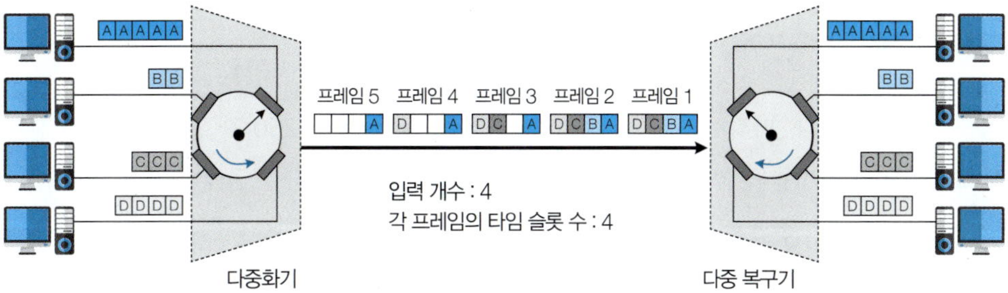

그림 7-15 동기 TDM의 다중화 및 다중 복구 과정 예

동기 TDM에서는 각 장치에서 발생한 데이터가 버퍼에 임시로 저장되는 단위에 따라 비트 삽입식bit interleaving과 문자 삽입식character interleaving으로 나뉜다. 비트 삽입식은 타임 슬롯의 크기가 비트 단위로 이루어지므로 버퍼의 크기가 작아도 된다는 장점이 있다. 반면, 문자 삽입식은 타임 슬롯의 크기가 문자 단위이므로 비트 삽입식에 비해 수신 측에서 문자를 재구성하기 위한 오버헤드가 필요 없다는 장점이 있다.

동기 TDM의 단점은 각 입력 회선에 고정적으로 타임 슬롯을 할당하기 때문에 송신 장치가 데이터를 보내지 않으면 해당 타임 슬롯은 낭비된다는 점이다. [그림 7-15]에서 프레임 1과 프레임 2의 타임 슬롯은 전부 사용되었지만 프레임 3, 4, 5에는 빈 타임 슬롯이 존재한다. 20개 타임 슬롯 중에서 6개가 비어 낭비되고 있다.

동기 TDM에서는 송수신 간의 동기화를 위해서 각 프레임 앞부분에 프레임 비트framing bit를 추가한다. 대부분의 경우 동기화 정보는 [그림 7-16]과 같이 0과 1을 교대로 매 프레임에 하나씩 추가한다. 이 패턴을 보고 다중 복구기는 타임 슬롯을 정확하게 분리할 수 있으므로 동기화 문제를 해결한다.

프레임 비트는 전송 효율을 떨어뜨리는 오버헤드가 된다. 예를 들어, [그림 7-17]과 같이 4개의 장치가 동기 시분할 다중화되는 경우를 고려해보자. 각 장치마다 초당 250개 문자(문자당 8비트)를 전송하고, 각 프레임은 1문자씩 인터리빙한다고 가정하면 링크는 초당 250개 프레

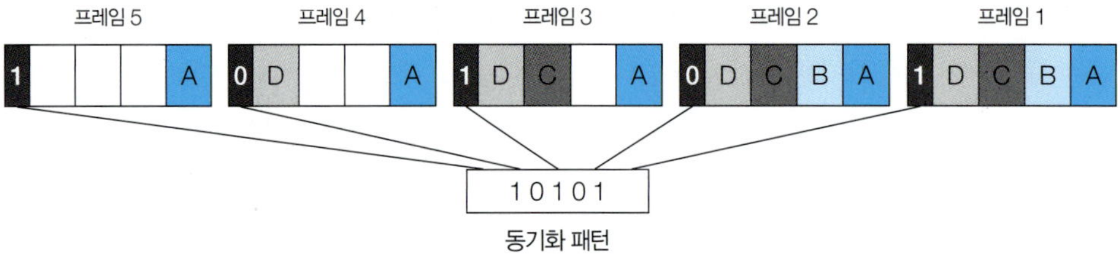

그림 7-16 동기 TDM의 프레임 비트 구성

임을 전송해야 한다. 따라서 한 프레임의 지속 시간은 4ms(=1/250)가 된다. 또한 각 장치도 초당 250개 문자를 전송하므로 문자의 지속 시간도 4ms가 된다는 점에 주목해야 한다.

각 문자가 8비트이므로 각 프레임의 길이는 문자 4개에 대해 32비트와 1비트의 프레임 비트를 포함하여 33(=4×8+1)비트가 된다. 따라서 각 장치에서는 초당 2,000비트(=8비트×250문자)가 발생하지만 다중화 회선은 초당 8,250비트(=33비트×250프레임)를 운반하는 것이다. 즉 8,000비트의 데이터를 전송하는 데 250비트의 오버헤드가 사용된다.

데이터 전송률이 다른 장치들을 하나의 동기 TDM에서 수용할 수 있다. 예를 들어, 장치 A가 타임 슬롯을 1개 사용하고 장치 B는 타임 슬롯을 2개 사용할 수도 있다. 이때 서로 다른 전송률은 서로 정수배가 되어야 한다는 점이 중요하다. 정수배가 되지 않는 경우는 비트 채우기bit stuffing 방법을 사용하여 정수배로 만든다. 비트 채우기란 다중화기가 여분의 비트를 추가해 넣는 것을 말한다. 예를 들어, 다른 장치에 비해 2.5배의 비트 전송률을 갖는 장치가 있다면 여분의 비트를 채워서 이 장치의 전송 속도가 다른 장치의 3배가 되도록 만드는 것이다. 추가된 여분의 비트는 다중 복구기에 의해 분리된다.

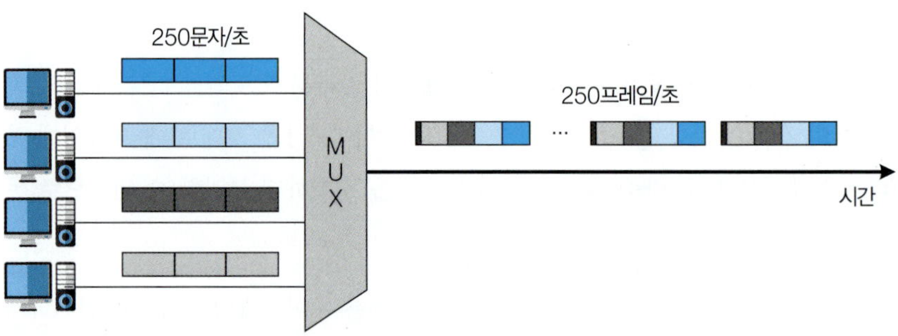

그림 7-17 프레임 비트를 고려한 데이터 전송률 계산 예

2 비동기 시분할 다중화

비동기 시분할 다중화Asynchronous TDM(비동기 TDM)는 동기 TDM의 타임 슬롯 낭비 요인을 제거하기 위해 실제로 전송할 데이터가 있는 장치에만 타임 슬롯을 할당하고 전송할 데이터가 없는 장치에는 타임 슬롯을 할당하지 않는 방식이다. 따라서 데이터에는 송신 장치를 나타내기 위한 주소가 반드시 필요하다.

비동기 TDM을 통계적 TDMStatistical TDM, STDM 또는 지능적 TDMintelligent TDM이라고도 한다. 여기서 '비동기'라는 단어는 데이터 통신의 다른 분야에서 사용하는 의미와 달리 유연함 또는 고정되어 있지 않음을 의미한다.

비동기 TDM의 동작 과정은 다음과 같다.

- 각 송신 장치에서 데이터가 발생하면 지정된 프레임 크기만큼 데이터를 모았다가 각 장치의 프레임 주소와 함께 임시 버퍼에 저장한다.
- 먼저 버퍼에 저장된 데이터 프레임에 타임 슬롯을 할당하여 전송한다. 이와 같은 과정을 반복하면서 다중화를 수행한다.
- 수신부에서는 수신된 프레임의 주소에 따라 프레임을 분리한다.

비동기 TDM에서도 여러 개의 저속 입력 회선이 하나의 고속 회선으로 다중화된다. 비동기 TDM에서는 링크 용량이 입력 회선의 총 용량보다 작을 수도 있다. [그림 7-18]과 같이 비동기 TDM에서는 n개의 입력 회선이 있다면 프레임은 n보다 작은 m개의 타임 슬롯을 가질 수 있다. 같은 방법으로 비동기 TDM은 적은 회선 용량으로도 동기 TDM과 같은 수의 입력 회선을 다중화할 수 있다. 다시 말해, 같은 회선을 사용한다면 비동기 TDM이 동기 TDM보다 더 많은 장치를 지원할 수 있다.

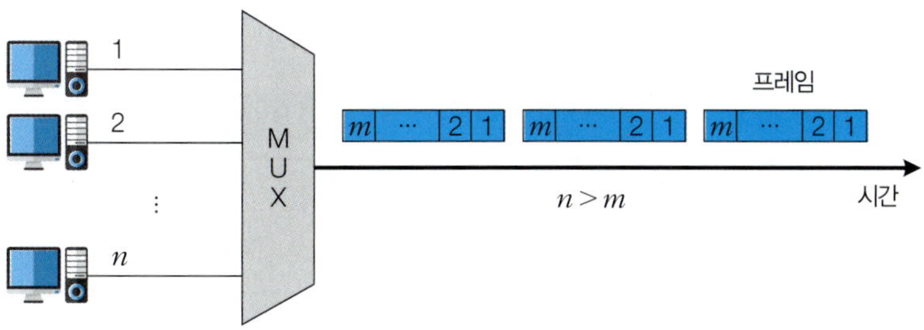

그림 7-18 비동기 TDM에서 입력 장치 개수와 프레임의 타임 슬롯 개수와의 관계

비동기 TDM에서 프레임의 타임 슬롯 개수 m은 한꺼번에 전송할 가능성이 있는 입력 회선의 개수에 대한 통계적인 분석에 기초한다. 각 타임 슬롯은 미리 지정되지 않고 전송할 데이터가 있는 장치에 따라 사용된다. 다중화기는 각 입력 회선을 검사하여 프레임이 완성될 때까지 계속 검사한다. 만일 모든 타임 슬롯을 다 채울 만큼 데이터가 충분하지 않으면 해당 프레임은 일부만 채워진 상태로 전송된다. 따라서 전체 링크 용량을 100% 사용하지 않을 수도 있다. 그러나 타임 슬롯을 동적으로 할당함으로써 낭비 가능성과 정도가 크게 줄어든다.

[그림 7-19]는 비동기 TDM과 동기 TDM을 비교한 것이다. 동기 TDM의 타임 슬롯은 데이터로만 채워져 있고, 비동기 TDM의 프레임에는 데이터와 목적지 주소가 포함되어 있다. 동기 TDM은 입력과 출력이 이미 고정되어 있기 때문에 주소가 필요 없다. 그러나 비동기 TDM은 입력과 출력이 고정되어 있지 않으므로 수신 주소를 타임 슬롯에 넣어주어야 한다. 가장 간단한 주소 지정 방법으로, 입력이 n개인 경우 출력 회선을 지정하기 위해 $N = \log_2 n$ 관계로부터 N개 비트를 주소로 사용할 수 있다. 예를 들면, 8개의 입력 회선에 대해 3비트 주소를 사용한다.

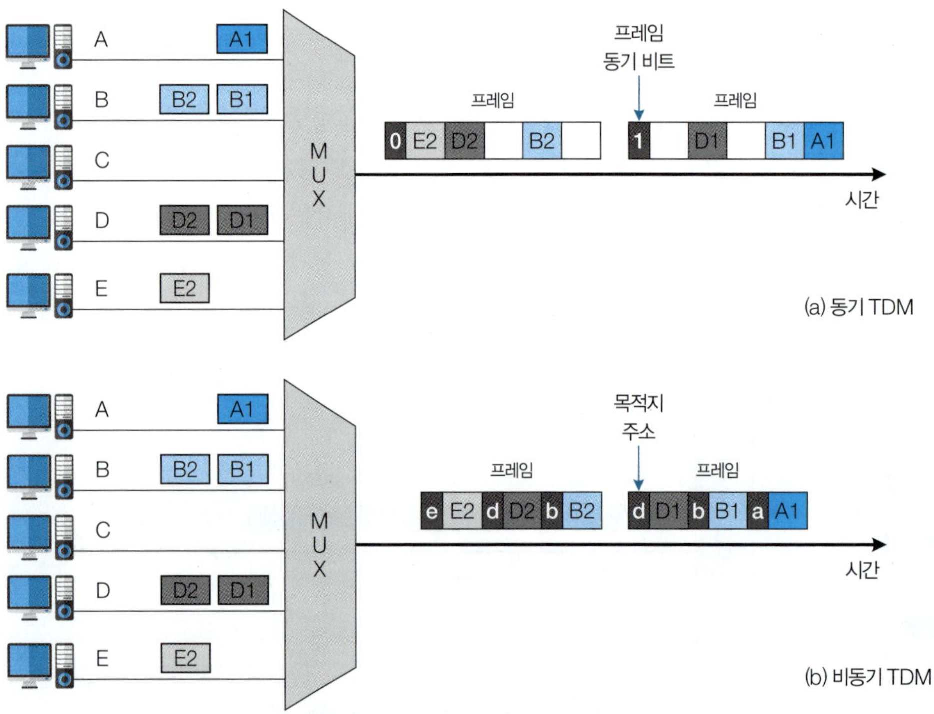

그림 7-19 동기 TDM과 비동기 TDM 비교

각 타임 슬롯에 주소 비트를 추가하면 비동기 TDM의 오버헤드를 증가시켜 전송 효율이 떨어진다. 이러한 단점을 줄이기 위해 주소는 보통 적은 수의 비트를 사용하며, 처음 보내는 프레임에만 전체 주소를 붙여 전송하고 이후에 전송하는 프레임에는 식별을 위한 단축 주소를 넣을 수도 있다.

비동기 TDM은 타임 슬롯의 길이를 조절하여 다양한 속도의 전송률을 수용할 수도 있다. 빠른 속도로 데이터를 전송하려는 장치에는 긴 타임 슬롯을 배정할 수 있다. 가변 길이 타임 슬롯variable length time slot을 관리하려면 모든 타임 슬롯 앞에 데이터 길이를 알려주는 제어 비트를 추가로 넣어야 한다. 이 추가 비트가 다시 오버헤드를 증가시키므로 이러한 방식은 상당히 긴 타임 슬롯을 사용하는 경우에만 효율적이다.

3 디지털 계층 구조

디지털 네트워크는 종단 가입자에 연결된 64Kbps 서비스(DS-0, Digital Service-0)부터 274.176Mbps 서비스(DS-4)까지 5등급의 서비스를 제공한다. 이러한 디지털 서비스 계층 구조digital service hierarchy는 T급 시스템에서 사용하는 시스템 구조와 동일하며, 각 디지털 서비스가 다중화되는 것은 T급 회선 시스템과 동일하다.

[그림 7-20]은 각 단계에서 지원되는 데이터 속도와 다중화 단계를 나타내는 디지털 계층 구조를 보여준다. 각 단계에서 제공하는 서비스는 상위 단계로 가면서 다중화된다. 여기서 DS-0, DS-1 등은 서비스 이름이다.

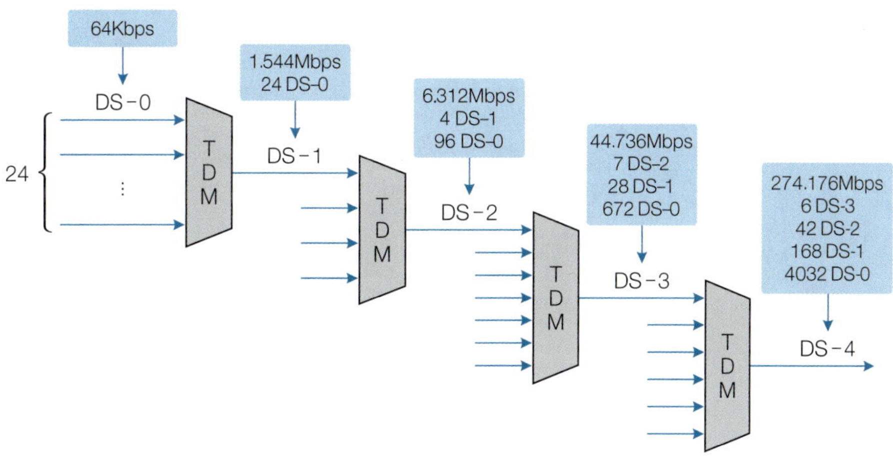

그림 7-20 디지털 계층 구조

- DS-0 : 전화선 1개를 디지털화한 것으로 64Kbps의 디지털 채널을 제공한다.
- DS-1 : 1.544Mbps를 제공하며, 24개의 64Kbps에 8Kbps의 오버헤드를 합한 것이다. 24개의 DS-0 채널을 다중화하는 데 사용할 수 있다.
- DS-2 : 6.312Mbps를 제공하며, 96개의 64Kbps에 168Kbps의 오버헤드를 합한 것이다. 96개의 DS-0 채널 또는 4개의 DS-1 채널 및 그 이상의 서비스 조합을 다중화하는 데 사용할 수 있다.
- DS-3 : 44.736Mbps를 제공하며 672개의 64Kbps에 1.728Mbps 오버헤드를 합한 것이다. 672개의 DS-0 채널, 7개의 DS-2 채널 및 그 이상의 서비스 조합을 다중화하는 데 사용할 수 있다.
- DS-4 : 274.176Mbps를 제공하며 4,032개의 64Kbps에 16.128Mbps 오버헤드를 합한 것이다. 4,032개의 DS-0 채널, 168개의 DS-1 채널, 42개의 DS-2 채널, 6개의 DS-3 채널 및 그 이상 서비스 조합을 다중화하는 데 사용할 수 있다.

T 디지털 계층(T 회선)

T 디지털 계층은 펄스 코드 변조(PCM) 및 시분할 다중화TDM를 사용하는 디지털 회선이다. T-1 디지털 신호는 음성 전화에 요구되는 대역폭에 기반하여 24개의 64Kbps 채널(DS-0)들을 1.544Mbps 광대역 신호에 실어서 전송한다. T-1에서 음성 신호는 나이퀴스트Nyquist의 표본화 정리sampling theorem에 의해 초당 8,000번 샘플링하며, 이것은 125μs(= 1/8000)마다 8비트의 측정값을 만들어낸다.

[그림 7-21]은 T-1 프레임 구조를 보여준다. 먼저 연속으로 생성되는 각 프레임의 시작에 1과 0을 교대로 삽입하여 프레임 동기화를 수행한다. 신호 정보는 6번째와 12번째 타임 슬롯의 첫 비트를 사용하므로 이로 인해 해당 타임 슬롯의 사용자 정보는 7비트만 사용한다. 나머지 타임 슬롯(1~5, 7~11, 13~24)에서 사용자 정보는 8비트다. 각 프레임은 하나의 프레임 비트에 의해 동기화되므로 전송률은 1.544Mbps가 되고 이것이 T-1의 전송 속도가 된다. 즉, T-1은 DS-1 신호를 전송하는 것이다.

(24 타임 슬롯 × 8비트 + 1비트 프레임 동기 비트)/125μs = 1.544Mbps

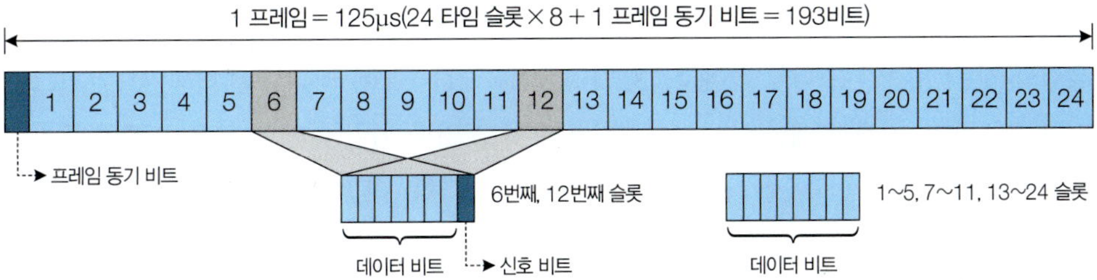

그림 7-21 T-1 프레임 구조

[그림 7-22]는 T 디지털 계층의 다중화 계층 구조, 각 단계에서의 서비스 수준, 다중화 채널 수를 나타낸다. T-1은 24개의 64Kbps 채널이 다중화되고, T-2는 4개의 T-1 회선이 다중화되며, T-3은 7개의 T-2 회선이 다중화된다. 마찬가지로 T-4는 6개의 T-3 회선이 다중화되는 구조다. 이 방식을 북미 방식(NAS 방식)이라고 한다.

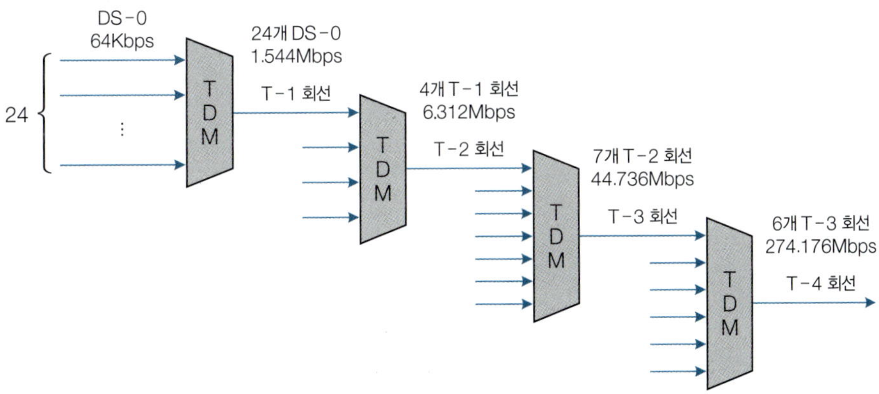

(a) T 디지털 계층의 다중화 계층 구조

서비스	회선	전송 속도	데이터 채널 수
DS-1	T-1	1.544Mbps	24
DS-2	T-2	6.312Mbps	96
DS-3	T-3	44. 736Mbps	672
DS-4	T-4	274.176Mbps	4,032

(b) T 디지털 계층의 단계별 서비스 수준과 다중화 채널 수

그림 7-22 T 디지털 계층

E 디지털 계층(E 회선)

유럽의 전송 규격인 E 디지털 계층(CEPT 방식)은 ITU-T에 의해 표준화되었으며, [그림 7-23]과 같이 30개의 채널을 그룹화해서 사용하고 있다. 0번 타임 슬롯은 프레임 동기에 사용되며, 16번 타임 슬롯은 신호 정보를 위한 채널이다. 따라서 E-1의 데이터 전송률은 2.048Mbps가 된다.

$$(32\text{ 타임 슬롯} \times 8\text{비트})/125\mu s = 2.048\text{Mbps}$$

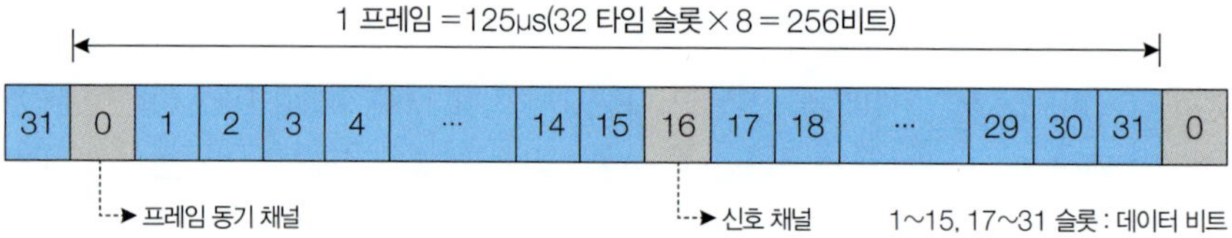

그림 7-23 E-1 프레임 구조

[그림 7-24]는 E 디지털 계층의 다중화 계층 구조, 각 단계에서의 전송 속도, 다중화 채널 수를 나타낸다. E-1은 64Kbps 속도의 채널 32개를 수용하므로 2.048Mbps의 속도로 데이터를 전송할 수 있다. E-5까지 규정되어 있으며, E-1의 정수배 전송 속도를 제공한다.

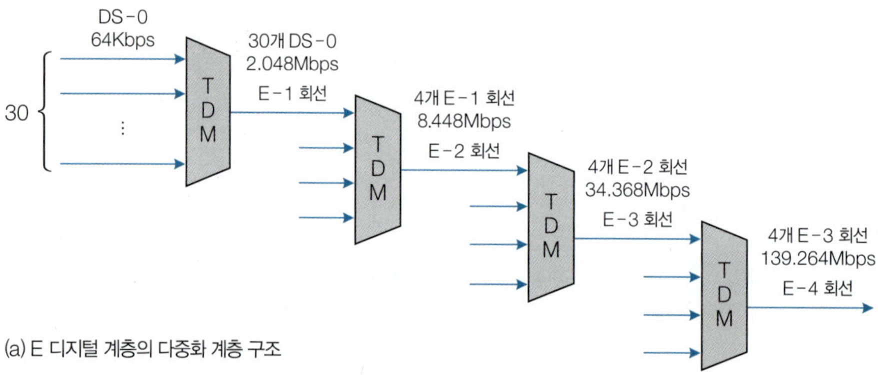

(a) E 디지털 계층의 다중화 계층 구조

회선	전송 속도	데이터 채널 수
E-1	2.048Mbps	30
E-2	8.448Mbps	120
E-3	34.368Mbps	480
E-4	139.264Mbps	1,920

(b) E 디지털 계층의 전송 속도와 다중화 채널 수

그림 7-24 E 디지털 계층

04 코드 분할 다중화

어떤 장소에 여러 사람이 모여서 이야기를 한다고 가정하자. FDM은 모임 장소를 대화할 수 있는 작은 구역으로 나누어서 구역별로 같은 언어로 이야기하는 것이고, TDM은 같은 언어를 사용하지만 사람마다 이야기하는 시간을 정해서 자기에게 할당된 시간에만 이야기를 하는 것이다. 이에 비해 CDM은 모든 사람이 같은 장소에서 서로 다른 언어로 이야기하는 것이다. 다만 서로 다른 언어를 사용하기 때문에 같은 언어를 사용하는 사람의 내용만 이해할 수 있다.

코드 분할 다중화Code Division Multiplexing, CDM는 다수 사용자가 주파수와 시간을 공유하면서 각 사용자에게 서로 다른 코드(언어)를 부여하여 신호와 코드를 곱해서 전송하고, 수신 시에는 송신 시 사용한 코드와 동일한 코드를 곱하여 원래의 신호를 복구하는 FDM과 TDM의 혼합 다중화 방식이다. 이때 각 사용자에게 할당되는 코드는 상호 직교 관계orthogonal에 있기 때문에 서로 영향을 미치지 않는다. 또한 CDM은 사용자 간 간섭에 의해 시스템 용량이 제한되므로 각 사용자에게 서로 영향을 미치지 않는 코드를 할당하여 다중화함으로써 수신 전력을 일정하게 유지하는 전력 제어power control가 필요하다.

먼저 서로 직교 관계를 갖는 코드에 대해 살펴보자. 다른 신호에 대한 상관계수는 0에 가깝고, 자기상관계수는 1에 가까운 특성을 갖는 코드를 신호에 곱하여 다른 신호들과 합한 후 전송한다. 수신부에서는 송신부에서 사용한 동일한 코드를 수신된 신호와 곱하여 수신하려는 신호만 걸러낸다. 전송하려는 신호를 $m(t)$라 하고, 코드를 $c(t)$라고 하면, 코드는 다음과 같은 성질을 갖는다.

$$\begin{cases} c_i(t) \times c_j(t) = 0 & (i \neq j) \\ c_i(t) \times c_j(t) = 1 & (i = j) \end{cases}$$

즉, 자신과 같은 코드를 곱하면 1이 되고, 자신과 다른 코드를 곱하면 0이 되는 성질을 이용한다.

예를 들어, [그림 7-25]와 같이 세 가지 신호 $m_1(t)$, $m_2(t)$, $m_3(t)$가 코드인 $c_1(t)$, $c_2(t)$, $c_3(t)$와 각각 곱해져서 동시에 전달되면 합해진 신호는 $m_1(t) \times c_1(t) + m_2(t) \times c_2(t) + m_3(t) \times c_3(t)$가 된다. 수신부에서 $m_1(t)$ 신호만 추출하려면 수신 신호에 $c_1(t)$를 곱하면 된다. 그러면 $c_1(t) \times c_1(t) = 1$, $c_1(t) \times c_2(t) = c_1(t) \times c_3(t) = 0$이므로 $m_1(t)$만 남게 된다.

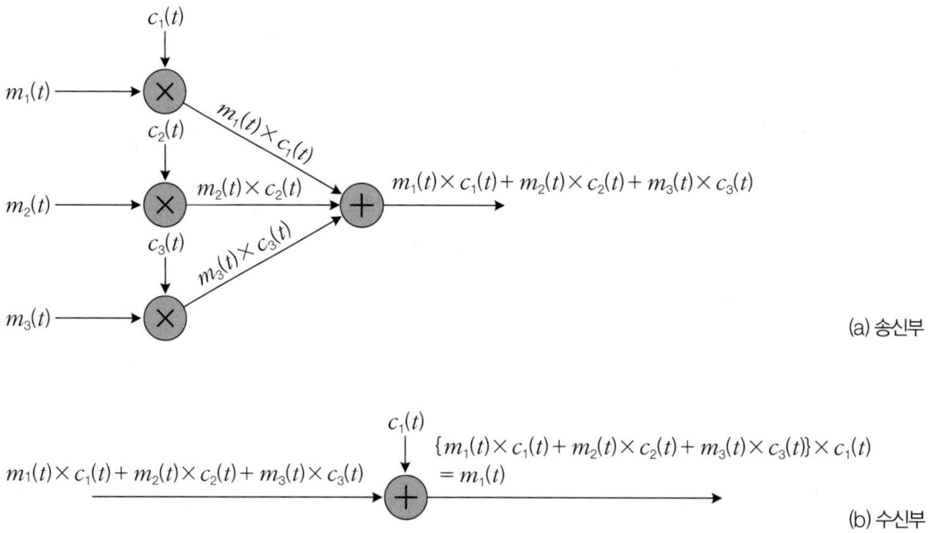

그림 7-25 코드 신호의 성질

코드 분할 다중화는 대역 확산spread spectrum을 이용하여 전송하려는 신호를 그 주파수 대역보다 훨씬 넓은 주파수 대역으로 확산시켜 전송하는 방식으로 넓은 주파수 대역에서 다수 사용자가 서로 다른 코드를 사용함으로써 동일한 주파수로 동시에 접속할 수 있다. 대역 확산 기술을 사용하면 잡음에 강해진다. [그림 7-26]을 보면 (a)와 같이 잡음의 영향이 좁은 대역에 국한된다면 원 신호는 큰 영향을 받지만, (b)와 같이 상대적으로 대역 확산된 신호는 동일한 잡음에 대해 큰 영향을 받지 않는다.

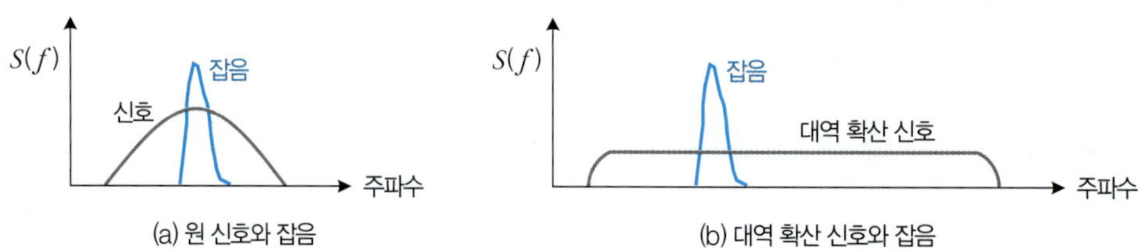

그림 7-26 대역 확산 신호의 잡음 영향

코드는 난수 생성 알고리즘을 이용하여 임의의 패턴을 갖는 2진수 열binary sequence로 나타나는데, 알고리즘에서 사용하는 시드seed 값과 알고리즘을 알지 못하면 코드를 찾아낼 수 없다. 이와 같은 성질을 이용하여 암호화를 수행할 수 있고, 결과적으로 도청에 강한 성질을 띠게 된다. 대역 확산 방법에는 주파수 도약 대역 확산FHSS과 직접 순열 대역 확산DSSS 두 가지가 있다.

1 주파수 도약 대역 확산

주파수 도약 대역 확산Frequency Hopping Spread Spectrum, FHSS에서는 시간을 홉 주기hopping period로 나누고 홉 주기에 따라 이전에 사용한 반송 주파수와 다른 반송 주파수를 사용하여 데이터 신호를 변조해서 전송한다. 이때 반송 주파수 대역들은 이웃하고 있기 때문에 모두 합하면 연속된 주파수 대역이 된다. 결과적으로 다양한 반송 주파수를 사용하기 때문에 전체적으로는 반송 주파수를 모두 합한 주파수 대역으로 확산되는 것이다. 예를 들어, 데이터 신호의 주파수 대역이 B이고, 주파수 도약에 사용되는 서로 다른 반송 주파수 개수가 M이면, 데이터 신호가 사용하는 총 주파수 대역은 $B \times M$이 된다.

도약 패턴은 슈도랜덤 코드 발생기pseudorandom code generator의 난수 발생 알고리즘에 의해 결정된다. 8개의 반송 주파수를 사용하는 경우를 살펴보자. 다만, 실제 사용에서 8개는 매우 작은 값이다. $M=8$이면 3-비트 패턴이 발생될 것이다. [그림 7-27]은 주파수 도약을 위한 주파수 선택 방법의 예다. 데이터 신호의 주파수 대역이 $B=100\text{KHz}$라고 가정한다.

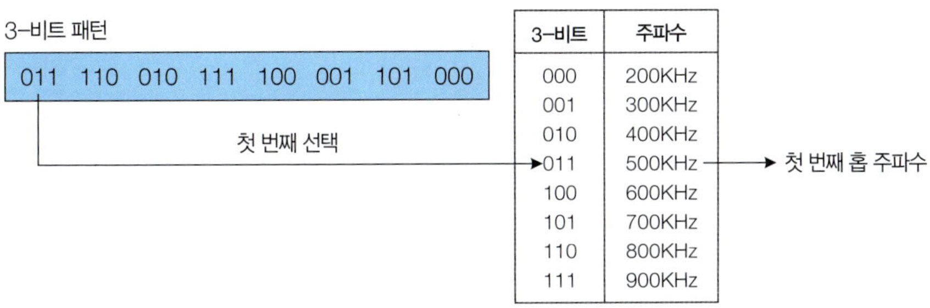

그림 7-27 도약 패턴에 따른 주파수 선택 예

난수 발생 알고리즘에 따라 도약 패턴 011 → 110 → 010 → 111 → 100 → 001 → 101 → 000을 반복한다. 패턴에서 첫 번째는 011이므로 데이터 신호가 500KHz에 변조되어 전송된다. 두 번째는 110이므로 800KHz에 변조되어 전송된다. 이러한 과정을 계속하여 8번째는 000이며 반송 주파수는 200KHz가 된다. 8번 도약하고 나면 다시 011부터 반복한다.

[그림 7-28]은 신호가 반송파와 반송파 사이를 도약하는 과정을 나타낸다. 만약 도약 주파수의 가지 수가 매우 많고 홉 주기가 매우 짧다면 송신자와 수신자 사이에 비밀을 유지할 수 있다. 침입자가 신호를 가로채려고 해도 아주 짧은 동안만 가로채기 때문에 침입자는 다음 번 주파수가 무엇인지 그 패턴을 알 수 없다. 또한 전파 방해에도 강하다. 침입자는 전파를 교란하기 위해 어느 한 도약 주파수의 신호는 방해할 수 있지만 모든 주기에 대해서는 할 수 없다.

블루투스bluetooth는 ISMIndustrial Scientific and Medical 대역을 여러 시스템과 같이 사용하기 때문에 시스템 간 전파 간섭을 방지하기 위해 주파수 도약 방법을 사용한다. 블루투스는 ISM 대역 2.4GHz에서 총 79개의 반송 주파수로 초당 1,600번 도약한다.

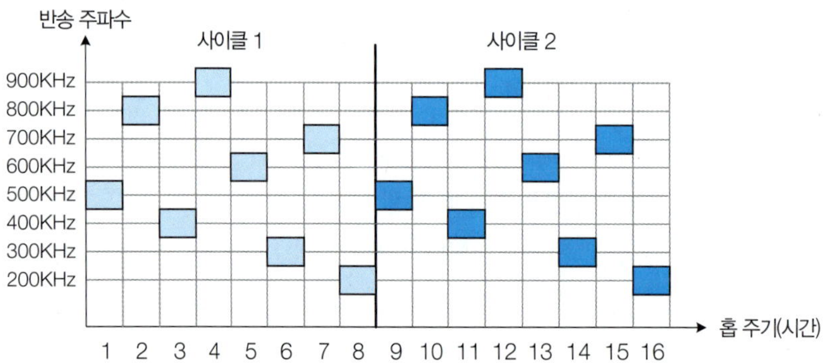

그림 7-28 주파수 도약 예

2 직접 순열 대역 확산

직접 순열 대역 확산Direct Sequence Spread Spectrum, DSSS에서는 대역 확산을 위해 칩chip이라는 n 비트 코드를 이용한다. 이 칩은 데이터의 각 비트에 곱해져 데이터 비트율을 n배 증가시키므로 변조되는 신호의 대역폭도 n배로 확산된다.

예를 들어, 무선 LAN에서 사용하는 바커 순열barker sequence 중 $n=11$인 경우를 생각해보자. 전송하려는 데이터 신호와 칩 발생기chip generator에서 생성된 칩은 극형 NRZNon Return to Zero 부호화를 사용한다고 가정한다. [그림 7-29]는 확산 신호(c)를 얻기 위해 송신 데이터 신호

(a)에 칩(b)을 곱한 결과다. 확산 코드는 10110100101 패턴으로 된 11개의 칩이다. 데이터 신호율이 N이라면 확산 신호의 전송률은 $11N$이 된다. 이것은 확산 신호의 대역폭은 원래 신호 대역폭의 11배가 된다는 것을 의미한다.

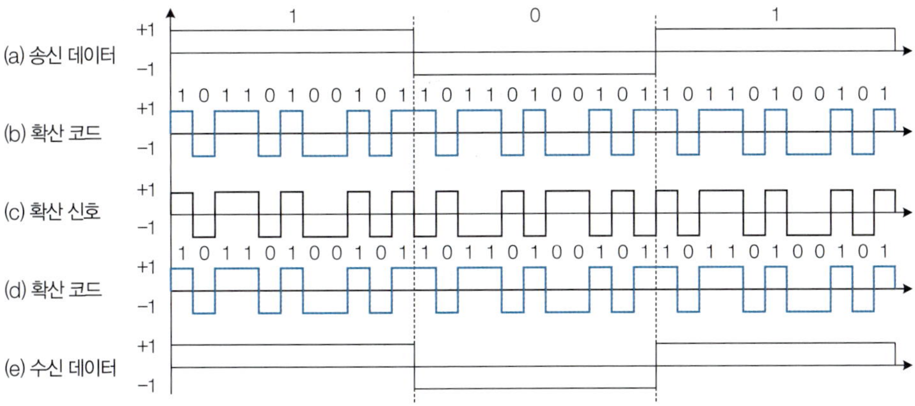

그림 7-29 확산 코드에 의한 통신 예

확산 신호는 전송 매체를 통해 전송되고 수신부에서는 수신된 확산 신호(c)에 동일한 확산 코드(d)를 곱해주면 송신했던 데이터와 동일한 수신 데이터(e)를 얻을 수 있다. 만약 수신된 확산 신호에 다른 확산 코드 01101001010를 곱해주면 수신 데이터가 [그림 7-30]과 같이 되어서 원래의 데이터를 복구할 수 없다. 올바른 확산 코드를 곱해줄 때도 시간이 맞지 않으면 마치 다른 확산 코드를 곱해주는 것과 같으므로 확산 코드가 시작되는 시간까지 맞아야 한다. 따라서 사전에 확산 코드와 시작 시간을 알고 있는 사용자만 데이터를 복구할 수 있기 때문에 높은 비화 특성을 갖게 된다.

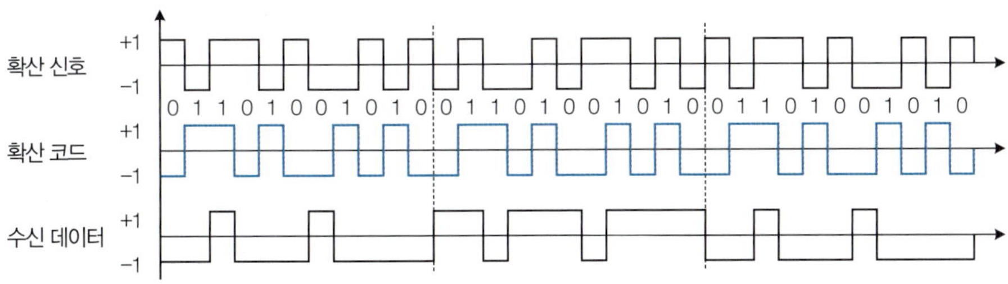

그림 7-30 다른 확산 코드를 곱한 경우

초기에는 주파수 도약 대역 확산 방식이 많이 사용되었다. 현재는 반도체 소자의 고속화가 진행됨에 따라 직접 순열 대역 확산 방식이 주로 사용되고 있다.

[표 7-1]은 다중화 기술의 다양한 응용 분야를 보여준다.

표 7-1 다중화 기술 적용 예

다중화 기술	적용 예
주파수 분할 다중화FDM	• 구식 아날로그 전화망 • 아날로그 이동 전화(AMPS 등)
시분할 다중화TDM	• 전화망(PSTN) • 전용 회선(T-1, E-1 등) • 동기 디지털 계위 전송망(SDH) • 유럽 디지털 이동 통신(GSM)
통계적 시분할 다중화STDM	• LAN 등 • 인터넷(IP) • 초고속 국가망(ATM, 프레임 릴레이)
코드 분할 다중화CDM	• 국내 디지털 이동 통신 • 군용 무선 통신(미국)
직교 주파수 분할 다중화OFDM	• WiBro, WiMAX • LTE, LTE-A

NOTE 다중화(multiplexing)와 다중 접속(multiple access)

다중화(multiplexing)는 하나의 회선 또는 전송로를 분할하여 독립된 신호를 동시에 송수신할 수 있는 다수의 통신로(채널)를 구성하는 기술이다. 다중화는 한정된 전송로에 최대한 많은 채널을 동시에 공유하는 것을 목표로 한다. 대표적으로 FDM, TDM, CDM 등이 있다.

다중 접속(multiple access)은 다중화로 만들어진 채널 중에서 비어 있는 채널을 차지하는 방법을 정하는 것이다. 즉, 다중화 방법에 따라 한정된 전송로를 공유할 때, 최대한 효율적으로 사용하는 방법을 목표로 한다. 사용자들이 채널을 요구할 때 사용자 간 경쟁이 있다는 점에서 다중화와 차이가 있다. 대표적인 다중 접속 방식으로 FDMA, TDMA, CDMA 등이 있다.

이동 통신을 예로 들자면, 단말기에서 기지국으로 데이터를 전송할 때(forward link) 통신 자원을 효율적으로 공유하는 것이 다중 접속 방식이다. 기지국에서 단말기로 전송할 때(reverse link) 한정된 통신 자원을 최대한 공유하는 것은 다중화 방식이다.

05 SONET/SDH

SONET/SDH는 광섬유의 고속 디지털 전송 능력을 활용하기 위한 디지털 신호의 동기 다중화 계층과 속도 체계, 인터페이스를 정의한 표준이다. SONETSynchronous Optical Network(동기식 광통신망)은 미국의 ANSI(미국 국립 표준 협회)에 의해 표준화된 광전송 시스템을 위한 접속 규격이다. SDHSynchronous Digital Hierarchy(동기식 디지털 계위)는 ITU-T가 SONET을 기본으로 하여 개발한 국제 표준으로, 프레임 구조와 용어에서 SONET과 약간 차이가 있다. 여기서 동기의 의미는 다중화 방식에서 사용한 동기의 의미와 같다. SONET과 SDH의 근본적인 차이는 기본 출발점이 SONET은 50Mbps급인 데 비해 SDH는 150Mbps급이라는 것이다.

SONET에서는 STSSynchronous Transport Signal라는 계층 구조를 정의하였다. 각 STS급을 전송하기 위한 물리 링크를 광 캐리어Optical Carrier, OC라 한다. 흔히 사용되는 광 캐리어는 OC-1, OC-3, OC-12, OC-48 등이다. STS-1 전기 신호에 대응하는 광 신호가 OC-1이다. STS-1 프레임은 810옥텟octet으로 구성되어 있으며, 125μs마다 하나씩 전송되므로 51.84Mbps의 전송률을 제공한다. STS-1 신호는 STS-*N* 신호로 다중화될 수 있는데 *N*개의 STS-1 신호를 바이트 인터리빙byte interleaving 함으로써 더 높은 수준의 다중화를 구현한다.

SDH 규격은 최하위 전송률이 155.52Mbps이며 이를 STM-1Synchronous Transport Module level 1이라 부른다. STM-1은 SONET의 STS-3에 해당한다. [표 7-2]는 SONET과 SDH의 신호 계위를 비교한 것이다.

표 7-2 SONET/SDH 신호 계위

SONET 명칭	SDH 명칭	비트율(Mbps)	SPE 전송률 (Mbps)	사용자 데이터 전송률 (Mbps)
STS-1 / OC-1		51.840	50.112	49.536
STS-3 / OC-3	STM-1	155.52	150.336	148.608
STS-9 / OC-9	STM-3	466.560	451.008	445.824
STS-12 / OC-12	STM-4	622.080	601.344	594.432
STS-18 / OC-18	STM-6	933.120	902.016	891.648
STS-24 / OC-24	STM-8	1244.160	1202.688	1188.864
STS-36 / OC-36	STM-12	1866.230	1804.032	1783.296
STS-48 / OC-48	STM-16	2488.320	2405.376	2377.728
STS-96 / OC-96	STM-32	4976.640	4810.752	4755.456
STS-192 / OC-192	STM-64	9953.280	9621.504	9510.912

1 SONET의 물리적 구성

[그림 7-31]은 SONET 시스템의 구성을 개념적으로 단순화하여 나타낸 것이다. SONET 시스템은 STS 다중화기multiplexer, 재생기regenerator, 추가/삭제 다중화기add/drop multiplexer 등 세 가지 장치의 연결로 구성된다. STS 다중화기는 전기 신호를 광 신호로 변환하는 기능과 들어온 신호를 다중화하는 역할을 한다. STS 다중화기로 들어오는 여러 신호가 하나의 광 신호로 다중화된다. 다중화된 광 신호는 재생기로 전달된다. 재생기는 수신된 광 신호를 재생하는 리피터repeater 역할을 한다. 그리고 필요에 따라 헤더 정보를 새롭게 수정한다. 추가/삭제 다중화기는 다른 발신지에서 들어온 신호를 한 경로에 추가하거나 요구받은 신호를 경로에서 삭제할 수 있다. 그리고 다중화된 신호들의 경로를 변경할 수 있다.

한편, SONET 연결에는 구간section, 회선line, 경로path의 세 가지 계층이 있다. 구간은 다중화기와 재생기, 다중화기와 다중화기, 재생기와 재생기를 연결하는 광 링크다. 회선은 다중화기와 다중화기 사이로 네트워크의 한 부분이 된다. 경로는 종단의 역할을 수행하는 두 STS 다중화기 사이의 범위를 의미한다.

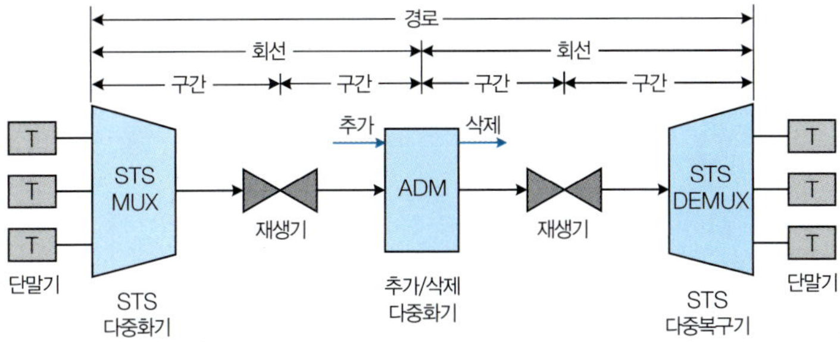

그림 7-31 SONET 시스템의 구성

2 SONET의 계층 구조

SONET은 [그림 7-32]와 같이 광학 계층optical layer, 구간 계층section layer, 회선 계층line layer, 경로 계층path layer의 4계층으로 구성된다. OSI 7계층과 비교하면 광학 계층은 물리 계층에, 나머지는 데이터링크 계층에 대응된다.

- 광학 계층 : 광섬유 채널과 다중화에 대한 물리적 규격을 포함한다. 신호는 NRZ 부호화를 이용하는데, 빛이 있으면 1이고, 빛이 없으면 0이다.
- 구간 계층 : 물리적인 구간을 통과하는 신호의 이동을 책임진다. 프레임 구성, 스크램블링, 오류 제어도 처리한다.
- 회선 계층 : 물리적인 회선을 통해 신호가 이동하는 것을 책임진다. STS 다중화기와 추가/삭제 다중화기가 회선 계층 기능을 제공한다.
- 경로 계층 : 종단 발신지에서 종단 목적지까지 신호 전달을 담당하는 계층이다. 발신지에서 전기 신호가 광 신호로 변환되고, 다른 신호들과 함께 다중화되어서 하나의 프레임으로 캡슐화된다. 목적지에서는 수신된 프레임이 다시 원래의 여러 전기 신호로 변환된다. STS 다중화기는 경로 계층 기능을 제공한다.

그림 7-32 SONET의 계층 구조

[그림 7-33]은 SONET 장치와 계층의 관계를 나타낸다. STS 다중화기는 4계층 장치이고, 추가/삭제 다중화기는 3계층 장치이며, 재생기는 2계층 장치다.

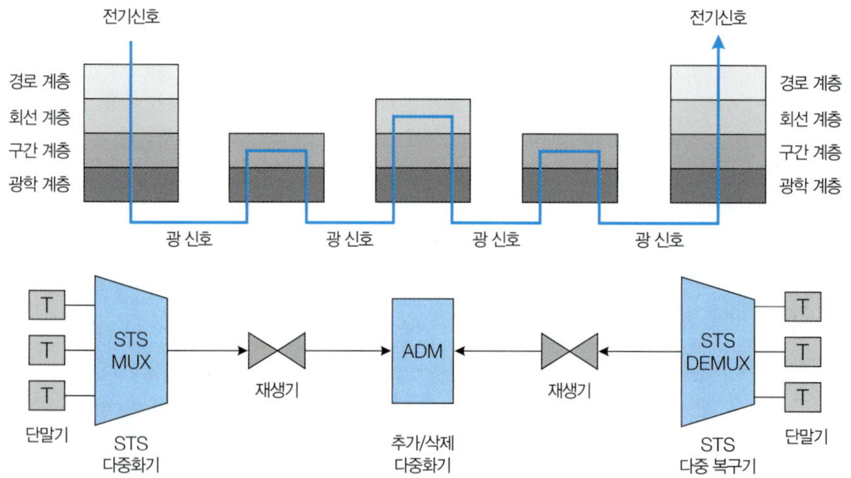

그림 7-33 SONET 장치와 계층과의 관계

3 SONET의 프레임 구조

STS-*N*에서 프레임은 9행과 90×*N*열로 이루어진 2차원 바이트 행렬로 구성된다. 예를 들어, STS-1 프레임은 9행과 90열로 이루어지므로 총 810바이트, STS-3은 9행과 270열로 이루어지므로 2,430바이트다. [그림 7-34]는 SONET 프레임 형식을 나타낸다. 바이트byte와 옥텟octet은 동일한 의미이므로 보통 표준안에서는 바이트와 옥텟을 구분 없이 사용한다.

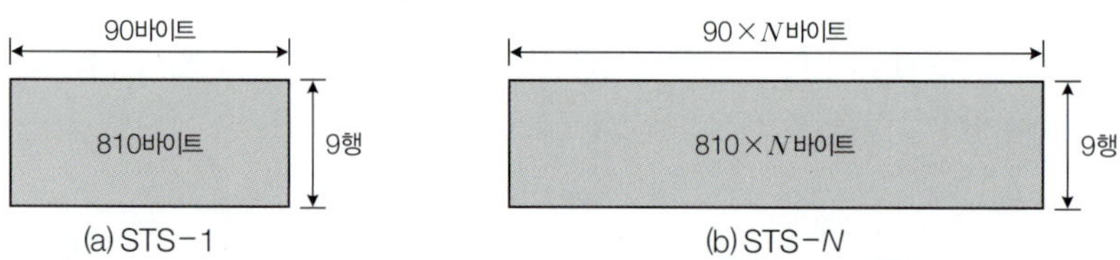

그림 7-34 STS-1과 STS-*N* 프레임 형식

STS-1 신호는 초당 8,000개 프레임을 전송한다. 이것은 음성이 디지털화되는 비율과 같다. 음성 신호를 PCM으로 부호화하면 각 샘플당 8비트(1바이트)이므로 SONET 프레임의 각

바이트는 디지털화된 음성 채널 하나에서 온 8비트를 전달할 수 있다. STS-1 신호 하나는 동시에 774개의 음성 채널(810바이트에서 오버헤드에 필요한 바이트를 제외)을 전달할 수 있다.

다음으로 STS-1 신호의 데이터 전송률을 계산해보자. STS-1은 초당 8,000개 프레임을 전달하므로 데이터 전송률은 51.84Mbps가 된다. 마찬가지로 STS-3 신호는 155.52Mbps가 된다([표 7-2] 참조).

- STS-1 : $8000 \times 9 \times 90 \times 8 = 51.84$Mbps
- STS-3 : $8000 \times 9 \times (90 \times 3) \times 8 = 155.52$Mbps

STS-1 프레임 구조

[그림 7-35]는 STS-1 프레임 형식을 나타낸다. 프레임에서 1~3열은 구간과 회선 오버헤드로 사용된다. 1~3열에서 1~3행은 구간 오버헤드Section Overhead, SOH로 사용되며, 4~9행은 회선 오버헤드Line Overhead, LOH로 사용된다. 프레임의 나머지 부분은 SPESynchronous Payload Envelope라고 부르며 사용자 데이터(페이로드)와 사용자 데이터 레벨에서 필요한 경로 오버헤드Path Overhead, POH를 포함한다. SPE에서 첫 번째 열이 경로 오버헤드로 사용된다.

프레임에서 바이트들은 왼쪽에서 오른쪽으로, 맨 위쪽에서 맨 아래쪽으로 전송된다. 즉 A1, A2, C1, …, B1, E1, … 순으로 전송된다. 그리고 각 바이트의 비트들은 최상위 비트Most Significant Bit, MSB에서 최하위 비트Least Significant Bit, LSB 순으로 전송된다.

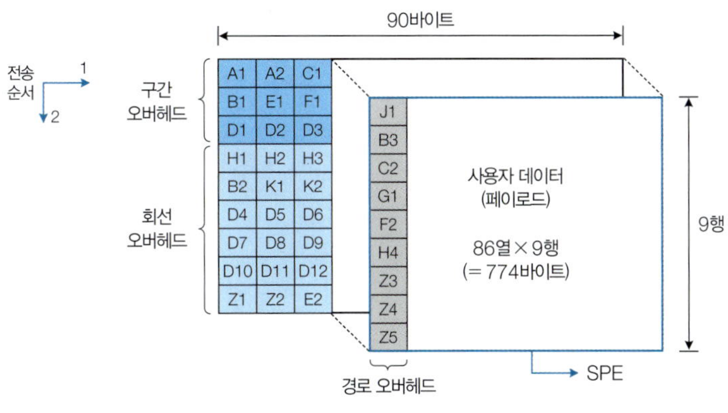

그림 7-35 STS-1 프레임 구조

STS-1 프레임에서 실제 사용자 데이터는 774바이트(=86×9)다. 그리고 초당 8,000개 프레임이 전송되므로 STS-1 프레임으로 전송되는 사용자 데이터 전송률은 49.536Mbps가 된다([표 7-2] 참조).

$$774 \times 8 \times 8000 = 49.536\text{Mbps}$$

STS-3 신호는 3개의 STS-1을 다중화하여 얻으며 전송 속도는 155.52Mbps가 된다. STS-3은 OC-3 신호에서 전달될 수 있다. [그림 7-36]과 같이 STS-3 프레임의 크기는 2,430바이트(=3×90×9)이며, 125μs 동안 전송되므로 STS-3은 STS-1에 비해 3배 빠르게 데이터를 전달한다. 전송 순서는 A1(첫 번째 STS-1), A1(두 번째 STS-1), A1(세 번째 STS-1), A2(첫 번째 STS-1), A2(두 번째 STS-1) 순이다.

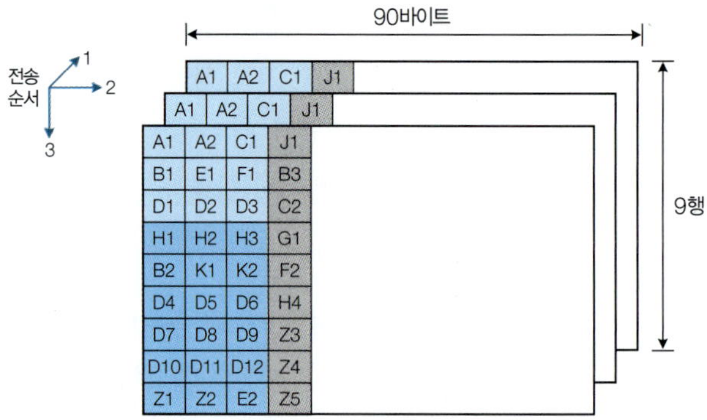

그림 7-36 STS-3 프레임 구조 및 전송 순서

STM-1 프레임 구조

SDH의 기본 계층인 STM-1 프레임의 전체 구조는 [그림 7-37]과 같이 SONET의 STS-3과 유사하다. 다만 오버헤드 부분과 데이터를 포함하는 방식의 세부적인 면에서 다소 차이가 있다. 1~3열에서 1~3행은 재생기 구간 오버헤드Regenerator Section Overhead, RSOH로 사용되고, 5~9행은 다중화 구간 오버헤드Multiplex Section Overhead, MSOH로 사용된다. 1~3열에서 4번째 행은 포인터들을 포함한다.

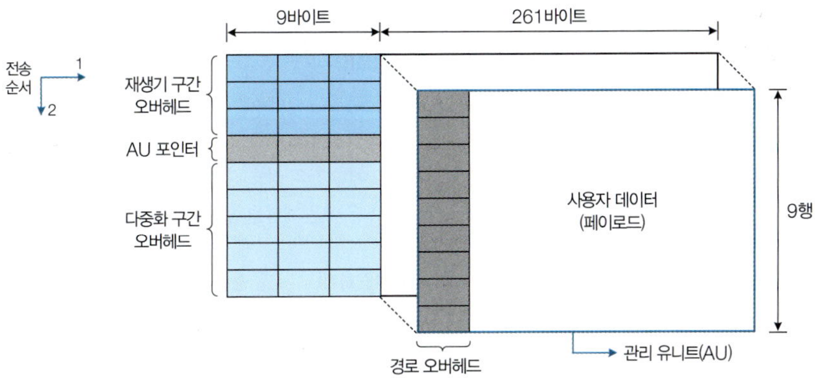

그림 7-37 SDH의 STM-1 프레임 형식

재생기 구간 오버헤드RSOH는 단말 장치가 요구하는 데이터를 포함하며, 크기는 27바이트(=3×9)다. 다중화 구간 오버헤드MSOH는 45바이트(=5×9) 크기로 오류 수정과 자동 보호 스위칭 메시지에 대한 정보가 들어 있다. 오류 수정은 STM-16 이상에서 포함된다. 관리 유니트 포인터Administration Units, AU pointer는 페이로드(사용자 데이터)의 J1 위치(사용자 데이터의 첫 번째 바이트)를 가리킨다. 포인터(H1, H2, H3)는 페이로드 내에 포함되는 하위 단계의 관리 유니트AU을 식별한다. 그러므로 OC-3 회선은 150.336Mbps로 페이로드를 전달할 수 있다([표 7-2] 참조).

1 효율적인 전송을 위해 대역폭이 넓은(혹은 전송 속도가 고속인) 하나의 전송 링크에 여러 신호(혹은 데이터)를 동시에 실어 보내는 기술은?

① 집중화 ② 다중화
③ 부호화 ④ 변조화

2 여러 개의 채널이 하나의 통신 회선을 통하여 결합된 신호의 형태로 전송되고 수신 측에서 다시 이를 여러 개의 채널 신호로 분리하는 역할을 수행하는 장비는?

① 모뎀Modem ② 게이트웨이Gateway
③ 다중화 장비Multiplexer ④ 라우터Router

3 다중화 기법으로 사용되지 않는 것은?

① 주파수 분할Frequency Division
② 시간 분할Time Division
③ 코드 분할Code Division
④ 전류 분할Current Division

4 다중화에 대한 설명으로 알맞은 것은?

① 다수의 신호에 대응하는 다수의 채널로 전송하는 방식이다.
② 하나의 신호를 다수의 채널로 전송하는 방식이다.
③ 하나의 신호를 하나의 채널로 전송하는 방식이다.
④ 다수의 신호를 동시에 하나의 채널로 전송하는 방식이다.

5 다중화multiplexing를 함으로써 얻을 수 있는 가장 좋은 점은?

① 에러 정정이 쉽고 간단해진다.
② 송수신 시스템이 간단해진다.
③ 전송 효율을 높일 수 있다.
④ 전송 속도가 매우 빨라진다.

6 여러 신호를 전송 매체의 서로 다른 주파수 대역을 이용하여 동시에 전송하는 것은?

① 시분할 다중화 ② 주파수 분할 다중화
③ 동기식 전송 ④ 비동기식 전송

7 보호 주파수대guard band를 사용하는 다중화 방식은?

① FDM ② TDM ③ STDM ④ SGM

8 주파수 분할 다중화기FDM에서 인접한 채널 간의 상호 간섭을 막기 위해 필요한 것은?

① 버퍼 ② 슬롯 ③ 채널 ④ 가드 밴드

9 주파수 분할 다중화FDM에서 보호 대역guard band이 필요한 이유는?

① 주파수 대역폭을 축소시키기 위함이다.
② 신호의 세기를 크게 하기 위함이다.
③ 채널 간의 상호 간섭을 방지하기 위함이다.
④ 더 많은 채널을 좁은 주파수 대역에 싣기 위함이다.

10 다중화기multiplexer 중 변복조 기능도 포함하는 기기는?

① 동기식 시분할 다중화기
② 비동기식 시분할 다중화기
③ 통계적 시분할 다중화기
④ 주파수 분할 다중화기

11 전송하려는 신호에 필요한 대역폭보다 전송 매체의 유효 대역폭이 클 때 사용하는 다중화 방식은?

① 주파수 분할 다중화 ② 동기 시분할 다중화
③ 통계 시분할 다중화 ④ 비동기 시분할 다중화

12 주파수 분할 다중화에 대한 설명 중 옳지 않은 것은?

① 주파수 대역폭을 작은 대역폭으로 나누어 사용한다.
② Time Slot을 이용한다.
③ 가드 밴드의 이용으로 대역폭의 이용률이 낮아진다.
④ 시분할 다중화에 비해서 구현이 간단하다.

13 주파수 분할 방식의 특징으로 틀린 것은?

① 사람의 음성이나 데이터가 아날로그 형태로 전송된다.
② 인접 채널 사이의 간섭을 막기 위해 보호 대역을 둔다.
③ 터미널의 수가 동적으로 변할 수 있다.
④ 주로 유선 방송에서 많이 사용하고 있다.

14 FDM Frequency Division Multiplexing 방식의 설명으로 옳지 않은 것은?

① 주파수 분할 다중화는 전화의 장거리 전송망에 도입되어 사용되어 있다.
② 가변 파장 송신 장치tunable laser, 가변 파장 수신 장치tunable filter를 사용하여 특정 채널을 선택한다.
③ 여러 신호를 전송 매체의 서로 다른 주파수 대역을 이용하여 동시에 전송하는 기술이다.
④ 인접한 채널 간의 간섭을 막기 위해 일반적으로 보호 대역guard band을 사용한다.

15 주파수 분할 다중화에 대한 설명 중 옳지 않은 것은?

① 동기식과 비동기식 다중화 방식이 있다.
② 다중화하고자 하는 각 채널의 신호는 각기 다른 반송 주파수로 변조된다.
③ 부채널 간의 상호 간섭을 방지하기 위해 가드 밴드guard band를 주어야 한다.
④ 전송 매체에서 사용 가능한 주파수 대역이 전송하고자 하는 각 터미널의 신호 대역보다 넓은 경우에 적용된다.

16 주파수 분할 다중화FDM 방식에 대한 설명 중 옳지 않은 것은?

① 전송되는 각 신호의 반송 주파수는 동시에 전송된다.
② 전송하려는 신호의 필요 대역폭보다 전송 매체의 유효 대역폭이 적을 때 사용된다.
③ 반송 주파수는 각 신호의 대역폭이 겹치지 않도록 충분히 분리되어야 한다.
④ 전송 매체를 지나는 신호는 아날로그 신호다.

17 주파수 분할 방식을 이용하여 사람의 음성을 다중화하려고 한다. 음성 대역폭은 3KHz이고, 채널 간섭을 방지하기 위한 Guard band 1KHz라고 가정할 경우에, 48KHz의 대역폭의 채널상에 최대로 다중화할 수 있는 사람의 음성 수는?

① 10개 ② 12개
③ 14개 ④ 16개

18 다중화 기법 중 TV 공중파와 관련이 있는 것은?

① CDM ② FDM
③ TDM ④ PDM

19 누화crosstalk 및 상호변조잡음inter-modulation noise과 관계 있는 멀티플렉싱은?

① TDM ② FDM
③ DM ④ STDM

20 파장이 서로 다른 여러 광 신호를 광결합기를 통하여 전송하고 수신 측에서 광분파기로 분리하는 다중화 방식은?

① WDM ② FDM
③ TDM ④ SDM

21 광통신 시스템에서 파장 분할 다중화 방식WDM을 사용하는 가장 큰 장점은?

① 전송 거리가 길어진다.
② 전송 용량을 크게 할 수 있다.
③ 광수신기의 특성이 좋아진다.
④ 전송 손실이 감소한다.

22 파장 분할 다중 전송 시스템의 특성이 아닌 것은?

① 대용량화가 가능하다.
② 양방향 전송이 가능하다.
③ 다른 신호의 동시 전송이 가능하다.
④ 전자기적인 누화가 통화 품질에 영향을 줄 수 있다.

23 하나의 정보를 여러 개의 반송파로 분할하고, 분할된 반송파 사이의 주파수 간격을 최소화하기 위해 직교 다중화해서 전송하는 통신 방식으로, 와이브로 및 디지털 멀티미디어 방송 등에 사용되는 기술은?

① TDM ② DSSS
③ OFDM ④ FHSS

24 OFDM에 대한 설명으로 적합하지 않은 것은?

① FFT_{Fast Fourier Transform}에 의한 변복조 처리가 가능하다.

② 다중 경로 페이딩에 강하다.

③ 반송파의 주파수 옵셋과 위상 잡음에 민감하다.

④ 사용자의 데이터 열에 따라 반송 주파수를 변화한다.

25 다음은 무엇에 관한 설명인가?

> 여러 개의 부반송파에 고속의 데이터를 저속의 병렬 데이터로 변환하여 실어 보내는 기법

① AMC_{Adaptive Modulation and Coding}

② HARQ_{Hybrid ARQ}

③ DCT_{Discrete Cosine Transform}

④ OFDM_{Orthogonal Frequency Division Multiplexing}

26 고속의 송신 신호를 다수의 직교하는 협대역 반송파로 다중화시키는 변조 방식은?

① QAM ② CDMA

③ OTDM ④ OFDM

27 한 전송로의 데이터 전송 시간을 일정한 시간 폭_{time slot}으로 나누어 각 부 채널에 차례로 분배하는 다중화는?

① 시분할 다중화 ② 주파수 분할 다중화

③ 위상 분할 다중화 ④ 위치 분할 다중화

28 다수의 타임 슬롯으로 하나의 프레임이 구성되고, 각 타임 슬롯에 채널을 할당하여 다중화하는 것은?

① TDM ② CDM

③ FDM ④ CSM

29 그림이 나타내는 다중화 방식은?

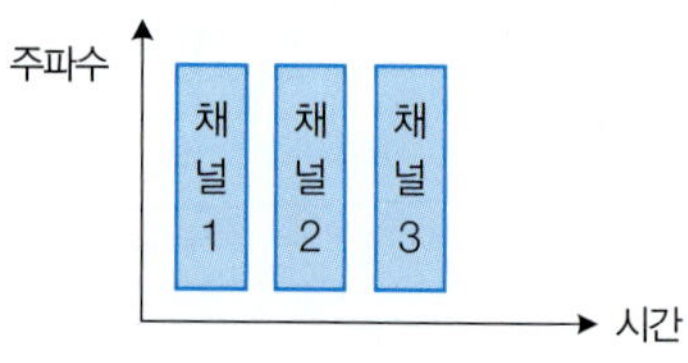

① 통계적 다중화 ② 시분할 다중화

③ 진폭 분할 다중화 ④ 주파수 분할 다중화

30 TDM에서 n개의 신호 출처가 있다면 각 프레임이 포함하는 타임 슬롯_{time slot}은 최소 몇 개인가?

① $n-1$개 ② n개

③ $n+1$개 ④ $n+2$개

31 전송 매체상의 전송 프레임마다 해당 채널의 타임 슬롯이 고정적으로 할당되는 다중화 방식은?

① 주파수 분할 다중화

② 동기식 시분할 다중화

③ 통계적 시분할 다중화

④ 코드 분할 다중화

32 전송 시간을 일정한 간격의 타임 슬롯_{time slot}으로 나누고, 이를 주기적으로 각 채널에 할당하는 다중화 방식은?

① 주파수 분할 다중화

② 동기식 시분할 다중화

③ 코드 분할 다중화

④ 공간 분할 다중화

33 전송할 데이터가 없는 단말 장치에도 타임 슬롯을 할당하는 시분할 다중화_{TDM} 방식은?

① 비동기 시분할 멀티플렉싱

② 통계 시분할 멀티플렉싱

③ 동기 시분할 멀티플렉싱

④ 지능형 시분할 멀티플렉싱

34 다음이 설명하는 다중화 방식은?

> 전송 시간을 일정한 간격의 타임 슬롯_{time slot}으로 나누고, 이를 주기적으로 각 채널에 할당하는 다중화 방식

① 주파수 분할 다중화 ② 동기식 시분할 다중화

③ 코드 분할 다중화 ④ 파장 분할 다중화

35 동기식 시분할 다중화synchronous TDM의 설명으로 틀린 것은?

① 전송 시간을 일정한 간격의 타임 슬롯으로 나누고 이를 주기적으로 각 채널에 할당한다.
② 하나의 프레임은 일정한 수의 타임 슬롯으로 구성된다.
③ 전송 데이터가 있는 경우에만 타임 슬롯을 할당하여 데이터를 전송한다.
④ 송신단에서는 각 채널의 입력 데이터를 각각의 채널 버퍼에 저장하고 이를 순차적으로 읽어 낸다.

36 동기식 시분할 다중화synchronous TDM에 대한 설명으로 옳지 않은 것은?

① 전송 시간을 일정한 간격의 타임 슬롯time slot으로 나누고 이를 주기적으로 각 채널에 할당한다.
② 하나의 프레임은 일정한 수의 타임 슬롯time slot으로 구성된다.
③ 송신단에서는 각 채널의 입력 데이터를 각각의 채널 버퍼에 저장하고 이를 순차적으로 읽어낸다.
④ 통계적 시분할 다중화Statistical TDM 방식보다 전송 용량의 낭비가 적다.

37 전송할 데이터가 있는 채널만 차례로 타임 슬롯을 이용하여 데이터와 함께 주소 정보를 헤더로 붙여 전송하는 다중화 방식은?

① 주파수 분할 다중화
② 역 다중화
③ 예약 시분할 다중화
④ 통계적 시분할 다중화

38 전송 데이터가 있는 동안에만 타임 슬롯을 할당하는 다중화 방식은?

① 통계적 시분할 다중화
② 광파장 분할 다중화
③ 동기식 시분할 다중화
④ 주파수 분할 다중화

39 다중화 방식 중 타임 슬롯time slot을 사용자의 요구에 따라 동적으로 할당하여 데이터를 전송할 수 있는 것은?

① Pulse Code Multiplexing
② Statistical Time Division Multiplexing
③ Synchronous Time Division Multiplexing
④ Frequency Division Multiplexing

40 각 채널별로 타임 슬롯을 사용하나 데이터를 전송하고자 하는 채널에 대해서만 슬롯을 유동적으로 배정하며, 비트 블록에 데이터뿐만 아니라 목적지 주소에 대한 정보도 포함하는 다중화 방식은?

① 파장 분할 다중화 방식
② 통계적 시분할 다중화 방식
③ 주파수 분할 다중화 방식
④ 코드 분할 다중화 방식

41 실제 전송 요구가 있는 채널에만 타임 슬롯을 동적으로 할당하여 전송 효율을 높이는 방식은?

① 주파수 분할 다중화 방식
② 베이스밴드 방식
③ 광대역 대중화 방식
④ 통계적 시분할 다중화 방식

42 시분할 다중화기 중 종류가 다른 하나는?

① 동기 시분할 다중화기
② 비동기 시분할 다중화기
③ 지능적 시분할 다중화기
④ 통계적 시분할 다중화기

43 통계적 시분할 다중화 기법의 장점이 아닌 것은?

① 낭비되는 슬롯을 전송하지 않기 때문에 채널의 낭비를 줄인다.
② 동기식 다중화기보다 더 높은 전송 효율을 가진다.
③ 각 터미널들의 전송량과 관계없이 일정한 지연시간을 가진다.
④ 같은 속도일 경우 동기식 다중화기보다 더 많은 수의 터미널을 접속할 수 있다.

44 **통계적 TDM에서 다중화된 회선의 데이터 전송률과 접속 장치들의 데이터 전송률의 합 간 일반적인 관계는?**

① 다중화된 회선의 데이터 전송률 < 접속 장치들의 데이터 전송률의 합

② 다중화된 회선의 데이터 전송률 > 접속 장치들의 데이터 전송률의 합

③ 다중화된 회선의 데이터 전송률 ≥ 접속 장치들의 데이터 전송률의 합

④ 다중화된 회선의 데이터 전송률 = 접속 장치들의 데이터 전송률의 합

45 **지능 다중화기에 대한 설명 중 옳지 않은 것은?**

① 실제 보낼 데이터가 있는 DTE에만 각 부채널에 시간 폭을 할당한다.

② 주소 제어, 흐름 제어, 오류 제어 등의 기능이 제공된다.

③ 실제 전송할 데이터가 있는 부 채널에만 시간 폭을 할당하므로 많은 데이터 전송이 가능하다.

④ 가격이 싸고 접속에 소요되는 시간이 길어진다.

46 **시분할 다중화$_{TDM}$에 대한 설명으로 옳은 것은?**

① 여러 신호를 전송 매체의 서로 다른 주파수 대역을 이용하여 동시에 전송하는 기술이다.

② 동기식 시분할 다중화는 한 전송 회선의 대역폭을 일정한 시간 단위로 나누어 각 채널에 할당하는 방식이다.

③ 동기식 시분할 다중화는 대역폭을 감소시키는 효과가 있어 전체적인 전송 시스템의 성능이 향상되는 장점이 있다.

④ 비동기식 시분할 다중화는 헤더 정보를 필요로 하지 않으므로, 동기식 시분할 다중화에 비해 타임 슬롯당 정보 전송률이 증가한다.

47 **시분할 다중화$_{TDM}$에 대한 설명으로 틀린 것은?**

① 시분할 다중화에는 동기식 시분할 다중화와 통계적 시분할 다중화 방식이 있다.

② 동기식 시분할 다중화 방식은 전송 프레임마다 각 타임 슬롯이 해당 채널에 고정적으로 할당된다.

③ 통계적 시분할 다중화 방식은 전송할 데이터가 있는 채널만 차례로 타임 슬롯을 이용하여 전송한다.

④ 통계적 시분할 다중화보다 동기식 시분할 다중화 방식이 전송 대역폭을 더욱 효율적으로 사용할 수 있다.

48 **시분할 다중화$_{TDM}$에 대한 설명으로 옳은 것은?**

① 상대적으로 고속으로 동작하는 여러 대의 전송 장치들이 고속으로 동작하는 하나의 통신 회선을 공유하여 동시에 데이터를 전송하는 방식이다.

② 동기식 시분할 다중화$_{STDM}$는 한 전송 회선의 대역폭을 일정한 시간 단위로 나누어 각 채널에 할당하는 방식이다.

③ STDM은 대역폭을 감소시키는 효과가 있어, 전체적인 전송 시스템의 성능이 향상되는 장점이 있다.

④ 비동기식 시분할 다중화$_{ATDM}$는 헤더 정보를 필요로 하지 않으므로, STDM에 비해 타임 슬롯당 정보 전송률이 증가한다.

49 **시분할 다중화 방식에 대한 설명으로 틀린 것은?**

① 동기식 시분할 다중화 방식은 전송 시간을 일정한 간격의 타임 슬롯으로 나누고, 이를 주기적으로 각 채널에 할당한다.

② 통계적 시분할 다중화 방식은 프레임 내의 타임 슬롯의 위치로 채널이 구분되기 때문에 별도의 주소 정보가 필요하지 않다.

③ 통계적 시분할 다중화 방식은 전송 데이터가 있는 경우에만 타임 슬롯을 할당한다.

④ 동기식 시분할 다중화 방식에서는 전송 프레임마다 각 타임 슬롯이 해당 채널에게 고정적으로 할당되기 때문에 결과적으로 전송 매체의 전송 능력이 낭비된다.

50 **시분할 다중화 방식에 대한 설명으로 틀린 것은?**

① 하나의 회선을 다수의 짧은 시간 간격으로 분할하여 다중화한다.

② 전송로의 데이터 전송 시간을 일정한 타임 슬롯으로 나누어 각 부채널로 분배하여 비동기형만 사용하고 있다.

③ 전송은 디지털로 이루어진다.

④ 통계적 시분할 다중화의 경우에는 동시에 데이터를 보낼 수 있는 터미널의 수가 동적으로 변할 수 있다.

51 다중화 방식에 대한 설명으로 옳지 않은 것은?

① 주파수 분할 다중화는 여러 신호를 전송 매체의 서로 다른 주파수 대역을 이용하여 동시에 전송하는 기술이다.

② 동기식 시분할 다중화는 전송 시간을 일정한 간격의 타임 슬롯으로 나누고, 이를 주기적으로 각 채널에 할당한다.

③ 통계적 시분할 다중화는 전송 프레임마다 각 타임 슬롯이 해당 채널에 고정적으로 할당된다.

④ 파장 분할 다중화는 광 영역의 주파수 분할 다중화로 볼 수 있다.

52 다중화$_{multiplexing}$에 대한 설명으로 틀린 것은?

① 다중화란 효율적인 전송을 위하여 넓은 대역폭을 가진 하나의 전송 링크를 통해 여러 신호를 동시에 실어 보내는 기술을 말한다.

② 동기식 시분할 다중화는 전송 시간을 일정한 간격의 슬롯$_{time\ slot}$으로 나누고, 이를 주기적으로 각 채널에 할당한다.

③ 주파수 분할 다중화는 여러 신호를 전송 매체의 서로 다른 주파수 대역을 이용하여 동시에 전송하는 기술을 말한다.

④ 파장 분할 다중화에서는 각 채널별로 특정한 타임 슬롯이 할당되지 않고 전송할 데이터가 있는 채널만 타임 슬롯을 이용하여 데이터를 전송한다.

53 일반적으로 동기식 시분할 다중화 방식에서 음성 전화 채널당 8bit씩 매 125μs마다 할당한다면 데이터 전송률은?

① 32Kbps

② 64Kbps

③ 1Kbps

④ 10Kbps

54 동기식 시분할기와 비동기식 시분할기의 특징을 설명한 것이 아닌 것은?

① 비동기식이 동기식에 비해 효율이 우수하다.

② 비동기식 다중화기를 일명 통계적 다중화기라 하며, 링크의 효율성을 높인다.

③ 비동기식 다중화기는 데이터를 잠시 저장할 버퍼와 주소 제어 회로 등이 별도로 필요하다.

④ 비동기식 다중화기는 데이터를 전송하는 각 채널에 대한 고정된 슬롯이 설정된다.

55 시분할 다중화 장치에 대한 설명으로 옳지 않은 것은?

① 동기식 시분할 방식과 통계적 시분할 방식이 있다.

② 동기식 시분할 방식에서는 전송 프레임마다 각 타임 슬롯이 해당 채널에 고정적으로 할당된다.

③ 통계적 시분할 방식에서는 추가적인 주소 정보가 각 타임 슬롯마다 필요하다.

④ 데이터 전송이 간헐적으로 일어나는 컴퓨터 통신에서는 동기식 시분할 방식이 통계적 시분할 방식보다 효율성 측면에서 유리하다.

56 ITU-T의 1차군 비동기식 디지털 계위의 권고 사항으로 옳은 것은?

① 북미 방식의 24채널, 1.544Mbps

② 유럽 방식의 24채널, 2.048Mbps

③ 북미 방식의 32채널, 2.048Mbps

④ 유럽 방식의 32채널, 1.544Mbps

57 PCM 24 channel 다중 통신 방식의 프레임 구성에 대한 설명으로 맞는 것은?

① 64 정보 비트와 1비트의 동기 비트로 구성된다.

② 124 정보 비트와 2비트의 동기 비트로 구성된다.

③ 192 정보 비트와 1비트의 동기 비트로 구성된다.

④ 256 정보 비트와 2비트의 동기 비트로 구성된다.

58 ITU-T에서 권고하고 있는 1.544Mbps(T-1)에는 몇 개의 통화 채널을 수용할 수 있는가?

① 12CH ② 24CH

③ 36CH ④ 48CH

59 T-1 캐리어 전송 시스템에서 각 비트당 점유 시간은?

① 125μs ② 10μs
③ 5.2μs ④ 0.65μs

60 PCM-24 방식에 있어서 표본화 주파수가 8KHz라고 하면 표본화의 주기(T)는?

① T = 125μs ② T = 240μs
③ T = 376μs ④ T = 538μs

61 PCM 24CH 방식의 표본화에 있어서 1프레임$_{frame}$시간 즉, 각 CH를 일순하는 시간은? (단, 표본화 주파수는 8 KHz로 한다.)

① 24μs ② 80μs
③ 100μs ④ 125μs

62 PCM 24채널(PCM T-1 프레임)방식에 대한 설명 중 옳은 것은?

① 각 채널은 10개의 비트로 구성된다.
② 프레임당 비트 수는 193개다.
③ 표본화 주파수는 4KHz다.
④ 전송 속도는 2.048Mbit/sec다.

63 PCM-32/TDM에서 1프레임의 비트 수는?

① 64비트 ② 193비트
③ 256비트 ④ 512비트

64 PCM-32/TDM 방식의 전송 속도 및 음성 채널 수로 맞는 것은?

① 전송 속도 : 1.544Mbps, 음성 채널 수 : 24
② 전송 속도 : 1.544Mbps, 음성 채널 수 : 32
③ 전송 속도 : 2.048Mbps, 음성 채널 수 : 30
④ 전송 속도 : 2.048Mbps, 음성 채널 수 : 32

65 PCM-32 채널 다중화 장치의 음성 비트와 표본화 주기는?

① 7비트, 256μs ② 8비트, 125μs
③ 8비트, 256μs ④ 7비트, 125μs

66 PCM 음성 회선을 전송하는 경우의 E-1에 대한 설명으로 맞는 것은?

① 슬롯-0$_{time\ slot\ 0}$은 신호용으로 사용한다.
② 사용자 채널로는 30개의 슬롯을 사용한다.
③ 슬롯-16은 프레이밍$_{framing}$용이다.
④ 한 프레임은 246 비트$_{bit}$이다.

67 TDM을 사용하여 5개의 채널을 다중화한다. 각 채널이 100byte/s의 속도로 전송하고 각 채널마다 2byte씩 다중화하는 경우 초당 전송해야 하는 프레임 수와 비트 전송률(bps)은 각각 얼마인가?

① 50개, 2,000bps
② 50개, 4,000bps
③ 100개, 2,000bps
④ 100개, 4,000bps

68 다중화 기술에 대한 설명으로 옳지 않은 것은?

① 하나의 통신로를 여러 가입자가 동시에 이용하여 통신할 수 있도록 하는 것이 다중화 기술이다.
② 아날로그 방식의 주파수 분할 다중화$_{FDM}$와 디지털 방식의 시분할 다중화$_{TDM}$ 및 코드 분할 다중화$_{CDM}$ 기술이 있다.
③ 주파수 분할 다중화$_{FDM}$는 채널마다 독립된 주파수 대역으로 분할하여 다중화하는 방식으로 시분할 다중화 또는 코드 분할 다중화보다 효율이 낮다.
④ 시분할 다중화$_{TDM}$는 정해진 시간으로 슬롯을 배정하고 이를 다시 Frame으로 묶어 다중화하는 방식으로 코드 분할 다중화$_{CDM}$보다 다중화 효율이 높다.

69 역다중화기의 특징이 아닌 것은?

① 광대역 회선을 사용하지 않고 2개의 음성 대역 회선을 이용한다.
② 집중화기라고도 한다.
③ 시분할 다중화기의 역 동작을 수행한다.
④ 한 채널의 고장 시 나머지 한 채널은 1/2의 속도로 계속 운영이 가능하다.

70 2개의 음성급 회선을 이용하여 고속의 전송 속도를 얻을 수 있는 것은?

① 집중화기 ② 다중화기

③ 역다중화기 ④ 포트 공동 이용기

71 SONET/SDH에 대한 설명으로 적절하지 않은 것은?

① 광 신호 전송을 이용한 신호 다중화 프로토콜이다.

② SDH는 국제 표준화 기구인 ITU-T 표준이다.

③ SONET은 광학 계층, 구간 계층, 회선 계층의 3 계층으로 구성된다.

④ SONET/SDH를 이용하여 ATM과 같은 다양한 프로토콜을 지원할 수 있다.

72 SONET$_{\text{Synchronous Optical Network}}$에 대한 설명으로 틀린 것은?

① 광 전송망 노드와 망간의 접속을 표준화한 것이다.

② 다양한 전송 기기를 상호 접속하기 위한 광 신호와 인터페이스 표준을 제공한다.

③ STS-12의 기본 전송 속도는 622.08Mbps다.

④ 프레임 중계 서비스와 프레임 교환 서비스가 있다.

73 주파수 분할 다중화에서 이웃한 채널 사이에 여분의 대역폭을 두는데, 이를 무엇이라 하는가?

74 FM 라디오 방송에서 사용하는 다중화 방식은?

75 이동 통신 LTE에서 사용되는 다중화 방식은?

76 시간을 슬롯으로 나누어서 각 슬롯을 채널에 할당하여 다중화하는 방식은?

77 서로 다른 파장을 갖는 신호를 다중화하는 방식으로 광 통신에서 사용하는 방식은?

78 T-1 방식에서 1 프레임에 수용되는 비트 수는?

79 유럽에서 사용하는 디지털 전송 시스템의 표준 인터페이스로 30개의 음성 채널을 다중화하는 것은?

80 DSSS 방식에서 다중화할 채널 수가 20개인 경우 필요한 칩의 개수는?

81 난수 발생에 따라 반송파의 주파수를 특정 패턴으로 바꾸면서 데이터를 전송하는 방식은?

82 SONET 구조에서 종단 STS 다중화기 사이의 네트워크 부분을 무엇이라고 하는가?

83 SONET에서 STS 다중화기는 몇 계층 장치인가?

84 SONET에서 종단 다중화기와 종단 다중화기 사이의 범위를 무엇이라고 하는가?

85 SDH에서 STM-1에 해당하는 SONET 계층은?

86 SONET 서비스 중에서 T-3 인터페이스를 수용하기 적절한 신호 계위는?

87 링크와 채널을 구분하여 설명하시오.

88 주파수 분할 다중화$_{\text{FDM}}$에 총 7,900Hz가 배정되었다. 3개의 입력 장치가 사용되고 보호 대역이 200Hz인 경우 각 장치에 할당되는 최대 대역폭을 구하시오.

89 음성 채널이 4KHz의 대역폭을 차지한다고 가정한다. 10개의 음성 채널을 500Hz의 보호 대역을 사용하는 FDM으로 다중화하려는 경우 요구되는 대역폭을 계산하시오.

90 주어진 정보로 프레임 안의 문자 데이터를 보여주는 동기 TDM 프레임을 그려보시오.

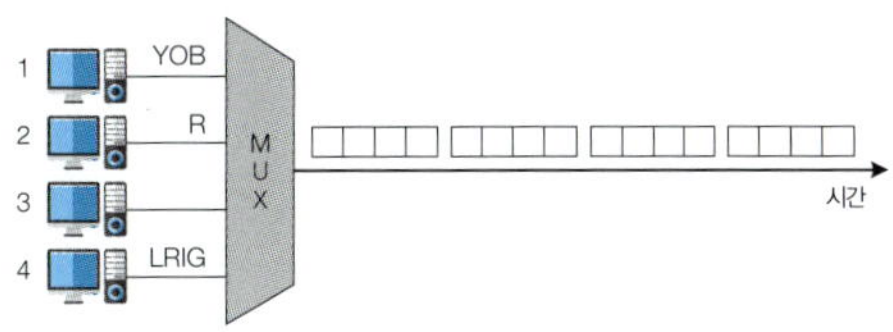

91 앞 90번 문제를 프레임 크기가 3인 비동기 TDM에 대해 수행하시오.

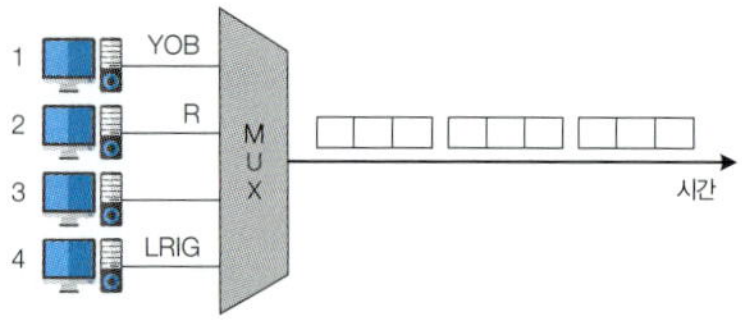

92 T-1 회선에 대한 다음 물음에 답하시오.

(1) 프레임 지속 시간은?

(2) 오버헤드는?

93 각각 9Kbps, 10Kbps, 10Kbps의 전송률을 갖는 3개의 입력 회선을 동기 TDM하려고 한다. 비트 채우기 bit stuffing 방식을 이용한 다중화를 그림으로 나타내시오.

94 T-2 회선은 6.312Mbps 서비스를 제공한다. 이 값은 4×1.544Mbps이 아닌 이유를 설명하시오.

95 비동기 시분할 다중화(비동기 TDM)에서 각 타임 슬롯으로 32비트가 전송되고, 다중화되는 입력 회선이 8개일 때 주소를 위한 오버헤드를 계산하시오.

96 50대의 컴퓨터를 하나의 회선으로 동기 시분할 다중화하였다. 각 컴퓨터가 28.8Kbps의 속도로 데이터를 전송한다면 다중화된 데이터가 전송되는 회선의 최소 비트율을 계산하시오. T-1 회선이 이 데이터를 전송할 수 있는지 검토하시오.

97 단일 모드 광섬유가 2Gbps로 전송할 수 있다면, 1개의 광섬유 케이블은 몇 개의 전화 채널을 수용할 수 있는가?

98 데이터 전송률이 10Mbps인 전송 매체가 있다. 만일 바커 순열을 사용하는 DSSS를 사용한다면 이 채널을 사용해 몇 개의 64Kbps 음성 채널을 전송할 수 있는가?

99 어느 FHSS 시스템이 4비트 PN 순열을 사용한다. PN의 비트율이 초당 64비트인 경우 다음 물음에 답하시오.

(1) 가능한 홉의 총 개수는?

(2) PN의 한 사이클을 완성하는 데 소요되는 시간은?

100 STS-3, STS-9, STS-12의 사용자 데이터 전송률을 계산하시오.

1 ②	2 ③	3 ④	4 ④	5 ③	6 ②	7 ①	8 ④	9 ③	10 ④
11 ①	12 ②	13 ③	14 ②	15 ①	16 ②	17 ②	18 ②	19 ②	20 ①
21 ②	22 ④	23 ③	24 ④	25 ④	26 ④	27 ①	28 ①	29 ②	30 ②
31 ②	32 ②	33 ③	34 ②	35 ③	36 ④	37 ④	38 ①	39 ②	40 ②
41 ④	42 ①	43 ③	44 ①	45 ④	46 ②	47 ④	48 ②	49 ②	50 ②
51 ③	52 ④	53 ②	54 ④	55 ④	56 ①	57 ③	58 ②	59 ④	60 ①
61 ④	62 ②	63 ③	64 ③	65 ②	66 ②	67 ②	68 ④	69 ②	70 ③
71 ③	72 ④								

CHAPTER 08
데이터링크 제어

학습목표

- 전송 제어의 필요성에 대해 설명할 수 있다.
- 회선 제어에 대해 설명할 수 있다.
- 흐름 제어의 개념 및 방법에 대해 설명할 수 있다.
- 오류 검출의 개념 및 동작 방식에 대해 설명할 수 있다.
- 오류 정정의 개념 및 동작 방식에 대해 설명할 수 있다.

01 회선 제어

데이터 통신 시스템에서 물리적 전송로, 각종 변환 기법 및 회선 연결 등이 제공되어도 물리적인 연결에서 통신 상대방의 확인, 전송 조건, 오류 제어 등 전송 링크상에서 발생하는 다양한 문제를 제어할 수 있어야 한다. 이와 같이 데이터 전송에 필요한 제어 및 절차를 데이터링크 제어 또는 전송 제어라 한다. 전송 제어는 다음과 같은 이유로 필요하며 데이터링크 계층에서는 회선 제어line control, 흐름 제어flow control, 오류 제어error control 등의 전송 제어를 수행한다.

- 프레임frame이라는 블록으로 전송된 데이터의 동기화 문제가 발생한다.
- 여러 가지 회선 구성 방식(점대점 회선, 다중점 회선)과 통신 방식(단방향, 반이중, 전이중)에 따라 요구 사항들이 변한다.
- 송수신기 사이의 처리 속도에 따라 흐름 제어가 필요하다.
- 물리적 장치 간에 오류가 발생되므로 오류 제어가 필요하다.
- 다중점multiploit 통신에서는 전송 대상을 식별하기 위한 주소 지정addressing이 필요하다.
- 데이터 송수신의 개시, 유지 및 해제 등 장치들 간에 링크 관리가 필요하다.

전송 제어 절차는 [그림 8-1]과 같이 5단계로 수행된다.

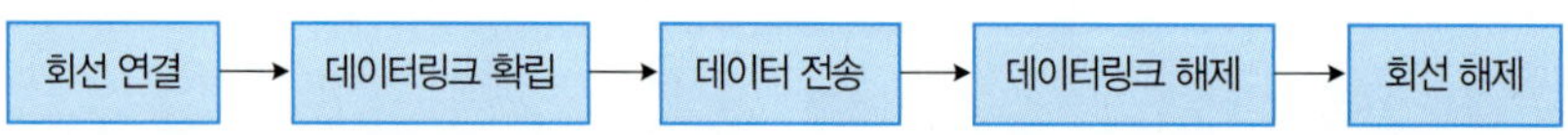

그림 8-1 데이터 전송 제어 절차

- 회선 연결(접속) : 교환 회선에서 통신 회선과 단말 장치를 물리적으로 연결한다. 다이얼 또는 수신 측 주소를 전송하여 데이터 전송이 가능하도록 통신 회선을 연결하는 단계다.
- 데이터링크 확립(설정) : 접속된 통신 회선상에서 송신 측과 수신 측 간의 확실한 데이터 전송을 수행하기 위한 논리적 경로를 구성한다. 앞에서 설명한 회선 제어에 해당되며 경쟁 방식과 폴-셀렉션 방식이 있다.

- 데이터 전송 : 설정된 데이터링크를 통하여 데이터를 수신 측에 전송한다. 또한 잡음에 의해 발생하는 오류를 검출하고 정정하는 오류 제어와 데이터의 중복과 손실 등을 방지하는 순서 제어를 수행한다.
- 데이터링크 해제 : 데이터 전송이 끝나면 수신 측 확인에 따라 송수신 간의 논리적 경로인 데이터링크를 해제한다.
- 회선 해제(절단) : 교환 회선의 경우 통신 회선과 단말 장치 간의 물리적 연결을 절단하는 단계다.

전용 회선에서는 물리적 연결이 필요 없으므로 '데이터링크 확립 → 데이터 전송 → 데이터링크 해제'의 3단계로 구성된다.

회선 제어 방식에는 제어 없이 단순하게 장치들 간의 경쟁에 맡기는 경쟁 방식과 주장치의 적극적인 제어에 의해 수행되는 폴–셀렉션 방식이 있다. 어느 방식이든 링크 설정 요구를 보내고 상대방에게 확인 응답을 받아서 데이터를 전송한다. 경쟁 방식은 주로 대등–대–대등peer-to-peer 통신에서 사용되며, 폴–셀렉션 방식은 주종primary-secondary 통신에서 사용된다.

1 경쟁 방식

경쟁contention 방식은 회선 접속을 위해 여러 장치가 서로 경쟁하는 방식이며 먼저 송신을 요구한 장치가 데이터를 전송할 권한을 갖는다. 데이터를 전송하려는 모든 장치가 서로 대등한 관계에 있는 점대점point-to-point 회선에서 이 방식을 사용한다. 다중점multipoint(멀티포인트) 네트워크에서는 2개 이상의 장치가 동시에 송신을 요구하면 충돌이 발생할 수 있기 때문에 경쟁 방식을 사용하지 않는다. 일단 두 장치 사이에 데이터링크가 설정되면 데이터 전송이 종료되기 전까지 링크를 독점하여 사용한다.

경쟁에서 이긴 장치 사이에 점대점 링크가 구성되고, 두 장치가 반이중 방식으로 통신(장치 A에서 장치 B로 데이터 전송)하는 경우 [그림 8–2]와 같은 회선 제어가 수행된다. 처음에 통신을 시작한 장치 A는 장치 B가 데이터를 받을 수 있는지를 질의하는 조회enquiry, ENQ 프레임을 보낸다. 장치 B는 수신할 준비가 되어 있으면 확인 응답acknowledgement, ACK 프레임을 장치 A로 보내고, 준비가 되어 있지 않으면 부정 응답no acknowledgement, NAK 프레임을 보낸다. 또한 제한된 시간 내에 ACK나 NAK를 수신하지 못하면 장치 A는 조회 프레임이 전송 중에 손실되었다고 가정하고 다시 보낸다. 장치 A에서 ACK 프레임을 수신하면 링크 설정link establishment 단계가 완료된다. 링크가 설정되면 장치 A는 데이터를 프레임 형태로 전송하며, 이에 대한 응답으로 장치 B는 ACK 신호를 수신한 프레임의 번호와 함께 전송한다. 이 단계를 데이터 전송data transfer 단계라고 한다. 마지막으로 장치 A가 데이터를 모두 보내고 장치 B로부터 ACK를 받은 후, 장치 A는 전송 종료End of Transmission, EOT 프레임을 보내서 전송을 끝낸다. 이 단계가 링크 해제 단계가 된다. 따라서 회선 제어는 링크 설정 → 데이터 전송 → 링크 해제 순으로 이루어진다.

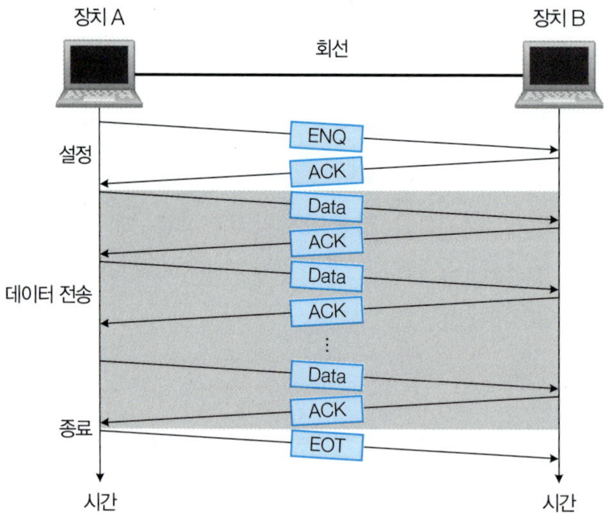

그림 8-2 경쟁 방식의 회선 제어

경쟁 방식의 장점은 간단하다는 것과 위성 통신과 같이 전파 지연시간이 긴 경우에 유리하다는 것이다. 반면, 회선을 점유한 장치가 실제로 데이터를 전송하지 않는 경우 회선이 낭비되고 있는 것이므로 트래픽이 높은 네트워크에서는 비효율적이다. 경쟁 방식을 사용하는 대표적인 시스템은 ALOHA다. ALOHA는 보낼 데이터가 있으면 일단 전송하고 ACK를 기다린다. 이때 ACK를 받으면 다음 프레임을 전송하고, ACK를 받지 못하면 다시 전송한다.

2 폴-셀렉션 방식

폴-셀렉션poll-selection은 다중점multipoint 회선 제어에서 사용되는 방식이다. 다중점 연결에서는 링크 하나에 주장치primary device 1개와 종장치secondary device 여러 개가 연결되어 있으며, 주장치가 링크를 제어하고 종장치는 주장치의 명령에 따른다. 종장치 간의 데이터 전송은 주장치를 통해서 수행되어야 한다. 주장치는 세션을 시작하고, 특정 시간 동안에 어떤 장치가 채널을 사용할지를 결정한다.

점대점 구성에서는 장치를 식별할 필요가 없었지만, 다중점 구성에서는 주장치가 특정 종장치와 통신하려면 주소(또는 이름)가 필요하다. 전송이 주장치에서 시작되면 주소는 수신 종장치의 주소가 되며, 전송이 종장치에서 시작되면 주소는 발신 종장치의 주소가 된다.

폴

폴poll은 주장치가 종장치에게 보낼 데이터가 있는지를 물어보는 동작이다. 이것은 종장치가 주장치로 보낼 데이터가 있는 경우에 사용된다. [그림 8-3]과 같이 주장치는 종장치들에게 차례대로 보낼 데이터가 있는지를 물어본다. 이것을 폴링polling이라고 한다. 보낼 데이터가 없는 종장치는 NAK를 보내고, 보낼 데이터가 있는 종장치는 데이터를 보낸다.

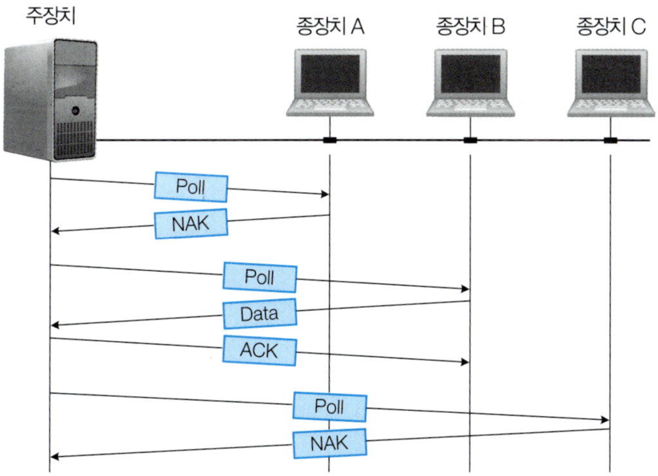

그림 8-3 폴링(종장치 B가 보낼 데이터가 있는 경우)

셀렉션

셀렉션selection은 주장치가 종장치에 보낼 데이터가 있을 때 사용된다. 주장치가 데이터를 보내기 전에 데이터를 수신할 종장치에 데이터 수신 준비를 시키는 것이다. [그림 8-4]는 주장치가 종장치 C에 데이터를 전송하려는 경우다. 먼저 주장치는 종장치 C에 SEL 프레임을 보낸다. 다른 종장치들도 SEL 프레임을 수신하지만 그 안의 주소가 다르므로 무시한다. 종장치

C가 ACK를 보내면 주장치는 데이터를 전송한다. 이에 대한 응답으로 종장치 C는 ACK 프레임을 전송한다.

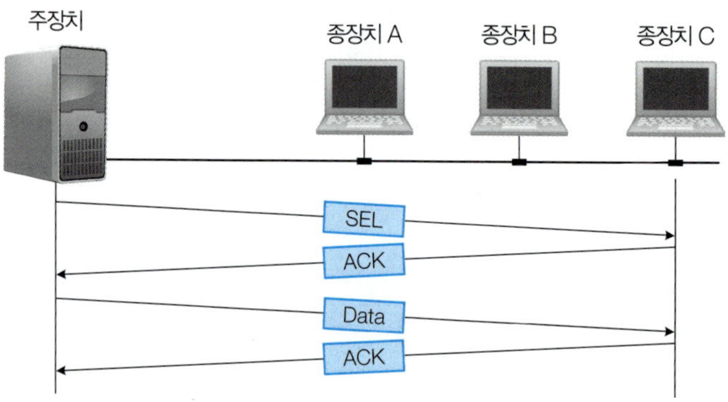

그림 8-4 셀렉션

폴-셀렉션 방식의 장점은 하나의 회선을 여러 개의 단말 장치가 공유하므로 회선 비용이 절감되고, 2개 이상의 단말 장치가 동시에 데이터 전송을 요구하지 않으므로 충돌이 발생하지 않는다는 것이다. 반면, 폴링을 수행하는 동안 상당한 오버헤드가 소요되며 단말 장치는 원하는 시간에 데이터를 전송할 수 없고 오직 폴링을 받은 다음에만 전송이 가능하다는 단점이 있다.

> **NOTE** roll-call polling과 hub go-head polling
>
> - roll-call polling : [그림 8-3]과 같이 주장치가 모든 종장치에 차례대로 폴링하는 방법이다.
> - hub go-head polling : 주장치는 종장치 A에만 폴링 메시지를 보내고, 이어서 종장치 A는 종장치 B에, 종장치 B는 종장치 C에 폴링 메시지를 보내는 방식으로 일종의 토큰 개념을 이용하는 방법이다. 회선에 연결된 마지막 종장치가 주국으로 폴을 돌려주면 다시 새로운 폴링 사이클이 시작된다.

02 흐름 제어

흐름 제어flow control는 송신 장치와 수신 장치의 처리 속도가 다른 경우 데이터양이나 통신 속도가 수신 장치의 처리 능력을 초과하지 않도록 조절하는 기능이다. 수신 장치가 송신 장치보다 빠르면 문제가 되지 않지만, 느리면 수신 장치의 버퍼가 부족하여 데이터를 저장하지 못하고 잃어버리는 상황이 발생한다. 이러한 문제를 해결하는 기능이 흐름 제어다.

수신 장치는 들어오는 데이터를 저장하는 한정된 크기의 버퍼와 제한된 데이터 처리 속도를 갖는다. 수신 장치에서 데이터를 처리할 수 있는 속도보다 유입 속도가 빠르면 점차 버퍼에 쌓인다. 그러다가 데이터가 버퍼를 초과하면 결국 데이터 손실이 발생한다. 데이터 손실은 재전송을 유발하므로 네트워크의 자원을 낭비하게 된다. 따라서 수신 장치가 저장 한계에 도달하기 전에 송신 장치에 제어 정보를 보내 송신 속도를 늦추거나 일시적인 중단을 요구하여 데이터가 손실되는 것을 방지해야 한다.

예를 들어, 송신 측에서 초당 10개의 프레임을 전송하는데 수신 측에서는 20개의 프레임을 저장할 수 있는 버퍼가 있고, 초당 8개의 프레임을 처리할 수 있다고 하자. 그러면 수신 측으로 초당 10개의 프레임이 들어오고, 초당 8개가 처리되므로 초당 2개의 프레임이 버퍼에 쌓이게 된다. 버퍼 크기는 20개이므로 10초 후에는 오버플로가 발생한다.

흐름 제어 방식에는 Xon-Xoff 방식, RTS/CTS 방식, 정지-대기 방식, 슬라이딩 윈도 방식 등이 있다. 이 중 흔히 사용되는 방식으로는 정지-대기 방식과 슬라이딩 윈도 방식이 있다.

1 Xon/Xoff

Xon/Xoff는 매우 간단한 흐름 제어 방법이다. Xon/Xoff는 ANSI/IA5 전송 문자 중 Ctrl + Q(DC1)와 Ctrl + S(DC3)로 표현된다. 주로 컴퓨터와 주변 기기 간 상이한 전송 속도로 인해 발생하는 문제를 해결하기 위해 사용되는 프로토콜이다. 또한 모뎀에서 데이터의 흐름 제어를 위해 사용되기도 한다. [그림 8-5]는 컴퓨터와 프린터 간에 동작하는 Xon/Xoff 과정을 나타낸다.

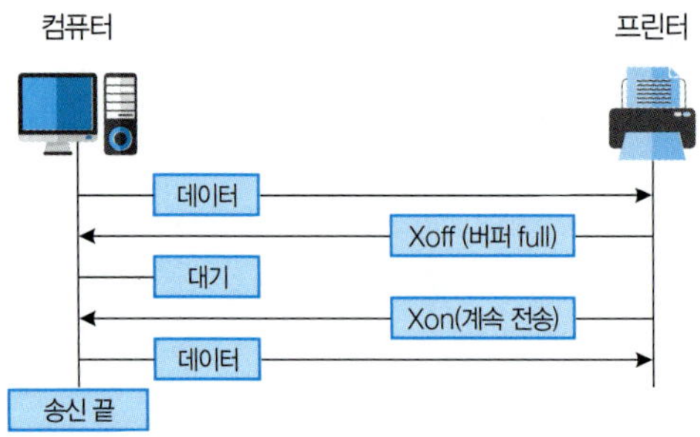

그림 8-5 컴퓨터와 프린터 간의 Xon/Xoff 동작 과정

- 컴퓨터는 프린터에 출력할 데이터를 전송한다.
- 프린터가 데이터를 처리하는 속도보다 컴퓨터가 데이터를 보내는 속도가 빠르다. 속도 차로 인해 프린터의 버퍼가 꽉 차면 프린터는 Xoff를 보내 컴퓨터의 송신을 잠시 멈춘다.
- 프린터 버퍼에 여유가 생기면 프린터는 다시 컴퓨터에 송신하라는 Xon을 보낸다.
- Xon을 받으면 컴퓨터는 데이터를 계속해서 전송한다. 이러한 과정은 컴퓨터가 데이터를 모두 전송할 때까지 계속된다.

프린터가 자신의 버퍼 상황에 따라 컴퓨터의 송신을 제어하기 때문에 Xon/Xoff는 수신 측이 주가 되어 동작한다고 말하기도 한다.

2 RTS/CTS

RTS/CTS는 주로 EIA-232에서 사용되는데, 모뎀을 이용해 통신할 때 보오율baud rate을 맞추는 데 사용된다. 네트워크상에서 통신이 없는 경우에도 충돌을 방지하기 위해 특정 핀을 사용하여 상호 간에 전송 예비 신호를 보낸다. [그림 8-6]은 RTS/CTS 동작 과정을 나타낸다.

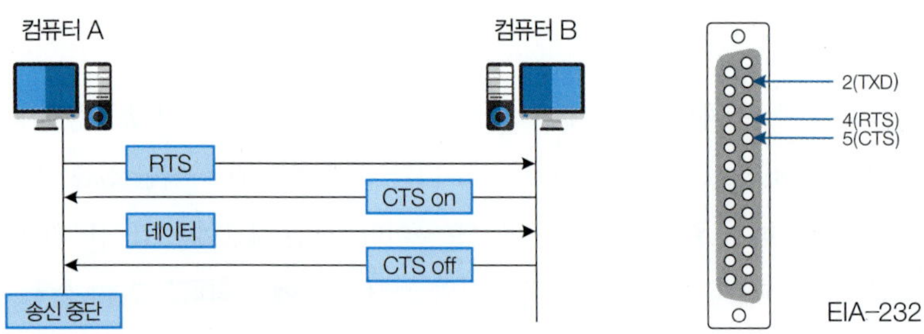

그림 8-6 RTS/CTS 동작 과정

- A는 보낼 데이터가 있으면 4번 핀을 이용하여 RTS를 설정(논리 1)한다.
- B는 수신할 준비가 되어 있으면 CTS 5번 핀을 설정(논리 1)한다.
- 응답을 받은 A는 2번 핀을 이용하여 실제 데이터를 전송한다.
- 이때 B가 데이터를 더 이상 받지 않으려면 5번 핀을 리셋(논리 0)한다.
- 이를 수신한 A는 데이터 전송을 중단한다.

이 과정에서 4번 핀과 5번 핀은 RTS/CTS 신호를 각각 탐지probing하고 있어야 하며, 데이터는 2번 핀으로만 전송됨을 알 수 있다. Xon/Xoff는 소프트웨어적인 방법software handshaking이라고 하고, RTS/CTS는 하드웨어적인 방법hardware handshaking이라고 한다. 일반적으로 하드웨어적 방법인 RTS/CTS가 많이 사용된다.

3 정지-대기 방식

정지-대기stop-and-wait 방식은 [그림 8-7]과 같다. 송신 장치 A는 각 프레임을 전송하고 ACK를 수신할 때까지 기다린다. ACK를 받은 경우에만 다음 프레임을 전송할 수 있다. 그러므로 수신 장치 B는 ACK를 이용하여 송신 장치 A의 전송 속도를 조절할 수 있다. 데이터를 전송하고 기다리는 과정은 송신 장치 A가 전송 종료End of Transmission, EOT 프레임을 보낼 때까지 계속된다. 그림에서 데이터를 전송하고 ACK를 수신할 때까지의 대기 시간은 네트워크 상태에 따라 달라진다.

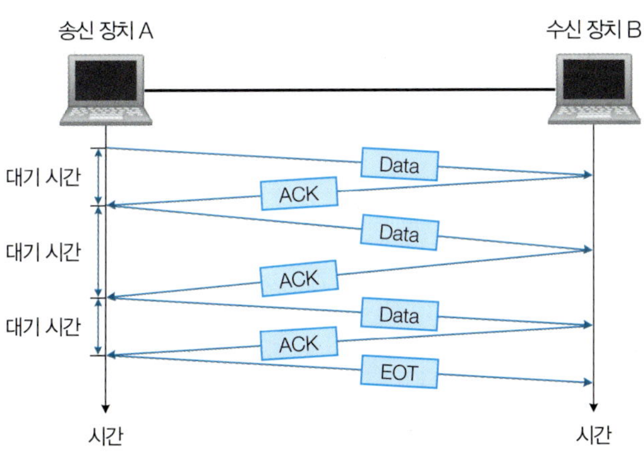

그림 8-7 정지-대기 흐름 제어 동작 과정

정지-대기 방식의 장점은 간단하다는 것이다. 단점은 속도가 느리고 비효율적이라는 것이다. 각 프레임이 수신 장치에 전달되고 ACK를 받아야만 다음 프레임을 전송할 수 있기 때문에 ACK를 기다리는 동안 링크가 낭비된다.

4 슬라이딩 윈도 방식

슬라이딩 윈도sliding window 방식에서 송신 장치는 ACK를 받기 전까지 여러 개의 프레임을 전송할 수 있으므로 회선을 효율적으로 사용할 수 있다. 수신 장치는 여러 개의 데이터 프레임 수신에 대한 응답으로 하나의 ACK를 사용하므로 일부 프레임에 대해서만 ACK를 전송한다. 윈도 크기는 송수신 장치에서 만들어지는 버퍼 크기를 말하며, ACK를 받기 전까지 최대로 전송할 수 있는 프레임 개수를 의미하기도 한다.

슬라이딩 윈도의 동작을 예를 들어 설명해보자. [그림 8-8]은 윈도 크기가 7인 송신 장치의 윈도 변화를 나타낸다. 전송이 시작될 때 송신 장치의 윈도 크기가 7(0~6)이므로 ACK를 받기 전에 최대 7개 프레임을 전송할 수 있다. 만약 송신 장치가 4개의 프레임(0~3번)을 연속해서 전송하면 송신 윈도는 왼쪽 경계선을 오른쪽으로 4번 이동하여 3개의 프레임 번호(4, 5, 6번)만 포함하게 된다.

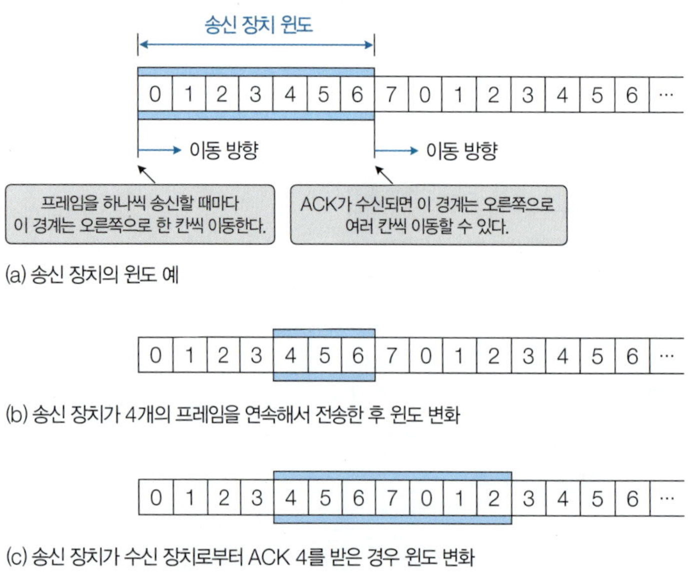

그림 8-8 송신 장치의 윈도 변경 과정

수신 장치에서 보내는 ACK 번호는 다음에 받고자 하는 프레임 번호가 된다. 즉, 프레임 3까지 받았으면 수신 장치는 ACK 4를 보낸다. 송신 장치가 ACK 4를 받았다면 수신 장치가 프레임 3까지 잘 받았으며 프레임 4부터 받기를 원한다는 의미가 된다. ACK 4를 받은 후에 송신 장치의 윈도는 오른쪽 경계선을 오른쪽으로 4번 이동한다. 그러면 송신 장치의 윈도는 7개 프레임(4, 5, 6, 7, 0, 1, 2)을 포함하게 된다.

다음으로 수신 장치의 윈도 변화를 살펴보자. [그림 8-9]는 수신 장치의 슬라이딩 윈도 변화를 나타낸다. 그림에서 윈도 크기는 7(0~6)이므로 ACK를 보내기 전까지 7개의 프레임을 수신할 수 있음을 의미한다. 송신 장치로부터 첫 번째 프레임이 도착하면 수신 장치의 윈도는 왼쪽 경계선을 오른쪽으로 한 번 이동하여 윈도 크기를 하나 줄인다. 윈도가 하나 줄었으므로 수신 장치는 ACK를 보내기 전에 6개의 프레임을 받을 수 있다. 프레임 0에서 3까지 수신하고 ACK를 보내지 않았다면 윈도 크기는 3개(4, 5, 6)로 줄어든다.

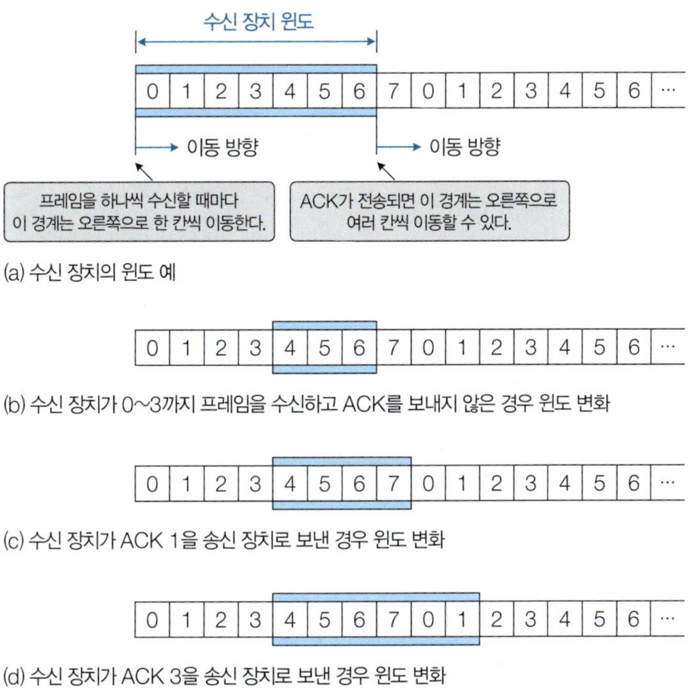

(a) 수신 장치의 윈도 예

(b) 수신 장치가 0~3까지 프레임을 수신하고 ACK를 보내지 않은 경우 윈도 변화

(c) 수신 장치가 ACK 1을 송신 장치로 보낸 경우 윈도 변화

(d) 수신 장치가 ACK 3을 송신 장치로 보낸 경우 윈도 변화

그림 8-9 수신 장치의 윈도 변경 과정

각 ACK를 송신 장치로 보내면 수신 장치의 윈도는 최근에 확인 응답된 프레임의 수만큼 확장된다. 즉, 윈도는 가장 최근에 확인 응답된 프레임 수에서 이전에 확인 응답된 프레임 수를 뺀 수만큼 새로운 프레임 공간을 확장한다. 예를 들어 윈도 크기 3(4, 5, 6)에서 이전에 ACK 1을 보냈고, 지금 ACK 3를 보낸다면 윈도는 2(= 3 − 1)만큼 확장된다.

[그림 8-10]은 프레임 열의 번호가 0~7(modulo-8)이고 윈도 크기가 7(0~6)인 경우 슬라이딩 윈도의 예를 나타낸다. 수신된 프레임의 확인 응답에서 혼동을 피하기 위해 윈도 크기는 최대 프레임 번호인 7로 설정한다.

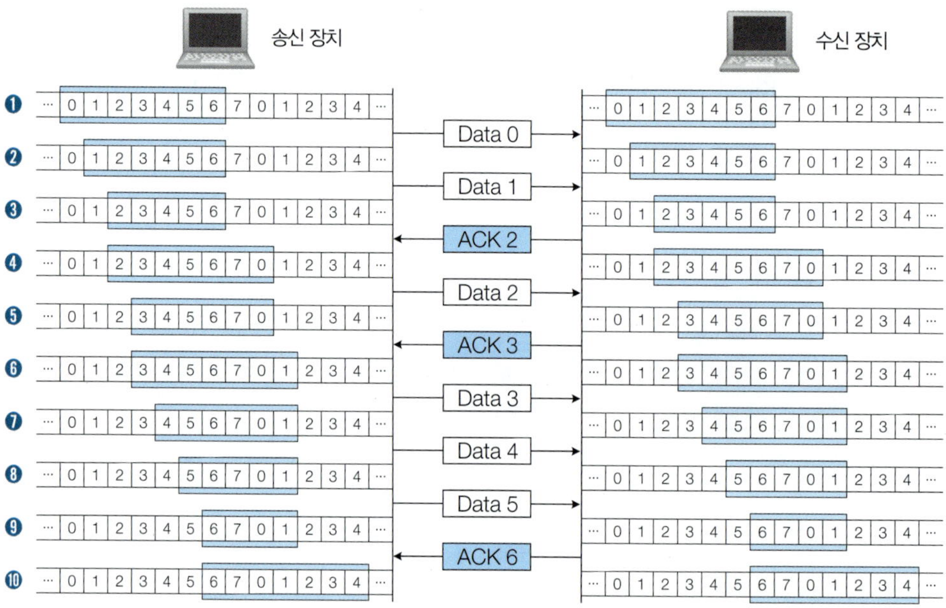

그림 8-10 윈도 크기가 7인 경우 슬라이딩 윈도 예

❶ 처음에 송신 장치와 수신 장치의 윈도 크기는 7(0~6)로 설정된다.

❷ 송신 장치에서 Data 0을 전송하면, 송신 윈도는 왼쪽 경계가 오른쪽으로 1 이동하고, Data 0을 수신한 수신 장치의 수신 윈도도 왼쪽 경계가 오른쪽으로 1 이동한다.

❸ 송신 장치에서 Data 1을 전송하면, 송신 윈도는 왼쪽 경계가 오른쪽으로 1 이동하고, Data 1을 수신한 수신 장치의 수신 윈도도 왼쪽 경계가 오른쪽으로 1 이동한다.

❹ 수신 장치가 ACK 2를 전송하면 수신 윈도는 오른쪽 경계가 2만큼 오른쪽으로 확장된다. ACK 2를 수신한 송신 장치의 송신 윈도도 오른쪽 경계가 2만큼 오른쪽으로 확장된다. 송신 장치가

ACK 2를 수신하면 Data 0과 Data 1은 올바르게 전송되었고 Data 2부터 받기를 원한다는 의미로 해석한다.

❺ 송신 장치에서 Data 2를 전송하면, 송신 윈도는 왼쪽 경계가 오른쪽으로 1 이동하고, Data 2를 수신한 수신 장치의 수신 윈도도 왼쪽 경계가 오른쪽으로 1 이동한다.

❻ 수신 장치가 ACK 3을 전송하면 수신 윈도는 오른쪽 경계가 1만큼 오른쪽으로 확장된다. 이전에 ACK 2를 보냈고 지금 ACK 3을 보내는 것이므로 그 차(3 − 2 = 1)만큼 오른쪽으로 확장하는 것이다. 마찬가지로 ACK 3을 수신한 송신 장치의 송신 윈도도 오른쪽 경계가 1만큼 오른쪽으로 확장된다. 송신 장치가 ACK 3을 수신하면 Data 2까지는 올바르게 전송되었고 다음에는 Data 3을 받길 원한다는 의미로 해석한다.

❼, ❽, ❾ 송신 장치에서 Data 3, Data 4, Data 5를 전송하면 송신 윈도는 왼쪽 경계가 오른쪽으로 1씩 이동한다. Data 3, Data 4, Data 5를 수신한 수신 장치의 수신 윈도도 왼쪽 경계가 오른쪽으로 1씩 이동한다.

❿ 수신 장치가 ACK 6을 전송하면 수신 윈도는 오른쪽 경계가 3만큼 오른쪽으로 확장된다. 이전에 ACK 3을 보냈고 지금 ACK 6을 보내는 것이므로 그 차(6 − 3 = 3)만큼 오른쪽으로 확장하는 것이다. 마찬가지로 ACK 6을 수신한 송신 장치의 송신 윈도도 오른쪽 경계가 3만큼 오른쪽으로 확장된다. 송신 장치가 ACK 6을 수신하면 Data 5까지는 올바르게 전송되었고 다음에는 Data 6을 받길 원한다는 의미로 해석한다.

TCP에서는 슬라이딩 윈도 방식을 사용하며, 윈도 크기를 지정하는 16비트가 있다. 따라서 윈도 크기는 65535다. 실제로는 여러 가지 요인을 고려하여 이보다 작은 값을 윈도 크기로 사용하고 있다. [표 8-1]은 정지-대기 방식과 슬라이딩 윈도 방식의 주요 특징이다.

표 8-1 정지-대기 방식과 슬라이딩 윈도 방식 비교

종류	특징
정지-대기	• 방법이 단순하여 그에 따른 구현이 용이하며, 비용이 적게 든다. • 한 번에 1개의 프레임만 전송할 수 있다. • 송신 측에서 하나의 프레임을 전송하고 수신 측으로부터 확인 응답을 받는다. • 수신 측에는 한 프레임을 수신할 정도의 버퍼 공간만 있으면 충분하다. • 송신 측이 기다리는 시간이 길어져 전송 효율이 낮다.
슬라이딩 윈도	• 확인 응답 없이 한 번에 윈도 크기만큼 프레임을 전송할 수 있다. • 여러 개의 프레임을 전송하므로 전송 효율이 좋다. • 전송 지연이 큰 전송로에 적합하다.

예제 8-1

송신 측에서 프레임을 전송하고 이에 대한 응답ACK을 받기까지 40μs가 걸린다. 그리고 한 프레임을 전송하는 데(링크상으로 보내는 데) 걸리는 시간이 2μs라고 가정한다. 이런 경우 프레임 전송 시간을 고려할 때 적당한 윈도 크기는 얼마인가?

▶▶ 풀이

송신 측에서 첫 번째 프레임을 전송하고 응답을 받을 때까지 연속으로 다음 프레임을 전송했다고 하면 최대 40μs/2μs = 20개의 프레임이 전송될 수 있다. 따라서 20개의 윈도만 있으면 된다.

03 오류 제어

데이터 전송 시에는 데이터 유실과 데이터 내용 변질 오류가 발생할 수 있다.

전송 도중에 데이터가 유실되는 경우, 송신 측은 유실 유무를 알 수 없기 때문에 아무런 대응도 할 수 없다. 이 문제를 해결하기 위해 송신 측에서 데이터를 보내고 수신 측에서는 이에 대한 긍정 응답ACK이나 부정 응답NAK을 보내도록 한다. 데이터가 유실된 경우 송신 측은 아무런 응답을 받지 못하므로 데이터가 유실되었다고 판단한다. 이때 송신 측에서는 무한정 응답을 기다릴 수 없기 때문에 정해진 시간 내에 응답이 도착하지 않으면 데이터 전송에 실패했다고 판단하고 재전송한다.

한편, 데이터를 전송하는 도중에 외부에서 들어온 잡음, 감쇠, 왜곡 등 다양한 원인에 의해 전송되는 신호의 파형이 변질되고 데이터 내용이 바뀔 수 있다. 수신 측에서는 오류가 발생한 데이터가 도착하면 오류를 검출할 수 있어야 한다. 또한 오류가 검출되면 이를 직접 정정하거나 재전송을 통해 데이터를 복구해야 한다.

오류 제어error control에는 오류 검출error detection과 오류 정정error correction 기능이 들어 있다. [그림 8-11]은 오류 제어 방식의 종류를 나타낸다. 반향echo 검사 방식은 루프loop 검사 방식이라고도 하며 송신 측에서 전송한 데이터를 수신 측에서 다시 송신 측에 보내고, 송신 측은 되돌아온 데이터와 전송한 데이터를 비교하여 재전송 유무를 판단하는 방식이다. 모든 데이터를 2번 이상 재전송하므로 전송 용량의 낭비를 가져온다는 단점 때문에 원거리보다 근거리 시스템에 주로 사용한다.

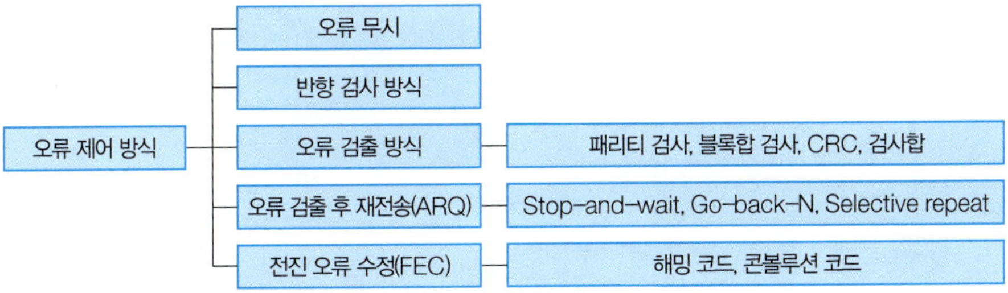

그림 8-11 오류 제어 방식

오류 검출 방식에는 패리티 검사, 블록 합 검사, 순환 중복 검사CRC, 검사합 등이 있다. 오류 검출 후 재전송은 수신 측에서 오류 검출 방법을 이용하여 오류를 검출하고 복구 방법으로 송신 측에 재전송을 요청하는 방법이다. 반면, 전진 오류 수정은 수신 측에서 오류를 검출하면 오류의 정정도 함께 수행하는 방법이다.

오류 제어의 평가는 오류율error rate로 결정되며 비트 오류율Bit Error Rate, BER, 블록 오류율Block Error Rate, 문자 오류율Character Error Rate 등이 있다. 비트 오류율은 엘리먼트element 오류율이라고도 하며 송신 비트 수와 오류가 발생된 비트 수의 비율로 나타낸다. 블록 오류율에서 블록이란 데이터 신호의 집합이며, 송신된 블록 수에 대한 오류가 발생된 블록 수의 비율이다. 문자 오류율은 송신된 총 문자 수에 대한 오류가 발생된 문자 수의 비율이다. 신뢰성 높은 시스템이 되려면 오류율이 적게 설계되어야 한다.

- 비트 오류율 $= \dfrac{\text{오류가 발생한 비트 수}}{\text{총 전송된 비트 수}}$
- 블록 오류율 $= \dfrac{\text{오류가 발생한 블록 수}}{\text{총 전송된 블록 수}}$
- 문자 오류율 $= \dfrac{\text{오류가 발생한 문자 수}}{\text{총 전송된 문자 수}}$

예를 들어, 정보 통신 시스템에서 2×10^6개의 비트를 전송하여 수신 측에서 6개의 오류 비트가 발생하였다면 비트 오류율은 3×10^{-6}이다.

예제 8-2

데이터 신호 속도 9,600bps로 30분 전송했을 때 수신 측의 오류 비트 수가 48bit라면 비트 오류율은 얼마인가?

▶▶ 풀이

9,600bps로 30분간 전송하면 총 17,280,000(=$9600 \times 30 \times 60$)비트가 전송된 것이다. 따라서 비트 오류율은 2.78×10^{-6}이다.

$$\frac{48}{9600 \times 30 \times 60} = 2.78 \times 10^{-6}$$

1 오류 검출 방식

오류를 검출하는 가장 일반적인 방법은 오류 검출 부호error detection code를 사용하는 것이다. 송신 측에서 전송하는 데이터에 오류 검출을 위한 특수한 코드를 추가하여 전송하고, 수신 측에서는 이를 검사하여 오류 발생 여부를 판단하는 방법이다. 오류 검출을 위해 추가하는 코드는 원래 데이터에 추가되는 것이므로 여분이라는 의미에서 리던던시redundancy라고 한다. 오류 발생 여부를 판단한 뒤에는 리던던시를 폐기한다.

[그림 8-12]는 리던던시를 사용하여 오류를 검출하는 과정을 보여준다. 송신 측에서는 생성 함수를 이용하여 데이터에 대한 리던던시를 만들어서 데이터와 함께 전송한다. 수신 측에서는 검사 함수를 이용하여 수신된 리던던시와 데이터를 검사한다. 검사 결과 오류가 없는 것으로 판단되면 리던던시는 제거하고 데이터만 다음 단계로 보낸다. 오류가 있으면 오류 정정 과정을 수행한다.

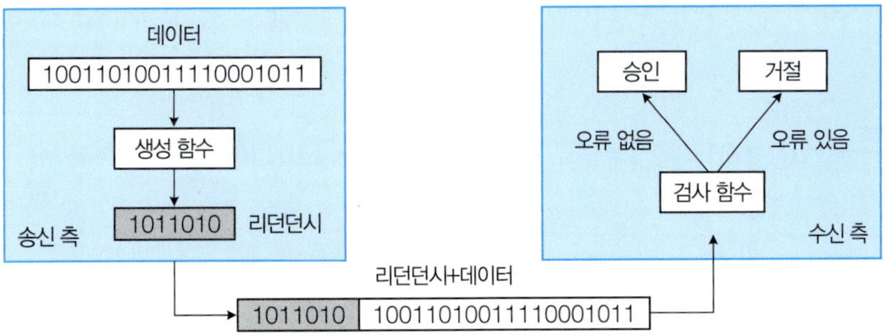

그림 8-12 리던던시를 이용한 오류 제어 방식

패리티 검사

패리티 검사parity check는 한 블록의 데이터 끝에 한 비트를 추가하는 가장 간단한 오류 검출 방법으로, 널리 사용되고 있다. 즉, 1비트가 추가되므로 리던던시는 1비트다.

패리티 검사에는 데이터에서 1의 개수를 짝수로 맞추어주는 짝수 패리티even parity와 홀수로 맞추어주는 홀수 패리티odd parity가 있다. [표 8-2]에서 별색으로 표시한 부분이 패리티다. 짝수 패리티는 1의 개수가 짝수 개, 홀수 패리티는 1의 개수가 홀수 개로 맞추어져 있다. 그러므로 짝수 패리티의 경우 데이터가 전달된 후 1의 개수가 짝수 개이면 정확하게 전달된 것이고, 홀수 개이면 전송 과정에서 오류가 발생한 것이다. 홀수 패리티는 그 반대다.

표 8-2 7비트 ASCII 코드에 패리티 비트를 추가한 코드

데이터	짝수 패리티	홀수 패리티
A	0 1000001	1 1000001
B	0 1000010	1 1000010
C	1 1000011	0 1000011
D	0 1000100	1 1000100

패리티 검사는 데이터 전송 과정에 오류가 있는지 검사하기 위한 추가 비트다. 오류가 있는지 검출할 뿐이며, 여러 비트에 오류가 발생하거나 오류 발생 비트 수가 짝수 개일 때에는 검출할 수 없다. 예를 들어, 홀수 패리티를 사용하여 데이터 1001101을 전송하려는 경우 패리티 비트는 1이므로 11001101을 전송할 것이다. 다음과 같이 전송 중에 1개 비트에 오류가 발생하여 11001001을 수신하면 1의 개수가 짝수 개이므로 오류가 발생한 것으로 판단한다. 반면, 2개 비트에 오류가 발생하여 11011001을 수신하면 1의 개수가 홀수 개므로 오류가 검출되지 않는다.

$11001101 \xrightarrow{\text{전송}} 11001001$(오류 검출) $11001101 \xrightarrow{\text{전송}} 11011001$(오류 검출 안 됨)

예제 8-3

짝수 패리티 시스템에서 코드 그룹 10110, 11010, 110011, 10101110100, 1100010101011을 수신하였다. 오류가 발생한 그룹을 찾아보시오.

▶▶ 풀이

짝수 패리티가 필요하므로 1이 홀수 개인 그룹에는 오류가 발생한 것이다. 따라서 10110, 11010, 1100010101011에 오류가 발생하였음을 알 수 있다.

[그림 8-13]은 7비트 데이터를 전송하는 경우 패리티 비트를 사용하여 오류를 검출하는 시스템을 보여준다. 송신 측에 패리티 발생기를 구성하고 수신 측에는 패리티 검출기를 구성하여 그 출력을 보고 오류 발생 여부를 판단한다.

예를 들어, 송신 측에 7비트 입력의 짝수 패리티 발생기를 달아서 8비트 부호를 만들어 전송하고, 수신 측에 이 8비트 부호에 대한 짝수 패리티 검출기를 달았을 때 검출기의 출력이

$Y=0$이면 오류가 발생하지 않았다고 판단하고 $Y=1$이면 오류가 발생했다고 판단한다. 마찬가지로 홀수 패리티 발생기와 검출기를 사용하는 경우에는 $Y=1$이면 오류가 발생하지 않았다고 판단하고 $Y=0$이면 오류가 발생했다고 판단한다.

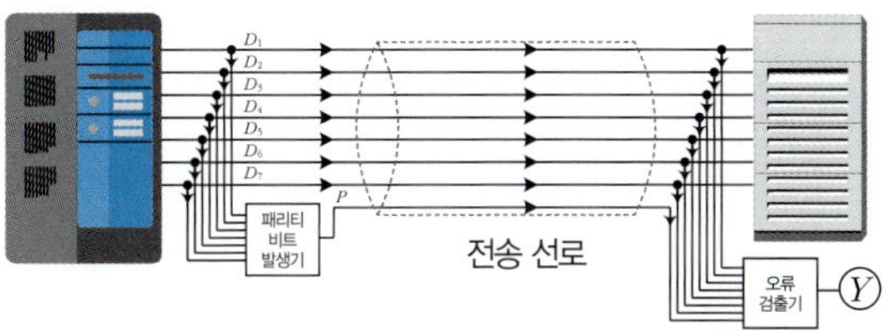

그림 8-13 데이터 전송 시스템에서 패리티 비트를 사용한 오류 검출

블록 합 검사

블록 합 검사block sum check는 오류 검출 성공률을 높이기 위한 이차원의 패리티 검사 방법이다. [그림 8-14]와 같이 전송하려는 데이터들을 일정 크기의 블록으로 묶어서 배열 형태로 구성한다. 가로 비트들에 대해서 패리티를 만들고 세로 비트들에 대해서 패리티를 만들어 블록 단위로 전송하면, 수신 측에서는 가로와 세로에 대해서 패리티를 검사하여 오류를 검출할 수 있다. 여기서는 짝수 패리티를 가정하였다. 가로 방향으로 패리티 비트를 붙이는 방식을 VRCVertical Redundancy Check라 하고, 세로 방향으로 패리티 검사를 수행하는 방식을 LRCLongitudinal Redundancy Check라고 한다.

									LRC
	1	0	1	0	1	1	1	1	0
	1	0	0	0	0	0	1	1	1
	0	1	0	0	0	0	0	0	1
	1	1	1	1	0	0	0	0	0
	1	0	1	1	1	0	0	1	1
	0	0	0	0	0	1	1	1	1
	1	1	1	1	1	1	1	1	0
	0	1	1	1	1	0	0	0	0
VRC	1	0	1	0	0	1	0	1	0

그림 8-14 블록 합 검사에서 원본 데이터 블록

1비트 오류가 발생한 경우 블록 합 검사는 오류를 검출하여 그 위치를 찾아 정정할 수 있다. [그림 8-15]와 같이 1비트 오류가 발생하면 가로와 세로 패리티의 특정 부분에 패리티가 맞지 않게 되며, 가로와 세로 두 부분이 마주치는 곳에서 오류가 발생한 것이므로 이 부분을 정정하면 된다.

									LRC
	1	0	1	0	1	1	1	1	0
	1	0	0	0	0	0	1	1	1
	0	1	0	0	0	0	0	0	1
	1	1	1	1	0	0	0	0	0
	1	0	1	***0***	1	0	0	1	1
	0	0	0	0	0	1	1	1	1
	1	1	1	1	1	1	1	1	0
	0	1	1	1	1	0	0	0	0
VRC	1	0	1	0	0	1	0	1	0

그림 8-15 블록 합 검사에서 오류가 발생한 블록

블록 합 검사는 짝수 개의 오류가 발생해도 세로 방향의 패리티 비트로 오류를 검출할 수 있다. 그 과정은 [그림 8-16]과 같다.

									LRC	
	1	0	1	0	1	1	1	1	0	
	1	0	0	0	0	0	1	1	1	
	0	1	0	0	0	0	0	0	1	
	1	1	1	1	0	0	0	0	0	
	1	0	1	***0***	***0***	0	0	1	1	← 오류 검출 안 됨
	0	0	0	0	0	1	1	1	1	
	1	1	1	1	1	1	1	1	0	
	0	1	1	1	1	0	0	0	0	
VRC	1	0	1	0	0	1	0	1	0	
				↑ 오류	↑ 오류					

그림 8-16 블록 합 검사에서 짝수 개 오류를 검출하는 경우

블록 합 검사 방식은 1차원 패리티 검사 방식보다 다중 비트 오류를 검출할 가능성이 높지만 리던던시가 2배로 증가하고 제어가 복잡하다는 단점이 있다.

순환 중복 검사

순환 중복 검사Cyclic Redundancy Check, CRC는 데이터 전송에서 오류를 검사하는 방식이다. 순환 중복 검사 방법은 높은 신뢰도를 확보하며 오류 검출을 위한 오버헤드가 작고, 랜덤 오류random error나 버스트 오류burst error를 포함한 오류 검출에 뛰어나다.

순환 중복 검사는 2진 나누기 연산과 유사한 방법으로 리던던시를 계산한다. 전송하려는 전체 데이터에 대해 송수신자 사이에 약속된 비트 패턴을 이용하여 2진 나누기와 유사한 연산을 수행하여 얻은 나머지 비트열을 전송하려는 데이터에 붙여서 전송한다. 수신 측에서도 동일한 연산을 수행하여 얻은 나머지가 0이면 오류가 없는 것으로 판단하고 그렇지 않으면 오류가 발생한 것으로 판단하여 재전송을 요구한다.

[그림 8-17]은 CRC 발생기와 검사기의 개념을 나타낸다. 전송하려는 데이터가 d비트이면, 이를 k비트만큼 자릿수를 올리고 미리 약속한 $(k+1)$비트의 키key 값으로 나누면 k비트의 나머지가 남게 된다. 송신 측에서는 전송하려는 데이터 d비트와 나머지 k비트를 더해서 $d+k$비트의 데이터를 만들어 보낸다. 여기서 나머지 k비트를 프레임 검사 시퀀스FCS, Frame Check Sequence 또는 블록 검사 문자BCC, Block Check Character라고 부른다. 수신 측에서는 수신된 $d+k$비트의 데이터를 키 값으로 나누었을 때, 나머지가 0이면 오류가 없는 것으로 판단하고 0이 아니면 오류가 발생한 것으로 판단한다.

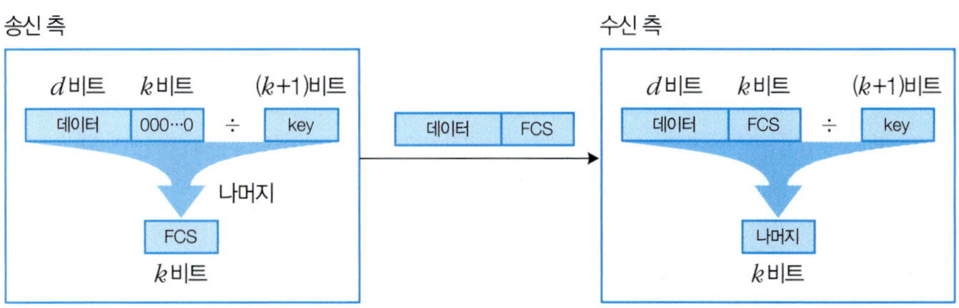

그림 8-17 CRC 발생기와 검사기

CRC 계산에 사용되는 모듈로-2modulo-2 연산에 대해 살펴보자. CRC를 계산할 때 사칙연산에서 캐리carry는 고려하지 않는다. 덧셈 연산은 뺄셈 연산과 결과가 같으며 XOR 연산과도 같다.

- 덧셈 연산 : $0+0=0,\quad 0+1=1,\quad 1+0=1,\quad 1+1=0$
- 뺄셈 연산 : $0-0=0,\quad 0-1=1,\quad 1-0=1,\quad 1-1=0$
- XOR 연산 : $0\oplus 0=0,\quad 0\oplus 1=1,\quad 1\oplus 0=1,\quad 1\oplus 1=0$

예를 들어, 데이터가 100100이고, 키 값이 1101인 경우 FCS를 계산해보자. 여기서 $d=6$, $k=3(k+1=4)$이다. [그림 8-18]은 계산 과정을 보여준다. 먼저 데이터 100100을 $k=3$ 비트만큼 자릿수를 올리면 100100000이 되며, 이것을 키 값인 1101로 나누면, 나머지 FCS는 001이 된다. 일반적인 나눗셈의 뺄셈과는 달리 각 비트별로 XOR 연산을 행한다. 연산 결과 첫 번째 비트가 0으로 소거되도록 몫의 비트를 정한다. 따라서 송신 측에서는 데이터와 나머지를 더한 100100001을 전송한다. 수신 측에서는 수신한 데이터 100100001을 키 값인 1101로 나누면 나머지가 000이므로 수신한 데이터는 오류가 없다고 판단한다.

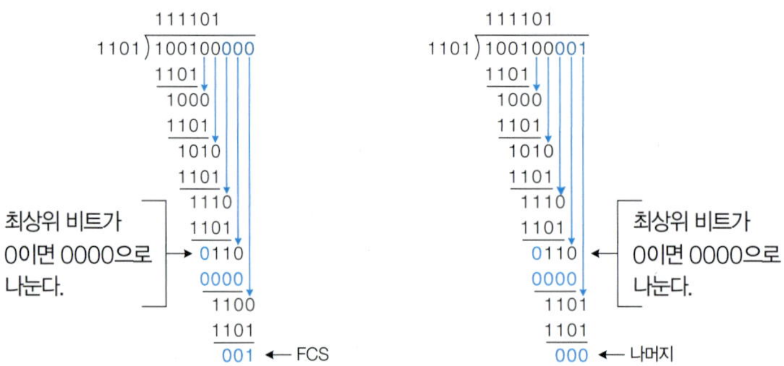

(a) CRC 발생기의 계산 과정　　(b) 검사기의 계산 과정

그림 8-18 CRC 발생기와 검사기의 2진 나눗셈

CRC 발생기에서 key 값은 0과 1의 데이터 열이 아닌 대수 다항식으로 표현된다. 데이터 통신에서는 이러한 다항식을 생성 다항식generator polynomial $G(x)$로 표현한다. 예를 들어, key 값이 10100111이면 다항식 표현은 다음과 같다.

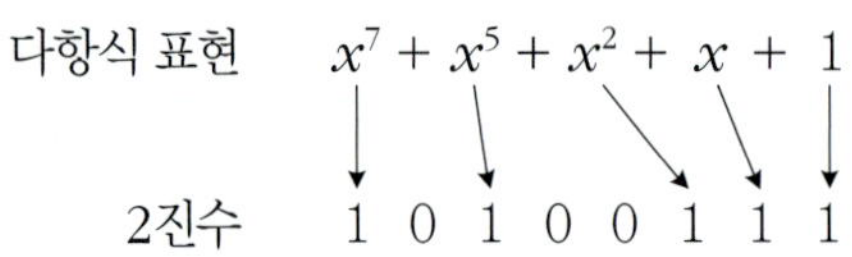

생성 다항식은 오류 검출 능력을 고려하여 결정되는데, 현재 다음과 같은 유형이 사용된다.

- CRC−16 : $x^{16}+x^{15}+x^2+1$
- CRC−CCITT : $x^{16}+x^{12}+x^5+1$
- CRC−32 : $x^{32}+x^{26}+x^{23}+x^{22}+x^{16}+x^{12}+x^{11}+x^{10}+x^8+x^7+x^5+x^4+x^2+x+1$

예제 8-4

다항식 CRC−16을 2진 비트열로 표시하시오.

▶▶ 풀이

11000000000000101이다.

다항식 표현	$x^{16} + x^{15} + x^2 + 1$
2진수	1 1 0 0 0 0 0 0 0 0 0 0 0 0 1 0 1

CRC의 하드웨어는 시프트 레지스터shift register와 XOR 게이트(⊕)를 사용하여 구성할 수 있다. 생성 다항식이 $G(x)=a_nx^n+a_{n-1}x^{n-1}+a_{n-2}x^{n-2}+\cdots a_1x^1+1$인 경우 [그림 8−19]와 같이 구성할 수 있다.

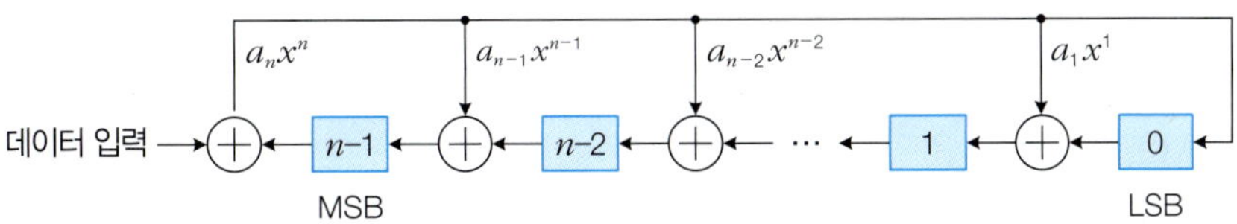

그림 8−19 일반적인 FCS 생성 회로

앞의 예에서 사용한 키 값인 1101(x^3+x^2+1)을 사용하여 생성 회로를 구성하면 [그림 8−20]과 같다.

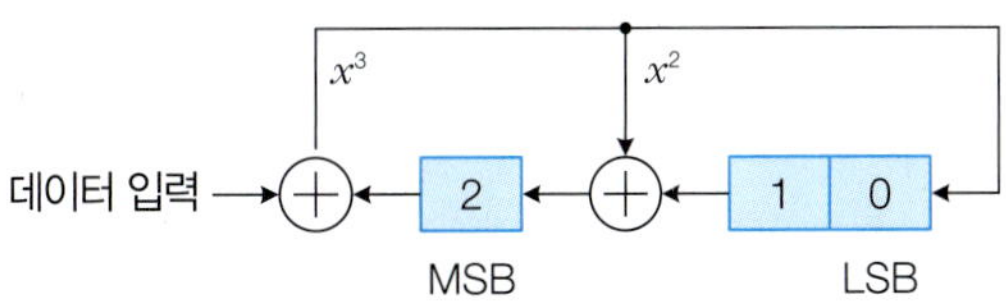

그림 8−20 x^3+x^2+1에 대한 FCS 생성 회로

데이터 100100을 MSB부터 차례로 입력하면서 시프트 레지스터 값이 변하는 과정은 다음과 같다. 처음에 시프트 레지스터는 000으로 초기화되어 있다. 순차적으로 데이터를 입력하여 마지막에 남아 있는 시프트 레지스터 값을 MSB부터 쓰면 FCS = 001이 된다. 이 결과는 앞에서 나눗셈 연산에서 얻은 결과와 일치한다.

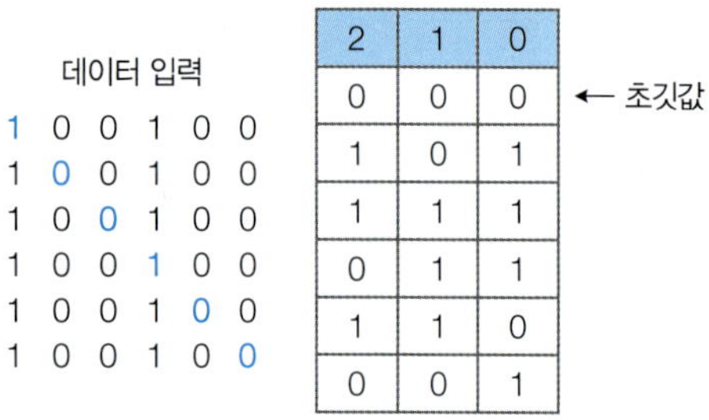

[그림 8-19]와 같이 비트 단위로 CRC를 계산하면 회로는 간단하지만 처리 속도에 문제가 있다. 이를 해결하기 위해 CRC 테이블 기법을 많이 사용하는데, 미리 CRC를 계산하여 메모리에 저장해놓고 사용하는 방법이다. 예를 들어 바이트 단위로 데이터를 처리하는 경우, 256개 원소를 갖는 배열을 메모리에 저장하고 데이터가 들어오면 바이트 단위로 테이블 탐색을 통해 CRC를 결정한다.

하드디스크를 사용하다보면 CRC 오류를 많이 접하게 된다. 하드디스크에서 CRC 오류는 베드 섹터bad sector나 크래시crash 손상에 의해 발생된다. 베드 섹터는 하드디스크에 물리적인 불량 섹터가 발생된 상태를 말한다. 베드 섹터의 양이 많아지면 크래시 손상이 발생한다. 또한 CRC는 ZIP, ARJ, RAR과 같은 압축 프로그램에서도 사용된다.

검사합

검사합checksum(체크섬)은 전송 데이터에 비트의 합계 값을 붙여 보내 오류를 검출하는 방식이다. 우선 전송하려는 데이터를 n비트(보통 16비트)의 세그먼트로 나누고 각각의 세그먼트를 모두 더한다. 연산 결과 발생한 캐리carry는 덧셈 결과에 다시 더한다. 이후 결과 값에 대한 1의 보수를 취해서 [그림 8-21]과 같이 데이터 끝에 붙여서 전송한다. 수신 측에서는 전송된 데이터를 동일한 방법으로 모두 더하고, 1의 보수를 취한다. 결과가 0이면 오류가 없는 것으로 판단한다. 인터넷 프로토콜인 TCP/IP에서 오류 검출을 위해 검사합을 사용하며, 16비트 단위로 검사합을 구한다.

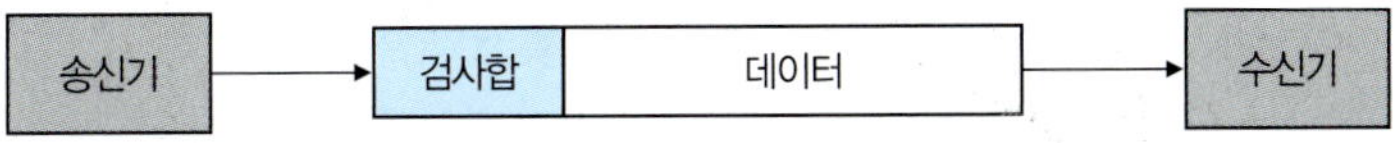

그림 8-21 검사합 과정

8비트 단위로 검사합을 구하는 예를 살펴보자. 전송하려는 데이터가 00101001 11001011 10010001 10001110인 경우 합산 결과가 00010101이므로 1의 보수를 취하면 최종 결과는 다음과 같이 11101010이 된다.

여기서 1의 보수를 취하는 방법은 0은 1로 바꾸고, 1은 0으로 바꾸는 것이다. 따라서 송신 측에서는 다음과 같은 데이터 열을 수신 측으로 전송한다.

11101010 00101001 11001011 10010001 10001110

검사합 데이터

이제 수신 측에서 확인하는 과정을 살펴보자. 수신된 데이터 열에 대해 동일한 덧셈 연산을 수행한다. 덧셈 연산 결과는 11111111이고 1의 보수를 취하면 00000000이 되어서 오류 없이 데이터가 수신되었다고 판단한다.

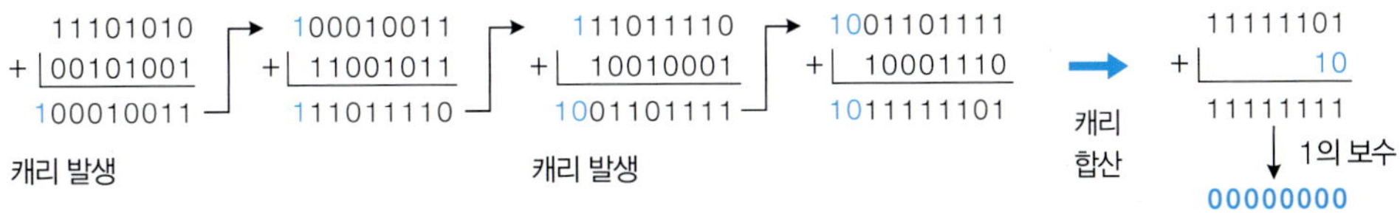

2 오류 정정

오류 검출은 오류 발생의 유무를 판단하는 기능이고, 오류 정정error correction은 오류가 발생했을 때 이를 수정하는 기능이다. 오류 정정은 후진 오류 정정과 전진 오류 정정으로 분류할 수 있다. 후진 오류 정정Backward Error Correction, BEC은 데이터 전송 과정에서 오류가 발생하면 역방향 채널을 통해 송신 측에 재전송을 요구하는 방식이다. 패리티 검사, 순환 중복 검사CRC 등을 사용하여 오류를 검출하고, 오류 정정은 자동 반복 요청ARQ으로 수행한다.

전진 오류 정정Forward Error Correction, FEC은 데이터 전송 과정에서 발생한 오류를 검출하여 재전송 요구 없이 스스로 수정하는 방식이다. 송신 측에서는 문자나 프레임에 오류 검출을 위한 부가 정보(리던던시)를 추가해 전송하고 ARQ 방식과 달리 재전송 요구가 없으므로 역 채널이 필요 없어 연속적인 데이터 전송이 가능하다. 데이터 비트 이외에 오류 검출 및 수정 비트(리던던시)들이 추가로 전송되기 때문에 전송 효율은 낮다. 대표적인 예로 해밍Hamming 코드 방식과 상승 코드 방식이 있다. 전진 오류 정정은 순방향 오류 정정이라고도 한다.

자동 반복 요청(ARQ)

자동 반복 요청Automatic Repeat reQuest, ARQ 방식에서 수신 측은 오류가 검출되면 송신 측에 오류 발생 사실을 알리고 해당 프레임의 재전송을 요청한다. ARQ는 데이터링크 계층에서 가장 많이 사용하는 오류 정정 방법이며 흐름 제어와 함께 실현된다. 실제로 정지-대기 흐름 제어는 정지-대기 ARQ로 구현되며, 슬라이딩 윈도 흐름 제어는 연속적continuous ARQ로 실현된다.

정지-대기 ARQ는 한 번에 하나씩 프레임을 전송하는 방식이고, 연속적 ARQ는 한 번에 여러 개의 프레임을 전송할 수 있는 방식이다. [그림 8-22]와 같이 연속적 ARQ는 Go-back-N ARQ와 선택적Selective reject ARQ 방식으로 나누어진다.

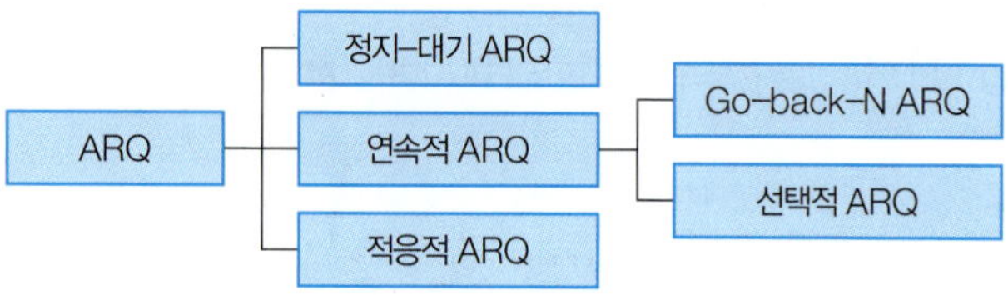

그림 8-22 ARQ 분류

■ 정지-대기 ARQ

정지-대기stop-and-wait ARQ는 송신 측에서 프레임 1개를 전송한 후 수신 측으로부터 ACK나 NAK을 기다리는 방식이다. 송신 측은 ACK가 들어오면 다음 프레임을 전송하고, NAK가 들어오거나 정해진 시간 내에 ACK가 들어오지 않으면 앞서 전송한 프레임을 다시 전송한다. 그래서 송신 측은 ACK를 받을 때까지 해당 프레임을 버퍼에 보관하고 있어야 한다. 프레임을 전송할 때마다 응답을 기다려야 하므로 전송 효율이 가장 낮지만 간단한 방법이다. [그림 8-23]에서 두 번째로 전송되는 frame 1에 대해 수신 측에서 오류를 감지하고 NAK 1을 보냄으로써 재전송을 요청한다. 이에 송신 측은 frame 1을 재전송한다. 여기서 ACK 1을 수신한 송신 측은 수신 측에서 frame 0은 잘 받았고 frame 1을 받길 원한다는 의미로 해석한다. ACK 0도 동일한 의미를 갖는다. 그러나 NAK 1을 수신한 송신 측은 frame 1에 오류가 있다는 의미로 해석하지만 NAK에 꼭 번호를 붙여야 하는 건 아니다.

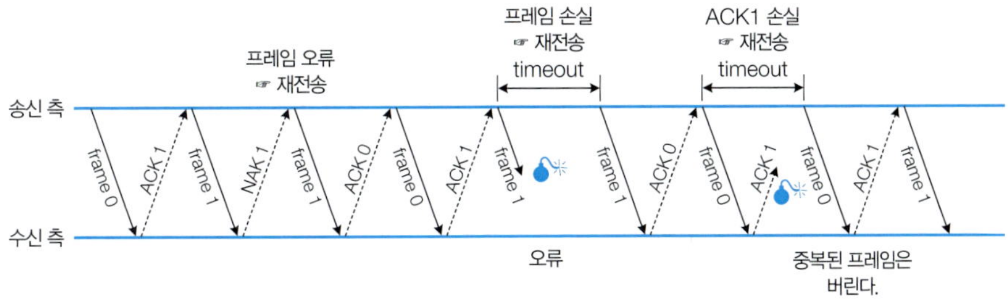

그림 8-23 정지-대기 ARQ 동작 과정

송신 측에서 전송하는 프레임이 손실되거나 수신 측에서 전송하는 ACK가 손실되는 경우, 송신 측은 항상 프레임을 전송한 후 그 프레임에 대한 ACK가 오기를 기다리면서 타이머를 동작시키는데, 타이머가 끝나도 ACK가 도착하지 않으면 전송한 프레임이 손실되었다고 판단하고 재전송한다.

여기서 ACK 1이 손실되어 재전송하는 경우를 살펴보자. 송신 측은 긍정 응답을 받지 못하였으므로 타임아웃이 발생하면 frame 0을 재전송한다. 그러면 이전에 전송해서 정상적으로 수신된 프레임을 다시 보내는 상황이 된다. 하지만 수신 측에서는 이미 잘 받아서 긍정 응답을 한 상태이므로 frame 0이 들어오면 이것을 다음 프레임이라고 생각하고 정상 수신할 것이다. 이와 같은 문제를 해결하려면 앞에 전송한 프레임과 다음에 전송하는 프레임이 같은지 다른지 구별할 수 있는 정보가 필요하다. 이 때문에 순서 번호를 사용한다. 순서 번호는 연속해서 전송되는 두 프레임만 구별하면 되므로 0과 1 두 가지 번호만 번갈아가며 사용하면 된다. 그 이상의 순서 번호를 사용하면 더 많은 비트가 필요하므로 비효율적이다.

일반적으로 정지-대기 ARQ는 통신 회선의 품질이 좋은 경우에 많이 사용되며, 프레임의 크기도 다른 방식에 비해 큰 것이 특징이다.

■ Go-back-N ARQ

Go-back-N ARQ는 송신 측에서 여러 개의 프레임을 연속으로 전송(윈도 크기 만큼)하고 수신 측에서 NAK가 오면 오류가 발생한 프레임으로 돌아가 그 이후의 프레임을 다시 전송하는 방식이다. 예를 들어, [그림 8-24]와 같이 frame 0부터 frame 4까지 전송하였는데 NAK 2가 들어오면 frame 2부터, frame 3, frame 4를 다시 전송하는 방식이다. Frame 3과 frame 4는 오류가 발생하지 않았더라도 다시 보내진다는 단점이 있지만 제어가 간단하여 주로 사용되는 방식이다. 이 방식에서는 송신 측이 NAK를 받으면 오류가 검출된 프레임부터 다시 전송해야 하므로 송신 측의 버퍼 크기는 최대 윈도 크기만큼 되어야 한다.

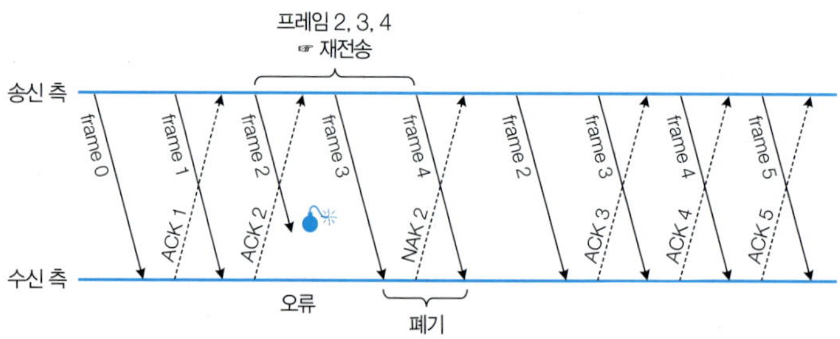

그림 8-24 Go-back-N ARQ 동작 과정

■ 선택적 ARQ

선택적Selective repeat, Selective reject ARQ는 여러 개의 프레임을 연속으로 전송하고 오류가 발생하면 해당 프레임만 재전송하는 방법이다. 예를 들어, [그림 8-25]와 같이 frame 0부터 frame 4까지 전송했는데 NAK 2가 들어오면 송신 측은 frame 2, frame 5, frame 6, … 순으로 프레임을 전송하는 방식이다. 즉, frame 2만 다시 전송하고 frame 3, frame 4는 다시 보내지 않는다. 중복해서 보내는 프레임이 없으므로 효율적이지만 수신 측에서 데이터를 처리하기 전에 원래 순서대로 조립해야 하므로 제어가 복잡하고 대용량의 버퍼가 필요하다. 이 때문에 Go-back-N ARQ에 비해 잘 사용하지 않는다.

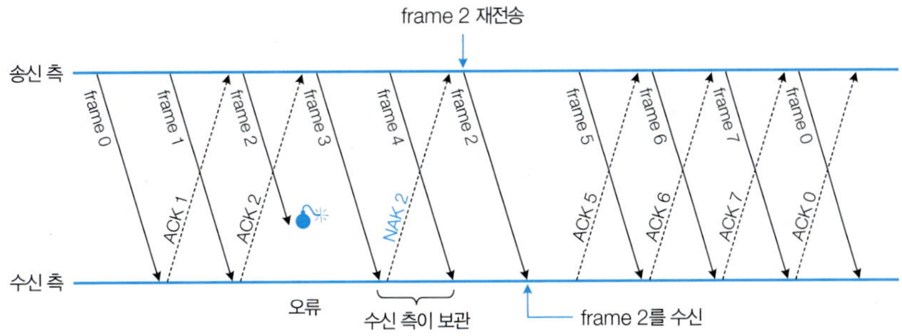

그림 8-25 선택적 ARQ 동작 과정

■ **적응적 ARQ**

적응적Adaptive ARQ는 채널의 효율을 높이기 위해 고정된 크기의 프레임을 사용하지 않는다. 전송로의 오류 발생률이 높으면 프레임 크기를 줄이고, 오류 발생률이 낮으면 프레임 크기를 크게 해서 전송하는 방식이다. 이 방식은 효율은 높으나 제어 회로가 복잡하고 프레임 길이 변경에 따라 채널의 유휴 시간idle time이 발생하여 거의 사용하지 않는다.

해밍 코드

전진 오류 정정Forward Error Correction, FEC은 데이터 전송 과정에서 발생한 오류를 검출하여 재전송 요구 없이 스스로 수정하는 방식이다. 전진 오류 정정은 데이터를 재전송할 시간적인 여유가 없는 실시간 통신 분야에 주로 활용된다.

최초의 오류 정정 코드는 벨Bell 연구소의 해밍Richard Hamming이 개발한 해밍 코드Hamming code로 한 데이터 블록 내에서 1개의 오류가 발생한 경우 이를 정정할 수 있는 단일 오류 정정 코드다. 오류가 여러 개 발생해도 이를 정정할 수 있도록 해밍 코드를 확장한 것으로는 BCHBose-Chaudhuri-Hocquenghem 코드와 리드-솔로몬 코드Reed-Solomon code 등이 있다. 이러한 코드들은 데이터를 일정한 길이의 블록으로 나누고, 블록 단위로 리던던시를 붙이는 방식으로 블록 코드block code로 분류된다. 블록 코드는 주로 CD, DVD 같은 저장 장치에 많이 사용된다. 이에 비해 데이터를 연속으로 부호화하는 콘볼루션 코드convolution code는 여러 비트의 오류를 정정할 수 있으며, 휴대 전화 같은 통신 장치에 사용되고 있다. 콘볼루션 코드는 길쌈 부호라고도 한다.

패리티 코드를 응용하여 오류를 정정할 수 있도록 고안한 코드가 해밍 코드Hamming code다. 해밍 코드는 한 비트에 오류가 발생했을 때 그 위치를 찾아서 정정할 수 있는 코드다. 패리티 코드는 추가 비트가 1개 필요하지만, 해밍 코드는 원본 데이터 외에 추가로 많은 비트가 필요하므로 많은 양의 데이터를 전달해야 한다. 해밍 코드도 2개 이상의 비트에 오류가 발생하면 정정이 불가능하다.

추가되는 패리티 비트 수(리던던시)는 $2^p \geq d+p+1$에 의해서 계산할 수 있다. 여기서 p는 패리티 비트 수이고, d는 데이터 비트 수다. 예를 들어, $d=8$일 때 $2^p \geq 8+p+1$을 만족하는 p를 계산하면 4가 된다.

- $p=1$인 경우, $2^1 < 8+1+1$이므로 만족하지 않는다.
- $p=2$인 경우, $2^2 < 8+2+1$이므로 만족하지 않는다.
- $p=3$인 경우, $2^3 < 8+3+1$이므로 만족하지 않는다.
- $p=4$인 경우, $2^4 \geq 8+4+1$이므로 만족한다.

패리티 비트는 [표 8-3]과 같이 앞에서부터 1, 2, 4, 8, 16, 32, … 의 위치에 들어가며, 기호 P_1, P_2, P_4, P_8 … 과 같이 나타낸다. 데이터는 나머지 위치에 순서대로 들어가며, D_3, D_5, D_6, … 과 같이 나타낸다. 전체 순서는 P_1, P_2, D_3, P_4, D_5, D_6, D_7, P_8, D_9, D_{10}, D_{11}, D_{12}와 같다. 해밍 코드에서는 짝수 패리티를 사용하여 1의 개수를 짝수 개로 맞춘다.

표 8-3 해밍 코드에서 패리티 비트의 위치와 패리티 생성 영역

비트 위치	1	2	3	4	5	6	7	8	9	10	11	12
기호	P_1	P_2	D_3	P_4	D_5	D_6	D_7	P_8	D_9	D_{10}	D_{11}	D_{12}
P_1 영역	✓		✓		✓		✓		✓		✓	
P_2 영역		✓	✓			✓	✓			✓	✓	
P_4 영역				✓	✓	✓	✓					✓
P_8 영역								✓	✓	✓	✓	✓

P_1은 P_1을 포함하여 하나 건너 하나씩 데이터를 취하여 짝수 패리티를 만든다. P_2는 P_2를 포함하여 2개의 데이터를 취하고 2개 건너 2개씩 취한다. P_4는 P_4를 포함하여 4개의 데이터를 취하고 4개 건너 4개씩 데이터를 취한다. P_8은 P_8을 포함하여 8개의 데이터를 취하고 8개 건

너 8개씩 데이터를 취한다. 더 이상의 데이터가 없으면 있는 데까지만 취한다. 더 많은 데이터가 있더라도 이와 같은 방법으로 계속해서 정해진 위치에 패리티와 데이터를 추가할 수 있다. 데이터를 취하여 짝수 패리티가 되도록 기호 P_1, P_2, P_4, P_8을 만든다. 그러므로 다음 식과 같은 결론을 얻게 된다. 여기서 ⊕는 XOR를 나타내며, 1의 개수가 홀수 개일 때 1을 생성하여 1의 개수를 짝수 개로 만들어준다.

$$P_1 = D_3 \oplus D_5 \oplus D_7 \oplus D_9 \oplus D_{11}$$
$$P_2 = D_3 \oplus D_6 \oplus D_7 \oplus D_{10} \oplus D_{11}$$
$$P_4 = D_5 \oplus D_6 \oplus D_7 \oplus D_{12}$$
$$P_8 = D_9 \oplus D_{10} \oplus D_{11} \oplus D_{12}$$

[표 8-4]는 원본 데이터가 00101110일 때 해밍 코드를 생성하는 과정을 보여준다. 앞에서 설명한 방법대로 계산하면 다음과 같은 결과를 얻을 수 있다.

$$P_1 = D_3 \oplus D_5 \oplus D_7 \oplus D_9 \oplus D_{11} = 0 \oplus 0 \oplus 0 \oplus 1 \oplus 1 = 0$$
$$P_2 = D_3 \oplus D_6 \oplus D_7 \oplus D_{10} \oplus D_{11} = 0 \oplus 1 \oplus 0 \oplus 1 \oplus 1 = 1$$
$$P_4 = D_5 \oplus D_6 \oplus D_7 \oplus D_{12} = 0 \oplus 1 \oplus 0 \oplus 0 = 1$$
$$P_8 = D_9 \oplus D_{10} \oplus D_{11} \oplus D_{12} = 1 \oplus 1 \oplus 1 \oplus 0 = 1$$

생성된 패리티를 정해진 위치에 넣으면 해밍 코드 010101011110이 만들어진다. 부호 이론에서는 데이터 00101110을 데이터 워드data word라고 하며, 데이터와 패리티 비트들을 포함한 010101011110을 부호어code word라고 한다.

표 8-4 원본 데이터가 00101110일 경우 해밍 코드 생성 예

비트 위치	1	2	3	4	5	6	7	8	9	10	11	12
기호	P_1	P_2	D_3	P_4	D_5	D_6	D_7	P_8	D_9	D_{10}	D_{11}	D_{12}
원본 데이터			0		0	1	0		1	1	1	0
생성된 코드	0	1	0	1	0	1	0	1	1	1	1	0

[표 8-5]는 앞에서 생성한 해밍 코드가 송신 과정에서 오류가 발생했을 때 오류를 검출하여 정정하는 과정을 보여준다. 오류를 정정하는 과정은 해밍 코드를 생성할 때와 같은 방법으로

한다. 단, 생성 시에는 기호 P_1, P_2, P_4, P_8을 만들어내는 과정이지만 이번에는 이 패리티 비트들을 포함하여 짝수 패리티 검사를 한다.

$$P_1 = P_1 \oplus D_3 \oplus D_5 \oplus D_7 \oplus D_9 \oplus D_{11} = 0 \oplus 0 \oplus 1 \oplus 0 \oplus 1 \oplus 1 = 1$$
$$P_2 = P_2 \oplus D_3 \oplus D_6 \oplus D_7 \oplus D_{10} \oplus D_{11} = 1 \oplus 0 \oplus 1 \oplus 0 \oplus 1 \oplus 1 = 0$$
$$P_4 = P_4 \oplus D_5 \oplus D_6 \oplus D_7 \oplus D_{12} = 1 \oplus 1 \oplus 1 \oplus 0 \oplus 0 = 1$$
$$P_8 = P_8 \oplus D_9 \oplus D_{10} \oplus D_{11} \oplus D_{12} = 1 \oplus 1 \oplus 1 \oplus 1 \oplus 0 = 0$$

검사한 패리티를 P_8, P_4, P_2, P_1 순서로 정렬한다. 모든 패리티가 0이면 오류가 없는 것이고, 그렇지 않으면 오류가 발생한 것이다. 결과가 0101이므로 오류가 있으며, 이를 10진수로 바꾸면 5다. 즉, 수신된 데이터 010111011110에서 5번째 비트 1이 오류이므로 1을 0으로 바꾸어 010101011110으로 해주면 오류가 정정된다. 해밍 코드는 데이터 비트뿐 아니라 패리티 비트에 오류가 발생해도 찾아내어 정정할 수 있다.

표 8-5 해밍 코드에서 오류가 발생한 경우 정정 예

비트 위치	1	2	3	4	5	6	7	8	9	10	11	12
기호	P_1	P_2	D_3	P_4	D_5	D_6	D_7	P_8	D_9	D_{10}	D_{11}	D_{12}
해밍 코드	0	1	0	1	1	1	0	1	1	1	1	0
패리티 검사	1	0		1				0				
$P_8P_4P_2P_1 = 0101_{(2)} = 5_{(10)}$: 5번 비트에 오류가 발생. 1 → 0으로 교정												
해밍 코드 수정	0	1	0	1	0	1	0	1	1	1	1	0

예제 8-5

다음 해밍 코드에 오류가 있는지 검사하시오.

1 1 1 1 0 1 0 0 1 0 1 0

▶▶ **풀이**

비트 위치		1	2	3	4	5	6	7	8	9	10	11	12
기호		P_1	P_2	D_3	P_4	D_5	D_6	D_7	P_8	D_9	D_{10}	D_{11}	D_{12}
해밍 코드		1	1	1	1	0	1	0	0	1	0	1	0
P_1 계산	0	1		1		0		0		1		1	
P_2 계산	0		1	1			1	0			0	1	
P_4 계산	0				1	0	1	0					0
P_8 계산	0								0	1	0	1	0

따라서 $P_8P_4P_2P_1 = 0000$이므로 오류가 없다.

NOTE 해밍 거리(Hamming distance)

해밍 거리는 같은 길이의 두 2진수에 대응하는 자리를 비교하여 비트 값이 같지 않는 자리의 개수를 말한다. 예를 들어, 101과 111은 한 곳에서만 비트 값이 다르므로 해밍 거리는 1이며 $d(101, 111) = 1$로 표시한다. 0101과 1110은 3개의 위치에서 비트 값이 다르므로 3이며 $d(0101, 1110) = 3$으로 표시한다.

해밍 거리 중에 가장 작은 것을 최소 해밍 거리 d_{min}으로 표시한다. 최소 해밍 거리가 주어지면 검출 가능한 오류 개수와 정정 가능한 개수는 다음과 같다.

- 검출 가능한 오류 수 = $d_{min} - 1$
- 정정 가능한 오류 수 = $(d_{min} - 1)/2$

1 전송 제어 절차를 옳게 나타낸 것은?

① 회선 접속 → 데이터링크 확립 → 회선 절단 → 데이터링크 해제 → 정보 전송

② 데이터링크 확립 → 회선 접속 → 정보 전송 → 회선 절단 → 데이터링크 해제

③ 데이터링크 확립 → 정보 전송 → 회선 접속 확립 → 데이터링크 해제 → 회전 절단

④ 회선 접속 → 데이터링크 확립 → 정보 전송 → 데이터 링크 해제 → 회선 절단

2 데이터 전송 제어 절차를 순서대로 바르게 나타낸 것은?

ⓐ 통신 회선 접속 ⓑ 정보 전송 ⓒ 데이터링크 해제 ⓓ 데이터링크 확립 ⓔ 통신 회선 분리

① ⓐ → ⓓ → ⓑ → ⓒ → ⓔ

② ⓔ → ⓓ → ⓒ → ⓐ → ⓑ

③ ⓑ → ⓐ → ⓒ → ⓓ → ⓔ

④ ⓓ → ⓑ → ⓐ → ⓒ → ⓔ

3 일반적으로 데이터 통신의 전송 제어 절차에 해당되지 않는 것은?

① 통신 회선 접속

② 데이터링크 설정

③ 데이터 구조의 확인

④ 통신 회선 절단

4 데이터 전송 제어 절차에서 데이터 송수신을 위한 논리적인 경로를 구성하는 단계는?

① 회선 접속

② 데이터링크 확립

③ 데이터 전송

④ 데이터링크의 해제 통보

5 교환망을 이용하여 상대에게 데이터를 전송할 경우에 다이얼에 의한 상대의 호출과 변복조 장치 등을 데이터 전송이 가능한 상태로 설정하는 전송 제어 단계는?

① 회선의 절단 ② 정보의 전송

③ 회선의 접속 ④ 데이터링크의 확립

6 전송을 위한 5단계 제어 절차 중 3단계는?

① 데이터링크의 종결

② 정보 메시지의 전송

③ 데이터링크의 설정

④ 데이터 통신 회선의 절단

7 데이터 전송을 하고자 하는 모든 단말 장치는 서로 대등한 입장에 있으며, 송신 요구를 먼저 한 쪽이 송신권을 갖는 방식은?

① contention 방식 ② polling 방식

③ selecting 방식 ④ routing 방식

8 회선 제어 방식 중 가장 간단한 형태로, 회선에 접근하기 위해 서로 경쟁하는 방식의 대표적인 시스템은?

① ALOHA 시스템

② Roll-call 폴링 시스템

③ Hub-go-ahead 폴링 시스템

④ Selection 시스템

9 베이직 제어 방법 중 컨텐션 방식을 설명한 것은?

① 멀티드롭형 네트워크에서 단말을 제어국과 종속국으로 구분하여 통신

② 통신을 한 곳에서 제어하는 집중 제어 방식으로 제어국은 송신 데이터가 많은 단말을 대기 시간이 가능한 짧게 되도록 제어

③ Point-to-Point 회선으로 접속되어 있어 관계가 대등한 단말에 많이 이용

④ 각 단말이 마음대로 데이터를 보내는 일이 없으므로 통신 프로그램이 데이터 수신 처리를 용이하게 수행

10 컴퓨터가 터미널에 전송할 데이터가 있는가를 확인하는 동작은?

① Polling ② Selection
③ Daisy-Chain ④ NAK

11 불균형적인 멀티포인트 링크 구성 중 주 스테이션이 각 부 스테이션에 데이터 전송을 요청하는 회선 제어 방식은?

① Contention 방식
② Polling 방식
③ Select-Hold 방식
④ Point-to-Point 방식

12 일반적으로 불균형적인 멀티포인트multi-point 링크 구성에서 회선 제어를 할 때, 주국primary station이 각 보조국secondary station에 데이터를 요청하는 방법은?

① 폴링polling ② 셀렉션selection
③ 요청request ④ 응답response

13 컴퓨터가 어떤 터미널에 전송할 데이터가 있는 경우 터미널이 수신 준비가 되어 있는지를 묻고, 준비가 된 경우에 터미널로 데이터를 전송하는 것을 무엇이라 하는가?

① 폴링 ② 셀렉션
③ 링크 ④ 리퀘스트

14 국station 간의 관계가 주-종 관계일 때 종국이 데이터를 보내려 한다면 먼저 주국으로부터 받아야 하는 신호는?

① ACK ② ENG
③ POLL ④ SEL

15 종속국Slave에서 주국Master 방향으로 데이터를 전송하기 위한 동작과 주국이 종속국으로 데이터를 전송하기 위한 동작을 알맞게 짝지은 것은?

① Polling, Selecting
② Polling, Routing
③ Contention, Routing
④ Contention, Polling

16 폴링 메시지를 수신한 보조국이 주국에 데이터를 전송한 다음에 폴링 메시지를 가까운 보조국으로 보내는 방식은?

① Roll-Call Polling 방식
② Hub-Go-Ahead Polling 방식
③ Select-Hold 방식
④ Fast-Selected 방식

17 다음이 설명하고 있는 멀티포인트 링크 구성 방식은?

- 전송 제어 절차phase는 5단계로 이루어지며 이 중, 제2단계는 데이터링크 확립 단계인데, 전송 제어의 책임이 있는 컴퓨터 등의 제어국이 주국(송신국)이 되고 단말기 등의 종속국이 종국(수신국)이 되는 방식이다.
- 주 스테이션이 특정한 부 스테이션에 데이터를 전송하려고 할 경우에 데이터가 전송되어 올 것을 미리 알려준다.

① polling ② selection
③ buffering ④ queueing

18 하나 또는 그 이상의 터미널에 정보를 전송하기 위한 데이터링크 확립 방법 중 폴링polling 방법에 관한 설명으로 옳은 것은?

① 주 스테이션이 특정한 부 스테이션에 데이터를 전송할 경우 데이터를 받을 준비가 되어있는지를 확인하는 방식이다.
② 주 스테이션이 각 부 스테이션에 데이터 전송을 요구하는 방식이다.
③ 하나의 터미널을 선택하여 수신 준비 여부를 문의한 후에 데이터를 전송한다.
④ 하나의 터미널을 선택하여 수신 여부를 확인하지 않고 그대로 데이터를 전송한다.

19 송수신 간의 속도 차이나 수신 측 버퍼 크기의 제한에 의해 발생 가능한 정보의 손실을 방지하기 위해서 수신 측이 송신 측을 제어하는 것은?

① 오류 제어 ② 흐름 제어
③ 동기 제어 ④ 비동기 제어

20 단말기에서 모뎀으로 데이터를 보내기 위한 신호는?

① $\text{RTS}_{\text{Request To Send}}$

② $\text{CTS}_{\text{Clear To Send}}$

③ $\text{DCE}_{\text{Data Circuit Equipment}}$

④ $\text{DSR}_{\text{Data Set Request}}$

21 모뎀을 이용해 단말기 간의 통신 시, 단말기와 모뎀 사이의 신호 중 RTS는 무엇을 뜻하는가?

① 송신할 데이터가 없다.

② 수신할 데이터가 없다.

③ 송신할 데이터가 있다.

④ 수신할 데이터가 있다.

22 수신국의 응답 없이 연속하여 전송 가능한 프레임 수는 송수신 버퍼의 크기에 의해서 결정되고, 이러한 버퍼를 윈도$_{\text{window}}$라 하며 윈도를 사용하여 제어하는 방식은?

① 멀티 링크 제어　　② 트래픽 제어

③ 흐름 제어　　④ 오류 제어

23 흐름 제어는 슬라이딩 윈도 방식을 주로 사용한다. 이때 윈도에 대한 올바른 설명은?

① 프로그램 처리 버퍼의 반도체 개수

② 전송할 수 있는 프레임의 개수

③ 오류 제어 복구 가능 횟수

④ 운영체제의 버전 정보

24 슬라이딩 윈도$_{\text{sliding window}}$ 제어 방식에 대한 설명으로 옳지 않은 것은?

① X.25 패킷 레벨의 프로토콜에서도 사용되고 있으며, 수신 통지를 이용하여 송신 데이터의 양을 조절하는 방식이다.

② 송신 측과 수신 측 실체$_{\text{entity}}$ 간에 호출 설정 시 연속적으로 송신 가능한 데이터 단위의 최대치를 절충하는 방식이다.

③ 수신 측의 수신 통지에 의해 윈도는 이동하고 새로운 데이터 단위의 송신이 가능하다.

④ 하나의 데이터 블록을 전송한 후 응답이 올 때까지 다음 데이터 블록을 전송하지 않고 대기하는 방식이다.

25 Stop-and-wait 흐름 제어 방식보다 Sliding windows 흐름 제어 방식을 적용하는 데 가장 적당한 선로 환경은?

① 오류가 많은 선로

② 데이터의 전송이 많은 선로

③ 전송 지연이 긴 선로

④ 고속이 요구되는 선로

26 슬라이딩 윈도 프로토콜에서 송신 윈도가 증가하는 경우는?

① 송신 측으로부터 이전에 송신한 프레임에 대한 긍정 수신 응답이 왔을 때

② 수신 측으로부터 이전에 송신한 프레임에 대한 긍정 수신 응답이 왔을 때

③ 수신 측으로부터 이전에 송신한 프레임에 대한 부정 수신 응답이 왔을 때

④ 증가되지 않는다.

27 특정 시간 동안 10,000,000개의 비트가 전송되고, 전송된 비트 중 2개가 오류로 판명되었을 때 이 전송의 비트 에러율은?

① 1×10^{-6}　　② 1×10^{-7}

③ 2×10^{-6}　　④ 2×10^{-7}

28 전송로에 9,600Kbps의 데이터를 전송하는 경우 비트 오류율이 5×10^{-7}이라면 매 초 몇 개의 에러 비트가 발생하는가?

① 2.4개　　② 4.8개

③ 9.6개　　④ 12.0개

29 통신 속도가 2,000bps인 회선에서 1시간 전송했을 때, 에러 비트수가 36bit였다면, 이 통신 회선의 비트 에러율은?

① 2.5×10^{-6}　　② 2.5×10^{-5}

③ 5×10^{-6}　　④ 5×10^{-5}

30 패리티 체크$_{\text{parity check}}$를 하는 이유는?

① 검출된 에러를 정정하기 위하여

② 기억 장치의 용량을 검사하기 위하여

③ 전송된 부호의 용량을 검사하기 위하여
④ 전송된 부호의 에러를 검출하기 위하여

31 홀수 패리티 비트를 사용하여 문자를 전송할 경우 에러가 일어난 경우는?

① 11100011 ② 11101111
③ 10101011 ④ 11100111

32 A, B, C, D 문자 전송 시 수직 짝수 패리티 비트 검사에서 패리티 비트 값이 옳은 문자는?

패리티 비트	0	0	0	0
D7	1	1	0	0
D6	0	1	1	1
D5	0	0	0	0
D4	1	1	1	0
D3	1	1	0	1
D2	0	0	0	0
D1	0	0	1	0
D0	0	1	1	1
문자	A	B	C	D

① A ② B
③ C ④ D

33 프레임 단위로 오류 검출을 위한 코드를 계산하여 프레임 끝에 FCS를 부착하는 것은?

① Hamming Coding
② Parity Check
③ Block Sum Check
④ Cyclic Redundancy Check

34 다음이 설명하고 있는 에러 검출 방식은?

- 집단적으로 발생하는 오류에 대해 신뢰성 있는 오류 검출
- 프레임 단위로 오류 검출을 위한 코드를 계산하여 프레임 끝에 부착하는데 이를 FCS라고 한다.

① Cyclic Redundancy Check
② Hamming Code
③ Parity Check
④ Block Sum Check

35 특정 다항식에 의한 연산 결과를 데이터에 삽입하여 전송하는 에러 검출 방법은?

① 패리티 검사
② Block Sum 검사
③ 체크섬Checksum
④ CRCCyclic Redundancy Check

36 통신 경로에서 오류 발생 시 수신 측은 오류 발생을 송신 측에 통보하고 송신 측은 오류가 발생한 프레임을 재전송하는 오류 제어 방식은?

① 에코 점검
② 순방향 오류 수정FEC
③ 역방향 오류 수정BEC
④ ARQAutomatic Repeat Request

37 ARQAutomatic Repeat Request 방식에 대한 설명으로 가장 올바른 것은?

① 에러를 검출만 하는 방식
② 부호를 전송하고, 반복하는 방식
③ 데이터나 정보의 에러에 대비하는 방식
④ 에러를 검출하고, 재전송을 요구하는 방식

38 ARQ에서 오류 제어를 위해 수신한 데이터 프레임에 오류가 없음을 알리는 긍정 응답 메시지는?

① SOH ② ACK
③ NAK ④ EOT

39 신뢰성 있는 데이터 전송을 위해 사용되는 자동 반복 요구Automatic Repeat reQuest 방법이 아닌 것은?

① Go-back-N
② Control transport
③ Selective repeat
④ Stop-and-wait

40 에러 제어에 사용되는 자동 반복 요청ARQ 기법이 아닌 것은?

① Stop-and-wait ARQ
② Go-back-N ARQ
③ Auto repeat ARQ
④ Selective repeat ARQ

41 수신 스테이션은 비트 에러나 프레임의 손실을 검사하게 되고, 에러가 검출되면 자동적으로 송신 스테이션에 재전송을 요청하는 자동 재전송 요청Automatic Repeat reQuest을 하게 되는데, 다음 중 ARQ 방식이 아닌 것은?

① Go-back-N ARQ
② 정지-대기Stop-and-wait ARQ
③ 선택적 재전송Selective repeat ARQ
④ 슬라이딩 윈도Sliding-Window ARQ

42 오류 제어 방식의 자동 반복 요청ARQ 방식 중 Stop-and-Wait ARQ에 대한 설명으로 옳지 않은 것은?

① 연속적으로 데이터 프레임을 전송하고 에러가 발생한 데이터 프레임만 재전송한다.
② 구현이 간단하고 송신 측에서 최대 프레임 크기의 버퍼가 1개만 있어도 된다.
③ 각각의 프레임에 대해서 확인 메시지가 필요하다.
④ 전송 시간이 긴 경우 전송 효율이 저하된다.

43 다음이 설명하고 있는 오류 제어 방식은?

- 데이터 프레임의 정확한 수신 여부를 매번 확인하면서 다음 프레임을 전송해나가는 오류 제어 방식이다.
- 송신기에서 하나의 데이터 프레임을 전송한 다음 반드시 확인 신호인 ACK를 기다려야 한다.
- 구현이 간단하다는 장점이 있으나, 데이터 프레임을 전송한 후, 응답 메시지를 수신하는 데 걸리는 시간이 길어질수록 링크 사용 면에서 비효율적이다.

① Stop-and-wait ARQ
② Go-back-N ARQ
③ Selective repeat ARQ
④ Forward-Stop ARQ

44 Stop-and-wait ARQ 방식에서 수신 측이 4번 프레임에 대해 NAK를 보내왔다. 이에 대한 송신 측의 행위로 옳은 것은?

① 1, 2, 3, 4번 프레임을 재전송한다.
② 현재의 윈도 크기만큼 모두 전송한 후 4번 프레임을 재전송한다.
③ 5번 프레임부터 모두 재전송한다.
④ 4번 프레임만 재전송한다.

45 전송 오류 제어 중 오류가 발생한 프레임뿐만 아니라 오류 검출 후의 모든 프레임을 재전송하는 ARQ 방식은?

① Go-back-N ARQ
② Stop-and-wait ARQ
③ Selective repeat ARQ
④ Non-Selective repeat ARQ

46 Go-back-N ARQ에서 5번째 프레임까지 전송하였는데 수신 측에서 2번째 프레임에 오류가 있다고 재전송을 요청해왔다. 재전송되는 프레임의 개수는?

① 1개 ② 2개
③ 3개 ④ 4개

47 자동 재전송 요청 기법Automatic Repeat reQuest 중 에러가 검출된 해당 블록만을 재전송하는 방식으로 재전송 블록 수가 적은 반면, 수신 측에서 큰 버퍼와 복잡한 논리회로를 요구하는 기법은?

① Stop-and-wait ARQ
② Selective repeat ARQ
③ Go-back-N ARQ
④ Adaptive ARQ

48 다음이 설명하고 있는 ARQ 방식으로 옳은 것은?

- 송신 스테이션은 NAK를 수신하게 되면 오류가 발생한 데이터 프레임만 재전송한다.
- 수신기에 큰 버퍼와 프레임 재순서화 기능이 요구되는 등의 구현이 복잡하다는 단점이 있다.

① Stop-and-wait ARQ
② Go-back-N ARQ
③ Re-sending ARQ
④ Selective repeat ARQ

49 **Go-back-N ARQ와 Selective repeat ARQ에 대한 설명으로 옳지 않은 것은?**

① Go-back-N ARQ는 오류 발생 이후의 모든 프레임을 재요청한다.
② Selective repeat ARQ는 버퍼의 사용량이 상대적으로 크다.
③ Go-back-N ARQ는 프레임의 송신 순서와 수신 순서가 동일해야 수신이 가능하다.
④ Selective repeat ARQ는 여러 개의 프레임을 묶어서 수신 확인을 한다.

50 **수신 측에서 에러 점검 후 제어 신호를 보내올 때까지 오버헤드overhead가 효율면에서 가장 부담이 큰 것은?**

① 연속적 ARQContinuous Automatic Repeat Request
② Adaptive ARQ
③ Go-back-N ARQ
④ Stop-and-wait ARQ

51 **송신 측에서 정보 비트에 오류 정정을 위한 제어 비트를 추가하여 전송하면 수신 측에서 이 비트를 사용하여 에러를 검출하고 수정하는 방식은?**

① Go-back-N 방식
② Selective repeat 방식
③ Stop-and-wait 방식
④ Forward Error Correction 방식

52 **전진 에러 수정FEC 코드에 대한 설명으로 틀린 것은?**

① FEC 코드의 종류로 해밍 코드 등이 있다.
② 에러 정정 기능을 포함한다.
③ 연속적인 데이터 전송이 가능하다.
④ 역 채널을 사용한다.

53 **전진 오류 정정FEC 방식에 대한 설명으로 거리가 먼 것은?**

① 재전송 요구 없이 수신 측에서 스스로 오류 검사 및 수정을 하는 방식이다.
② 역채널이 필요 없고, 연속적인 데이터 흐름이 가능하다.
③ 데이터 전송 과정에서 오류가 발생하면 송신 측에 재전송을 요구하는 방식이다.
④ 블록 코드와 콘볼루션 코드도 FEC 코드의 종류다.

54 **전진 에러 수정Forward Error Correction 방식에 대한 설명이 아닌 것은?**

① ARQ 방식과는 달리 역 채널을 사용하지 않는다.
② ARQ 방식과 마찬가지로 데이터와 함께 잉여 비트들을 함께 전송한다.
③ 대표적인 예로 해밍Hamming 코드가 있다.
④ 전송 구간에서 에러가 발생한 경우 수신 혹은 에러의 발생을 송신 측에 통보한다.

55 **전진 에러 수정Forward Error Correction 방식에서 에러를 수정하기 위해 사용하는 방식은?**

① 해밍 코드Hamming Code의 사용
② 압축compression방식 사용
③ 패리티 비트Parity Bit의 사용
④ Huffman Coding 방식 사용

56 **에러error 정정이 가능한 코드는?**

① Hamming 코드　② CRC 코드
③ ASCII 코드　④ EBCDIC 코드

57 **데이터 전송 중 한 비트에 에러가 발생했을 경우 이를 수신 측에서 정정할 목적으로 사용되는 것은?**

① P/F　② CRC
③ Checksum　④ Hamming code

58 **Hamming 코드에서 총 전송 비트 수가 17비트일 때, 해밍 비트수와 순수한 정보 비트 수는?**

① 해밍 비트 수 : 4 , 정보 비트 수 : 13
② 해밍 비트 수 : 5 , 정보 비트 수 : 12
③ 해밍 비트 수 : 6 , 정보 비트 수 : 11
④ 해밍 비트 수 : 7 , 정보 비트 수 : 10

59 송신 측에서 $1101_{(2)}$의 데이터를 전송하였으나, 수신 측이 받은 데이터는 $1011_{(2)}$로 나타났다. 이때 두 데이터 간의 해밍 거리로 옳은 것은?

① 1　　② 2
③ 3　　④ 4

60 수신된 부호어의 해밍 거리가 6일 때 검출할 수 있는 에러 개수는?

① 4개　　② 5개
③ 6개　　④ 7개

61 전송하려는 부호어들의 최소 해밍 거리가 7일 때, 수신 시 정정할 수 있는 최대 오류의 수는?

① 2개　　② 3개
③ 4개　　④ 5개

62 데이터 통신에서 오류의 발생 유무만 판정하는 오류 검출 기법으로 옳지 않은 것은?

① Parity Check
② Cyclic Redundancy Check
③ Block Sum Check
④ Forward Error Correction Check

63 데이터 통신에 널리 사용되는 오류 검출 기법이 아닌 것은?

① Parity Check
② Block Sum Check
③ Cyclic Redundancy Check
④ Huffman Check

64 점대점 방식에 주로 사용되며 위성 통신과 같은 전파 지연시간이 긴 통신망에 유리한 회선 제어 방식은?

65 폴링-셀렉션에서 주장치가 종장치에 보낼 데이터가 있는 경우 수행되는 것은?

66 수신 장치의 데이터 처리 능력을 초과하지 않도록 데이터 전송의 양을 조절하는 제어는?

67 컴퓨터와 주변 기기 간의 상이한 전송 속도로 인해 발생하는 문제점을 해결하기 위한 단순한 흐름 제어 방식은?

68 주로 EIA-232에서 사용되며, 모뎀을 이용하여 통신할 때 보오율을 맞추기 위해 사용하는 흐름 제어 방식은?

69 패리티 검사를 이용하여 검출할 수 있는 오류의 개수는?

70 2차원의 패리티 검사 방법으로 가로와 세로로 2번 검사함으로써 검출 능력을 증가시킨 방법은?

71 2진수 10110011의 1의 보수를 구하면?

72 정지-대기 ARQ에서 순서 번호를 위해 필요한 비트의 개수는?

73 정지-대기 흐름 제어를 위해 n개의 프레임을 전송할 때 몇 개의 확인 응답이 필요한가?

74 ARQ에서 오류 제어를 위해 수신한 데이터 프레임에 오류가 있음을 알리는 부정 응답 메시지는?

75 연속적 ARQ 방식에서 오류가 발생한 프레임을 포함하여 그 이후에 전송한 프레임도 모두 재전송하는 방식은?

76 Go-back-N ARQ에서 7번째 프레임까지 전송하였는데 수신 측에서 4번째 프레임에 오류가 있다고 재전송을 요청해왔다. 재전송되는 프레임의 개수는?

77 정지-대기 흐름 제어에서 요구되는 수신 버퍼의 크기에 대해 설명하시오.

78 정지-대기 흐름 제어에서 다음에 관한 처리를 정의하고 설명하시오.

(1) 손상된 프레임
(2) 손실된 프레임

79 Go-back-N ARQ를 사용하는 시스템에서 다음 사항이 주어졌을 때, 송신 장치와 수신 장치 사이에 주고받는 프레임을 그려보시오.

- 프레임 0이 보내지고 프레임 0이 확인 응답된다.
- 프레임 1과 2가 보내지고 프레임 1과 2가 확인 응답된다.
- 프레임 3, 4, 5가 보내지고 NAK 4가 수신된다.
- 프레임 4, 5, 6, 7이 보내지고 프레임 4에서 7까지 확인 응답된다.

80 선택적 ARQ를 이용하여 79번 문제에서 주어진 상황을 그려보시오.

81 윈도 크기가 3인 시스템에서 그림과 같이 데이터와 ACK를 전송할 때 송신 및 수신 윈도 변화를 그려보시오.

82 슬라이딩 윈도 시스템에서 송신기에서 ACK 7을 수신하였다. 이제 프레임 7, 0, 1, 2, 3이 보내진다. 이 시나리오에 대해 다음 응답의 의미를 설명하시오.

(1) ACK 1 (2) ACK 3
(3) ACK 4 (4) NAK 1
(5) NAK 3 (6) NAK 7

83 PCM 회선의 회선 성능 시험을 실시하였다. 200,000비트를 전송하였더니 10비트의 오류가 발생하였다면 이 회선의 BER(Bit Error Rate)은 얼마인가?

84 BER(비트 오류율)이 10^{-8}인 전송 시스템에 1 Mbps의 신호를 전송하였다. 1시간 동안 발생한 최대 오류 비트 수는?

85 짝수 패리티를 가정하여 다음 데이터의 패리티 비트를 구하시오.

(1) 1001011 (2) 0001100
(3) 1000000 (4) 1110111

86 N개의 ASCII 코드를 블록 합 검사 방식으로 검사할 때 코드의 효율을 구하시오. 단, ASCII 코드 1개는 7비트로 구성된다고 가정한다.

87 짝수 패리티를 사용하는 블록 합 검사 방식에서 다음과 같은 데이터 블록을 수신하였다. 오류 발생 여부 및 그 위치를 찾아보시오.

01001011
11011000
01101000
11011011

88 패리티 비트로 오류를 검출할 경우 검출이 되지 않는 경우에 대해 설명하시오.

89 송신될 데이터가 10010101이다. 이것을 생성 다항식으로 표현하시오.

90 전송하려는 데이터가 110011이고, 생성 다항식이 $G(x) = x^4+x^3+1$인 경우 FCS를 구하시오.

91 생성 다항식이 $G(x) = x^4+x^2+1$인 경우 시프트 레지스터와 XOR 게이트를 사용하여 CRC 하드웨어를 구성하시오.

92 수신 장치에서 데이터 10110011과 FCS 111을 수신하였다. 생성 다항식이 $G(x) = x^3+1$인 경우 오류 발생 유무를 검토하시오.

93 다음과 같은 8비트 데이터에 대한 검사합을 구하시오.

11011000 10001100 00101100

94 재전송에 의한 오류 정정을 이용할 때, 전송 도중에 프레임이 유실되면 어떠한 처리가 이루어지는지 설명하시오.

95 정지-대기 ARQ에서 오류가 검출되면 수신 측은 부정 응답(NAK)을 보낸다. 이때 부정 응답에 순서 번호 정보가 필요한지 아닌지를 설명하시오.

96 전송하려는 데이터가 1010010일 경우 해밍 코드에 의해 전송되는 데이터 비트열을 구하시오.

97 해밍 코드를 이용하여 전송된 데이터가 다음과 같이 수신되었다. 오류 발생 유무를 검토하고 오류가 발생하였다면 이를 정정하시오.

11011001101

98 다음 코드 워드(code word)의 해밍 거리를 구하시오.

(1) d(10000, 00000)

(2) d(10101, 10000)

(3) d(11111, 11111)

(4) d(000, 000)

1 ④	2 ①	3 ③	4 ②	5 ③	6 ②	7 ①	8 ①	9 ③	10 ①
11 ②	12 ①	13 ②	14 ③	15 ①	16 ②	17 ②	18 ②	19 ②	20 ①
21 ③	22 ③	23 ②	24 ④	25 ③	26 ②	27 ④	28 ②	29 ③	30 ④
31 ④	32 ③	33 ④	34 ①	35 ④	36 ④	37 ④	38 ②	39 ②	40 ③
41 ④	42 ①	43 ①	44 ④	45 ①	46 ④	47 ②	48 ④	49 ④	50 ④
51 ④	52 ④	53 ③	54 ④	55 ①	56 ①	57 ④	58 ②	59 ②	60 ②
61 ②	62 ④	63 ④							

CHAPTER 09

데이터링크 프로토콜

학습목표

- 문자 위주 프로토콜과 비트 위주 프로토콜의 차이점에 대해 설명할 수 있다.
- 문자 위주 프로토콜인 BSC에 대해 설명할 수 있다.
- 대표적인 비트 위주 프로토콜인 HDLC에 대해 설명할 수 있다.
- HDLC 응용 프로토콜인 PPP에 대해 설명할 수 있다.

01 데이터링크 프로토콜의 분류

데이터링크 프로토콜은 회선 제어, 흐름 제어, 오류 제어 등의 기능을 실현하기 위한 규칙을 포함한다. 전송 제어 프로토콜이라고도 하며, [그림 9-1]과 같이 비동기식 프로토콜과 동기식 프로토콜로 구분한다.

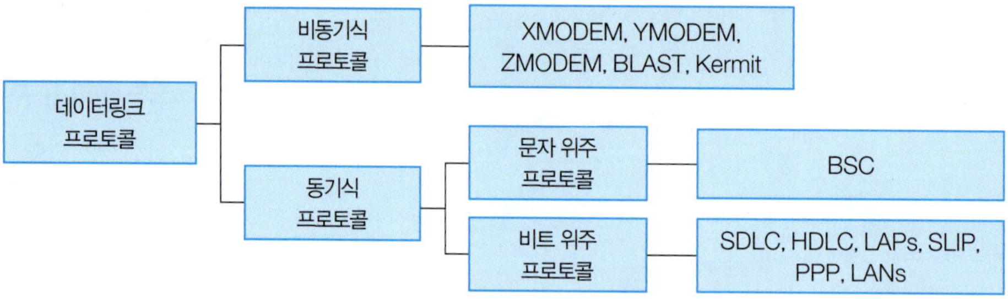

그림 9-1 데이터링크 프로토콜 분류

비동기식 데이터링크 프로토콜

비동기식 데이터링크 프로토콜에서는 송신 측과 수신 측 간에 기계적인 클록clock의 동기화 없이 데이터 전송이 이루어진다. 이러한 프로토콜에서는 송신 측에서 프레임의 시작과 끝을 알리는 약속된 비트들을 추가하여 전송한다. 수신 측에서는 추가된 비트를 확인하여 데이터 부분만 추출한다. 비동기식 데이터링크 프로토콜에는 XMODEM, YMODEM, ZMODEM, BLAST, Kermit 등이 있다. PC 통신에서 파일 전송에 필요한 프로토콜들로, 윈도 방식을 사용하여 송신 측에서 수신 측의 응답을 기다리지 않고 다음 프레임을 연속으로 전송하는 방법을 채택하여 전송 효율이 높다.

동기식 데이터링크 프로토콜

동기식 데이터링크 프로토콜은 문자 위주 방식과 비트 위주 방식으로 구분된다.

■ 문자 위주 프로토콜

문자 위주character-oriented 프로토콜은 바이트 위주 프로토콜이라고도 하며, 보통 프레임을 하나의 바이트(8비트)로 구성되는 문자들의 연속적인 열로 간주한다. 모든 제어 정보는 ASCII 문자와 같은 기존 문자 부호화 시스템의 형태를 띤다. 문자 위주 프로토콜은 비트 위주 프로토콜에 비해 효율이 낮기 때문에 인터넷이 일반화되면서 현재는 거의 사용되지 않는다. 대표적인 문자 위주 프로토콜로는 1964년 IBM이 개발한 BSCBinary Synchronous Communication가 있다.

■ 비트 위주 프로토콜

비트 위주bit-oriented 프로토콜은 전송 프레임을 비트열로 간주한다. 1975년에 IBM은 비트 위주 프로토콜인 SDLCSynchronous Data Link Control를 개발하였으며, 이를 기반으로 1979년에는 ISO에서 HDLCHigh-level Data Link Control를 표준화하였다.

1981년부터 ITU-T는 HDLC를 기반으로 LAPSLink Access Procedures라는 일련의 프로토콜을 표준화하였다. LAPBLAP Balanced는 X.25 패킷망과 ISDN의 B채널용으로, LAPDLAP for D channel는 ISDN의 D채널용으로, LAPMLAP Modem은 모뎀용으로 단순화한 HDLC의 부분집합들이다.

PPPPoint-to-Point Protocol나 프레임 릴레이frame relay, LAN의 접근 제어 프로토콜Medium Access Control, MAC들도 HDLC에서 발전하였다. 즉, 오늘날 사용하는 비트 위주 프로토콜은 HDLC를 기반으로 발전했다고 볼 수 있다.

02 BSC

BSCBinary Synchronous Communication는 1964년 IBM이 개발한 문자 위주 데이터링크 프로토콜이다. BSC는 점대점point-to-point과 다중점multipoint 구성에 사용할 수 있으며, 정지-대기 ARQ 흐름 제어와 오류 제어를 사용하는 반이중half-duplex 통신을 지원한다. 전이중 전송과 연속적 ARQ는 지원하지 않는다. 일반적인 BSC의 프레임 구조는 [그림 9-2]와 같으며, 화살표는 데이터 전송 방향을 나타낸다.

그림 9-2 BSC의 프레임 구조

- SYNSynchronization : 송신 장치와 수신 장치 간에 문자 동기를 맞추기 위한 전송 제어 문자이며 프레임은 2개 이상의 SYN으로 시작된다. 수신 장치에 새로운 프레임이 도착했음을 알린다.
- SOHStart of Header : 헤더의 시작을 알리는 제어 문자다.
- Header : 송신 장치와 수신 장치의 주소, 정지-대기 ARQ에서 사용하는 프레임 식별 번호(0 또는 1) 등과 같은 제어 정보를 말하며 SOH와 STX 사이에 위치한다.
- STXStart of Text : 본문의 시작을 알리는 제어 문자다.
- Data : 실제로 전송하려는 데이터 본문이다.
- ETXEnd of Text : 본문의 끝을 알리는 제어 문자다.
- BCCBlock Check Count : 오류 제어를 위한 부분으로, 1바이트 LRC나 2바이트 CRC로 구성된다.

[표 9-1]은 BSC에서 사용하는 주요 전송 제어 문자로 다음과 같은 세 가지 기능을 수행한다.

- 전송 블록 형식화 : 프레임들의 크기를 결정하고 메시지를 프레임으로 나누기 위해 사용한다(SYN, SOH, STX, ETB, ETX 등의 제어 문자).
- 스테이션 간의 대화 : 반이중 통신으로 프레임을 교환하기 위해 사용한다(ENQ).
- 투명 모드 제어 : 사용자 데이터에 제어 문자의 패턴을 포함하여 전송할 때 이를 구분하기 위해 사용한다(DLE).

표 9-1 BSC의 전송 제어 문자

문자	의미	기능	코드(16진수)
SYN	Synchronization	문자 동기	16H
SOH	Start of Header	헤더의 시작	01H
STX	Start of Text	본문의 시작 및 헤더의 종료	02H
ETX	End of Text	본문의 종료	03H
ETB	End of Transmission Block	블록의 종료	17H
EOT	End of Transmission	전송 종료 및 데이터링크 해제	04H
ENQ	Enquiry	상대편에 데이터링크 설정 및 응답 요구	05H
DLE	Data Link Escape	데이터 내의 제어 문자를 데이터로 취급	10H
ACK	Acknowledgement	긍정 응답	06H
NAK	Negative Acknowledgement	부정 응답	15H

BSC를 이용해 데이터를 전송할 때 프레임에는 각종 제어 문자가 삽입되어 있다. 수신 장치는 데이터와 제어 문자를 구분할 수 있어야 한다. 그런데 데이터에 제어 문자와 동일한 패턴이 포함되어 있을 경우, 수신 장치는 프레임의 데이터를 잘못 해석할 수 있다. 이런 문제점을 해결하기 위해 BSC는 바이트 스터핑byte stuffing을 수행하여 데이터의 투명성을 보장한다. 제어 문자와 데이터를 혼동하지 않는 것을 데이터 투명성data transparency이라고 한다.

[그림 9-3]과 같이 바이트 스터핑 방법은 DLE를 제어 문자 앞에 삽입하는 것이다. 즉, STX와 같은 제어 문자가 전송되기 전 그 앞에 DLE를 추가로 삽입해 DLE STX와 같이 2개의 제어 문자로 변형하여 전송하는 방법이다. ETX는 DLE ETX 형태로 전송된다. 따라서 수신 장치는 사용자 데이터에 제어 문자가 포함되더라도 DLE 문자가 없기 때문에 데이터로 간주한다.

만약 사용자 데이터에 DLE 문자가 발견되면 송신 장치는 추가로 DLE를 삽입하여 DLE DLE 형태로 전송한다. 수신 장치에서는 2개의 DLE를 발견하면 첫 번째 DLE를 제어 문자로 간주하고 두 번째 DLE를 정상적인 데이터로 간주한다.

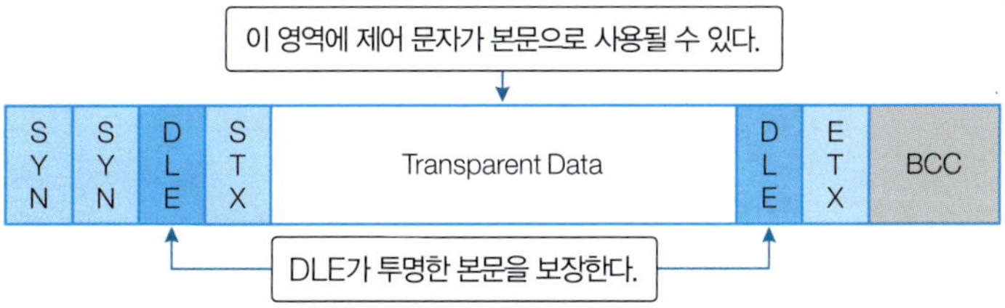

그림 9-3 데이터 투명성을 위한 BSC의 프레임 구조

03 HDLC

비트 위주 데이터링크 프로토콜은 각각의 비트에 기능을 정의하여 문자 위주 프로토콜에 비해 적은 양의 데이터로 많은 정보를 전송할 수 있다. 비트 위주 데이터링크 프로토콜은 1970년대에 개발되어 오늘날 대부분의 프로토콜에서 사용되고 있다. 대표적인 것으로 HDLC가 있다.

HDLC High-level Data Link Control는 점대점과 다중점 링크상에서 반이중과 전이중 통신을 지원하는 동기식 프로토콜이다. HDLC는 흐름 제어를 위해 슬라이딩 윈도 방식을 사용하며, 오류 제어를 위하여 Go-back-N ARQ와 선택적 ARQ를 사용한다.

HDLC 관련 용어는 앞서 나온 프로토콜에서 사용하는 용어와 다소 차이가 있다. HDLC를 사용하는 시스템들은 호스트host와 단말기terminal 관계라는 점에서 다른 시스템 관계와 유사하지만 각각을 스테이션station(국)으로 부른다. HDLC를 구성하는 스테이션에는 주국primary station(일차국), 보조국secondary station(이차국), 복합국combined station(혼합국)의 세 가지가 있다.

- 주국 : 점대점이나 다중점 회선 구성에서 링크의 모든 제어권을 갖는 장치다. 주국은 보조국들에 명령command을 전송한다. 그 후 보조국으로부터 응답response을 수신한다.
- 보조국 : 주국의 제어를 받고 주국의 명령에 따라 주국으로 응답을 보내는 스테이션이다. 즉, 주국은 명령을 내리고 보조국은 응답을 해야 한다. 보조국은 회선 제어에 책임이 없다.
- 복합국 : 명령과 응답을 모두 발생시킬 수 있는 스테이션이다. 복합국은 대등 장치peer-to-peer 중 하나이며, 전송 성격과 방향에 따라 주국 또는 보조국으로 동작한다.

주국, 보조국, 복합국은 [그림 9-4]와 같이 불균형unbalanced, 대칭symmetrical, 균형balanced의 세 가지 형태로 연결될 수 있으며, 모두 반이중과 전이중 전송을 지원할 수 있다.

- 불균형 구성unbalanced configuration : 불균형 구성은 주종 구성master-slave configuration이라고도 하며, 장치 하나가 주국이고 다른 모든 장치는 보조국이 된다. 불균형 구성은 장치가 2개인 경우에는 점대점 구성이지만, 대부분 컴퓨터 한 대가 여러 주변 장치를 제어하는 형태인 다중점 구성이다.

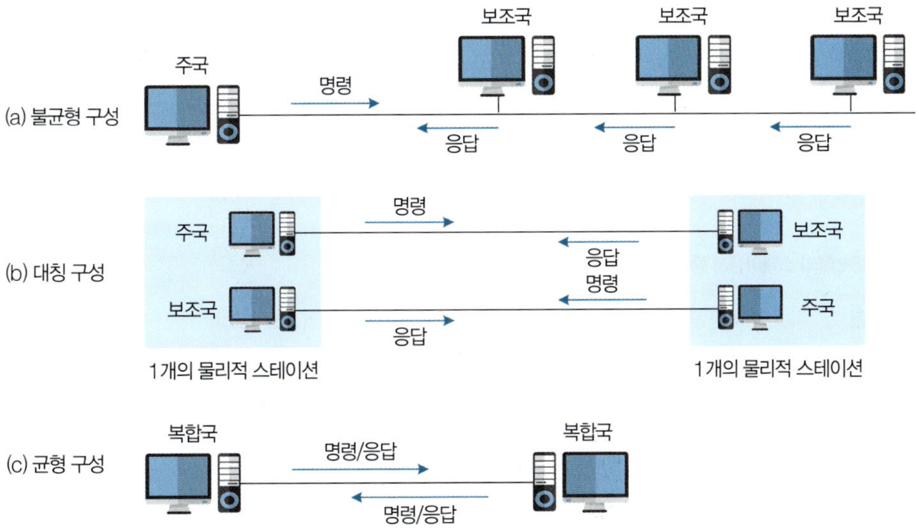

그림 9-4 HDLC의 스테이션 구성 방식

- 대칭 구성symmetrical configuration : 대칭 구성은 링크상의 물리적인 스테이션이 각각 주국과 보조국의 2개의 논리적인 스테이션으로 이루어진 구성이다. 2개의 스테이션 간에 링크의 제어권이 이동할 수 있다는 것을 제외하면 불균형 구성과 동일하게 동작한다.
- 균형 구성balanced configuration : 2개의 스테이션이 대등한 관계로 동작하는 구성이다. 두 스테이션은 단일 회선으로 연결되어 있으며, 두 스테이션에 의해 제어될 수 있다.

1 HDLC 동작 모드

동작 모드는 정보를 교환하려는 두 장치 간의 관계를 나타내며 어느 쪽에서 링크를 제어하는지를 표시하는 것이다. HDLC는 NRM, ARM, ABM의 세 가지 동작 모드를 지원한다.

- 정규 응답 모드Normal Response Mode, NRM : 표준적인 주국–보조국 관계를 나타내며, 보조국은 전송하기 전에 반드시 주국에게 허락을 받아야 한다. 허락을 받은 후에 보조국은 응답 프레임 전송을 시작하며 해당 프레임은 보조국에서 주국으로 보내는 데이터를 포함할 수도 있다.
- 비동기 응답 모드Asynchronous Response Mode, ARM : 링크가 사용되고 있지 않으면 언제든지 보조국은 주국의 허락 없이 전송을 시작할 수 있다. 그러나 비동기 응답 모드에서는 절대로 주국–보조국의 관계가 변경되지 않는다. 보조국에서 보낸 모든 데이터는 빠짐없이 주국으로 전송되어 주국에서 최종 목적지로 중계된다.

- **비동기 균형 모드**Asynchronous Balanced Mode, ABM : 주국과 보조국의 관계가 아닌 동등한 권한이 있는 복합국들이 점대점으로 연결된 경우에 사용된다. 모든 복합국은 허락 없이 다른 복합국에 전송을 시작할 수 있다.

[표 9-2]는 스테이션과 동작 모드 간의 관계를 나타낸다.

표 9-2 HDLC의 스테이션과 동작 모드 관계

구분	정규 응답 모드	비동기 응답 모드	비동기 균형 모드
스테이션 종류	주국 및 보조국	주국 및 보조국	복합국
전송 시작 권한	주국	둘 중 하나	둘 다

2 HDLC 프레임 구조

HDLC에서는 서로 다른 종류의 정보를 전송하기 위해 [그림 9-5]와 같이 I-프레임, S-프레임, U-프레임의 세 가지 프레임을 정의한다.

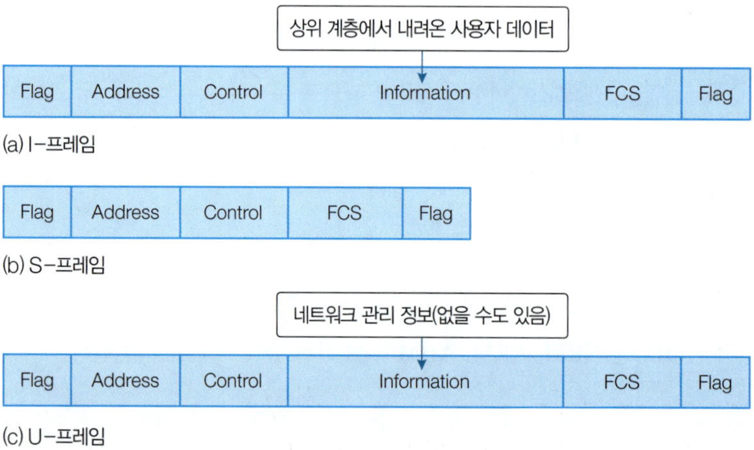

그림 9-5 HDLC의 프레임 구조

- **I-프레임**Information frame : 정보 프레임은 사용자 데이터 및 사용자 데이터와 관련된 제어 정보를 전달하는 데 사용된다.
- **S-프레임**Supervisory frame : 감시 프레임은 제어 정보만 전달하는 데 사용되며, 주로 흐름 제어와 오류 제어를 위한 제어 정보를 전달한다. 따라서 S-프레임에는 정보information 필드가 없다.

- **U-프레임**Unnumbered frame : 무번호 프레임은 시스템 관리를 위해 예약된 것으로 링크 설정과 해제, 오류 회복 등 링크 자체를 관리하는 정보를 전달한다.

HDLC의 각 프레임은 [그림 9-6]과 같이 Flag – Address – Control – Information – FCS – Flag의 6가지 필드field로 구성되어 있다. 여러 개의 프레임을 전송할 경우 종료 플래그는 다음 프레임의 시작 플래그 역할까지 한다.

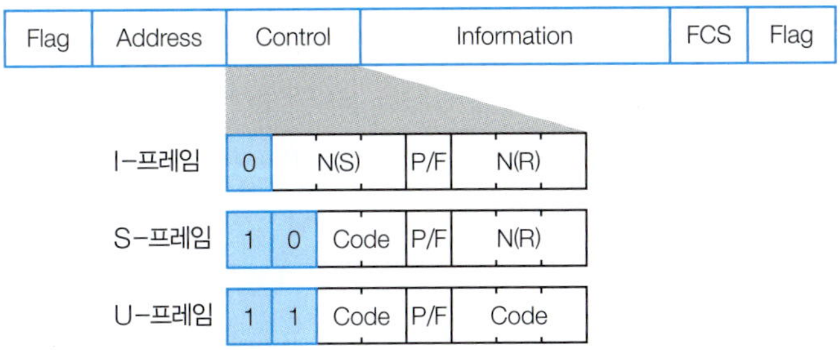

그림 9-6 HDLC의 제어 필드 구조

- **Flag** : 플래그는 프레임의 시작과 끝을 나타내며, 01111110의 8비트로 구성된다. 수신 측을 동기화하는 데 사용된다. 플래그는 BSC의 SYN과 같은 역할을 수행한다.
- **Address** : 프레임을 송신하거나 수신하는 보조국을 식별하기 위한 주소 필드다. 주국이 송신하는 경우에는 프레임을 수신하는 목적지 보조국의 주소가 되며, 보조국이 송신하는 경우에는 프레임을 송신하는 보조국의 주소가 된다.
- **Control** : 제어 필드는 데이터 흐름을 제어하는 필드다. [그림 9-6]과 같이 제어 필드의 첫 번째와 두 번째 비트를 이용하여 I-프레임, S-프레임, U-프레임을 구분한다. 첫 번째 비트가 0이면 I-프레임이다. 첫 번째와 두 번째 비트가 10이면 S-프레임, 11이면 U-프레임이다.
- **Information** : 실제로 전송할 데이터를 포함하는 필드다. I-프레임에는 데이터 외에 흐름 제어, 오류 제어 등의 제어 정보를 넣을 수 있다. 예를 들면, 전이중 통신의 경우 스테이션 2는 스테이션 1에게서 받은 데이터에 대한 응답을 별도의 ACK 프레임을 사용하지 않고 자신의 I-프레임의 제어 필드를 이용하여 보낼 수 있다. 이와 같이 I-프레임에 제어 정보를 합쳐서 보내는 것을 **피기백킹**piggybacking이라고 한다.
- **FCS**Frame Check Sequence : 수신한 프레임에 오류가 발생했는지를 검사하기 위한 필드로, 주로 CRCCyclic Redundancy Check를 사용한다. 즉, CRC 연산 결과로 나온 나머지를 FCS 필드에 넣어서 보낸다. 이 필드에는 2바이트나 4바이트의 ITU-T CRC가 들어 있다.

[그림 9-6]에서 제어 필드를 구성하는 각 비트의 의미는 다음과 같다.

- N(S) : 현재 전송하는 프레임의 순서 번호
- N(R) : 다음에 전송받기를 원하는 프레임의 순서 번호
- P/F : 폴인지 또는 마지막 프레임인지 표시
- Code : HDLC의 명령/응답에 대한 2진 코드

P/F Poll/Final 비트는 순서 번호 확인과 송신권 변경을 알리는 데 사용되는 제어 비트다. P 비트는 명령 프레임에 표시되며, 보조국이나 상대 복합국에 응답을 요구하는 데 사용한다. 주국 또는 복합국은 P=1인 명령을 송신한 후 응답(F = 1)을 수신할 때까지 P = 1인 명령을 송신할 수 없다. F 비트는 응답 프레임에 표시되며, P = 1인 명령에 대한 응답으로 사용한다. P = 1인 명령을 수신하면 보조국 또는 복합국은 F = 1인 응답을 송신한 후 다음의 P = 1인 명령을 수신할 때까지 F = 1을 송신할 수 없다. 또한 보조국의 마지막 응답을 표시할 때도 사용한다.

[그림 9-7]은 S-프레임 제어 필드의 코드 값과 그 값에 해당하는 명령을 나타낸다.

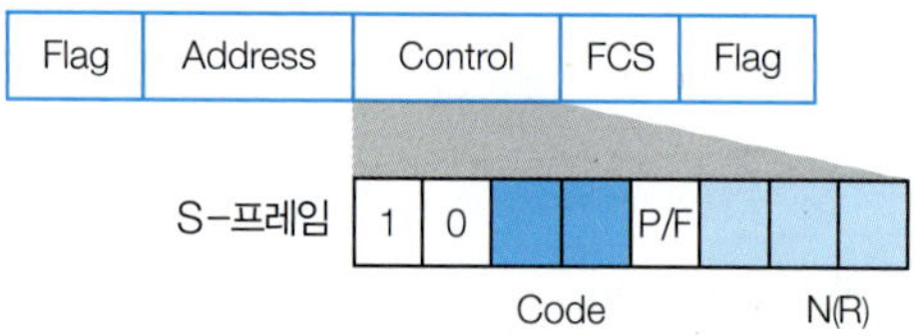

Code		Command
00	RR	Receive ready (긍정 응답, 수신할 준비가 되어 있음)
01	REJ	Reject (부정 응답)
10	RNR	Receive not ready (긍정 응답, 수신할 수 없음)
11	SREJ	Selective reject (부정 응답, 선택적 재전송)

그림 9-7 S-프레임의 명령과 응답

- RR Receive Ready : S-프레임을 수신할 준비가 되어 있음을 알리거나 프레임 수신을 확인하는 데 사용한다. RNR 명령으로 프레임 수신을 거절한 경우 RR을 사용해서 프레임을 수신할 수 있다고 알릴 수 있다. 또한 RR 명령으로 주국은 보조국을 폴링할 수 있다.
- RNR Receive Not Ready : 현재 busy 상태여서 더 이상 프레임을 수신할 수 없다는 수신 거부 명령이다. 또한 N(R)을 사용하여 이전에 수신한 프레임에 대해 수신 확인을 할 수 있다.

- REJ Reject : N(R) 이후의 모든 프레임에 대해 재전송을 요구한다.
- SREJ Selective Reject : 특정 프레임을 재전송할 것을 요구한다. 재전송할 프레임 번호는 N(R) 필드에 싣는다.

다음으로 U-프레임이 제공하는 명령 및 응답 메시지를 살펴보자. [그림 9-8]은 U-프레임 제어 필드의 코드 값과 그 값에 해당하는 명령을 나타낸다. U-프레임에서 제공하는 주요 기능은 어떤 상태에서 프레임을 송수신할 것인지를 명시하는 것이다.

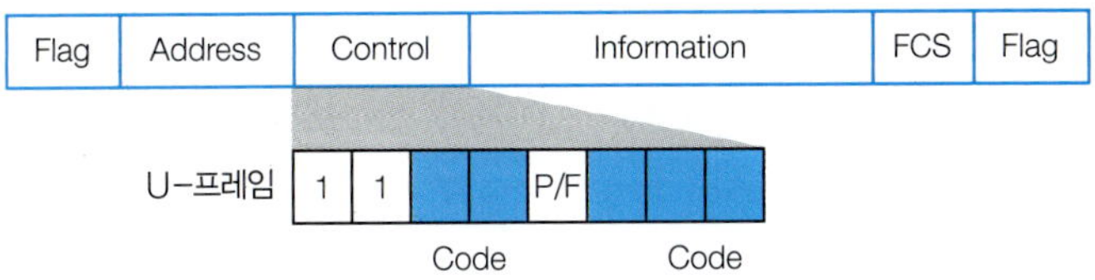

Code		Command	Response
00	001	SNRM	
11	011	SNRME	
11	000	SARM	DM
11	010	SARME	
11	100	SABM	
11	110	SABME	
00	000	UI	UI
00	110		UA
00	010	DISC	RD
10	000	SIM	RIM
00	100	UP	
11	001	RSET	
11	101	XID	XID
10	001		FRMR
00	111	TEST	TEST

그림 9-8 U-프레임의 명령과 응답

- SNRM Set Normal Response Mode : 링크 연결을 정규 응답 모드 NRM로 설정하도록 보조국에 요청한다. 주국이 링크상의 모든 제어를 책임진다.
- SNRME Set Normal Response Mode Extended : 제어 필드를 16비트로 확장하고, SNRM 모드로 설정할 것을 보조국에 요청한다. 확장 모드에서 순서 번호는 7비트를 사용한다. [그림 9-9]는 확장 모드의 제어 필드 구성을 나타낸다.

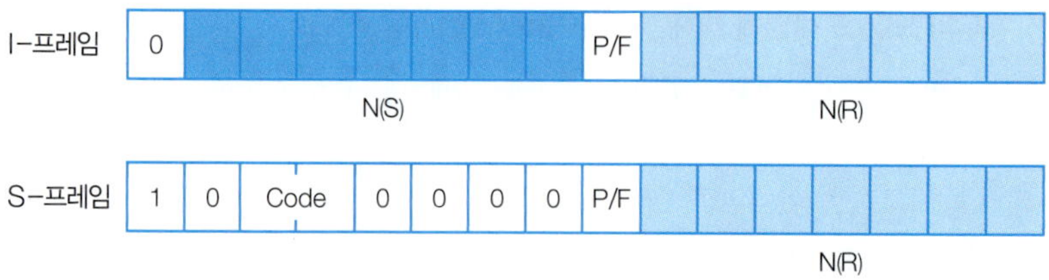

그림 9-9 HDLC 확장 모드의 제어 필드 구조

- SARM Set Asynchronous Response Mode : 링크 연결을 비동기 응답 모드ARM로 설정하도록 보조국에 요청한다. 이에 따라 주국의 폴링 없이도 보조국은 프레임을 전송할 수 있다.
- SARME Set Asynchronous Response Mode Extended : 제어 필드를 16비트로 확장하고, SARM 모드로 설정할 것을 보조국에 요청한다. [그림 9-9]와 같이 확장 모드에서 순서 번호는 7비트를 사용한다.
- SABM Set Asynchronous Balanced Mode : 링크 연결을 비동기 균형 모드ABM로 설정하도록 보조국에 요청한다. 복합국 간의 대등 관계를 설정한다.
- SABME Set Asynchronous Balanced Mode Extended : 제어 필드를 16비트로 확장하고, SABM 모드로 설정할 것을 보조국에 요청한다. [그림 9-9]와 같이 확장 모드에서 순서 번호는 7비트를 사용한다.
- DM Disconnect Mode : 보조국이 주국에 연결 해제 상태임을 알릴 때 사용한다.
- UI Unnumbered Information : 순차적인 정보 전달이 아닌 독립적인 프레임 하나를 전달할 때 사용한다.
- UA Unnumbered Acknowledgement : 명령에 응답할 때 사용한다. busy 상태가 종결되었음을 알리기도 한다.
- DISC Disconnect : 주국이 보조국에 데이터링크 연결 해제를 요구한다. UA 응답을 기다린다.
- RD Request Disconnect : 보조국이 주국에 데이터링크 연결 해제를 요구한다.
- SIM Set Initialization Mode : 주국과 보조국 간 세션을 초기화하고 UA 응답을 기다린다.
- RIM Request Initialization Mode : 보조국이 주국에 SIM 명령을 요구한다.
- UP Unnumbered Poll : 주국이 보조국을 폴링한다.

- RST Reset : 현재 링크에 문제가 있을 경우 초기화한다. 송신 스테이션은 N(S)를, 수신 스테이션은 N(R)을 0으로 리셋한다.
- XID Exchange Station Identification : 보조국의 인증을 위해 질의하는 것이다.
- FRMR Frame Reject : 프레임을 수신한 쪽에서 프레임 형식에 문제가 발생했을 때 상대 측에 이유를 기록하여 전달한다.
- TEST : 링크 상태를 시험하기 위해 보조국에 응답을 요청한다. 보조국은 동일한 데이터로 응답한다.

사용자 데이터 내에 플래그 01111110과 동일한 패턴이 존재할 경우 수신 측이 해당 비트 패턴을 플래그로 인식해서 데이터가 손실될 수 있다. 이를 해결하기 위해 비트 스터핑bit stuffing 방법을 사용한다.

비트 스터핑은 송신 측에서 5번째 1 다음에 0을 하나 삽입zero insertion하는 것이다. 예를 들어, 비트열 0111111100은 01111101100이 된다. 여기서 추가된 0은 6번째 비트가 0이든 1이든 상관없이 삽입된다. 이 삽입된 비트는 현재의 비트열이 플래그가 아님을 수신 측에 알려준다. 수신 측에서는 삽입된 0을 제거하여zero deletion 원래의 비트열을 복구한다. [그림 9-10]은 수신 측에서 수행되는 비트 스터핑의 동작 흐름도를 나타낸다.

❶ 0 이후에 1이 연속적으로 5번 나오면 스터핑 루틴으로 들어간다.

❷ 7번째 비트를 조사한다. 7번째 비트가 0이면 ❸으로, 1이면 ❹로 간다.

❸ 이것은 데이터 부분이므로 이전 5개의 1을 데이터로 받아들이고 현재 0을 제거한다. 비트 스터핑을 끝내고 수신 프레임을 계속 읽는다.

❹ 8번째 비트를 검사하여 0이면 ❺로, 1이면 ❻으로 간다.

❺ 플래그로 받아들이고 수신 프레임을 계속 읽는다.

❻ 0이 나올 때까지 계속 읽는다.

❼ 계속 읽어서 1이 7개 이상 15개 미만일 경우 중지 상태abort로 인식한다.

❽ 그러나 1이 15개 이상일 경우에는 휴지 상태idle state로 인식한다.

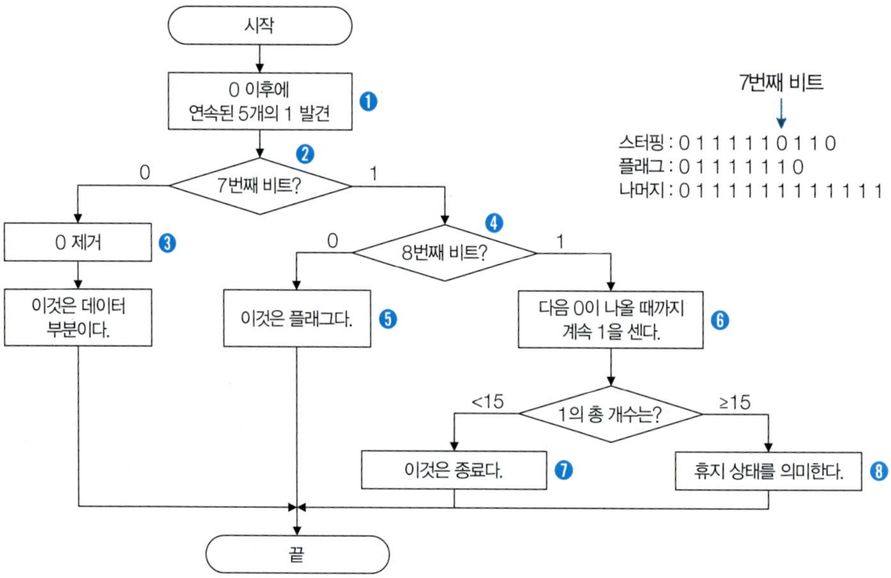

그림 9-10 HDLC의 비트 스터핑 동작 순서

3 HDLC 동작 과정

데이터링크 연결 설정 과정

데이터링크를 연결할 때 어떤 전송 모드로 설정하느냐에 따라 SNRM, SARM, SABM 중에서 한 프레임을 전달하고 응답은 UA로 받는다. 확장 모드로 설정할 경우에는 SNRME, SARME, SABME를 사용하며, 순서 번호는 7비트가 된다.

데이터링크 해제 과정

데이터링크를 해제할 때에는 DISC 프레임을 보조국에 전달하고 수신 측은 UA로 응답한다.

[그림 9-11]에서 복합국 A와 B가 전이중 방식의 점대점 링크로 연결되었다고 가정하면 HDLC의 동작은 ABM 모드가 된다. A가 SABM 명령을 B에 전송하여 링크 설정을 요구하며 타이머를 동작시킨다. U(SABM)에서 U는 U-프레임을 의미한다. SABM 명령을 수신한 B는 연결 준비 상태에 있다면 UA 응답을 보내고 링크 동작에 관련된 모든 변수와 카운터를 초깃값으로 설정한다. 만약 B가 연결 요구를 받아들일 수 없다면 DM을 보내 연결을 거절한다. A가 UA 응답을 수신하면 자신의 타이머를 정지한다. 이와 같은 과정을 거쳐 A와 B간에

논리적인 링크가 설정되고 데이터를 교환할 수 있다. 만약 UA나 DM 응답이 타이머가 끝나기 전에 도착하지 않으면 A는 정해진 횟수까지 반복해서 SABM 명령을 전송한다. 그래도 상대방이 응답하지 않으면 링크 설정을 포기한다. 데이터 교환이 끝나면 한쪽 복합국이 DISC 명령을 전송하여 연결 해제를 요구하고 상대 복합국은 UA 응답을 전송하여 두 스테이션 간의 연결을 해제한다.

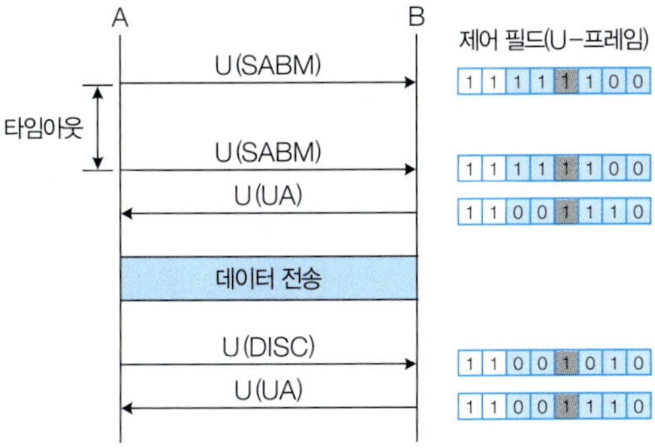

그림 9-11 연결 설정과 해제 예

전이중 데이터 전송

복합국 A와 B간에 논리적인 연결이 이루어지면 데이터 전송 단계가 된다. 이 단계에서는 흐름 제어와 오류 제어를 수행하면서 I-프레임을 교환한다. [그림 9-12]는 전이중 데이터 교환에서 I-프레임의 송신 순서 번호 N(S)와 수신 순서 번호 N(R)이 변하는 과정을 나타낸다. HDLC에서는 오류 없는 I-프레임을 수신할 때마다 곧바로 응답할 필요가 없다. 수신 복합국이 오류 없는 I-프레임을 수신했다면 타임아웃 전에 반대 방향으로 전송할 I-프레임이 발생

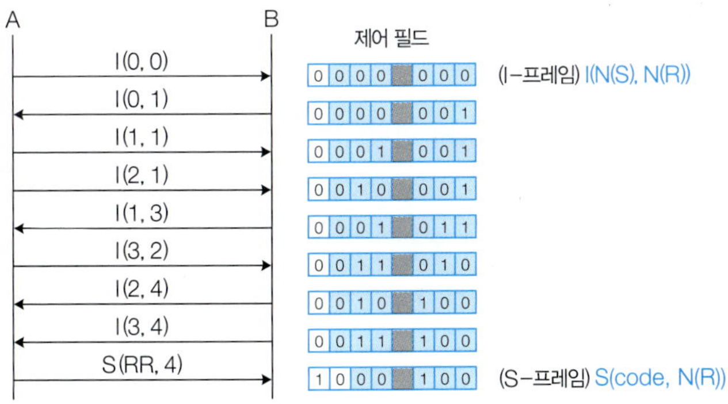

그림 9-12 전이중 데이터 전송

했을 때 응답 프레임이 싣고 갈 N(R) 값을 I-프레임에 실어 피기백킹으로 응답한다. 만약 오류 없는 I-프레임을 수신하고 타임아웃 내에 반대 방향으로 전달할 I-프레임이 없으면 별도의 응답 프레임인 RR을 보낸다. 그림에서 보듯이 I-프레임이나 RR 프레임이 싣고 가는 N(R)은 N(R)-1번까지의 I-프레임들은 잘 수신하였고 다음에는 N(R)을 수신하기를 원한다는 의미를 갖는다.

RNR을 이용한 흐름 제어

데이터 전송 단계에서 HDLC는 수신 스테이션의 버퍼가 넘치지 않도록 슬라이딩 윈도에 의한 흐름 제어뿐 아니라 RNR을 이용한 흐름 제어도 병행하여 수행한다. [그림 9-13]은 RNR에 의한 흐름 제어 수행 과정을 보여준다. A는 버퍼가 차면 RNR 명령을 사용하여 I-프레임 전송을 중지하도록 요청한다. B는 다음에 RR을 받을 때까지 I-프레임 전송을 중지하지만 타임아웃 이내에 A로부터 RR이 오지 않으면 P 비트를 넣은 RR을 보내어 수신 상태 확인을 요구한다. A는 P 비트가 들어 있는 RR을 받으면, 버퍼 상태에 따라 F 비트가 있는 RR 혹은 RNR로 응답해야 한다. 만약 B가 RR을 수신하면 I-프레임 전송이 개시된다.

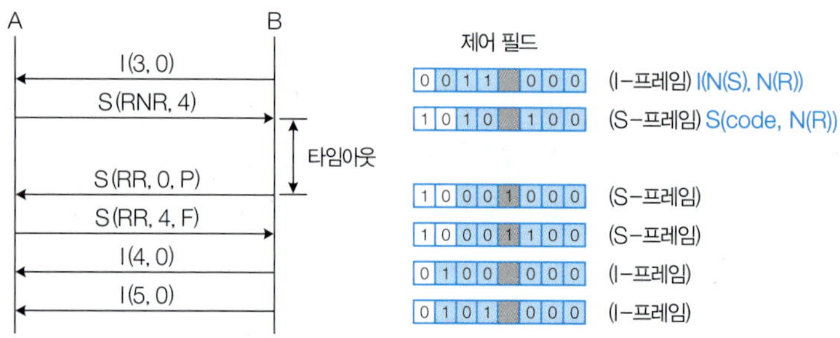

그림 9-13 RNR을 이용한 흐름 제어

REJ를 이용한 오류 제어

데이터 전송 단계에서 I-프레임에 오류가 발생하면 REJ 명령이나 타임아웃을 이용하여 오류를 복구할 수 있다. 여기서는 Go-back-N ARQ를 가정하여 REJ를 사용하는 경우를 살펴보자. [그림 9-14]는 A가 전송하는 4번 I-프레임에 오류가 발생한 경우의 예다. I-프레임 오류는 비트 오류나 프레임 손실 때문에 발생할 수 있다. B는 5번 I-프레임을 수신할 때 순서 번호가 틀리므로 N(R)이 4인 REJ를 보낸다. 그러면 A는 4번 프레임부터 재전송하여 오류를 복구한다.

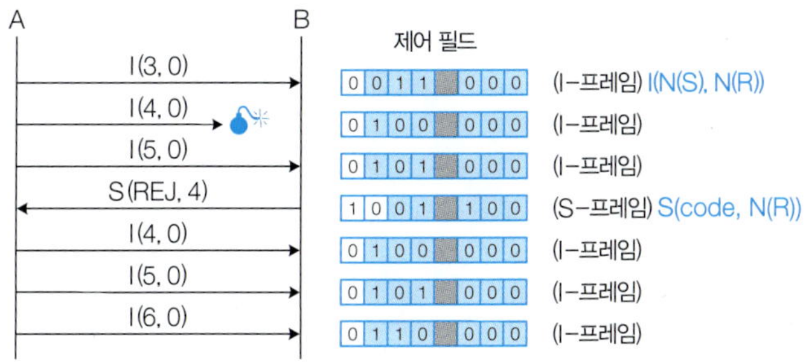

그림 9-14 REJ를 이용한 오류 제어

주국과 보조국 사이의 폴링에 의한 데이터 전송

먼저 HDLC의 동작은 정규 응답 모드(NRM)가 되어야 한다. 주국은 SNRM 명령을 보조국에 전송하여 링크 설정을 요구하며, SNRM 명령을 수신한 보조국은 UA 응답을 보내고 링크 동작과 관련된 모든 변수와 카운터를 초깃값으로 설정한다. 이와 같은 과정을 거쳐 주국과 보조국 간에 논리적인 링크가 설정되면 데이터를 교환할 수 있다. [그림 9-15]는 링크가 NRM으로 설정된 이후의 과정을 나타낸다.

먼저 주국이 보조국에 S(RR, 0, 1)을 전송하여 전송할 프레임이 있는지 물어본다. 이는 주국은 받을 준비가 되어 있고 0번 프레임을 받길(P = 1) 원한다는 내용이다. 이에 대한 응답으로 보조국은 I(0, 0, 0)을 주국으로 전송한다. 이는 이번에 전송한 프레임이 0번 프레임이며, 아직 보낼 프레임이 남아 있고(F = 0), 수신하려는 프레임은 0번임을 의미한다. 다음에는 I(1, 0, 0)을 보내고, 이어서 I(2, 0, 1)을 보낸다. 여기서 F = 1은 더 이상 보낼 프레임이 없다는 의미다. 그리고 N(S)가 1, 2로 바뀌었다. 마지막으로 주국은 RNR Receive Not Ready을 보낸다. 이는 2번 프레임까지 잘 받았고 다음에는 3번 프레임을 받길 원한다는 의미다. 이로써 주국과 보조국 간의 폴링에 의한 데이터 통신이 종료된다.

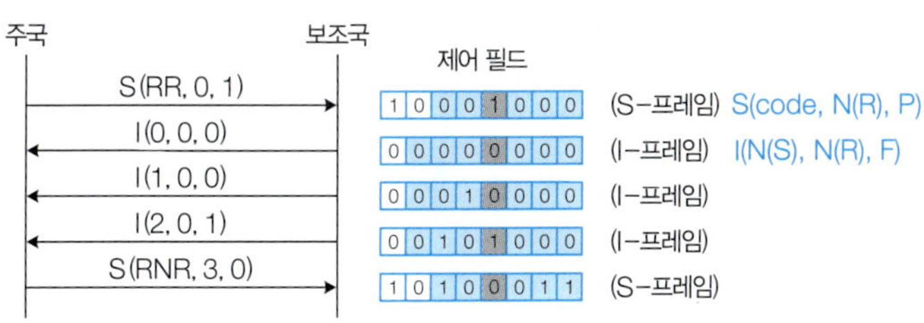

그림 9-15 폴링을 이용한 HDLC 동작 과정

주국과 보조국 사이의 셀렉션에 의한 데이터 전송

주국은 보조국으로 RNR을 보내 자신이 받지 않고 보낼 것(P = 1)임을 알린다. 보조국은 RR로 수신 준비가 되었음(F = 1)을 알린다. 주국은 I-프레임을 이용하여 프레임을 전송한다. 보조국은 이에 대해 응답한다.이때 F = 1은 보조국이 주국에 보낸 데이터가 없음을 나타내고, N(R) = 1은 0번 프레임은 잘 수신하였고 다음에는 1번 프레임을 원한다는 의미다.

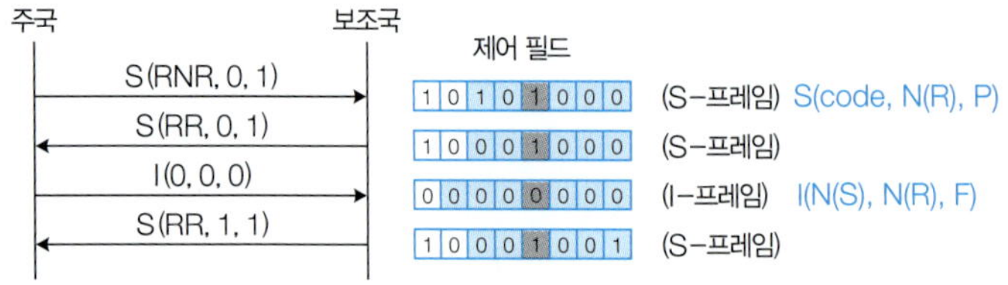

그림 9-16 셀렉션을 이용한 HDLC 동작 과정

4 HDLC 응용 프로토콜

다음은 HDLC 응용 프로토콜의 예다.

- LAPB Link Access Procedure, Balanced : HDLC 프로토콜 중에서 비동기 균형 모드 ABM 만으로 이루어진 부분집합으로 X.25 프로토콜과 ISDN(종합 정보 통신망)의 B채널에서 사용된다.
- LAPD Link Access Procedure for D-channel : HDLC 프로토콜 중에서 비동기 균형 모드 ABM 만으로 이루어진 부분집합으로 ISDN의 D채널에서 사용된다.
- LAPM Link Access Procedure for Modem : LAPM은 모뎀에 사용하기 위해 단순화된 HDLC의 부분집합이다. ITU-T의 권고안 V.42에서 발표한 것으로 128바이트를 하나의 블록으로 사용한다. 비동기-동기 변환, 오류 검출, 재전송 기능을 제공한다.

04 PPP

일반 가정에서 직렬 회선serial line인 전화선이나 CATV 선으로 인터넷에 접속하기 위해 처음으로 개발된 프로토콜이 SLIPSerial Line Internet Protocol다. SLIP는 비동기식 통신만 지원하며 IP 이외의 다른 프로토콜은 지원하지 않는다. 또한 IP 주소를 동적으로 부여하지 않으며 사용자 인증도 지원하지 않는다. 이러한 단점을 보완하고 SLIP를 대체하기 위해 IETFInternet Engineering Task Force에서 개발한 프로토콜이 PPP다.

PPPPoint-to-Point Protocol는 원래 서로 다른 원격지의 라우터router나 브리지bridge들을 접속하기 위해 고안되었지만 지금은 가정에 있는 PC와 ISPInternet Service Provider(인터넷 서비스 제공자)를 연결하기 위한 프로토콜로 더 많이 사용되고 있다. PPP는 비동기식과 동기식 통신을 모두 지원하며 오류 검출, 데이터 압축, 사용자 인증 기능 등을 제공한다. 그러나 재전송에 의한 오류 복구나 흐름 제어 기능은 제공하지 않는다.

1 PPP 프레임 구조

PPP의 프레임 구조는 HDLC를 변형한 것으로 [그림 9-17]과 같다.

- Flag : HDLC와 같이 비트 패턴은 01111110이며, PPP 프레임을 동기화하는 데 사용한다.
- Address : PPP는 점대점 연결이므로 HDLC의 브로드캐스트 주소인 11111111을 사용한다.
- Control : 제어 필드는 00000011이며, 순서 번호를 포함하지 않으므로 이에 따른 흐름 제어나 오류 제어를 수행하지 않는다.
- Protocol : 이 필드는 페이로드 필드에 캡슐화된 프로토콜의 종류를 나타낸다. 여기서 0x는 16진수를 의미한다.
  - 0xC021 : LCPLink Control Protocol
  - 0xC023 : PAPPassword Authentication Protocol
  - 0xC223 : CHAPChallenge Handshake Authentication Protocol
  - 0x8021 : NCPNetwork Control Protocol
  - 0x0021 : IP data

- 페이로드payload : 최대 1,500바이트를 갖는 사용자 데이터다.
- FCSFrame Check Sequence : HDLC와 같이 2바이트나 4바이트 CRC를 사용한다.

Flag 01111110	Address 11111111	Control 00000011	Protocol	페이로드(payload)	FCS	Flag 01111110
1바이트	1바이트	1바이트	1 또는 2바이트	가변	2 또는 4바이트	1바이트

그림 9-17 PPP의 프레임 구조

PPP는 문자 위주 프로토콜과 비트 위주 프로토콜을 모두 지원한다. 비트 위주 프로토콜인 경우 HDLC와 같은 비트 스터핑bit stuffing을 수행하여 데이터 투명성을 보장한다. 문자 위주 프로토콜인 경우에는 바이트 스터핑byte stuffing을 수행한다.

PPP의 바이트 스터핑 과정을 살펴보자. PPP에서는 ESCescape 문자인 0x7D를 사용하여 바이트 스터핑을 수행한다. 플래그를 제외한 프레임 내부에 01111110(0x7E)이 나타나면 먼저 01111101(0x7D)을 삽입한다. 그리고 데이터 0x7E는 0x20과 XOR 연산하여 그 결과를 적는다. 따라서 0x7E는 0x7D 0x5E로 대치되어 전송된다.

```
  01111110 ← 0x7E
⊕ 00100000 ← 0x20
  01011110 ← 0x5E
```

수신 측에서는 플래그를 제외한 프레임 내부에 01111101(0x7D)이 나오면 바이트 스터핑으로 판단하여 0x7D를 제거하고 그 뒤에 있는 0x5E를 0x20과 XOR 연산하여 원래의 데이터를 복원한다.

```
  01011110 ← 0x5E
⊕ 00100000 ← 0x20
  01111110 ← 0x7E
```

마찬가지로 플래그를 제외한 프레임 내부에 ESC 문자인 01111101(0x7D)이 있으면 그 앞에 01111101(0x7D)을 삽입한다. 그리고 데이터 0x7D는 0x20과 XOR 연산하여 그 결과를 적는다. 따라서 0x7D는 0x7D 0x5D로 대치되어 전송된다. 수신 측에서 복원하는 과정은 앞에서 설명한 것과 같다.

```
  01111101 ← 0x7D          01011101 ← 0x5D
⊕ 00100000 ← 0x20        ⊕ 00100000 ← 0x20
  01011101 ← 0x5D          01111101 ← 0x7D
```

0x20보다 작은 값은 무조건 바이트 스터핑을 수행한다. 이것은 모뎀의 직렬 드라이버serial driver가 0x20보다 작은 값을 ASCII 제어 문자로 인식하는 것을 방지하기 위해서다. 예를 들어, 0x06과 같은 경우 0x7D 0x26으로 바뀌게 된다.

따라서 PPP에서 바이트 스터핑으로 인해 데이터의 크기가 예측할 수 없게 커질 수 있다.

2 PPP 처리 과정과 프로토콜

데이터링크 계층에 해당되는 PPP에는 두 기기 간에 제어 및 데이터를 송수신하기 위한 프로토콜로 링크 제어 프로토콜LCP, 인증 프로토콜AP, 네트워크 제어 프로토콜NCP 등 세 가지 프로토콜이 있다. [그림 9-18]은 PPP 프로토콜 처리 과정을 보여준다. 먼저 링크상에 신호가 감지되면 링크를 설정하고 선택 사항들을 결정한다. 선택 사항에서는 최대 프레임 크기, 인증 방법 등이 결정된다. 인증 요구를 받으면 인증 과정을 수행한 후 네트워크 제어로 들어간다. 사용할 네트워크 프로토콜에 따라 네트워크 초기화를 수행하고 패킷을 전송한다. 패킷 전송이 끝나면 링크를 해제한다.

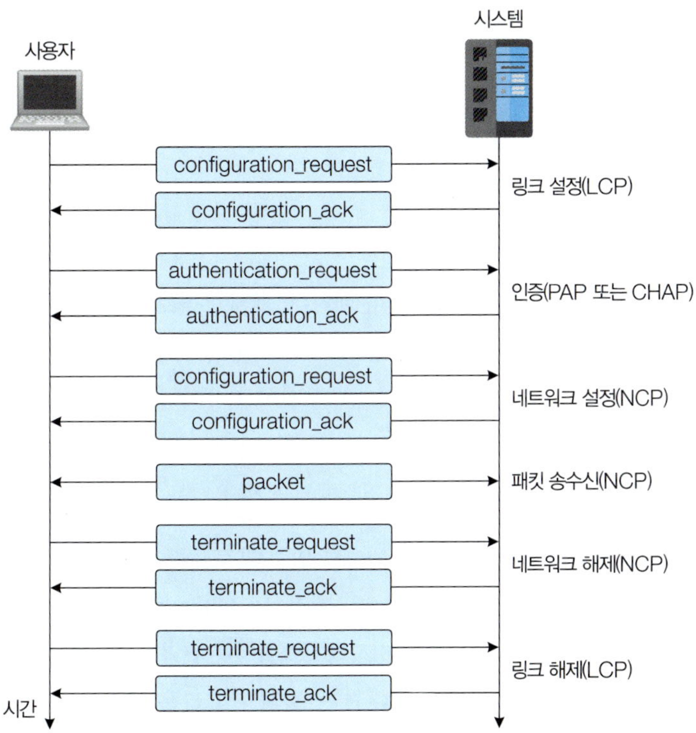

그림 9-18 PPP 프로토콜 처리 절차

링크 제어 프로토콜(LCP)

LCPLink Control Protocol는 두 기기 간 연결의 설정, 유지, 구성, 종료를 책임진다. 따라서 LCP는 링크 연결 상태와 종료 상태에서만 적용된다. LCP 패킷은 PPP 프레임의 프로토콜 필드의 값에 따라 구분되며, PPP 프레임의 페이로드 필드에 캡슐화되어 전송된다. [그림 9-19]는 코드별 패킷 유형을 나타낸다.

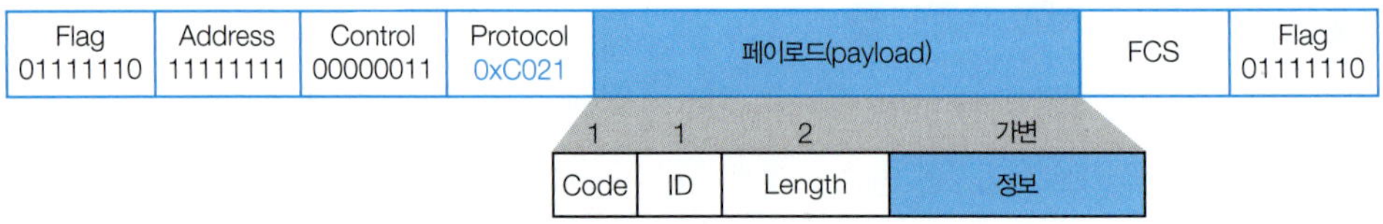

Code	패킷 유형
0x01	Configure-request
0x02	Configure-ack
0x03	Configure-nak
0x04	Configure-reject
0x05	Terminate-request
0x06	Terminate-ack
0x07	Code-reject
0x08	Protocol-reject
0x09	Echo-reject
0x0A	Echo-reply
0x0B	Discard-request

그림 9-19 PPP 프레임에 캡슐화된 LCP 패킷

인증 프로토콜

APAuthentication Protocol는 연결을 위한 인증 절차를 수행하는 프로토콜로, PAPPassword Authentication Protocol와 CHAPChallenge Handshake Authentication Protocol가 있다. PAP는 패스워드를 전달하여 인증을 획득하는 일반적인 방법이다. [그림 9-20]과 같이 사용자가 시스템으로 사용자 식별자ID와 패스워드password를 보내고, 시스템에서는 이를 검토하여 사용자가 합당한 경우에는 긍정 응답으로 인증 과정을 마친다. 그렇지 않은 경우에는 부정 응답을 보내 거부한다.

CHAP는 PAP보다 높은 보안을 제공하는 3방향 핸드셰이크 인증 프로토콜이다. 이 방법은 패스워드를 비밀로 하여 절대로 링크상으로 보내지 않는다. 따라서 CHAP는 PAP보다 안전하며 시스템이 계속해서 챌린지 값을 변경하면 더욱 안전하다. [그림 9-21]과 같이 CHAP는 시스템이 랜덤하게 선택한 챌린지 값을 사용자에게 보내고 사용자는 그 값을 패스워드와 함께 미리 정의된 함수에 적용하여 결과 값을 계산해서 시스템으로 보낸다. 시스템도 동일한 작업을 수행하여 그 결과 값이 같으면 접속을 허용하고, 다르면 거부한다. 링크상의 도청자가 챌린지 값을 알게 되더라도 패스워드는 알 수 없다.

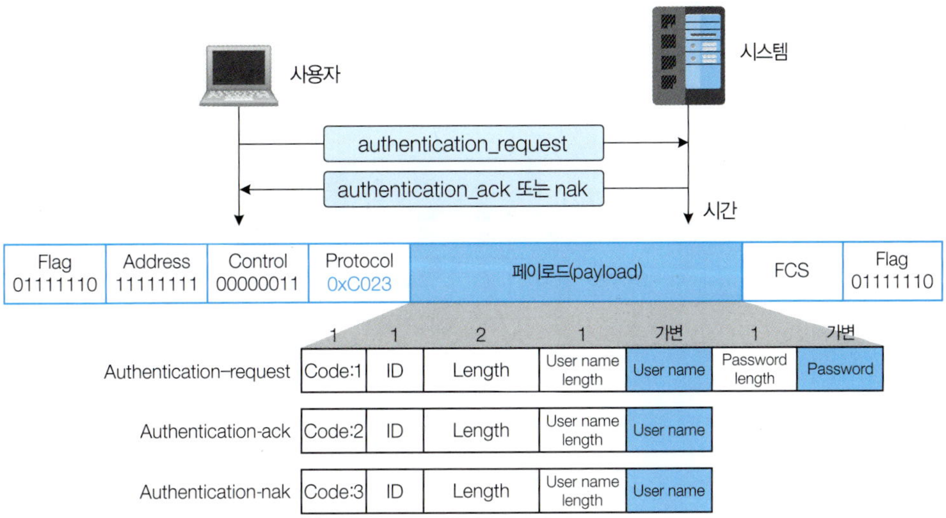

그림 9-20 PPP 프레임에 캡슐화된 PAP 패킷

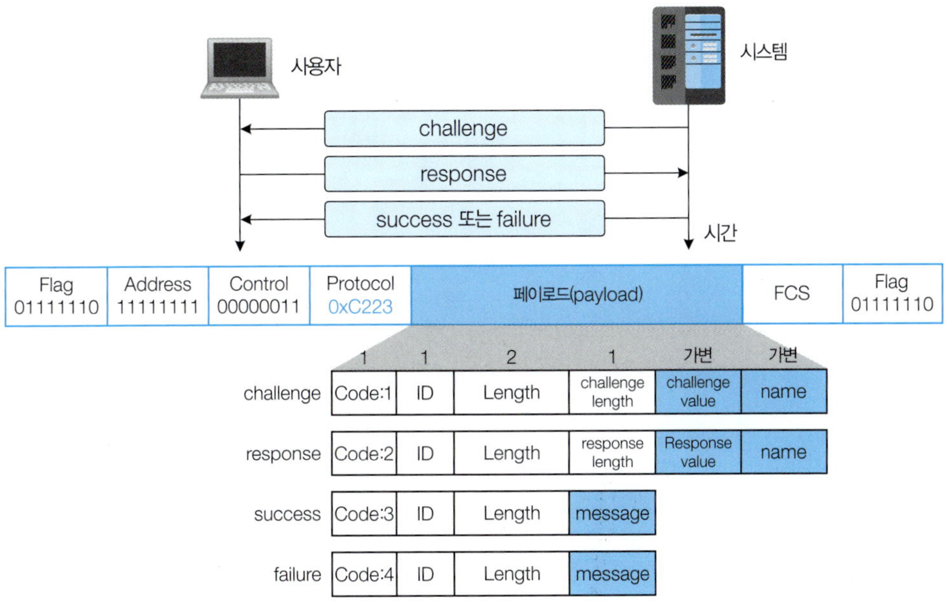

그림 9-21 PPP 프레임에 캡슐화된 CHAP 패킷

네트워크 제어 프로토콜(NCP)

NCPNetwork Control Protocol는 링크 설정과 인증이 완료된 연결 상태에서 IP, Xerox, Novel 등 다수 네트워크 프로토콜의 패킷 전송을 위해 회선을 구성하기 위한 프로토콜이다. 각 네트워크 프로토콜을 위해 각각의 NCP를 정의한다. 예를 들어, IP를 위해서 IPCPInternet Protocol Control Protocol를 제공한다. 네트워크 회선 구성이 완료된 후에는 네트워크 프로토콜 데이터가 전송된다. IPCP 패킷의 형식은 [그림 9-22]와 같다.

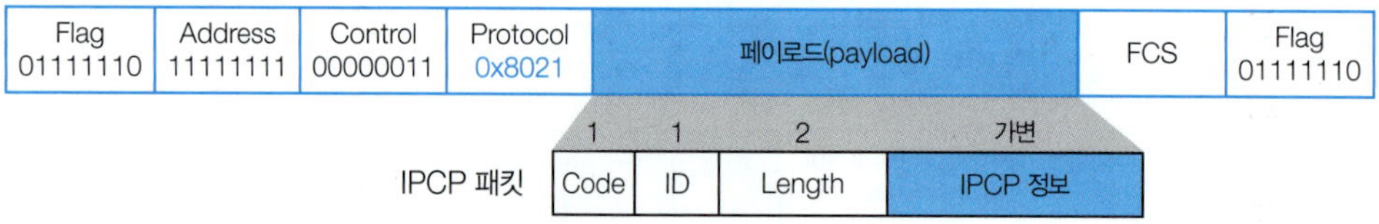

Code	패킷 유형
0x01	Configure-request
0x02	Configure-ack
0x03	Configure-nak
0x04	Configure-reject
0x05	Terminate-request
0x06	Terminate-ack
0x07	Code-reject

그림 9-22 PPP 프레임에 포함되는 IPCP 패킷

연습문제

1 데이터링크 제어 프로토콜 중 ⓐ문자 위주 프로토콜과 ⓑ비트 위주 프로토콜을 옳게 나열한 것은?

① ⓐ BSC, ⓑ HDLC ② ⓐ SDLC, ⓑ HDLC
③ ⓐ PPP, ⓑ BSC ④ ⓐ X.25, ⓑ PPP

2 비트 방식의 데이터링크 프로토콜이 아닌 것은?

① HDLC ② SDLC
③ LAPB ④ BSC

3 전송 제어 문자 중 각 블록의 시작이나 끝에 삽입되는 문자가 아닌 것은?

① SOH ② SYN
③ ETX ④ ACK

4 문자 동기 전송 방식에서 데이터 투명성data transparency을 위해 삽입되는 제어 문자는?

① ETX ② STX
③ DLE ④ SYN

5 회선을 제어하기 위한 제어 문자 중 실제 전송할 데이터 집합의 시작임을 의미하는 통신 제어 문자는?

① SOHStart of Header ② STXStart of Text
③ SYNSynchronous Idle ④ DLEData Link Escape

6 전송 제어 문자 중 긍정 응답을 나타내는 것은?

① SOH ② NAK
③ ACK ④ ENQ

7 데이터링크 제어 문자 중에서 수신 측에서 송신 측으로 부정 응답으로 보내는 문자는?

① NAKNegative Acknowledge
② STXStart of Text
③ ACKAcknowledge
④ ENQEnquiry

8 전송 제어 문자의 내용을 기술한 것 중 옳지 않은 것은?

① STX : 본문의 개시 및 헤딩의 종료를 표시한다.
② SOH : 정보 메시지의 헤딩의 개시를 표시한다.
③ ETX : 본문의 시작을 표시한다.
④ SYN : 문자 동기를 유지한다.

9 전송 제어 프로토콜 중 문자 방식 프로토콜에서 전송 끝 및 데이터링크 초기화 부호는?

① SOH ② ACK
③ SYN ④ EOT

10 블록 동기 방식 중 문자 동기 방식에 대한 설명으로 옳지 않은 것은?

① 데이터 블록 앞에 데이터의 시작을 알리는 전송 제어 코드 'STX' 사용
② 전송 시 동기용 전송 제어 코드 'SYN' 2개 이상 사용
③ 데이터 전송의 끝을 의미하는 'END' 제어 신호 사용
④ 에러를 체크하기 위한 에러 제어 코드 'BCC' 사용

11 BSCBinary Synchronous Communication 프로토콜의 특징이 아닌 것은?

① 사용 코드에 제한이 있다.
② 동일한 통신 회선상의 터미널은 동일한 코드를 사용한다.
③ 전이중 전송 방식만 가능하다.
④ 전파 지연시간이 긴 선로에서는 비효율적이다.

12 문자 동기 방식에서 에러를 체크하기 위한 코드는?

① ETXEnd of Text
② STXStart of Text
③ BCCBlock Check Count
④ BSCBinary Synchronous

13 **BSC**Binary Synchronous Communication **방식에 대한 설명으로 옳지 않은 것은?**

① 비트 전송을 기본으로 하는 전송 제어 프로토콜이다.

② IBM이 최초로 제안하여 채택된 프로토콜이다.

③ OSI 7계층 중 계층 2인 데이터링크 계층에 관한 프로토콜이다.

④ 반이중 전송 방식을 지원하는 프로토콜이다.

14 **SDLC**Synchronous Data Link Control **프로토콜의 특성이 아닌 것은?**

① 비트방식의 프로토콜이다.

② 동기 전송을 기반으로 하는 데이터링크 프로토콜이다.

③ IBM 네트워크에서 사용하는 프로토콜이다.

④ 반이중 방식만 가능하다.

15 **점대점 링크뿐만 아니라 멀티포인트 링크를 위하여 ISO에서 개발한 국제 표준 프로토콜은?**

① HDLCHigh-level Data Link Control

② BSCBinary Synchronous Control

③ SWFCSliding Window Flow Control

④ LLCLogic Link Control

16 **HDLC**High-level Data Link Control**에 대한 설명으로 잘못된 것은?**

① 일정한 범위까지는 양방향으로 동시에 메시지를 응답 없이 연속적으로 전송할 수 있게 함으로써 회선의 전송 효율을 향상시키고 있다.

② 전송 에러 검사를 위해 모든 프레임에 에러 검출 부호가 부가되기 때문에 신뢰성이 높은 통신이다.

③ 통신 모드에는 NRMNormal Response Mode, ABMAsynchronous Balanced Mode, ARMAsynchronous Response Mode 이렇게 세 가지가 있다.

④ 전송 제어를 위해 전송 제어 문자(STX, ETX, ACK 등)를 사용한다.

17 **HDLC 프로토콜에 관한 설명이 아닌 것은?**

① 점대점 링크 및 멀티포인트 링크를 위하여 개발되었다.

② 반이중 통신과 전이중 통신을 모두 지원한다.

③ 에러 제어를 위해서는 stop-and-wait 방식을 지원한다.

④ 슬라이딩 윈도 방식에 의해 흐름 제어를 제공한다.

18 **HDLC**High-level Data Link Control**에 관련된 설명이 아닌 것은?**

① 비트 지향형 전송을 한다.

② CRC 방식을 이용하여 오류 제어를 한다.

③ 정지 및 대기 방식을 사용한다.

④ 정보 프레임과 감독 프레임 등이 있다.

19 **HDLC**High-level Data Link Control**에 대한 설명이 틀린 것은?**

① 문자 지향형 전송 프로토콜이다.

② 정보 프레임, 감독 프레임, 비번호 프레임이 존재한다.

③ 감독 프레임은 정보(데이터) 필드를 포함하지 않는다.

④ CRC 방식을 위한 2바이트 또는 4바이트 FCS를 포함한다.

20 **데이터링크를 제어하는 국**station**으로서 오류를 제어하고 복구에 대한 책임을 가지며, 명령 프레임을 송신하고 응답 프레임을 수신하는 국**station**은?**

① 주국primary station

② 보조국secondary station

③ 복합국combined station

④ 이동국movement station

21 HDLC의 프레임 구조를 올바르게 나타낸 것은?

① 플래그 – 제어부 – 주소부 – 정보부 – FCS – 플래그

② 플래그 – 제어부 – 정보부 – 주소부 – FCS – 플래그

③ 플래그 – 주소부 – 제어부 – 정보부 – FCS – 플래그

④ 플래그 – 정보부 – 제어부 – 주소부 – FCS – 플래그

22 HDLC의 프레임frame 구조가 순서대로 올바르게 나열된 것은? (단, A : Address, F : Flag, C : Control, D : Data, S : Frame Check Sequence)

① F–D–C–A–S–F

② F–C–D–S–A–F

③ F–A–C–D–S–F

④ F–A–D–C–S–F

23 HDLC 프레임 구조에 포함되지 않는 것은?

① BCC　② FCS

③ 주소부　④ 제어부

24 데이터링크 프로토콜인 HDLCHigh-level Data Link Control에서 프레임의 동기를 제공하기 위해 사용되는 구성 요소는?

① 플래그flag

② 제어부control

③ 정보부information

④ 프레임 검사 시퀀스Frame Check Sequence

25 동기식 전송을 하는 HDLC 프레임의 형식으로 옳지 않은 것은?

① 8비트 길이의 플래그

② 8비트 또는 16비트의 제어 영역

③ 가변 길이의 정보 영역

④ 48비트의 FCS부

26 HDLC의 프레임 구조에서 헤더 영역의 구성이 아닌 것은?

① 플래그　② 주소 영역

③ 제어 영역　④ 정보 영역

27 HDLC 프레임 구조 중 헤더를 구성하는 플래그flag에 대한 설명으로 옳지 않은 것은?

① 프레임의 최종 목적지 주소를 나타낸다.

② 동기화에 사용된다.

③ 프레임의 시작과 끝을 표시한다.

④ 항상 01111110의 형식을 취한다.

28 HDLC 프레임 형식 중 프레임의 시작과 끝을 나타내며 고유한 비트 패턴으로 표시되는 것은?

① 정보 영역　② 제어 영역

③ 주소 영역　④ 플래그

29 HDLC의 프레임 구성 중 플래그는 몇 비트로 구성되는가?

① 4비트　② 8비트

③ 16비트　④ 32비트

30 HDLC 프레임 구성에서 플래그는 전송 프레임의 시작과 끝을 나타낸다. 이 플래그의 고유 비트 패턴은?

① 01111110　② 11111111

③ 00000000　④ 10000001

31 HDLC에서 1개의 프레임 구성에 사용되는 플래그Flag는 모두 몇 비트인가?

① 8비트　② 16비트

③ 32비트　④ 24비트

32 HDLC 프레임 형식 중 프레임의 종류를 식별하기 위해 사용되는 것은?

① 정보 영역　② 제어 영역

③ 주소 영역　④ 플래그

33 HDLC의 프레임 필드 중 오류 제어와 관련되는 필드는?

① 플래그 ② FCS
③ 제어부 ④ 정보부

34 HDLC 프레임 구성에서 프레임 검사 시퀀스(FCS) 영역의 기능으로 옳은 것은?

① 전송 오류 검출 기능
② 데이터 처리 기능
③ 주소 인식 기능
④ 정보 저장 기능

35 HDLC에서 프레임 체크 시퀀스로 가장 적합한 부호는?

① CRC ② Hamming
③ Gray ④ ASCII

36 HDLC 프레임 구조에서 FCS의 비트 수는?

① 6비트 ② 12비트
③ 16비트 ④ 24비트

37 HDLC에서 1바이트의 정보를 전송하기 위해 필요한 프레임의 최소 길이는 몇 바이트인가?

① 5바이트 ② 6바이트
③ 7바이트 ④ 8바이트

38 프레임 검사 시퀀스Frame Check Sequence의 검사 범위가 아닌 것은?

① 시작 flag ② 주소부(A)
③ 제어부(C) ④ 정보부(I)

39 HDLCHigh-level Data Link Control에서 사용되는 프레임의 종류로 옳지 않은 것은?

① Information frame
② Supervisory frame
③ Unnumbered frame
④ Control frame

40 HDLCHigh-level Data Link Control 정보 프레임의 용도 및 기능으로 가장 적합한 것은?

① 사용자 데이터 전달
② 흐름 제어
③ 에러 제어
④ 링크 제어

41 HDLC 프레임 중 전송되는 정보 프레임에 대한 흐름 제어와 오류 제어를 위해 사용되는 것은?

① Information frame ② Control frame
③ Supervisory frame ④ Unnumbered frame

42 HDLC의 프레임 형식 중 프레임 수신 확인, 프레임의 전송 요구, 그리고 프레임 전송의 일시 연기 요구와 같은 제어 기능을 수행하는 프레임은?

① 정보Information 프레임
② 감시Supervisory 프레임
③ 비번호Unnumbered 프레임
④ Flag 프레임

43 HDLC 프레임의 종류 중 링크의 설정과 해제, 오류 회복을 위해 주로 사용되는 것은?

① I-Frame ② U-Frame
③ S-Frame ④ R-Frame

44 수신 측에서 수신된 데이터에 대한 확인acknowledgement을 즉시 보내지 않고 전송할 데이터가 있는 경우에만 제어 프레임을 별도로 사용하지 않고 기존의 데이터 프레임에 확인 필드를 덧붙여 전송하는 흐름 제어 방식은?

① Stop-and-wait ② Sliding Window
③ Piggyback ④ Polling

45 HDLC에서 피기백킹Piggybacking 기법을 통해 데이터에 대한 확인 응답을 보낼 때 사용되는 프레임은?

① I-프레임 ② S-프레임
③ U-프레임 ④ A-프레임

46 HDLC 프로토콜에서 사용되는 프레임의 제어부가 8비트로 구성되어 있을 때 5번째 비트는 무엇을 나타내는가?

① 송신 순서 번호

② 수신 순서 번호

③ P/F 비트

④ 수신 기능 비트

47 HDLC 제어 필드에서 제1비트, 제2비트, 제3비트, 제4비트의 값이 각각 순서대로 1, 0, 1, 1인 경우 S-프레임의 명칭은?

① $\text{REJ}_{\text{reject}}$

② $\text{RNR}_{\text{receive not ready}}$

③ $\text{RR}_{\text{receive ready}}$

④ $\text{SREJ}_{\text{selective reject}}$

48 피기백$_{\text{piggyback}}$ 응답이란 무엇인가?

① 송신 측이 대기 시간을 설정하기 위한 목적으로 보낸 테스터 프레임용 응답을 말한다.

② 송신 측이 일정한 시간 안에 수신 측으로부터 ACK가 없으면 오류로 간주하는 것이다.

③ 수신 측이 별도의 ACK를 보내지 않고 상대편으로 향하는 데이터 전문을 이용하여 응답하는 것이다.

④ 수신 측이 오류를 검출한 후 재전송을 위한 프레임 번호를 알려주는 응답이다.

49 HDLC의 링크 구성 방식에 따라 분류한 동작모드가 아닌 것은?

① 정규 균형 모드

② 정규 응답 모드

③ 비동기 응답 모드

④ 비동기 균형 모드

50 HDLC 전송 제어 절차의 세 가지 동작 모드에 속하지 않는 것은?

① 정규 응답 모드$_{\text{NRM}}$

② 동기 응답 모드$_{\text{SRM}}$

③ 비동기 응답 모드$_{\text{ARM}}$

④ 비동기 평형 모드$_{\text{ABM}}$

51 HDLC$_{\text{High-level Data Link Control}}$에서 링크 구성 방식에 따른 세 가지 모드에 해당되지 않는 것은?

① NRM ② ABM

③ SBM ④ ARM

52 HDLC$_{\text{High-level Data Link Control}}$의 세 가지 동작 모드 중 다음 설명에 해당하는 것은?

- 이 모드는 점대점이나 멀티포인트 불균형 링크 구성에 사용된다.
- 주 스테이션이 링크 제어를 담당하며, 부 스테이션은 주 스테이션으로부터 폴 메시지를 수신한 경우에만 데이터를 전송할 수 있다.

① NRM ② ARM

③ ABM ④ NBM

53 HDLC의 동작 모드 중 전이중 전송의 점대점 균형 링크 구성에 사용되는 것은?

① PAM ② ABM

③ NRM ④ ARM

54 HDLC 데이터 전송 모드에서 복합국끼리는 상대방 복합국의 허가가 없어도 명령과 응답을 송신할 수 있는 모드는?

① 비동기 평형 모드$_{\text{ABM}}$

② 정규 응답 모드$_{\text{NRM}}$

③ 비동기 응답 모드$_{\text{ARM}}$

④ 절단 모드$_{\text{DCM}}$

55 HDLC 프로토콜에서 S-프레임의 명령어와 거리가 먼 것은?

① Receive Ready (RR)

② Request Disconnect (RD)

③ REJect (REJ)

④ Selective-REJect (SREJ)

56 HDLC 프로토콜에서 I-프레임의 P/F 비트의 의미는 무엇에 따라 다르게 해석될 수 있는가?

① 전송 방식
② 시스템 모드
③ 시스템 구성
④ 프레임이 명령인지 또는 응답인지

57 HDLC에서 비트 스터핑bit stuffing의 수행 목적으로 옳은 것은?

① 프레임의 시작과 끝을 알려준다.
② 데이터 전송 과정에서의 오류를 검사한다.
③ 데이터의 투명성을 보장한다.
④ 송신부와 수신부 사이의 흐름을 유지한다.

58 플래그 동기 방식에서 프레임의 정보부가 연속적으로 "1"이 5개 존재할 경우 그다음에 "0"을 삽입하여 플래그의 비트 패턴과 구분되도록 하는 조치는?

① 디스크램블 ② 비트 스터핑
③ 클록 첨가 ④ 파일럿

59 HDLC에서 비트열 "0111 1111 0000"을 전송할 때 비트 스터핑bit stuffing을 한 결과로 옳은 것은?

① 0111 1011 10000
② 0111 0111 10000
③ 0111 1100 110000
④ 0111 1101 10000

60 데이터링크 프로토콜에 해당되지 않는 것은?

① HDLC ② SNMP
③ LAPB ④ BSC

61 데이터링크 제어 프로토콜 중 PPPPoint-to-Point Protocol에 대한 설명으로 틀린 것은?

① 전송된 데이터의 오류 검출과 복구 기능을 제공한다.
② 인터넷 접속에 사용되는 IETF의 표준 프로토콜이다.
③ 점대점 링크를 통하여 IP 캡슐화를 제공한다.
④ LCP와 NCP를 통하여 많은 유용한 기능들을 제공한다.

62 PPPPoint-to-Point Protocol에 대한 설명으로 틀린 것은?

① 점대점 링크를 통하여 인터넷 접속에 사용되는 IETF의 표준 프로토콜이다.
② 오류 검출만 제공되며 재전송을 통한 오류 복구와 흐름 제어 기능 등은 제공되지 않는다.
③ 데이터 전송을 위해 HDLC와 같은 비트 채움 방식을 사용한다.
④ 점대점 링크를 통하여 IP 패킷의 캡슐화를 제공한다.

63 PPPPoint-to-Point Protocol에 대한 설명으로 틀린 것은?

① 인터넷 접속에 사용되는 IETF의 표준 프로토콜이다.
② 오류 검출만 제공되며, 오류 복구와 흐름 제어 기능은 제공되지 않는다.
③ IP 패킷의 캡슐화를 제공한다.
④ 동기식 점대점 링크에서만 사용할 수 있다.

64 OSI 7계층 중 데이터링크 계층의 프로토콜은?

① PPP ② RS-232C/V.24
③ EIA-530 ④ V.22bis

65 다음이 설명하고 있는 데이터링크 제어 프로토콜은?

- IETF의 표준 프로토콜이다.
- 오류 검출만 제공되며, 재전송을 통한 오류 복구와 흐름 제어 기능은 제공되지 않는다.
- 주로 2개의 라우터를 접속할 때 사용된다.
- 비동기식 링크도 지원하기 때문에 프레임은 반드시 바이트의 정수 배가 되어야 한다.

① HDLC ② PPP
③ LAPB ④ LLC

66 PPPPoint-to-Point Protocol에서 IP의 동적 협상이 가능하도록 하는 프로토콜은?

① NCPNetwork Control Protocol
② LCPLink Control Protocol
③ SLIPSerial Line IP
④ PPPoEPoint-to-Point Protocol over Ethernet

67 데이터링크 제어 프로토콜 중 PPP에서 링크의 연결 설정, 유지 및 해제를 위해 사용되는 프로토콜은?

① LLC ② LCP
③ CRC ④ SDH

68 PAPPassword Authentication Protocol 패킷과 CHAPChallenge Handshake Authentication Protocol 패킷은 PPP 프레임의 어느 필드 값에 의해 구별되는가?

① 주소 ② 제어
③ 프로토콜 ④ 검사합

69 인터넷 접속 환경을 구현해주는 통신 규약인 PPPPoint-to-Point Protocol를 설명한 것 중 틀린 것은?

① 오류 감지 기능이 없다.
② 다중 프로토콜을 지원한다.
③ 압축 기능을 제공한다.
④ 동기/비동기 회선 모두를 통하여 전송한다.

70 ( ) 안에 들어갈 알맞은 용어는?

> HDLC를 기반으로 하는 비트 위주 데이터링크 프로토콜로는 X.25 패킷 교환망의 표준으로 ITU-T에서 제정한( )가 있다.

① LAPB ② LAPD
③ LAPS ④ LAPF

71 HDLC의 ABMAsynchronous Balanced Mode 동작 모드의 부분집합으로 X.25의 링크 계층에서 사용되는 프로토콜은?

① LAPB ② LAPD
③ LAPX ④ LAPM

72 BSC에서 송신과 수신 장치 간에 문자 동기를 맞추기 위해 사용되는 전송 제어 문자는?

73 BSC에서 텍스트가 끝남을 의미하는 전송 제어 문자는?

74 BSC에서 바이트 스터핑byte stuffing을 수행하여 데이터의 투명성을 보장하는 데 사용되는 전송 제어 문자는?

75 데이터링크를 제어하는 국으로서 오류 제어 및 회복의 책임을 지며 명령 프레임을 송신하고 응답 프레임을 수신하는 스테이션(국)은?

76 데이터링크 제어에 서로 대등한 책임을 갖는 국으로서 명령 및 응답 프레임을 모두 송수신하는 스테이션(국)은?

77 HDLC나 PPP는 어느 계층의 프로토콜인가?

78 HDLC에서 플래그의 비트 패턴을 16진수로 나타내면?

79 오류 검출을 위해 프레임에 포함되는 필드를 무엇이라고 하는가?

80 HDLC에서 주국과 보조국 사이에 폴링을 하려고 한다. 어떤 전송 모드를 이용해야 하는가?

81 HDLC에서 복합국 사이에 데이터를 전송하려고 한다. 어떤 전송 모드를 이용해야 하는가?

82 기본적으로 HDLC에서 순서 번호를 위한 필드는 몇 비트인가?

83 HDLC에서 링크의 초기화에 사용되는 프레임은?

84 사용자 데이터 전송을 위한 I-프레임에 응답 정보를 함께 보내는 방식을 무엇이라고 하는가?

85 PPP 프레임에서 주소 필드의 값은?

86 PPP를 이용하여 IP 데이터그램을 전송하려고 한다. 노드에 IP 주소 할당을 위해 사용되는 프로토콜은?

87 HDLC에서 I-프레임의 정보 필드와 U-프레임의 정보 필드의 차이점은 무엇인가?

88 주국에서 보조국으로 전송하는 HDLC 프레임이 다음과 같다. 물음에 답하시오.

01111110 01010011 10001011 FCS 01111110

(1) 보조국의 주소는?

(2) 프레임의 종류는?

(3) 프레임의 목적은?

89 어느 송신자가 5비트 순서 번호를 이용하여 동일한 목적지로 연속해서 프레임을 전송한다. 순서 번호가 0부터 시작될 때 100개의 프레임을 보낸 다음의 순서 번호를 2진수로 나타내시오.

90 다음 데이터에 대해 비트 스터핑한 결과를 써보시오.

0001111111100111111010001

91 PPP 프레임의 처음 몇 개의 바이트 값이 16진수로 7EFF03C02106이다. 캡슐화된 페이로드의 프로토콜은 무엇인가? 또한 이 패킷의 종류는 무엇인가?

92 PPP 페이로드 일부를 나타낸 것이다. 투명성을 보장하기 위해 바이트 스터핑한 결과를 써보시오.

ESC			flag			ESC			ESC	ESC	ESC		flag	

1 ①	2 ④	3 ④	4 ③	5 ②	6 ③	7 ①	8 ③	9 ④	10 ③
11 ③	12 ③	13 ①	14 ④	15 ①	16 ④	17 ③	18 ③	19 ①	20 ①
21 ③	22 ③	23 ①	24 ①	25 ④	26 ④	27 ①	28 ④	29 ②	30 ①
31 ②	32 ②	33 ②	34 ①	35 ①	36 ③	37 ③	38 ①	39 ④	40 ①
41 ③	42 ②	43 ②	44 ③	45 ①	46 ③	47 ④	48 ③	49 ①	50 ②
51 ③	52 ①	53 ②	54 ①	55 ②	56 ④	57 ③	58 ②	59 ④	60 ②
61 ①	62 ③	63 ④	64 ①	65 ②	66 ①	67 ②	68 ③	69 ①	70 ①
71 ①									

CHAPTER 10
LAN 기술

학습목표

- LAN을 토폴로지, 전송 매체, 매체 액세스 방식에 따라 분류하고 표준안을 설명할 수 있다.
- CSMA/CD, 토큰 링, 토큰 버스를 설명할 수 있다.
- 고속 LAN과 무선 LAN을 설명할 수 있다.
- 블루투스, 지그비, UWB를 설명할 수 있다.

01 LAN의 분류와 표준

1980년대에 분산 처리 방식이 확대되면서 공통의 데이터베이스에 접근하여 데이터를 처리하고 보고서를 만들며 프로그램이나 비싼 주변 기기(프린터, 디스크 등)를 공유할 필요성이 커짐에 따라 근거리 통신망, 즉 LANLocal Area Network이 탄생하였다.

LAN 제품이 시장에 처음 등장한 것은 1970년대 말이지만 대부분의 LAN 제품은 1980년대에 등장하였다. 1982년부터 IEEE가 추진한 LAN 표준화에서 버스Bus 방식은 이더넷Ethernet, 토큰 버스Token Bus 방식은 데이터 포인트Point사의 Arcnet, 토큰 링Token Ring 방식은 IBM사의 LAN이 기준으로 정해졌고 이를 계기로 더 많은 LAN 제품들이 나오고 있다.

1 LAN의 분류

LAN에 대한 정의는 다양하지만 모든 정의에서 공통으로 기술되는 내용은 통신 거리가 짧다는 것과 전송 매체를 공동으로 이용하고 있다는 것이다. LAN은 관점에 따라 [그림 10-1]과 같이 분류할 수 있다.

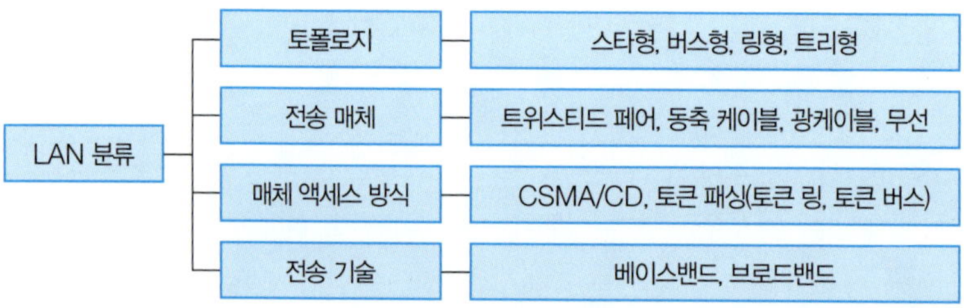

그림 10-1 LAN 분류

토폴로지에 의한 분류

토폴로지topology는 네트워크를 구성하는 노드와 이들 노드 간의 연결 상태에 대한 배치를 의미한다. LAN에서 메쉬형mesh type은 사용되지 않는다.

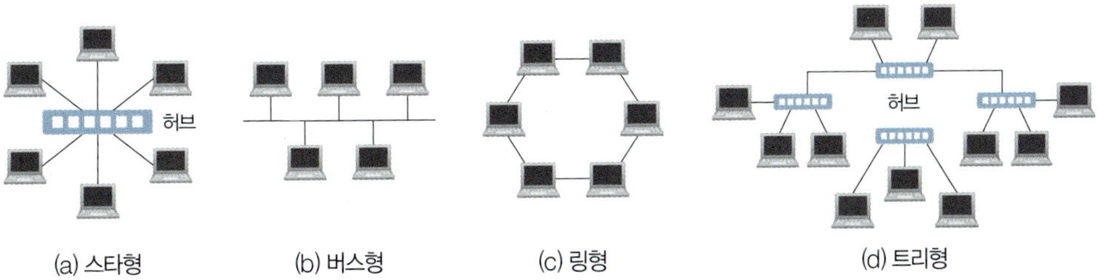

그림 10-2 토폴로지에 의한 LAN 분류

■ **스타형 LAN**

스타star형은 각 스테이션이 허브hub라는 중앙 전송 제어 장치와 점대점 방식으로 연결된다. 스타형의 장점은 고장 발견과 유지 보수가 용이하고, 한 스테이션의 고장이 전체 네트워크에 영향을 주지 않는다는 점이다. 또한 스테이션의 증설과 이전이 용이하다. 단점은 중앙 전송 제어 장치가 고장 나면 네트워크 동작이 불가능하고 최초 설치 시 케이블링하는 데 비용과 노력이 많이 들며, 통신량이 많은 경우 전송 지연이 발생한다는 점이다. UTP 케이블과 허브를 이용하는 네트워크가 이 유형에 속한다.

허브를 사용하는 경우는 매체 접근 제어MAC로 이더넷 프로토콜을 사용하기 때문에 한 순간에 한 스테이션만 데이터를 전송할 수 있다. 네트워크가 고속화됨에 따라 성능 향상을 위해서 스위칭switching 기능을 갖는 허브를 사용하는 추세다. 허브가 스위칭 기능을 가지면 교환 노드의 역할을 수행하기 때문에 동시에 다수의 링크를 통해서 들어오는 데이터들을 충돌 없이 전송할 수 있다.

■ **버스형 LAN**

버스bus형은 버스라는 공통 배선에 모든 요소가 연결된다. 버스 끝에는 종단 장치terminator를 달아 신호 반사에 의한 상호 중첩을 없앤다. 버스형의 장점은 케이블링에 들어가는 비용이 가장 적고, 각 스테이션의 고장이 네트워크의 다른 부분에 영향을 주지 않아 신뢰성이 좋다는 점이다. 그러나 베이스밴드 전송 방식을 사용할 경우 거리에 민감하여 거리가 멀어지면 리피터repeater(중계기)가 필요하다는 단점이 있다. 이더넷이 이 유형에 속한다.

■ **링형 LAN**

링ring형은 닫힌 루프 형태로 각 스테이션이 양쪽 스테이션과 점대점 방식으로 연결된다. 각 스테이션에서 신호를 재생하여 다음 스테이션으로 전달하기 때문에 버스형과 달리 제약이 적으며 잡음에 강하다. 또한 단방향 전송로로 구현할 수 있어 광섬유에 잘 부합된다. 그러나 스테이션 변경이나 추가가 비교적 어렵고 스테이션 고장에 대처하기 어려우며 한 스테이션이 고장 나면 전체 네트워크에 영향을 준다는 단점이 있다.

■ 트리형 LAN

트리tree형은 스타형의 변형으로 트리에 연결된 스테이션이 중앙 전송 제어 장치(1차 허브)에 연결되어 있지만 모든 장치가 1차 허브에 연결되어 있지는 않은 형태다. 또한 중앙 전송 제어 장치는 능동적인 허브로 데이터를 전송하기 전에 수신한 신호를 재생하는 리피터를 포함하고 있다. 트리형의 장단점은 스타형과 비슷하며 [그림 10-2](d)와 같이 2차 허브를 이용하면 다음과 같은 장점을 얻을 수 있다.

- 1차 허브 하나에 스테이션을 많이 연결할 수 있다.
- 각 스테이션 간 신호의 이동 거리를 늘릴 수 있다.
- 2차 허브로 네트워크를 분리하거나 해당 네트워크의 우선순위를 부여할 수 있다.

전송 매체에 의한 분류

전송 매체는 네트워크의 각 스테이션을 연결하는 물리적인 채널로 트위스티드 페어, 동축 케이블, 광케이블과 같은 유선 매체와 무선 매체로 나뉜다.

■ 트위스티드 페어 케이블 LAN

트위스티드 페어 케이블 LAN은 2개 이상의 구리 도선이 꼬인 UTPUnshielded Twisted Pair나 STPShielded Twisted Pair 케이블을 사용해 구성하는 형태로 가장 많이 활용된다. 가장 값싸고 쉽게 설치할 수 있다는 장점이 있다. 그러나 대역폭의 제한이 많고 동축 케이블이나 광케이블에 비해 잡음이 많다.

■ 동축 케이블 LAN

동축 케이블 LAN은 넓은 대역폭, 빠른 데이터 전송 속도, 적은 전기적 간섭을 장점으로 한다. 이 때문에 그동안 많이 사용되었으나 점차 사용 빈도가 줄어들고 있다.

■ 광케이블 LAN

광케이블은 넓은 대역폭을 가지며 전송 속도가 매우 높고 오류가 적다. 빛을 이용해 정보를 보내기 때문에 전기적인 간섭을 받지 않으며, 보안성이 우수하다는 장점이 있다. 케이블의 크기가 상대적으로 작고 가볍지만 케이블 설치 시 고도의 기술이 요구된다. 주로 백본backbone에 많이 사용된다.

■ 무선 LAN

무선 LAN은 다양한 정보와 자원을 공유할 수 있게 하는 LAN의 장점과 제약 없는 연결성 제공이라는 편리성을 동시에 지원하는 무선 통신 기술의 결정체다. 신뢰성 있는 데이터 전송뿐 아니라 유연성과 설치 용이성이라는 장점도 갖고 있다. 특히 무선 LAN은 케이블을 이용하지 않기 때문에 지정학적인 설치에 따른 제한을 받지 않으며, 단말의 위치 변동 또는 추가 삭제 시에도 선로의 증설이나 변경이 필요 없어 유선 LAN에 비해 인적 · 경제적 비용을 현격히 절감할 수 있다. 이것은 성능 향상 못지 않은 대단한 매력으로 작용하고 있다. 무선 LAN에 대한 표준화는 1990년 10월부터 IEEE 802.11 위원회에 의해 무선 매체 접근 제어Medium Access Control, MAC와 물리 계층 규격에 대한 표준화가 OSI 참조 모델에 준하여 진행되고 있다.

매체 액세스 방식에 의한 분류

LAN은 매체에 액세스하는 방식에 따라 [그림 10-3]과 같이 충돌을 감지하는 경쟁 방식인 CSMA/CD와 링에서 토큰을 전송하는 토큰 제어 방식으로 분류할 수 있다.

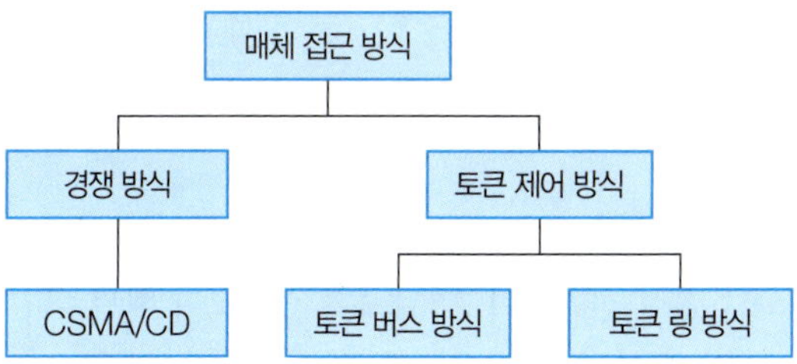

그림 10-3 매체 액세스 방식 분류

■ CSMA/CDCarrier Sense Multiple Access with Collision Detection 방식

CSMA/CD 방식은 채널을 사용하기에 앞서 신호 검출Carrier Sense을 한다. 즉, 다른 스테이션이 현재 채널을 사용 중인지 조사한다. 그런 다음 채널이 비어 있으면 어느 스테이션이라도 채널을 사용할 수가 있다. 즉, 다중 접근multiple access이 가능하다. 단, 각 스테이션은 메시지를 보낸 직후 충돌 여부를 알아보는 충돌 검출collision detection을 해야 한다. 채널이 사용 중이 아니라고 판단해 전송을 시작했을 때 다른 스테이션도 전송을 시작하면 전송된 데이터는 상호 충돌에 의해 깨지기 때문이다. 충돌이 일어나면 일정 시간 지연 후 전송을 재개한다.

■ **토큰 제어 방식**

토큰token이라 불리는 패킷이 스테이션 사이를 순환하는 동안 전송하고자 하는 스테이션이 토큰을 취득하여 데이터를 전송한 후, 전송이 완료되면 토큰을 반납하는 방식이다. 경쟁 방식의 충돌 현상은 발생하지 않지만 자신에게 토큰이 올 때까지 기다려야 한다. 그리고 토큰이 유실되었을 때는 스테이션들이 무한히 기다릴 수 있다는 단점도 있다.

전송 기술에 의한 분류

LAN은 전송 기술에 따라 브로드밴드 LAN과 베이스밴드 LAN으로 분류할 수 있다.

■ **브로드밴드broadband LAN**

브로드밴드 LAN은 통신로를 여러 개의 주파수 대역으로 나누어 쓰는 주파수 분할 다중화 Frequency Division Multiplexing, FDM 방식을 사용한다. 데이터, 음성 등을 동시에 보낼 수 있고 동축 케이블이나 광케이블을 사용한다. 케이블 하나에 5~6개의 분리된 통신 채널을 전송하는 것은 케이블 TV와 유사하다. 예를 들어, 한 가정에 케이블 하나로 여러 채널을 전송하는 케이블 TV 서비스와 같다. 하나의 케이블을 통하여 서로 다른 주파수 대역에 있는 정보를 동시에 전송하는 것이 가능한 것은 아날로그 전송 방법을 이용하기 때문이다. 이 방식은 거리에는 민감하지 않지만 속도가 느리다는 단점이 있다.

■ **베이스밴드baseband LAN**

베이스밴드 LAN은 디지털 신호를 통신로로 직접 전송한다. 아날로그 전송보다 빠른 디지털 전송을 지원하기 위해 하나의 케이블에 하나의 채널만 사용하기 때문에 시분할 다중화 Time Division Multiplexing, TDM 방식을 사용한다. 전송 속도가 빠르나 신호 감쇠 현상이 심하여 거리에 민감하고 음성이나 화상 등의 아날로그 신호 전송에 어려움이 있다는 단점이 있다.

2 LAN의 표준(IEEE 802)

1985년 IEEE가 서로 다른 회사의 LAN 기기들 간에 통신이 가능하도록 개발하기 시작한 LAN 표준을 IEEE 802 표준이라고 한다. OSI 참조 모델과 IEEE 802 표준의 관계는 [그림 10-4]와 같다. IEEE 802 표준은 데이터링크 계층을 LLCLogical Link Control와 MACMedium Access Control이라는 부계층sublayer으로 나눈다.

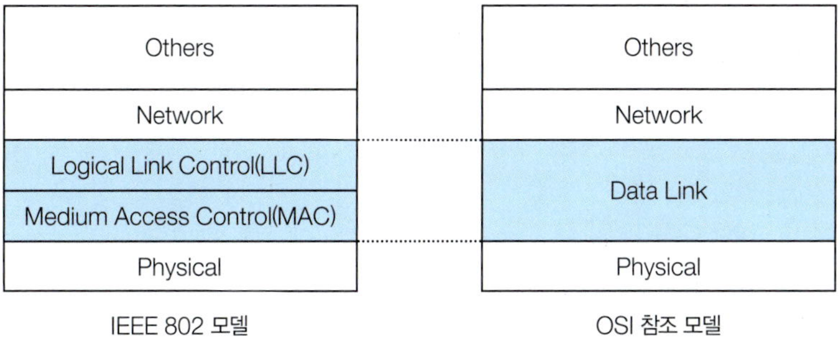

그림 10-4 IEEE 802 표준과 OSI의 관계

LLC는 에러 제어와 흐름 제어를 담당한다. LLC 프레임은 최종 목적지에 해당하는 논리 주소, 제어 정보, 데이터로 구성되어 있다. MAC은 공유 매체에 대한 접근 제어를 담당하며 CSMA/CD(Carrier Sense Multiple Access/Collision Detection), 토큰 버스(token bus), 토큰 링(token ring) 등의 모듈로 나누어져 있어 네트워크의 상황에 맞는 다양한 적용이 가능하다. 토큰 링과 토큰 버스 방식은 공통 매체에 대한 제어 신호를 각 노드 간에 순차적으로 이동시키는 토큰 제어 방식으로 링형에 적용하면 토큰 링 방식이고, 버스형에 적용하면 토큰 버스 방식이 된다.

[그림 10-5]는 IEEE 802 표준의 주요 내용이다. 여기서 IEEE 802.1은 LAN 네트워크 간 연결을 담당한다. 네트워크가 서로 다른 경우 발생하는 비호환성 문제를 기존의 주소 지정, 접속 메커니즘, 오류 회복 메커니즘 등을 변경하지 않고 해결하는 것이다.

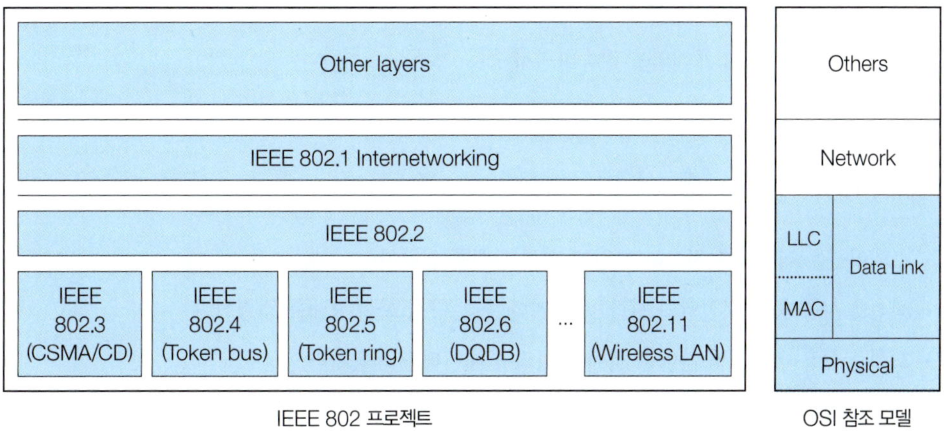

그림 10-5 IEEE 802 표준

02 CSMA/CD 방식 LAN

1 CSMA/CD LAN의 기본

CSMA/CDCarrier Sense Multiple Access/Collision Detection는 버스형에 사용되는 매체 접근 방식이며 이 방식의 LAN을 이더넷Ethernet이라고 부른다. 버스형에서는 회선을 동시에 사용하려고 할 때 누가, 언제 사용하는지를 결정하는 것이 매우 중요하다.

CSMA/CD 방식에서는 스테이션이 회선 상태를 감지해 충돌을 피한다. 초기의 다중 접근 방식multiple access은 2개 이상의 장치가 동시에 전송 매체에 접근할 확률이 매우 낮을 것으로 보고 한 스테이션이 일단 프레임을 전송하고 확인 응답을 받으면 전송에 성공한 것으로 보는 알로하ALOHA 방식을 사용하였다. 다음에 등장한 CSMACarrier Sense Multiple Access 방식은 스테이션이 전송하기 전에 회선의 상태를 감시하여 사용되지 않은 상태임을 확인한 후에 전송한다. CSMA/CD는 CSMA 방식으로 전송 후에도 회선에서 충돌이 발생하는지 계속 감시하는 기능을 추가한 방식으로 각 단어의 의미는 다음과 같다.

- CSCarrier Sense : 회선을 사용 중인지 감지한다.
- MAMultiple Access : 회선을 사용하고 있지 않다면 누구든지 사용 가능하다.
- CDCollision Detection : 프레임을 전송하면서 충돌 여부를 조사한다.

동작 과정

CSMA/CD의 동작 과정은 [그림 10-6]과 같다.

- 스테이션은 데이터를 전송하기 전에 회선 상태를 점검한다.
- 회선을 사용 중이면 임의의 시간 동안 기다린 후 다시 회선 상태를 점검한다.
- 회선을 사용하고 있지 않다는 것이 확인되면 데이터를 전송한다.
- 충돌이 발생하지 않으면 데이터가 성공적으로 전송된 것이다.
- 데이터 전송 중에 충돌이 검출되면 모든 스테이션에 통보 신호(Jam 신호)를 보내 충돌 사실을 알리고, 임의의 시간 동안 대기한 후 다시 회선 상태를 점검한다. 여기서 Jam 신호는 10101010⋯ 형태의 32비트로 구성된 의미 없는 비트열이다.

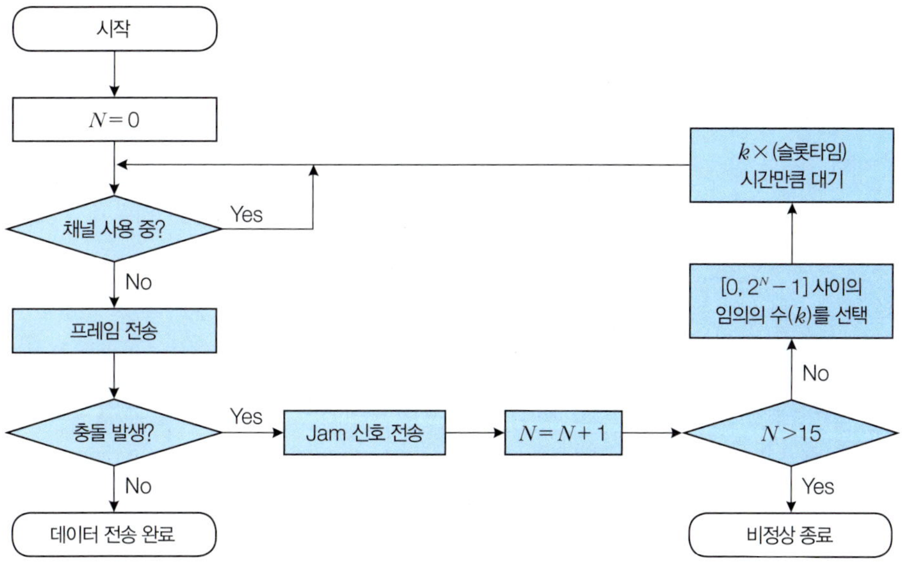

그림 10-6 CSMA/CD의 동작 과정

프레임 전송 중 충돌이 발생하면 정해진 최대 시도 횟수($N=15$)만큼 재전송을 시도한다. 충돌이 반복되면 현재 전송 매체의 통신량이 많다는 의미이므로 스테이션은 재전송할 때까지의 대기 시간을 늘려 매체의 통신량을 조절한다. 이것은 슬롯타임slot time의 임의의 정수 배만큼 대기한 후에 재전송하는 이진 지수 백오프binary exponential backoff 알고리즘으로 구현한다. 즉 충돌이 N번 발생하였다면 0과 (2^N-1) 사이의 임의의 수(k)를 선택하여 그만큼의 슬롯타임 동안 대기한다. 슬롯타임은 다음과 같이 표현할 수 있으며, 여기서 전송 지연시간은 송신지에서 수신지로 신호를 전송하는 데 필요한 최대 지연시간을 의미한다.

$$\text{슬롯타임} = 2 \times \text{전송 지연시간} + \text{여유 마진}$$

지속 방식

스테이션이 회선 사용 여부를 점검하였을 때 회선을 사용 중이면 회선이 휴지idle 상태가 될 때까지 기다려야 한다. 이와 같이 스테이션이 기다리는 방식을 지속 방식persistent method이라고 하며, 비지속 방식, 1-지속 방식, p-지속 방식으로 나뉜다.

- 비지속non-persistent 방식은 스테이션이 회선을 감시하다가 회선이 사용 중이면 임의의 시간 후에 다시 회선을 감시하는 방법이다. 비지속 방식은 2개 이상의 스테이션이 같은 시간을 기다리다가

동시에 전송할 확률이 낮기 때문에 충돌 위험을 낮춘다. 그러나 스테이션이 전송할 프레임이 있는데도 회선이 휴지 상태에 있을 수 있기 때문에 회선의 효율이 떨어진다.

- 1-지속1-persistent 방식은 스테이션이 회선을 감시하다가 회선이 사용 중이면 회선이 빌 때까지 계속해서 회선을 감시하는 방식이다. 회선을 감시하다가 회선이 비게 되면 즉시 전송한다. 이 방식은 휴지 상태일 때마다 1의 확률로 프레임을 전송하기 때문에 1-지속 방식이라고 한다. 대부분의 CSMA/CD 방식에서 1-지속 방식을 사용한다.
- p-지속p-persistent 방식은 회선이 사용 중이면 계속 감시하다가 휴지 상태가 되면 p의 확률로 프레임을 전송한다. 그러나 $(1-p)$의 확률로 매체가 비어 있는데도 전송이 시도되지 않는 문제점이 있다. p-지속 방식은 위의 두 가지 방식의 장점을 취한 것으로 충돌 위험을 줄이면서 회선 사용률을 높인 방식이라고 볼 수 있다.

최소 프레임 크기

CSMA/CD에서 하나의 프레임을 모두 전송하기 전에 충돌을 감지할 수 있어야 한다. 최소 프레임 전송 시간(T_{fr})은 네트워크의 최대 전파 시간(T_p)의 2배 이상이 되어야 한다. 만약 충돌을 일으킨 두 스테이션이 가장 멀리 떨어져 있다면 송신 스테이션으로부터 전송된 신호가 수신 스테이션에 도착하기까지 T_p만큼의 시간이 걸리고, 충돌이 발생한 사실이 송신 스테이션에 알려지는 시간이 또 T_p만큼 걸리므로 송신 스테이션은 $2T_p$ 이후에도 계속 전송하고 있어야 충돌을 감지하고 해당 프레임을 다시 전송할 수 있다. [그림 10-7]은 버스형에서의 충돌 과정을 보여준다.

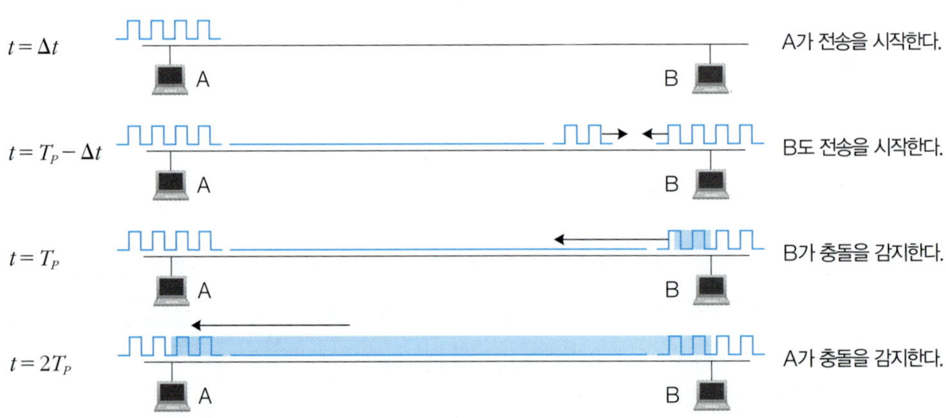

그림 10-7 버스형에서의 충돌

예를 들어, CSMA/CD를 사용하는 네트워크의 최대 전파 지연시간 T_p가 25.6μs라면 최소 프레임 전송 시간은 $T_{fr} = 2 \times T_p = 51.2$μs가 된다. 따라서 전송 속도가 10Mbps라면 최소 프레임 크기는 10Mbps × 51.2μs = 512비트가 된다. 실제로 이더넷의 최소 프레임 길이는 512비트(64바이트)이며 최대 길이는 2,500m로 규정하고 있다.

NOTE 전송 지연과 전파 지연

- 전송 지연(transmission delay)

  제한된 채널 용량(대역폭)에 하나의 프레임을 완전히 송출하는 데에 걸리는 시간이다. 예를 들어, 회선의 속도가 100 Mbps인 경우 10 Mbit 데이터를 전송하려면 0.1초가 소요된다.

  전송 지연 = (프레임 길이 [bit])/(채널 전송 속도 [bps])

- 전파 지연(propagation delay)

  전송로(매체)를 통해 전파적으로 이동하는 데 걸리는 시간이다. 보통 전파 지연시간은 다른 지연시간과 비교할 경우 일반적으로 매우 작은 값이다.

  전파 지연 = (총 이동 거리 [m])/(이동 속도 [m/sec])

프레임 형식

CSMA/CD 프레임은 프리앰블, 시작 프레임 지시자, 목적지 주소, 송신지 주소, PDU 길이, PDU, CRC로 구성된다. [그림 10-8]은 CSMA/CD의 MAC 프레임 형식을 보여준다. 프레임은 CSMA/CD에서 충돌 감지를 위해 최소 64바이트가 되어야 한다. 헤더가 총 14바이트(DA+SA+Length)이고 트레일러가 CRC 4바이트이므로 데이터는 최소 46바이트이어야 한다. 또한 프레임의 최대 크기는 1,518바이트이고, 헤더와 트레일러 18바이트를 제외하면 최대 데이터는 1,500바이트다.

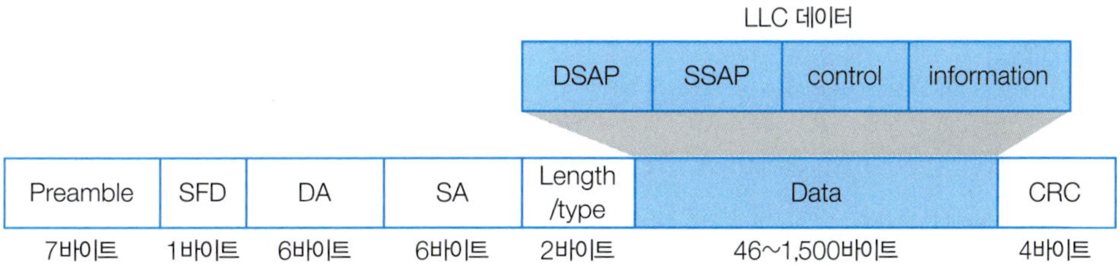

그림 10-8 CSMA/CD의 프레임 구조

- 프리앰블preamble : 7바이트이고 프레임의 동기화를 위해서 사용된다. 10101010과 같은 0과 1의 반복으로 구성되어 있다.
- 시작 프레임 지시자Start Frame Delimiter, SFD : 1바이트 크기로 10101011 비트 패턴을 갖는다. 프레임의 시작을 알리는 필드로 수신자에게 다음 필드에 주소와 데이터가 있음을 표시한다.
- 목적지 주소Destination Address, DA : 6바이트이며 목적지의 물리 주소(MAC 주소)가 들어간다. 즉 NICNetwork Interface Card에 부여된 고유의 부호화된 비트 패턴이다. 일반적으로 16진법으로 나타내는데, 예를 들어 4A : 10 : 21 : FA : 1C : E4와 같은 형식이다.
- 송신지 주소Source Address, SA : 6바이트이며 프레임을 송신하는 송신지의 물리 주소가 들어간다.
- 길이/유형Length/Type : 데이터(PDU)의 바이트 수를 나타내는 필드로 그 길이가 고정되어 있다면 프레임의 종류type를 나타내는 필드가 된다. 즉, 상위 계층의 프로토콜을 나타낸다. IP 프로토콜도 상위 계층 프로토콜 중 하나다. 이 정보를 이용하여 상위 계층과의 대응 관계를 알 수 있다.
- 데이터Data : 46~1,500바이트 길이를 갖는 IEEE 802.2 프레임으로 LLC 계층에 의해 생성된다. 만약 이 필드의 길이가 최소 길이보다 짧다면 PAD를 덧붙여서 길이를 맞춘다.
- CRCCyclic Redundancy Check : 오류 검출을 위한 필드이며 이더넷은 CRC-32를 사용한다. 수신측에서는 수신된 프레임에 오류가 검출되면 해당 프레임을 폐기한다.

물리적인 규격

IEEE 802.3 표준은 신호가 가지는 고유의 주파수 대역을 사용하는 베이스밴드 전송baseband transmission과 높은 주파수 대역의 반송파를 사용하는 브로드밴드 전송broadband transmission으로 나눌 수 있다. 베이스밴드 전송의 경우 디지털 신호가 직접 전송 매체에 실리며, 하나의 전송 매체에서는 하나의 채널만 가능하다. 이에 비하여 브로드밴드 전송은 반송파의 주파수 간격에 따라 하나의 전송 매체가 여러 개의 채널로 나뉜다. LAN은 이러한 전송 방식에 따라 베이스밴드 LAN과 브로드밴드 LAN으로 분류된다.

IEEE는 베이스밴드 LAN을 10BASE2, 10BASE5, 10BASE-T 등으로 표기하였다. 표기 방식은 [그림 10-9]와 같이 첫 번째 숫자(1, 10, 100)는 단위를 Mbps로 하는 데이터 전송 속도를 나타내고, 가운데 BASE는 베이스밴드 LAN을, BROAD는 브로드밴드 LAN을 나타낸다. 마지막 숫자 또는 문자(2, 5, T)는 최대 케이블 길이나 케이블 유형을 나타낸다. 그리고 브로드밴드 LAN은 10BROAD36 하나만을 표준으로 지정하였다.

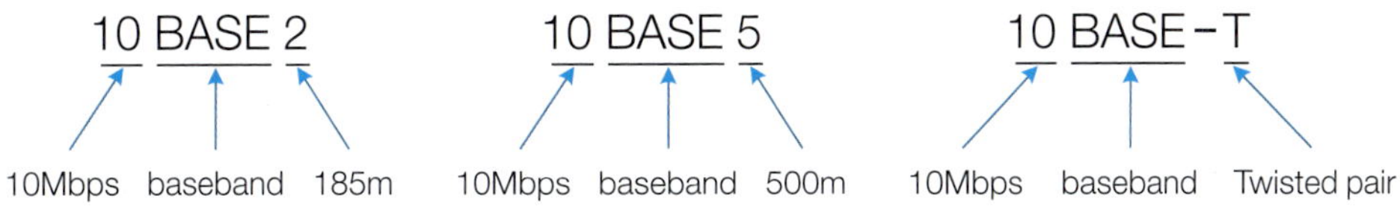

그림 10-9 이더넷의 표시 방식

[표 10-1]은 IEEE 802.3에서 제정한 10Mbps 이더넷의 물리 계층에서의 매체 종류별 특성을 보여준다.

표 10-1 IEEE 802.3의 전송 매체

명칭	매체	세그먼트 최대 길이	토폴로지	신호 방식
10BASE2	가는 동축 케이블	185m	버스형	베이스밴드(맨체스터)
10BASE5	굵은 동축 케이블	500m	버스형	베이스밴드(맨체스터)
10BASE-T	2 UTP	100m	스타형	베이스밴드(맨체스터)
10BASE-FP	광케이블	500m	스타형	맨체스터(ON/OFF)
10BROAD36	동축 케이블	1,800m	버스형/트리형	브로드밴드(DPSK)

버스형과 달리 10BASE-T로 연결된 스타형의 경우 각 스테이션은 허브와 연결하는 데 한 쌍의 케이블이 사용된다. 따라서 전이중 전송이 가능하고 충돌은 허브 내에서만 발생한다. 일반 허브 대신 스위치switch를 이용할 경우 충돌이 발생하지 않는다. [그림 10-10]과 같이 스위치는 각 회선으로부터 수신되는 프레임을 수신 버퍼에 저장하고 수신 주소를 참조하

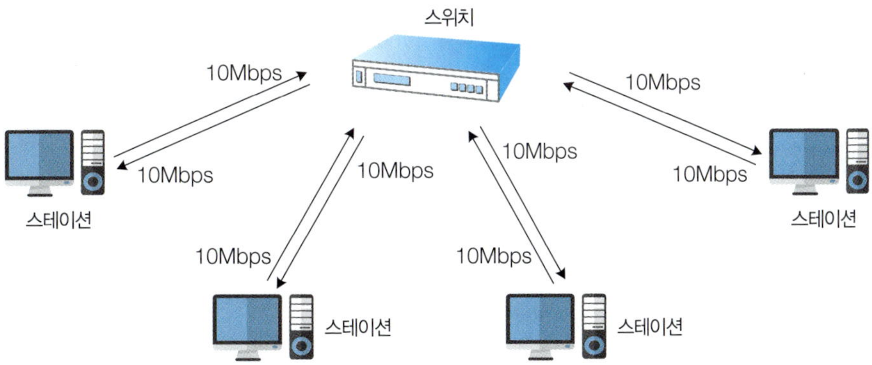

그림 10-10 스위치로 연결된 이더넷 예

여 프레임을 순서대로 목적지 스테이션으로 전달하기 때문이다. 결과적으로 CSMA/CD 프로토콜이 필요하지 않다. 또한 각 스테이션은 송신과 수신 각각 10Mbps의 전송 속도를 얻을 수 있다. 그림에서 각 스테이션과 스위치 사이의 케이블에서 송신과 수신을 모두 고려하면 20Mbps 전송률을 사용하게 된다. 전체적으로는 4개 스테이션이 연결되어 있으므로 총 80Mbps(=4×20Mbps) 대역폭을 공유하는 결과를 얻는다.

> **NOTE** 스위칭 LAN(switching LAN)
>
> 최근 LAN은 규모가 커짐에 따라 그 한계점이 드러나고 있다. 스위칭 LAN은 기존 CSMA/CD 방식에서 나타난 비효율적인 대역폭 사용과 브로드캐스트나 멀티캐스트 전송 시 불필요한 프레임 전송과 같은 한계를 극복하기 위해 등장한 기술이다.
>
> 스위칭 LAN은 기존 LAN 기술과 스위칭 기술이 접목된 형태다. LAN에 스위치 장비를 설치하여 사용자가 직접 스위치 각각의 포트에 연결함으로써, 기존의 매체 공유를 통한 네트워크를 마치 전용 회선처럼 이용할 수 있게끔 고속의 스위칭 네트워크로 바꾼 것이다. L2 스위치(Layer 2 switch)는 2계층 장비로 상위 프로토콜과 무관하게 동작하며 추가 설치 비용이 들지 않는다. 이외에도 L3 스위치, L4 스위치가 있다. 이에 관해서는 12장에서 상세하게 설명한다.

2 CSMA/CD LAN의 발전 : 고속, 기가비트, 10기가비트 이더넷

멀티미디어 서비스의 확산과 함께 대역폭에 대한 요구가 급격하게 증가하면서 초기 이더넷은 100Mbps급의 고속 이더넷fast Ethernet, 1Gbps급의 기가비트 이더넷Gigabit Ethernet, 10Gbps급의 10기가비트 이더넷10gigabit Ethernet으로 발전하게 된다.

고속 이더넷과 기가비트 이더넷은 IEEE 802.3 이더넷 프레임과 CSMA/CD를 사용하는 초기 이더넷과 완벽하게 호환된다. 단말 장치들은 동축 케이블 대신 UTP나 광케이블을 사용하여 반이중 통신의 허브나 전이중 통신을 지원하는 스위치에 연결된다.

고속 이더넷

초기 이더넷 프레임을 그대로 사용하여 호환성을 유지하는 고속 이더넷fast Ethernet은 [표 10-2]와 같이 트위스티드 페어 케이블과 광케이블을 전송 매체로 사용한다. 100BASE-T는 트위스티드 페어 케이블을 사용하는 고속 이더넷을 총칭하며 100BASE-TX와 100BASE-T4로 나뉜다. 그리고 100BASE-FX는 광케이블을 전송 매체로 사용하는 고속 이더넷 규격이다.

100BASE-TX는 가장 널리 사용되는 고속 이더넷 규격으로 Category 5 UTP 또는 STP가 사용되며 세그먼트 최대 길이는 100m다. 100BASE-T4는 초기 고속 이더넷 규격으로 4쌍의 Category 3 UTP가 사용된다. 그리고 2쌍의 다중 모드 광케이블을 사용하는 100BASE-FX의 세그먼트 길이는 반이중 링크의 경우 약 400m, 전이중 링크의 경우 약 2,000m가 된다. 단일 모드 광케이블을 사용하면 세그먼트 길이는 확장될 수 있다.

표 10-2 고속 이더넷의 전송 매체

명칭	매체	세그먼트 최대 길이	토폴로지	신호 방식
100BASE-TX	2쌍 STP 2쌍 UTP(Cat. 5)	100m	스타형	4B/5B+MLT-3
100BASE-T4	4쌍 UTP	100m	스타형	8B/6T
100BASE-FX	2 광케이블	2,000m	스타형	4B/5B+NRZ-I

기가비트 이더넷

기가비트 이더넷gigabit Ethernet, 1GbE은 1Gbps의 전송 속도를 제공하며, 기존 이더넷과 고속 이더넷 간의 호환성을 유지하기 위해 동일한 프레임 형식을 사용하되 속도가 빨라짐에 따라 다음 부분이 확장되었다.

- 프레임 충돌을 검출하기 위해 최소 프레임 길이가 64바이트에서 512바이트로 확장되었다.
- 작은 프레임들을 붙여서 한꺼번에 전송할 수 있는 프레임 버스팅frame bursting 기능을 제공하여 작은 프레임들을 최소 프레임 크기로 조절할 필요가 없다.

[표 10-3]과 같이 기가비트 이더넷은 사용되는 매체의 종류에 따라 광케이블을 사용하는 1000BASE-SX, 1000BASE-LX와 구리선을 사용하는 1000BASE-CX, 1000BASE-T의 네 가지로 구분된다. 광케이블을 사용하는 방식 중 1000BASE-SX는 단거리용, 1000BASE-LX는 장거리용이다.

기가비트 이더넷에서 전이중 모드로 동작하는 경우에는 스위치를 이용하여 스테이션들이 연결된다. 이렇게 되면 충돌 가능성이 없기 때문에 CSMA/CD는 필요 없다. 스테이션들이 허브를 이용하여 연결된 경우에는 반이중 모드로 동작하기 때문에 CSMA/CD 프로토콜을 사용하지만 반이중 모드는 거의 사용하지 않는다.

표 10-3 기가비트 이더넷의 전송 매체

명칭	매체	세그먼트 최대 길이	토폴로지	신호 방식
1000BASE-LX	62.5μm 다중 모드 광케이블 50μm 다중 모드 광케이블 10μm 단일 모드 광케이블	550m 550m 5,000m	스타형	8B/10B
1000BASE-SX	62.5μm 다중 모드 광케이블 50μm 다중 모드 광케이블	275m 550m	스타형	8B/10B
1000BASE-T	4쌍 UTP(Cat. 5)	100m	스타형	PAM-5
1000BASE-CX	2 STP	25m	스타형	8B/10B

10기가비트 이더넷

10기가비트 이더넷10gigabit Ethernet, 10GbE은 기가비트 이더넷보다 10배의 전송 속도를 구현한 기술로 2002년 최초 규격이 제정되었다. 10기가비트 이더넷의 프레임 형식은 기존 이더넷의 형식과 동일하다. 그러나 기가비트 이더넷에서 지원되던 CSMA/CD 프로토콜을 이용한 반이중 통신은 더 이상 지원하지 않는다. 10기가비트 이더넷은 전이중 통신 방식으로만 동작하고 스위치를 이용하기 때문에 CSMA/CD 프로토콜은 필요 없다.

10기가비트 이더넷은 더욱 고속화된 표준 이더넷으로 고속 전송에 대한 요구를 충족하기 위한 목적으로 설계되었으며 주로 백본 네트워크에 사용되고 있다. 최대 링크 길이는 300m에서 40Km로 광케이블을 사용한다. 대표적인 10기가비트 이더넷의 전송 매체 종류는 [표 10-4]와 같다.

표 10-4 10기가비트 이더넷의 전송 매체

명칭	매체	세그먼트 최대 길이
10GBASE-SR	850nm 단일 모드 광케이블	300m
10GBASE-LR	1,310nm 단일 모드 광케이블	10Km
10GBASE-EW	1,350nm 단일 모드 광케이블	40Km
10GBASE-LX4	1,310nm 단일 모드 광케이블 62.5μm 다중 모드 광케이블 50μm 다중 모드 광케이블	10Km 300m 300m
10GBASE-T	Cat. 6 또는 Cat. 7 트위스티드 페어 케이블	55m(Cat. 6), 100m(Cat. 7)

10기가비트 이더넷은 기존 네트워크와 호환성을 제공한다는 장점이 있다. 즉, 기존에 설치되어 운용 중인 이더넷 시스템을 변경하지 않고 새로운 1GbE나 10GbE와 연결하거나 통합하여 확장할 수 있다. [그림 10-11]은 100Mbps, 1Gbps, 10Gbps 이더넷이 서로 연결되어 구성된 네트워크의 예를 보여준다.

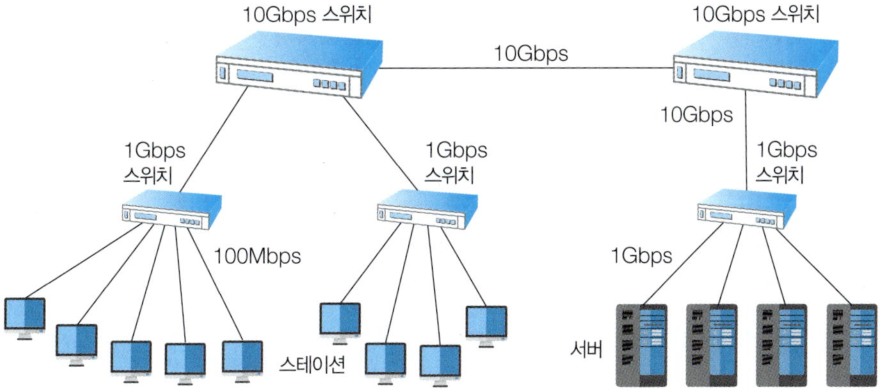

그림 10-11 10기가비트 이더넷 구성 예

최근 10기가비트 이더넷은 LAN, MAN, WAN을 하나의 네트워크로 통합할 수 있는 가장 경제적인 네트워크 기술로 떠오르고 있으며 그 뒤를 이어 40기가비트, 100기가비트 이더넷이 등장하고 있다. 서비스 거리는 수m에서 수백m, 수십Km까지 이르는 다양한 종류가 표준화되고 있으며, 40기가비트는 10기가비트 4채널, 100기가비트는 25기가비트 4채널로 전송이 이루어진다. 전송 매체로는 짧은 거리인 경우에는 다중 모드 광케이블, 긴 거리인 경우에는 단일 모드 광케이블이 이용된다. 기술 발전에 따라 전송 거리가 길어지면서 LAN을 넘어서 MAN, WAN으로 이용 범위가 넓어지고 항공과 자동차 등 여러 산업 분야와 국방 분야 등에도 이용될 것으로 예상된다.

03 토큰 제어 방식 LAN

토큰 제어는 데이터를 전송하는 스테이션이 토큰token을 획득하여 전송을 완료한 후 토큰을 반납하는 방식이다. 프레임을 전송하려면 먼저 토큰을 획득해야 하므로 전송을 원하는 스테이션들 간의 충돌 없이 매체에 접근할 수 있다. 게다가 매체 접근 지연시간이 어느 정도 예측 가능하다. 즉, 어느 정도의 시간을 기다리면 매체에 접근할 수 있다는 보장이 주어진다. 또한 토큰 제어 방식에는 CSMA/CD와 달리 우선순위 개념이 적용된다. 즉, 우선순위가 높은 스테이션에 토큰을 먼저 제공하여 먼저 전송할 수 있는 기회를 준다.

토큰 제어 방식은 스테이션 수가 많거나 데이터양이 많아도 충돌이 발생하지 않기 때문에 데이터 손실이 없으므로 CSMA/CD보다 안정적이다. 하지만 CSMA/CD보다 구현하기 복잡하고 토큰이 분실되었을 경우 스테이션들이 무한히 기다린다는 단점이 있다. 또한 토큰이 파괴되거나 여러 개의 토큰이 발생되는 경우 토큰을 제어하거나 관리하기가 어렵다.

토큰 제어 방식을 사용하는 LAN에는 토큰 버스와 토큰 링이 있다.

1 토큰 버스 LAN

토큰 버스 방식은 물리적으로 버스 구조이지만 토큰이 차례대로 각 스테이션에 전달되므로 논리적으로는 링 형태로 볼 수 있다. 토큰 버스는 이더넷의 버스 형태와 토큰 사용에 따른 충돌이 없는 특성을 결합한 LAN으로 볼 수 있다.

토큰을 가진 스테이션은 특정 시간 동안 회선을 점유하여 프레임을 전송할 수 있다. 토큰을 가진 스테이션이 전송을 마쳤거나 일정한 시간이 지나면 토큰은 다음 스테이션으로 넘어간다. 이때 토큰은 스테이션의 물리적인 위치와 상관없이 논리적인 순서로 순환한다. 따라서 토큰에 이전 스테이션predecessor, P과 다음 스테이션successor, S의 주소가 부여되어야 하고, 토큰은 논리적 링의 위치에 관계없이 모든 스테이션에서 가질 수 있다. 한편, 스테이션을 추가하거나 삭제할 경우 논리적 링을 수정해야 한다. 토큰 버스 방식은 공장 자동화, 프로세스 제어를 목적으로 IEEE 802.4에서 표준화하였다. [그림 10-12]에 토큰 버스 방식의 동작 과정을 나타내었는데, 논리적 링은 A → D → B → C → A다.

- 전송할 프레임을 가지고 있는 스테이션은 프리 토큰free token을 기다린다.
- 프리 토큰을 수신한 스테이션은 토큰을 busy 상태로 바꾼 후에 프레임을 버스로 전송한다.
- 전송을 완료한 스테이션은(또는 전송할 프레임이 없는 스테이션은) 미리 정해진 순서대로 다음 스테이션에 토큰을 넘겨준다.

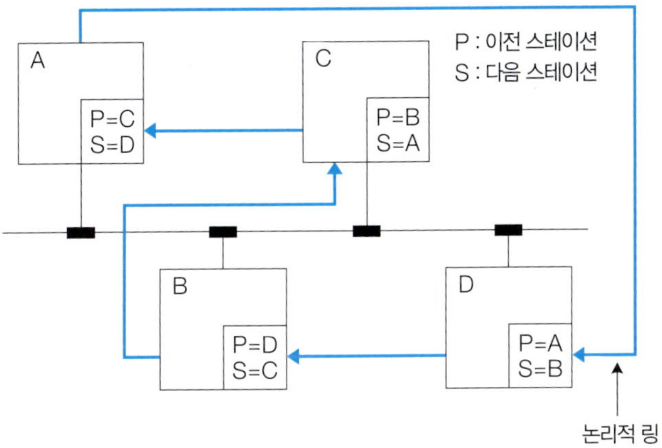

그림 10-12 토큰 버스의 동작 과정

2 토큰 링 LAN

토큰 링token ring은 토큰 버스와 달리 링 형태의 토폴로지를 가지며 토큰 전달 순서도 물리적인 위치에 따라 주어진다. 따라서 링 위치와 동일한 순서로 통과하기 때문에 토큰에 별도의 주소 정보가 필요 없다. 토큰 링에서는 스테이션들이 프레임을 재송신하므로 거리의 제한을 비교적 적게 받으나 만일 한 스테이션이 고장 나면 전체 네트워크가 동작하지 않는다는 단점이 있다. 또한 토큰이 유실되거나 비지 토큰이 계속 링을 돌 수 있는데, 이를 방지하기 위해 토큰을 감시하는 스테이션을 두어 유실되었을 경우 새로운 프리 토큰을 생성시킬 수 있다. 토큰 링은 STP 케이블을 사용하여 최고 16Mbps까지 데이터 전송률을 지원하며 IEEE 802.5로 표준화되었다.

토큰 링의 기본 동작은 [그림 10-13]과 같다. 링에는 스테이션 A, B, C, D가 차례로 접속되어 있다고 가정한다. 링 위의 어떤 스테이션도 프레임을 전송하고 있지 않을 때에는 프리 토큰free token이 링을 따라 한 방향으로 순환한다.

- A가 프레임을 전송하려면 토큰을 획득해야 한다. A가 프리 토큰을 수신하면 이를 busy 상태로 바꾼다.
- A는 프레임을 링으로 전송하는데, 허용된 시간 동안 프레임을 전송할 권한을 가진다.
- B, C, D는 프레임을 수신하여 자신이 목적지인지 아닌지를 확인한다. 만약, 자신이 목적지이면 프레임을 복사한 후에 ACK 신호를 프레임의 끝에 부착하여 보낸다. 자신이 목적지가 아니면 프레임을 단순 재생하여 보낸다.
- A는 자신이 보낸 프레임이 되돌아오면 프레임을 더 이상 재생하지 않고(즉, 링에서 제거) 토큰을 다음 스테이션 B에게 넘겨주기 위하여 토큰 상태를 busy 상태에서 free 상태로 바꾼다.

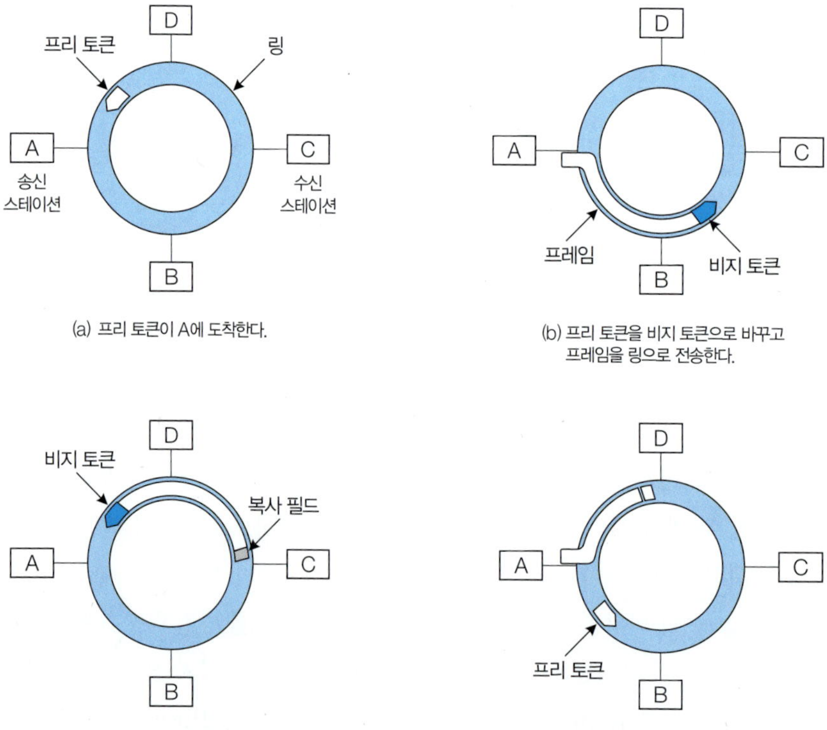

(a) 프리 토큰이 A에 도착한다.

(b) 프리 토큰을 비지 토큰으로 바꾸고 프레임을 링으로 전송한다.

(d) 스테이션 C는 프레임을 수신해서 복사 필드의 마크를 끝에 붙인다.

(d) 프레임이 돌아오면 A는 프리 토큰을 링으로 전송한다.

그림 10-13 토큰 링 방식의 동작 과정

3 토큰 제어 LAN의 발전

FDDI

FDDIFiber Distributed Data Interface는 200Km 범위에서 1,000개의 스테이션을 연결하여 100Mbps의 전송 속도를 제공하는 고성능 광케이블 LAN이다. ANSI와 ITU-T에 의해 표준화되었으며, 광케이블을 이용하여 LAN을 상호 연결하기 위해 규정되었다.

FDDI는 토큰 링 방식을 사용하며, [그림 10-14](a)와 같이 이중 링dual ring으로 구성되어 있다. 하나의 링은 시계 방향으로 전송하고 다른 하나는 시계 반대 방향으로 전송한다. 둘 중 하나가 고장 나면 다른 하나가 사용된다. 만약 사고로 인해 2개의 링이 동시에 훼손되면 (b)와 같이 2개의 링이 하나의 링으로 결합하여 동작한다.

FDDI에 연결되는 스테이션들은 SASSingle Attachment Station나 DASDual Attachment Station로 구분된다. SAS는 1개의 링에 연결되고, DAS는 2개의 링에 연결되는 것을 의미한다. 스테이션은 전송 오류에 대한 내성을 판단하여 SAS와 DAS 둘 중 하나로 링에 연결된다. 대부분의 서버나 워크스테이션은 SAS로 연결된다.

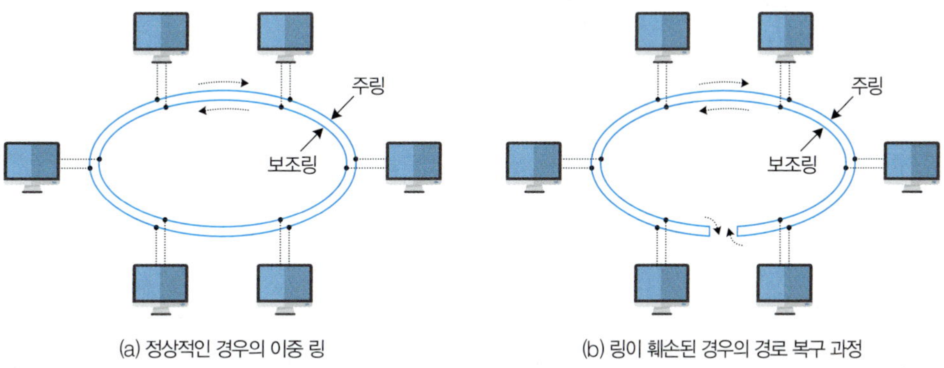

그림 10-14 FDDI의 이중 링

FDDI는 [그림 10-15]와 같이 물리 계층, 데이터링크 계층 그리고 두 계층을 관리하는 SMTStation Management로 구성되어 있다. 물리 계층은 전송 매체에 종속적인 PMDPhysical Medium Dependent와 독립적인 PHYPhysical로 구성되어 있다. PMD 계층에서는 광섬유 종류별로 광 송수신기를 포함한 각종 전송 장비의 내역을 규정한다. PHY 계층에서는 부호화 및 고장 난 노드의 처리 방식을 규정한다. FDDI는 4B/5B 부호화 방식을 사용하고, 매체 접근 방법으로는 IEEE 802.5 토큰 링 방식을 사용한다.

스테이션 간의 최대 거리는 다중 모드 광케이블인 경우에는 2Km이고, 단일 모드 광케이블인 경우에는 40Km이다. SMT는 연결 관리, 링 관리, SMT 프레임 서비스 등의 기능을 수행한다.

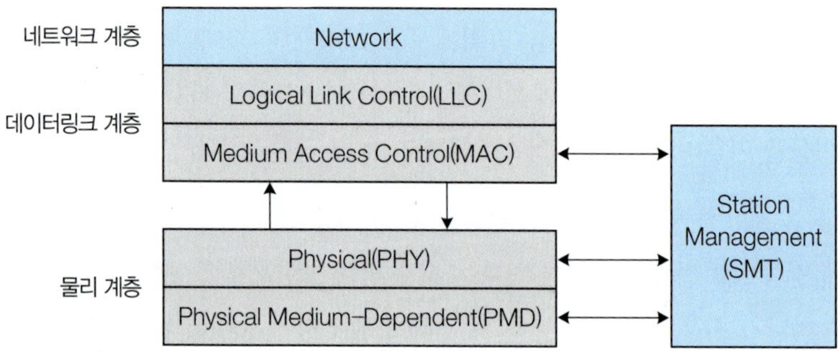

그림 10-15 FDDI의 계층 구조

FDDI의 MAC 계층 프로토콜은 IEEE 802.5 토큰 링 프로토콜과 유사하지만 토큰 조기 해제 방식을 사용한다는 점에서 차이가 있다. 토큰 조기 해제 방식이란 링의 대역폭을 효과적으로 사용하기 위해 데이터를 송신하는 스테이션은 프레임 송신을 마친 후 토큰을 즉시 다음 스테이션으로 전달하는 것을 말한다. 즉, 송신 스테이션은 자신이 송신한 프레임이 링을 돌아서 자신에게 다시 돌아올 때까지 토큰을 소유하지 않고 프레임을 전송하자마자 다음 스테이션에 넘겨서 다른 스테이션이 프레임을 전송할 수 있도록 한다. FDDI의 MAC 계층에서는 토큰 조기 해제 방식을 사용함에 따라 링에는 여러 스테이션에서 전송한 프레임들이 동시에 존재할 수 있다. 따라서 규모가 큰 네트워크에서는 FDDI가 토큰 링보다 효율적인 정보 전송에 유리하다.

DQDB

DQDB Distributed-Queue Dual Bus는 IEEE 802.6에서 규정한 MAN Metropolitan Area Network 표준의 일부이며 이중 버스 구조로 되어 있다. [그림 10-16]과 같이 DQDB는 서로 방향이 다르고 한쪽으로만 데이터가 전송되는 2개의 논리 버스로 구성되어 있다. 버스의 양 끝이 연결되지 않아 링은 아니다. 또한 스테이션 사이를 점대점으로 연결한 링크들이 서로 이어진 형태이므로 버스형이라고도 할 수 없으나 CSMA/CD를 사용하는 버스형처럼 다중 접속 방송 기능도 제공하므로 가상적인 버스 형태로 볼 수 있다. 점대점 연결은 FDDI에서와 같이 광케이블로 LAN을 구축하기 위한 것이다.

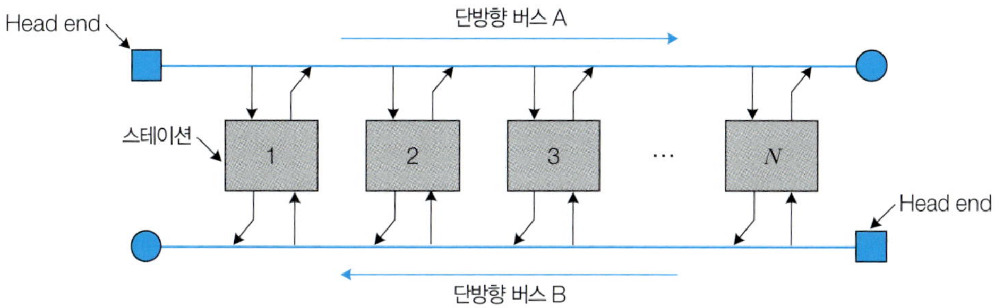

그림 10-16 DQDB의 이중 버스 구조

A와 B로 표시된 2개의 버스는 서로 반대 방향으로 데이터를 전송한다. 각각의 스테이션은 데이터의 전송 방향에 따라 두 버스 중 하나를 이용하여 원하는 버스에 데이터를 실어 전송할 수 있다. DQDB 네트워크에서는 서로 독립적으로 운용되는 2개의 버스가 동시에 동작함으로써 단일 버스에 비해 네트워크의 용량을 크게 증가시킬 수 있다. 버스의 양단에 위치한 스테이션은 헤드head라고 불리며 각 버스의 헤드에서는 일정한 길이의 슬롯을 생성한다. 생성된 슬롯은 버스를 따라 전달되며 각 스테이션은 빈 슬롯에 준비된 데이터를 삽입하여 전송한다. 모든 슬롯들은 각 버스의 끝단에서 폐기된다. 네트워크가 정상적으로 동작하려면 네트워크 내에 슬롯 타이밍을 관리하는 하나의 헤드 스테이션이 필요하며, 분산된 큐queue들로 구성된 모든 스테이션은 이 슬롯타임을 기준으로 하여 데이터를 전송함으로써 모든 스테이션이 양쪽 버스에서 같은 속도로 데이터를 주고받을 수 있다.

FDDI는 초기에 주로 고속의 데이터 전송을 위해 사용되었지만 음성과 데이터 전송도 제공한다. 반면에 DQDB는 영상 서비스를 위한 MAN용으로 개발되었다. 멀티미디어 서비스를 지원하는 B-ISDN과 호환될 수 있도록 모든 정보를 53바이트의 ATM 셀 규격에 맞추어 전송(셀 릴레이 전송)한다.

04 무선 LAN

무선 LANWireless LAN, WLAN은 케이블이 없어 네트워크 구축과 수정이 용이하다. 또한 스테이션들은 선에 묶이지 않기 때문에 쉽게 이동할 수 있고, 이동 중에도 통신이 가능하다는 장점이 있다. 스테이션의 위치가 바뀌거나 추가/삭제 시에도 선로의 증설 또는 변경이 필요 없어 유선 LAN에 비해 인적 · 경제적 비용이 크게 절감된다. 그러나 무선 링크는 유선 링크에 비해 신호 간섭의 영향을 크게 받아 오류율이 높고 전송률이 낮다. 또한 열린 공간으로 신호가 전파되기 때문에 신호 수신이 용이하므로 반송파의 주파수를 알면 도청이 쉽다는 단점이 있다.

무선 LAN의 전송 기술에는 적외선Infrared, IR 기술과 무선 주파수Radio Frequency, RF 기술이 있다. 적외선은 벽이나 천장 및 다른 장애물을 통과할 수 없기 때문에 주로 실내에서 무선 LAN을 구축할 때 사용된다. 대부분의 무선 LAN은 무선 주파수 기술을 사용하며, 산업, 과학, 의료의 용도로 지정된 2.4GHz와 5GHz의 ISMIndustrial, Scientific and Medical 대역에서 동작한다. 국내에서 사용되는 ISM 대역은 2.400~2.485GHz, 5.725~5.825GHz다. ISM 대역을 사용할 경우 주파수 사용 승인을 받을 필요가 없다는 장점이 있어 많은 제품이 이 대역을 사용하고 있다. 그러나 무선 LAN 제품들이 비인가 대역을 사용하고 자신의 제품에 의존적인 형태로 구현함으로써 다른 회사 제품과의 호환성에 문제가 발생하였다. 이 때문에 IEEE에서는 802.11 위원회를 설치하고 무선 LAN 표준을 제정하였다.

1 IEEE 802.11 표준

무선 LAN은 흔히 와이파이WiFi, Wireless Fidelity라고도 부른다. [표 10-5]는 무선 LAN IEEE 802.11 표준안이다. IEEE 802.11은 1997년에 채택된 무선 LAN에 관한 규격이다. IEEE 802.11이 최초로 표준 인정을 받은 이래 대폭적인 기술 향상을 도모하여 여러 가지 개선안이 등장하였다. 개선안들을 구분하기 위해 IEEE 802.11x(a, b, c, …) 등으로 표시한다.

무선 LAN은 전송 속도가 최대 11Mbps인 고속 무선 LAN을 지원하는 IEEE 802.11b를 표준으로 하며, LAN의 확장, 빌딩 간 상호 연결, 이동 접속, 에드혹Ad hoc 네트워크 등의 응용에 사용되고 있다. 현재 무선 LAN의 표준으로 IEEE 802.11a/g/n이 많이 사용되고 있으며, IEEE 802.11ac와 IEEE 802.11ad가 개발되었다. 표에는 없지만 IEEE 802.11e는 QoSQuality of Service를 지원하기 위한 표준이다.

표 10-5 IEEE 802.11 표준 특성 비교

표준안	제정 시기	주파수 대역(GHz)	대역폭(MHz)	전송 속도(Mbps)	변조 방식
IEEE 802.11	1997.6	2.4~2.5	20	2	DSSS, FHSS
IEEE 802.11a	1999.9	5.15~5.35, 5.47~5.725	20	54	OFDM
IEEE 802.11b	1999.9	2.4~2.5	20	11	DSSS
IEEE 802.11g	2003.6	2.4~2.5	20	54	OFDM, DSSS
IEEE 802.11n	2009.9	2.4~2.5, 5.15~5.35, 5.47~5.725	20, 40	600	OFDM
IEEE 802.11ac	2013.12	5.15~5.35, 5.47~5.725	20, 40, 80, 160	6.933Gbps	OFDM
IEEE 802.11ad	2014.12	2.4, 5, 60	2.16	6.75Gbps	OFDM+SC
IEEE 802.11ah	2016.8	900MHz	1~16	68	MIMO-OFDM
IEEE 802.11ay	2019	60	8	100Gbps	OFDM/SC

■ **IEEE 802.11b**

1999년 9월에 승인된 IEEE 802.11b는 2.4GHz ISM 대역을 사용하는 무선 LAN 표준으로, HR-DSSSHigh Rate Direct Sequence Spread Spectrum 방식을 통하여 최대 11Mbps의 전송 속도를 제공한다. HR-DSSS는 CCKComplementary Code Keying라는 부호화 방식을 제외하고는 DSSS와 유사하다. IEEE 802.11b에 기반한 제품들은 IEEE 802.11 DSSS 표준을 따르는 제품들과 상호 호환성을 가지며 초기 무선 LAN 활성화에 크게 기여하였다.

■ **IEEE 802.11a**

1999년 9월 IEEE 802.11b와 거의 동시에 채택된 IEEE 802.11a는 고속 무선 LAN의 표준으로 OFDMOrthogonal Frequency Division Multiplexing 기술을 적용하여 최대 54Mbps의 전송 속도를 제공한다. 5.150~5.250GHz 대역과 5.250~5.350GHz 대역은 최대 전력이 1W로 실외용으로 사용된다.

IEEE 802.11a는 고속 무선 LAN을 공중망과 연동하여 광대역 무선 서비스를 제공하는 동시에 유럽의 HIPERLAN과의 호환을 염두에 두었다. 그러나 5.8GHz의 높은 주파수 대역을 사용하는 IEEE 802.11a는 IEEE 802.11b에 비해 무선 전파 환경이 불리하고, 고속의 전송 속도를 위한 서비스 영역의 축소로 IEEE 802.11b에 비해 구축 비용이 많이 들어간다.

■ IEEE 802.11g

5GHz 대역의 IEEE 802.11a는 2.4GHz 대역의 IEEE 802.11b와 호환하는 데 문제가 있었다. IEEE 802.11g는 2.4GHz 대역에서 IEEE 802.11a와 비슷한 54Mbps 속도를 지원할 목적으로 2003년에 제정된 표준이다. IEEE 802.11g는 OFDM 기술을 사용하며, IEEE 802.11b/a와의 호환성이 보장된다.

■ IEEE 802.11n

2009년에 승인된 IEEE 802.11n은 600Mbps의 전송 속도를 제공한다. 이와 같은 고속 전송을 위해 다중 안테나를 이용하여 주파수 효율을 높이는 MIMOMultiple Input Multiple Output 방식, 적응적 OFDM 기술을 적용하고 있다.

■ IEEE 802.11ac

IEEE 802.11ac는 광범위하게 사용되고 있는 IEEE 802.11n보다 전송 속도를 Gbps까지 높이기 위한 규격으로 IEEE 802.11n의 채널 결합 기술과 MIMO를 대폭 발전시킨 표준이다. IEEE 802.11ac는 압축되지 않은 HD 동영상을 전송하는 것을 목표로 한다.

■ IEEE 802.11ad(Microwave WiFi)

WiGig로도 불리며, 60GHz 대역의 마이크로웨이브를 이용하여 7Gbps의 전송 속도를 제공한다. 대용량의 데이터나 HD급의 비디오 스트리밍 전송에 적합하다. 주파수 대역이 높아 장애물을 통과하기 어려워 10m 이내의 공간에서 2.4/5GHz 대역을 지원해 범용으로 사용할 수 있다.

2 IEEE 802.11 네트워크 구조

[그림 10-17]은 IEEE 802.11에서 정한 무선 LAN 구조를 나타낸다. 다수의 BSSBasic Service Set(기본 서비스 집합)가 DSDistribution System(분배 시스템)에 의해 연결되어 ESSExtended Service Set(확장 서비스 집합)가 된다. BSS에서는 APAccess Point(액세스 포인트)를 통해서 DS에 연결되고 BSS 내부에 존재하는 이동 STA(스테이션)들은 AP와 데이터를 송수신한다. 스테이션 간에 직접 통신하지 않고 AP를 통해서 간접적으로 통신한다. 다른 BSS에 속한 스테이션에 데이터를 전송하는 경우 데이터는 AP를 거쳐 DS에 보내지고 DS는 이를 목적지가 포함된 BSS의 AP에 전달한다. 목적지 BSS의 AP는 이를 목적지 스테이션에 전달한다. 기존 유선 LAN과 연결하려면 포털portal이라는 장치를 통해서 DS에 접속한다.

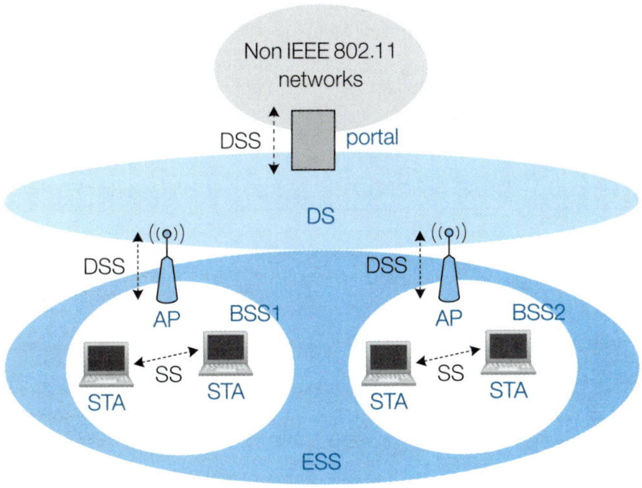

STA : 스테이션
BSS : 기본 서비스 집합
ESS : 확장 서비스 집합
DS : 분배 시스템
DSS : 분배 시스템 서비스
SS : 스테이션 서비스
AP : 액세스 포인트

그림 10-17 IEEE 802.11 무선 LAN 구조

BSS가 다른 BSS나 DS 없이 홀로 존재하면 이는 애드혹 네트워크ad-hoc network가 된다. 애드혹 네트워크에서는 중앙에 AP를 두지 않고 스테이션들이 직접 송수신기를 이용하여 무선 통신을 수행한다. 애드혹 네트워크는 필요에 따라 그룹 구성원들 사이에 잠정적으로 네트워크를 구성하고 작업이 종료되면 없어지는 네트워크를 의미한다. 예를 들어, 무선 인프라가 없는 야외에서 무선 송수신이 가능한 노트북을 이용하여 그룹 구성원 간 네트워크를 구성해 팀 작업을 한다면 에드혹 네트워크가 된다. 애드혹 네트워크는 외부 네트워크와 연결되지 않으며, 자신의 네트워크 내에서만 통신이 이루어지고 작업이 끝나면 해제된다.

3 IEEE 802.11 MAC 계층

IEEE 802.11 프로토콜의 MAC 계층은 [그림 10-18]과 같이 DCF Distributed Coordination Function와 PCF Point Coordination Function라는 2개의 부계층을 정의하고 있다. DCF는 이더넷과 유사한 반송파 감지 메커니즘을 사용하여 스테이션들의 데이터 전송에 관한 결정을 분산하여 수행한다. 즉, 경쟁에 의해 채널 접근이 제어되는 방식이다. PCF는 AP에 의해 스테이션들의 데이터 전송이 중앙에서 제어(폴링)되는 방식이다. 표준안에서 DCF는 기본이고 PCF는 선택 사항이다.

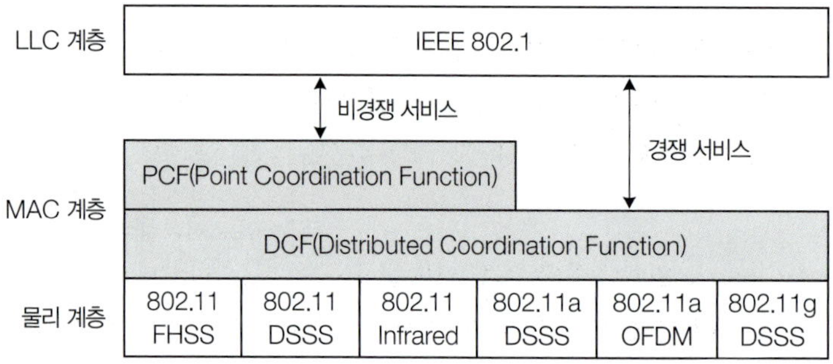

그림 10-18 IEEE 802.11 프로토콜 계층 구조

CSMA/CA

DCF에서는 CSMA/CD의 변형인 CSMA/CA Carrier Sense Multiple Access with Collision Avoidance라는 방식을 사용한다. CSMA/CD에서는 버스에 흐르는 전류의 변화로 프레임의 충돌을 검출할 수 있었지만 무선에서는 충돌 여부를 검출할 수 없어 아예 충돌을 회피하는 방법을 사용하는 것이다.

프레임을 전송하려는 스테이션은 매체가 유휴 상태일 때 바로 전송하지 않고 특정 시간 동안 기다렸다가 매체가 계속 유휴 상태이면 전송을 시도한다. 이와 같이 전송 시도 전에 기다려야 하는 특정 시간을 IFS Interface Space라고 한다. IFS에는 세 가지가 있다. SIFS Short Interface Space는 가장 짧은 대기 시간으로 데이터 전송에 대한 ACK나 CTS와 같이 확인 응답에 사용된다. PIFS Polling Interface Space는 중간 길이의 대기 시간으로 중앙 제어 장치가 폴링할 때 사용한다. DIFS Distributed Interface Space는 가장 긴 대기 시간으로 일반 데이터 전송을 위해 스테이션들 간에 매체를 경쟁 방식으로 공유할 때 사용하는 지연시간이다.

[그림 10-19]는 다음과 같은 CSMA/CA의 동작을 나타낸다.

❶ 먼저, 프레임을 전송하려는 송신 스테이션은 매체를 감시한다. 매체가 사용 중이면 송신 스테이션은 매체가 유휴 상태가 될 때까지 매체를 계속 감시한다. 매체가 유휴 상태가 되면 송신 스테이션은 DIFS 시간 동안 기다린 후에 RTSRequest To Send 제어 프레임을 수신 스테이션으로 전송한다.

❷ RTS 프레임을 받은 수신 스테이션은 짧은 SIFS 시간 동안 기다렸다가 송신 스테이션에 CTSClear To Send 제어 프레임을 보낸다. CTS는 수신 스테이션이 데이터를 받을 준비가 되었다는 것을 송신 스테이션에 알리는 것이다.

❸ CTS를 수신한 송신 스테이션은 SIFS 동안 기다렸다가 보내려는 프레임을 수신 스테이션으로 보낸다.

❹ 프레임을 받은 수신 스테이션은 SIFS 동안 기다린 후 ACK를 송신 스테이션에 보낸다.

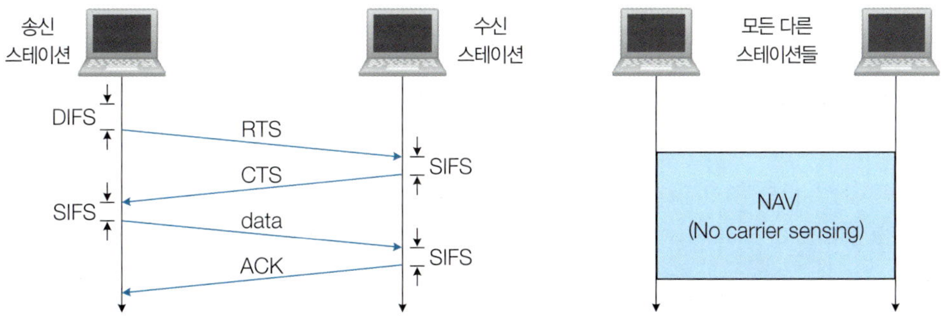

그림 10-19 CSMA/CA 동작 과정

CSMA/CA에서는 반드시 ACK가 필요한데, 그 이유는 수신 스테이션이 데이터를 잘 받았는지 송신 스테이션이 알 수 없기 때문이다. CSMA/CD에서는 충돌이 발생하지 않으면 이것으로 데이터가 잘 도착하였다는 것을 송신 스테이션에 알려주는 표시가 된다.

어느 한 스테이션이 접근 권한을 가지고 있을 때 어떻게 다른 스테이션들이 데이터를 보내지 않고 기다리고 있을까? 즉, 어떻게 충돌 회피가 이루어질까? 그 핵심은 NAVNetwork Allocation Vector에 있다. 한 스테이션이 RTS 프레임을 전송할 때, 그 프레임에는 채널 점유 시간이 포함되어 있다. 이 RTS를 수신한 모든 스테이션은 NAV라는 타이머를 생성한다. 이 타이머가 종료된 후에야 매체의 사용 유무를 검사한다. RTS에 표시된 채널 점유 시간 동안에는 다른 스테이션들이 전송을 시도하지 않음으로 충돌을 회피하는 것이다.

동시에 2개 이상의 스테이션이 RTS 프레임을 전송하면 충돌이 발생한다. 이와 같은 경우에는 수신 스테이션으로부터 CTS를 받지 못하므로 발신 스테이션은 충돌이 발생한 것으로 간주하고 일정 시간 동안 기다렸다가 다시 RTS 프레임을 전송한다.

경쟁 윈도

IFS(SIFS 또는 DIFS)가 종료된 후 전송 시도 전에 충돌을 회피하기 위해 슬롯타임slot time의 정수 배로 정해지는 대기 시간을 갖는데 이를 경쟁 윈도contention window라고 한다. 초기에 대기 시간은 슬롯타임 1개이며, 스테이션은 대기 시간이 지난 후에 다시 매체를 살펴서 비어 있으면 RTS 프레임을 전송하고, 사용 중이면 다시 이전 대기 시간의 2배에 해당하는 대기 시간 내에서 임의의 슬롯타임 개수만큼 대기에 들어간다. 예를 들어, 시도 횟수가 $N=3$인 경우 0과 7(0과 2^N-1) 사이에서 임의의 값을 선택하여 대기한다. 대기 중에 매체가 사용되면 남은 시간 동안 타이머를 정지시키고 추후에 다시 경쟁 윈도에 들어가면 타이머를 다시 작동하여 남은 시간 동안 대기하도록 한다. 이와 같은 경쟁 윈도를 시간에 따라 발생하는 사건으로 나타내면 [그림 10-20]과 같다.

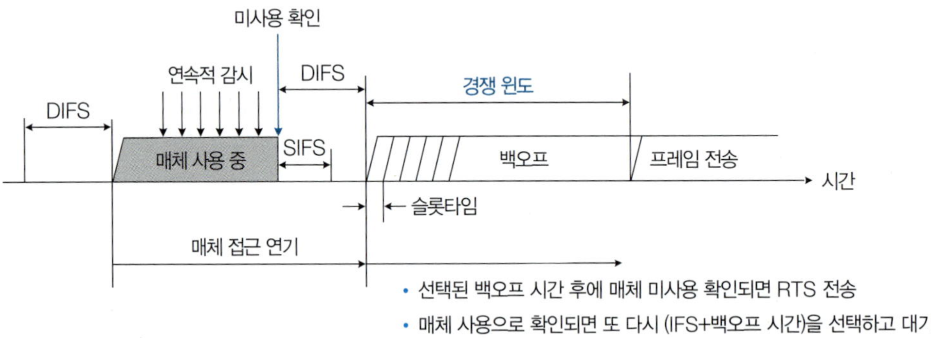

그림 10-20 경쟁 윈도

숨겨진 터미널 문제, 노출된 터미널 문제

무선 LAN에서 [그림 10-21]과 같이 스테이션 A, B, C가 위치한 경우, 중간에 있는 B는 A와 C 모두와 통신할 수 있지만 A와 C는 직접 통신할 수 없는 거리에 있다. 이때 A가 B에 프레임을 전송하면 C는 매체를 살펴도 A가 전송한 것을 알 수 없으므로 C가 B에 전송을 시도할 경우 B 근처에서 충돌이 발생한다. A 입장에서는 C가 인식되지 않은 숨겨진 터미널로 이해될 수 있다. 이러한 문제를 숨겨진 터미널 문제hidden terminal problem라고 한다.

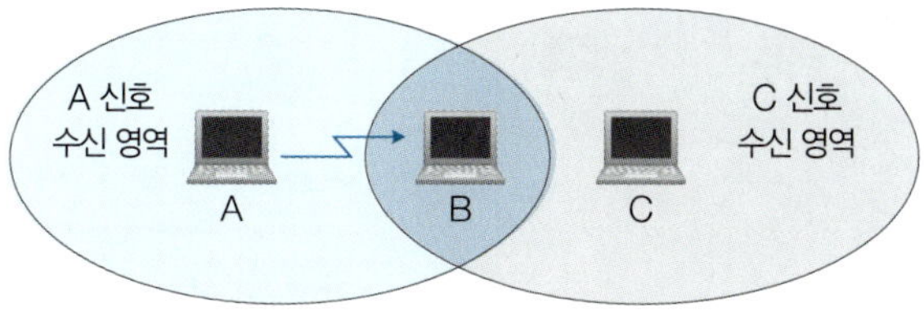

그림 10-21 숨겨진 터미널 문제 상황

이 문제를 해결하기 위해 A가 B에 RTS를 전송하고 이를 수신한 B는 응답으로 CTS를 전송한다. 이렇게 하면 C도 CTS를 수신할 수 있기 때문에 C는 NAV 기간 동안 전송을 시도하지 않고 충돌을 회피할 수 있다. [그림 10-22]는 이 과정을 보여준다.

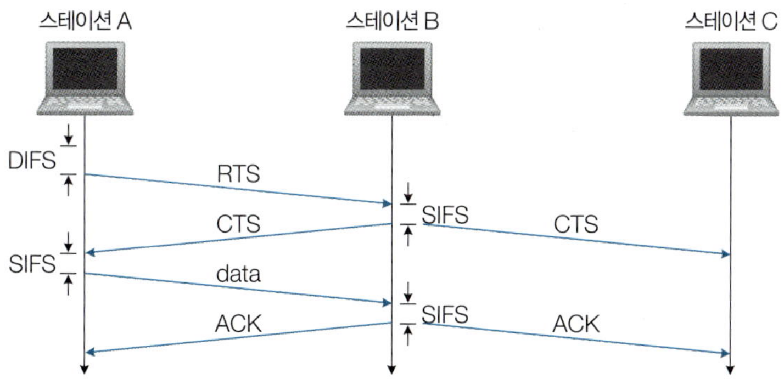

그림 10-22 RTS/CTS를 이용한 데이터 전송 과정

숨겨진 터미널 문제와 반대로 [그림 10-23]과 같이 스테이션 B가 A로 프레임을 전송하는 도중에는 C가 신호를 감지할 수 있으며 매체를 사용할 수 없다. C가 D에 프레임을 전송하려 할 때도 B가 전송 중이면 마찬가지로 매체가 빌 때까지 기다려야 한다. 그러나 C가 D에 프레임을 전달해도 충돌 프레임이 D에 전달되지는 않는다. B의 전송 신호는 D까지 전달될 수 없기 때문이다. 이와 같이 동시 전송이 가능함에도 전송하지 못하는 경우를 노출된 터미널 문제exposed terminal problem라고 한다.

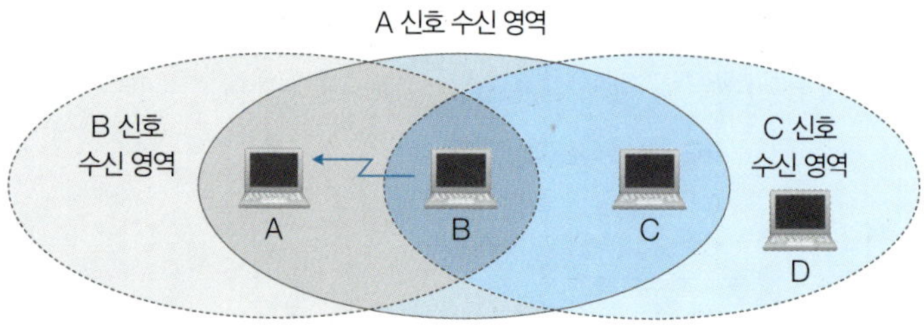

그림 10-23 노출된 터미널 문제 상황

프레임 형식

무선 통신에서는 잡음에 의한 간섭이 유선 통신보다 매우 크기 때문에 프레임의 전송 오류에 의한 재전송 가능성이 높다. 오류 가능성을 줄이려면 프레임의 크기를 작게 하는 것이 유리하다. 이러한 이유로 IEEE 802.11에서는 무선 LAN 사용 시 크기가 큰 프레임을 작게 분할하여 사용할 것을 권고하고 있다. IEEE 802.11 프레임 형식은 [그림 10-24]와 같다.

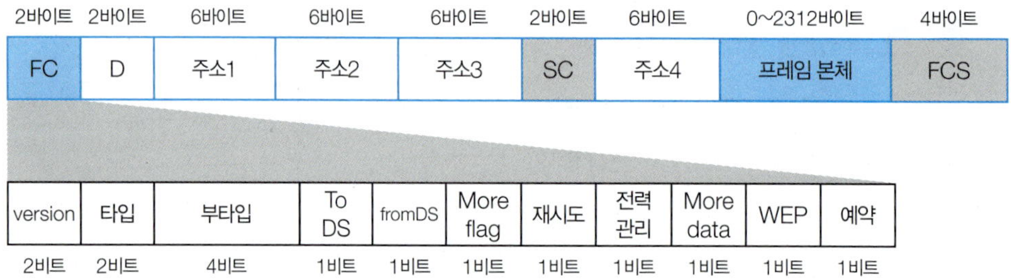

그림 10-24 IEEE 802.11 무선 LAN의 프레임 형식

- 프레임 제어FC, Frame Control : 프레임 타입과 제어 정보를 정의하고 다음과 같이 다양한 부필드로 구성된다.
  - 버전version : 버전 정보를 나타낸다.
  - 타입type : 정보 타입을 나타낸다. 00이면 관리, 01이면 제어, 10이면 데이터 정보를 의미한다. 관리 프레임은 초기에 스테이션과 AP 사이에서 사용된다. 제어 프레임은 RTS/CTS나 ACK 메시지를 위해 사용된다. 그리고 데이터 프레임은 제어 정보와 데이터를 전달하는 데 사용된다.
  - 부타입subtype : 제어 프레임에서 RTS(1011), CTS(1100), ACK(1101) 등을 나타낸다.

- DS 쪽으로to DS : 주소 체계를 나타내는 플래그다.
- DS에서부터from DS : 역시 주소 체계를 나타내는 플래그다.
- more 플래그more flag : 다음에 분할된 프레임이 있음을 나타낸다.
- 재시도retry : 재전송된 프레임을 나타낸다.
- 전력 관리power management : 스테이션이 전력 관리 모드임을 나타낸다.
- more data : 전송할 데이터가 더 있음을 나타낸다.
- WEPWired Equivalent Privacy : 암호화가 구현되었음을 나타낸다.
- 예약reserved : 예약된 필드다.

- 기간duration, D : 충돌 회피를 위한 NAV 값을 나타낸다.
- 주소address : 4개의 주소 필드를 갖는다. 다음과 같이 To DS, from DS 플래그 값에 따라 주소의 의미가 결정된다.

To DS	From DS	주소1	주소2	주소3	주소4
0	0	수신지	송신지	BSS ID	-
0	1	수신지	송신 AP	송신지	-
1	0	수신 AP	송신지	수신지	-
1	1	수신 AP	송신 AP	수신지	송신지

- 순서 제어Sequence Control, SC : 흐름 제어를 위한 순서 번호를 나타낸다.
- 프레임 몸체frame body : 프레임 타입에서 정의된 데이터가 들어간다.
- FCSFrame Check Sequence : 오류 검출을 위한 CRC-32를 이용하는 필드다.

[그림 10-25]는 제어 프레임 형식을 나타낸다.

(a) RTS (b) CTS 또는 ACK

그림 10-25 제어 프레임 형식

05 무선 개인 통신(WPAN)

무선 개인 통신Wireless Personal Area Network, WPAN은 무선 기반의 이동성과 편리성을 제공하고 언제, 어디서나 사용자 맞춤형 서비스를 제공하는 유비쿼터스 네트워크의 핵심 기술이다. WPAN을 사용하면 10m 내외의 비교적 단거리에서 디바이스 간의 무선 연결을 통해 다양한 정보를 전달할 수 있다. 특히, 저전력, 소형, 저가격으로 저속Kbps에서 초고속Gbps에 이르기까지 다양한 전송 속도를 제공하고 집, 사무실, 병원 등과 같은 실내 환경에서뿐 아니라 외부 망과 연동되어 원격지에서도 사용자가 원하는 서비스를 제공하기 위한 인프라를 제공한다.

IEEE 802.15 표준화 그룹에서는 가장 먼저 블루투스bluetooth 프로토콜이 IEEE Std 802.15.1~2002로 표준화되었다. 이를 위해서 IEEE 802 워킹 그룹은 특정 관심 그룹으로 비독점 라이선스를 받고, 이를 기초로 IEEE 802.15.1 블루투스 표준화 규격에 상당한 기여를 했다. 또한 IEEE 802.15 워킹 그룹은 IEEE 802.15b 무선 LAN과 블루투스의 공존을 위한 권고 사항 개발 작업을 수행하였고 이러한 노력의 결과로 IEEE 802.15.2TM-2003이 만들어졌다.

또한 IEEE 802.15는 고속 WPAN의 두 가지 WPAN 기술 표준을 완료했으며, UWBUltra-WideBand 기술을 물리 계층에 적용하여 이전에 보였던 어떤 기술보다도 뛰어난 성능을 보장하는 WPAN 기술로 발전시키는 작업을 진행해왔다. 최근에는 IEEE 802.15.5 메쉬mesh와 인체를 중심으로 장치들을 연결하는 IEEE 802.15.6 BANBody Area Network에 대한 표준화 그룹이 새롭게 만들어져 보다 다양한 방향에서 WPAN 기술 표준화가 확대 진행되고 있다.

1 블루투스

블루투스bluetooth는 1994년 스웨덴의 에릭슨Ericsson사에서 시작된 무선 통신 기술이다. 스칸디나비아 지역을 통일했던 덴마크 왕의 이름인 Harald 'Blatand' Gormsen에서 유래하였다. 블루투스는 10m 정도의 짧은 거리에 위치한 장치들을 연결하는 데 사용되는 무선 LAN의 일종이다. 흔히 PC와 마우스, 프린터, 스피커, 오디오 헤드셋 등의 장치를 연결할 때 사용되고 있다. 그 밖에 집에서 여러 가전제품에 붙어 있는 센서들을 무선으로 연결할 때도 사용된다. 블루투스는 IEEE 802.15.1에서 표준화를 진행하고 있으며 방이나 연구실 정도의 규모에서 동작하는 무선 개인 통신망WPAN으로 정의된다.

네트워크 구조

블루투스는 기기 간 1:1 데이터 통신을 위해 사용되는 것이 일반적이다. 그러나 경우에 따라 블루투스는 하나의 마스터master 장치를 중심으로 여러 개(최대 7대)의 슬레이브slave 장치가 연결되는 피코넷piconet을 구성할 수 있다. 또한 하나의 슬레이브는 다시 다른 피코넷의 마스터가 될 수 있는데 이 경우 2개의 피코넷이 겹치는 형태가 된다. 이와 같은 형태를 스케터넷scatternet이라고 한다. [그림 10-26]은 피코넷과 스케터넷 구조를 보여준다.

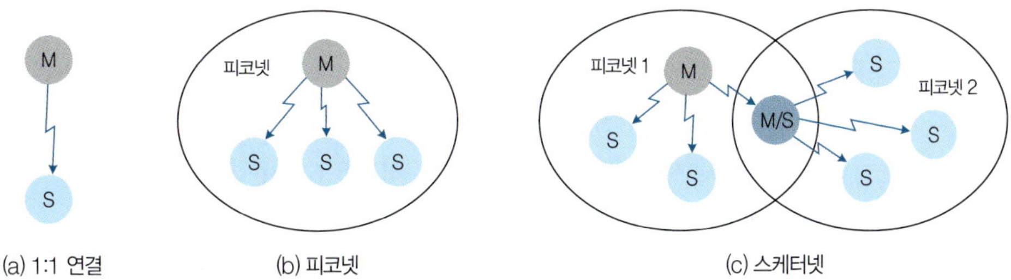

그림 10-26 블루투스 네트워크 구조

한 피코넷에서 슬레이브들은 마스터의 폴링에 따라 데이터를 송수신한다. 마스터의 제어 없이 슬레이브들 사이의 통신은 불가능하다. 즉, 스마트폰에 연결된 이어폰과 마우스는 스마트폰과 통신할 뿐 두 기기가 직접 통신하지 않는다는 의미다. 하지만 마스터와 슬레이브는 고정된 것이 아니다. 상황에 따라 마스터와 슬레이브가 바뀔 수도 있다.

프로토콜 계층 구조

블루투스는 [그림 10-27]과 같은 계층 구조를 갖는다.

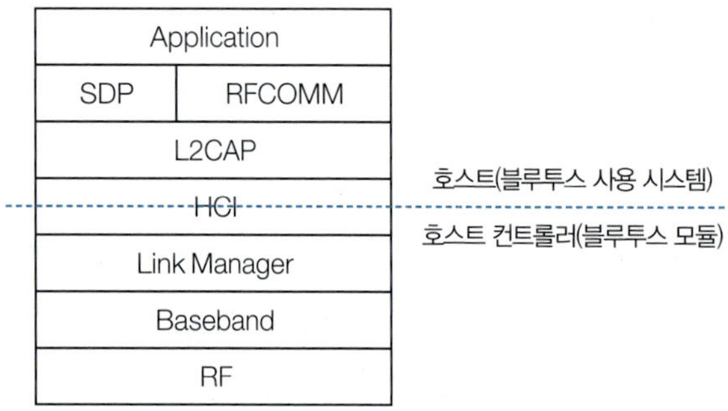

그림 10-27 블루투스 프로토콜 계층 구조

■ **RF(무선 계층)**

이 계층은 물리 계층이다. 블루투스는 ISM Industrial, Scientific, Medical 대역인 2,400~2483.5MHz 주파수를 이용해 통신한다. 이 대역에서 아래 2MHz, 위 3.5MHz의 보호 대역 guard band을 두었다. 그리고 각 채널의 대역폭을 1MHz로 하여 총 79개의 채널을 쓴다. 와이파이 WiFi와 지그비 ZigBee 등의 제품도 동일한 주파수 대역을 이용하고 전자레인지도 이 주파수 대역의 에너지를 사용한다. 이 때문에 주파수 간섭을 최소화하기 위해 블루투스는 주파수 도약 확산 대역 Frequency Hopping Spread Spectrum, FHSS 방식을 사용한다. 초당 1,600번의 호핑 hopping이 발생하므로 각 주파수에서 머무는 시간은 625μs(=1/1600)다.

주파수 채널 : $f = 2402 + k\text{MHz}$ ($k = 0, 1, 2, \cdots 78$)

■ **Baseband(베이스밴드 계층)**

베이스밴드 계층은 LAN 프로토콜의 MAC 계층과 유사하다. 마스터와 슬레이브는 슬롯타임(625μs)을 이용하여 TDMA Time Division Multiple Access 방식으로 매체에 접근한다. 전송은 마스터와 슬레이브 사이에서만 전송할 수 있으며, 슬레이브 간에는 전송할 수 없다.

마스터와 슬레이브는 반이중half-duplex 방식으로 통신한다. 마스터와 슬레이브가 번갈아가며 전송하는 경우 마스터는 0, 2, 4, 6, … 슬롯타임을 사용하고 슬레이브는 1, 3, 5, 7, … 슬롯타임을 사용한다. 이와 같은 방식을 TDD-TDMATime Division Duplex TDMA라고 한다. 슬레이브가 2개 이상일 경우에는 마스터에서 매번 다음 슬롯타임을 사용할 슬레이브를 지정한다. 베이스밴드 계층에서 사용하는 프레임 형식은 [그림 10-28]과 같다.

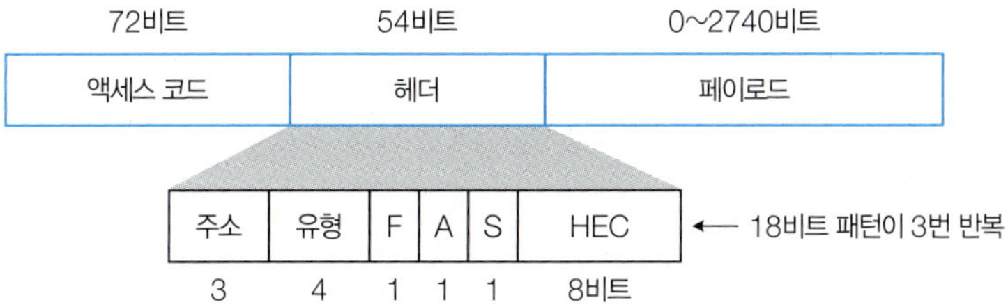

그림 10-28 베이스밴드 계층의 프레임 형식

- 액세스 코드access code : 동기 비트와 마스터 식별자를 포함한다.
- 헤더header
  - 주소address : 7개의 슬레이브를 식별하는 주소다. 0이면 브로드캐스팅 주소다.
  - 유형type : 데이터 유형을 의미한다.
  - F : 1이면 더 이상 프레임 수신이 불가함을 나타낸다.
  - A : 0과 1이 반복되는 정지-대기 ARQ의 응답으로 사용된다.
  - S : 정지-대기 ARQ의 순서 번호로 0과 1이 반복된다.
  - HEC : 헤더 오류 검출과 수정을 위한 8비트 필드다. 헤더에는 18비트 이상의 동일한 정보가 세 번 반복된다. 세 번 모두 동일한 값이면 오류가 없다고 판단하고, 다른 경우에는 오류가 발생한 것이므로 두 번 같은 값이 맞는 것으로 판단하여 오류를 수정한다. 이와 같은 방법으로 헤더를 위한 순방향 오류 정정forward error correction을 수행한다.
- 페이로드payload : 상위 계층에서 내려오는 데이터와 제어 정보가 포함된다. 1 슬롯타임 프레임이면 데이터가 240비트, 3 슬롯타임이면 1,490비트, 5 슬롯타임이면 2,740비트가 된다.

■ **링크 관리자 계층**link manager layer

두 장치 사이에 링크 설정, 관리, 해제하는 기능을 담당한다. 링크는 비동기 비연결형asynchronous connectionless, ACL, 동기 연결형synchronous connection-oriented, SCO, 스트림stream 링크 등이 될 수 있다. 동기 연결형 링크는 오류가 없는 전송보다 지연이 중요한 경우에 사용되며, 이와 반대로 비동기 비연결형은 지연보다는 오류가 없는 전송이 중요할 때 사용된다. 스트림 링크는 데이터를 연속적으로 전달하기 위해 사용된다.

■ **HCI 계층**

HCIHost Controller Interface 계층은 호스트와 호스트 컨트롤러 사이의 인터페이스를 담당한다. 호스트 컨트롤러는 블루투스 모듈을 의미하며 호스트는 블루투스를 사용하는 시스템을 말한다. HCI 계층은 블루투스 모듈이 다양한 시스템과 연결하기 위한 표준 인터페이스를 담당한다.

■ **L2CAP 계층**

L2CAPLogical Link Control and Adaptation Protocol 계층은 LAN 프로토콜의 LLC 부계층에 해당하는 계층이며 다중화, 분할과 재조립, 서비스 품질 관리 등의 기능을 수행한다. 패킷 형식은 [그림 10-29]와 같다.

길이	채널 식별자	데이터와 제어 정보
2바이트	2바이트	최대 65,535바이트

그림 10-29 L2CAP 패킷 형식

■ **RFCOMM/SDP 계층**

RFCOMMRF communication은 해당 계층에서 가상의 직렬 포트를 제공한다. SDPService Discovery Protocol는 블루투스 기기에서 사용 가능한 서비스 종류 및 서비스 특성을 알 수 있게 해주는 기능이다.

블루투스 표준의 변화

현재 블루투스 5.0까지 발표되었는데, [표 10-6]에 블루투스 표준의 변화를 요약하여 나타내었다.

표 10-6 블루투스 표준의 변화 과정 및 주요 특징

버전	주요 특징
블루투스 1.0~1.1~1.2	• 1.1 버전은 2002년 IEEE 표준 승인 • 전송 속도 723Kbps
블루투스 2.0+EDR	• 2004년 10월 표준화 (EDR : Enhanced Data Rate) • 데이터 전송 속도가 3.0Mbps로 향상(실제 속도 2.1Mbps)
블루투스 2.1+EDR	• 2007년 7월 채택 • 1.2 버전과 호환
블루투스 3.0+HS	• 2009년 4월 발표(HS : High Speed) • 최대 전송 속도는 24Mbps
블루투스 4.0+LE	• 2010년 6월 채택 • 클래식 블루투스와 고속 전송(+HS), 저전력(+LE)이 포함 • BLE의 경우 저전력 구동, 1Mbps 속도
블루투스 4.1	• 2013년 12월 발표 • 공존성(coexistence) 향상, 더 나은 연결(better connections), 데이터 전송 개선(improved data transfer), 개발자에게 더 많은 유연성 제공(more flexibility to developers), IoT를 위한 IPv6 표준 추가
블루투스 4.2	• 2014년 12월 발표 • IoT 지원을 위한 특징들을 도입 • IPv6, 6LoWPAN을 이용한 인터넷 직접 접속
블루투스 5.0	• 2016년 6월 발표 • 사물인터넷에 초점 • 데이터 전송 속도와 신호 도달 범위의 trade-off가 가능

2 지그비

지그비ZigBee는 소형, 저전력, 저비용이라는 특징을 이용해 무선 개인 통신망WPAN을 구성하여 통신하기 위한 표준 기술이다. IEEE 802.15 표준을 기반으로 만들어졌다. 지그비 장치는 메쉬 네트워크 방식을 이용하여 여러 중간 노드를 거쳐 목적지까지 데이터를 전송함으로써 저전력임에도 불구하고 넓은 범위의 통신이 가능하다. 애드혹 네트워크적인 특성으로 인해 중심 노드가 따로 존재하지 않는 응용 분야에 적합하다.

지그비는 저속 전송 속도만 필요하고 긴 베터리 수명과 보안성을 요구하는 분야에서 사용된다. 전송 속도는 250Kbps이며, 주기적 또는 간헐적인 데이터 전송이나 센서 및 입력 장치 등의 단순 신호 전달을 위한 데이터 전송에 가장 적합하다. 응용 분야로는 무선 조명 스위치, 가내 전력량계, 교통 관리 시스템, 그 밖에 근거리 저속 통신을 필요로 하는 개인 및 산업용 장치 등이 있다. 지그비 표준은 블루투스나 와이파이 같은 다른 WPAN 기술에 비해 상대적으로 더 단순하고 저렴한 기술을 목표로 만들어졌다.

지그비 네트워크는 128비트 대칭키 암호화를 이용한 보안을 제공한다. 홈 오토메이션 애플리케이션의 경우 전송 거리는 가시선 기준 10m에서 100m 정도이며 출력 강도 및 무선 환경에 따라 달라진다. 지그비는 1998년 구상이 시작되었으며 2003년에 IEEE 802.15.4 표준으로 제정되었고, 2004년에 지그비 1.0이 승인되었다. 지그비라는 명칭은 지그재그zig-zag와 벌bee의 합성어로, 벌들이 지그재그로 날아다니며 서로 간에 통신하는 모습에서 유래한 용어다.

[표 10-7]은 다른 무선 방법과 지그비의 특성을 비교한 내용이다.

표 10-7 WPAN 표준의 특성 비교

구분	지그비	블루투스	와이파이	NFC
전송 거리	~100m	~10m	~10m	~20cm
전송 속도	~250Kbps	~24Mbps	11Mbps/54Mbps	106~848Kbps
최대 채널 수	32,000	7	14	1
소비 전력	매우 낮음	중간	높음	낮음
복잡도	낮음	낮음	높음	낮음
비용	낮음	낮음	높음	낮음

지그비 통신은 복잡하지 않은 시스템 구조로 구성되어 있으며, 적은 소비 전력으로 인해 소형화가 가능함을 알 수 있다. 비록 전송 속도 면에서 블루투스나 와이파이 통신이 우수하긴 하지만 가격이 비싸기 때문에 상대적으로 저렴하고 간단한 지그비 장치로 무선 네트워크를 구축할 수 있다. 또한 네트워크 규모도 방대하기 때문에 다수의 센서를 활용하거나 모듈을 사용하는 시스템에 적합한 형태를 보인다.

지그비 프로토콜 스택 구조

[그림 10-30]은 지그비 프로토콜 스택 구조를 보여준다. IEEE 802.15.4는 유비쿼터스 구현을 위한 무선 네트워크 프로토콜로서 물리 계층과 MAC 계층을 정의하고 있다. 응용 서비스를 위한 시스템 개발에 필요한 상위 계층 표준화 작업은 지그비 연합ZigBee Alliance에서 담당하고 있으며 네트워크 계층, 응용 계층을 비롯해 보안 기술에 대한 표준을 제정한다.

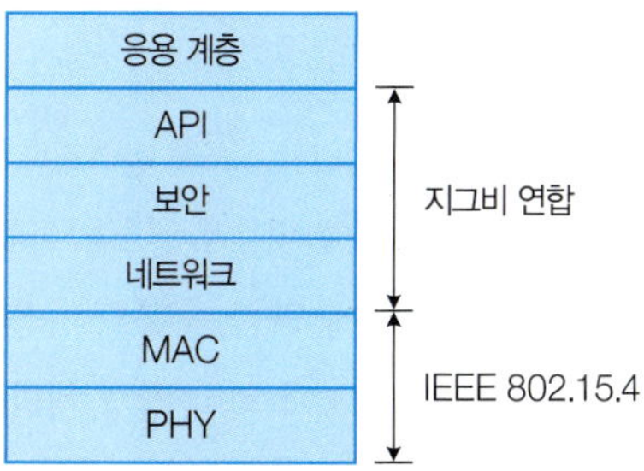

그림 10-30 지그비 프로토콜 스택 구조

네트워크 토폴로지

[그림 10-31]과 같이 지그비 표준에는 세 가지 토폴로지인 메쉬mesh형, 스타star형, 클러스터 트리cluster tree형이 정의되어 있다. 지그비 네트워크는 기본적으로 마스터-슬레이브 구성을 사용한다. 작은 데이터 패킷을 통해 통신하며, 자주 사용되지 않는 장치의 동적 메쉬형 네트워크에 적합하다. 최대 256개의 노드가 허용된다.

지그비 네트워크에는 세 가지 유형의 지그비 장치가 있다. 코디네이터coordinator는 마스터 기능을 수행하고 각 지그비 네트워크에는 한 개의 코디네이터만 존재한다. 코디네이터의 주요 기능은 네트워크에 관한 정보를 저장하고, 임의의 두 노드(단말 장치의 접속점) 사이에서 최적의 전송 경로를 결정하는 것이다. 라우터router는 항상 활성 모드active mode이고 중간 노드 역할을 한다. 주요 기능은 장치들 사이에서 데이터를 전송하고 전달하는 것이다. 엔드 디바이스end device는 상위 노드(코디네이터 또는 라우터)와 통신할 수 있는 최소한의 기능을 포함한다. 일반적으로 휴면 모드sleep mode이며 다른 장치로부터 직접 데이터를 중계할 수 없다.

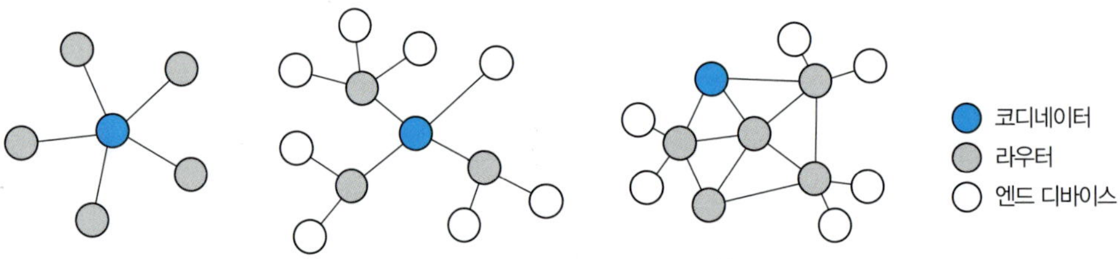

(a) 스타형 (b) 클러스터 트리형 (c) 메쉬형

그림 10-31 지그비 네트워크 형태

매체 접근 제어(MAC)

매체 접근 제어MAC는 무선 LAN에서 사용하는 CSMA/CA를 기반으로 한다. 무선 LAN의 APAccess Point 역할을 지그비에서는 코디네이터가 담당한다. 코디네이터에 의한 폴링을 이용하여 경쟁 없는 전송이 가능하다. 코디네이터가 없는 경우에는 CSMA/CA에 의한 경쟁 기반의 매체 접근 제어가 이루어진다.

MAC 프레임 형식

IEEE 802.15.4 MAC 프레임 형식은 [그림 10-32]와 같다.

프레임 제어	순서 번호	주소 정보	페이로드	FCS
2바이트	3바이트	0~20바이트	가변적	2바이트

프레임 유형	보안 가능	프레임 보류	ACK 요구	인트라 PAN	예약	소스 주소 모드	예약	목적지 주소 모드
3비트	1비트	1비트	1비트	1비트	3비트	2비트	2비트	2비트

그림 10-32 IEEE 802.15.4 MAC 프레임 형식

- 프레임 제어frame control : 전송되는 프레임 형태를 나타낸다. 프레임 형태로는 비컨beacon 프레임, 데이터 프레임, 확인 프레임, MAC 명령 프레임의 네 가지가 있다. 비컨 프레임과 데이터 프레임은 상위 계층으로 전달되고, 확인 프레임과 MAC 명령 프레임은 MAC 계층의 제어를 위해 사용된다.
  - 프레임 유형frame type : 3비트이며 비컨 프레임(000), 데이터 프레임(001), 확인 프레임(010), MAC 명령 프레임(011) 중에서 하나로 결정된다.
  - 보안 가능security enabled : 보안 기능을 사용할 것인지를 알리는 필드다.
  - 프레임 보류frame pending : 송신 노드가 수신 노드에 전달할 프레임이 있음을 나타낸다.
  - ACK 요구ACK request : 프레임을 전달한 후 ACK 요구에 대한 필드다.
  - 소스와 목적지 주소 모드source/destination address mode : 세 가지가 있다. 첫 번째는 PAN 코디네이터로부터 주소를 받지 못해 주소가 없는 경우, 두 번째는 16비트 주소를 사용하는 경우, 세 번째는 64비트 주소를 사용하는 경우다.
- 순서 번호sequence number : 프레임의 순서 번호를 나타내며, 흐름 제어와 오류 제어에 사용된다.
- 주소 정보address information : 프레임 제어 정보에 따라 주소 형식이 정해진다. 코디네이터로부터 할당받은 16비트 주소가 될 수도 있고, 64비트의 고정 주소를 사용할 수도 있다. 또한 다른 PAN과 데이터를 송수신하기 위한 16비트 크기의 PAN ID를 포함할 수 있다. 즉, 목적지 PAN ID(16비트), 목적지 주소(16비트), 소스 PAN ID(16비트), 소스 주소(16비트 또는 64비트) 등으로 구성된다.
- 페이로드payload : 사용자 데이터 부분으로 길이는 가변적이다.
- FCSframe check sequence : 프레임의 오류 검출에 사용되며, CRC-16 방식을 이용한다.

물리 계층(PHY)

물리 계층에서는 2.4GHz ISM 대역과 868/915MHz 대역의 주파수를 사용한다.

- 전 세계적으로 2.4GHz에서 250Kbps 전송 속도의 16개 채널을 이용
- 미국에서는 915MHz에서 40Kbps 전송 속도의 10개 채널을 이용
- 유럽에서는 868MHz 주파수에서 20Kbps 전송 속도의 1개 채널을 이용

다중화 방식으로는 직접 순열 대역 확산Direct Sequence Spread Spectrum, DSSS을 사용하며, 2.4GHz 에서는 OPSKOctal PSK 변조 방식을 사용한다.

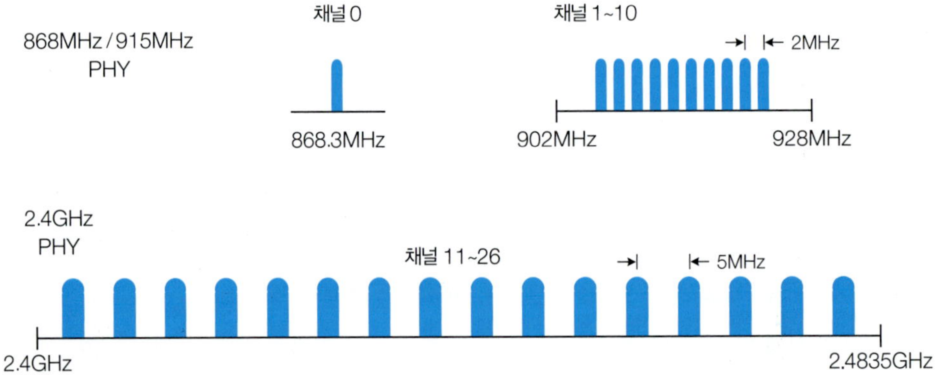

그림 10-33 IEEE 802.15.4의 주파수별 채널

3 UWB

FCCFederal Communication Commission(미연방통신위원회)는 UWB를 "중심 주파수에서 20% 이상의 점유 대역폭을 가지거나 500MHz 이상의 점유 대역폭을 차지하는 무선 전송 기술"로 정의하였다. 이에 따르면 대역폭만 500MHz 이상 확보한 기존 캐리어 변조 기술도 UWB 기술로 구분될 수 있다. 일반적으로는 3.1~10.6GHz 대역에서 100Mbps 이상의 속도로, 기존 스펙트럼에 비해 매우 넓은 대역에 걸쳐 낮은 전력을 사용해 초고속 통신을 실현하는 근거리 무선 통신 기술로 규정된다.

UWB의 가장 큰 특징은 초광대역을 활용하면서 동시에 출력이 상대적으로 낮다는 점이다. [그림 10-34]에서 보듯 UWB 시스템은 기존 협대역 시스템이나 광대역 CDMA 시스템에 비해 매우 넓은 주파수 대역에 걸쳐 상대적으로 낮은 스펙트럼 전력 밀도를 바탕으로 구성됨을 확인할 수 있다. 따라서 신호 에너지를 수GHz 대역폭에 걸쳐 스펙트럼으로 분산, 송신함으로써 다른 협대역 신호에 간섭을 주지 않고 주파수에 크게 제한받지 않으며 통신할 수 있다. 이러한 속성은 주파수를 공유하면서도 동시에 매우 적은 전력만 사용한다는 장점으로 이어진다.

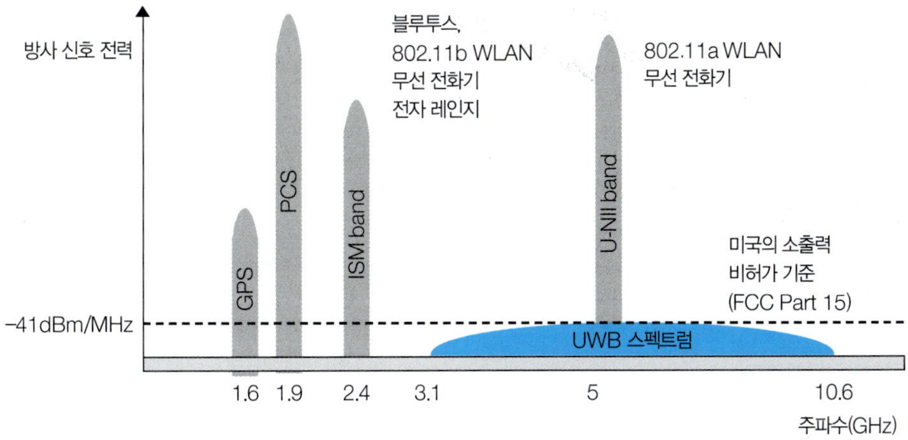

그림 10-34 UWB의 정의

기술 방식 규격과 관련하여 [표 10-8]에는 UWB와 WLAN, 블루투스, 지그비를 비교하여 나타냈다. UWB는 특히 기존의 WLAN이나 블루투스 등에 비해 높은 전송 속도와 낮은 전력 소모 등에서 월등히 앞서기 때문에 고성능 휴대용 기기 간의 접속 기술 방식으로 각광받을 수 있다. 낮은 전력 소모는 휴대용 기기의 배터리 문제를 해소하는 데에도 적지 않은 도움이 될 것으로 전망된다. 특히 수백Mbps에 이르는 높은 전송 속도는 고화질 영상 데이터를 포함한 대부분의 현존 데이터를 무리 없이 송수신하는 데 지장이 없어 가장 큰 장점으로 부각될 수 있다. 다만 낮은 출력은 좁은 커버리지로 이어지기에 공중망을 통한 서비스 솔루션으로 개발하기에는 부적절한 것으로 분석된다. 이러한 특성을 종합적으로 고려할 때, UWB는 다른 어떤 형태보다도 무선 개인 통신망WPAN; Wireless Personal Area Network으로서 높은 가치를 지니며, 혁명적인 차세대 무선 통신 기술이 되리라 예상한다.

표 10-8 UWB와 다른 통신 기술의 특성 비교

구분	WLAN 11g	WLAN 11n	블루투스	지그비	UWB
주파수 대역	2.4GHz	5GHz	2.4GHz	868/915M/2.4G	3.1~10.6GHz
전송 속도	54Mbps	500Mbps	1Mbps	20/40/250Kbps	500Mbps
커버리지	1Km	1Km	10m	30m	2~10m
다중 접속 방식	OFDM/DSSS	MIMO-OFDM	FHSS	CSMA/CA	MB OFDM DS-CDMA
소비 전력	800~1,600mW		50/80mW	1/75mW	~200mW
응용 분야	Hotspot [Note PC]	Hotspot [PC→Mobile]	근거리 유선 대체	저전력 저가의 기기 제어	근거리 고속 통신

UWB의 레이더radar 분야 응용 사례로는 항공기 충돌 예방 장치, 차량 충돌 방지 장치, 폭발물 매설 탐지, 지하 탐사 레이더, 벽 침투 레이더, 고정밀 위치 추적, 접근에 따른 보안 시스템, 분실 방지 시스템 등이 있다. 최근에는 주로 사무실 및 개인 공간의 전자기기 관련 통신 서비스 계열로 활용 분야가 집중 개발되고 있다.

먼저 전자 기기와 관련하여 홈 게이트웨이, TV 영상 전송, 다채널 오디오 등의 홈 네트워크 무선 기기 시스템에서 기존의 유선 네트워크를 대체할 수 있을 것으로 예상된다. 컴퓨터 컴포넌트 쪽에서는 디지털카메라, 프린터, PMP, 저장 매체 등에 USB 및 IEEE 1394 같은 기존 유선 연결을 대체하는 데 활용될 수 있을 것으로 기대된다. 휴대폰, PDA 등 다양한 이동형 기기의 기기 간 통신이 고속으로 쉽게 이루어져 활용성이 증가하는 한편, 더욱 큰 부가가치를 형성할 수 있을 것으로 내다보고 있다.

실생활 적용 사례도 구체적으로 예상해볼 수 있다. PC의 대용량 데이터를 선 없이 고속 전송하여 프린터로 인쇄한다든가, 디지털 비디오 카메라로 찍은 영상을 TV나 PC로 무선 전송할 수 있게 되며, TV 영상 전송, 다채널 오디오 등의 홈 네트워크 무선 기기 시스템을 구현할 수 있다. 특히 UWB 칩이 내장된 휴대폰 및 무선 USB가 출시될 경우 휴대폰 상호 간 대량의 정보 전송은 물론 USB를 PC에 꽂지 않아도 상호 데이터를 고속으로 주고받을 수 있어 큰 효용을 창출할 수 있다.

1 한 지역 안에서 컴퓨터와 단말기가 주변 장치, 소프트웨어 또는 데이터와 같은 자원을 공유할 수 있도록 하는 시스템은?

① ISDN ② B-ISDN
③ VAN ④ LAN

2 LAN의 분류 방법에 해당되지 않는 것은?

① 토폴로지에 의한 분류
② 전송 매체에 의한 분류
③ 매체 접근 방법에 의한 분류
④ OSI 참조 모델에 의한 분류

3 LAN의 액세스 방법에 의한 분류가 아닌 것은?

① UTP LAN ② CSMA/CD LAN
③ token-bus LAN ④ token-ring LAN

4 근거리 통신망LAN 설계 시 고려해야 할 기술적 특성 중 거리가 먼 것은?

① 전송 매체 ② 경로 제어
③ 토폴로지 ④ 액세스 제어

5 LAN에서 거의 사용되지 않는 네트워크 유형은?

① 스타형star ② 링형ring
③ 버스형bus ④ 메쉬형mesh

6 근거리 네트워크Local Area Network의 일반적인 전송 방식에 속한다고 할 수 없는 것은?

① Token Bus ② CSMA/CD
③ Token Ring ④ SDLC

7 IEEE에 의한 LAN은 OSI 7계층 구조상 어느 부분에 위치하고 있는 것은?

① 물리 계층과 데이터링크 계층
② 데이터링크 계층과 네트워크 계층
③ 네트워크 계층과 전송 계층
④ 전송 계층과 세션 계층

8 LAN에 대한 설명 중 잘못된 것은?

① 사무실용 빌딩, 공장, 연구소 또는 학교 등의 구내에 분산적으로 설치된 여러 장치를 연결할 수 있다.
② 약 10Km 이내의 거리에서 100Mbps 이내의 고속 데이터 전송이 가능하다.
③ LAN 프로토콜은 ISO의 OSI 기준 모델인 상위 계층을 채택한 계층화된 개념을 사용한다.
④ LAN 전송 방식에는 베이스밴드 방식과 브로드밴드 방식이 있다.

9 LAN의 통신 구조가 가능한 한 호환성을 유지해야 한다는 필요성에 의해 OSI 참조 모델의 데이터링크 계층을 2개의 서브 계층으로 나누었는데 이에 해당하는 것은?

① 상위 서브 계층: LLC, 하위 서브 계층: LAPB
② 상위 서브 계층: HDLC, 하위 서브 계층: MAC
③ 상위 서브 계층: HDLC, 하위 서브 계층: LAPB
④ 상위 서브 계층: LLC, 하위 서브 계층: MAC

10 LAN에 사용되는 프로토콜 계층 구조로 올바른 것은? (LLC: Logical Link Control, MAC: Medium Access Control)

①

MAC
PHYSICAL
LLC

②

MAC
LLC
PHYSICAL

③

LLC
PHYSICAL
MAC

④

LLC
MAC
PHYSICAL

11 IEEE 802 표준에서는 데이터링크 계층을 MAC, LLC 2개의 부계층으로 나누고 있다. 이 중에서 MAC 부계층의 역할은?

① 논리적 주소의 결정
② 다른 통신망 형태에 프레임을 전송
③ 상위 계층과의 인터페이스
④ 어느 노드에게 통신 기회를 부여할 것인가를 결정

12 IEEE 802 표준에서는 데이터링크 계층을 MAC, LLC 2개의 부계층으로 나누고 있다. 이렇게 2개로 분리한 가장 적절한 이유는?

① 다양한 MAC 프로토콜 기술을 수용하기 위하여
② 원활한 통신을 위하여
③ 고속 통신을 위하여
④ 프로토콜의 안정성을 위하여

13 IEEE 802 표준 모델에 대해 옳게 연결된 것은?

① 802.2 – 토큰 버스　② 802.5 – 토큰 링
③ 802.4 – LLC　④ 802.6 – CSMA/CD

14 IEEE 802.3 LAN에서 사용되는 전송 매체 접속 제어 MAC 방식은?

① CSMA/CD　② token bus
③ token ring　④ slotted ring

15 CSMA/CD에서 사용되는 LAN 표준 프로토콜은?

① IEEE 802.3　② IEEE 802.4
③ IEEE 802.5　④ IEEE 802.12

16 LAN의 매체 접근 제어 방식에 해당하지 않는 것은?

① CSMA/CD　② Token Ring
③ Token Bus　④ Logical Link Control

17 LAN의 매체 액세스 제어(MAC) 프로토콜에 속하지 않는 것은?

① CSMA/CD　② 이중 링
③ 토큰 링　④ 토큰 버스

18 IEEE 802.4의 표준안 내용으로 옳은 것은?

① 토큰 버스 LAN　② 토큰 링 LAN
③ CSMA/CD LAN　④ 무선 LAN

19 IEEE 802.5는 무엇에 대한 설명인가?

① 이더넷　② 토큰 링
③ 토큰 버스　④ FDDI

20 IEEE 802 표준의 권고안이 잘못 연결된 것은?

① IEEE 802.1 : 상위 계층 인터페이스
② IEEE 802.2 : 논리 연결 제어
③ IEEE 802.3 : 이더넷
④ IEEE 802.4 : 토큰링

21 LAN에 관련된 프로토콜에 대한 설명으로 옳은 것은?

① IEEE 802.3은 CSMA/CD에 대한 규정
② IEEE 802.2는 token bus에 대한 규정
③ IEEE 802.5는 LAN의 LLC 서브 계층에 관한 규정
④ IEEE 802.6은 token ring에 대한 규정

22 자유 경쟁으로 채널 사용권을 확보하는 방법으로 노드 간의 충돌을 허용하는 네트워크 접근 방법은?

① Slotted Ring
② Token Passing
③ CSMA/CD
④ Polling

23 LAN을 망의 형상topology으로 구분할 때 각 노드에서 발생한 송신 요구가 충돌을 일으킬 경우에 재전송하거나 충돌을 피하기 위한 매체 액세스 방식으로 주로 CSMA/CD 방식을 사용하는 것은?

① Star형　② Bus형
③ Ring형　④ Loop형

24 LAN의 매체 접근 제어 방식인 CSMA/CD에 대한 설명으로 틀린 것은?

① 버스 또는 트리 토폴로지에서 가장 많이 사용되는 매체 접근 제어 방식이다.
② MAMultiple Access는 네트워크가 비어 있으면 누구든지 사용 가능하다.
③ CSCarrier Sense는 네트워크에 데이터를 실어 보내는 기능을 담당한다.
④ CDCollision Detection는 프레임을 전송하면서 충돌 여부를 조사한다.

25 **CSMA/CD에 대한 설명으로 틀린 것은?**

① 전송 중에 충돌이 감지되면 패킷의 전송을 즉시 중단하고 충돌이 발생한 사실을 모든 스테이션들이 알 수 있도록 간단한 통보 신호를 송신한다.

② 스테이션의 수가 많아지면 충돌이 많아져서 효율이 떨어진다.

③ 충돌과 채널 경쟁을 위해 p-persistent 기법을 일반적으로 사용한다.

④ 어느 한 기기에 고장이 발생하여도 다른 기기의 통신에 전혀 영향을 미치지 않는다.

26 **LAN의 매체 접근 제어 방식인 CSMA/CD에 대한 설명으로 옳지 않은 것은?**

① 버스 또는 트리 토폴로지에서 가장 많이 사용되는 매체 접근 제어 방식이다.

② 각 호스트들이 전송 매체에 경쟁적으로 데이터를 전송하는 방식이다.

③ 토큰 패싱 방식에 비해 구현이 복잡하다.

④ 프레임을 전송하면서 충돌 여부를 조사한다.

27 **매체 접근 제어 기법 중 CSMA/CD 방식에 대한 설명으로 옳지 않은 것은?**

① 각 호스트들이 전송 매체에 경쟁적으로 데이터를 전송하는 방식이다.

② 전송된 데이터는 전송되는 동안에 다른 호스트의 데이터와 충돌할 수 있다.

③ 토큰 패싱 방식에 비해 구현이 비교적 간단하다.

④ 지연시간의 예측이 용이하고, 실시간 전송을 요구하는 용도에 매우 적합하다.

28 **LAN의 CSMA/CD 방식에서 운용상의 특징으로 옳은 것은?**

① LAN에 연결되어 있는 어느 한 DTE가 고장이 나더라도 다른 DTE의 통신에는 전혀 영향을 미치지 않는다.

② 충돌이 발생하더라도 다른 기기의 데이터 전송은 가능하다.

③ 통신량이 많아지더라도 채널의 이용률은 떨어지지 않는다.

④ 지연시간을 충분히 예측할 수 있다.

29 **전송 속도가 10Mbps이고, 버스의 총 길이가 2,500m인 경우에 한 비트를 전송하는 데 소요되는 비트 시간이 1μs라고 할 때 슬롯 크기는 몇 bit인가? 단, 4개의 리피터를 사용해 500m짜리 LAN 세그먼트를 5개 연결한 경우이며, 타임 슬롯은 51.2μs다.**

① 64bit ② 128bit
③ 256bit ④ 512bit

30 **근거리 통신망LAN에서 사용되는 이더넷 프레임Ethernet Frame의 목적지 주소 크기와 출발지 주소 크기의 합은 얼마인가?**

① 6bits ② 12bit
③ 64bit ④ 96bit

31 **LAN에서 사용하는 다중 액세스 방식 중 토큰 패싱 방식과 비교한 CSMA/CD 방식의 특징으로 옳은 것은?**

① 각 노드의 액세스 시간이 보장된다.

② 가변 길이 메시지 송신이 가능하다.

③ 토큰 패싱 방식에 비해 매우 복잡하다.

④ 한 노드에서 송출된 메시지는 모든 노드의 콘트롤러에서 수신 가능하다.

32 **10BASE5 LAN에서 5가 나타내는 의미는?**

① 50 Ω의 특성 임피던스다.

② 전송 속도가 50Mbps다.

③ 케이블의 길이는 최대 500m다.

④ 최대 500대의 스테이션을 연결할 수 있다.

33 **현재 많이 사용되고 있는 LAN 방식인 "10BASE-T"에서 "10"이 가리키는 의미는?**

① 데이터 전송 속도가 10Mbps

② 케이블의 굵기가 10밀리미터

③ 접속할 수 있는 단말의 수가 10대

④ 배선할 수 있는 케이블의 길이가 10미터

34 10BASE5 이더넷의 기본 규격에 대한 설명으로 틀린 것은?

① 전송 매체는 동축 케이블을 사용한다.
② 최대 전송 거리는 50Km다.
③ 전송 방식은 베이스밴드 방식이다.
④ 데이터 전송 속도는 10Mbps이다.

35 100BASE-T라고도 불리는 이더넷의 고속 버전으로 CSMA/CD 방식을 사용하며, 100Mbps의 전송 속도를 지원하는 이더넷은?

① Fast Ethernet ② Thick Ethernet
③ Thin Ethernet ④ Gigabit Ethernet

36 고속 이더넷에 대한 설명으로 옳은 것은?

① 표준안은 IEEE 802.8이다.
② 기존의 LAN과 같은 구성과 MAC 프로토콜을 그대로 사용할 수 있다.
③ 스위칭 기술의 도입으로 불필요한 패킷의 흐름을 막을 수 있다.
④ 전송 속도는 1Gbps다.

37 1000BASE-T 규격에 대한 설명으로 틀린 것은?

① 최대 전송 속도는 1000Kbps다.
② 베이스밴드 전송 방식을 사용한다.
③ 전송 매체는 UTP(꼬임쌍선)다.
④ 주로 이더넷Ethernet에서 사용된다.

38 고속 이더넷 100BASE-FX의 전송 매체로 옳은 것은?

① 광섬유 케이블
② 카테고리 3인 UTP 케이블
③ 카테고리 4인 UTP 케이블
④ 카테고리 5인 UTP 케이블

39 패스트 이더넷의 표준 형태가 아닌 것은?

① 100BASE-DX ② 100BASE-TX
③ 100BASE-FX ④ 100BASE-T4

40 LAN에서 100BASE-FX에 관한 설명으로 적합하지 않은 것은?

① 광케이블을 이용해서 100Mbps의 Network를 구성한다.
② MAC에서 CSMA/CD 프로토콜을 사용한다.
③ 100BASE-FX를 사용하려면 양쪽에 연결되는 장비들이 모두 100BASE-FX를 지원하여야 한다.
④ 커넥터는 RJ-45를 이용한다.

41 LAN 액세스 제어 방법에서 통신 회선에 대한 제어 신호가 논리적으로 형성된 공통 선상에서 번호를 할당함에 따라 각 노드 간을 옮겨가면서 데이터를 전송하는 방식은?

① CSMA/CD ② 토큰 버스
③ 토큰 링 ④ FDDI

42 토큰 링 방식에 사용되는 네트워크 표준안은?

① IEEE 802.2 ② IEEE 802.3
③ IEEE 802.5 ④ IEEE 802.6

43 IEEE 802.5는 무엇에 대한 표준인가?

① 이더넷 ② 토큰 링
③ 토큰 버스 ④ FDDI

44 LAN에서 사용되는 채널 할당 방식 중 요구 할당 방식에 해당되는 것은?

① FDM
② CSMA/CD
③ TDM
④ Token Ring

45 근거리 통신망LAN의 매체 접근 제어Medium Access Control 프로토콜 중 패킷 충돌이 발생하지 않는 방식은?

① CSMA/CD
② Slotted ALOHA
③ ALOHA
④ Token Ring

46 IEEE 802.5 표준 방식에서 규정한 네트워크의 접속 형태 및 액세스 방식으로 옳은 것은?

① CSMA/CD를 이용한 버스 방식
② 토큰 패싱을 이용한 버스 방식
③ 토큰 패싱을 이용한 링 방식
④ CSMA/CD를 이용한 링 방식

47 토큰 패싱 방식에서 토큰에 대하여 가장 올바르게 설명한 것은?

① 데이터 통신 시 에러를 체크하기 위해 사용된다.
② 전송할 데이터를 의미한다.
③ 채널 사용권을 의미한다.
④ 5바이트로 구성되어 있다.

48 LAN의 매체 접근 제어 중 토큰 패싱 방식에 대한 설명으로 가장 옳은 것은?

① 노드 사이의 접근 충돌을 막기 위해서 네트워크 접근을 교대로 허용한다.
② 데이터 전송 시 반드시 토큰을 취득하여야 하고, 전송을 마친 후에는 토큰을 반납한다.
③ 노드 수가 많거나 데이터양이 많은 경우에는 충돌이 일어나기 때문에 데이터의 손실이 매우 크다.
④ 우선순위가 없기 때문에 모든 노드들이 균등한 전송 기회를 갖는다.

49 매체 접근 제어 방식 중 CSMA/CD와 토큰 패싱token passing에 대한 설명으로 틀린 것은?

① CSMA/CD는 버스 또는 트리 토폴로지에서 가장 많이 사용되는 기법이다.
② 토큰 패싱은 토큰을 분실할 가능성이 있다.
③ 토큰 패싱은 노드가 증가하면 성능이 좋아진다.
④ CSMA/CD는 비경쟁 기법의 단점인 대기 시간의 상당 부분이 제거될 수 있다.

50 LAN 프로토콜 중에서 Token Ring 방식과 CSMA/CDEthernet 방식이 서로 경쟁하다가 CSMA/CD로 통일된 가장 중요한 원인은 무엇인가?

① 저렴한 가격
② MAN과의 정합 용이성
③ 넓은 대역폭
④ 확장성Scalability

51 고속 LAN을 대학 캠퍼스나 공장같이 한 곳에 모여 있는 LAN들을 연결하는 데 주로 사용되는 것은?

① FDDI ② ASK
③ QAM ④ FSK

52 100 Mbps로 동작하는 토큰링 방식을 사용하는 광 LAN은?

① 고속 이더넷 ② FDDI
③ 스위칭 LAN ④ 기가비트 이더넷

53 FDDI에 대한 설명으로 옳은 것은?

① 버스 토폴로지에서 토큰 제어 방식으로 동작한다.
② IEEE 802.3 CSMA/CD의 프로토콜을 사용한다.
③ 광섬유를 전송 매체로 하는 100Mbps의 전송 속도를 제공한다.
④ STP 케이블을 이용한 공장 자동화 용도로 주로 사용된다.

54 IEEE에서 규정한 무선 LAN 규격은?

① IEEE 802.3 ② IEEE 802.5
③ IEEE 802.11 ④ IEEE 801.99

55 IEEE 802.11 워킹 그룹의 무선 LAN 표준화 현황 중 QoS 강화를 위해 MAC 지원 기능을 채택한 태스크 그룹은?

① 802.11a ② 802.11b
③ 802.11g ④ 802.11e

56 무선 LAN의 장점으로 볼 수 없는 것은?

① 효율성 ② 확장성
③ 이동성 ④ 보안성

57 무선 접속 장치가 설치된 곳을 중심으로 일정 거리 이내에서 PDA나 노트북, 스마트폰을 이용하여 초고속 인터넷을 이용할 수 있는 서비스는?

① RFID
② Bluetooth
③ SWAP
④ WiFi

58 무선 LAN에서 사용되는 매체 접근 방식MAC은?

① ALOHA
② token passing
③ CSMA/CD
④ CSMA/CA

59 무선 LAN의 매체 접근 제어 방식 중 경쟁에 의해 채널 접근을 제어하는 것은?

① PSK ② ASK
③ DCF ④ PCF

60 무선 LAN에 대한 설명으로 잘못된 것은?

① 무선 LAN은 목적지 주소와 위치가 동일하지 않다.
② 무선 매체는 설계에 영향을 준다.
③ 무선 주파수 자원은 무한하다.
④ 단말기가 이동한다.

61 무선 홈 네트워킹 기술로 옳지 않은 것은?

① 블루투스Bluetooth
② CDMA
③ 무선 LANIEEE 802.11
④ 지그비ZigBee

62 WPANWireless Personal Area Network 기술의 확산으로 멀티미디어 기기 간 연결이 많아지고 다양한 서비스가 제공되고 있다. WPAN 기술에 해당되지 않는 것은?

① UWB ② ZigBee
③ Bluetooth ④ PLC

63 근거리 무선 통신 규격 중 반경 10~100m 안에서 컴퓨터, 프린터, 휴대폰, PDA 등 정보 통신 기기는 물론 각종 디지털 가전 제품 간의 통신에 물리적인 케이블 없이 무선으로 고속의 데이터를 주고받을 수 있는 기술은?

① ZigBee ② Bluetooth
③ UWB ④ Home RF

64 무선 이어폰을 사용하면 전화기를 호주머니나 가방에 넣어둔 채로 전화를 걸거나 받을 수 있고, 음악도 들을 수 있다. 이와 같이 근거리에서 2.4GHz 주파수 대역을 이용하여 휴대 기기 간 연결을 도와주는 기술은?

① Bluetooth ② ZigBee
③ NFC ④ RFID

65 블루투스bluetooth의 프로토콜 스택에서 물리 계층을 규정하는 것은?

① RF ② L2CAP
③ HID ④ RFCOMM

66 블루투스bluetooth 프로토콜 구조 중 오류 제어, 인증authentication, 암호화를 정의하는 것은?

① Application Layer ② L2CAP Layer
③ RF Layer ④ Tunnel Layer

67 블루투스bluetooth에 대한 설명으로 틀린 것은?

① 양방향 통신을 위해 FDD 방식을 사용한다.
② 2.4 GHz의 ISM 밴드를 이용한다.
③ 회로 구성을 간소화할 수 있다.
④ 간섭에 비교적 강한 주파수 호핑 방식을 채용한다.

68 블루투스에 대한 설명으로 가장 거리가 먼 것은?

① 2.4GHz 주파수 대역폭을 사용한다.
② 저가격, 저전력 무선 구현을 지원한다.
③ 블루투스 규격은 크게 코어 규격과 프로파일 규격으로 구분한다.
④ 주 변조 방식은 PSK이다.

69 블루투스에 사용되는 TDD Time Division Duplex–TDMA 방식에 대한 설명으로 틀린 것은?

① 송신자와 수신자가 데이터를 송신하고 수신할 수 있지만 동시에 이루어지지 않는다.

② 송신자와 수신자의 각 방향에 대한 통신은 서로 다른 주파수 도약을 사용한다.

③ 전이중 양방향 통신 방식의 한 종류다.

④ 서로 다른 반송 주파수를 사용하는 워키토키와 유사하다.

70 다음 내용에 해당하는 것은?

> IEEE 802.15.4 표준 기반 저전력으로 지능형 홈 네트워크 및 산업용 기기 자동차, 물류, 환경 모니터링, 휴먼 인터페이스, 텔레매틱스 등 다양한 유비쿼터스 환경에 응용이 가능하다.

① Bluetooth ② ZigBee

③ NFC ④ RFID

71 Zigbee 네트워크 내에서 반드시 하나만 존재하며, 네트워크 정보의 초기화를 담당하는 것은 무엇인가?

① 코디네이터 Coordinator

② 라우터 Router

③ 게이트웨이 Gateway

④ 단말 장치 Data Terminal

72 LAN에 관한 표준을 제정하는 기관은?

73 이더넷의 프레임 필드 중에서 7바이트의 길이로 프레임의 도착을 알리고 입력 타이밍을 동기화할 수 있도록 하는 필드는?

74 이더넷과 토큰 링의 특징을 결합한 것으로 물리적으로는 버스 접속 형태이지만 논리적으로는 토큰 패싱 방식을 사용하는 매체 접근 제어 방식은?

75 기가비트 이더넷의 1000BASE-T에서 사용하는 전송 매체는?

76 FDDI에서 사용하는 부호화 방식은?

77 IEEE 802 프로젝트는 LAN을 두 개의 부계층으로 구분하였다. 각각의 부계층은 무엇인가?

78 LAN 프로토콜 구조에서 다수의 스테이션이 하나의 매체를 공유함으로써 발생될 수 있는 전송 충돌 collision 을 제어하는 기능을 수행하는 계층은?

79 고속 이더넷의 전송 속도는 얼마인가?

80 CSMA/CD에서 충돌이 발생했을 때, 매체를 살펴서 가용한 상태이면 무조건 전송을 시도하는 방식은?

81 도시와 같은 공중 영역 MAN 또는 한 기관에서 LAN을 상호 연결하기 위하여 개발된 것으로 IEEE 802.6으로 표준화된 것은 무엇인가?

82 무선 LAN에서 사용하는 매체 접근 방식은?

83 CSMA/CA에서 전송 중인 스테이션의 매체 사용 시간이 끝날 때까지 다른 스테이션들이 전송을 시도하지 못하도록 매체 사용 시간을 알리는데 이 시간을 무엇이라고 하는가?

84 AP 없이 스테이션들 간에 잠정적으로 구성하는 네트워크를 무엇이라고 하는가?

85 IEEE 802.11n 표준에서 정한 최대 전송률은?

86 IEEE 802.11 무선 LAN 구조에서 여러 개의 BSS들을 연결하는 것은?

87 블루투스의 무선 계층에서 다른 신호와의 간섭을 피하기 위해 사용하는 다중화 방식은?

88 블루투스에서 1개의 마스터와 다수의 슬레이브로 이루어지는 네트워크를 무엇이라고 하는가?

89 지그비 프로토콜 스택 구조에서 물리 계층과 MAC 계층을 다룬 표준안 명칭은?

90 IEEE 802 프로젝트에서 데이터링크 계층을 2개의 부계층으로 나눈 이유를 설명하시오.

91 CSMA/CD의 용도를 설명하시오.

92 스위치 기능이 있는 허브를 사용하여 10개의 스테이션을 스타형으로 연결하였다. 10개의 호스트가 송신과 수신에 각각 10Mbps 전송률을 이용할 경우 LAN에서 전체적으로 공유되는 대역폭은 얼마인가?

93 고속 이더넷에서 스위치를 이용하여 스타형으로 연결할 경우 CDMA/CD 프로토콜은 필요 없는지 검토하시오.

94 무선 LAN에서는 프레임의 길이가 유선 LAN보다 짧다. 그 이유를 설명하시오.

95 10기가비트 이더넷에서는 CSMA/CD 프로토콜이 필요하지 않은 이유를 설명하시오.

96 무선 LAN에서 CSMA/CD를 사용하지 않는 이유를 설명하시오.

1 ④	2 ④	3 ①	4 ②	5 ④	6 ④	7 ①	8 ③	9 ④	10 ④
11 ④	12 ①	13 ②	14 ①	15 ①	16 ④	17 ②	18 ①	19 ②	20 ④
21 ①	22 ③	23 ②	24 ③	25 ③	26 ③	27 ④	28 ①	29 ④	30 ④
31 ④	32 ③	33 ①	34 ②	35 ①	36 ②	37 ①	38 ①	39 ①	40 ④
41 ②	42 ③	43 ②	44 ④	45 ④	46 ③	47 ③	48 ②	49 ③	50 ④
51 ①	52 ②	53 ③	54 ③	55 ④	56 ④	57 ④	58 ④	59 ③	60 ③
61 ②	62 ④	63 ②	64 ①	65 ①	66 ②	67 ①	68 ④	69 ③	70 ②
71 ①									

CHAPTER 11
WAN 기술

학습목표

- 회선 교환과 패킷 교환을 설명할 수 있다.
- 공중 전화 교환망, xDSL, 신호 방식, TMN에 대해 설명할 수 있다.
- 공중 데이터 교환망, X.25, 프레임 릴레이에 대해 설명할 수 있다.
- 부가가치 통신망(VAN)에 대해 설명할 수 있다.
- N-ISDN의 서비스, 기능 그룹, 채널 구조를 설명할 수 있다.
- B-ISDN의 전송 방식인 ATM의 원리 및 특성을 설명할 수 있다.
- 이동 통신 시스템의 구성 요소와 주요 기술을 설명할 수 있다.

01 WAN 개요

정보 통신망은 경제성과 효율성을 고려해 용도와 서비스 제공 영역에 따라 단말기 접속 방식, 데이터 교환 방식 등을 결정한다.

[그림 11-1](a)는 단말기를 점대점 연결한 전용 회선의 예다. 단말기 수가 적고 대용량 정보를 지속적으로 전송할 때 효율적이다. 그러나 전달할 정보량이 적거나 정보가 간헐적으로 전송되는 경우 비효율적이다. 또한 전체 단말기 수가 N일 때 전용 회선의 수는 $N(N-1)/2$가 되어 단말기 수가 증가하면 전용 회선의 수는 N^2으로 증가하므로 물리적으로 설치하기도 어렵다. 그래서 이용 효율과 설치 및 운영 유지 비용의 경제성을 고려하여 대부분 통신망 자원을 공유하는 교환망switching network을 사용한다.

[그림 11-1](b)는 분산된 단말기를 교환기로 연결한 교환망의 예다. 단말기와 교환기는 전송선로 하나로 점대점 연결하고 교환기들은 보통 트리형, 메쉬형, 링형으로 상호 연결한다.

교환망이 항상 충분한 대역폭을 보장할 수는 없지만 대개 큰 문제 없이 통신할 수 있다. 또한 설치 및 운영 비용, 유지 보수 비용이 전용 회선보다 매우 적어 일반적인 공중망public network은 대부분 교환망 구조로 설치된다.

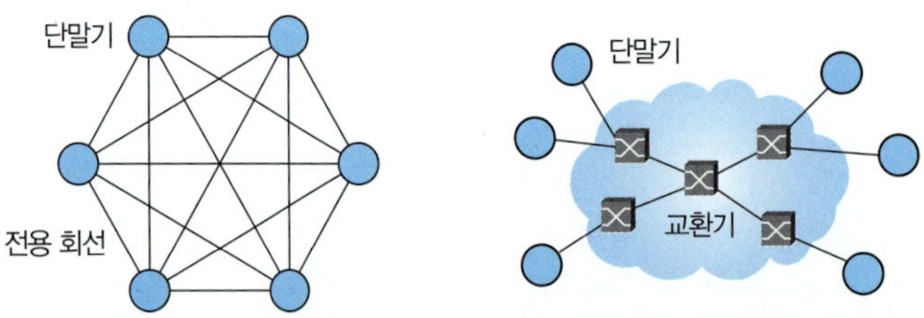

(a) 점대점 연결의 전용 회선 (b) 교환기와 전송 링크를 공유하는 교환망

그림 11-1 정보 통신망 구성 기술

02 교환 기술

교환망은 교환기의 중계 기능과 전송 기능을 이용해 데이터를 목적지까지 전달한다. 교환망은 다수의 교환기와 이들을 연결하는 전송 링크로 구성되며, 일반적으로 [그림 11-2]와 같이 메쉬형과 유사한 토폴로지로 네트워크를 구성한다. 송신 스테이션에서 교환망으로 보낸 데이터는 교환기가 연결해주는 적절한 경로를 통해 최종적으로 수신 스테이션까지 전달된다.

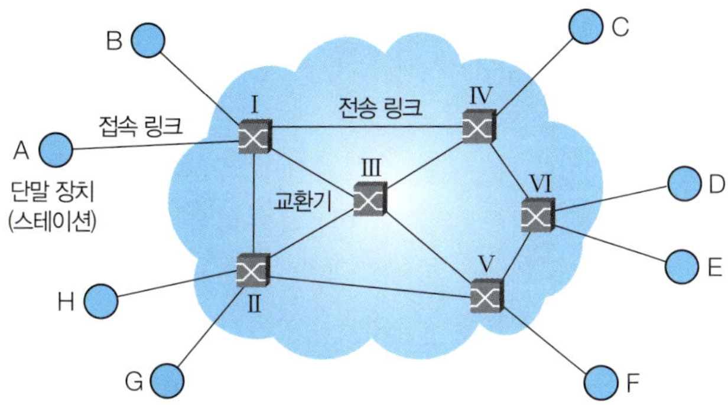

그림 11-2 일반적인 교환망의 예

교환망은 데이터를 전달하는 방식에 따라 회선 교환망, 메시지 교환망, 패킷 교환망으로 분류된다. 회선 교환circuit switching은 물리적인 회선을 설정한 후에 데이터를 전달하는 방식이며, 메시지 교환message switching과 패킷 교환packet switching은 교환기의 저장 장치에 데이터를 저장한 다음, 데이터를 전달하는 방식으로 축적 교환 방식 또는 저장-전달 방식이라고도 한다. 회선 교환과 패킷 교환 방식은 현재 널리 사용되고 있지만 메시지 교환 방식은 패킷 교환 방식으로 대체되어 거의 사용되지 않는다.

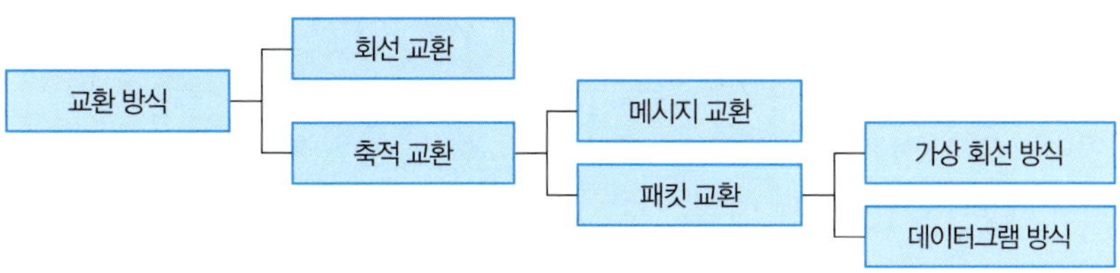

그림 11-3 교환 방식의 분류

교환 기술의 성능은 보통 다음 네 가지 관점에서 비교한다. 여기서 노드node는 컴퓨터나 단말 장치가 연결된 교환기나 통신망 내부의 중계 교환기, 라우터 등이다.

- 전파 지연 : 신호가 한 교환기에서 다음 교환기로 도달하는 데 걸리는 시간
- 전송 시간 : 데이터가 출발지에서 도착지까지 도달하는 데 걸리는 시간
- 노드 지연 : 다음 경로로 전달되기까지 데이터가 교환기에서 대기하는 시간
- 데이터 처리율 : 일정 시간 동안 송수신할 수 있는 데이터양

1 회선 교환

회선 교환circuit switching은 원래 음성 통신을 위해 개발되었다. 현재 널리 사용되고 있는 전화 시스템이 대표적인 예다. 회선 교환은 데이터를 전송하기 전에 송신 스테이션과 수신 스테이션 사이에 교환기switch를 통해 물리적인 회선을 연결하고 그다음에 데이터를 전송하는 방식이다. [그림 11-4]는 회선 교환 방식의 기본 개념을 나타낸다. 송신 스테이션이 호call 설정을 요구하면 교환기는 링크상에서 비어 있는 회선이 있는 경우 이를 이용하여 다음 교환기로 연결한다. 여기서 회선이란 전송 링크를 시분할이나 주파수 분할로 다중화했을 때 하나의 채널에 해당한다. 이와 같은 방식으로 여러 교환기를 거쳐 수신 스테이션까지 각 링크마다 비어 있는 회선이 있으면 이를 고정적으로 할당한다. 회선이 연결된 다음에는 접속이 해제될 때까지 두 스테이션이 전용 회선처럼 해당 회선을 독점하게 된다.

회선 교환에서는 호 설정 시 다음 교환기로 비어 있는 회선을 찾아 연결하는 데 다소 지연이 있지만, 일단 송수신 스테이션 간에 호 설정이 이루어지면 항상 정보를 연속적으로 전송할 수 있는 전용 회선이 제공되는 셈이다. 따라서 호 설정이 이루어지고 나면 교환기 내에서 처리를 위한 지연은 없으며 데이터는 확보된 채널을 통해 일정한 전송률(고정 대역폭)로 전송된다.

회선 교환에서는 정보 전송이 완료되면 호 해제 과정을 통해 점유한 회선을 해제하여 다른 통신을 위해 사용될 수 있도록 한다. 이러한 특성으로 인해 회선 교환은 음성이나 동영상 등과 같은 연속적이고 실시간 전송이 요구되는 응용에 적합하지만, 오류 없는 정보 전달이 요구되는 데이터 전송에는 적합하지 않은 면이 있다.

일반적으로 데이터는 ON/OFF 형태로 발생하므로 회선 교환인 경우 회선 사용률이 비효율적이다. 실제 회선 사용률은 10% 정도에 불과하므로 대부분의 시간은 낭비된다. 또한 회선

교환에서는 일단 연결 설정이 완료되면 고정 대역폭을 사용하는 셈이므로 다양한 전송 속도를 요구하는 응용에는 적합하지 않다. 그리고 회선 교환에서는 호 설정 후 데이터를 그대로 전달하므로 네트워크 내에서 오류 제어 기능이 제공될 수 없다. 이러한 문제들로 인해 보다 효율적인 교환 기술이 요구되었다.

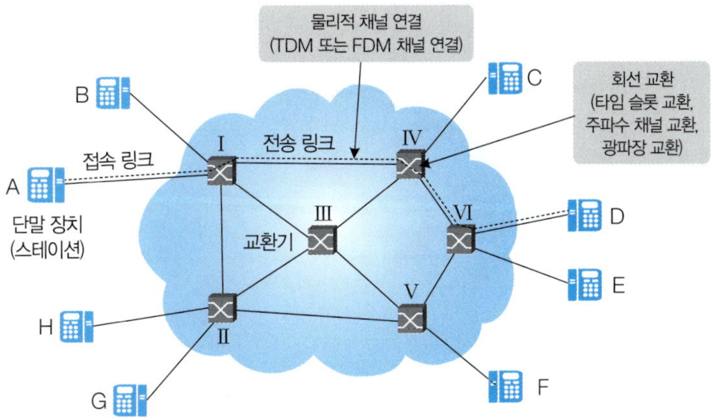

그림 11-4 회선 교환 방식

2 메시지 교환

메시지 교환message switching은 가변 길이의 메시지 단위로 저장-전달store-and-forward 방식에 의해 데이터를 교환하는 방식이다. 저장-전달이란 도착한 메시지를 일단 저장한 후, 다음 노드로 가는 링크가 비어 있으면 전송해 나가는 방식이다. 따라서 회선 교환과 달리 메시지 교환에서는 송수신 스테이션 간에 데이터 전송을 위한 전용 통신로를 확보할 필요가 없으며, 메시지들이 저장-전달 방식에 따라 링크를 동적으로 공유한다.

[그림 11-5]는 메시지 교환 방식의 개념을 나타낸다. 스테이션 A가 전송할 메시지가 있으면 호 설정 과정 없이 메시지의 헤더header에 목적지 주소를 부착하여 바로 네트워크로 전송한다. 메시지 교환기는 저장 장치를 가진 범용 컴퓨터로 구현되며, 도착하는 메시지는 일단 저장 장치에 저장한다. 교환기는 메시지가 완전히 수신되면 오류를 검사하고 오류가 없으면 경로를 결정하여 다음 교환기로 메시지를 보낸다. 이때 먼저 도착하여 전송을 기다리는 메시지가 있으면 이들 메시지가 모두 전송될 때까지 기다린 다음 전송이 이루어진다. 그러므로 메시지 교

환은 메시지의 전달 지연이 비교적 길고 가변적이기 때문에 실시간 통신이나 대화형 통신보다는 전송 지연이 큰 문제가 되지 않는 전자 우편이나 파일 전송 등에 적합하다.

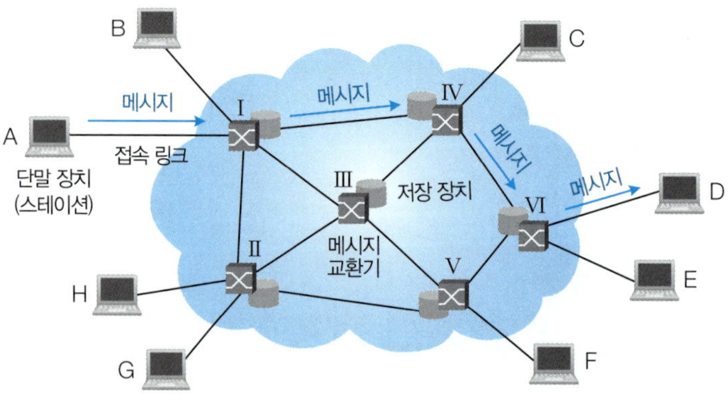

그림 11-5 메시지 교환 방식

메시지 교환은 저장-전달 방식을 사용하므로 링크를 효율적으로 이용할 수 있고, 전송 속도 변환과 코드 변환을 수행할 수 있다는 장점도 있다. 따라서 코드와 속도가 다른 스테이션끼리도 메시지 교환이 가능하다. 그러나 메시지 교환의 단점을 개선한 패킷 교환 기술이 등장하면서 현재 메시지 교환 방식은 사용되지 않는다.

3 패킷 교환

메시지 교환 방식은 메시지 단위로 전송하는 방식이기 때문에 빠른 응답 시간을 요구하는 대화형 통신에는 부적합하다. 패킷 교환packet switching 방식은 저장-전달 방식을 사용한다는 면에서는 메시지 교환 방식과 유사하지만 메시지 단위가 아닌 패킷packet이라는 더 작은 단위로 쪼개어 전송한다. 패킷의 최대 길이는 약 1,000바이트 정도로 제한되어 있다. 각 패킷에는 네트워크상의 경로를 찾아서 목적지까지 전달하기 위한 최소한의 정보인 송수신 스테이션 주소, 전송되는 데이터 등이 들어 있다.

패킷 교환 방식은 데이터를 전송하기 전에 경로를 설정하는 방법에 따라 가상 회선 패킷 교환 방식과 데이터그램 패킷 교환 방식으로 나뉜다.

가상 회선 패킷 교환 방식

가상 회선virtual circuit 패킷 방식은 회선 교환 방식과 유사하게 패킷을 전송하기 전에 송수신 스테이션 간에 회선을 설정하기 때문에 연결형connection-oriented 방식이라고 한다. 이와 같이 설정된 동일한 경로를 통해 모든 패킷이 전송되므로 수신 측에는 전송된 순서대로 도착한다. 그러나 이 방식은 회선 교환 방식과 달리 회선을 구성하는 각각의 링크가 한 쌍의 송수신 스테이션에 의해 독점되지 않고 다른 쌍의 송수신 스테이션과 공유될 수 있다.

[그림 11-6]에 가상 회선 패킷 교환 방식으로 스테이션 A → F, 스테이션 H → D로 패킷을 전송하는 예를 보여준다. 먼저, 스테이션 A는 패킷을 전송하기 전에 접속된 노드 I을 통해 호 요청call request 패킷을 보내 스테이션 F로 연결해줄 것을 요구한다. 노드 I은 그 요청에 대해 노드 II로 경로를 설정하고, 노드 II는 노드 V로 경로를 설정하여 마침내 스테이션 F로 호 요청 패킷이 도착한다. 스테이션 F는 접속 가능한 상태이면 호 수락call accept 패킷으로 응답하고, 이 패킷은 설정된 경로를 따라 스테이션 A로 전달된다. 스테이션 A와 F는 이렇게 설정된 논리적인 연결을 통해 패킷을 교환하게 된다.

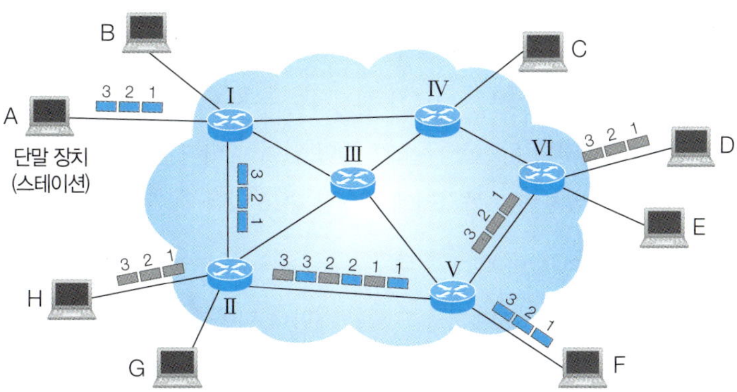

그림 11-6 가상 회선 패킷 교환 방식

경로 설정은 연결 설정을 할 때 한 번만 이루어지기 때문에 연결이 설정된 다음 각 패킷은 목적지를 찾아가기 위해 헤더 내에 가상 회선을 식별할 수 있는 번호만 있으면 된다. 이와 같이 스테이션 A로부터 전송된 패킷들은 모두 동일한 경로인 I → II → V를 거쳐 스테이션 F로 전달되므로 항상 패킷의 전송 순서가 보장된다. 패킷 전송이 완료되면 한쪽 스테이션이 해제 요청clear request 패킷을 보내어 접속을 끝낸다. 스테이션 H도 패킷을 전송하기 전에 동일한 과정을 통해 II → V → VI인 경로를 설정한 후 스테이션 D로 패킷을 전송한다. 이 경우 II → V 구간은 링크를 공유하여 패킷이 전송됨을 알 수 있다.

가상 회선은 종단 간 하나의 논리적인 연결이지만 패킷 교환망 전체에서 식별되는 고유한 번호일 필요는 없다. 각 링크는 새로운 가상 회선 설정이 필요할 때마다 사용하고 있지 않은 하나의 식별 번호를 부여하면 된다. 이와 같이 각 링크에서 주어지는 번호를 가상 회선 번호Virtual Circuit Identifier, VCI라고 한다. 하나의 가상 회선상에서 각 링크에 부여되는 VCI는 서로 다를 수 있다. 따라서 각 노드는 입력 링크와 출력 링크 사이에 사용되는 서로 다른 VCI를 변환시켜 주는 변환표를 만들면 되는데, VCI 변환표는 연결 설정 시에 생성된다. 그러므로 가상 회선이 설정된 후에 전송되는 각 패킷은 가상 회선을 식별하기 위한 VCI만 헤더에 넣으면 된다.

데이터그램 패킷 교환 방식

데이터그램datagram 패킷 방식은 각 패킷별로 전송 경로가 선택되어 전송되는 방식으로, 가상 회선 방식처럼 패킷을 전송하기 전에 미리 전송 경로를 설정할 필요가 없는 비연결형connectionless 서비스 방식이다.

데이터그램 방식은 각 패킷마다 독립적으로 전송 경로를 설정하여 목적지까지 패킷을 전달하기 때문에 모든 패킷의 헤더에는 목적지의 완전한 주소가 들어 있어야 한다. 또한 가상 회선 방식과 달리 전송된 패킷들은 순서가 뒤바뀌어 목적지에 도착할 수도 있다.

[그림 11-7]은 데이터그램 패킷 교환 방식의 예다. 송신 스테이션 A에서 수신 스테이션 F로 패킷 1, 2, 3을 전송하는 경우 각 교환 노드는 패킷을 수신할 때마다 다음 노드로 패킷을 전송하기 위해 최적의 전송 경로를 선택한다. [그림 11-7]에서 먼저 패킷 1을 노드 I과 II 사이의 링크로 전송한다. 패킷 2를 전송하려는 순간 노드 I과 II 사이의 링크에 과부하가 걸려 사용할 수 없는 경우, 노드 I은 노드 III으로 패킷 2를 전송한다. 다음으로 패킷 3을 전송하려는 순간 노드 I과 II 사이의 링크가 다시 사용 가능하면 패킷 3을 노드 II로 보내 수신 스테이션에 도착할 수 있게 한다.

또한 다른 경로로 전송된 패킷 2는 목적지 주소 정보를 이용하여 노드 III에 축적된 후 전송에 의해 최종적으로 수신 스테이션 F에 도달한다. 이와 같은 경우 도착된 패킷의 순서는 원래 보낸 순서와 다를 수 있으므로 목적지에서는 패킷들의 순서를 재구성하는 기능이 필요하다.

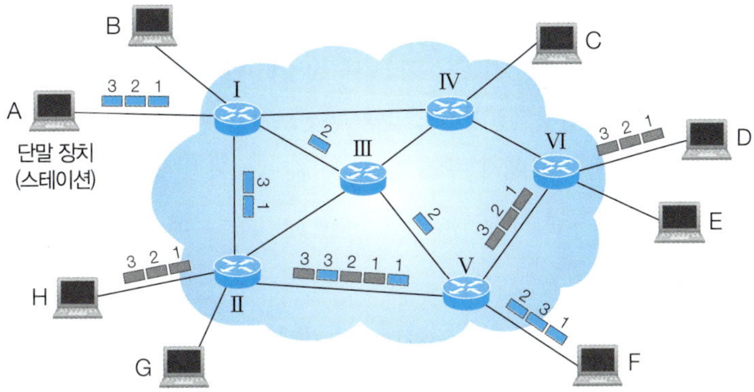

그림 11-7 데이터그램 패킷 교환 방식

4 교환 기술 비교

앞에서 데이터 통신망을 교환 기술 관점에서 회선 교환, 메시지 교환, 가상 회선 패킷 교환, 데이터그램 패킷 교환 방식으로 설명하였다. 교환 방식들을 간략하게 특징과 성능 관점에서 비교해보자. [그림 11-8]은 각 교환 방식의 간단한 예를 나타낸 것이다. 노드 I에 연결된 송신 스테이션에서 노드 IV에 연결된 수신 스테이션까지 메시지가 전송되는 과정을 보여준다. 여기서는 전파 지연, 전송 시간, 노드 지연을 고려하였다.

[그림 11-8](a)의 회선 교환에서는 메시지를 전송하기 전에 호 설정을 위한 시간이 들어간다. 송신 스테이션은 호 설정을 위해 호 요청Call request 신호를 보낸다. 각 교환기는 다음 교환기로 연결해주기 위해서 비어 있는 채널을 찾는 데 시간이 걸리며, 만약 수신 스테이션이 통화 중이 아니면 호 수락Call accept 신호를 돌려보낸다. 각 노드에서는 호 요청 신호를 받아 접속 경로를 구성하는 데 처리 시간이 걸리지만 호 수락 신호가 되돌아올 때는 이미 전송로가 설정되어 있으므로 이때는 처리 시간이 걸리지 않는다. 회선 교환에서는 일단 호 설정이 이루어지고 나면 메시지는 연속적으로 전송되며, 중간 노드에서 일어나는 지연은 무시할 정도로 작다.

[그림 11-8](b)의 메시지 교환에서는 호 설정 과정이 없으므로 각 노드에서는 메시지를 완전히 수신한 다음 이를 다음 노드로 전송하기 때문에 처리 지연이 발생한다. 따라서 메시지 교환을 이용할 때 메시지가 길수록 전체적인 지연은 회선 교환보다 훨씬 길어진다.

[그림 11-8](c)의 가상 회선 패킷 교환은 회선 교환과 유사하게 호 요청 패킷을 보내 가상 회선의 설정을 요구하며, 각 노드에서는 호 설정을 처리하는 데 지연이 발생한다. 그러나 회선 교환과 달리 가상 회선의 경로가 이미 설정되었더라도 전용 통신로가 주어지는 것이 아니기 때문에 호 수락 패킷이 되돌아올 때 각 노드에서 큐잉 지연queueing delay이 발생한다. 일단 가상 회선이 설정되면 패킷은 정해진 경로를 따라 저장-전달store-forward되므로 회선 교환보다는 패킷을 전달하는 데 더 많은 시간이 걸린다.

[그림 11-8](d)의 데이터그램 패킷 교환도 메시지 교환과 마찬가지로 전송하기 전에 미리 경로를 설정할 필요가 없다. 그러나 패킷 교환은 각 노드에서 완전한 패킷을 수신할 때까지 기다리지 않고 수신되는 패킷을 즉시 다음 노드로 전송한다. 따라서 하나의 패킷을 목적지까지 전달하는 데 걸리는 시간은 메시지 교환보다 훨씬 짧다. 다만 데이터그램은 각 패킷마다 독립적으로 라우팅이 이루어지므로 각 노드에서 처리되는 시간은 가상 회선보다 다소 길어진다.

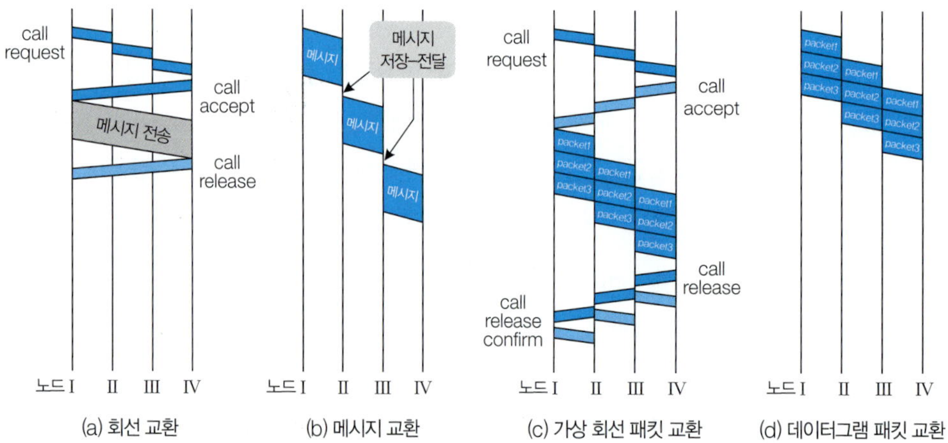

그림 11-8 여러 가지 교환 기술의 비교

지금까지 각 교환 기술의 상대적인 성능을 중심으로 살펴보았다. 하지만 실제로는 경로상의 노드 수, 노드의 처리 속도, 패킷 길이, 통신망 부하 등의 상태에 따라 영향을 받는다. [표 11-1]은 교환 기술의 특성을 정리한 것이다.

표 11-1 교환 기술의 특성 비교

교환 기술 / 비교 기준	회선 교환	메시지 교환	가상 회선 패킷 교환	데이터그램 패킷 교환
경로 설정	있음	없음	있음	없음
통신 품질	보장됨	보장 안 됨	보장 안 됨	보장 안 됨
전송 대역폭	고정 대역폭	가변 대역폭	가변 대역폭	가변 대역폭
라우팅(경로 배정)	호 단위	메시지 단위	호 단위	패킷 단위
지연 발생	호 설정 지연, 전송 지연(매우 작음)	메시지 전송 지연	호 설정 지연, 패킷 전송 지연	패킷 전송 지연
오류 제어	제공되지 않음	제공됨	제공됨	제공됨
패킷 순서 보장	보장됨	보장됨	보장됨	보장 안 됨
속도 변환	제공되지 않음	제공됨	제공됨	제공됨
메시지 오버헤드	없음	있음	있음	있음

03 PSTN과 PSDN

정보 통신망은 서비스를 제공하는 영역에 따라 크게 LAN과 WANWide Area Network으로 분류된다. LAN은 제한 영역에서의 구내 사설 통신망으로 운영될 수 있도록 설치되는 반면, WAN은 공중 통신망 사업자public network operator가 구축해 일반 가입자에게 보편적인 정보 통신 서비스를 제공한다. LAN은 주로 반경 3Km 이내의 지역에서 운영된다. 반면 WAN은 반경 30Km 정도 되는 도시 규모의 MANMetropolitan Area Network, 반경 300~500Km의 국가망, 각 국가의 공중 통신망을 상호 접속시키는 국제 정보 통신망international telecommunication network으로 운용된다.

WAN의 대표적인 예는 일반 음성 전화망인 PSTNPublic Switched Telephone Network, 패킷 데이터 통신망인 PSDNPublic Switched Data Network, 프레임 릴레이 통신망, ISDNIntegrated Service Digital Network, ATMAsynchronous Transfer Mode 기반의 B-ISDNBroadband-ISDN, 인터넷Internet 등이다. 이 중 PSTN과 PSDN을 살펴보자.

1 회선 교환망 PSTN

PSTNPublic Switched Telephone Network은 1876년 벨Alexander Graham Bell이 전화를 발명한 이후 발전해온 음성 위주의 공중 전화망으로 전자 교환기로 연결된 사용자에게 전화와 같은 음성 서비스를 제공한다.

전화망은 [그림 11-9]와 같이 가입자 선로, 트렁크(또는 중계선), 교환기로 구성된다. 가입자 선로subscriber line는 전화기를 전화국에 있는 교환기에 연결하는 전송로이며 주로 트위스티드 페어가 사용된다. 로컬 루프local loop라고도 부르며 아날로그 전송 방식을 사용한다. 현재 전화망은 가입자 선로 외의 모든 부분이 디지털화되어 있으며, 가입자 선로 부분을 디지털화한 기술이 DSLDigital Subscriber Line이다. 트렁크trunk는 교환기와 교환기를 연결하는 다중화 전송로로 동축 케이블, 광케이블 등이 사용된다.

시내 교환기는 가입자 선로를 통해서 전화기와 사설 교환기를 연결한다. 사설 교환기PBX,

Private Branch eXchange는 회사에서 사용되는 일정 수의 외부 전화 회선을 모든 직원이 공유하고, 내선에 연결된 내부 사용자들 간에 전화를 자동으로 연결하기 위한 전화 교환 시스템이다.

- 시내 교환기local exchange : 전화국central office이 여기에 해당
- 시내 중계 교환기tandem/junction exchange : 도시 내 교환기 사이의 경로 설정
- 시외 중계 교환기toll/transit exchange : 다른 도시의 시외 중계 교환기와 경로 설정
- 국제 관문국international gateway : 국외에 위치한 교환기와 경로 설정

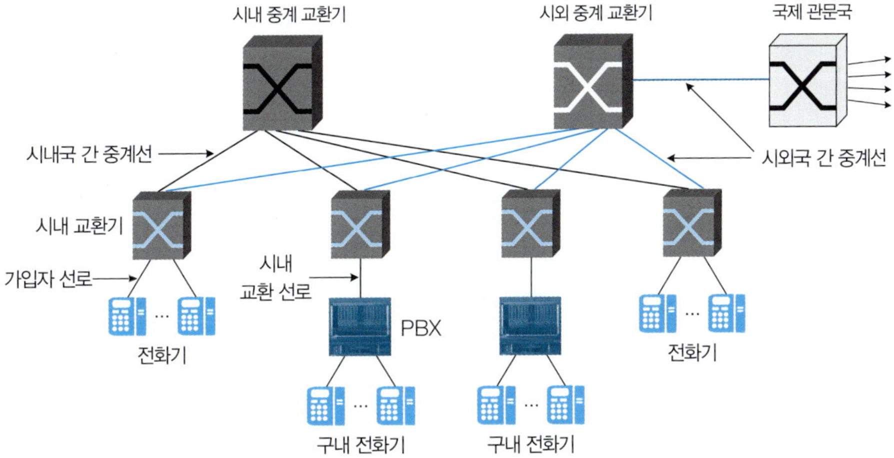

그림 11-9 전화망 구성도

전화 연결 절차

전화망의 동작 과정을 [그림 11-10]에 나타낸 기본적인 전화 통화를 통해 살펴보자.

❶ 사용 중이 아닐 때 전화기는 훅-온hook-on 상태라고 하며, 가입자 선로가 끊어져 있다.

❷ 발신자가 통화를 위해 수화기를 들어 올리면 훅-오프hook-off 상태가 된다. 이 상태가 되면 가입자 선로에 루프가 형성되면서 교환기에서 오는 발신음dial tone 신호가 들어온다.

❸ 발신자가 다이얼링dialing하면 목적지 주소가 결정된다. 다이얼링에 따라 전화기가 신호를 생성하여 전달하면 교환기에서는 어떤 번호가 입력되었는지 알게 된다.

❹ 목적지 주소에 따라 교환이 이루어져 음성 채널 경로가 설정된다. 이때 전화망 내의 교환기 사이에는 신호signaling에 의해 상호작용이 이루어지며 음성 채널을 위한 적절한 경로가 선택된다.

❺ 교환이 완료된 후에 착신 전화기와 연결된 교환기에서 착신 전화기 벨이 울리도록 신호Ring를 전달한다. 동시에 발신 전화기로는 링백 톤ringing back tone이 울리도록 신호를 전달한다. 이때 착신자가 통화 중이면 이를 알리는 화중음busy tone을 전달한다.

❻ 착신자가 전화기를 드는 순간 가입자 선로의 루프가 연결되고 음성 채널은 설정이 완료되며 두 사용자 사이에 통화가 이루어진다.

❼ 한쪽에서 수화기를 내려놓으면 통화는 끝나고 음성 채널은 전화망으로 반환된다.

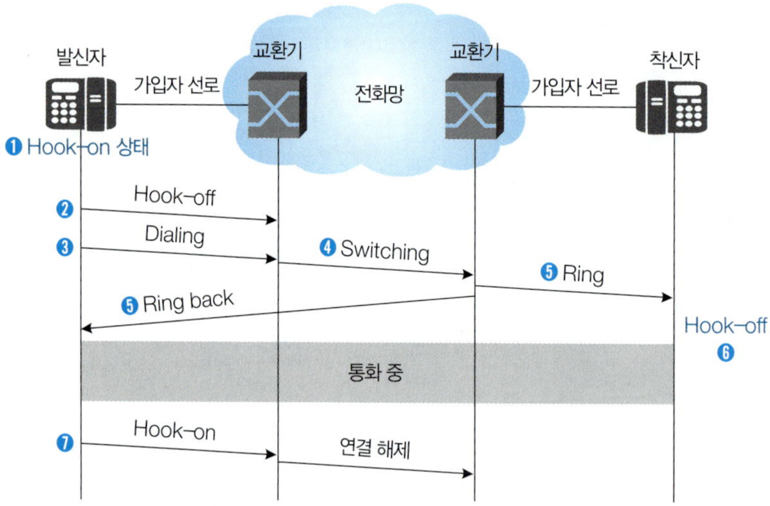

그림 11-10 전화 연결 절차

xDSL

음성 전화용으로 설계된 PSTN을 데이터 통신에 이용하려는 여러 기술이 개발되었으며 그중 모뎀MODEM을 이용하는 방법이 널리 사용되었다. 이보다 더 고속의 데이터 통신을 제공하기 위한 기술이 DSLDigital Subscriber Line이다. DSL의 장점은 구리 선을 사용하는 일반 전화선을 이용하여 Mbps급의 데이터 전송 속도를 제공한다는 것이다. 즉, 각 가정마다 광케이블을 설치하지 않고도 주문형 비디오VOD, 인터넷 접속 및 영상 회의 등 멀티미디어 응용을 지원할 수 있다.

xDSL은 전화선 가입자 측과 전화망 교환기 전단에 xDSL 모뎀을 연결하여 160Kbps ~52Mbps의 고속 데이터 통신을 지원한다. xDSL에는 [표 11-2]와 같이 ADSL, HDSL, SDSL, VDSL 등이 있으며, 이들을 총칭하여 xDSL이라고 부른다.

- ADSLAsymmetric Digital Subscriber Line은 비대칭형 디지털 가입자 회선으로 기존 전화선을 통해 일반 음성 통화는 물론 고속의 데이터 통신을 지원한다. 전송 속도는 가입자로부터 전화국으로 가는 상향 링크와 전화국에서 가입자로 가는 하향 링크의 속도 차이 때문에 비대칭이란 수식어가 붙었다.
- HDSLHigh bit rate DSL은 기존 가입자 선로(4선식)를 이용해 T-1급(1.544Mbps)이나 E-1급(2.048 Mbps)의 전송이 가능하다. HDSL은 상향 링크와 하향 링크의 데이터 속도가 같다.
- SDSLSymmetric DSL은 상향 링크와 하향 링크의 데이터 속도가 같지만 TP가 1개(2선식)라는 점이 HDSL과 다르다. 단일 TP를 사용하기 때문에 HDSL보다 운영 거리가 짧다.
- VDSLVery high speed DSL은 ADSL 기술을 응용한 것으로 송수신 간의 속도가 다르며, 하향 링크에서 52Mbps 정도의 속도가 가능하다.

[표 11-2]에 xDSL 기술들을 비교하여 나타내었다.

표 11-2 xDSL 기술 비교

구분	ADSL	HDSL	SDSL	VDSL
최대 전송 속도 (상향/하향)	640Kbps, 8Mbps	2Mbps, 1.5Mbps	2Mbps / 1.5Mbps	1.6~6.4Mbps / 13~52Mbps
변조 방식	DMT/CAP	2B1Q, CAP	2B1Q, CAP	DMT/QAM
전송 거리	5.4Km	3.6Km	3Km	1.5Km

xDSL에서 변조 방식으로는 CAP, DMT, 2B1Q, QAM 방식 등이 있는데, 이 중에서 CAP와 DMT 방식이 많이 사용된다.

- CAPCarrierless Amplitude/Phase Modulation는 음성, 상향 데이터, 하향 데이터를 [그림 11-11]과 같은 대역을 이용하여 전송한다. 입력 데이터를 2진 부호화하고 in-phase/quadrature-phase로 변조한 후, 두 신호를 합하여 전송한다. CAP는 반송파를 제거하고 실제 정보만 전송함으로써 대역폭을 감소시킬 수 있다.

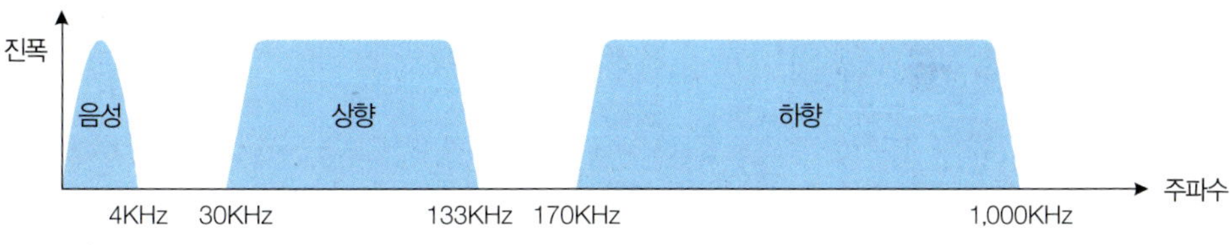

그림 11-11 CAP에서의 주파수 대역

- DMTDiscrete Multi-Tone는 트위스티드 페어 케이블TP의 가용 주파수 대역(0~1MHz)을 256개의 부반송파 대역으로 분할하고, 부반송파를 4000보오baud의 QAM 방식으로 변조한다. 256개 채널은 음성에 6개 채널, 상향에 32개 채널, 하향에 200개 채널, 정보에 18개 채널을 사용한다. 선로 상황에 따라 적합하지 않은 대역은 제외하고 나머지 가용한 대역들에 대하여 최적화를 수행하는 방식이다. 낮은 대역은 감쇠 영향을 덜 받으므로 신호 강도가 작은 데이터를 많이 보낼 수 있고, 높은 대역은 감쇠 영향을 많이 받으므로 신호 강도가 작은 데이터 위주로 보낸다. DMT는 OFDM 변조 방식과 원리상 같기 때문에 다중 경로 페이딩에 강하다.

> **NOTE** FTTH(Fiber To The Home, 댁내 광 가입자망)
>
> 초고속 정보 통신망 구축을 위하여 전화국에서 가입자 댁내까지 가입자 선로 전부를 광케이블화하는 것을 말한다. 이는 초고속 통신을 위해서 가입자망을 광통신화하는 것이 최종 목표이며, 전송 속도는 가입자당 100Mbps~수 Gbps다. 우리나라는 2005년에 상용화하였다. 이에 비해 FTTC(Fiber To The Curb)는 가입자 수요가 밀집된 지역에 원격 터미널을 설치하고 전화국에서 원격 터미널까지는 광케이블을, 원격 터미널에서 가입자 댁내까지는 기존의 TP나 동축 케이블을 사용하여 망을 구성하는 것이다.

신호 방식

교환기는 신호signal를 이용하여 호call를 설정하고 종료하는데, 이를 호 처리call processing라고 한다. 2대의 전화기가 서로 접속되기 위해서는 전화기와 교환기 그리고 교환기와 교환기 사이에서 회선 연결을 위한 각종 제어 정보가 교환되어야 한다. 이러한 제어 정보가 신호이며, 신호의 종류 및 전송 방법, 순서 등을 규정한 것을 신호 방식signaling(시그널링)이라고 한다.

[그림 11-12]와 같이 신호 방식은 가입자선 신호 방식subscriber line signaling과 국간 중계선 신호 방식inter-office trunk signaling으로 분류한다. 국간 중계선 신호 방식은 초기에 음성 정보와 신호 정보를 동일 회선을 통해 전달하는 통화로 신호 방식Channel Associated Signaling, CAS이 사용되었으며, 이 후 음성용 채널과 신호용 채널이 따로 존재하는 공통선 신호 방식Common Channel Signaling, CCS이 사용되었다. 공통선 신호 방식에서 음성 정보용 회선과 신호 정보용 회선이 따로 존재하기는 하지만 서로 물리적으로 분리된 것은 아니다. 다중화된 회선 중에서 한 회선을 신호 정보용으로 사용하는 것이다. 통화로 신호 방식으로는 R2 MFCRegister 2 Multifrequency Compelled가 국내에서 사용되었으며, 공통선 신호 방식으로는 No. 7 방식이 사용되고 있다.

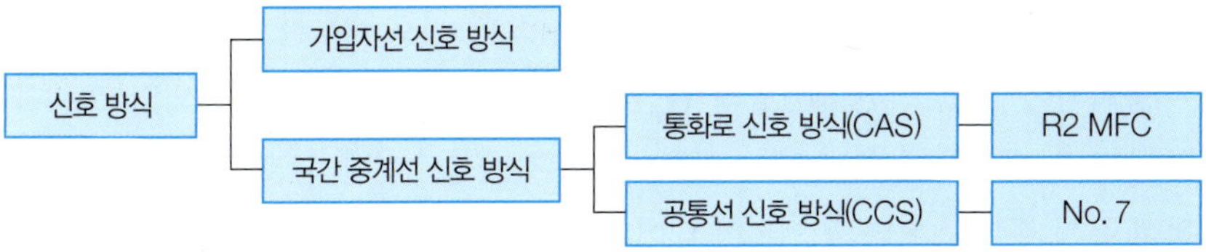

그림 11-12 신호 방식의 분류

가입자선 신호 방식에서 사용되는 기본 신호에는 송수화기를 들거나(hook-off, 훅-오프) 내려 놓는(hook-on, 훅-온) 신호와 다이얼링에 의한 착신 번호 송출 신호가 있다. 일반적인 PSTN에서 가입자 신호는 기본 신호만으로 호 처리를 수행하지만 PBX에서는 더 많은 신호들이 추가적으로 사용된다.

국간 중계선 신호 방식 중에서 통화로 신호 방식(개별선 신호 방식이라고도 함)은 단순한 음성 통화로를 설정 및 해지할 수 있는 방식이다. 이러한 음성 위주의 신호 방식으로는 다양한 신규 서비스의 출현, 대용량의 데이터 전송 및 점점 복잡해지는 망 구성에 효율적으로 대처할 수 없어 음성 정보와 신호 정보를 분리하여 통신망을 구성하는 공통선 신호 방식이 출현하게 되었다. 1980년대 ITU-T에서는 공통선 신호 방식인 No. 7 신호 방식(SS7)을 권고하였다.

[그림 11-13]에서 볼 수 있듯이 공통선 신호 방식은 신호 정보와 통화 정보를 완전히 분리하는 것이다. 공통선 신호 방식의 출현으로 신규 서비스의 도입이 용이해졌고, 다양하고 복잡해지는 네트워크 환경에서 운용 및 유지 보수가 한결 쉬워졌다.

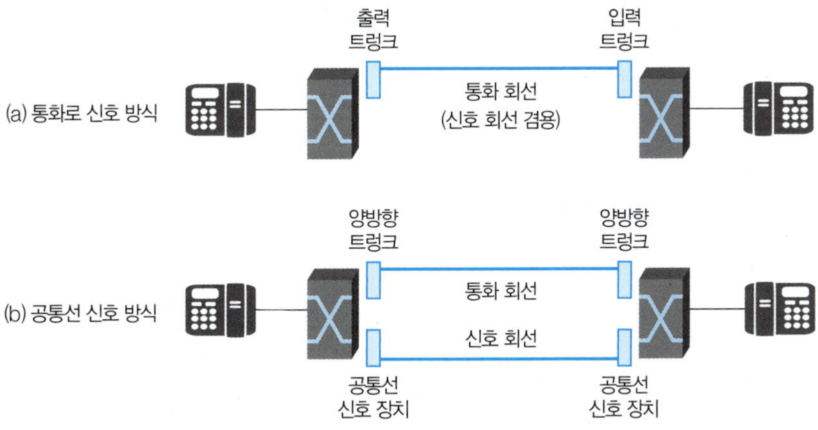

그림 11-13 통화로 신호 방식과 공통선 신호 방식

신호 정보를 처리하기 위한 SS7망은 패킷 교환망이며 중요한 신호 정보를 보호하기 위해 장비와 링크가 이중화되어 있다. 회선 교환망과 완전히 분리된 SS7망은 직접 연결되지 않은 교환기 간의 신호 처리도 가능하며, 통화 중에도 신호 메시지를 송수신할 수 있다. 또한 패킷 교환망을 이용하여 음성 속도보다 빠른 고속의 데이터 전송이 가능하며 보안 측면에서도 통화로 신호 방식보다 우수하다. 패킷 형태로 신호를 처리하기 때문에 다양한 신호 메시지도 제공할 수 있다.

회선 교환망에서 제어 신호control signal는 네트워크를 관리하며, 호를 설정하고 유지 · 해제하는 기능을 한다. 제어 신호의 종류는 다음과 같다.

- 감시(관리) 제어 신호 : 상대방과 통화하는 데 필요한 자원의 이용 가능 여부를 알리기 위해 사용되는 제어 신호로 서비스 요청, 응답, 경보alarm, 휴지 상태 복귀 등의 기능을 수행한다.
- 주소 제어 신호 : 상대방을 식별하고 경로를 배정하여 전화벨을 울리게 하는 기능을 수행한다.
- 호 정보 제어 신호 : 호의 상태 정보를 발신자에게 제공하는 역할을 한다. 예를 들어, 수화기를 들었을 때의 발신음dial tone, 다이얼을 눌렀을 때의 연결음ring tone, 착신자가 통화 중일 때의 화중음busy tone 등이다.
- 망 관리 제어 신호 : 통신망의 전체적인 운영, 유지, 고장 수리 등을 담당한다.

TMN

TMNTelecommunication Management Network(전기 통신 관리망)은 통신망의 운용, 유지 보수, 관리에 관한 정보의 수집, 분배, 전달, 축적의 방법을 제공하는 네트워크다. ITU-T에서 1985년 통신 설비와 운용 보수 시스템 간의 인터페이스 표준화를 시작하였다. TMN은 [그림 11-14]와 같이 교환기와 전송 장치 등 각 장치의 관리를 위하여 정보를 전달하는 데이터 통신 네트워크DCN, 운용, 유지 보수 및 관리 기능을 효율적으로 실행할 수 있도록 지원하는 운영체제Operating system, OS, 사용자에게 인터페이스를 제공하는 워크스테이션Workstation, WS 등으로 구성된다.

통신망의 체계적인 운용 및 관리를 위한 TMN 관리 계층 구조는 [그림 11-15]와 같다. 서비스 관리 계층SML은 고객 서비스 개선, 비용 절감, 서비스 상품의 시장화 시 시간 단축 등을 다루며, 네트워크 관리 계층NML은 통신 용량, 다양성, 혼잡 관리, 통신망 자원의 효율적 활용을 취급한다. 요소 관리 계층EML은 네트워크 시스템의 각 요소 관리, 개별 단위 시설별 집중 운용 관리 등을 다룬다.

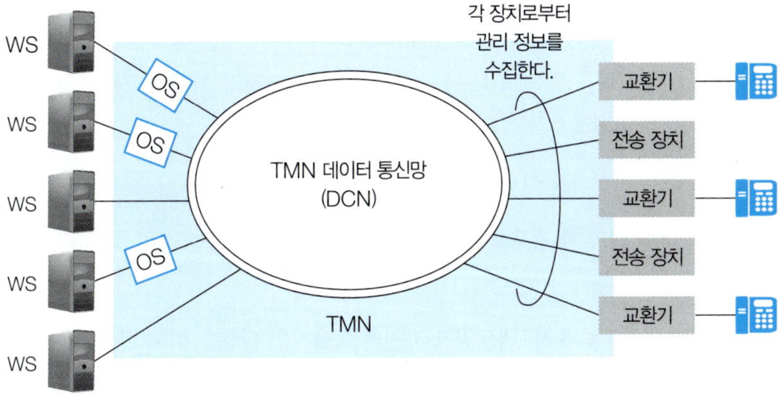

그림 11-14 TMN과 전기 통신망의 관계

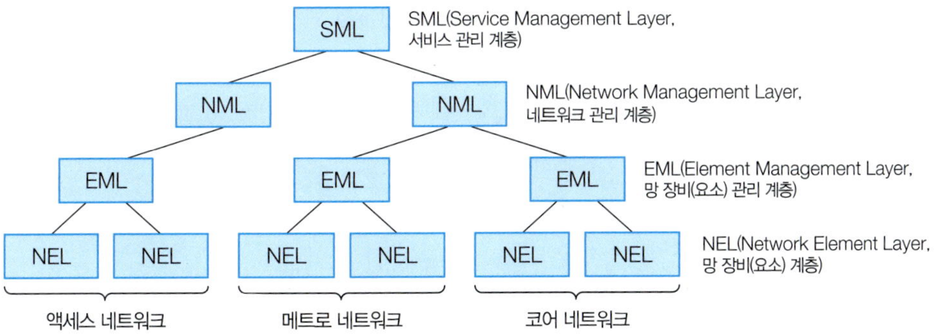

그림 11-15 TMN의 관리 계층 구조

2 패킷 교환망 PSDN

공중 데이터 교환망인 PSDNPublic Switched Data Network은 다수의 사용자 간에 데이터 전송 서비스를 수행하는 네트워크다. 데이터를 패킷 단위로 전송하므로 패킷 교환망이라고도 한다. 패킷 교환망에서 패킷이 적절한 경로를 통해 오류 없이 목적지까지 정확하게 전달되려면 다음과 같은 기능들이 제공되어야 한다.

- 패킷 다중화 : 물리적으로 1개의 통신 회선을 사용하여 패킷마다 논리 채널(가상 회선) 번호를 붙여 동시에 다수의 단말 장치와 통신할 수 있도록 하는 기능이다.
- 논리 채널 설정 : 송수신기 단말 장치 사이에 논리 채널(가상 회선)을 설정하는 기능이다.
- 라우팅 : 출발지에서 목적지까지 이용 가능한 전송 경로를 조사한 후, 가장 효율적인 전송 경로를 배정하는 기능이다. 경로 설정을 위한 요소로는 성능 기준, 경로 결정 시간 및 장소, 정보 발생지, 경로 정보의 갱신 시간 등이다.
- 오류 제어 : 오류를 검출하고 정정하는 기능이다.
- 순서 제어 : 패킷을 여러 경로를 통해 전송할 때 패킷의 도착 순서가 송신 순서와 같게 하기 위한 기능이다.
- 트래픽 제어 : 네트워크 보호, 성능 유지, 네트워크 자원의 효율적인 이용을 위해 전송되는 패킷 양을 조절하는 기능으로 흐름 제어flow control, 혼잡 제어congestion control, 교착 상태 회피deadlock avoidance 등의 방법이 있다. 흐름 제어는 송신지와 수신지 간의 처리 속도를 조절하여 수신 측의 버퍼 오버플로overflow를 방지하는 기능이다. 혼잡 제어는 네트워크 내 패킷 수를 조절하여 네트워크 오버플로를 방지하는 기능이다. 교착 상태란 패킷들을 저장(축적)하는 교환기 내의 저장 공간이 꽉 차 있을 때 다음 패킷들이 저장 공간에 들어가기 위해 무한정 기다리는 현상을 말한다. 이를 방지하기 위해 패킷들이 동일한 목적지를 갖지 않도록 할당하고, 교착 상태일 때는 해당 장치를 선택하여 버퍼에 대기 중인 패킷을 폐기한다.

X.25

1976년 ITU-T가 표준화한 X.25는 패킷 교환망에서 DTE-DEC 간의 인터페이스를 규정하는 프로토콜이다. X.25는 WAN에서 사용되는 패킷 교환 프로토콜이라고도 한다. [그림 11-16]에 X.25 개념을 나타내었다.

그림 11-16 X.25 개념

X.25는 단말 장치DTE가 데이터 교환을 하는 데 필요한 연결 설정, 유지, 연결 해제 절차 등을

규정한다. X.25는 데이터 교환을 위해 가상 회선 패킷 교환 방식을 사용하고, 다중 패킷을 위해 비동기식 TDM 방식을 사용한다.

X.25 프로토콜은 [그림 11-17]과 같이 물리 계층, 데이터링크 계층, 패킷 계층으로 구성된다.

그림 11-17 X.25와 OSI 참조 모델 계층 간의 관계

- 물리 계층 : X.25의 물리 계층은 ITU-T에서 규정한 X.21(또는 X.21 bis) 프로토콜을 사용한다. X.21은 X.25를 지원할 수 있는 다른 물리 계층 프로토콜인 EIA-232 등과 유사하다.
- 데이터링크 계층 : X.25는 HDLC의 부분 집합인 LAPB Link Access Procedure-Balanced라는 비트 위주 프로토콜을 이용하여 데이터링크를 제어한다.
- 패킷 계층 : X.25 패킷 계층을 PLP Packet Layer Protocol라고 한다. 패킷 계층은 연결 설정, 데이터 전송, 연결 해제 기능을 담당한다. 사용자 데이터와 시스템 데이터는 상위 계층으로부터 내려온다. PLP에서는 데이터를 PLP 패킷으로 변환하기 위해 제어 정보가 들어 있는 헤더를 덧붙인다. PLP 패킷은 LAPB 정보 프레임으로 캡슐화되어 물리 계층으로 보내진다.

LAPB 프레임 형식은 [그림 11-18]과 같다. 프레임 형식에서 각 필드는 HDLC와 동일한 의미를 갖는다. 사용자 정보를 전달하기 위해서는 I-프레임을 사용하고, 응답을 전달하기 위해서는 S-프레임을 사용한다. 기타 링크 관리에는 U-프레임을 이용한다. 전송 모드는 비동기 균형 모드 Asynchronous Balanced Mode, ABM만 지원한다. 주소는 DTE가 생성한 명령과 응답에 대해서는 0000001을 사용하고, DCE가 생성한 명령과 응답에 대해서는 0000011을 사용한다.

Flag	Address	Control	Information (X.25 PLP packet)	FCS	Flag
1바이트	1바이트	1바이트	0~1,028바이트	2바이트	1바이트

그림 11-18 LAPB 프레임 형식

X.25는 가상 회선 패킷 교환 방식을 사용한다. X.25의 가상 회선 서비스는 가상 호Virtual Call, VC와 영구적 가상 회선Permanent Virtual Circuit, PVC 두 가지를 제공한다. 가상 호는 호 설정과 해제 과정을 이용하여 가상 회선을 동적으로 설정하는 것이며 교환 가상 회선Switched Virtual Call, SVC이라고도 한다. 영구적 가상 회선은 네트워크가 배정한 고정된 가상 회선으로 호 설정과 해제 과정이 수행되지 않는다.

가상 회선 서비스는 흐름 제어와 오류 제어를 이용하여 사용자에게 신뢰성 있는 서비스를 제공한다. 가상 회선은 패킷 계층PLP에서 만들어진다. 단말 장치DTE가 원격 단말 장치와 협상하여 가상 회선을 생성하며, 패킷을 전달할 때는 신뢰성을 위해 흐름 제어와 오류 제어를 수행한다. 데이터링크 계층에서도 흐름 제어와 오류 제어를 수행하는데, 패킷 계층에서와 달리 DTE와 DCE 사이에서 수행된다.

[그림 11-19]는 가상 회선 설정 및 해제 과정을 보여준다. 송신 스테이션이 호 요청call request 패킷을 보내어 연결 설정을 요구하면 수신 스테이션이 호 수락call accepted 패킷으로 연결을 허락한다. 이후 패킷이 전송된다. 패킷 전송이 완료되면 송신 스테이션이 해제 요청clear request 패킷으로 연결 해제를 요청하고 수신 스테이션은 해제 확인clear confirm 패킷으로 해제를 확인한다.

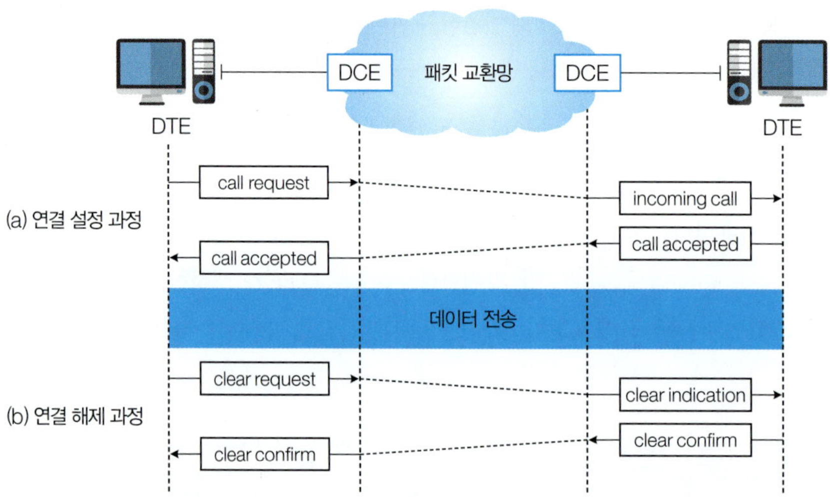

그림 11-19 X.25의 연결 설정과 연결 해제 과정

[그림 11-20]은 송신과 수신 DTE 사이에 설정되는 가상 회선을 보여준다. X.25에서는 가상 회선을 식별하기 위해 논리 채널 번호Logical Channel Number, LCN를 이용한다. 가상 회선이 설정될 때 양단의 DTE-DCE 사이에서 각각 하나씩 LCN을 생성하여 한 쌍의 LCN이 하나의 가상 회선에 대응한다. 각 LCN은 동일한 값을 갖지 않는다. 한 가상 회선이 서로 다른 LCN을 이용하지만 노드의 교환 기능에 의해 서로 다른 LCN이 동일한 가상 회선을 나타내도록 변환된다.

그림 11-20 X.25 패킷 교환망의 가상 회선

패킷 교환망에서 X.25를 지원하는 패킷형 단말기Packet DTE, PDTE는 그대로 연결할 수 있지만 X.25를 지원하지 않는 비패킷형 단말기Character mode DTE, CDTE는 [그림 11-21]과 같이 PADPacket Assembly Disassembly가 필요하다. PAD는 X.25 패킷 교환망에 비패킷형 단말기를 접속할 수 있도록 중계하는 프로토콜 변환기다. ITU-T에서는 PAD와 관련된 세 가지 권고안인 X.3, X.28, X.29를 발표하였다. X.3은 PAD의 기능과 동작을, X.28은 비패킷형 단말기와 PAD 간의 접속 및 데이터 교환 절차를, X.29는 패킷형 단말기와 PAD의 통신 방법을 규정하였다.

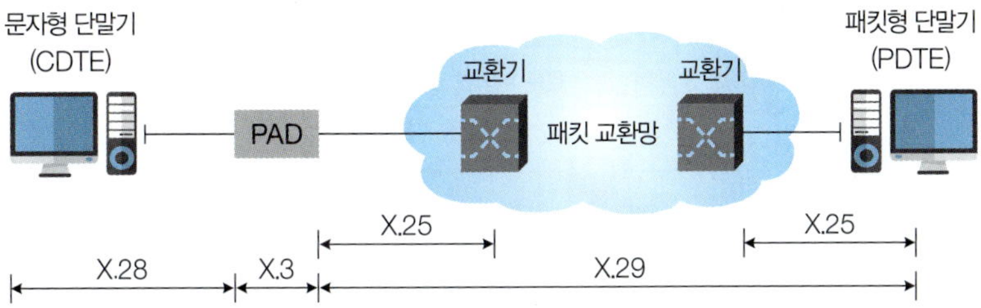

그림 11-21 PAD의 기능

인터넷이 활성화되기 전에 설계된 X.25는 3계층으로 구성되어 IP와 충돌을 일으킨다. 또 다른 문제도 있다. X.25가 설계될 당시에서 전송 매체의 오류 발생 확률이 높아 X.25는 오류

검출 및 정정 기능을 수행하였는데 이 때문에 전송이 매우 느려진다. 오늘날과 같이 오류가 거의 발생하지 않는 전송 매체에서는 이러한 기능이 낭비 요소가 된다. 따라서 지금은 X.25를 거의 사용하지 않는다.

프레임 릴레이

프레임 릴레이frame relay는 정보를 가변 길이의 프레임 단위로 분할하여 전송하는 통신 방식이며, 데이터링크 계층에서 동작하는 WAN 프로토콜이다.

X.25는 오류 발생률이 높은 링크를 기반으로 설계된 프로토콜이어서 흐름 제어와 오류 제어를 각 링크마다 수행하기 때문에 상당한 오버헤드를 초래하였다. 또한 X.25 패킷 교환망에서 제공하는 전송 속도는 64Kbps 정도로 낮다. 최근 전송로의 광케이블화 등으로 통신 품질이 향상되어 오류 발생률이 낮은 물리 계층을 기반으로 프레임 릴레이 기술이 개발되었다. 이 기술은 사용자에게 가상 회선 서비스를 제공하지만, 데이터링크마다 처리되던 흐름 제어와 오류 제어를 생략하고 종단 노드DCE에서만 흐름 제어와 오류 제어를 수행한다. 결과적으로 중간 노드에서의 오버헤드를 줄이고 처리 속도를 높임으로써 2Mbps급의 전송 속도를 제공한다.

프레임 릴레이는 영구적 가상 회선PVC을 제공하므로 마치 종단 노드와 종단 노드 사이에 단일 데이터링크가 있는 것으로 간주하며, 전달되는 메시지도 가변 길이의 프레임이다. [그림 11-22]는 2개의 중계 노드를 거쳐 프레임을 전달하는 DCE 사이의 흐름 제어와 오류 제어 처리 관계를 나타낸다. 예를 들어, (a)에서 하나의 패킷에 대해 3개의 ACK가 필요하지만 (b)에서는 1개의 ACK만 필요하므로 오버헤드가 줄어든다.

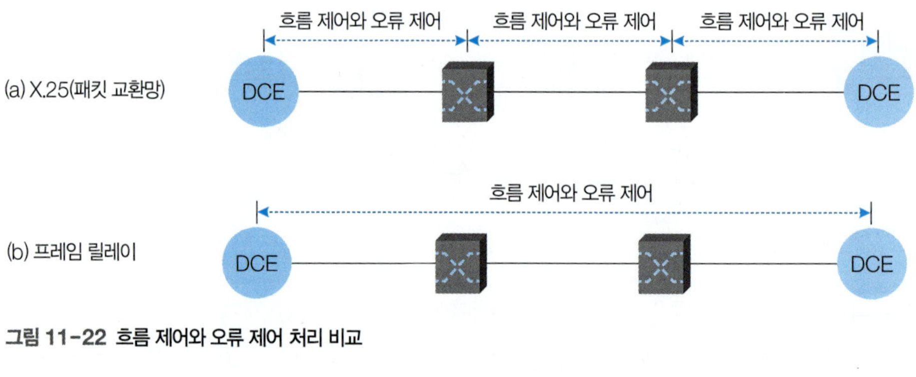

그림 11-22 흐름 제어와 오류 제어 처리 비교

프레임 릴레이의 데이터링크 계층은 단순화된 HDLC 프로토콜을 사용한다. [그림 11-23]은 프레임 구조를 보여준다.

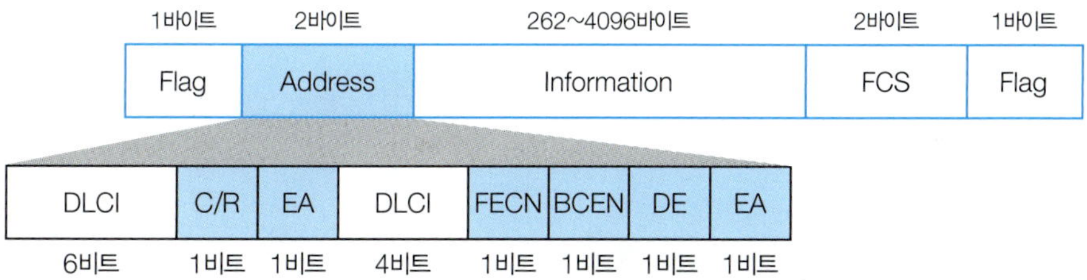

그림 11-23 프레임 릴레이 프레임 구조

- DLCIData Link Connection Identifier : 프레임 릴레이의 가상 회선을 식별하는 번호로, 10비트로 구성된다.
- C/RCommand/Response : 프레임이 명령인지 응답인지를 상위 계층이 식별할 수 있도록 한다. 프레임 릴레이 프로토콜에서는 사용하지 않는다.
- EAExtended Address : 현재 바이트가 주소의 마지막 바이트인지 아닌지를 표시한다. EA=0은 다른 주소 바이트가 뒤에 있다는 것이고, EA=1은 현재 바이트가 마지막 바이트라는 의미다.
- FECNForward Explicit Congestion Notification : 프레임이 전송되는 방향으로 트래픽 혼잡이 발생했다는 것을 수신 스테이션에 알리기 위해 교환기에서 설정된다.
- BCENBackward Explicit Congestion Notification : 프레임이 전송되는 반대 방향으로 트래픽 혼잡이 발생했다는 것을 송신 스테이션에 알리기 위해 교환기에서 설정된다. 이 방식에 따라 송신 스테이션은 패킷 손실을 막기 위해 패킷을 천천히 전송한다.
- DEDiscard Eligibility : 프레임의 우선순위 정도를 나타낸다. 긴급 상황에서 교환기는 병목 현상을 해소하고 과부하로 인한 네트워크 붕괴를 막기 위해 프레임을 폐기할 수 있다. DE=1은 혼잡이 있으므로 해당 프레임을 폐기하도록 네트워크에 알리는 것이다. 이 비트는 송신 스테이션이나 교환기에 의해 설정될 수 있다.

교환 노드에서 라우팅을 위해 교환 테이블을 사용하며, 가상 회선을 위해 DLCI와 교환기 인터페이스 번호를 이용한다. [그림 11-24]는 교환 테이블의 예를 보여준다. 노드 1번 인터페이스로 들어온 DLCI=43인 프레임은 DLCI=47로 변경되어 2번 인터페이스로 전송된다. 또한 3번 인터페이스로 들어온 DLCI=32인 프레임은 DLCI=36으로 변경되어 1번 인터페이스로 전송된다. 이와 같은 교환 테이블 정보는 프레임 릴레이 연결 설정 때 결정되어 가상 회선상에 있는 각 교환기의 테이블에 기록된다.

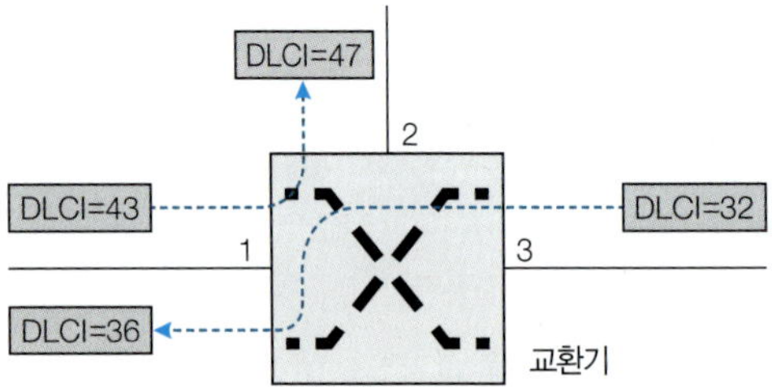

입력	출력
인터페이스, DLCI	인터페이스, DLCI
1, 43	2, 47
2, 50	3, 55
2, 51	1, 58
3, 32	1, 36

그림 11-24 프레임 릴레이 교환 예

프레임 릴레이는 X.25 패킷 교환의 개념과 기술을 기반으로 한다. 전송로의 광케이블화 등으로 통신 품질이 향상되고, LAN 간 통신 등에 따른 높은 전송 효율이 요구됨에 따라 X.25 패킷 교환 기능을 간략화하여 전송 성능을 향상시킨 기술이다. 프레임 릴레이는 낮은 복잡성과 간단한 구현 방법으로 인해 망 구성 비용이 전용 회선보다 저렴하다. 또한 전용 회선에 비해 광대역, 높은 신뢰성, 유연성을 제공한다. 1980년 후반부터 기존의 패킷 교환기를 대체하여 고속 공중 데이터망 구축용으로 많이 사용되었다.

04 VAN

VAN Value Added Network(부가 가치 통신망)은 공중 통신 사업자에게서 통신 회선을 임대하여 하나의 사설망을 구축하고 이를 통해 정보의 축적, 가공, 변환 처리 등 부가가치를 첨가한 후 서비스를 제공하는 통신망이다.

VAN의 출현 배경은 정보 통신 및 정보 처리 기술의 발전, 정보에 대한 수요 증대 등으로 요약할 수 있다. VAN은 패킷 교환 방식을 사용한다. VAN을 이용하여 이기종 컴퓨터 간 접속이나 단말기 접속 시 해당 프로토콜을 변환하여 호스트 컴퓨터의 부하를 줄일 수 있고, 다른 업종이나 기업 간 접속으로 새로운 사업을 발굴할 수 있다. 또한 데이터 통신의 효율성을 향상하고 통신 비용을 절감하며 회선의 확장, 변경, 운용 등을 관리할 목적으로 VAN을 사용한다.

VAN의 기능은 [그림 11-25]와 같이 기본적으로 3계층으로 분류되지만 넓은 의미에서는 정보 처리 계층까지 포함하여 4계층으로 분류된다.

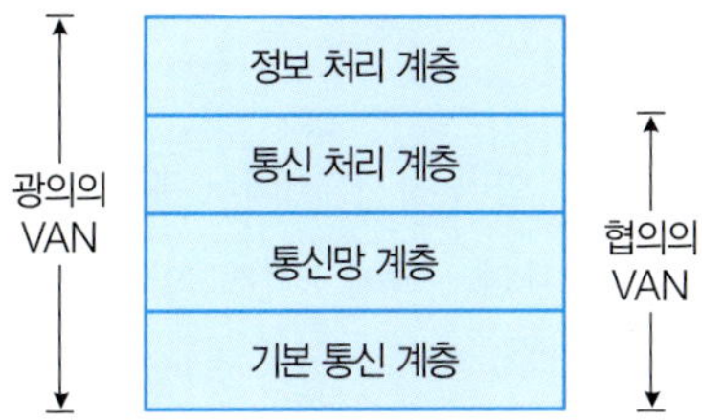

그림 11-25 VAN의 계층 구조

- 기본 통신 계층(전송 기능) : 사용자가 단순히 정보를 전송할 수 있도록 물리적 회선을 제공하는 서비스로, VAN의 가장 기본적인 기능이다.
- 통신망 계층(교환 기능) : 네트워크 계층에 해당하며, 가입자들을 상호 연결하여 가입자 간 정보 전송을 가능하게 하는 서비스다. 패킷 교환 방식을 사용한다.
- 통신 처리 계층(통신 처리 기능) : 송신자의 메시지를 저장한 후 전송하는 축적 교환 기능과 전송 속도, 코드, 포맷, 프로토콜 변환 등의 변환 기능을 이용하여 서로 다른 기종 간 또는 다른 시간대에 통신할 수 있게 하는 서비스다. 통신 처리 기능은 [표 11-3]과 같이 축적 교환 기능과 변환 기능으로 구분할 수 있다.

- 정보 처리 계층(정보 처리 기능) : 온라인 실시간 처리, 원격 일괄 처리, 시분할 시스템 등을 이용하여 급여 관리, 판매 관리 데이터베이스 구축, 정보 검색, 소프트웨어 개발 등의 응용 소프트웨어를 처리하는 기능이다.

표 11-3 VAN의 통신 처리 기능

구분	서비스	기능
축적 교환 기능	전자 사서함	정보 메시지를 저장하여 추후에도 확인할 수 있게 하는 기능
	데이터 교환	송수신 사이의 데이터 교환 기능
	동보 통신	한 단말기에서 여러 단말기로 동일한 내용을 동시에 전송하는 기능
	정시 수집	정해진 시간에 VAN이 정보를 수집하는 기능
	정시 배달	정해진 시간에 VAN에 저장된 정보를 전송하는 기능
변환 기능	속도 변환	고속 컴퓨터에서 저속의 단말기 속도에 맞추어 데이터를 전송하는 기능
	프로토콜 변환	이기종 네트워크 또는 이기종 단말기 간에 통신이 가능하도록 프로토콜을 변환하는 기능
	코드 변환	송신과 수신 사이에 사용하는 문자 코드 체계를 변환하는 기능
	포맷 변환	서로 다른 데이터 표현 형식을 상호 변환하는 기능
	미디어 변환	텍스트, 음성, 영상 등을 상호 변환하는 기능

현재 일상생활에서 접하는 VAN 서비스는 다음과 같다.

- 신용카드 VAN 서비스 : 고객이 신용카드 가맹점(할인점, 음식점, 일반 상점 등)에서 물건을 구매하거나 서비스를 제공받은 후 신용카드로 결제할 때 해당 소비자의 신용카드 한도 및 잔액을 조회한 후 결제를 승인하는 서비스를 말한다.
- 직불카드 VAN 서비스 : 고객이 은행에서 발급받은 직불카드를 이용하여 가맹점에서 대금을 결제할 경우, 카드 단말기를 통해 구매 대금이 고객 계좌에서 가맹점 계좌로 자동 결제될 수 있도록 해당 거래를 직불카드 공동망을 통해 중개 처리하는 서비스를 말한다.
- 포인트카드 VAN 서비스 : 포인트카드는 구매 금액의 일정 비율을 포인트로 적립하거나 적립된 포인트를 사용할 수 있는 혜택이 담긴 카드를 지칭한다. 고객이 포인트카드를 다양한 가맹점에서 사용할 수 있도록 네트워크 통신을 통해 중개하는 서비스를 말한다.
- 현금 영수증 서비스 : 소비자에게는 소득 공제, 가맹점에게는 세액 공제의 혜택을 주기 위해 모든 현금 거래에 대해 본인을 인식할 수 있는 카드를 제시하면 상점은 영수증을 발급하고 현금 결제 내역은 국세청에 통보되는 서비스를 말한다.

05 ISDN과 ATM

초기의 WAN은 전화 교환망PSTN, 패킷 교환망PSDN, 데이터 전송을 위한 회선 교환망Circuit Switched Data Network, CSDN 등과 같이 개별 통신망으로 운용되었다. 이와 같이 서비스 분야에 따라 여러 종류의 통신망을 개별적으로 구축하고 운용 관리하며 사용하는 것은 사용자 입장이나 통신망 운용 사업자 입장에서 볼 때 모두 비효율적이다.

멀티미디어 서비스에 대한 사용자 요구가 증가함에 따라 다양한 서비스를 하나의 통신 선로를 통해 제공해야 할 필요성이 커졌다. 통신망 사업자 입장에서도 개별 통신망을 따로 운용·관리하는 경우 통신망 자원의 이용 효율이 낮을 뿐만 아니라 관리 비용도 증가한다. 이 같은 환경 변화에 따라 음성 전화, 데이터 통신, 영상 통신 등의 다양한 서비스를 종합적으로 제공할 수 있도록 개발된 것이 종합 정보 통신망Integrated Services Digital Network, ISDN이다. ISDN은 그 이름이 의미하는 바와 같이 종합 서비스Integrated Services와 디지털 통신망Digital Network의 두 가지 개념을 기반으로 한다. [그림 11-26]은 ISDN의 개념을 나타낸다.

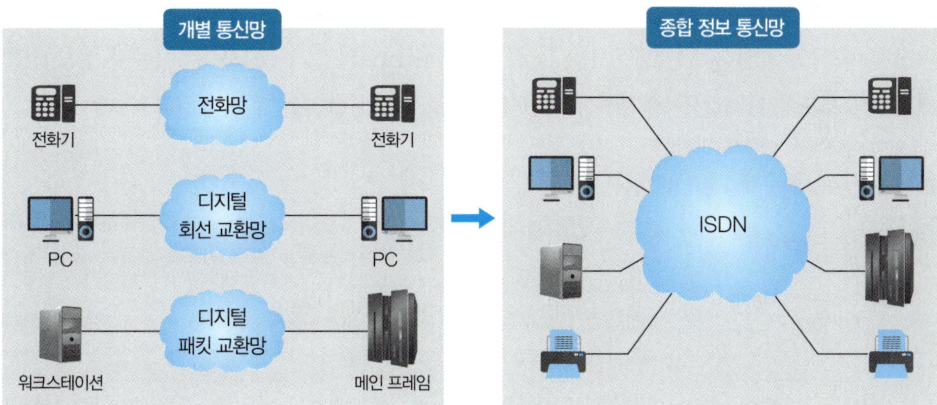

그림 11-26 ISDN 개념

ISDN은 서비스 수용 능력에 따라 N-ISDNNarrow-band ISDN(협대역 ISDN)과 B-ISDNBroad-band ISDN(광대역 ISDN)으로 구분된다. N-ISDN은 기존 64Kbps 전화망과 X.25 패킷 교환

망을 근간으로 구성되며, 지원하는 데이터 전송 속도는 64Kbps~1.92Mbps다. B-ISDN은 N-ISDN의 성능을 수용하고 155Mbps~600Mbps급의 광대역 종합 정보 통신 서비스를 제공하기 위해 개발되었다.

다중화 방식의 관점에서 비교해보면 N-ISDN은 동기식 시분할 다중화 방식을 사용하며, B-ISDN은 통계적 시분할 다중화 방식을 사용한다.

1 N-ISDN

N-ISDN에서 제공되는 다양한 통신 서비스는 크게 음성 서비스와 비음성 서비스로 나뉜다. 기존 전화망에서는 전화기를 통해 단순히 음성을 전달하는 음성 서비스가 대부분이었으나 N-ISDN에서는 이외에도 비디오텍스videotex, 텔레텍스트teletext, 팩스, 영상 회의, 전자 사서함, 데이터 통신 서비스 등의 비음성 서비스를 제공한다. N-ISDN의 기본 전송 속도는 64Kbps로 회선 및 패킷 전송을 지원한다.

N-ISDN 채널 종류와 접속 구조

N-ISDN에서는 [표 11-4]와 같이 B채널, D채널, H채널의 디지털 데이터 전송 채널을 사용한다. B채널은 64Kbps의 전송 속도로서 사용자 정보를 전달하는 데 주로 사용된다. H채널은 고속 팩스, 동영상 등의 고속 정보 전송에 사용되고 384Kbps, 1,536Kbps, 1,920Kbps의 전송 속도를 가진다. D채널은 16Kbps 또는 64Kbps의 전송 속도로서 사용자 정보 전송 채널(B채널 또는 H채널)을 설정하는 제어 신호signaling를 전달하는 데 사용된다.

표 11-4 N-ISDN의 채널 종류 및 기능

채널	전송 속도	기능	비고
B	64Kbps	• 64Kbps의 사용자 정보 전송 • 회선 교환, 패킷 교환, 전용 회선 방식에 의한 사용자 정보 전송 • 패킷 교환 방식으로 계층 2, 3의 정보 전송	정보용 채널
D	D16 : 16Kbps D64 : 64Kbps	• 회선 교환 방식에 의한 신호(signaling) 정보 전송 • 패킷 교환 방식에 의한 16Kbps 이하의 사용자 정보 전송	제어 신호용 채널
H	H0 : 384Kbps H11 : 1,536Kbps H12 : 1,920Kbps	• B채널을 통해 제공되는 모든 방식의 정보 전송을 보다 고속으로 제공 • 고속 팩스나 화상 회의 등과 같은 고속의 사용자 정보 전송	정보용 채널

N-ISDN의 접속 채널은 가입자의 정보 처리를 위한 B채널 또는 H채널, 제어 신호를 위한 D채널들이 혼합된 전송 구조로 제공된다. 이 구조는 적은 용량의 정보를 처리하는 기본 속도 인터페이스Basic Rate Interface, BRI와 대용량 전송(PBX나 LAN)을 요구하는 1차군 속도 인터페이스Primary Rate Interface, PRI의 두 가지 형태가 주로 사용된다. [표 11-5]는 사용자-망 접속의 종류를 나타낸다.

표 11-5 N-ISDN의 사용자-망 접속 구조 및 속도

<table>
<tr><th rowspan="2">사용자-망 접속의 종류</th><th rowspan="2">물리적인 접속 속도</th><th colspan="2">접속 구조</th></tr>
<tr><th>구조 명칭</th><th>채널 구조</th></tr>
<tr><td>기본 속도 인터페이스
(Basic Rate Interface, BRI)</td><td>192Kbps</td><td>기본 접속</td><td>2B+D16</td></tr>
<tr><td rowspan="4">1차군 속도 인터페이스
(Primary Rate Interface, PRI)</td><td rowspan="4">1,544Kbps
또는
2,048Kbps</td><td>1차군 B채널 접속
(다중 접속)</td><td>23B+D64(1,544Kbps)
30B+D64(2,048Kbps)</td></tr>
<tr><td>1차군 H0 채널 접속
(고속 접속)</td><td>4H0
5H0+D64(2,048Kbps)</td></tr>
<tr><td>1차군 H1 채널 접속
(고속 접속)</td><td>H11(1,544Kbps)
H12+D64(2,048Kbps)</td></tr>
<tr><td>1차군 혼합 접속</td><td>nB+mH0+D64</td></tr>
</table>

- BRIBasic Rate Interface : 기본 속도 인터페이스는 전이중full-duplex 통신, 64Kbps B채널 2개와 16Kbps D채널 1개, 즉 2B+D로 구성되며 가입자가 사용할 수 있는 전체 속도는 144Kbps(2×64Kbps+16Kbps)가 된다. 여기에 프레이밍framing, 동기 및 다른 부가 비트가 추가되어 기본 속도 인터페이스의 실제 전송 속도는 192Kbps가 된다. 기본 속도 인터페이스의 경우 2개의 B채널을 이용하여 2대의 전화 또는 전화와 팩스를 동시에 사용할 수 있다. 또한 D채널을 이용하여 PC를 동시에 사용할 수 있다.
- PRIPrimary Rate Interface : 1차군 속도 인터페이스는 23B+D 또는 30B+D의 접속 구조를 갖는 고속 데이터 전송용 접속이다. 미국, 캐나다, 일본 등에서는 23B+D로 구성하여 1,536Kbps 전송 속도를 보이며, 유럽에서는 30B+D로 구성하여 1,984Kbps의 전송 속도를 보인다. 1차군 혼합 접속에서는 B채널과 H채널을 다양하게 조합하여 사용한다.

N-ISDN 서비스

N-ISDN에서 제공하는 서비스는 OSI 참조 모델 1~3계층의 기능을 제공하는 베어러 서비스, OSI 참조 모델 4~7계층의 모든 기능을 제공하는 텔레 서비스가 있다. 그리고 기본적인 통신 서비스에 기능 추가 또는 변형에 의해서 부가 서비스가 제공될 수 있다.

- 베어러 서비스bearer service : 사용자와 망 간의 인터페이스에서 단말 장치가 전송하는 정보를 그대로 전달하는 서비스로 회선 교환 및 패킷 교환 등 하위 계층의 기능만 제공한다. [표 11-6]에 N-ISDN이 제공하는 베어러 서비스를 정리하였다.
- 텔레 서비스teleservice : 베어러 서비스를 기본으로 통신망, 단말 장치 등에서 이용하는 고도의 기능을 부가해 제공하는 서비스다. 실제로 단말 장치를 조작하고 통신하는 사용자 측에서 바라본 서비스를 의미한다.
- 부가 서비스supplementary service : 베어러 서비스나 텔레 서비스에 발신 번호 표시, 수신자 부담, 통화 대기 등의 기능을 부가하여 서비스 이용률을 높이는 서비스다.

표 11-6 N-ISDN 베어러 서비스

모드	베어러 서비스	내용
회선 모드	64Kbps 디지털 서비스	• 64Kbps 디지털 전송로 제공 • 사용자 정보는 B채널에서, 신호는 D채널에서 전송 • 모뎀, 팩스 신호 또는 PCM 3.1KHz 음성
	n×64Kbps 디지털 서비스	• 영상 전화, 영상 회의 시스템 등을 위한 다중 64Kbps 전송로 제공
	384Kbps 디지털 서비스	• H0채널을 사용한 384Kbps 디지털 전송
	1,536Kbps 디지털 서비스	• H11채널을 사용한 1,536Kbps 디지털 전송(북미, 일본)
	1,920Kbps 디지털 서비스	• H12채널을 사용한 1,920Kbps 디지털 전송(유럽)
패킷 모드	연결형 교환 서비스	• B채널 또는 D채널을 사용한 가상 호 또는 영구 가상 회선 패킷 교환 서비스
	비연결형 패킷 교환 서비스	• D채널을 사용한 비연결형 패킷 교환 서비스
프레임 모드	프레임 릴레이	• 프레임 릴레이 기능에 의한 연결형 고속 데이터 전송 서비스(통신망 내부에서는 흐름 제어 및 오류 제어 생략)
	프레임 교환	• OSI 계층 2의 프레임 교환 기능에 의한 연결형 고속 데이터 전송 서비스(통신망 내부에서 프레임 단위의 흐름 제어 및 오류 제어 수행)

기능 그룹과 참조점

N-ISDN에서는 다양한 서비스를 제공할 수 있는 각종 단말기가 교환기에 접속될 수 있어야 한다. 이를 위해 사용자-망 간 접속 기능 구조를 정의하였다. 사용자의 접속 기능은 사용자가 망 기능을 이용하기 위한 통신망과 단말기 사이의 접속 규격을 나타낸다.

기존 전화망에서 사용자-망 접속점은 가입자 회선 끝의 단자함이나 집 안에 설치된 전화 콘센트다. N-ISDN에서는 사용자가 이용하는 단말의 종류에 따라 다양한 접속 중에서 선택할 수 있다. ITU-T에서는 접속점 및 기능 그룹에 대한 사용자-망 간 인터페이스 구조를 [그림 11-27]과 같이 제시하였다. 기능 그룹에는 NT1, NT2, TE1, TE2, TA가 있으며, 각 기능 그룹들이 접속되는 기준점으로 R, S, T, U가 있다.

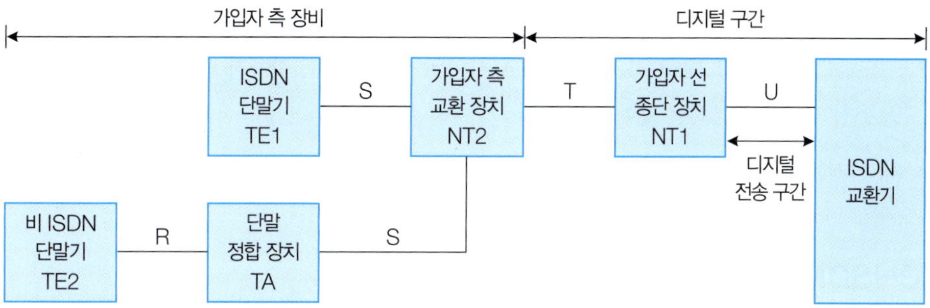

그림 11-27 N-ISDN 사용자-망 접속

■ 기능 그룹

- NT1Network Termination 1 : 물리 계층에 속하는 기능 그룹이다. NT2와 교환기 사이의 중계 장치로 물리적, 전기적 종단 장치에 관련된 기능을 담당한다. 물리 계층의 선로 유지 보수 및 성능 검사, 다중화, 비트 동기timing 등을 수행한다. 디지털 회선용의 DSUDigital Service Unit가 NT1에 해당되는 장비다.
- NT2Network Termination 2 : 가입자 지역에서 회선 교환 접속 기능을 수행하며, 다양한 정보들을 다중화, 집중화, 교환하는 2~3 계층의 프로토콜을 처리한다. PBXPrivate Branch eXchange, LAN, 단말 제어기가 NT2에 해당되는 장비다.
- TE1Terminal Equipment 1 : 디지털 전화기, 디지털 팩스 등과 같은 표준 N-ISDN 인터페이스를 가진 단말 장치를 말한다.
- TE2Terminal Equipment 2 : N-ISDN 접속 기능이 없는 기존 인터페이스 단말기를 말하며 EIA-232나 X.21 인터페이스가 TE2에 속한다.

- TATerminal Adapter : TE2 단말기를 N-ISDN에 접속하는 역할을 하며, 프로토콜 변환과 속도 변환 기능을 수행한다.

■ 참조점

참조점reference point은 N-ISDN을 구성하는 각 요소 간의 인터페이스를 구분하는 것으로 기준점, 접속점, 분계점이라고도 한다. 참조점은 정보 통신망 상호 간을 연결할 때 시설 운영 및 유지 보수의 책임 한계를 구분하기 위한 접속점이 된다.

- UUser 기준점 : NT1과 교환기 사이의 접속점이다. 양방향으로 디지털 데이터를 송수신하는 기존 가입자 선로 부분이다.
- TTerminal 기준점 : NT1과 NT2 사이의 접속점이다. 인터페이스 구조에 따라 기본 인터페이스와 1차군 인터페이스 등 상위 인터페이스에 호환성을 주기 위한 접속점이다.
- SSystem 기준점 : NT2와 TE1, NT2와 TA 사이의 접속점이다. 사용자 단말기와 네트워크 관련 통신 장비를 구분하는 곳이다.
- RRate 기준점 : 비 N-ISDN 단말기와 TA 사이의 인터페이스 기준점이다.

2 B-ISDN

1980년 중반 이후 개인용 컴퓨터PC가 급격히 확산되면서 LAN 구축 및 멀티미디어 정보도 폭발적으로 늘었다. 특히 멀티미디어 정보 통신 서비스에서는 음성, 데이터, 영상 등을 전송하기 위해 다양한 전송 매체가 사용되어야 하며, 이들 정보 간의 동기화 및 다중 연결 형태의 지원도 가능해야 한다. N-ISDN은 64Kbps급의 협대역 통신 서비스에 한정되어 영화와 같은 동영상 정보를 전달하는 데 한계가 있었다.

따라서 새로운 통신망 기능에 대한 요구를 수용하기 위해 B-ISDN(광대역 ISDN)의 표준화가 1980년대 후반부터 추진되었다. B-ISDN은 브로드밴드 전송 및 교환 기술을 기초로 수Kbps에서 수백Mbps의 넓은 대역폭을 갖는 각종 서비스를 종합적으로 제공하는 디지털 통신망이다. B-ISDN에서는 저속에서 초고속에 이르는 다양한 전송 속도를 효과적으로 수용하기 위해 고정 길이의 패킷 교환 방식인 비동기 전달 모드 ATMAsynchronous Transfer Mode을 사용한다. ATM은 통계적 시분할 다중화 방식에 속한다.

ATM의 기본 원리

ATM이란 [그림 11-28]과 같이 사용자 정보를 일정한 패킷 크기로 나누어 헤더 부분에 목적지 정보를 부가하여 고정 크기의 셀cell 형태로 전달한 후, 원래의 정보로 환원하는 방식이다. ATM 교환기에서는 목적지 정보 중에서 헤더 주소값을 사용자 단말기에게 주어 이 값을 사용자 정보 앞에 붙여 전송하게 함으로써 교환기가 쉽게 사용자 정보를 인식할 수 있도록 한다. 교환기는 사용자 정보를 인식한 후, 셀 단위로 교환시켜 그다음 목적지로 전송한다. ATM 교환기에서는 모든 사용자 정보를 고정 크기의 셀 단위로 받아 하드웨어로 셀 교환을 하기 때문에 저속에서 고속까지 다양한 서비스를 제공할 수 있다. 또한 새로운 서비스에 대해서도 유연히 대처할 수 있고 망 효율을 향상시킬 수 있다는 장점이 있다.

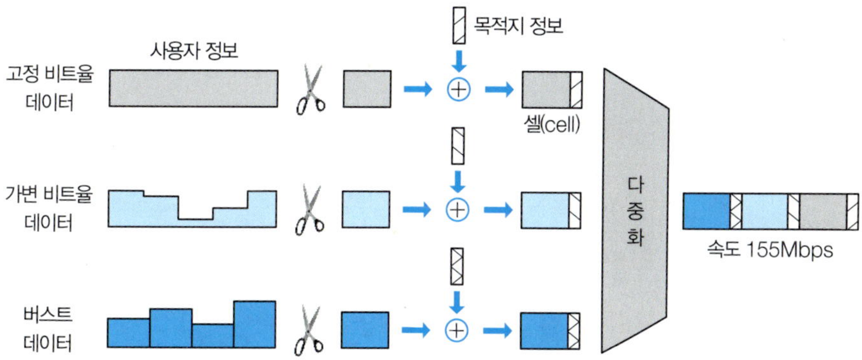

그림 11-28 ATM 기술의 동작 원리

정보의 크기를 패킷으로 나누고 헤더를 매 패킷마다 부착하는 것은 패킷 교환과 유사하다. 그러나 패킷 크기를 일정하게 하고, 에러 복구 등을 간소화하여 소프트웨어 기능을 줄인 다음 고속으로 동작이 가능하게 하드웨어로 실현한 것이 ATM의 특징이다.

일정한 크기의 패킷을 ATM에서는 셀cell이라고 부르는데, [그림 11-29]와 같이 셀은 헤더header와 정보 영역Payload으로 구성된다. 헤더는 5바이트이고 정보 영역은 48바이트로, 한 셀은 53바이트 크기를 갖는다. 셀의 크기가 2의 지수 배가 아닌 53바이트인 것은 어색한 숫자임을 부인할 수 없다.

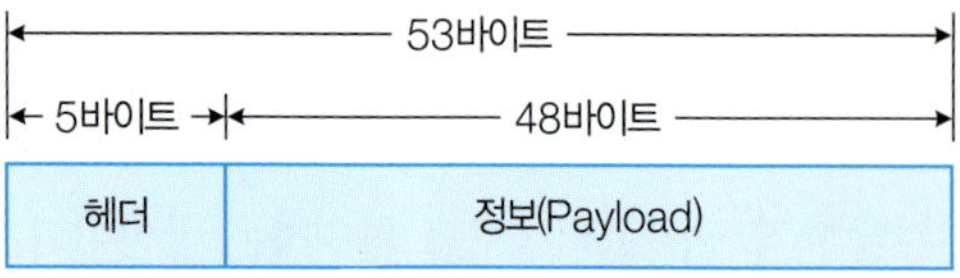

그림 11-29 ATM 셀의 구조

ATM 네트워크 구조

ATM은 셀 교환망이다. 종단점end point이라는 사용자 액세스 장치는 네트워크 내 교환기에 UNIUser-to-Network Interface를 통해 연결된다. 교환기들 간에는 NNINetwork-to-Network Interface로 연결된다. [그림 11-30]은 ATM 망의 예를 보여준다.

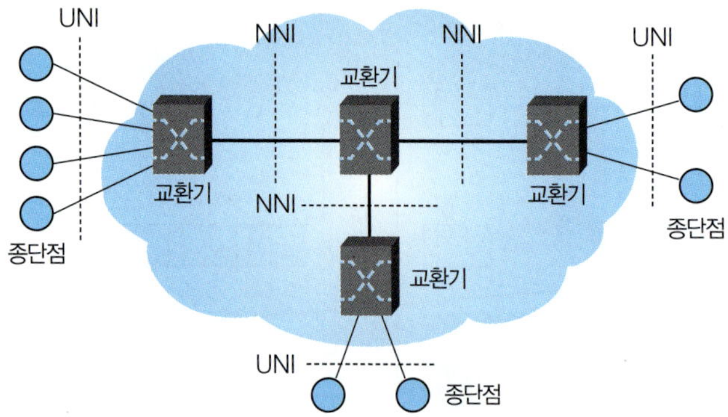

그림 11-30 ATM 네트워크 구조

B-ISDN 프로토콜 참조 모델

B-ISDN 프로토콜은 [그림 11-31]과 같이 기능에 따라 사용자 평면, 제어 평면, 관리 평면으로 구성된 입체 구조로 되어 있다. 제어 평면control plane은 사용자의 정보가 전달되는 데이터 전송 경로를 설정 · 관리 · 해제하기 위한 신호 기능signaling을 수행한다. 사용자 평면user plane은 사용자의 응용 서비스 정보를 전달하는 기능을 제공하며 데이터 전송 단계에 해당한다. 사용자 평면에서 응용 서비스 정보 전송은 제어 평면의 신호 기능에 의해 설정된다. 관리 평면management plane은 통신 시스템 및 통신망을 관리하며, 사용자 평면에서 설정한 채널들의 동작 상태 및 성능을 관리한다. 특히 관리 평면 기능에는 트래픽 제어 기능이 포함되며, 통신망에서 트래픽 흐름을 통제하여 통신망이 혼잡congestion 상태에 빠지지 않도록 한다.

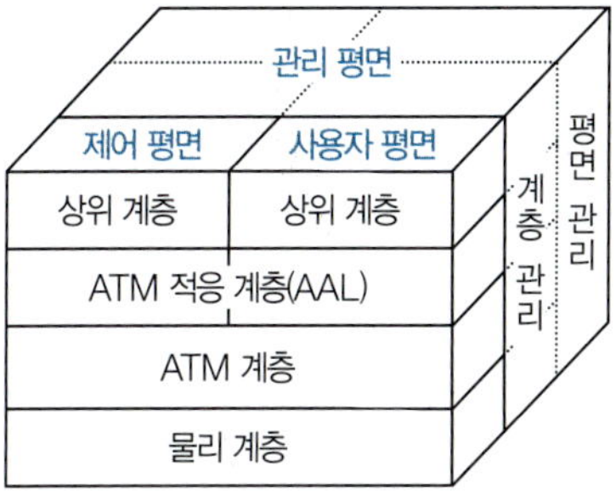

그림 11-31 B-ISDN 프로토콜 참조 모델

B-ISDN 프로토콜 참조 모델에서 하위 계층은 물리 계층, ATM 계층, ATM 적응 계층AAL, ATM Adaptation Layer으로 구성되어 있다. 각 프로토콜 계층은 다시 몇 개의 부계층으로 나뉜다. 하위 3계층은 OSI 7계층 구조의 물리 계층과 데이터링크 계층에 해당된다. 사용자 평면과 제어 평면 프로토콜은 물리 계층과 ATM 계층을 공유하며, 관리 평면의 경우 물리 평면 계층과 ATM 계층에 각 계층별 연결 관리 및 유지 보수를 위한 기능이 정의되어 있다.

■ **물리 계층**Physical Layer

물리 계층은 PMPhysical Medium 부계층과 TCTransmission Convergence 부계층으로 구성되어 있다. PM 부계층은 물리 매체와 비트 전송에 관련된 기능을 제공한다. TC 부계층은 디지털 비트들과 셀들 간의 변환을 담당하는 부계층으로, 오류 검사 및 셀 경계 식별 기능을 수행한다. 일반적으로 ATM은 광대역 통신망에서 사용되기 때문에 광케이블을 기반으로 하는 SONET/SDH가 사용되지만, 이더넷이나 다른 LAN 프로토콜도 사용될 수 있다.

■ **ATM 계층**ATM Layer

ATM 계층은 ATM 셀의 헤더를 생성하고 관리하는 기능을 제공한다. 상위 계층에서 데이터가 내려오면 여기에 5바이트의 헤더를 첨가하고 이를 물리 계층으로 전달한다. 수신 측의 ATM 계층은 53바이트의 셀에서 5바이트 헤더를 제거하고 사용자 데이터 부분을 상위 계층인 AAL로 전달하는 역할을 한다.

[그림 11-32]는 셀 헤더 구조를 보여준다.

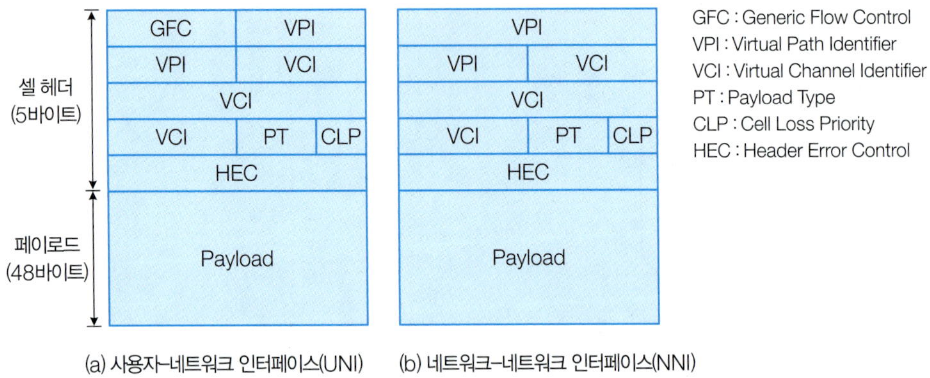

그림 11-32 ATM 셀 헤더 구조

- GFCGeneric Flow Control : 4비트 크기로 UNIUser to Network Interface에서 흐름 제어를 제공한다.
- VPIVirtual Path Identifier : 가상 경로 식별자다. UNI에서는 8비트, NNINetwork to Network Interface에서는 12비트다.
- VCIVirtual Channel Identifier : 가상 채널 식별자이며 16비트다.
- PTPayload Type : 3비트이며, 첫 번째 비트는 사용자 데이터인지 관리 정보인지를 나타낸다. 나머지 두 비트는 첫 번째 비트에 연관된 값을 갖는다.
- CLPCell Loss Priority : 혼잡이 발생했을 때 우선순위가 높은 셀은 유지되고, 낮은 셀은 폐기된다. CLP=0은 CLP=1보다 우선순위가 높다.
- HECHeader Error Control : 헤더의 앞쪽 4바이트에 대한 오류를 검출하는 CRC-8 데이터다.

■ ATM 적응 계층ATM Adaptation Layer, AAL

AAL은 기존의 패킷 네트워크가 ATM 장비에 접속될 수 있도록 한다. AAL은 SARSegmentation and Reassembly 부계층과 CSConvergence Sublayer로 구성되어 있다. CS는 상위 계층에서 받은 데이터를 SAR 부계층으로 전달하는 역할을 수행하며, SAR 부계층은 상위 계층에서 내려온 데이터를 48바이트로 분할하는 기능을 수행한다. ATM은 다양한 트래픽 특성을 갖는 응용을 지원하기 위해 다음과 같은 5가지 서비스 유형을 정의하였다.

- 고정 비트율Constant Bit Rate, CBR 서비스 : 일정한 전송률을 갖는 서비스를 의미한다. 실시간 음성과 실시간 비디오 서비스에서 사용되며, 최소의 전송 지연을 갖는다.
- 실시간 가변 비트율real time-Variable Bit Rate, rt-VBR 서비스 : 엄격한 지연과 지연 변동을 요구하

며 전송률은 가변적이다. 압축된 음성, 비디오, 데이터 등의 전송을 의미하고 설정된 매개변수 안에서 가변 비트율로 처리되어야 한다.

- 비실시간 가변 비트율non real time-Variable Bit Rate, nrt-VBR 서비스 : 실시간 가변 비트율 서비스와 유사하지만 지연 변동에 대한 제한이 없다. X.25, TCP가 여기에 해당한다.
- ABRAvailable Bit Rate 서비스 : 사용자에게 최소한의 용량을 보장하는 서비스다. 셀 손실을 최소화하며 최소 전송률 이상으로 데이터를 전달한다.
- UBRUnspecified Bit Rate 서비스 : 서비스에 대한 전송률 보장이 없고, 필요에 따라 셀은 언제든지 폐기될 수 있다. 데이터그램 서비스가 여기에 해당된다.

이상의 서비스를 지원하기 위해 AAL은 AAL1, AAL2, AAL3, AAL4, AAL5로 나누어졌으며, 이후 AAL3과 AAL4는 기능이 유사하다고 판단되어 한 범주로 합쳐졌다. [그림 11-33]은 AAL의 계층 구조를 보여준다.

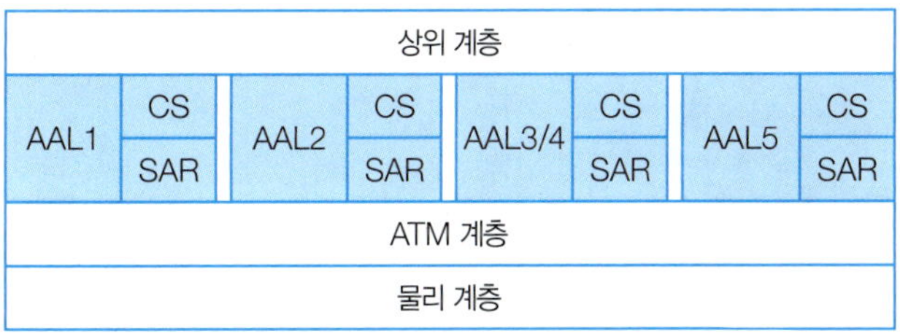

그림 11-33 AAL 계층 구조

- AAL1 : 음성이나 비디오 등의 고정 비트율 정보를 전달한다. AAL1을 이용하여 음성 채널이나 디지털 전화망 서비스를 ATM에서 제공할 수 있다. CSConvergence Sublayer 부계층에서는 데이터를 47바이트 단위로 분할하고 이를 SAR 부계층으로 전달한다. SAR 부계층에서는 1바이트의 헤더를 붙여서 48바이트로 만들어 ATM 계층의 페이로드payload를 완성한다.
- AAL2 : 낮은 비트율이나 작은 프레임 트래픽을 전달하는 데 사용된다. 전송률이 낮은 실시간 음성 서비스를 전송할 수 있다.
- AAL3/4 : 연결형과 비연결형 데이터 서비스를 수용한다. 가상 회선을 사용하는 패킷 전송(X.25와 TCP)을 지원할 수 있다. 사용자 정보가 크면 CS 부계층에서 44바이트의 정수 배가 되도록 패딩padding이 채워지고, SAR 부계층에서 헤더 2바이트와 트레일러 2바이트가 첨부된 48바이트를 만들어 ATM 계층의 페이로드를 완성한다.

- AAL5 : 오류 제어나 순서 제어를 수행하지 않고 단순히 데이터를 전달하는 응용에 적합하며 부가적인 처리는 상위 계층에서 처리한다. 데이터그램 서비스가 이에 해당된다. AAL3/4와 유사하게 사용자 정보가 크면 CS 부계층에서 48바이트의 정수 배가 되도록 패딩이 채워지고, SAR 부계층에서 48바이트를 만들어 ATM 계층의 페이로드를 완성한다.

ATM의 논리적 연결

두 종단점 간의 연결은 전송 경로, 가상 경로, 가상 회선으로 이루어진다. 전송 경로Transmission Path, TP는 종단점과 교환기 사이 또는 두 교환기 간의 물리적 연결이다. 전송 경로는 여러 가상 경로Virtual Path, VP로 나뉘며, 두 교환기 사이에 있는 하나의 연결이나 연결들의 한 집합을 의미한다. ATM은 가상 회선Virtual Circuit, VC을 기반으로 한다. 모든 셀은 동일한 가상 회선을 따라 전송되고 목적지에 도달할 때까지 셀들의 원래 순서는 그대로 유지된다. [그림 11-34]는 전송 경로(물리적 연결), 가상 경로 일부(경로가 같기 때문에 함께 묶이는 가상 회선들의 집합)와 논리적으로 두 지점을 연결하는 가상 회선을 나타낸 것이다.

그림 11-34 TP, VP, VC 구조

ATM에서는 가상 회선을 식별하기 위해 VPIVirtual Path Identifier와 VCIVirtual Channel Identifier를 이용한다. 이 두 가지 식별자(VPI, VCI)를 합쳐서 유일한 가상 회선을 식별한다. [그림 11-35]는 VPI/VCI 할당 예를 나타낸 것이다.

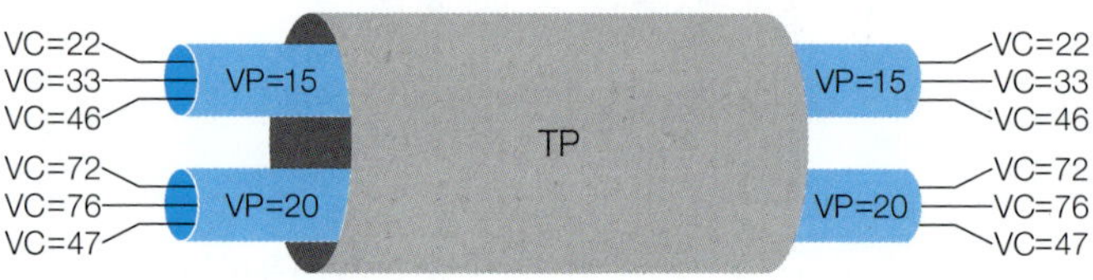

그림 11-35 VPI, VCI 할당 예

셀에서 주소를 헤더에 포함시킬 때 VPI/VCI 값을 사용한다. VPI/VCI 값은 교환기에서 교환기까지 또는 종단점에서 교환기까지의 가상 연결을 지정한다. 교환기에서 교환이 이루어지면 교환 테이블에 따라 셀의 목적지 주소는 새로운 VPI/VCI 값으로 변경된다. [그림 11-36]은 ATM 교환기의 교환 테이블 예를 보여준다. 교환 테이블에 따라 교환기의 1번 인터페이스로 들어온 셀의 목적지 주소가 (VPI=12, VCI=47)이면 4번 인터페이스로 나가면서 목적지 주소가 (VPI=25, VCI=38)로 변경된다. 이와 같이 교환 테이블 값은 연결 설정 과정에서 만들어지며, 데이터 전송이 끝나고 연결이 해제될 때 이 값은 삭제된다.

입력			출력		
인터페이스	VPI	VCI	인터페이스	VPI	VCI
1	12	47	4	25	38
⋮	⋮	⋮	⋮	⋮	⋮

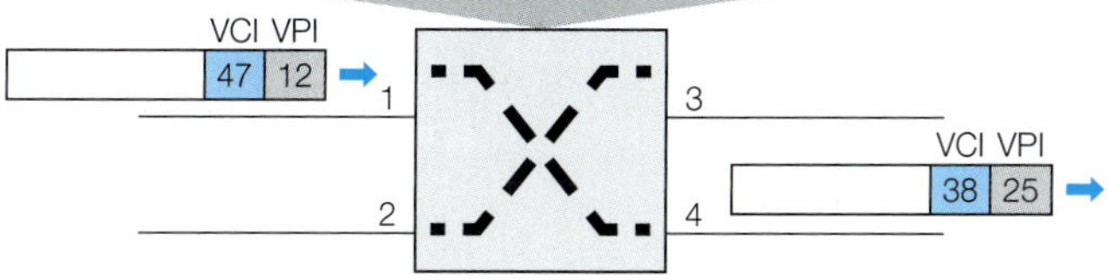

그림 11-36 ATM 교환 테이블 예

ATM 망에서 데이터 전송이 이루어질 때 종단 노드와 교환 노드의 계층 구조는 [그림 11-37]과 같다. 종단 노드에서는 데이터가 ATM 망에 적응하기 위해 셀로 변경되어야 한다. 이를 위해서 AAL 계층의 기능이 필요하다. 중계 역할을 하는 교환 노드에서는 물리 계층과 ATM 계층만 있으면 교환 및 전송이 이루어질 수 있다.

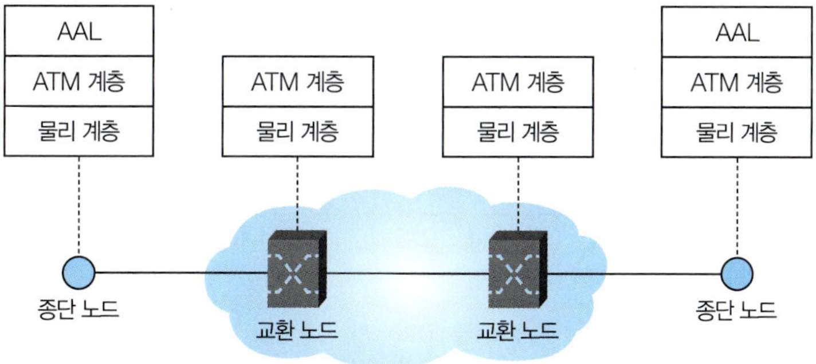

그림 11-37 종단 장치와 교환기에서 계층 구조

06 이동 통신망

이동 통신은 이동체를 대상으로 언제whenever, 어디서나wherever, 누구에게나whomever 정보를 교환할 수 있는 통신을 말한다. 특히 서비스 지역을 세분화하여 가입자에게 서비스를 제공하는 통신 방식으로 셀룰러 이동 통신이라 하며 현재 이동 통신의 대표적인 망이다.

이동 통신의 역사는 1946년 미국에서 150MHz 대역의 단방향 통신 서비스를 개시하면서 시작되었다. 1960년대에는 450MHz 대역의 IMTSImproved Mobile Telephone Service가 도입되었으며, 1983년에 서비스 지역을 보다 작게 세분화한 800MHz 대역의 셀룰러 방식이 등장하여 차량 탑재 형태로 서비스가 제공되었다. 현재는 단말기가 소형화됨에 따라 휴대Portable 전화로 보편화되었다. 우리나라에는 1984년 5월 서비스를 개시한 이래로 서비스 보급율이 급속하게 증가하였다. 이동 통신 기술의 세대 구분은 데이터 전송 속도와 부가된 기능에 따라 구분한다. [표 11-7]에 세대별 이동 통신 기술의 특징을 정리하였다.

표 11-7 세대별 이동 통신 기술

구분	1세대(1G)	2세대(2G)	3세대(3G)	4세대(4G)	5세대(5G)
표준 기술	아날로그 (AMPS, TACS, NMT)	TDMA, CDMA, GSM, PDC	WCDMA cdma 2000	LTE-Advanced 와이브로	?
전송 속도	10Kbps 이하	14.4~64Kbps	144Kbps~2Mbps	100M~1Gbps	1Gbps 이상
주요 서비스	음성	음성, 단문 메시지, 저속 인터넷	음성, 고속 인터넷, 화상 통화	고품질 멀티미디어 서비스	4세대 기능, 홀로그램, 사물인터넷, 입체 영상
상용화 시기	1981년	1991년	2000년	2012년	2020년
800MB 영화 1편 다운로드 시간	불가능	6시간 41분	9분 43초	5.6초	1초 미만
기타	아날로그 시스템	디지털 시스템	IMT-2000	IMT-Advanced	IMT-2020

1세대1G 이동 통신은 FDMA를 이용하여 이동 음성 서비스만 제공하는 셀룰러 통신망이었다. 2세대2G 이동 통신에서는 음성 서비스와 단문 메시지 서비스를 제공하였고, 무선 채널의 다중화를 위해 GSMGlobal System for Mobile Communications의 TDMA와 IS-95의 CDMA 기술이 본격적으로 사용되었다. 스마트폰은 3세대3rd generation와 4세대 이동 통신 기술에 해당한다.

ITU에서 IMT-2000Internet Mobile Telecommunication for year 2000을 고려하면서 3세대3G 이동 통신이 시작되었다. 3세대 이동 통신부터 음성과 데이터 서비스를 제공했는데, 여기서 중요한 점은 음성과 데이터가 모두 IP 패킷을 통해 전달된다는 것이다. 3세대 이동 통신의 경우 북미와 유럽 모두 다중 접속을 위해 CDMA를 주로 사용하였다. 전송 속도는 이동하는 차량에서 144Kbps, 걸을 때 384Kbps, 정지 상태에서 2Mbps를 제공한다. 2GHz 대역을 사용하며, 2MHz의 대역폭을 제공한다. 그리고 인터넷 접속을 제공한다.

4세대4G 이동 통신은 2011년에 시작되었으며 당시 전송 속도는 75Mbps이었다. 그러나 LTELong Term Evolution 기술이 향상됨에 따라 이동하는 차량에서 100Mbps, 정지 상태에서 1Gbps 전송 속도를 제공하고 있다. LTE라는 명칭은 유럽 표준인 GSM의 HSPAHigh Speed Packet Access에서 기술이 진화했음을 의미한다. LTE의 변조 방식으로 64-QAM이 제안되었다. 고속 전송을 위해 안테나는 MIMOMultiple Input Multiple Output와 MU-MIMOMultiple User MIMO 시스템이 제안되었다.

ITU는 2015년 10월 총회에서 5세대5G의 공식 기술 명칭을 IMT-2020으로 정했다. 5 G는 28GHz 주파수 대역을 사용하며, 최대 전송 속도는 20Gbps, 최저 전송 속도는 100Mbps를 목표로 한다. 또한 1Km^2 반경 안의 100만 개 기기에 사물인터넷IoT 서비스를 제공할 수 있어야 하며, 시속 500Km 고속 열차에서도 자유로운 통신이 가능해야 한다.

1 셀룰러 이동 통신 시스템의 구성

셀룰러 이동 통신 시스템의 기본 개념은 서비스 지역을 여러 개의 셀로 분할하고, 각 셀에 고유의 주파수를 이용하게 하며, 상호간섭을 주지 않을 만큼 떨어진 지역에서 동일한 주파수를 재사용하는 것이다. 셀룰러 이동 통신 시스템은 기본적으로 [그림 11-38]과 같이 구성되는데, 기지국Base Station, BS은 기지국 송수신 장치BTS와 기지국 제어 장치BSC로 구성된다.

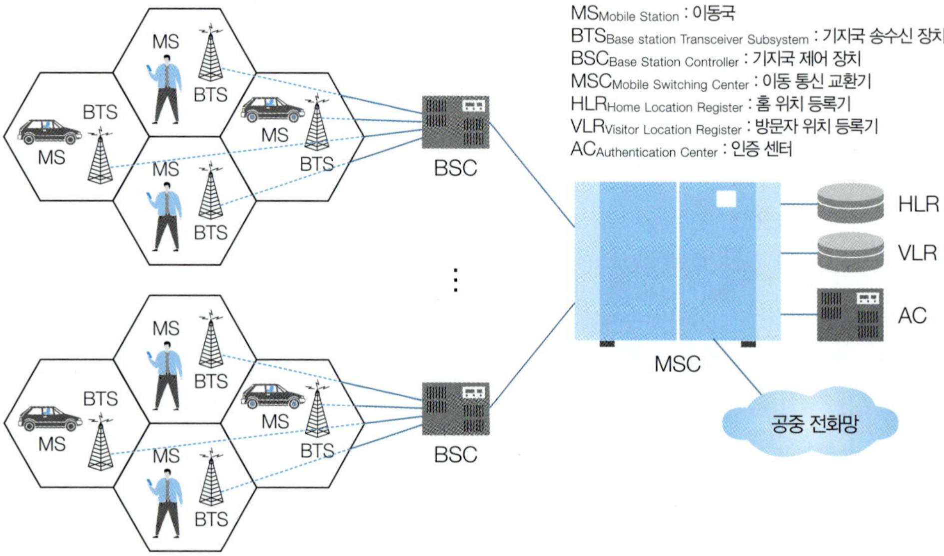

그림 11-38 셀룰러 이동 통신 시스템 구성

- 이동국Mobile Station, MS : 무선 링크상의 사용자 측 종단에 위치하여 사용자에게 이동 통신 서비스를 제공하는 단말기 기능을 한다(차량 전화기, 휴대 전화기 등).
- 기지국Base Station, BS : 일정 서비스 지역cell 내에 임의의 이동국에서 발신된 가입자 정보 또는 제어 신호를 무선 채널로 수신하여 적당한 신호 처리를 한 후 이동 통신 교환기MSC로 전송한다. 또한 MSC로부터 제어 신호를 수신하여 이동국으로 무선 채널을 배정하며, PSTN 또는 이동국의 통화 신호를 무선으로 이동국에 전달하는 기능을 한다. BTS는 휴대 전화에서 전송한 무선 신호를 수신할 수 있는 안테나와 수신한 아날로그 신호를 디지털 정보로 변환하는 장치 등으로 구성되며, 다수의 BTS를 BSC가 제어한다.
- 이동 통신 교환기Mobile Switching Center, MSC : 고정 망(PSTN)과 연동되어 이동 통신 가입자에게 회선 교환 서비스를 제공한다. 또한 이동 가입자의 위치를 추적하여 상시 서비스를 제공할 수 있게 하는 기능과 이동국이 움직일지라도 통신 서비스를 지속시켜 주는 핸드오프handoff 기능 등을 수행한다. MSC는 가입자 인증 센터AC, 홈 위치 등록기HLR, 방문자 위치 등록기VLR 등의 도움을 받아 사용자들의 정보를 교환하는 역할을 한다.
- 홈 위치 등록기Home Location Register, HLR : 이동 통신 가입자 관리에 필요한 각종 가입자 정보가 저장된 데이터베이스다. HLR의 주소는 국가 번호 계획에 따른 각 이동 통신 가입자 번호에 대응된다. 특히, HLR은 이동국 착신호를 위한 중요한 정보인 이동국의 현재 위치에 관한 정보를

저장하고 있어서, 한 이동국이 임의의 이동국과 통신하기 위해 질의하면, HLR은 착신 이동국의 현재 위치에 대한 정보를 발신 측에 제공하여 해당 이동국으로 라우팅할 수 있게 해준다. 이 외에도 이동 통신 서비스를 위해 이동 통신 가입자 정보를 VLR, MSC, OMC에 제공하며, 관리상 필요할 때 등록 매개변수에 대한 변경을 수행한다.

- 방문자 위치 등록기Visitor Location Register, VLR : HLR에 등록된 가입자들이 다른 MSC가 관리하는 지역으로 이동할 경우 이들에 대한 정보를 일시적으로 저장하는 데이터베이스다. 즉, VLR, MSC, OMC가 가입자 정보를 요구할 때마다 HLR에 질의하는 것을 피하기 위해 만든 로컬 데이터베이스다. VLR 기능에 의해 로밍roaming이 가능해진다.
- 인증센터Authentication Center, AC : 휴대 전화 가입자가 통화를 시도할 경우 정상 가입자인지 인증하는 기능을 수행한다.

2 셀룰러 이동 통신망의 특징

셀룰러 이동 통신망이 기존 PSTN과 다른 특징은 다음과 같다.

핸드오프

핸드오프handoff는 이동국이 서비스 중인 기지국 또는 섹터 영역을 벗어나 인접한 다른 기지국이나 다른 섹터로 이동할 때, 통화를 끊김 없이 계속 유지하기 위하여 이동한 기지국 또는 셀로 바꾸어주는 기술을 말한다. 유럽에서는 핸드오버handover라고도 한다.

핸드오프는 사용 중인 기지국의 통화 채널을 인접된 다른 기지국의 통화 채널로 전환해주는 기지국 간 통화 채널 전환과 기지국 내에서 통화 채널을 전환해주는 기지국 내 통화 채널 전환의 두 종류가 있다. 기지국 간 통화 채널 전환에는 소프트 핸드오프와 하드 핸드오프가 있으며, 기지국 내 통화 채널 전환에는 소프터 핸드오프가 있다. [그림 11-39]는 핸드오프의 종류를 보여준다.

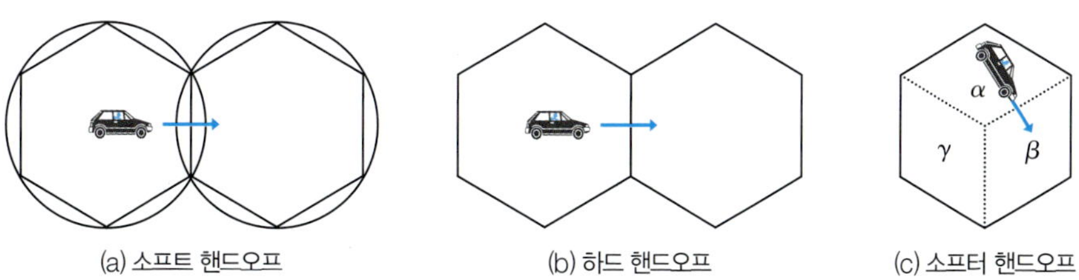

그림 11-39 핸드오프 종류

- 소프트 핸드오프Soft Handoff : 새로운 셀의 채널을 먼저 연결하고 현재 셀의 채널을 나중에 끊는다Make before Break. 복수의 기지국이 동일한 주파수일 때만 가능하므로 CDMA 방식에서는 같은 주파수 대역을 사용하기 때문에 쉽게 구현할 수 있다.
- 하드 핸드오프Hard Handoff : 주파수 할당이 변하거나 이동 통신 교환기MSC가 변경될 때 발생하는 핸드오프를 말한다. 현재 통화 중인 채널을 끊고, 곧바로 다른 채널로 연결한다Break before Make. 순간적으로 통화의 끊김이 발생하지만 통화자는 이를 느끼지 못한다. FDMA, TDMA 방식에서 주로 사용하는 방식이다.
- 소프터 핸드오프Softer Handoff : 일반적으로 도심 기지국은 3섹터sector로 구성되며 각 섹터의 안테나는 120°씩 커버한다. 소프터 핸드오프는 동일 주파수로 동일한 셀 내에서 섹터 간에 발생하는 핸드오프를 말한다. 같은 기지국의 섹터 간 전파가 겹치는 지역에서 2개의 섹터를 통하여 통화가 이루어지는 과정으로 소프트 핸드오프 방식과 유사한 절차를 따른다.

위치 등록

이동 가입자가 현재의 위치를 신고하거나 이동으로 인해 위치가 변하는 경우 데이터베이스(VLR, HLR)에 자신의 위치를 갱신하는 일련의 과정을 위치 등록location registration이라 한다. 또한 HLR의 갱신 없이 이동국이 로밍할 수 있는 영역을 위치 영역location area이라 한다. 위치 등록 방법은 다음과 같다.

- 영역 기준 위치 등록zone-based registration : 가장 보편적으로 사용되며 이동국이 다른 위치 영역으로 이동할 때마다 위치를 등록하는 방법이다. 전체 서비스 영역을 몇 개의 위치 영역 단위로 데이터베이스에 등록하고, 착신 호 연결 시 해당 이동국이 있는 위치 영역 내의 기지국만 호출하는 방식이다.
- 전원 공급/전원 차단 위치 등록power-up/power-down registration : 이동국이 전원을 끄거나 켤 때 위치를 등록하는 방법이다.
- 이동 기준 위치 등록movement-based registration : 일정 개수의 셀에 진입할 때마다 위치를 등록하는 방법이다.
- 시간 기준 위치 등록timer-based registration : 무조건 일정 시간마다 위치를 등록하는 방법이다.
- 묵시적 위치 등록implicit registration : 착신 신호 및 발신 신호 발생 시 위치를 등록하는 방법이다.

페이징

페이징paging은 이동 통신 단말기에 착신호가 발생하였을 때 단말기가 있는 위치 영역의 기지국 제어 장치BSC를 통하여 단말기를 호출하는 것을 말한다. 페이징 구역은 단말기가 가장 최근에 등록한 위치 영역이며 방문자 위치 등록기VLR에 저장되어 있다. 따라서 착신호가 발생하면 해당 교환기는 위치 영역 내의 모든 기지국으로 페이징 신호를 송출한다. 이동국은 단말기 내부에 기억된 자기 번호와 착신호를 비교하여 일치하면 개방된 신호 채널을 통하여 기지국에 호출 응답 신호를 보내고 통화 채널을 할당받아 통화가 이루어지도록 한다.

로밍

로밍roaming이란 단말기가 등록된 시스템의 서비스 지역이 아닌 다른 지역 시스템의 서비스 지역에서도 통화할 수 있게 하는 것이다. 2개 이상의 사업자가 존재할 경우 가입자가 등록한 사업자의 관할 지역을 벗어나서 통화를 시도하면 정상적인 서비스를 받을 수 없다. 미국과 같이 여러 사업자가 지역별로 구분하여 서비스를 제공하는 경우가 여기에 해당한다. 로밍 서비스가 가능하려면 각 사업자 간에 동일한 방식의 시스템을 사용해야 하며, 또한 사업자 간 요금 정산 방법 등의 상호 협정이 이루어져야 한다. 하지만 우리나라에서는 한 사업자가 전국을 서비스 영역으로 하기 때문에 국내 로밍 서비스는 활발하지 못한 편이다.

전력 제어

일반적으로 이동 통신 환경에서 기지국과 이동국 사이의 무선 구간에서는 경로 손실이 발생한다. 거리에 따라 전자파의 크기는 $1/(10^3 \sim 10^5)$ 정도의 비율로 감소하는 것으로 알려져 있다. 단말기의 출력이 일정하다고 가정하고 기지국에 가까운 이동국과 먼 이동국이 각각 기지국에 수신되는 크기를 살펴보자. [그림 11-40]과 같이 멀리 있는 이동국이 5Km 근방의 셀

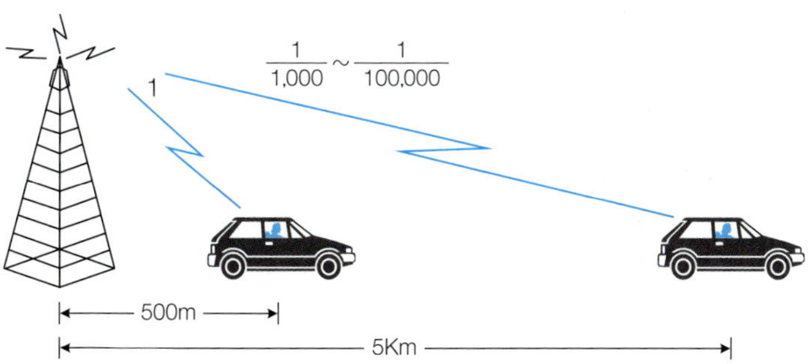

그림 11-40 근거리/원거리 문제

경계에 있고 가까운 곳에 있는 이동국은 500m 정도 떨어져 있다고 가정하면 그 거리의 비율이 10배이므로 셀 경계에 있는 이동국의 수신 전력은 기지국 가까이에 있는 이동국에 비해서 1/1,000~1/100,000 정도 작은 크기로 기지국에 수신된다.

이런 경우 TDMA 시스템에서는 이러한 수신 전력의 차이가 약간의 간섭이 증가하는 정도로 영향을 미친다. 그러나 CDMA의 채널 용량은 기지국에 수신되는 각 단말기의 수신 전력이 같을 때 최대가 되기 때문에 이와 같이 전력 차가 심하면 CDMA의 용량이 심각하게 줄어든다. 즉, 멀리 있는 이동국은 가까이 있는 이동국에 의한 간섭 때문에 복조가 불가능해진다. 이를 근거리/원거리 문제near/far problem라 한다. 근거리/원거리 문제는 CDMA 방식이 기본적으로 간섭에 의해서 채널 용량이 결정되는 시스템이기 때문에 발생하는 것으로 전자파의 전파 특성이 CDMA 방식의 채널 용량에 영향을 주어서 나타나는 CDMA 방식의 고유한 문제다.

근거리/원거리 문제를 극복하기 위해서는 기지국에 수신되는 각 이동국의 수신 전력이 일정하도록 이동국의 송신 전력을 조정해야 한다. 즉, 기지국에 가까운 이동국은 낮은 전력으로, 기지국에서 먼 이동국은 큰 전력으로 송신해야 한다. 이를 전력 제어power control라 하며 CDMA 시스템에서는 매우 정교한 전력제어 시스템이 구현되어야 한다. 전력 제어의 목적은 다음과 같다.

- 기지국 통화 용량의 최대화
- 이동국 배터리 수명 연장
- 각 사용자 간 통신 품질의 공평성 보장
- 양호한 통화 품질 유지

[그림 11-41]은 기지국과 단말기 간 거리에 따라 적정한 통화 품질을 유지하기 위해 자동으로 출력을 조정하는 기능인 자동 출력 조정dynamic power control 과정을 나타낸다. A 지점의 단말기가 B 지점으로 이동할 경우 기지국에서 멀어질수록 단말기에서 송신하는 신호 세기가 약해진다. 이때, 단말기의 송신 신호가 강하면, 자신의 통화 품질은 좋아지지만 다른 단말기에 간섭을 주어 다른 단말기의 통화 품질이 나빠진다. 따라서 기지국에서는 단말기 간 혼선을 방지하기 위해 통화 채널을 통해 8단계의 적정 출력 범위 내에서 자동으로 적정 출력을 유지한다.

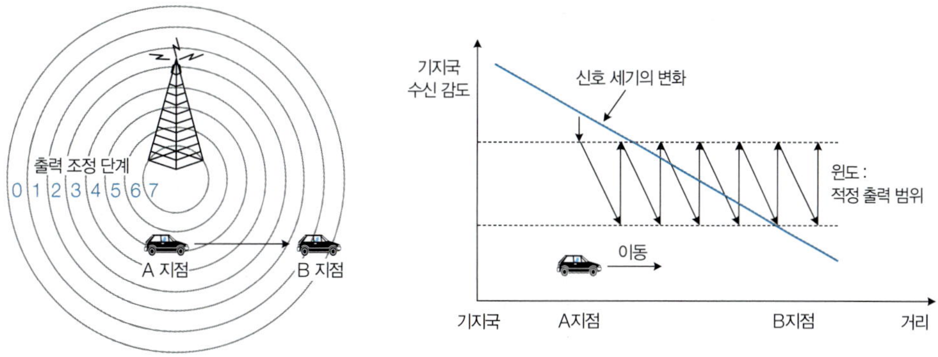

그림 11-41 자동 출력 조정

호 처리 과정

이동 전화기 간 통화는 발신 측 이동 단말에서 착신 측 이동 전화 번호를 입력하고 통화 연결을 요청하면 발신 측 이동 단말에 대한 인증과 착신 단말에 대한 위치 정보 조회, 교환기MSC 간 통화 연결, 무선 채널 할당 등을 통해 이루어진다. [그림 11-42]는 이동 전화기 간 상세 통화 절차를 나타낸다.

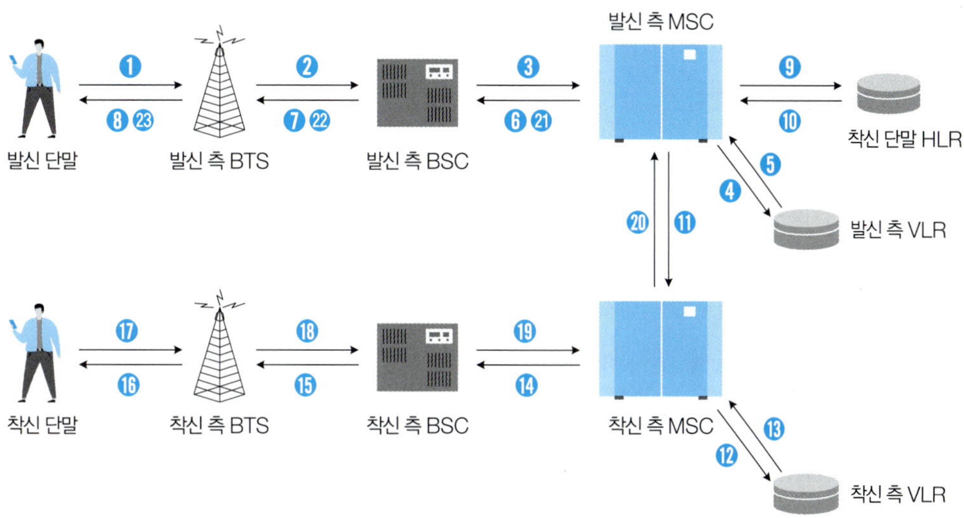

그림 11-42 이동 전화기 간 호 처리 절차

❶ 발신자가 통화를 요청할 착신자의 이동 전화 번호를 입력한 후 통화 버튼을 누른다.

❷ 발신 측 BTS는 이동 단말로부터 무선 신호를 인지하고, 디지털 신호로 변환한 후 발신 측 BSC로 전달한다.

❸ 발신 측 BSC는 착신 이동 전화 번호를 포함한 통화 요청 정보를 발신 측 MSC로 전달한다.

❹ 발신 측 MSC는 발신 단말에 대한 부가 정보(예: 발신 금지 여부, 인증 정보 등)를 요청한다.

❺ 발신 측 MSC 내의 VLR은 발신 측 단말기에 대한 부가 정보를 제공한다.

❻ 발신 단말기에 대한 인증이 완료되면 발신 측 MSC는 발신 측 BSC에 통화를 위한 무선 채널의 할당을 요구한다.

❼ 발신 측 BSC는 통화에 사용할 무선 채널을 결정하고, BTS에 무선 채널 설정을 요구한다.

❽ 발신 측 BTS는 발신 단말에 대한 통화용 무선 채널을 설정한다.

❾ 발신 측 MSC는 착신 측 이동 단말이 등록되어 있는 착신 단말의 HLR에 착신 단말의 정보를 요청한다.

❿ 착신 단말의 HLR은 착신 단말이 위치한 교환기 정보를 포함하는 착신 단말 관련 정보를 발신 측 MSC에 전달한다.

⓫ 발신 측 MSC는 착신 측 MSC에 착신 이동 단말의 번호를 통지하여 호의 연결을 요구한다.

⓬ 착신 측 MSC는 착신 측 MSC 내의 VLR에게 착신 측 이동 전화에 대한 위치 정보 및 착신과 관련된 정보를 요청한다.

⓭ 착신 측 VLR은 착신 이동 단말과 관련된 정보를 착신 측 MSC에 통지한다.

⓮ 착신 측 MSC는 착신 이동 단말의 위치 정보를 이용하여 착신 측 BSC로 착신 단말에 대한 호 설정을 위한 페이징을 요구한다.

⓯ 착신 측 BSC는 착신 단말과의 호 연결을 위한 페이징 메시지를 착신 측 BTS로 전달한다.

⓰ 착신 측 BTS는 무선 채널을 통해 이동 단말을 호출한다.

⓱ 착신 측 이동 단말은 신호의 강도가 가장 우수한 기지국으로 호 응답 신호를 전송한다.

⓲ 착신 측 BTS는 착신 측 BSC로 응답 신호를 전송한다.

⓳ 응답 신호를 수신한 착신 측 BSC는 착신 측 MSC로 호 응답 사실을 통지한다.

⓴ 착신 측 MSC는 착신 측 이동 전화 시스템에 대해 무선 채널 할당을 지시하여 무선 채널 설정을 수행함과 동시에 발신 측 MSC로 이동 단말이 응답하여 통화를 개시할 수 있음을 통지한다.

㉑ 착신 측 MSC로부터 통화 개시 요청을 받은 발신 측 MSC는 발신 단말에 대해 통화 개시를 통지한다. 이 과정에서 기존 링백 톤(통화 연결음)의 송출이 중지된다.

㉒ 발신 측 BSC는 발신 측 BTS로 통화 개시를 위한 신호 전송을 요청한다.

㉓ 이동 단말은 호 설정이 완료되었음을 인지하고, 통화 상태로 전환함으로써 음성 통화를 시작한다.

3 주파수 재사용

전자기파 중에서 무선 통신으로 사용할 수 있는 전파 자원은 매우 제한되어 있기 때문에 무선 통신 시스템에서 전파 자원을 효율적으로 사용하는 것은 대단히 중요한 문제다. 기존 무선 통신 시스템에서는 간섭 문제 때문에 동일한 무선 주파수radio frequency 자원을 같은 시간에 공동으로 사용할 수 없었다. 그러나 1979년경에 이르러 셀룰러cellular 개념이 도입되면서 이동 통신 시스템에서 사용하는 동일한 무선 주파수를 일정한 거리만큼 떨어진 지역에서도 재사용할 수 있게 되었다.

[그림 11-43]은 셀룰러 이동 통신 시스템에서 f_1의 주파수를 사용하는 셀1(반경 R)에서 거리 D만큼 떨어진 셀2(반경 R)에서도 동일한 주파수를 사용하는 주파수 재사용 개념을 나타낸다. 여기서 기지국이 위치하는 셀 중심 간의 거리 D를 주파수 재사용 거리frequency reuse distance라고 하며, D/R은 동일 주파수 채널 간섭 감소계수라고 한다. 거리 D가 클수록 두 셀 간의 거리가 멀어져 이들 셀에서 통화 중인 이동 전화(또는 기지국)가 받는 간섭의 영향은 감소하여 통화 품질이 개선된다. 그러나 D가 증가할수록 셀룰러 이동 통신 시스템이 전체 영역을 서비스하기 위해서는 새로운 주파수 자원을 보다 많이 확보해야 한다. 즉, 동일한 주파수 자원을 재사용할 수 있는 거리가 증가함에 따라 주파수 재사용 효율은 감소하게 된다.

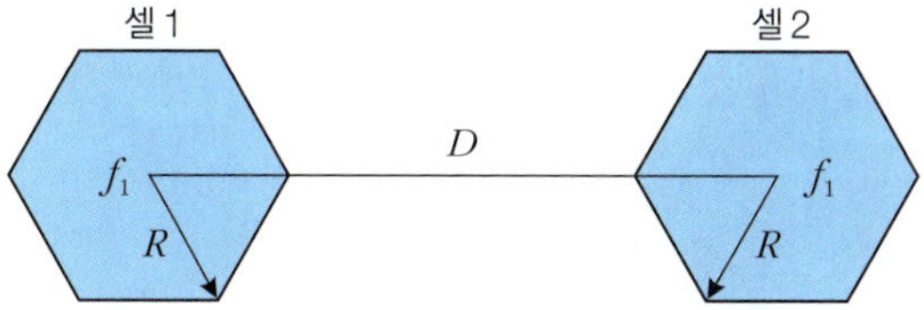

그림 11-43 주파수 재사용 개념

셀룰러 이동 통신 시스템은 여러 개의 셀로 구성되며 대표적인 주파수 재사용 패턴은 [그림 11-44]와 같이 세 가지가 있다. 그림에서 f는 각 셀에 할당되어 이동 전화나 기지국에서 전송하는 무선 신호를 송수신할 때 사용하는 주파수를 나타낸다. 클러스터cluster는 서로 다른 주파수를 사용하는 셀들의 그룹을 말한다.

[그림 11-44](a)는 주파수 재사용 패턴 및 계수가 7이며, 하나의 클러스터에 서로 다른 주파수를 사용하는 셀이 7개로 구성된다. 이와 같은 패턴은 주로 FDMA 방식의 셀룰러 이동 통신 시스템에서 사용한다. (b)는 주파수 재사용 계수가 4이며, 주로 TDMA 방식의 셀룰러 이동 통신 시스템인 GSM 및 IS-54 등에서 사용하는 방법이다. (c)는 CDMA 방식의 이동 통신 시스템에서 사용하는 주파수 재사용 방법으로서 모든 셀에서 동일한 주파수를 사용해도 휴대 전화 사용자들에게 적절한 통화 품질을 제공할 수 있다. 그리고 (d)는 이동 통신 시스템에서 사용 가능한 주파수 대역을 다수의 부채널sub-channel로 나누어 이들 중에서 일부를 모든 셀에서 공통적(f_1)으로 사용하지만, 셀 가장자리에 위치하는 휴대 전화 사용자들이 수신하는 간섭 상태에 따라 서로 다른 부채널을 사용하는 방법이다. 이와 같은 주파수 재사용 방식은 OFDMA 시스템에서 주로 사용하는데, 주파수 재사용 계수는 평균 1에 가깝다. 각 셀별로 부채널을 실질적으로 다르게 사용하기 때문에 셀 가장자리에 위치한 사용자들이 수신하는 인접 셀로부터 수신하는 간섭 양을 크게 줄일 수 있다.

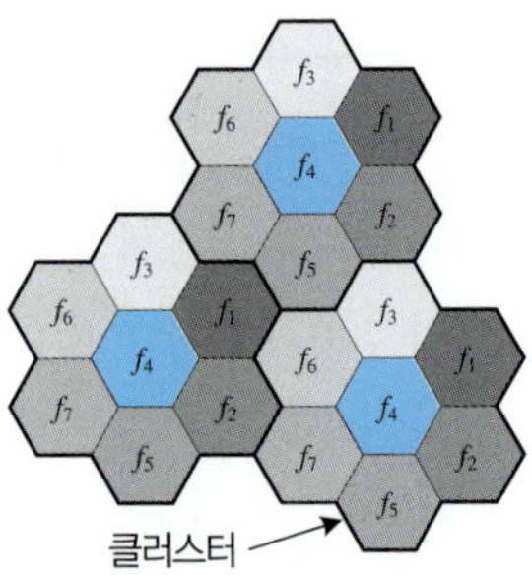

(a) 주파수 재사용 계수 = 7

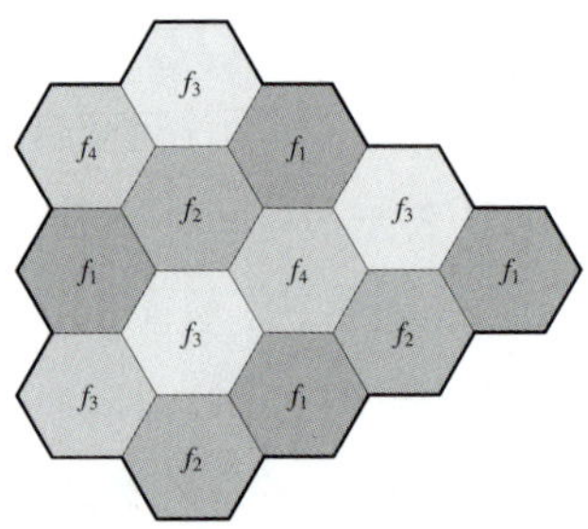

(b) 주파수 재사용 계수 = 4

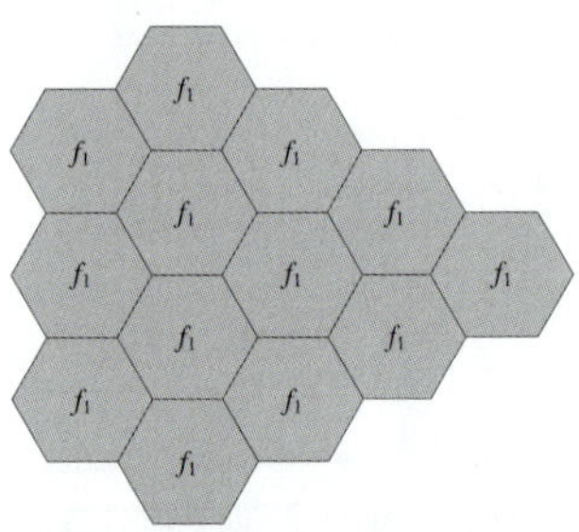

(c) 주파수 재사용 계수 = 1

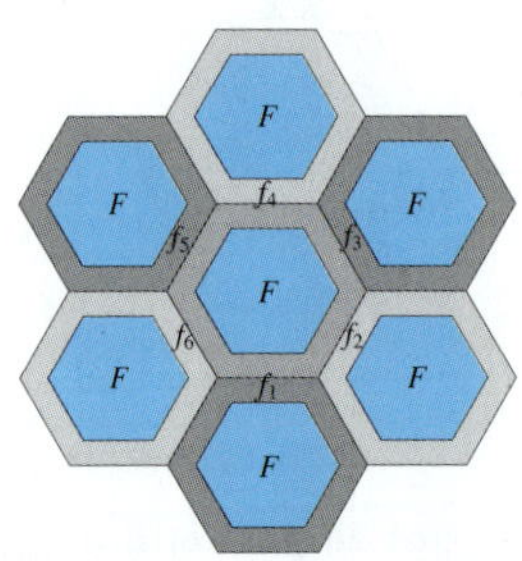

(d) 주파수 재사용 계수 = 평균 1($F = f_1 + f_2 + f_3 + f_4 + f_5 + f_6$)

그림 11-44 다양한 주파수 재사용 방법

4 다중 접속 기술과 이중화 기술

한정된 무선 자원을 효율적으로 사용하기 위한 방법들이 연구되어 왔으며, 통신 자원을 할당하는 방법으로 다중화multiplexing와 다중 접속multiple access 방법이 사용된다. 즉, 통신 자원을 주파수, 시간, 코드로 나누어 한정된 통신 채널을 공유하도록 한다. 다중화와 다중 접속은 통신 자원의 분배 방식이라고 볼 수 있으나 관점에 따라 다르다.

이동 통신 시스템에서 다중 접속은 단말기들이 상호 간섭 없이 기지국에 접속하기 위한 기술을 말하며, 다중화로 만들어진 채널 중에서 비어 있는 채널을 차지하는 방법을 정하는 것이다. 반면, 다중화는 기지국에서 여러 단말로 보내는 정보를 하나로 묶어서 전송하는 기술이다.

[그림 11-45]와 같이 이동 통신에서 통신 채널은 상향 링크up link와 하향 링크down link로 나뉜다. 상향 링크는 이동국에서 기지국으로 향하는 링크이고, 하향 링크는 기지국에서 이동국으로 향하는 링크다. 하향 링크에는 정보를 분배하는 세 가지 다중화 방식인 FDM, TDM, CDM 개념만 있다. 비어 있는 채널을 차지하려는 경쟁이 없으므로 다중 접속 개념은 없다. 반면, 상향 링크에서는 비어 있는 채널을 차지하려는 경쟁이 있으므로 세 가지 다중 접속 방식인 FDMA, TDMA, CDMA 개념이 있다.

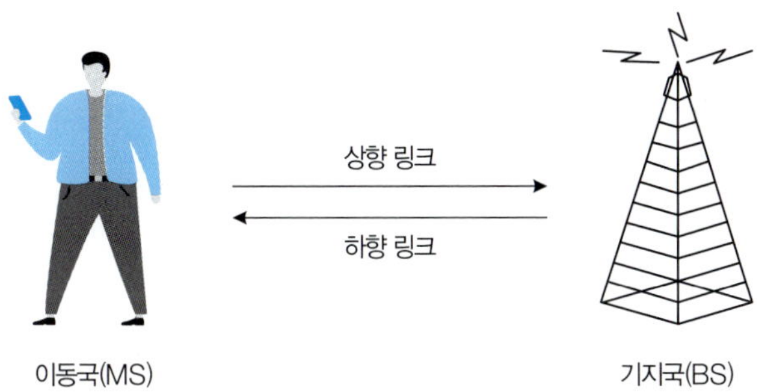

그림 11-45 상향 링크와 하향 링크

다중 접속 기술 중에서 가장 널리 사용하는 기술은 다음과 같다. 주파수, 시간, 부호 등을 효과적으로 사용하는 방법에 따른 주파수 분할 다중 접속FDMA, 시분할 다중 접속TDMA, 부호 분할 다중 접속CDMA 방식과 직교 주파수 분할 다중 접속인 OFDMAOrthogonal Frequency Division Multiple Access 방식 등이 있다.

■ **주파수 분할 다중 접속FDMA**

FDMA 방식은 주어진 주파수 대역폭을 각 사용자가 일정한 대역폭으로 나누어 동시에 사용하는 방식이다. [그림 11-46](a)에서 보는 바와 같이 시스템에서 사용 가능한 전체 주파수 대역폭을 동일한 대역폭으로 나누어 이들 채널을 각 사용자에게 할당하여 동시에 신호를 전송하는 기술이다. FDMA 방식은 1세대 아날로그 이동 통신 시스템에서 주로 사용한 기술이다.

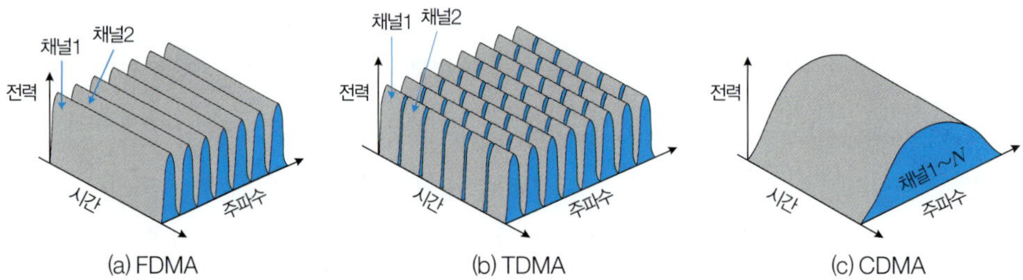

그림 11-46 다중 접속 기술

■ **시분할 다중 접속TDMA**

TDMA 방식은 FDMA 방식에서 각 사용자에게 할당된 주파수를 다시 시간적으로 독립되게 나눈 다음 이렇게 나눈 주파수를 동시에 사용하여 신호를 전송하는 방식이다. [그림 11-46](b)의 예에서 보듯이, 총 8개의 독립된 주파수 채널 각각을 다시 시간적으로 6구간으로 독립되게 분할한 뒤 이들 분할된 시간 동안 독립된 주파수를 이용하여 신호를 전송한다.

■ **부호 분할 다중 접속CDMA**

CDMA 방식은 기지국(또는 휴대 전화)에 할당되어 정보를 전송하는 반송파의 주파수 대역폭을 모든 사용자가 동시에 사용할 수 있게 하면서 서로 독립된 부호code를 각 사용자에게 할당하여 정보를 전송하는 다중 접속 기술이다.

따라서 셀룰러 CDMA 이동 통신 시스템에서는 모든 셀에서 동일한 주파수를 사용하여 기지국과 휴대 전화 간에 정보를 전송한다. [그림 11-46](c)에서 보는 바와 같이 부호 분할 다중 접속 방식은 주파수나 시간 자원을 사용자들이 동시에 공유하면서 서로 독립된 부호를 사용하여 신호를 송수신한다.

■ 직교 주파수 분할 다중 접속OFDMA

하나의 반송파를 이용하여 정보를 전송하는 FDMA, TDMA, CDMA와 달리 직교 주파수 분할 다중화인 OFDMOrthogonal Frequency Division Multiplexing은 다수의 반송파를 기반으로 사용자 정보를 전송한다. 즉, OFDM 시스템은 사용 가능한 시스템 대역폭을 다수 개의 직교하는 부반송파로 나눈 뒤 이들을 통하여 고속의 정보를 전송하는 방식이다.

OFDM은 특정한 상황에서 여러 개의 신호를 겹쳐놓더라도 신호 간에 간섭현상이 생기지 않는 현상을 활용한다. 이 때 신호 간섭현상이 생기지 않는 두 신호를 직교성orthogonal이 있다고 한다. 직교성을 갖는 신호들은 [그림 11-47]과 같이 한 신호의 세기가 최대일 때 겹쳐진 다른 신호 세기가 최저로 일치하는 신호들이다.

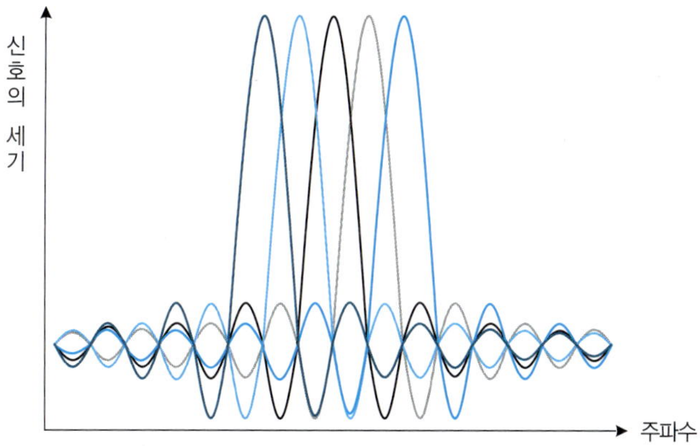

그림 11-47 직교성을 갖는 신호들

이와 같은 OFDM 전송 기술을 기반으로 직교하는 주파수를 시간적으로 변경해가면서 여러 명의 이동 통신 사용자들이 무선 접속하여 정보를 전송하는 다중 접속 방식을 직교 주파수 분할 다중 접속Orthogonal Frequency Division Multiple Access, OFDMA이라 하며, [그림 11-48]과 같이 나타낼 수 있다. 따라서 OFDMA는 서로 다른 사용자의 정보 간 간섭을 줄이면서 넓은 대역폭을 이용하여 고속의 정보를 전송할 수 있다. OFDMA 기술은 3.5세대 LTELong Term Evolution와 와이브로Wibro 시스템, 4세대 시스템인 모바일 와이맥스Mobile WiMAX와 LTE-Advanced 등에서 사용하고 있다.

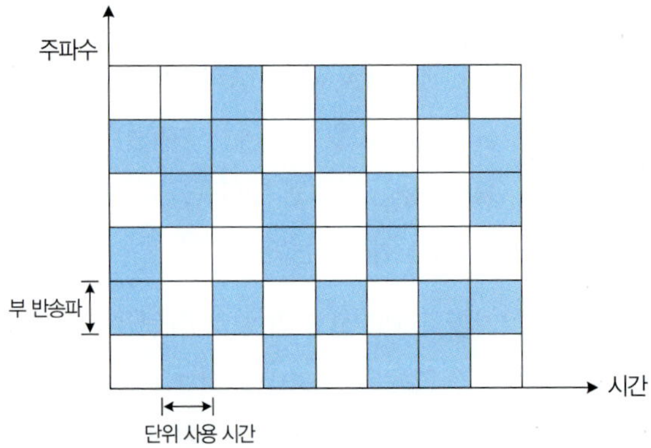

그림 11-48 OFDMA 기술

■ 이중화 기술

이동국과 기지국 간에 사용자 정보를 송수신할 때 하나의 안테나를 이용하는데, 이를 이중화duplex(듀플렉스) 기법이라고 한다. 셀룰러 이동 통신 시스템에서 이동국은 상향 링크를 통하여 기지국으로 무선 신호를 송신하고, 반대로 기지국은 하향 링크를 통하여 무선 신호를 이동국에 전송한다. 이와 같이 2개의 통신 링크로 나누어 신호를 송수신하는 전송 방식이 이중화 방식이다. 셀룰러 이동 통신 시스템에서 널리 사용되는 이중화 방식에는 이들 두 통신 링크를 서로 다른 주파수로 구분하여 신호를 송수신하는 주파수 분할 이중화Frequency Division Duplex, FDD 방식과 하나의 주파수를 시간적으로 나누어 상향 링크와 하향 링크의 무선 신호를 송수신하는 시분할 이중화Time Division Duplex, TDD 방식이 있다.

FDD 방식은 동시에 양방향으로 정보를 전송할 수 있기 때문에 정보를 전송하는 데 지연시간이 적게 들어간다. 반면, TDD 기술은 매 순간 한 방향으로만 전송할 수 있기 때문에 지연시간이 많이 들어간다. 1세대 및 2세대 셀룰러 이동 통신 시스템에서는 FDD 방식을 주로 사용하였다. 그러나 FDD 방식은 지연시간이 짧지만 주파수 자원 사용 측면에서는 TDD 방식에 비해 효율이 떨어진다. 특히 무선 전파는 제한된 자원이기 때문에 효율적으로 사용하는 것이 대단히 중요하다. 이러한 점을 고려하여 4세대 이동 통신을 위한 모바일 와이맥스 진화 규격과 3GPP LTE-Advanced 시스템에서는 TDD 방식도 함께 지원한다.

NOTE

- HSDPA(High Speed Downlink Packet Access)

  HSPDA는 하향 고속화 패킷 접속 방식이라는 뜻이다. 비동기식 3.5세대의 이동 통신 서비스로서 3세대 서비스인 WCDMA가 진화된 방식이라 할 수 있다. 이론상 최대 14Mbps를 전송받을 수 있고, 실제로 2~3Mbps의 속도로 데이터를 전송받을 수 있다. 이에 비해 WCDMA는 1초당 최대 2Mbps이며, 실제 전송 속도는 300~400Kbps에 지나지 않는다.

- 와이맥스(WiMax)

  저렴한 요금에 초고속 인터넷에 가까운 속도의 고정형 무선 인터넷을 제공할 수 있는 MAN 서비스 규격이다. 속도는 빠르지만 커버리지가 좁은 와이파이의 단점을 극복하기 위해 좀 더 넓은 커버리지를 가진 무선 통신 기술로, 개활지에서는 45Km까지, 도심지에서도 1~2Km까지 커버리지를 확대할 수 있다. 그러나 와이맥스는 기본적으로 고정형 서비스를 염두에 둔 규격으로 와이브로에 비해 이동성이 떨어진다.

- 와이브로(WiBro, 모바일 와이맥스)

  휴대 전화처럼 언제 어디서나 이동하면서 초고속 인터넷을 이용할 수 있는 서비스다. 3세대 이동 통신 기술의 한계를 극복하기 위해 한국전자통신연구원(ETRI)과 삼성전자가 HPi(High-speed Portable internet)라는 이름으로 개발한 기술이며 한국이 국제 표준을 주도하였다. 와이브로는 이동성, 속도, 가격 면에서 앞선 기술로 평가받았다. 시속 100Km의 고속으로 이동할 때도 인터넷을 이용할 수 있으며, 휴대 전화 무선 인터넷을 쓸 때와 달리 유선 인터넷을 쓸 때처럼 웹 서핑을 할 수 있다. 우리나라에서는 와이브로라고 하며, 해외에서는 모바일 와이맥스라고 한다.

- WAP(Wireless Application Protocol, 무선 응용 프로토콜)

  과거 이동 통신(스마트폰 이전의 휴대 전화)에서 인터넷을 효율적으로 제공하기 위하여 정의된 응용 프로토콜이다. 1997년 6월 모토로라, 노키아, 에릭슨, UP 등을 주축으로 결성된 WAP 포럼에서 제정되었다. WAP은 사용자가 쉽고 간편하게 무선 인터넷에 접속할 수 있도록 고안된 표준 규격으로, 이동 전화망과 인터넷망 사이에 게이트웨이를 두는 형태로 실현된다. 기존 유선 인터넷 데이터 작성 언어인 HTML(HyperText Markup Language) 대신 무선 인터넷용 언어인 WML(Wireless Markup Language)만 사용한다. 최근 스마트폰의 보급으로 풀 브라우징과 모바일 웹이 보편화되었고, WAP의 입지는 상당히 축소되었다.

연습문제

1 전용 회선 방식에 대한 설명으로 틀린 것은?
① 이용 빈도가 적고 패킷 회선에 적합하다.
② 교환 접속이 아닌 고정 접속이다.
③ 신속한 접속이 가능하다.
④ 공중 통신망의 일부를 임대하여 전용망으로 사용할 수 있다.

2 음성 전화망처럼 메시지 전송 전 발생지에서 목적지까지 물리적 통신 회선 연결이 선행되어야 하는 교환 방식은?
① 메시지 교환 방식 ② 데이터그램 방식
③ 회선 교환 방식 ④ ARQ 방식

3 송수신 스테이션 사이에서 데이터 전송 전에 먼저 교환기를 통해 물리적으로 연결이 이루어지는 교환 방식은?
① 회선 교환
② 데이터그램 패킷 교환
③ 가상 회선 패킷 교환
④ 메시지 교환

4 전용 전송로를 사용하는 방식은?
① 회선 교환 방식 ② 메시지 교환 방식
③ 데이터그램 방식 ④ 가상 회선 방식

5 데이터 교환 방식 중 고정 대역폭을 사용하는 것은?
① 회선 교환 ② 메시지 교환
③ 데이터그램 교환 ④ 가상 회선 교환

6 회선 교환에 대한 설명으로 옳지 않은 것은?
① 송신 스테이션과 수신 스테이션 사이에 데이터를 전송하기 전에 먼저 교환기를 통해 물리적으로 연결이 이루어져야 한다.
② 음성이나 동영상과 같이 연속적이면서 실시간 전송이 요구되는 멀티미디어 전송 및 에러 제어와 복구에 적합하다.
③ 현재 널리 사용되고 있는 전화 시스템을 대표적인 예로 들 수 있다.
④ 송신과 수신 스테이션 간에 호 설정이 이루어지고 나면 항상 정보를 연속적으로 전송할 수 있는 전용 통신로가 제공되는 셈이다.

7 회선 교환 방식의 설명으로 틀린 것은?
① 송신 스테이션과 수신 스테이션 사이에 데이터를 전송하기 전에 먼저 교환기를 통해 물리적으로 연결이 이루어져야 한다.
② 음성이나 동영상 같이 연속적이면서 실시간 전송이 필요한 멀티미디어 전송 및 에러 제어와 복구에 적합하다.
③ 송신과 수신 스테이션 간에 호 설정이 이루어지고 나면 항상 정보를 연속적으로 전송할 수 있는 전용 통신로가 제공되는 셈이다.
④ 정보 전송이 완료되면 호 해제를 통하여 점유되었던 회선을 내어 놓음으로써 다른 통신을 위해 사용될 수 있도록 한다.

8 회선 교환 방식에 대한 설명으로 틀린 것은?
① 호 설정이 이루어지고 나면 정보를 연속적으로 전송할 수 있는 전용 통신로와 같은 기능을 갖는다.
② 호 설정이 이루어진 다음엔 교환기 내에서 처리를 위한 지연이 거의 없다.
③ 회선 이용률 면에서는 비효율적이다.
④ 에러 없는 정보 전달이 요구되는 데이터 서비스에 매우 적합하다.

9 회선 교환 방식에 대한 설명으로 틀린 것은?
① 고정된 대역폭으로 데이터 전송
② 회선이 설정되어 통신이 완료될 때까지 회선을 물리적으로 접속
③ 수신 노드에서 패킷을 재순서화하는 과정 필요
④ 실시간 대화용에 적합

10 하나의 메시지 단위로 축적-전달store-and-forward 방식에 의해 데이터를 교환하는 방식은?
① 메시지 교환 ② 공간 분할 회선 교환
③ 패킷 교환 ④ 시분할 회선 교환

11 메시지 교환의 특징 중 옳지 않은 것은?
① 각 메시지마다 전송 경로가 다르다.
② 데이터의 전송 지연시간이 매우 짧다.
③ 네트워크에서 속도나 코드 변환이 가능하다.
④ 각 메시지마다 수신 주소를 붙여서 전송한다.

12 교환 방식 중 총 데이터 전송에 필요한 시간을 평가하여 가장 긴 방식은?

① 일반 전화 회선 교환 방식
② 메시지 교환 방식
③ 패킷 교환 방식
④ 데이터 전용 회선 교환 방식

13 패킷 교환과 관계가 없는 것은?

① 패킷 단위로 데이터 전송
② 고정적인 전송 대역폭
③ 가상 회선 방식
④ 데이터그램 방식

14 패킷 교환 방식의 특징이 아닌 것은?

① store-and-forward 방식
② 융통성이 매우 큰 교환 방식
③ 패킷의 길이가 제한적임
④ 트래픽 양이 적은 경우에 적절

15 패킷 교환망에 대한 설명으로 틀린 것은?

① 가상 회선 방식과 데이터그램 방식이 있다.
② 전송에 실패한 패킷의 경우 재전송이 가능하다.
③ 패킷 단위로 헤더를 추가하므로 패킷별 오버헤드가 발생한다.
④ 공간 분할 회선 교환 방식으로 기계식이나 전자식 교환기와 통신 회선을 그대로 이용하는 방식이다.

16 패킷 교환 방식에 대한 설명으로 틀린 것은?

① 데이터그램과 가상 회선 방식으로 구분된다.
② 저장-전달 방식을 사용한다.
③ 전송하려는 각 패킷에는 헤더가 부착된다.
④ 전송할 수 있는 패킷의 길이는 제한이 없다.

17 패킷 교환 방식에 관한 설명으로 옳지 않은 것은?

① 패킷 교환 방식에서 각 패킷의 길이는 제한된다.
② 전송하는 데이터가 많은 통신 환경에 적합하다.
③ 노드나 회선의 오류가 발생 시 다른 경로를 선택할 수 없어 전송이 중단된다.
④ 저장-전달 방식을 사용한다.

18 패킷 교환 방식에 대한 설명으로 틀린 것은?

① 데이터그램과 가상 회선 방식이 있다.
② 메시지를 1개 복사하여 여러 노드로 전송하는 방식이다.
③ 가상 회선 방식은 연결 지향 서비스라고도 한다.
④ 축적 교환이 가능하다.

19 패킷 교환 방식에 대한 설명으로 틀린 것은?

① 패킷 교환은 저장-전달 방식을 사용한다.
② 패킷 교환은 데이터그램 방식과 가상 회선 방식으로 구분된다.
③ 데이터그램은 연결형 서비스 방식으로 패킷을 전송하기 전에 미리 경로를 설정해야 한다.
④ 가상 회선은 패킷이 전송되기 전에 논리적인 연결 설정이 이루어져야 한다.

20 패킷 교환에 대한 설명으로 틀린 것은?

① 전송 데이터를 패킷이라 부르는 일정한 길이의 전송 단위로 나누어 교환 및 전송한다.
② 패킷 교환은 저장-전달 방식을 사용한다.
③ 가상 회선 패킷 교환은 비연결형 서비스를, 데이터그램 패킷 교환은 연결형 서비스를 제공한다.
④ 메시지 교환이 갖는 장점을 그대로 취하면서 대화형 데이터 통신에 적합하도록 개발된 교환 방식이다.

21 패킷 교환 방식은 메시지를 작은 패킷으로 분할하여 효율적인 통신을 보장하는 교환 방식이다. 다음 중 패킷을 작게 분할할 경우의 단점으로 옳지 않은 것은?

① 헤더가 증가된다.
② 노드 지연시간이 증가된다.
③ 패킷의 분할/조립 시간이 늘어난다.
④ 전체적인 전송 지연시간이 증가한다.

22 가상 회선 패킷 교환에 대한 설명으로 옳지 않은 것은?

① 패킷 전송 전 논리적 연결 설정이 이루어져야 한다.
② 모든 패킷이 동일한 경로로 전달되므로 항상 보내어진 순서대로 도착이 보장된다.
③ 링크상에 설정된 하나의 가상 회선 단위로 패킷의 손상 시 복구가 가능하다.
④ 연결 설정 시에 경로가 미리 결정되기 때문에 각 노드에서 데이터 패킷의 처리 속도가 매우 느리다.

23 패킷 교환 방식 중 가상 회선 방식에 대한 설명으로 옳은 것은?

① 네트워크 내의 노드나 링크가 파괴되거나 상실되면 다른 경로를 이용한 전송이 가능하므로 유연성을 갖는다.
② 경로 설정에 시간이 소요되지 않으므로 한 스테이션에서 소수의 패킷을 보내는 경우에 유리하다.
③ 매 패킷 단위로 경로를 설정하기 때문에 네트워크의 혼잡이나 교착 상태에 보다 신속하게 대처한다.
④ 패킷들은 경로가 설정된 후 경로에 따라 순서대로 전송되는 방식이다.

24 가상 회선 방식에 대한 설명으로 틀린 것은?

① 각 패킷이 스위치를 거치며 매번 최선의 경로를 선택하므로 패킷의 도착 순서가 변경될 수 있다.
② 연결 지향 서비스라고도 한다.
③ 여러 노드가 동시에 가상 회선을 가질 수 있다.
④ 패킷을 전송할 때 먼저 경로를 만들고 전송이 끝나면 경로를 해제한다.

25 패킷 교환 종류 중 가상 회선 방식에 대한 설명으로 틀린 것은?

① 전송 중에는 동일한 경로를 갖는다.
② 패킷마다 목적지로 가기 위한 라우팅이 독립적으로 이루어진다.
③ 연결 지향 서비스라고도 한다.
④ 패킷을 전송하기 전에 가상 회선을 먼저 만든다.

26 다음이 설명하고 있는 데이터 교환 방식은?

> 일정 크기의 데이터 단위$_{\text{packet}}$로 나누어 특정 경로의 설정 없이 전송되는 방식이며, 각 패킷마다 목적지로 가기 위한 라우팅이 독립적으로 이루어진다.

① 메시지 교환 방식 ② 공간 분할 교환 방식
③ 가상 회선 방식 ④ 데이터그램 방식

27 데이터그램 패킷 교환 방식으로 적합한 것은?

① 음성이나 동영상과 같이 연속적인 전송
② 응답 시간이 별 문제가 되지 않는 전자 우편이나 파일 전송
③ 간헐적으로 발생하는 짧은 메시지의 전송
④ 최대 길이가 제한된 데이터 전송

28 패킷 교환의 가상 회선 방식과 회선 교환 방식의 공통점은?

① 전용 회선을 이용한다.
② 별도의 호$_{\text{Call}}$ 설정 과정이 있다.
③ 회선 이용률이 낮다.
④ 데이터 전송 단위 규모를 가변으로 조정할 수 있다.

29 패킷 교환의 가상 회선 방식에 비해 데이터그램 방식이 갖는 장점으로 틀린 것은?

① 패킷이 동일한 경로로 전달되므로 항상 송신된 순서대로 수신이 보장된다.
② 호 설정 과정이 없기 때문에 몇 개의 패킷으로 된 짧은 메시지를 전송할 경우 훨씬 빠르다.
③ 망의 혼잡 상황에 따라 적절한 경로로 패킷을 전달할 수 있으므로 융통성이 크다.
④ 한 노드가 고장 나면, 이 노드를 경유하는 가상 회선이 두절되는 데 비해 데이터그램 방식은 우회 경로로 패킷을 전달할 수 있으므로 신뢰성이 높다.

30 패킷 교환 기술의 데이터그램 전송 방식과 가상 회선 전송 방식의 차이점으로 옳은 것은?

① 전송 데이터를 패킷 단위로 구분
② 목적지 노드에서 패킷들의 순서를 재구성
③ 패킷 교환기 사용
④ 데이터 단말 장비$_{\text{DTE}}$ 사용

31 교환 방식의 특징 중 '연결 설정'에 대한 내용이다. [보기]에서 ( ) 안에 알맞은 내용을 차례대로 나열한 것은?

[보기] ⓐ 요구됨 ⓑ 요구되지 않음

	회선 교환	메시지 교환	데이터그램 패킷 교환
연결 설정	( )	( )	( )

① ⓐ, ⓑ, ⓐ ② ⓑ, ⓐ, ⓑ
③ ⓐ, ⓐ, ⓑ ④ ⓐ, ⓑ, ⓑ

32 동적 대역폭을 사용하지 않는 통신 교환 방식은?

① 회선 교환 ② 메시지 교환
③ 데이터그램 패킷 교환 ④ 가상 회선 패킷 교환

33 데이터 교환 방식 중 축적 교환 방식이 아닌 것은?

① 메시지 교환 ② 회선 교환
③ 가상 회선 ④ 데이터그램

34 송신 측과 수신 측 사이를 직접 연결하지 않고 송신 측으로부터의 데이터를 교환기에 저장한 다음 수신 측을 연결하여 데이터를 전송하는 방식은?

① 직접 회선 ② 분기 회선
③ 집선 분기 회선 ④ 축적 교환

35 전송 속도가 가장 빠른 디지털 가입자 회선Digital Subscriber Line 방식은?

① ADSL ② SDSL ③ VDSL ④ HDSL

36 디지털 가입자 회선DSL, Digital Subscriber Line에서 사용하는 변복조 방식이 아닌 것은?

① CAPCarrier-less Amplitude/Phase
② DMTDiscrete Multi-Tone
③ 2B1Q2 Binary 1 Quaternary
④ PWMPulse Width Modulation

37 ADSL 선로에 적용되는 변조 방식으로서, 데이터 열을 다중 데이터 블록으로 나눈 후 각 데이터 블록들을 서로 다른 부반송파에 실어 전송하는 방식은?

① DMT ② CAP ③ 2B1Q ④ RAM

38 xDSL 회선의 변복조 방식인 CAPCarrier-less Amplitude/Phase와 DMTDiscrete Multi-Tone의 주파수 배치표로 옳은 것은?

① CAP 방식 : ㉮ 음성 전화POTS, ㉯ 역방향Upstream, ㉰ 순방향Downstream
② CAP 방식 : ㉮ 순방향Downstream, ㉯ 역방향Upstream, ㉰ 음성 전화POTS
③ DMT 방식 : ㉮ 순방향Downstream, ㉯ 역방향Upstream, ㉰ 음성 전화POTS
④ DMT 방식 : ㉮ 음성 전화POTS, ㉯ 순방향Downstream, ㉰ 역방향Upstream

39 xDSL에 대한 설명으로 잘못된 것은?

① 음성 신호와 데이터 신호를 동시 전송하기 위해 송수신 속도를 같게 한다.
② 전화국과의 거리가 가까울수록 속도를 빠르게 할 수 있다.
③ ADSL, HDSL, SDSL, VDSL 등이 있다.
④ 기존의 전화 회선을 이용하면서 주파수 대역폭이 넓은 범위를 사용하는 방식이다.

40 ADSL에 대한 설명이 올바른 것은?

① 4선식 선로를 이용하여 고속의 데이터 서비스와 동시에 기존의 음성 서비스를 제공하는 기술이다.
② 동일한 고속의 상·하향 속도로 VOD 서비스 등의 멀티미디어 전송이 가능하다.
③ 상·하향 광케이블 선로가 분리되어 있어 전이중 송수신 방식을 수행한다.
④ ADSL을 위해 사용되는 대표적인 변조 기법은 DMT 및 CAP 방식이다.

41 광케이블을 집 안까지 연결해 기존 방식보다 빠르고 안정된 품질의 서비스가 가능한 초고속 인터넷 설비 방식은?

① FTTH ② HFC
③ FTTO ④ FTTC

42 전화 통신망에서 적용되고 있는 신호 방식은?

① K2 ② R2 ③ L2 ④ P2

43 전화 통신망PSTN의 교환기와 교환기 사이에 제어 신호 전달에 사용되는 전송 규격은?

① SIP ② MGCP
③ H.323 ④ No.7 신호 방식

44 ITU-T No.7 신호 방식에 대한 설명으로 틀린 것은?

① 공통선 신호 방식이다.
② 디지털 교환망에 적합한 신호 방식이다.
③ 통화 중에는 제어 정보의 송수신이 불가능하다.
④ 교환기와 교환기 사이에 제어 신호를 전달하는 방식이다.

45 ITU-T에서 권고하는 No.7 신호 방식이 아닌 것은?

① 여러 가지 선로 및 망 관리 정보를 공통의 한 채널로 전송한다.

② 공통 신호 채널에서 음성을 비롯한 데이터 신호도 함께 전송한다.

③ 디지털 통신망에서 음성 및 비음성 교환기 간 신호 기능을 수행한다.

④ 신규 서비스가 개발될 때마다 새로운 신호 절차를 쉽게 부가할 수 있다.

46 회선 교환 방식에서 제어 신호의 종류가 아닌 것은?

① 감시 제어 신호 ② 신호 제어 신호
③ 주소 제어 신호 ④ 통신망 관리 제어 신호

47 서비스, 응답, 경보 및 휴지 상태 복귀 신호 등의 기능을 수행하는 제어 신호는?

① 감시 제어 신호supervisory control signal

② 주소 제어 신호address control signal

③ 호 정보 제어 신호call information control signal

④ 망 관리 제어 신호communication management control signal

48 통신망의 체계적인 운용 및 관리를 위한 TMNTelecommunication Management Network의 기능 요소에 해당하지 않는 것은?

① SNLService Network Layer

② NMLNetwork Management Layer

③ EMLElement Management Layer

④ NELNetwork Element Layer

49 패킷 교환망의 주요 기능으로 옳지 않는 것은?

① 경로 선택 제어 ② 트래픽 제어
③ 에러 제어 ④ 액세스 제어

50 패킷 교환망에서 패킷이 적절한 경로를 통해 오류 없이 목적지까지 정확하게 전달하기 위한 기능으로 옳지 않은 것은?

① 흐름 제어 ② 에러 제어
③ 라우팅 ④ 집중화

51 패킷 교환망에서 유통되는 패킷 수를 적절히 조절해 통신망을 효율적으로 사용하고자 하는 제어 기법이 트래픽 제어 기법이다. 트래픽 제어 기법이 아닌 것은?

① 에러 제어error control ② 흐름 제어flow control

③ 혼잡 제어congestion control

④ Dead-lock 방지 기법

52 네트워크 내에서 패킷의 대기 지연Queuing delay이 너무 높아지게 되어 트래픽이 붕괴되지 않도록 네트워크 측면에서 패킷의 흐름을 제어하는 트래픽 제어는?

① 흐름 제어flow control

② 혼잡 제어congestion control

③ 재결합 데드락reassembly deadlock

④ 데드락 방지deadlock avoidance 제어

53 가상 회선 패킷 교환 방식에서 모든 패킷이 전송되면 이미 확립된 접속을 끝내기 위해 이용되는 패킷은?

① Call Accept Packet

② Clear Request Packet

③ Call Identifier Packet

④ Reset Packet

54 ITU-T 표준인 X.25가 정의하고 있는 것은?

① 경로 설정 알고리즘 정의

② 동기식 1200 bps 변복조기 정의

③ 전용 회선을 위한 4800 bps 변복조기 정의

④ 사용자 장치DTE와 패킷 네트워크 노드DCE 간의 데이터 교환 절차 정의

55 사용자 단말기와 공중 데이터 망 사이의 인터페이스를 위해 표준화된 망 액세스 프로토콜은?

① X.25 ② X.2
③ X.28 ④ X.29

56 패킷 교환망에서 DCE와 DTE 사이에 이루어지는 상호 작용을 규정한 프로토콜은?

① X.25 ② TCP
③ UDP ④ IP

57 다음이 설명하는 프로토콜은?

> • ITU-T에서 정의한 패킷 교환 표준
> • DTE와 DCE 사이의 인터페이스
> • 물리 계층, 링크 계층, 패킷 계층을 기반으로 하여 광역 네트워크에서 널리 사용

① SYNC ② TCP/IP ③ UDP ④ X.25

58 다음이 설명하는 데이터링크 제어 프로토콜은?

> • HDLC를 기반으로 하는 비트 위주 데이터링크 제어 프로토콜이다.
> • X.25 패킷 교환망 표준의 한 부분으로 ITU-T에 의해 제정되었다.

① PPP ② ADCCP ③ LAPB ④ SDLC

59 X.25에서 오류/흐름 제어, 가상 회선의 설정과 해제, 다중화 기능, 망 고장 시 회복 메커니즘을 규정하는 계층은?

① 링크 계층 ② 물리 계층
③ 패킷 계층 ④ 네트워크 계층

60 X.25는 ITU-T 표준으로 호스트 시스템과 패킷 교환망 간 인터페이스를 규정하고 있다. 이 기능에 포함되지 않는 것은?

① 링크 계층$_{\text{link level}}$ ② 패킷 계층$_{\text{packet level}}$
③ 물리 계층$_{\text{physical level}}$ ④ 전송 계층$_{\text{transport level}}$

61 X.25 프로토콜에 대한 설명으로 틀린 것은?

① 물리 계층의 표준으로 X.21을 사용한다.
② 링크 계층의 표준은 LAPB를 사용한다.
③ 패킷형 단말기를 패킷 교환망에 접속하기 위한 인터페이스 프로토콜이다.
④ 물리 계층과 링크 계층인 2개의 계층으로 구성된다.

62 X.25 프로토콜에 대한 설명 중 옳지 않은 것은?

① 비연결형 네트워크 프로토콜이다.
② 사용자 장치$_{\text{DTE}}$와 패킷 네트워크 노드$_{\text{DCE}}$ 간의 데이터 교환 절차를 정의한다.
③ 물리 계층, 링크 계층, 패킷 계층으로 구성된다.
④ 흐름 및 오류 제어기능을 제공한다.

63 패킷화 기능이 없는 일반형 터미널에 접속하여 패킷의 조립과 분해 기능을 대신해주는 장치는?

① DTE ② PS ③ PAD ④ PMAX

64 프레임 릴레이의 특징이 아닌 것은?

① 연결 지향적 데이터 전송으로서 낮은 전송률과 높은 지연 특성을 갖는다.
② 데이터링크 계층에서만 오류 검출 기능을 수행한다.
③ 논리적 링크를 지원하여 하나의 물리적 회선에 PVC를 통해 여러 단말기 간의 통신이 가능하게 한다.
④ 전용선을 이용한 WAN 구성보다 가격이 더욱 저렴하다.

65 공중 통신 사업자로부터 회선을 대여 받아 고도의 통신 처리 기능을 이용, 부가적인 정보 서비스를 제공하는 정보 통신 서비스 망은?

① MAN ② LAN ③ VAN ④ WWW

66 협의의 VAN이 제공하는 기본 기능이 아닌 것은?

① 부하 분산 기능 ② 전송 기능
③ 교환 기능 ④ 통신 처리 기능

67 부가가치 통신망$_{\text{VAN}}$의 계층 구조가 아닌 것은?

① 물리 계층 ② 통신 처리 계층
③ 정보 처리 계층 ④ 네트워크 계층

68 VAN의 주요 통신 처리 기능 중 회선의 접속이나 제어 절차 등의 데이터를 전송할 때 다른 기종 간의 통신이 가능하도록 통신 절차를 변화시키는 기능은?

① 프로토콜 변환 기능 ② 미디어 변환 기능
③ 포맷 변환 기능 ④ 데이터 교환 기능

69 VAN의 주요 통신 처리 기능이 아닌 것은?

① 미디어 변환 ② Mail Box
③ 데이터베이스 구축 ④ 프로토콜 변환

70 부가가치 통신망$_{\text{VAN}}$이 제공하는 기능으로서 정보 처리 기능에 속하지 않는 것은?

① 데이터베이스 구축 ② 정보 검색 서비스
③ 소프트웨어 개발 ④ 프로토콜 변환

71 컴퓨팅, 교환, 디지털 전송 장치 간의 구분이 없어지고, 음성, 데이터 및 이미지 전송에 동일한 디지털 기술이 적용된 통합 시스템은?

① LAN ② ISDN ③ PSN ④ VAN

72 ISDN의 기본 인터페이스 채널 구조는?

① 4B+D ② 0B+D ③ 8B+D ④ 2B+D

73 ISDN의 정보용 채널인 B채널의 전송 용량은?

① 64Kbps ② 16Kbps
③ 384Kbps ④ 1,536Kbps

74 ISDN의 서비스에서 OSI 하위 3계층까지의 기능을 수행하는 것은?

① High layer
② Tele service
③ Bearer service
④ Telecommunication service

75 ISDN에 대한 설명이 아닌 것은?

① 음성(비음성) 서비스를 포함한 광범위한 서비스를 제공한다.
② 음성 신호와 컴퓨터 단말기에서 사용되는 신호, 그리고 텔레비전의 영상 등을 하나의 통신망으로 연결이 가능하다.
③ 데이터베이스나 정보 처리 기능의 이용 범위가 넓어지게 되어 통신의 이용 가치를 높이게 된다.
④ 여러 서비스를 공유할 수 있는 아날로그 망이다.

76 ISDN에 대한 설명 중 옳지 않은 것은?

① ISDN의 채널에는 B, D, H 등이 있다.
② 동일한 통신망으로 음성이나 비음성 등의 통신 서비스를 제공한다.
③ 통신망의 교환 접속 기능에는 회선 교환 방식과 패킷 교환 방식이 있다.
④ 256Kbps 1회선 교환 서비스가 기본이다.

77 협대역 ISDN에서 사용하는 D채널의 기능에 해당하는 것은?

① 회선 교환 방식을 위한 신호 정보의 전송
② 1,536Kbps의 사용자 정보 전송
③ 고속 팩스, 화상 회의와 같은 고속 정보 전송
④ 패킷 교환 방식에 의한 384Kbps 이하의 정보 전송

78 HDLC를 기반으로 하며, ISDN의 D채널을 위한 링크 제어 프로토콜로 사용되는 것은?

① LAPB ② LAPM ③ LAPD ④ LLC

79 동영상, 고속 데이터 등 광대역 서비스를 처리할 수 있는 광대역 ISDN 교환기에 적합한 교환 방식은?

① ATM 방식 ② TDM 방식
③ FDM 방식 ④ EDI 방식

80 다음 설명의 ( ) 안에 알맞은 것은?

> 광대역 ISDN$_{B-ISDN}$을 구현하기 위하여 ITU-T에서 선택한 전송 기술은 ( )이고, 이 기술의 실제 근간을 이루는 물리적 전송망은 ( )이다.

① SONET/SDH, LAN ② ATM, SONET/SDH
③ X.25, SONET/SDH ④ SONET/SDH, X.21

81 ATM 통신은 셀$_{cell}$ 단위로 통신이 이루어지는데 셀은 몇 바이트로 구성되는가?

① 24바이트 ② 48바이트
③ 51바이트 ④ 53바이트

82 비동기식 전달 모드$_{ATM}$에 사용되는 ATM cell의 헤더와 유료 부하$_{payload}$의 크기는 각각 몇 옥텟$_{octet}$인가?

① 헤더 : 3옥텟, 유료 부하 : 47옥텟
② 헤더 : 4옥텟, 유료 부하 : 47옥텟
③ 헤더 : 5옥텟, 유료 부하 : 48옥텟
④ 헤더 : 6옥텟, 유료 부하 : 48옥텟

83 ATM 셀 헤더를 구성하는 필드$_{field}$에 대한 설명으로 틀린 것은?

① PT : 페이로드에 실린 정보의 종류 표시
② VPI : 셀이 속한 가상 경로를 식별하기 위해 사용
③ CLP : 망 폭주 시 셀이 폐기될 우선순위
④ HEC : 헤더 자체 오류 유무를 검사하기 위한 것으로 해밍 코드$_{Hamming\ Code}$ 사용

84 B-ISDN 프로토콜 참조 모델에 해당하지 않는 계층은?

① Data Link Layer
② Asynchronous Transfer Mode Layer
③ Asynchronous Transfer Mode Adaptation Layer
④ Physical Layer

85 B-ISDN/ATM 프로토콜에 있어서 ATM 계층의 기능은?

① 가변 길이의 셀로 모든 정보 운반
② 셀 경계 식별
③ 셀 헤더 생성 및 추출
④ 비트 타이밍

86 ATM 기술의 특징과 가장 거리가 먼 것은?

① 오류 확인 재전송 절차 필요
② 셀의 우선순위 부여 가능
③ 정보가 발생했을 때만 셀 전송
④ 가상 경로에 의한 접속과 대역 관리

87 ATM에 대한 설명으로 틀린 것은?

① 고정 길이의 셀cell 단위로 데이터를 전송하므로 고속 통신에 적합하다.
② 멀티미디어 전송에 적합하다.
③ 헤더에 대해서 오류 검출을 수행한다.
④ ATM 셀cell은 48바이트의 헤더와 5바이트의 데이터로 구성된다.

88 회선 교환 방식과 비교하여 ATM 교환 방식의 장점이 아닌 것은?

① 다양한 종류의 트래픽을 통합할 수 있다.
② 회선의 독점 사용으로 전송의 효율성을 높일 수 있다.
③ 다양한 대역폭을 갖는 서비스를 처리할 수 있다.
④ 망 자원이 비어 있을 시에 어느 서비스라도 망 자원을 사용할 수 있다.

89 ATM에 대한 설명으로 틀린 것은?

① 전송 용량, 정보의 발생 형태 등이 서로 상이한 정보를 셀cell이라는 고정 길이 블록에 넣어 전송한다.
② 셀 자체 제어를 위한 5byte 길이의 헤더 구조를 가진다.
③ 유료 부하Payload 공간은 사용자 정보가 실리는 부분으로 53byte 길이를 갖는다.
④ 정보 전송의 처리 단위를 셀로 규격화함으로써 고속 처리가 가능하다.

90 제4세대 이동 통신 서비스에 가장 가까운 기술 규격은?

① IMT-2000 ② WiFi
③ LTE ④ Bluetooth

91 이동 통신의 세대와 기술이 바르게 짝지어진 것은?

① 1세대 : GSM ② 2세대 : AMPS
③ 3세대 : WCDMA ④ 4세대 : CDMA

92 디지털 이동 통신 시스템에서 BSBase Station의 설명으로 옳은 것은?

① 이동국과 이동 통신 교환국 중간에 위치하여 이동국과의 무선 전송을 담당한다.
② 이동국이 이동 통신 교환기에 등록된 이동국인지를 확인하는 데이터베이스다.
③ 디지털 셀룰러 이동 통신 교환기이다.
④ 무선 가입자 단말기로서 기지국과 무선 채널을 통하여 통신을 하는 것이다.

93 CDMA(IS-95A 기준) 이동 통신망에서 BTS로부터 받은 신호를 MSC로 전달해주는 장비는?

① HLR ② PDGN
③ JWF ④ BSC

94 이동 통신망에서 착발신되는 신호 처리, 기지국 감시 및 제어, 위치 등록의 기능을 수행하는 구성 요소는?

① 이동 통신 교환기 ② 휴대용 단말기
③ BSC ④ HLR/AC

95 이동 통신 시스템에서 가입자의 관리를 책임지는 데이터베이스는?

① HLRHome Location Register
② EIREquipment Identity Register
③ VLRVisitor Location Register
④ ACAuthentication Center

96 이동 전화망의 위치 등록 장치인 HLRHome Location Register의 기능이 아닌 것은?

① 등록 인식 ② 위치 확인
③ 채널 할당 ④ 단말기 정보 확인

97 일반적인 셀룰러 이동 통신 시스템의 구성 요소 가운데 다른 지역에서 이동해 온 이동국의 가입자 정보를 일시적으로 저장하는 데이터베이스는?

① MTSO ② VLR ③ BS ④ HLR

98 이동 통신 가입자가 셀 경계를 지나면서 신호의 세기가 작아지거나 간섭이 발생하여 통신 품질이 떨어져 현재 사용 중인 채널을 끊고 다른 채널로 절체하는 것을 의미하는 것은?

① Mobile Control
② Location registering
③ Hand off
④ Multi-Path fading

99 이동국이 다른 셀 또는 다른 섹터로 이동하는 경우, 사용 중인 무선 주파수RF 채널 대신에 새로운 채널을 할당하여 통화가 계속 유지될 수 있게 해주는 기능은?

① 핸드오버 ② 로밍 ③ 인증 ④ 페이징

100 셀룰러 이동 통신 시스템에서 통화 중에 이루어지는 핸드오프가 아닌 것은?

① 소프트Soft 핸드오프 ② 소프터Softer 핸드오프
③ 하드Hard 핸드오프 ④ 아이들Idle 핸드오프

101 핸드오프hand-off 시에 사용할 채널을 먼저 확보해 연결한 후 현재 사용 중인 채널의 연결을 끊는 방식은?

① Soft Hand-off
② Hard Hand-off
③ Mobile Controlled Hand-off
④ Network Controlled Hand-off

102 동일한 기지국 내 섹터 간의 핸드오버는?

① Hard 핸드오버 ② Soft 핸드오버
③ Softer 핸드오버 ④ Reay 핸드오버

103 이동 통신 시스템에서 단말기가 이동 교환기 내에 있는 기지국에서 통화의 단절 없이 동일한 주파수를 사용하는 다른 기지국으로 옮겨 통화하는 경우에 해당되는 Hand-off는?

① Hard Hand-off ② Soft Hand-off
③ Dual Hand-off ④ Softer Hand-off

104 디지털 이동 통신 시스템에서 이동국(단말기)이 자신의 위치와 상태를 교환기에 수시로 알려줌으로써 전체 시스템 부하를 줄여주고 이동국 착신호의 신뢰성을 증가시키는 것은?

① 호처리 ② 핸드오프
③ 전력 제어 ④ 위치 등록

105 CDMA 시스템의 이론적인 주파수 재사용률FRT : Frequency Reuse Pattern은 얼마인가?

① 1 ② 2 ③ 3 ④ 4

106 이동 통신에서 자신이 가입한 서비스 지역을 벗어나서도 자신이 가입했던 서비스 지역에서와 똑같이 서비스를 받을 수 있는 것을 무엇이라고 하는가?

① 지연 확산 ② 도플러 효과
③ 로밍 ④ 동일 채널 간섭

107 하나의 셀로 전 지역을 커버하는 광역 셀 방식과 전 지역을 다수의 좁은 지역으로 분할하는 셀룰러 방식의 특징에 대한 설명으로 가장 거리가 먼 것은?

① 셀룰러 방식에서는 주파수 재사용이 불가능하고 광역 셀에서는 가능하다.
② 셀룰러 방식에서의 단말기 출력이 광역 셀 방식보다 저출력이다.
③ 셀룰러 방식이 광역 셀 방식보다 많은 가입자를 수용할 수 있다.
④ 일반적으로 셀룰러 방식에서의 시스템 설계가 광역 셀 방식보다 더 복잡하다.

108 다중 접속 방식에 해당하지 않는 것은?

① FDMA ② QDMA
③ TDMA ④ CDMA

109 다음이 설명하고 있는 다중 접속 방식은?

- 시간 축에서 여러 개의 단위 시간 구간(슬롯)으로 나누는 방식이다.
- 각자 자기에게 할당된 시간 구간(슬롯)을 다른 사용자의 시간 구간과 겹치지 않도록 한다.
- 슬롯 간 간섭을 피하기 위해 각 슬롯 간 보호 간격을 두고 있다.

① FDMA ② CDMA
③ SDMA ④ TDMA

110 다음 설명에 해당하는 다중 접속 방식은?

여러 사용자가 주파수와 시간을 공유하면서 각 사용자에게 의사 랜덤 시퀀스를 할당하며, 각 사용자는 송신 신호를 확산하여 전송하고 수신부에서는 송신 측에서 사용한 것과 동일한 의사 랜덤 시퀀스를 발생시켜 동기를 맞추고, 수신된 신호를 역 확산하여 신호를 복원하는 방식이다.

① FDMA ② CDMA
③ TDMA ④ SFMA

111 고속의 무선 및 멀티미디어 통신을 위해 하나의 정보를 여러 개의 반송파로 분할하고 분할된 반송파 사이의 주파수 간격을 최소화하기 위해 직교 다중화해서 전송하는 통신 기술은?

① THSS ② FHSS ③ DSSS ④ OFDM

112 CDMA 다중 접속 방식에 대한 특징으로 틀린 것은?

① 시스템 포화 상태로 인한 통화 단절 및 혼선이 적다.
② 실내나 실외에서 넓은 서비스 권역을 제공한다.
③ 배경 잡음을 방지하고 감쇠시킴으로써 우수한 통화 품질을 제공한다.
④ 산악 지형 또는 혼잡한 도심 지역에서는 품질이 떨어진다.

113 이동 단말이나 PDA와 같이 소형 무선 단말기에서 인터넷을 이용할 수 있도록 해주는 프로토콜의 총칭은?

① POP ② WAP ③ SMTP ④ FTP

114 다음이 설명하고 있는 인터넷 서비스는?

- 이동하면서 초고속 인터넷을 이용할 수 있는 무선 휴대 인터넷 서비스다.
- ETRI와 삼성전자 등이 개발하여 기술 표준 'HPi' 개발에 성공했다.
- IEEE에 의하여 제3세대 이동 통신의 6번째 기술 표준으로 채택되었다.

① Ubiquitous ② WiBro
③ RFID ④ VoIP

115 국내에서 상용화된 WiBro의 다중 전송 방식 및 송신/수신 Duplex 방식은?

① OFDM/TDD ② CDMA/FDD
③ OFDM/FDD ④ TDMA/ODD

116 도착한 메시지를 일단 저장한 후 다음 노드로 가는 링크가 비어 있으면 전송해 나가는 교환 방식은?

117 데이터의 전송 시에 일정 크기의 데이터 단위로 쪼개어 특정 경로의 설정 없이 전송되는 방식은?

118 음성 정보용 회선과 신호 정보용 회선이 따로 존재하는 신호 방식은?

119 통신 사업자의 회선을 임차하여 단순한 전송 기능 이상의 부가가치를 부여한 데이터 등 복합적인 서비스를 제공하는 정보 통신망은?

120 가상 회선 서비스를 제공하는 패킷 교환 프로토콜은?

121 ATM에서 셀의 크기는?

122 ATM 셀 헤더에서 오류 검출과 정정을 위해서 사용하는 필드는?

123 X.25가 ATM 프로토콜을 사용한다고 가정하면 사용하게 되는 AAL 범주는?

124 ATM AAL 계층에서 흐름 제어나 오류 제어를 수행하지 않고 단순한 데이터 전달 서비스를 지원하는 AAL 범주는?

125 스펙트럼 확산 기술에 의해 변조된 신호를 공간적으로 다원 접속하는 방식은?

126 국내에서 개발하여 무선 WAN 세계 표준으로 승인된 프로토콜은?

127 셀룰러 네트워크에서 이동 인터넷 기술은 어느 세대에서 시작되었는가?

128 4세대 이동 통신망의 상징적인 기술은?

129 ITU에서 정한 5G의 공식 기술 명칭은?

130 회선 교환 방식과 가상 회선 패킷 교환 방식의 유사점과 차이점에 대해 설명하시오.

131 X.25에서 데이터링크 계층인 LAPB와 패킷 계층에서의 흐름 제어와 오류 제어는 동일한 기능을 의미하는지 설명하시오.

132 xDSL로 통칭되는 디지털 가입자망 접속 방식 중 세 가지를 열거하시오.

133 ISDN의 전송 구조에서 B와 D채널에 대하여 다음의 사항을 답하시오.

(1) 전송 속도

(2) 용도

(3) 기본 액세스 구조

134 다음 표의 빈칸을 채워보시오.

	호 설정 과정	전용 전송로	데이터 전송 경로
회선 교환	필요	(3)	일정함
가상 회선	(1)	(4)	(5)
데이터그램	(2)	없음	일정하지 않음

135 ATM이 기존 패킷 교환 방식에 비해 오버헤드가 줄어든 이유를 설명하시오.

136 주파수 재사용은 셀룰러 네트워크뿐만 아니라 다른 무선 네트워크에서도 고려될 수 있는지 설명하시오.

1 ①	2 ③	3 ①	4 ①	5 ①	6 ②	7 ②	8 ④	9 ③	10 ①
11 ②	12 ②	13 ②	14 ④	15 ④	16 ④	17 ③	18 ②	19 ③	20 ③
21 ④	22 ④	23 ④	24 ①	25 ②	26 ④	27 ③	28 ②	29 ①	30 ②
31 ④	32 ①	33 ②	34 ④	35 ③	36 ④	37 ①	38 ①	39 ①	40 ④
41 ①	42 ②	43 ④	44 ③	45 ②	46 ②	47 ①	48 ①	49 ④	50 ④
51 ①	52 ②	53 ②	54 ④	55 ①	56 ①	57 ④	58 ③	59 ③	60 ④
61 ④	62 ①	63 ③	64 ①	65 ③	66 ①	67 ①	68 ①	69 ③	70 ④
71 ②	72 ④	73 ①	74 ③	75 ④	76 ④	77 ①	78 ③	79 ①	80 ②
81 ④	82 ③	83 ④	84 ①	85 ③	86 ①	87 ④	88 ②	89 ③	90 ③
91 ③	92 ①	93 ④	94 ①	95 ①	96 ③	97 ②	98 ③	99 ①	100 ④
101 ①	102 ③	103 ②	104 ④	105 ①	106 ③	107 ①	108 ②	109 ④	110 ②
111 ④	112 ④	113 ②	114 ②	115 ①					

CHAPTER 12
인터넷

학습목표

- 네트워크 연결 장치인 리피터, 허브, 브리지, 라우터, 스위치, 게이트웨이에 대해 설명할 수 있다.
- 인터넷의 주소 체계, 서브네팅, 슈퍼네팅에 대해 설명할 수 있다.
- IPv6의 특징과 주소 형식, IPv4에서 IPv6로 전환하는 방식에 대해 설명할 수 있다.
- 라우팅의 개념, 라우팅 방식, 라우팅 프로토콜에 대해 설명할 수 있다.

01 인터네트워킹 장비

독립적인 LAN이나 WAN을 상호 연결하여 만든 복잡한 네트워크를 인터네트워크internetwork라고 한다. 그리고 인터네트워크를 연결하는 과정 또는 방법을 인터네트워킹internetworking이라고 한다. 인터네트워킹으로 구성된 대표적인 네트워크가 인터넷Internet이다. 인터넷은 전 세계에 널리 퍼져 있는 LAN과 WAN으로 구성된 네트워크의 네트워크network of network다.

여러 종류의 네트워크를 연결하기 위한 인터네트워킹 장비로는 리피터와 허브, 브리지와 스위치, 라우터, 게이트웨이 등이 있고 이 장비들은 [그림 12-1]과 같이 각각 OSI 참조 모델의 서로 다른 계층에서 동작한다. 리피터는 신호의 전기적인 부분에만 관여하므로 물리 계층에서만 동작한다. 브리지는 주로 데이터링크 계층에서 동작하고, 라우터는 주로 네트워크 계층에서 동작한다. 게이트웨이는 호환성이 없는 LAN들이나 응용들 간의 변환 서비스를 제공하며 모든 계층에서 동작한다. 각 인터네트워킹 장비는 주로 동작하는 계층의 하위 계층에서는 모두 동작한다.

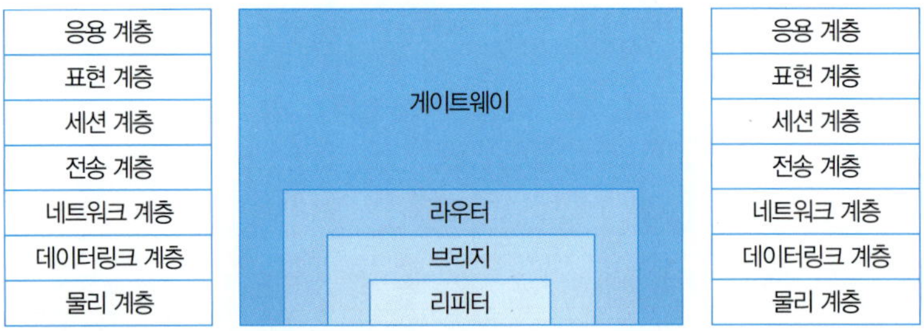

그림 12-1 인터네트워킹 장비의 계층별 분포

1 리피터

리피터repeater는 OSI 참조 모델의 물리 계층에서 동작하는 장비로, 동일한 LAN에서 거리를 연장시키거나 접속 스테이션 수를 증가시킨다. 리피터는 전송 매체를 통해 전송되는 신호가 약해지거나 잡음 등의 원인에 의해 원래의 신호가 훼손되는 것을 막기 위해 전송된 신호를 원래의 신호로 재생하여 이를 다시 전송하는 역할을 한다. [그림 12-2]는 리피터가 2개의 LAN을 연결한 모습이다.

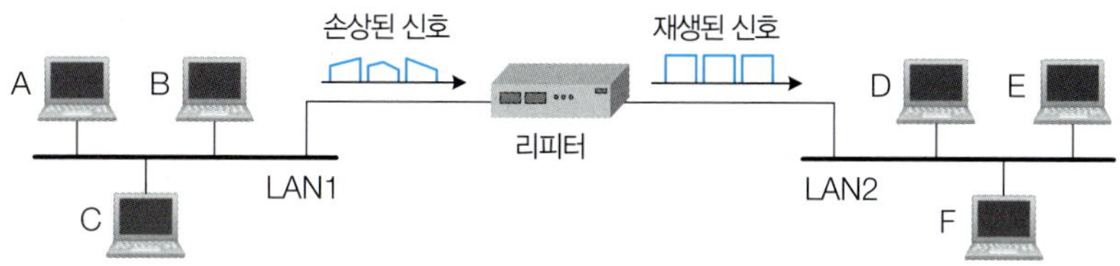

그림 12-2 리피터 기능

한 LAN에서 전송된 신호는 리피터에 의해 신호가 재생되고 다음 LAN으로 전달된다. 따라서 리피터는 한 LAN에서 접속할 수 있는 스테이션의 개수보다 더 많은 스테이션에 신호를 전달함으로써 LAN을 확장한다. 그림에서 스테이션 A가 전송한 메시지는 모든 스테이션(B~F)으로 전달된다. 이에 따라 네트워크가 확장되는 이점이 있지만 메시지의 충돌 가능성도 높아진다. 신호의 충돌을 감지할 수 있는 영역을 충돌 도메인collision domain이라고 한다. 충돌이 발생하면 전송이 안 되므로 재전송을 시도하게 된다. 결과적으로 네트워크의 성능이 낮아진다.

리피터는 케이블이 갖고 있는 물리적인 한계 때문에 데이터가 멀리 전송되지 못하는 약점을 보완해 수신된 신호를 재생하여 전송 거리를 확장하는 장치다. 그러나 UTP 케이블, 광케이블 등 성능이 뛰어난 케이블이 등장하면서 사장되었다.

> **NOTE 리피터와 증폭기**
>
> 증폭기(amplifier)는 신호와 잡음을 구별하기 않고 단순히 모든 입력 신호를 증폭한다. 반면, 리피터는 신호를 증폭하는 게 아니라 신호를 재생한다. 리피터는 약해지거나 훼손된 신호를 수신하면 원래 송신했던 신호 형태로 각 비트의 복사본을 만들어 보낸다.

2 허브

허브hub는 다중 포트 리피터라고 볼 수 있으며, 물리 계층에서 동작하는 장비다. 단순히 하나의 스테이션에서 수신한 신호를 정확히 재생하여 다른 쪽으로 내보내는 장치다. 허브에는 더미 허브, 스위칭 허브, 스태커블 허브, 인텔리전트 허브가 있다.

■ 더미 허브dummy hub

더미 허브는 네트워크에 있는 스테이션들 간에 메시지를 중계하는 역할을 한다. 네트워크의 전체 대역폭을 스테이션 수만큼 분할해서 사용하기 때문에 허브에 연결된 스테이션 수가 증가하면 네트워크의 속도가 떨어진다. 예를 들어, 100Mbps 대역폭을 제공하는 허브에 4대의 컴퓨터를 연결하면 각 컴퓨터는 25Mbps 대역폭만 할당 받는다. 더미 허브는 보통 10대 정도의 소규모 네트워크 환경에서 사용된다.

■ 스위칭 허브switching hub

스위칭 허브는 더미 허브의 단점, 즉 전체 대역폭을 컴퓨터 수만큼 나누어 사용하는 문제를 해결한 장치다. 단순히 전송하는 기능을 넘어 수신지 주소로 스위칭하는 기능이 있고 컴퓨터들을 각각 점대점으로 접속시키기 때문에 네트워크의 효율이 훨씬 높다. 예를 들어, 100Mbps 대역폭을 제공하는 허브에 4대의 컴퓨터를 연결하면 각 컴퓨터는 100Mbps 대역폭을 할당 받는다. CSMA/CD 방식의 네트워크에서도 충돌이 발생하지 않기 때문에 더미 허브보다 훨씬 우수한 전송 속도를 보장한다.

■ 스태커블 허브stackable hub

스태커블 허브는 스택 접속 포트를 갖춘 허브로, 허브와 허브 사이를 연결하여 용량을 확장할 수 있다. 중규모 이상의 네트워크는 스태커블 허브를 여러 층 쌓아서 구성한다. 일반 포트를 이용하여 여러 더미 허브를 연결하면 컴퓨터 사이에 데이터 전송 속도의 차이가 발생할 수 있다. 하지만 스태커블 허브를 사용하면 여러 허브가 하나의 허브처럼 동작하기 때문에 전송 속도의 차이가 작다.

■ 인텔리전트 허브intelligent hub

인텔리전트 허브는 신호의 조절과 변경 등 다양한 지능형 기능을 갖춘 허브를 말한다. 허브 내에 중앙 처리 장치CPU와 적은 양의 버퍼를 가지고 있어 네트워크 관리 시스템Network Management System, NMS 역할을 할 수 있다. 네트워크 관리 시스템을 이용하여 데이터 제어와 분석이 가능하며, 충돌이 발생한 경우 원활한 통신을 위해 충돌이 발생한 포트를 찾아 강제로 분리할 수 있다. 즉, 데이터 패킷 분석이 가능하다.

3 브리지

브리지bridge는 복수의 LAN을 결합하기 위한 장비로 OSI 참조 모델의 물리 계층과 데이터링크 계층에서 동작한다. 물리 계층에서는 수신하는 신호를 재생하며, 데이터링크 계층에서는 프레임 내에 들어 있는 발신지와 목적지의 물리 주소(MAC 주소)를 검사할 수 있다. 브리지에는 학습learning, 플러딩flooding, 포워딩forwarding, 필터링filtering, 에이징aging의 5가지 기능이 있다.

브리지는 한 네트워크로부터 전달된 프레임을 수신한 후 목적지 주소를 기반으로 다음 네트워크로 포워딩forwarding할 것인지 아니면 버릴 것인지를 결정한다. 이를 프레임 필터링filtering이라 한다. [그림 12-3]은 네트워크가 브리지로 연결된 예를 나타낸다. 스테이션 A에서 B로 프레임을 전송할 때 브리지는 LAN2와 LAN3으로 프레임을 전달하지 않으며, LAN1의 모든 스테이션은 A가 전송한 프레임을 수신한다. 스테이션 A에서 D로 프레임을 전송할 경우 브리지는 LAN1의 프레임을 LAN2로만 중계한다. 이와 같이 브리지는 충돌 도메인collision domain을 분리하여 충돌 가능성이 있는 스테이션의 개수를 줄여준다. 그 결과 충돌 가능성이 낮아져 네트워크 성능이 향상된다.

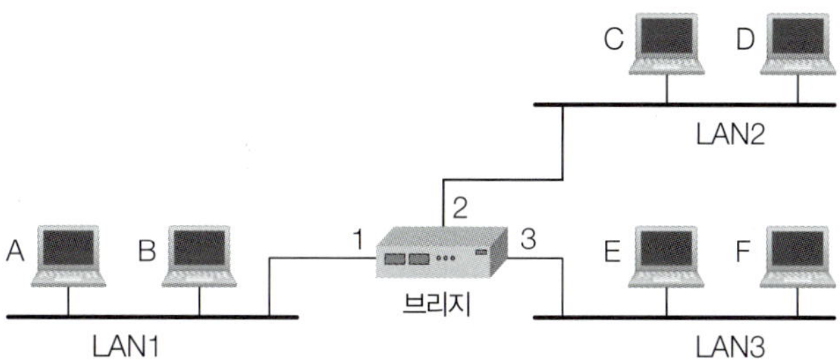

목적지 주소	포트 번호
A	1
B	1
C	2
D	2
E	3
F	3

그림 12-3 브리지로 연결된 네트워크 예

브리지는 목적지의 물리 주소(MAC 주소)를 기반으로 브리지 내부에 경로 배정을 위한 테이블을 생성, 관리한다. [그림 12-3]의 오른쪽 표는 간단한 경로 배정 테이블을 나타낸다. 스테이션 A와 B는 1번 포트에 연결된 LAN1에 위치하므로 경로 배정 테이블의 포트 번호 값이 1이다. 다른 스테이션들도 동일한 방법으로 해당되는 포트 번호가 결정된다. 만약 브리지가 수신한 프레임의 목적지가 스테이션 D라면 경로 배정 테이블에 따라 2번 포트로 포워딩forwarding한다. 경로 배정 테이블은 브리지 관리자가 수동으로 설정할 수도 있지만 일반적으로 브리지의 주소 학습address learning에 의해 경로 배정 정보가 완성된다.

주소 학습은 브리지가 수신하는 프레임의 발신지 주소를 기반으로 한다. 초기에 브리지의 경로 배정 테이블이 비어 있을 때 프레임이 도착하면, 브리지는 발신지의 주소를 보고 경로 배정 테이블에서 발신자 주소에 프레임이 들어온 포트 번호를 대응시킨다. 그러나 수신자 주소에 대한 포트 번호 정보가 없기 때문에 나갈 포트 번호를 결정할 수 없다. 이런 경우에는 들어온incoming 포트를 제외한 모든 나가는outgoing 포트로 프레임을 방송한다. 이 기능을 플러딩flooding이라고 한다.

추후에 해당 프레임에 대한 응답이 수신지로부터 온다고 가정하면 수신자가 응답으로 보낸 프레임이 브리지에 도착할 것이다. 따라서 이 프레임의 발신지 주소와 수신된 포트 번호를 경로 배정 테이블에 기입하면 새로운 경로 정보가 추가된다. 이와 같은 방법으로 프레임이 도착할 때마다 새로운 경로 정보가 계속 추가된다. 테이블에 저장된 정보는 수명 정보를 가질 수 있는데, 시간이 지남에 따라 수명은 점점 줄어들고 수명이 다한 경로 정보는 테이블에서 사라진다. 이 기능을 에이징aging 기능이라 한다. 에이징 기능을 사용하는 이유는 스테이션의 전원이 꺼지거나 위치가 변경되어 다른 LAN으로 이동한 경우를 대비하기 위함이다. 이러한 방법으로 경로 배정 테이블을 관리하는 브리지를 투명 브리지transparent bridge라고 한다.

브리지로 구성된 네트워크에서, 발신지에서 목적지까지 경로가 2개 이상 존재할 때 루프loop가 생겨 주소 학습에 문제가 발생한다. 이러한 문제를 해결하려면 물리적으로 루프를 포함하는 네트워크에서도 브리지 사이에 정보를 공유하여 루프가 형성되지 않도록 해야 한다. 루트root 브리지를 시작으로 하여 최소 스패닝 트리를 구성함으로써 루프를 제거하는 방식을 스패닝 트리spanning tree 알고리즘이라 한다. 논리적인 스패닝 트리를 구성한 후, 스패닝 트리에 포함되지 않은 경로는 끊음으로써 루프를 제거한다.

4 라우터

라우터router는 네트워크 계층에서 인터네트워킹 기능을 제공하는 장비다. 한 네트워크로부터 수신된 패킷에 대하여 목적지 주소(IP 주소)를 기반으로 다음에 전달할 라우터를 결정하여 전달하는 역할을 한다. 이때 목적지 주소는 네트워크 계층의 주소를 의미한다. 이처럼 라우터는 기능상 브리지와 유사하지만 동작하는 계층이 다르다.

브리지와 라우터는 경로를 결정하는 데 경로 정보가 들어 있는 테이블을 사용한다. 인터넷에서는 TCP/IP를 이용하기 때문에 이 테이블을 특별히 'IP 라우팅 테이블'이라 부르기도 한다. 브리지의 라우팅 테이블과 라우터의 라우팅 테이블의 차이점은 브리지의 경우 이 테이블을 포워딩 및 필터링용으로 사용하지만 라우터에서는 패킷의 전달 경로를 결정하는 경로 배정용으로 사용한다는 것이다. 라우터는 LAN 테이블, 네트워크 테이블, 라우팅 테이블 등 세 가지 테이블을 관리함으로써 다른 네트워크를 비롯하여 네트워크 내 모든 스테이션의 주소를 인식하고, 이를 바탕으로 패킷의 전송 경로를 결정한다.

라우터를 사용하여 LAN을 구성할 때 라우터는 다른 기종 LAN 간의 연결, LAN과 WAN의 연결, 효율적인 경로를 선택하는 라우팅, 에러 패킷에 대한 폐기 등의 기능을 수행한다. [그림 12-4]는 네트워크가 라우터로 연결된 예를 나타낸다.

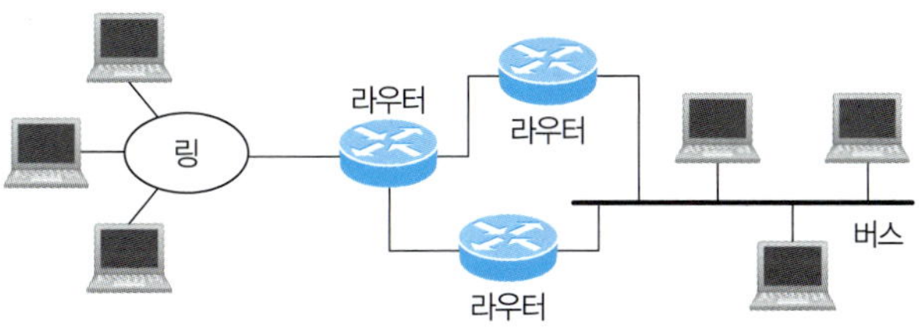

그림 12-4 라우터로 연결된 네트워크 예

라우터는 라우팅을 위한 라우팅 테이블의 관리 기법에 따라 정적 라우팅static routing과 동적 라우팅dynamic routing으로 분류된다. 정적 라우팅은 관리자가 수동으로 라우팅 테이블을 관리하는 방법이고, 동적 라우팅은 라우팅 정보를 교환함으로써 라우팅 테이블을 자동으로 관리하는 방법이다.

스위치의 성능이 향상됨에 따라 라우터의 입지가 줄어들고 있지만 아직까지 LAN, WAN 결합 장비로 명성을 유지하고 있다.

5 게이트웨이

게이트웨이gateway는 2개 이상의 다른 종류로 구성된 네트워크를 상호 접속하여 정보를 송수신할 수 있게 하는 장비다. 게이트웨이는 프로토콜이 달라 호환성이 없는 복수의 통신망에 대해 OSI 참조 모델의 모든 계층에서 프로토콜을 변환해주는 기능을 수행한다.

일반적으로 게이트웨이는 라우터 내에 소프트웨어로 설치된다. 게이트웨이는 라우터로 연결된 각 네트워크에서 사용되는 프로토콜에 대해 이해하고 있으므로 한 프로토콜에서 다른 프로토콜로 번역이 가능하다. 이때 변경이 필요한 부분이 단지 패킷 헤더와 트레일러뿐일 때도 있다. 그러나 경우에 따라 데이터율data rate, 크기와 패킷 형태까지 변경할 수도 있다.

6 스위치

일반적으로 스위치switch는 브리지와 마찬가지로 데이터링크 계층에서 동작하는 장비다. 스위치의 특징은 다음과 같다.

- 포트별 충돌 도메인을 구분한다.
- 출발지와 목적지 간 1:1로만 데이터를 주고받는다.
- 다른 포트가 통신 중이어도 또 다른 포트에서 통신이 가능하다.
- MAC 주소를 이용해 통신한다.
- 데이터를 하드웨어(ASIC 방식)로 처리하므로 브리지에 비해 처리 속도가 빠르다.
- 브리지는 각 충돌 도메인이 연결되는 포트들에 대해 동일한 속도를 지원하지만 스위치는 서로 다른 속도를 지원할 수 있다.
- 브리지가 지원하는 포트 수는 2~3개 정도이지만 스위치는 수십 개 포트를 지원할 수 있다.

계층별 스위치

스위치가 데이터링크 계층에서만 동작하는 것은 아니다. 라우팅 기능을 추가하여 네트워크 계층에서 동작하는 스위치도 있다. 이러한 스위치들은 L2, L3, L4, L7 스위치 등으로 구분되며, 동작하는 계층에 따라 다양한 형태가 존재한다.

L2 스위치는 데이터링크 계층에서 동작하며, 간단히 스위치라고 부르기도 한다. L2 스위치는 허브에서 한 단계 진화한 것으로, 도착한 패킷의 제일 앞에 있는 목적지 MAC 주소를 보고 어떤 포트로 보낼지 판단한다. OSI 7계층에서 2계층은 데이터링크 계층이므로 L2 스위치는 이더넷 레벨에서 동작할 뿐 그 상위 계층인 네트워크 계층에서 동작하는 IP 등을 이해하지 못한다. 따라서 IP 주소 단위 서비스인 라우팅이 불가능하다.

L3 스위치는 네트워크 계층에서 동작하는 스위치로 IP 주소를 사용하여 스위칭 기능을 수행한다. 즉, 네트워크 계층 프로토콜인 IP, IPXInternetwork Packet eXchange 등의 스위칭 기능을 수행한다. 자신에게 온 패킷의 목적지가 외부에 존재하는 IP일 경우 그 패킷을 외부에 연결된 라우터로 보내줄 수 있다. 즉, L3 스위치에는 라우터 기능도 있기 때문에 L3 스위치와 라우터의 경계가 모호해진다.

L4 스위치는 전송 계층에서 동작하는 스위치로 여러 가지 기능을 포함하고 있지만 특히, TCP 포트 정보를 기반으로 서버나 네트워크 트래픽을 균등하게 분배하는 부하 분산load balancing 기능을 제공한다. L4 스위치를 사용하여 네트워크를 구축한 경우, 모든 트래픽은 가상 서버인 L4 스위치를 통해 실제 서버로 전달될 수 있다. 실제 서버는 웹이나 전자 메일, FTP 등의 서비스를 제공해주는 서버로서 부하 분산을 위해 동일한 서비스를 제공하는 여러 개의 서버로 이루어져 있다.

L7 스위치는 OSI 참조 모델의 세션 계층과 응용 계층의 데이터 영역까지 분석하여 응용 세션의 제어를 수행할 수 있다. 일반적으로 L4 스위치가 1024번까지의 포트만 인식하는 데 비해 L7 스위치는 그 이외의 포트 번호도 인식할 수 있다. 따라서 고정된 포트 번호를 사용하지 않고 동적으로 포트 번호를 바꾸는 바이러스와 같은 응용 프로그램을 감지할 수 있다.

스위치의 전송 방식

스위치는 성능 향상을 위해 RISCReduced Instruction Set Computer 프로세서와 ASICApplication Specific Integrated Circuit를 이용한다. ASIC 스위치는 모든 스위치 동작을 하드웨어로 구현했기 때문에 성능이 우수하다. 반면, RISC 프로세서는 ASIC보다 빠르지는 않지만 값이 저렴하다. 스위치의 전송 방식에는 다음과 같이 세 가지가 있다.

- Store and forward 스위치 : 프레임 전체를 확인하고 나서 전송을 진행하는 방식이다. 출발지와 목적지 주소 및 에러 여부를 체크한다. 에러가 발생했을 때 이를 해결하는 능력이 좋지만 다른 방식에 비해 느리다는 것이 단점이다.
- Cut-through 스위치 : 목적지 주소만 확인하고 전송을 진행하는 방식이다. 따라서 속도가 빠르지만 에러 발생에 취약하다. 에러에 대한 대책이 없어 잘 사용되지 않는다.
- Fragment-Free 스위치 : 위 두 가지를 결합한 방식으로 프레임의 64바이트만 확인하고 전송한다. Store and forward 스위치보다 속도가 빠르고 Cut-through 스위치보다 에러 검출 능력이 우수하다.

NOTE 백본(Backbone)

원래 근간이 되는 뼈대를 의미하며, 일반적으로 네트워크에서는 중요 공유 자원들을 연결하기 위해 특수한 기술이 적용되는 중추적인 기간망을 의미한다. 다음과 같은 예가 있다.

- 구내 빌딩 간에 복잡하게 구성된 LAN들의 상호 연결을 위한 중앙화된 배선 구조
- 상호 연결성을 보장하는 고속의 기간 케이블
- 다양한 서브 망들을 상호 연결하는 초고속 네트워크 (공중 통신 사업자 관점)
- 인터넷에서 각 ISP들을 상호 연결하기 위한 고속의 기간망

02 인터넷

네트워크의 네트워크network of networks인 인터넷은 정보 전달에 필요한 물리적 네트워크, 물리적 네트워크를 통해 정보 전달을 가능하게 하는 TCP/IP 프로토콜, 호스트에 설치되어 TCP/IP를 통해 정보를 송수신하는 응용 프로그램으로 구성된다. 정보를 교환하는 응용 프로그램 간에는 정보를 요청하는 클라이언트client와 정보를 제공하는 서버server로 구분된다.

물리적 네트워크는 인터넷 접속망과 하부 네트워크를 상호 연결하는 인터넷 기간망으로 구분할 수 있다. 인터넷 접속망의 경우 과거에는 모뎀을 이용한 전화선을 많이 사용했으나 현재는 ADSL과 VDSL, 케이블 모뎀을 주로 사용하며, 회사나 사무실에서 전용 선으로 설치한 LAN 등이 여기에 해당된다. TCP/IP는 네트워크 장비에 내장된 응용 프로그램 간의 정보 교환을 위한 통신 프로토콜이다. 전송 계층의 TCP와 네트워크 계층의 IP가 핵심적인 역할을 수행하고 있어서 붙여진 이름이다.

인터넷 서비스는 서비스를 요청하는 클라이언트와 요청에 응답하는 서버에 의해 수행된다. 웹에서라면 웹 브라우저가 클라이언트, 웹 서버가 서버 역할을 한다. 웹 서버는 웹 브라우저의 요청에 따라 정보를 웹 브라우저로 전달하고, 웹 브라우저는 전달된 정보를 약속된 규칙에 따라 화면에 보여준다. 대표적인 웹 서버로 아파치Apache와 IISInternet Information Server 등이 있으며, 웹 브라우저로는 IEInternet Explorer, Fire Fox, Safari, Opera, Chrome 등이 있다.

인터넷은 처음에 미국의 군사 전략적 목적으로 개발되었다. 1969년 미국방성의 지원을 받아 UCLA, 스탠퍼드 연구소, 유타 대학교, 캘리포니아 대학교를 연결하는 컴퓨터 통신망인 ARPANETAdvanced Research Project Agency Network을 구축했는데, 이것이 인터넷의 시초다. 이후 컴퓨터 기술이 발전하고 LAN을 포함한 다양한 형태의 컴퓨터 통신망이 등장하면서 정보 교류가 활성화되기 시작하였다. 이러한 과정에서 ARPANET이 다양한 기종의 컴퓨터 간 통신을 지원할 수 있도록 새로운 통신 프로토콜을 개발해야 할 필요성이 커졌다.

그에 따라 1982년 TCP/IP가 개발되었고 1983년에는 TCP/IP가 인터넷의 공식 프로토콜로 채택되었다. TCP/IP가 개발되어 ARPANET 사용이 활발해지자 1983년 ARPANET을 군사용 MILNET과 연구 목적의 ARPANET으로 분리하였으며, 연구 목적의 네트워크가 현재 사용하고 있는 인터넷으로 발전하였다.

1986년 미국 국립과학재단 NSFNational Science Foundation는 슈퍼컴퓨터 5대 사이의 통신을 지원하기 위한 NSFNET을 만들어 ARPANET에 연결하였다. 일반인이 NSFNET을 이용하여 슈퍼컴퓨터를 자유롭게 사용하면서 인터넷에 접속하려는 수요가 급속하게 증가하였다. 이후 NSFNET의 전송 속도와 망 관리 기술이 발전하면서 ARPANET은 1990년에 NSFNET에 인터넷 기간망 자리를 넘겨주고 해체되었다. 1995년 NSFNET은 학술 연구를 위한 연구 기간망으로 자리를 잡았고, 민간 분야의 활용을 위한 일반 인터넷은 인터넷 서비스 사업자인 ISP들이 주관하여 운용하게 되었다. 이를 계기로 유럽과 아시아의 기간 네트워크들도 연결되어 물리적인 확장이 이루어지면서 인터넷은 전 세계를 연결하는 거대한 네트워크로 발전하였다.

표 12-1 인터넷의 발전 과정

연도	주요 내용
1969	미국방성 프로젝트 일환으로 ARPANET 개발
1982	TCP/IP 프로토콜 개발 완료
1983	TCP/IP를 인터넷의 통신 프로토콜로 채택 ARPANET을 연구용ARPANET과 군사용MILNET으로 분리/인터넷 시작
1986	미국 국립과학재단NSF에서 NSFNET 구축
1989	유럽입자물리연구소CERN에서 WWW 개발
1990	ARPANET이 해체되고, 주된 기능을 NSFNET으로 이관
1993	최초의 웹 브라우저인 Mosaic 개발
1994	웹 브라우저인 Netscape Navigator 개발 인터넷에서 전자 상거래가 시작됨
1995	인터넷 익스플로러 등장 NSFNET는 연구 전용으로 자리매김/일반 인터넷은 ISP들이 주관
2004	205개국, 4천 2백만 대 이상의 호스트가 연결된 최대 통신망으로 발전
2011	전 세계 인터넷 이용자 수 약 21억 명, 전 세계 인터넷 이용률 약 30.2%

1989년 유럽입자물리연구소CERN에서 전 세계 네트워크를 거미줄처럼 연결하여 쉽게 정보를 찾아볼 수 있는 WWWWorld Wide Web를 개발하였다. WWW의 개발로 기존 문자 위주의 입출력에서 벗어나 멀티미디어 정보를 쉽고 편리하게 접할 수 있게 되었다. 이를 이용하여 1993년 미국 일리노이 대학교에서 최초의 웹 브라우저인 Mosaic를 개발하였다. 이후 1994년 PC 환경에서 동작하는 웹 브라우저인 Netscape Navigator가 개발되어 선풍적인 인기를 끌었으며, Microsoft사가 자사의 윈도우즈 운영 체제에 웹 브라우저인 Internet Explorer를 추가하면서 인터넷 이용자가 폭발적으로 증가하였다.

인터넷 표준이 처음부터 전 세계적인 네트워크 구축을 목적으로 설정된 것이 아니라는 점이 특이하다. 인터넷은 한정적이고 폐쇄적인 구조를 가진 국방상의 목적으로 개발되었음에도 불구하고 시스템 자체가 정보 교환을 하는 데 아주 효율적이어서 전 세계의 네트워크들이 자발적으로 연결하여 이용하게 된 것이다. 전 세계적인 네트워크의 표준으로 설정된 것은 ISO에서 제정한 OSIOpen Systems Interconnection라는 표준이다. 이 표준은 ITU에서도 지원한 표준인데, 인터넷이 전 세계적인 네트워크로 자리 잡은 이유는 TCP/IP가 OSI보다 더 효율적이었기 때문이다.

1 인터넷의 주소 체계(IPv4)

인터넷에 접속하여 통신하려면 상대방 컴퓨터의 정확한 주소를 알아야 한다. 이를 위해 인터넷에 접속하는 모든 컴퓨터는 우편 시스템의 주소와 같이 자신을 지정하는 유일한 주소를 가져야 한다. 인터넷에서 정의되는 각 호스트의 주소를 IP 주소IP address라고 하며, 8비트짜리 필드 4개로 구성되어 총 32비트로 표현된다. 이러한 32비트 주소 체계를 IPv4Internet Protocol Version 4라고 한다. 2진수로 표현되는 IP 주소는 사람이 사용하기에는 불편하므로 [그림 12-5]와 같이 8비트씩 나누어 10진수로 변환한 다음 점을 찍어 구분하는 점-10진dotted-decimal 표기법을 사용한다. 또한 10진수 표현도 기억하기 불편하여 IP 주소를 문자로 바꾸어 사용하는데, 이를 도메인 네임domain name이라고 한다.

점-10진 표현이나 도메인 네임은 이용자의 편의를 위해 만들어진 것이며, 실제 인터넷에서 상대방 컴퓨터와 접속하기 위해서는 2진수로 표현되는 IP 주소가 필요하다. 이를 위해 DNSDomain Name System는 도메인 네임을 실제 IP 주소로 변환하는 기능을 제공한다.

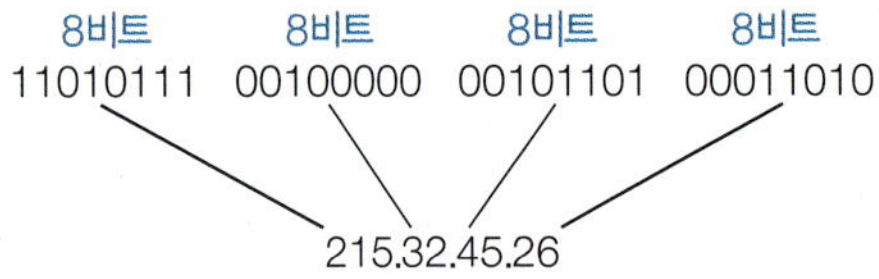

그림 12-5 IP 주소의 점-10진 표현 방법

여기서 2진수와 10진수 간의 변환 관계를 살펴보면, 2진수 11010111은 10진수로 215가 되며 나머지도 동일하게 변환할 수 있다.

2^7	2^6	2^5	2^4	2^3	2^2	2^1	2^0
128	64	32	16	8	4	2	1
1	1	0	1	0	1	1	1

$\rightarrow 128 + 64 + 16 + 4 + 2 + 1 = 215$

IP 주소는 [그림 12-6]과 같이 네트워크 주소(Netid)와 호스트 주소(Hostid)의 2개 필드로 구성된다. IP 주소는 클래스에 따라 각 필드의 길이가 다르다.

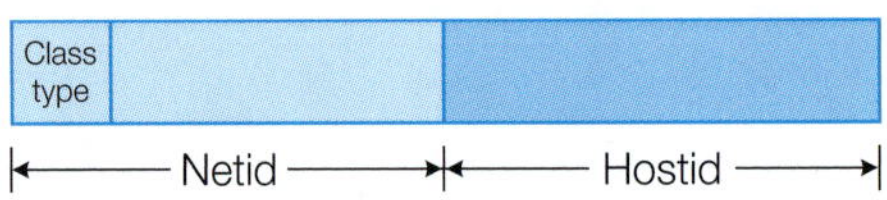

그림 12-6 IP 주소 구성

IP 주소는 [그림 12-7]과 같이 A, B, C, D, E의 총 5개 클래스로 구분된다. 이와 같이 클래스로 IP 주소를 구분하는 방식을 클래스풀classful 방식이라고 한다. 클래스 A는 Netid가 1바이트이고, Hostid가 3바이트다. 클래스 B는 Netid가 2바이트이고 Hostid가 2바이트이며, 클래스 C는 Netid가 3바이트이고 Hostid가 1바이트다. 클래스 D는 멀티캐스트 주소용으로 예약되어 있어서 선택된 호스트 그룹으로만 패킷을 전송할 수 있다. 클래스 E는 향후에 사용하기 위해 예비된 주소다. 클래스 D와 E는 Netid와 Hostid의 구분이 없다.

IP 주소의 첫 번째 바이트(바이트 1)를 보면 그 주소가 어느 클래스에 속하는지 알 수 있다. 클래스 A는 바이트 1의 최상위 비트가 0으로 고정되어 있으므로 점-10진으로 표현하면 바이트 1은 0~127 범위를 갖는다. 마찬가지로 클래스 B는 바이트 1의 최상위 2개 비트가 10으로 고정되므로 128~191 범위를 갖는다. 나머지 클래스에 대해서도 다음과 같이 주소의 범위를 알 수 있다.

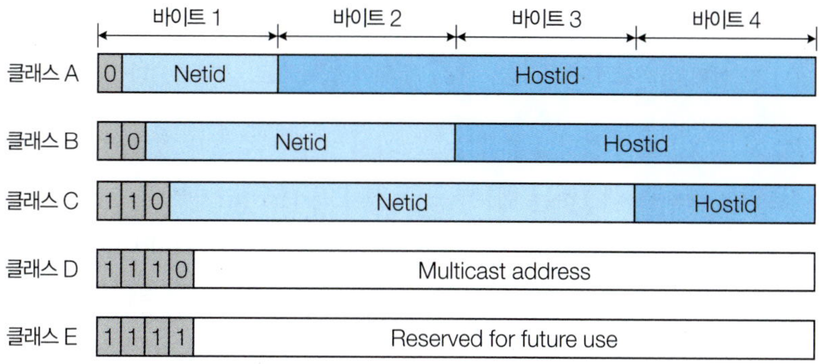

그림 12-7 클래스에 따른 IP 주소 형식

- 클래스 A : 00000000 ~ 01111111 (= 0 ~ 127)
- 클래스 B : 10000000 ~ 10111111 (= 128 ~ 191)
- 클래스 C : 11000000 ~ 11011111 (= 192 ~ 223)
- 클래스 D : 11100000 ~ 11101111 (= 224 ~ 239)
- 클래스 E : 11110000 ~ 11111111 (= 240 ~ 255)

[그림 12-8]은 IP 주소의 클래스 범위다. 클래스 A에서 바이트 1이 0인 주소는 금지되어 있고, 127번 주소는 loop back 테스트용으로 예약되어 있다.

그림 12-8 IP 주소의 클래스 범위

예를 들어, IP 주소에 따른 호스트의 클래스를 살펴보면 다음과 같다.

- 201.222.10.60에서 첫 번째 바이트 201은 192~223 범위에 있으므로 클래스 C다.

- 15.18.192.6에서 첫 번째 바이트 15는 0~127 범위에 있으므로 클래스 A다.
- 153.70.100.2에서 첫 번째 바이트 153은 128~191 범위에 있으므로 클래스 B다.

하나의 네트워크 주소에는 호스트에 할당할 수 없는 두 가지 특수한 주소가 있다. Hostid가 모두 0인 주소는 네트워크 전체를 대표하는 네트워크 주소이고, Hostid가 모두 1인 주소는 해당 네트워크 내의 모든 호스트를 가리키는 브로드캐스트 주소다. 따라서 어떤 네트워크의 Hostid가 k비트이면 총 주소 개수는 2^k개가 되지만, 할당할 수 있는 호스트 주소 수는 네트워크 주소와 브로드캐스트 주소를 제외한 $2^k - 2$개가 된다. 예를 들어, 클래스 C 주소 하나를 배정받으면 Hostid가 8비트이므로 $2^8 = 256$개의 주소가 있지만 할당 가능한 호스트 주소 수는 $2^8 - 2$개, 즉 254개가 된다. 마찬가지로 클래스 B 주소 하나를 배정받으면 Hostid가 16비트이므로 할당 가능한 호스트 주소 수는 65,534($= 2^{16} - 2$)개가 된다.

동일 네트워크 영역에서 각 호스트는 하나의 네트워크 주소(Netid)를 공유하고, 그 하위에 유일한 호스트 주소(Hostid)로 구분된다. [그림 12-9]는 IP 주소 할당 예를 나타낸다.

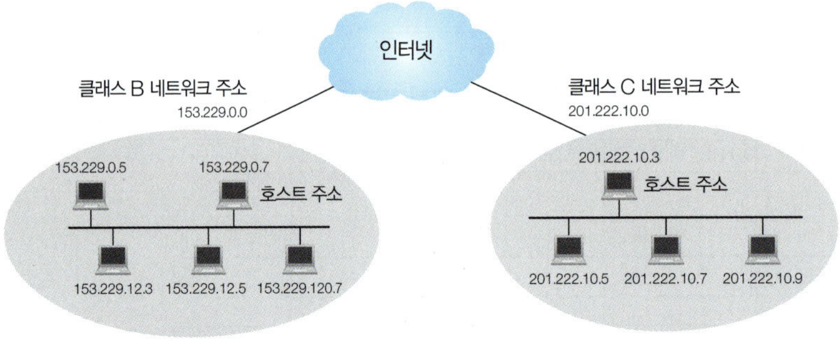

그림 12-9 IP 주소 할당 예

> **NOTE** CIDR(Classless Inter-Domain Routing)
>
> CIDR(사이더라고 부름)는 A, B, C 클래스별로 IP 주소를 구분하지 않고 네트워크 식별자 범위를 자유롭게 지정할 수 있도록 하여 IP 주소 운영의 융통성을 제공하는 방법이다. CIDR에서는 네트워크 주소를 자유롭게 설정할 수 있기 때문에 IP 주소가 낭비되는 것을 방지하고 효과적으로 네트워크를 구성할 수 있다. CIDR 표기는 198.64.32.0/21과 같은 형태로 이루어진다. 여기서 21은 상위 21비트가 네트워크 주소(Netid)이며, 하위 11비트가 호스트 주소(Hostid)임을 의미한다.

서브넷 마스크subnet mask는 IP 주소에 대한 네트워크 주소와 호스트 주소를 구분하기 위해 사용된다. IPv4에서 서브넷 마스크는 IP 주소와 같은 32비트이며 연속된 1과 연속된 0으로 구성되어 있다. 앞쪽의 연속된 1이 네트워크 주소를 나타내고 뒤쪽의 연속된 0이 호스트 주소를 나타낸다. 서브넷 마스크는 점-10진 형태로 표현하거나 /n과 같이 1의 개수를 나타낼 수도 있다. 예를 들어, 서브넷 마스크가 255.255.255.192인 경우 다음과 같이 표현한다. Prefix 표현에서 26은 1의 개수가 26개라는 뜻이다.

- 11111111 11111111 11111111 11000000 ← 2진수 표현
- 255.255.255.192 ← 10진수 표현
- /26 ← prefix 표현

인터넷에서 라우터가 패킷의 경로를 설정할 때, 중간에 있는 라우터들은 패킷의 목적지 IP 주소 중에서 네트워크 주소만 참조하여 경로를 설정한다. 호스트 주소는 마지막 라우터에서만 참조된다. 따라서 각 라우터들은 목적지 IP 주소 중에서 네트워크 주소와 호스트 주소를 분리해야 하는데, 이때 필요한 것이 서브넷 마스크다. 즉, IP 주소와 서브넷 마스크를 AND 연산(0 · 0 = 0, 0 · 1 = 0, 1 · 0 = 0, 1 · 1 = 1)하면 네트워크 주소를 추출할 수 있으며, 이 과정을 마스킹masking이라고 한다. 예를 들어, IP 주소가 196.6.8.169이고 서브넷 마스크가 255.255.255.0인 경우 네트워크 주소는 다음과 같이 196.6.8.0이 된다. AND 연산 결과 서브넷 마스크가 1인 부분은 그대로 나오고, 0인 부분은 모두 0이 된다.

```
     11000100 00000110 00001000 10101001  ← IP 주소
AND  11111111 11111111 11111111 00000000  ← 서브넷 마스크
     -----------------------------------
     11000100 00000110 00001000 00000000  ← 네트워크 주소
        196   .   6   .    8   .    0
```

[표 12-2]는 IP 클래스별 주소 범위와 기본 서브넷 마스크를 나타낸다. 여기서 기본 서브넷 마스크는 IPv4의 클래스 체계에 따라 기본적으로 네트워크를 나누기 위한 개념으로 사용된다.

표 12-2 클래스별 주소 범위와 기본 서브넷 마스크

클래스	2진 표현	10진 표현
A	00000000 00000000 00000000 00000000 ~ 01111111 11111111 11111111 11111111	0 . 0 . 0 . 0~127 . 255 . 255 . 255 서브넷 마스크 : 255 . 0 . 0 . 0
B	10000000 00000000 00000000 00000000 ~ 10111111 11111111 11111111 11111111	128 . 0 . 0 . 0~191 . 255 . 255 . 255 서브넷 마스크 : 255 . 255 . 0 . 0
C	11000000 00000000 00000000 00000000 ~ 11011111 11111111 11111111 11111111	192 . 0 . 0 . 0~223 . 255 . 255 . 255 서브넷 마스크 : 255 . 255 . 255 . 0
D	11100000 00000000 00000000 00000000 ~ 11101111 11111111 11111111 11111111	224 . 0 . 0 . 0~239 . 255 . 255 . 255
E	11110000 00000000 00000000 00000000 ~ 11111111 11111111 11111111 11111111	240 . 0 . 0 . 0~255 . 255 . 255 . 255

2 서브네팅과 슈퍼네팅

서브네팅

서브넷subnet은 큰 네트워크가 작은 네트워크로 분할된 단위이며, 하나의 독립적인 네트워크다. 서브네팅subnetting은 네트워크 세분화를 위해 IP 주소의 구성을 변경하는 것이다. [그림 12-10]과 같이 IP 주소 체계가 2단계(Netid–Hostid) 구분 방식인 것을 다시 3단계(Netid–Subnetid–Hostid)로 세분하여 Hostid에 할당된 비트 중 일부를 Netid로 사용하는 것이다.

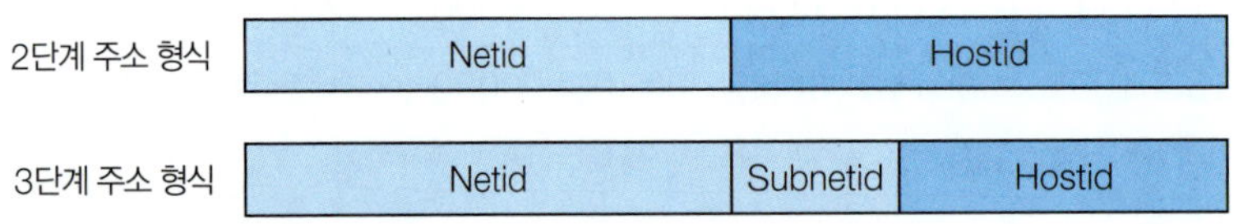

그림 12-10 서브네팅 개념

만약 한 부서에서 필요한 IP 주소의 개수가 총 8개인데, 클래스 C 주소를 할당해준다면 할당된 IP 주소의 총 개수는 256개가 되어 낭비되는 IP 주소가 많아진다. 따라서 남는 IP 주소를 필요한 곳에 사용할 수 있도록 네트워크를 분할하는 작업이 필요하다. 따라서 서브네팅을 하면 IP 주소를 효율적으로 사용할 수 있고, 네트워크를 분리함에 따라 보안이 강화된다는 장점이 있다.

하나의 클래스풀 네트워크를 분할하는 방법에는 FLSM과 VLSM이 있다. FLSMFixed Length Subnet Mask은 고정된 길이인 서브넷 마스크 하나만 사용하여 하나의 주소 대역을 동일한 크기의 서브넷으로 나누는 것을 말한다. VLSMVariable Length Subnet Mask은 2개 이상의 서브넷 마스크를 사용하여 하나의 주소 대역을 다양한 크기의 서브넷으로 나누는 것을 의미한다. 하나의 클래스 C 주소 대역에는 256개의 호스트 주소가 할당된다. [그림 12-11]에는 이를 FLSM과 VLSM으로 분할하는 예를 나타내었다. (a), (b), (c)는 FLSM으로 2개, 4개, 8개로 분할한 경우이며, (d)는 VLSM으로 분할한 경우다.

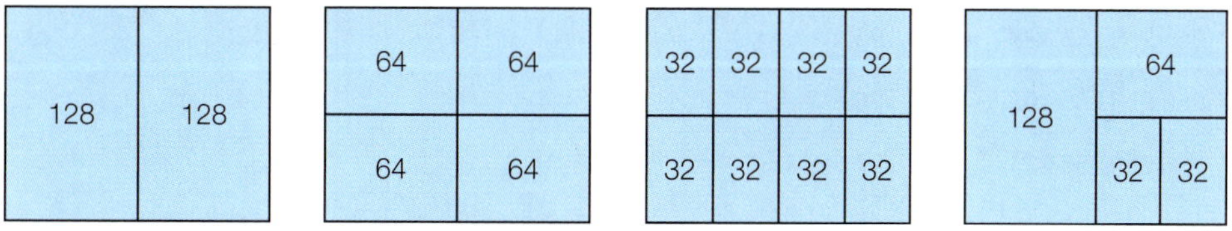

(a) FLSM(2개로 분할)　(b) FLSM(4개로 분할)　(c) FLSM(8개로 분할)　(d) VLSM

그림 12-11 FLSM과 VLSM

하나의 클래스 C 주소에서 Hostid는 8비트이므로 구성할 수 있는 주소 수는 0~255까지 256개가 있다. [표 12-3]은 여기에 FLSM을 적용하여 2개, 4개, 8개 그룹으로 나눈 경우를 보여준다.

표 12-3 256개 주소를 2개, 4개, 8개로 분할하는 경우

1개 그룹	• 00000000~11111111 (0~255)
2개 그룹	• 00000000~01111111 (0~127)
	• 10000000~11111111 (128~255)
4개 그룹	• 00000000~00111111 (0~63)
	• 01000000~01111111 (64~127)
	• 10000000~10111111 (128~191)
	• 11000000~11111111 (192~255)
8개 그룹	• 00000000~00011111 (0~31)
	• 00100000~00111111 (32~63)
	• 01000000~01011111 (64~95)
	• 01100000~01111111 (96~127)
	• 10000000~10011111 (128~159)
	• 10100000~10111111 (160~191)
	• 11000000~11011111 (192~223)
	• 11100000~11111111 (224~255)

서브넷 마스크는 32비트로 구성되며 연속적인 1과 연속적인 0으로 배열된다. 여기서 1인 부분이 Netid이고 0인 부분이 Hostid이다. Hostid에서 1비트를 빌려 Subnetid로 사용하면 2(= 2^1)개의 서브넷이 만들어진다. 2비트를 빌려오면 4(= 2^2)개의 서브넷이 만들어지며, 3비트를 빌려오면 8(= 2^3)개의 서브넷이 만들어진다. 예를 들어, 하나의 클래스 C 네트워크를 서브넷으로 분할하면 [표 12-4]와 같다.

표 12-4 서브넷 분할 예

서브넷 마스크	서브넷 마스크 길이	서브넷 분할 수	각 서브넷당 호스트 수
255.255.255.128	/25	$2^1 = 2$	$2^7 = 128$
255.255.255.192	/26	$2^2 = 4$	$2^6 = 64$
255.255.255.224	/27	$2^3 = 8$	$2^5 = 32$
255.255.255.240	/28	$2^4 = 16$	$2^4 = 16$
255.255.255.248	/29	$2^5 = 32$	$2^3 = 8$
255.255.255.252	/30	$2^6 = 64$	$2^2 = 4$
255.255.255.254	/31	$2^7 = 128$	$2^1 = 2$

255.255.255.128(11111111.11111111.11111111.10000000)
255.255.255.192(11111111.11111111.11111111.11000000)
255.255.255.224(11111111.11111111.11111111.11100000)
255.255.255.240(11111111.11111111.11111111.11110000)
255.255.255.248(11111111.11111111.11111111.11111000)
255.255.255.252(11111111.11111111.11111111.11111100)
255.255.255.254(11111111.11111111.11111111.11111110)

이제 FLSM을 적용하여 서브네팅하는 방법의 예를 살펴보자. 211.106.32.0/24라는 네트워크 주소(IP 주소)를 25개씩의 호스트가 있는 각각의 서브넷으로 분할하는 경우, 먼저 네트워크 주소와 서브넷 마스크를 2진수로 나타낸다.

네트워크 주소 : 11010011 01101010 00100000 00000000

서브넷 마스크 : 11111111 11111111 11111111 00000000

여기서 서브넷 마스크가 1로 표시된 부분은 Netid로 사용된 부분이므로 그대로 두고, 0으로 표시된 Hostid 부분을 서브네팅한다. 25개의 호스트에 IP를 1개씩 할당하려면 서브넷당 주소가 최소 25개 이상이 되어야 하므로 5비트가 필요하다. 기존 Hostid 부분을 필요한 개수인 5비트로 세어 자른다. 호스트 수가 기준인 경우에는 오른쪽부터 세고, 네트워크 수가 기준인 경우에는 왼쪽부터 센다. 제시한 예는 호스트 수가 기준이므로 오른쪽부터 5비트를 Hostid로 사용하고, 8비트 중 나머지 3비트는 Subnetid로 사용한다. 이해하기 쉽게 211.106.32는 10진수로 나타내었다.

211.106.32.000 ⋮ 00000
Netid ⋮ Hostid

분할된 부분을 5비트로 표현할 수 있는 서브넷 주소의 범위를 구하면 다음과 같다.

- 211.106.32.0/27 ~ 211.106.32.31/27 (00000000 ~ 00011111 = 0 ~ 31)
- 211.106.32.32/27 ~ 211.106.32.63/27 (00100000 ~ 00111111 = 32 ~ 63)
- 211.106.32.64/27 ~ 211.106.32.95/27 (01000000 ~ 01011111 = 64 ~ 95)
- 211.106.32.96/27 ~ 211.106.32.127/27 (01100000 ~ 01111111 = 96 ~ 127)
- 211.106.32.128/27 ~ 211.106.32.159/27 (10000000 ~ 10011111 = 128 ~ 159)
- 211.106.32.160/27 ~ 211.106.32.191/27 (10100000 ~ 10111111 = 160 ~ 191)
- 211.106.32.192/27 ~ 211.106.32.223/27 (11000000 ~ 11011111 = 192 ~ 223)
- 211.106.32.224/27 ~ 211.106.32.255/27 (11100000 ~ 11111111 = 224 ~ 255)

분할된 각 그룹에서 맨 앞의 주소가 서브넷 주소(대표 주소)가 되고, 마지막 주소가 브로드캐스트 주소가 된다. 예를 들어, 두 번째 그룹의 주소 범위는 211.106.32.32~211.106.32.63이므로 서브넷 주소와 브로드캐스트 주소, 호스트 주소 범위는 다음과 같다.

- 서브넷 주소 : 211.106.32.32
- 브로드캐스트 주소 : 211.106.32.63
- 호스트 주소 범위 : 211.106.32.33~211.106.32.62

Prefix는 Netid 비트 수가 3개 늘었기 때문에 /24에서 /27이 되므로 서브넷 마스크는 다음과 같다.

11111111 11111111 11111111 11100000 (255.255.255.224)

또 다른 예로, 클래스 C 주소인 211.106.32.0/24를 FLSM 방식을 사용하여 10개의 서브넷으로 분할하는 경우를 살펴보자. 10개의 서브넷으로 분할하려면 Subnetid는 4비트가 필요하다. 즉, /28로 서브네팅하면 16개의 서브넷으로 나누어지고 그중에서 10개를 사용하는 것이다. /28로 서브네팅하면 Hostid는 4(32 − 28)비트가 되므로 각 서브넷은 16(= 2^4)개의 주소를 가지게 된다. 따라서 16개의 서브넷을 정리하면 다음과 같다.

- 211.106.32.0/28 ~ 211.106.32.15/28 (00000000 ~ 00001111 = 0 ~ 15)
- 211.106.32.16/28 ~ 211.106.32.31/28 (00010000 ~ 00011111 = 16 ~ 31)
- 211.106.32.32/28 ~ 211.106.32.47/28 (00100000 ~ 00101111 = 32 ~ 47)
- 211.106.32.48/28 ~ 211.106.32.63/28 (00110000 ~ 00111111 = 48 ~ 63)
- 211.106.32.64/28 ~ 211.106.32.79/28 (01000000 ~ 01001111 = 64 ~ 79)
- 211.106.32.80/28 ~ 211.106.32.95/28 (01010000 ~ 01011111 = 80 ~ 95)
- 211.106.32.96/28 ~ 211.106.32.111/28 (01100000 ~ 01101111 = 96 ~ 111)
- 211.106.32.112/28 ~ 211.106.32.127/28 (01110000 ~ 01111111 = 112 ~ 127)
- 211.106.32.128/28 ~ 211.106.32.143/28 (10000000 ~ 10001111 = 128 ~ 143)
- 211.106.32.144/28 ~ 211.106.32.159/28 (10010000 ~ 10011111 = 144 ~ 159)
- 211.106.32.160/28 ~ 211.106.32.175/28 (10100000 ~ 10101111 = 160 ~ 175)
- 211.106.32.176/28 ~ 211.106.32.191/28 (10110000 ~ 10111111 = 176 ~ 191)
- 211.106.32.192/28 ~ 211.106.32.207/28 (11000000 ~ 11001111 = 192 ~ 207)
- 211.106.32.208/28 ~ 211.106.32.223/28 (11010000 ~ 11011111 = 208 ~ 223)
- 211.106.32.224/28 ~ 211.106.32.239/28 (11100000 ~ 11101111 = 224 ~ 239)
- 211.106.32.240/28 ~ 211.106.32.255/28 (11110000 ~ 11111111 = 240 ~ 255)

Prefix는 Netid 비트 수가 4개 늘었기 때문에 /24에서 /28이 되므로 서브넷 마스크는 다음과 같다.

11111111 11111111 11111111 11110000 (255.255.255.240)

위의 예에서 211.106.32.0/28은 서브네팅을 하지 않은 211.106.32.0/24와 구별되지 않는다. 이와 같이 서브넷 비트$_{\text{Subnetid}}$가 모두 0인 주소를 서브넷 제로$_{\text{subnet zero}}$라고 한다. 따라서 네트워크를 서브넷으로 분할한 후에는 서브넷 제로를 사용하지 않는다. 그러나 네트워크 주소가 부족하면 서브넷 제로도 사용할 수 있다. 라우터에서 명령어 "ip subnet zero"를 입력하여 사용할 수 있으며, 요즘 라우터에서는 디폴트로 선언되어 있다.

또한 올 원스 서브넷all-ones subnet은 서브넷 부분이 모두 1인 서브넷을 말한다. 앞의 예에서 마지막 주소인 211.106.32.255/28은 서브네팅하지 않은 네트워크의 브로드캐스트 주소인 211.106.32.255/24와 구분할 수 없으나 네트워크 주소가 부족하면 사용할 수 있다. 올 원스 서브넷은 별도의 명령어 없이 사용한다.

다음에는 VLSM으로 서브네팅하는 예를 살펴보자. 한 회사에 A, B, C의 3개 부서가 있고 각 부서마다 사용하는 호스트 수가 다른 경우를 고려한다.

A 부서 : 100개,　B 부서 : 28개,　C 부서 : 6개

FLSM으로 서브네팅하는 경우 가장 큰 범위인 A 부서의 호스트 수에 맞추어 분할하면 다른 부서에서는 사용되지 않고 낭비되는 주소가 많아진다. 또한 필요한 IP 주소 수는 총 140(= 102 + 30 + 8)개인데 A 부서 기준으로 서브네팅하면 클래스 C 하나로 분할하지 못하므로 클래스 B 주소가 필요하다. 이와 같은 상황에서는 각 부서별로 필요한 만큼만 분할하여 사용하고, 남은 범위에서 다시 서브네팅하는 VLSM 방식이 유효하다. VLSM으로 서브네팅할 때는 큰 범위부터 분할하는 것이 효율적이다.

예를 들어, 클래스 C 주소인 211.106.32.0/24를 할당 받은 경우를 살펴보자. A 부서에 필요한 주소 수는 총 102개(서브넷 주소 1개, 호스트 주소 100개, 브로드캐스트 주소 1개)이므로 Hostid는 7비트가 되고 Subnetid는 1비트가 된다. 그러므로 A 부서에는 다음과 같은 주소가 할당된다.

- 주소 범위 : 211.106.32.0 ~ 211.106.32.127　(00000000 ~ 01111111)
- 서브넷 주소 : 211.106.32.0/25
- 서브넷 마스크 : 255.255.255.128　(11111111 11111111 11111111 10000000)

B 부서에 필요한 주소 수는 총 30개(서브넷 주소 1개, 호스트 주소 28개, 브로드캐스트 주소 1개)이므로 Hostid는 5비트가 된다. 그러므로 B 부서에는 다음과 같은 주소가 할당된다.

- 주소 범위 : 211.106.32.128 ~ 211.106.32.159　(10000000 ~ 10011111)

- 서브넷 주소 : 211.106.32.128/27
- 서브넷 마스크 : 255.255.255.224 (11111111 11111111 11111111 11100000)

C 부서에 필요한 주소 수는 총 8개(서브넷 주소 1개, 호스트 주소 6개, 브로드캐스트 주소 1개)이므로 Hostid는 3비트가 된다. 그러므로 C 부서에는 다음과 같은 주소가 할당된다.

- 주소 범위 : 211.106.32.160 ~ 211.106.32.167 (10100000 ~ 10100111)
- 서브넷 주소 : 211.106.32.160/29
- 서브넷 마스크 : 255.255.255.224 (11111111 11111111 11111111 11111000)

이와 같은 방법으로 분할된 서브넷을 필요한 만큼 다시 분할하면 서브넷 길이가 동일하지 않고 달라진다. 따라서 이것을 다양한 길이의 서브넷 마스크라는 의미에서 VLSM이라고 한다.

슈퍼네팅

서브네팅은 IP 주소 중 호스트 주소Hostid로 할당된 비트의 일부분을 빌려서 여러 개의 서브넷으로 분할하여 네트워크의 효율을 높이고 IP 주소 부족 문제를 해결하기 위해 사용하는 방법이다. 반면, 슈퍼네팅supernetting은 IP 주소 중 네트워크 주소(Netid)의 일부분을 빌려서 여러 개의 네트워크를 합하여 하나의 네트워크로 주소를 할당하는 방법이다. 슈퍼네팅은 보통 여러 개의 C 클래스 주소를 결합하여 B 클래스처럼 사용하는 데 적용하므로 B 클래스 주소의 부족 문제를 해결하는 데 효과적이다. 즉, 여러 개의 연속된 C 클래스 주소를 하나로 묶어서 마치 B 클래스 주소처럼 사용하는 방법이다.

예를 들어, 다음과 같은 4개의 클래스 C 네트워크가 있을 때 이를 하나의 네트워크로 합하여 주소를 할당하는 예를 살펴보자.

211.106.12.0   211.106.13.0   211.106.14.0   211.106.15.0

먼저 네트워크 주소를 2진수로 표현한다.

211.106.12.0	11010011	01101010	00001100	00000000
211.106.13.0	11010011	01101010	00001101	00000000
211.106.14.0	11010011	01101010	00001110	00000000
211.106.15.0	11010011	01101010	00001111	00000000

왼쪽의 비트부터 시작해서 같은 비트들을 묶어준 후, 해당 비트들을 모두 1로 바꾸어 서브넷 마스크를 만든다. 따라서 서브넷 마스크는 다음과 같다.

11111111 11111111 11111100 0000000(= 255.255.252.0)

왼쪽의 비트부터 시작해서 같은 비트들을 묶은 부분은 그대로 가져오고, 나머지 비트들은 0으로 채워준다. 이 비트들을 10진수로 표현하면 네트워크 주소 211.106.12.0이 되고, 이것을 prefix 표기법으로 나타내면 211.106.12.0/22가 된다. 슈퍼네팅된 네트워크 내에는 1,022(= 2^{10} − 2)개의 호스트 주소가 포함될 수 있다.

- 네트워크 주소 : 211.106.12.0 (= 11010011 01101010 00001100 00000000)
- 브로드캐스트 주소 : 211.106.15.255(= 11010011 01101010 00001111 11111111)
- 유효한 호스트 주소 : 211.106.12.1 ~ 211.106.15.254

슈퍼네팅을 하면 외부 인터넷에서 식별해야 할 네트워크 수가 줄어들기 때문에 경로 배정 테이블의 개체 수가 줄어든다. 결과적으로 경로 배정을 보다 쉽게 할 수 있다. 또한 슈퍼네팅으로 커진 네트워크는 보다 많은 호스트를 포함할 수 있어 다수의 작은 네트워크로 분할할 때 생기는 주소 낭비를 피할 수 있다.

3 IPv6

현재 사용되고 있는 IPv4Internet Protocol Version 4는 컴퓨터와 인터넷 등을 활용한 네트워크가 광범위하게 사용될 것을 예측하지 못하던 시대에 등장하였다. 1980년대 말부터 인터넷 주소가 부족해지고 다양한 멀티미디어 서비스가 등장하면서 네트워크 기능 추가에 대한 필요성이 제기되기 시작하였다. IPv4는 빠른 속도로 성장하는 인터넷에 맞지 않은 몇 가지 문제점을 안고 있다.

첫째, IPv4는 이론상 43억여 개의 인터넷 주소를 지원할 수 있다. 그러나 클래스 단위로 주소를 구분하는 비효율적인 주소 체계와 매년 급증하는 인터넷 접속 호스트 수로 인해 인터넷 주소 고갈의 우려가 대두되었다. 둘째, 인터넷은 실시간 오디오와 비디오 정보를 수용해야 한다. 이런 형태의 전송은 IPv4 설계에서 고려되지 않은 서비스 품질Quality of Service, QoS과 자원 예약 기능을 필요로 한다. 셋째, 인터넷은 일부 응용 데이터에 대한 암호화와 인증을 제공해야 되지만 IPv4는 암호화와 인증 기능을 제공하지 않는다.

이러한 결점을 보완하고 인터넷의 빠른 성장을 수용하기 위해 IPv6Internet Protocol Version 6가 제안되었다. IPv4에 비해 IPV6가 갖고 있는 장점을 요약하면 다음과 같다.

- 확장된 주소 공간 : IPv6의 주소 길이는 128비트다. 이것은 32비트를 사용하는 IPv4에 비해 주소 공간이 2^{96}배 증가한 것이다.
- 개선된 헤더 형식 : IPv6는 주소의 선택 사항 부분을 기본 헤더에서 분리하여 필요 시 기본 헤더와 상위 계층 데이터 사이에 별도로 삽입해서 사용하는 새로운 형식을 도입하였다. 이 방식에서는 라우터가 선택 사항을 검사하지 않아도 되기 때문에 라우팅 처리가 단순해지고 속도가 향상된다.
- 새로운 선택 사항 : IPv6는 추가 기능을 위해 새로운 선택 사항(옵션)을 가지고 있다.
- 확장 허용 : IPv6는 새로운 기술이나 응용에 의해 요구되는 프로토콜 확장이 가능하도록 설계되었다.
- 자원 할당의 지원 : IPv6에서는 서비스 유형Type of Service, ToS 필드가 없어지고 흐름 레이블flow label이라는 항목이 추가되어 송신자가 패킷에 대한 특별한 처리를 요청할 수 있다. 이러한 방법은 실시간 오디오나 비디오와 같은 트래픽 처리에 사용될 수 있다.
- 향상된 보안 기능 제공 : 암호화와 인증 기능을 제공한다.

IPv6 주소 체계

IPv6 주소는 [그림 12-12]와 같이 16바이트(128비트) 길이를 갖는다. IPv6는 사람이 읽기 쉽게 16진수 콜론colon 표기를 사용한다. 이러한 표기 방식에서는 16바이트를 2바이트씩 8개 부분으로 나눈다. 16진수 표기에서 2바이트는 4개의 16진수로 표시된다. 즉, 주소 체계는 16진수로 구성되며 4개의 16진수마다 콜론으로 분리된다.

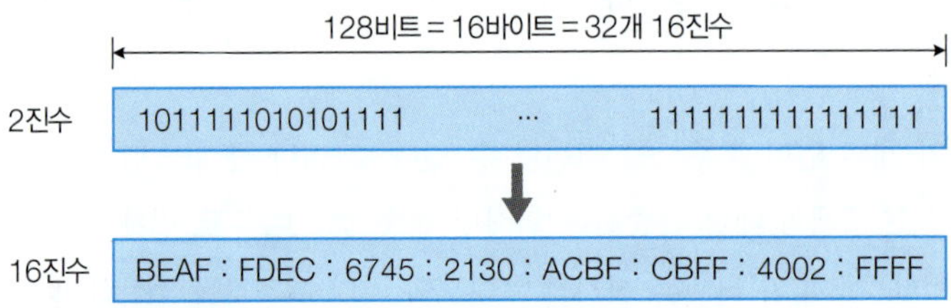

그림 12-12 IPv6 주소 형식

16진수 형식으로 표현한 IPv6 주소는 매우 길며 많은 수의 0을 포함하고 있다. 이런 경우 주소를 간단하게 표현하기 위해 0을 생략할 수 있다. 2개의 콜론 사이에 있는 16진수 4개를 섹션section이라고 하는데, 각 섹션에서 숫자 앞에 있는 0들은 생략할 수 있다. 그러나 섹션에서 숫자 뒤에 붙는 0들은 생략할 수 없다. 예를 들어 0045는 45로, 000F는 F로 생략할 수 있지만, 2130에서 0은 생략할 수 없다. [그림 12-13]은 이러한 생략의 예를 나타낸다.

생략되지 않은 주소 BEAF : FDEC : 0045 : 2130 : 000F : CBFF : 0000 : FFFF

↓

생략된 주소 BEAF: FDEC : 45 : 2130 : F : CBFF : 0 : FFFF

그림 12-13 IPv6 주소의 생략

연속되는 섹션이 0으로만 구성되어 있으면 더 생략할 수 있다. 즉, 0을 모두 생략하고 2개의 콜론으로 대체할 수 있다. [그림 12-14]는 이러한 생략의 예를 나타낸다. 단, 이러한 생략은 주소당 한 번만 가능하다. 그림에서는 0을 포함하는 섹션들이 두 부분에서 나타나는데 이 중 0이 연달아 나오는 앞쪽 부분만 생략했다.

생략된 주소 BEAF : 0 : 0 : 0 : 0 : CBFF : 0 : FFFF

↓

한 번 더 생략된 주소 BEAF :: CBFF : 0 : FFFF

그림 12-14 연속적인 0을 가진 IPv6 주소의 생략

이번에는 IPv6 주소 2607:F0D0:1002:51::4가 주어진 경우 원래의 주소를 유추해보자. 총 8자리 주소인데 앞에 4자리씩 3개가 있고 그다음에는 두 자리만 있으므로 51은 0051이다. 또한 마지막에 있는 4는 0004가 될 것이다. 정리하면 2607:F0D0:1002:0051::0004가 된다. 총 8자리인데 5자리만 있으므로 3개가 부족하다. 그러나 연속되는 0은 ::으로 생략된다고 하였으므로 원래의 주소는 다음과 같다.

2607:F0D0:1002:0051:0000:0000:0000:0004

IPv6 주소 종류

IPv6는 유니캐스트, 애니캐스트, 멀티캐스트의 세 가지 주소 유형을 정의한다.

- 유니캐스트 주소unicast address : 유니캐스트 주소는 하나의 목적지 호스트를 지정하며, 유니캐스트로 전송된 패킷은 특정 호스트에만 전달된다.
- 애니캐스트 주소anycast address : 애니캐스트 주소는 동일한 접두사prefix를 가지고 있는 한 그룹의 호스트를 지정한다. 애니캐스트 주소로 전송된 패킷은 가장 가깝거나 가장 쉽게 접속할 수 있는 그룹의 맴버들 중 하나에게 전송된다. 전화에서 사용되는 대표 번호와 유사한 개념이다.
- 멀티캐스트 주소multicast address : 멀티캐스트 주소는 동일한 접두사를 공유할 수도 있고 공유하지 않을 수도 있으며, 같은 물리적 네트워크로 연결될 수도 있고 연결되지 않을 수도 있는 호스트들의 그룹이다. 멀티캐스트 주소로 전송된 패킷은 해당 그룹의 각 소속원들에게 모두 전달된다.

IPv4에서 IPv6로의 전환 방안

인터넷에는 아주 많은 시스템이 존재하기 때문에 IPv4에서 IPv6로 급격하게 전환할 수는 없다. 인터넷의 모든 시스템이 IPv4에서 IPv6로 전환하기까지 많은 시간이 필요하다. IPv4 시스템과 IPv6 시스템이 공존할 때 문제점이 발생하지 않아야 하고 점진적으로 전환이 이루어져야 한다. 이를 위해 IETF(국제 인터넷 표준화 기구)에서는 [그림 12-15]와 같은 세 가지 방안을 제시하였다.

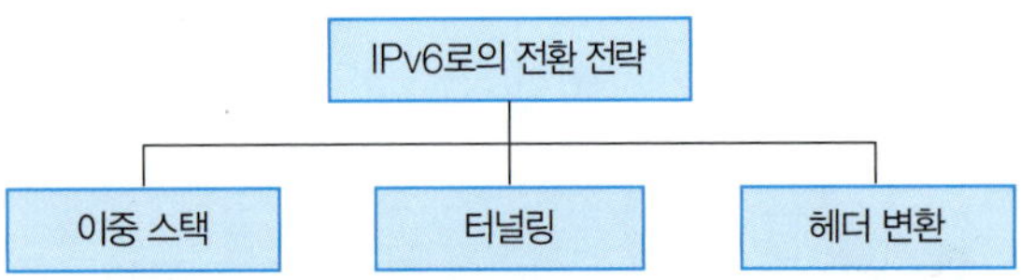

그림 12-15 IPv4에서 IPv6로의 전환 방안

■ 이중 스택

IPv6로 완전하게 전환하기 전에 모든 호스트가 이중 스택dual stack 프로토콜을 갖는다. 즉, 인터넷의 모든 시스템이 IPv6를 사용할 때까지 IPv4와 IPv6를 동시에 운용해야 한다. 이 방안은 추가적인 비용 부담이 적어, 실제적인 IPv4 주소 부족에 직면하기 전인 IPv6 도입 초기에 IPv4 기반 망 환경에서 IPv6를 지원하는 방안이다. 송신 호스트는 패킷을 목적지로 전송할 때 어느 버전을 사용할지 결정하기 위해 DNS에 질의한다. 만약 DNS가 IPv4로 응답하면 송신 호스트는 IPv4 패킷을 보내고, DNS가 IPv6로 응답하면 송신 호스트는 IPv6 패킷을 보낸다.

이중 스택에서는 32비트 IPv4 주소를 128비트 IPv6 주소로 표시하는 두 표준, 즉 호환 주소 형식과 매핑 주소 형식 중 하나를 이용해야 한다. [그림 12-16]은 IPv4와 연동하기 위한 주소 형식을 보여준다. 호환 주소는 IPv6 호스트에서 출발한 메시지가 IPv4 네트워크를 통과하는 경우에 사용되며, 128비트 중 상위 96비트는 0으로 하고, 나머지 32비트를 IPv4 주소로 사용한다. 따라서 31.1.35.4는 ::31.1.35.4와 같이 쓸 수 있다. 매핑 주소mapped address는 IPv6 호스트가 IPv4 호스트와 서로 메시지를 교환할 때 사용되며, 처음 80비트를 0으로 설정하고 다음 16비트를 1로 설정한 후, 나머지 32비트에 IPv4 주소를 기록한다. 이 주소 공간에서는 마지막 32비트를 10진수로 표기할 수 있다. 따라서 192.0.2.52는 ::FFFF:192.0.2.52와 같이 쓸 수 있다.

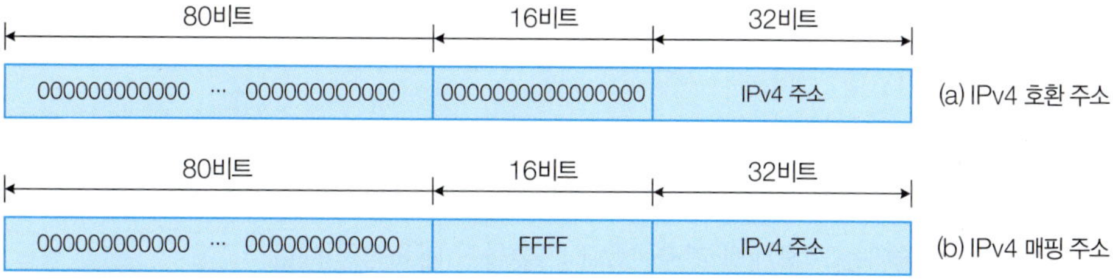

그림 12-16 IPv4와 연동을 위한 주소

■ 터널링

터널링tunneling은 IPv6를 사용하는 두 컴퓨터가 IPv4를 사용하는 네트워크 영역을 통과할 때 사용되는 방법이다. [그림 12-17]과 같이 IPv4 영역을 통과하기 위해 패킷은 IPv4 주소를 가져야 한다. IPv6 패킷은 해당 영역에 들어갈 때 IPv4 패킷으로 캡슐화되고, 해당 영역을 벗어날 때 다시 IPv6로 역캡슐화된다. 터널 양단 간의 장비는 반드시 2개의 프로토콜을 지원하는 이중 스택 장비여야 한다. 이 방안은 IPv6 전환 초기와 중기까지 기존 망 환경에서 점진적으로 IPv6로 전환하기 위해 널리 이용될 것으로 예상된다.

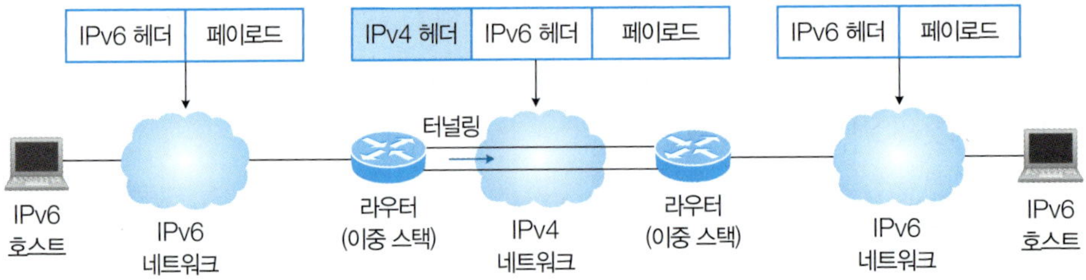

그림 12-17 터널링

■ 헤더 변환

헤더 변환header translation은 대부분의 인터넷이 IPv6를 사용하지만 아직도 일부 시스템이 IPv4를 사용하는 경우에 유용한 방안이다. 헤더 변환 방식은 네트워크 계층IP에서 IPv6 패킷 헤더를 IPv4 패킷 헤더로, 또는 IPv4 패킷 헤더를 IPv6 패킷 헤더로 변환하는 방식이다. 송신자는 IPv6를 사용하길 원하나 수신자가 IPv6를 이해하지 못할 때 수신자가 이해할 수 있는 IPv4 형식으로 변환해주어야 한다.

■ NAT

IPv4 주소 고갈이 오래 전부터 예견되어 온 까닭에 IPv4 주소 고갈에 따른 해결 방법도 오랫동안 연구되어 왔다. 유동 IP를 효율적으로 사용하는 DHCP, 네트워크 크기를 줄여 IP 주소 낭비를 줄이는 서브네팅 기술, NAT 기술들이 대표적인 예다.

이 중 NATNetwork Address Translation 기술이 적용된 경우를 보면, 내부 망에서는 사설 IP 주소를 사용하여 통신하고 외부 네트워크(인터넷)와 통신할 때는 NAT를 거쳐 공인 IP 주소로 자동 변환된다. 주변에서 많이 쓰는 공유기가 바로 대표적인 NAT 시스템이다.

[그림 12-18]에 사설 망 내부의 PC1과 외부의 서버가 통신하는 예를 나타내었다. 사설 망에서 외부 망으로 통신을 시도하면 해당 패킷은 라우터(또는 공유기)를 거친다. 송신자(PC1)가 라우터로 패킷을 전달했을 때 SRC_IP(보내는 사람의 IP)에는 사설 망 내부의 발신자 주소 192.168.0.2가 들어 있다(❶). 라우터는 이 패킷을 받아서 패킷 안의 IP 주소를 자신의 공인 IP인 1.1.1.1로 수정하여 목적지로 전송한다(❷).

패킷을 받은 수신자(서버)는 이에 대한 응답으로 목적지 IP 주소(DST_IP)에 라우터가 집어넣은 공인 IP(1.1.1.1)를 넣어서 패킷을 전송하고, 해당 패킷은 라우터에게 도달한다(❸). 라우터가 발신자의 IP를 수정하여 발신할 때 라우터는 내부에 갖고 있는 테이블에 이를 기록해둔다. 어떤 주소에서 어떤 주소로 수정하였고 무슨 프로토콜을 사용하여 발신했는지를 기록한 후, 응답 패킷이 되돌아오면 그 값을 찾아서 해당하는 사설 망 기기에게 전송한다(❹).

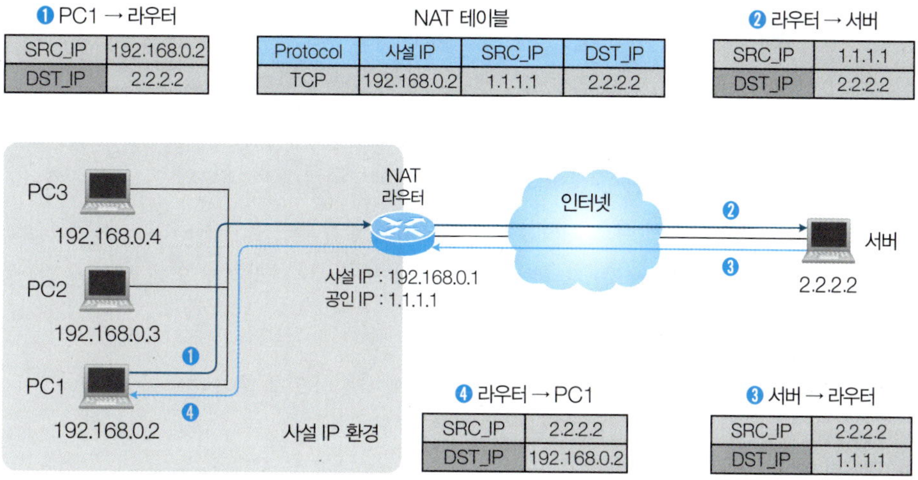

그림 12-18 NAT 동작 과정

NAT 사용은 인터넷의 공인 IP 주소를 절약할 수 있다는 장점 외에도 인터넷에 연결되는 사용자들의 고유한 사설 망을 침입자들로부터 보호할 수 있다는 장점도 있다.

03 라우팅 프로토콜

라우팅routing은 송신지에서 수신지에 이르는 여러 경로 중에서 최적의 경로를 선택하는 것이다. 일반적으로 라우팅 기능은 라우터router에서 수행된다. 최적의 경로를 설정하는 요소로는 성능 기준, 경로의 결정 시간과 장소, 정보 발생지, 경로 정보의 갱신 시간 등이 있다. 라우터는 최적의 경로를 찾기 위해 라우팅 알고리즘, 즉 라우팅 프로토콜routing protocol을 사용하여 경로를 계산하고 이를 라우팅 테이블routing table에 저장한다. 라우팅 테이블에는 다음 홉, 메트릭, 수신지 네트워크 주소 등이 들어 있다. 여기서 메트릭metric은 네트워크를 거쳐 지나가는 데 소요되는 비용이다. 일반적으로 사용되는 메트릭의 종류로는 홉 수hop count, 지연시간delay, 대역폭bandwidth(전송 선로 용량), 부하traffic, cost(링크 특성, 관리자에 의해 부여된 값) 등이 있다.

정보를 교환 및 전달하기 위한 라우팅 방식은 일반적으로 다음과 같이 분류할 수 있다.

■ 라우팅 방식의 주요 구분

- 정적 라우팅 / 고정 라우팅
- 동적 라우팅 / 적응적 라우팅

■ 네트워크 정보를 이용하지 않는 라우팅 방식

- 플러딩 방식
- 랜덤 라우팅

■ 기타 구분

- 소스 라우팅source routing : 경로를 모두 리스트로 만들어 패킷의 헤더에 넣어 보내는 경로를 선택하는 방식
- 계층적 라우팅hierarchical routing : 큰 그룹에서 점차 작은 그룹으로 계층적 경로를 선택하는 방식

경로 설정 방법 중에서 가장 간단한 방법은 네트워크 정보를 이용하지 않고 라우팅하는 방법이다. 대표적으로 플러딩flooding 방식이 있는데, 플러딩이란 입력되는 패킷을 입력되는 포트 이외의 모든 포트로 전달하는 방법을 말한다. 이 방식은 매우 간단하지만 트래픽이 많은 경우에는 비효율적이다. 또 다른 방법으로 인접한 라우터 중 하나를 임의로 선택하여 패킷을 전달하는 랜덤 라우팅random routing 방식이 있는데, 이 방법은 비현실적이다.

대부분의 주요 라우팅 방법은 정적 라우팅static routing과 동적 라우팅dynamic routing으로 분류된다. 정적 라우팅 방법은 고정 라우팅fixed routing이라고도 하며, 라우팅 정보를 관리자가 수동으로 입력하는 방법을 말한다. 이 방법은 규모가 작은 네트워크에서 주로 사용한다. 동적 라우팅 방법은 적응적 라우팅adaptive routing이라고도 하며, 라우터가 가지고 있는 정보를 다른 라우터들과 서로 교환하여 라우팅 테이블을 동적으로 작성하고 갱신하는 방법이다. 라우터들 사이에서 자동으로 라우팅 테이블을 작성하고 제어하는 절차를 규정한 것이 라우팅 프로토콜이다. 따라서 일반적으로 라우팅 프로토콜이라고 하면 동적 라우팅을 가리킨다.

오늘날 인터넷의 규모는 너무나 광대하여 라우팅 프로토콜 하나로 최적의 경로를 찾는다는 것은 현실적으로 불가능하다. 이 때문에 인터넷을 자율 시스템Autonomous System, AS으로 나눈다. 자율 시스템은 동일한 라우팅 프로토콜을 사용하는 라우터들의 집합으로 정의할 수 있다. 자율 시스템의 규모는 동일한 라우팅 프로토콜을 처리하기에 적절해야 한다. 이 경우 자율 시스템 내부의 라우터들이 사용하는 라우팅 프로토콜을 IGPInterior Gateway Protocol라고 한다. 그리고 자율 시스템들 사이에 라우팅 정보를 서로 교환할 때 사용하는 프로토콜을 EGPExterior Gateway Protocol라고 한다. [그림 12-19]는 자율 시스템 관점의 인터넷 구조를 나타낸다.

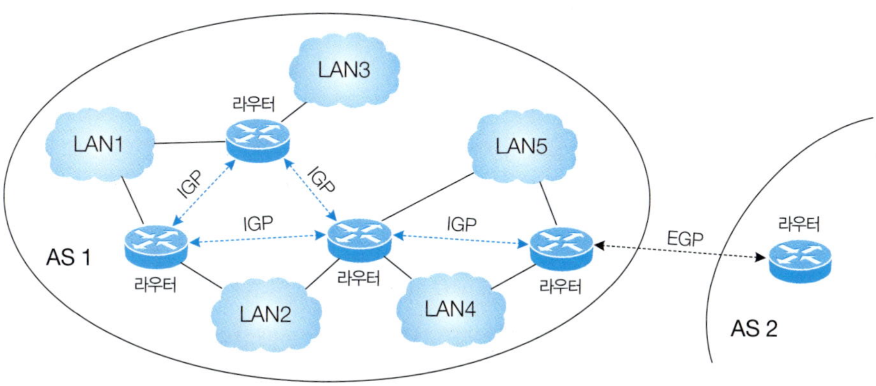

그림 12-19 AS(자율 시스템)

하나의 자율 시스템은 여러 개의 네트워크로 이루어지지만 전 세계를 대상으로 하는 인터넷 관점에서는 하나의 작은 네트워크 집합일 뿐이다. 일반적으로 ISP Internet Service Provider가 서비스하는 한 네트워크는 하나의 자율 시스템이다. 이러한 ISP의 자율 시스템들이 모여 높은 계층의 자율 시스템으로 연결된다. 즉, 자율 시스템들도 계층 구조를 이루면서 구성된다. 각 자율 시스템은 내부의 라우팅 정보만 관리하며, 외부의 라우팅 정보는 보다 높은 계층의 자율 시스템에 의존한다. 우리나라에서는 한국전산원의 인터넷 교환기에 비영리 기관의 자율 시스템들이 접속되며, 영리 기관의 자율 시스템들은 한국통신, 데이콤 등의 인터넷 교환기에 연결되어 사용된다. 대형 ISP들로 이루어지는 최상위 계층의 자율 시스템들은 인터넷 백본망으로 연결된다.

[그림 12-20]은 라우팅 프로토콜의 종류를 분류한 것이다. 주로 사용되는 라우팅 프로토콜로는 RIP, OSPF, BGP 등이 있다. RIP와 OSPF는 자율 시스템 내에서 라우팅 테이블을 갱신하기 위해 사용되며, BGP는 자율 시스템 간의 라우팅을 위해 사용된다.

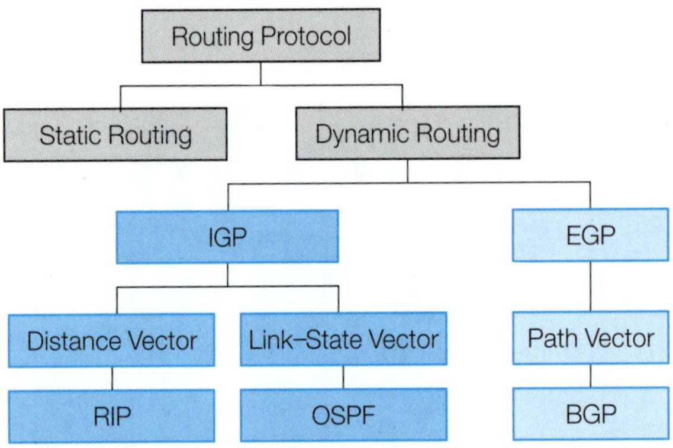

그림 12-20 라우팅 프로토콜의 분류

라우터는 한 네트워크에서 패킷을 수신하여 다른 네트워크로 해당 패킷을 전달한다. 보통 라우터 하나는 여러 개의 네트워크와 연결되어 있다. 라우터가 패킷을 수신하면 해당 패킷을 어느 네트워크로 전달할 것인지 결정하는 기준을 메트릭 metric이라고 한다. 메트릭은 네트워크를 통과하는 데 걸리는 비용이다. 특정 경로의 총 메트릭은 그 경로를 구성하는 네트워크들의 메트릭 합과 같다. 라우터는 가장 작은 메트릭 값을 갖는 경로를 선택한다. 사용하는 메트릭은 라우팅 프로토콜에 따라 다르다.

1 RIP

RIPRouting Information Protocol는 자율 시스템 내부에서 사용하는 IGP다. RIP는 거리 벡터 라우팅distance vector routing 알고리즘에 기반하는 프로토콜이며, 라우팅 테이블을 구성하기 위해 벨만-포드Bellman-Ford 알고리즘을 사용한다.

RIP는 홉 수hop count를 메트릭으로 사용하는데, 홉 수는 목적지에 도착하기까지 거치는 라우터 수를 말한다. 따라서 RIP는 목적지까지 도착하는 동안 거치는 라우터 수가 가장 적은 경로를 최적의 경로로 선택한다. RIP는 최대 홉 수를 15로 제한하고 있다. 이것은 15홉이 넘는 경로는 지원하지 못함을 의미한다. 또한 30초마다 라우팅 정보를 교환한다. 따라서 네트워크의 변화가 자율 시스템 전체에 알려지기까지 상당한 시간이 소요된다. 예를 들어, 거리 벡터의 변화가 라우터 10개를 거쳐서 알려진다면 평균적으로 150초가 소요된다. RIP는 초기에 많이 사용되었으나 자율 시스템의 규모가 커짐에 따라 점차 OSPF로 대체되었다. [그림 12-21]은 홉 기반 라우팅 예를 나타낸다.

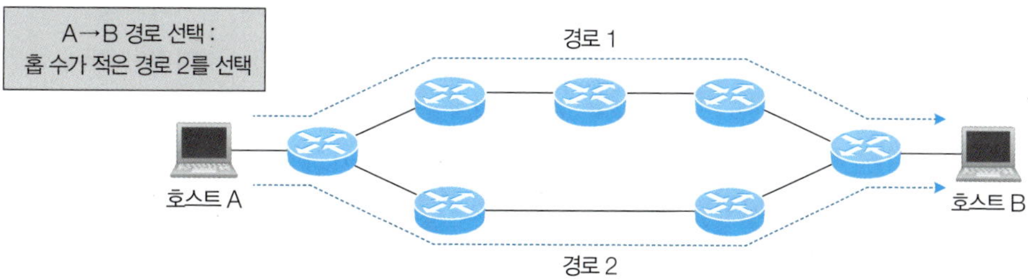

그림 12-21 홉 기반 라우팅 예

거리 벡터 라우팅에서 각 라우터는 주기적으로 전체 AS에 대한 정보를 이웃 라우터들과 공유한다. 초기에는 교환된 라우팅 정보가 없기 때문에 각 라우터에는 네트워크에 대한 거리 벡터 정보가 없다. 그러나 자율 시스템이 운영되기 시작하면 각 라우터는 자신과 직접 연결된 네트워크를 알기 때문에 이 정보를 이웃 라우터와 교환하여 계속해서 거리 벡터 값을 갱신하게 된다. 이러한 과정이 반복되면 점차적으로 모든 라우터의 라우팅 테이블에 있는 목적지까지의 거리가 최단 거리로 수렴된다.

2 OSPF

OSPFOpen Shortest Path First는 링크 상태 라우팅link state routing 알고리즘을 적용한 대표적인 라우팅 프로토콜이다. 링크에서의 전송 시간을 메트릭으로 사용하여 목적지별로 최단 경로를 다익스트라Dijkstra 알고리즘을 통해 구한다. 자율 시스템의 규모가 커짐에 따라 거리 벡터 알고리즘의 한계점이 드러나면서 IETF가 주도하여 링크 상태 알고리즘에 기반한 라우팅 프로토콜에 대한 표준화를 진행하였고 그 결과 OSPF가 탄생하였다.

RIP가 라우팅 테이블 전체를 주기적으로 교환하는 데 비해, OSPF는 상대적으로 짧고 간단한 링크 상태 정보를 변화가 발생한 경우에만 교환한다. 따라서 OSPF의 정보 교환 양이 상대적으로 훨씬 적다. OSPF에서 각 라우터가 주변 상황을 알리기 위해 라우터 간에 교환하는 정보를 LSALink State Advertisement라 하고, 또한 각 라우터에서 수집된 전체 자율 시스템의 정보를 LSDBLink State Database라고 한다. 이때 모든 라우터에게 정보를 알리기 위해 플러딩 방식을 사용한다.

또한 각 라우터는 파악된 네트워크 토폴로지 위에 효율적인 다익스트라 알고리즘을 직접 적용하기 때문에 빠른 속도로 모든 목적지별 최적 경로를 계산한다. 특히, 지역적인 장애 발생이나 복구, 서브 네트워크의 추가 및 삭제, 링크 또는 라우터의 과부하 등 네트워크 구성과 상태에 대한 변화는 모든 라우터의 라우팅 테이블에 즉각적으로 반영되기 때문에 네트워크가 안정적으로 유지될 수 있다.

또한 OSPF에서 사용하는 메트릭은 전송 지연, 전송 속도 등 여러 가지 척도 중에서 관리자가 환경에 맞게 선택할 수 있는 융통성을 지니고 있다. 이와 같이 OSPF는 RIP의 단점을 해결하였지만 상대적으로 복잡하다. 현재 대부분의 대규모 IP 네트워크에서는 OSPF를 채택하고 있으며, RIP를 사용하는 네트워크도 OSPF로 빠르게 대체되고 있다. [그림 12-22]는 링크 상태 기반 라우팅 예를 나타낸다.

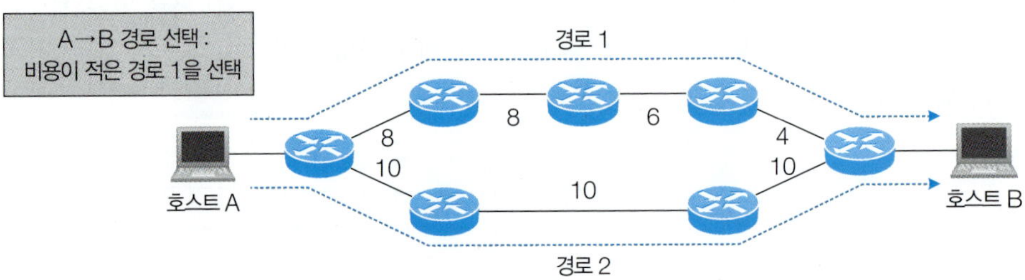

그림 12-22 링크 상태 기반 라우팅 예

OSPF는 인접 라우터와 이웃 관계를 맺기 위해 Hello 패킷을 이용하고, 이웃 관계를 유지하기 위해 주기적으로 Hello 패킷을 전달한다. 이웃 관계가 설정된 뒤에는 Database Description 패킷을 교환하여 라우팅 정보에 대해 동기화를 이룬다. 이웃 라우터에게 라우팅 정보를 요청할 때에는 Link State Request 패킷을 이용하며, LSA를 전달할 경우에는 Link State Update 패킷을 사용한다. Link State Update 패킷을 이용해서 30분 간격으로 주기적으로 LSA를 플러딩하며, 변경 사항이 있을 경우에는 즉시 알리기도 한다. 수신 확인에는 Link State Acknowledge 패킷을 사용한다. [표 12-5]는 OSPF 메시지를 정리한 내용이다.

표 12-5 OSPF 메시지

메시지	기능
Hello	라우터 사이에 이웃 관계를 맺고 유지하기 위한 메시지
Database Description	링크 상태 정보 동기화를 위한 메시지
Link State Request	링크 상태 정보 요구를 위한 메시지
Link State Update	링크 상태 정보를 전달하기 위한 메시지
Link State Acknowledge	수신 응답을 위한 메시지

3 BGP

BGPBorder Gateway Protocol는 자율 시스템 간에 라우팅 정보를 교환하는 외부 라우팅 프로토콜이다. 내부 라우팅 프로토콜은 최적의 경로를 선택하는 것이 목적이기 때문에 거리 벡터나 링크 상태 등의 네트워크 정보를 인접 라우터로 전달한다. 그러나 외부 라우팅 프로토콜에서는 복잡도로 인해 경로의 최적성 여부보다는 목적지 네트워크에 도달하는 경로 산출에만 초점을 맞춘다.

BGP는 거리 벡터나 링크 상태 알고리즘과 다른 경로 벡터 라우팅path vector routing을 사용한다. 경로 벡터 라우팅은 최종 목적지까지 경로path를 이용하여 라우팅하는 방식이며, 라우터 간에 특정 목적지로 가기 위한 경로 정보를 교환한다. 여기에는 거리 벡터나 링크 상태 등의 정보가 포함되지 않는다. 라우터에서 동일한 목적지를 나타내는 경로 벡터를 여러 개 수신하였다면 네트워크 관리자가 설정하는 정책policy에 의해 이 중 하나를 경로로 선택한다.

BGP를 사용하는 라우터들은 Open 메시지를 송수신함으로써 이웃 관계를 맺는다. 이웃 관계가 성립된 라우터들은 라우팅 정보에 변화가 있을 경우에만 서로 Update 메시지를 통해서 라우팅 정보를 주고받는다. 전달된 라우팅 정보에 의해서 더 좋은 경로를 찾았다면 자신의 라우팅 테이블을 갱신한다. 만약 라우팅 테이블 갱신이 이루어지면 갱신된 정보는 이웃 라우터에게 전달된다. 갱신이 필요하지 않다면 수신된 Update 메시지는 폐기한다. 계속 이웃 관계를 유지하기 위해서 Keepalive 메시지를 교환하며, 오류가 발생하면 Notification 메시지를 보내서 알린다. [표 12-6]은 BGP 메시지를 정리한 내용이다.

표 12-6 BGP 메시지

메시지	기능
Open	라우터 사이에 이웃 관계를 맺기 위한 메시지
Keepalive	이웃 관계를 유지하기 위한 메시지
Update	라우팅 정보를 전달하기 위한 메시지
Notification	비정상 상태를 알리기 위한 메시지

[표 12-7]은 거리 벡터, 링크 상태, 경로 벡터 프로토콜을 비교하여 정리한 내용이다.

표 12-7 라우팅 프로토콜 비교

라우팅 방식	거리 벡터	링크 상태	경로 벡터
전송 대상	인접 라우터	AS 내 모든 라우터	BGP 이웃
업데이트 시점	일정 주기(30초)	링크 상태 변화 발생 시	링크 상태 변화 발생 시
메트릭	홉 수	홉 수, 대역폭, 지연 등	경로
최적 경로 알고리즘	벨만-포드	다익스트라	정책 기반
대표 프로토콜	RIP	OSPF	BGP
적용	소규모 AS 내	대규모 AS 내	대규모 AS 간

1 통신망을 상호 연결하면 거대한 통신망이 되어, 보다 다양한 정보와 서비스를 제공할 수 있다. 이때 상호 망을 연결하는 기술은?

① LAN ② 집중화
③ WAN ④ 인터네트워킹

2 인터네트워킹internetworking을 위해 사용되는 네트워크 장비로 가장 거리가 먼 것은?

① 리피터repeater ② 게이트웨이gateway
③ 라우터router ④ 증폭기amplifier

3 인터네트워킹internetworking을 위한 장비가 아닌 것은?

① Router ② Switch
③ Bridge ④ Firewall

4 인터네트워크를 구축할 때 요구되는 사항이 아닌 것은?

① 네트워크 간의 링크를 제공하며 최소한 물리적 계층과 링크의 제어 연결이 요구된다.
② 상이한 네트워크의 프로세스들 사이에 데이터의 경로 배정과 전달에 관한 모든 것을 제공해야 한다.
③ 여러 종류의 네트워크들과 게이트웨이의 사용에 대한 트랙을 보존하며 상태 정보를 유지하고 요금 계산 서비스를 제공해야 한다.
④ 다양한 서비스를 위해 임의로 구성된 네트워크 구조 자체를 자유롭게 변형할 수 있어야 한다.

5 HUB에 대한 설명으로 옳은 것은?

① 근거리 통신망LAN과 단말 장치를 접속하는 장치다.
② 근거리 통신망LAN과 외부 네트워크를 연결하여 다중 경로를 제어하는 장치다.
③ 개방형 접속 표준(OSI 7)에서 제5계층의 기능을 담당하는 장치다.
④ 아날로그 선로상의 신호를 분배, 접속하는 중계 장치다.

6 비트의 신호 세기를 강화시켜 재전송시켜주는 장비는?

① Repeater ② Bridge
③ Router ④ Gateway

7 LAN에서 사용되는 리피터의 기능으로 맞는 것은?

① 네트워크 계층에서 활용되는 장비다.
② 2개의 서로 다른 LAN을 연결한다.
③ 모든 프레임을 내보내며 필터링 능력을 갖고 있다.
④ 같은 LAN의 두 세그먼트를 연결한다.

8 LAN 간의 인터네트워킹 연결 장치로 제2계층에서 동작하는 장비는?

① 리피터 ② 브리지
③ 프로토콜 번역기 ④ 게이트웨이/라우터

9 네트워크 연동 장치 중 그림과 같은 구조를 갖는 것은?

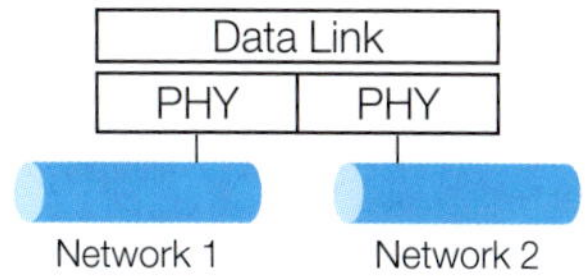

① Router ② Repeater
③ Gateway ④ Bridge

10 2개의 LAN이 데이터링크 계층에서 서로 결합되어 있는 경우에 이들을 연결하는 요소는?

① 브리지bridge ② 허브hub
③ 게이트웨이gateway ④ 모뎀modem

11 네트워크 A와 B 사이에서 인터네트워킹을 위한 브리지bridge의 일반적 기능으로 옳지 않은 것은?

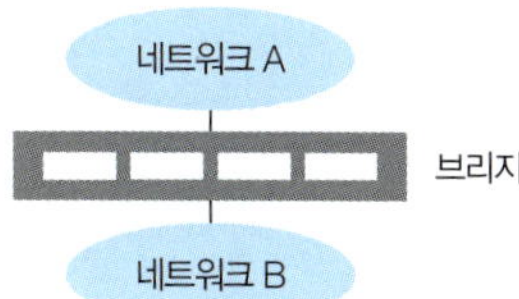

① 네트워크 A에서 전송한 모든 프레임을 읽고, 네트워크 B로 주소가 지정된 프레임들을 받아들인다.
② 네트워크 B에 대한 매체 접근 제어 프로토콜을 사용하여 네트워크 B에게로 프레임을 재전송한다.
③ OSI 참조 모델의 데이터링크 계층에 해당하는 것으로 LAN 프로토콜 중 MAC 계층을 지원한다.
④ 네트워크 A에서 송신한 프레임의 내용과 형식을 수정한다.

12 리피터와 브리지에 대한 설명으로 맞지 않은 것은?

① 리피터는 하나의 LAN의 세그먼트를 연결한다.
② 리피터는 모든 프레임을 내보내며 필터링 능력을 갖고 있지 않다.
③ 브리지는 필터링 결정에 사용되는 테이블을 가지고 있다.
④ 브리지는 프레임의 물리적 주소MAC address를 변경한다.

13 1계층에서 3계층 사이의 프로토콜이 서로 다른 네트워크를 상호 접속하는 것은?

① 허브 ② 리피터
③ 브리지 ④ 라우터

14 인터네트워킹 장비로서 네트워크 계층에서 연동하여 경로를 설정하고 전달하는 기능을 제공하는 장비는?

① 라우터 ② 브리지
③ 허브 ④ 리피터

15 정보 통신 네트워크 장치에 관한 설명 중 라우터에 해당되는 것은?

① 복수 개의 네트워크를 연결하는 데 사용한다.
② 데이터의 송수신 처리를 담당한다.
③ 데이터 송수신 과정에서 패킷으로 조립하거나 분해한다.
④ 양측 단말기 간 링크 조건을 설정한다.

16 프로토콜의 변환이나 외부 네트워크와 접속하기 위한 목적으로 사용하는 기기는?

① 변복조기 ② 라우터
③ 게이트웨이 ④ 브리지

17 프로토콜이 전혀 다른 네트워크 사이를 결합하는 것은?

① 리피터$_{\text{repeater}}$
② 브리지$_{\text{bridge}}$
③ 라우터$_{\text{router}}$
④ 게이트웨이$_{\text{gateway}}$

18 다음 중 게이트웨이 장비에 대한 설명으로 틀린 것은?

① 네트워크 내의 병목 현상을 일으키는 지점이 될 수 있다.
② 프로토콜 구조가 상이한 네트워크들을 연결한다.
③ 네트워크 내의 트래픽 혼잡 상태를 제어한다.
④ 이종 프로토콜의 변환 기능을 수행한다.

19 IP 주소의 5개 클래스 중 멀티캐스팅을 사용하기 위해 예약되어 있으며 Netid 와 Hostid가 없는 것은?

① A 클래스 ② B 클래스
③ C 클래스 ④ D 클래스

20 IP 주소 구조 중 실험적인 주소로 공용으로 사용되지 않는 클래스는?

① A 클래스 ② B 클래스
③ C 클래스 ④ E 클래스

21 IPv4의 주소 구성을 나타낸 것으로 옳은 것은?

① A 클래스

1	네트워크 주소(7비트)	호스트 주소(24비트)

② B 클래스

0	1	네트워크 주소(16비트)	호스트 주소(14비트)

③ C 클래스

1	1	0	네트워크 주소(21비트)	호스트 주소(8비트)

④ D 클래스

1	1	1	1	브로드캐스트 주소(28비트)

22 IP address에 관한 설명으로 옳지 않은 것은?

① 5개의 클래스(A, B, C, D, E)로 분류되어 있다.
② A, B, C 클래스만이 네트워크 주소와 호스트 주소 체계의 구조를 가진다.
③ D 클래스 주소는 멀티캐스팅$_{\text{multicasting}}$을 사용하기 위해 예약되어 있다.
④ E 클래스는 특수 목적 주소로 공용으로 사용된다.

23 IP 주소의 Class에 대한 설명으로 잘못된 것은?

① Class A는 첫 번째 바이트의 첫 비트가 0으로 시작한다.
② Class B의 가용 호스트 수는 65,534개다.
③ Class C는 가장 많은 네트워크를 수용할 수 있다.
④ Class D는 127로 시작하는 Loopback 주소로 사용된다.

24 IP 주소 체계에서 네트워크 주소에 대한 설명으로 틀린 것은?

① 라우팅 프로토콜에서 네트워크를 지칭할 때 사용한다.
② IP 주소와 서브넷 마스크를 AND 연산한다.
③ 네트워크 자체를 의미한다.
④ 패킷의 송신 주소나 수신 주소로 사용이 가능하다.

25 IPv4에서 B 클래스의 경우 IP 주소 범위를 바르게 나타낸 것은?

① 0.0.0.0 ~ 127.255.255.255
② 128.0.0.0 ~ 191.255.255.255
③ 192.0.0.0 ~ 223.255.255.255
④ 224.0.0.0 ~ 239.255.255.255

26 IP 주소와 클래스를 알맞게 연결한 것은?

ⓐ 165.132.124.65 ⓑ 210.150.165.140 ⓒ 65.80.158.57

① ⓐ C 클래스, ⓑ E 클래스, ⓒ D 클래스
② ⓐ A 클래스, ⓑ B 클래스, ⓒ C 클래스
③ ⓐ B 클래스, ⓑ C 클래스, ⓒ A 클래스
④ ⓐ A 클래스, ⓑ B 클래스, ⓒ D 클래스

27 네트워크 전문가로 어떤 사이트의 네트워크 현황을 파악해보니 PC가 90대, 스위치가 2대, 라우터가 1대 운용 중이었다. 이 사이트는 계속 확장되어 1년 이내 PC가 약 250대로 늘어날 예정이다. 이 사이트에는 어떤 클래스의 IP 주소를 배정하는 것이 가장 효율적인가?

① 클래스 A ② 클래스 B
③ 클래스 C ④ 클래스 D

28 IP address에서 네트워크 ID와 호스트 ID를 구별하는 방식은?

① 서브넷 마스크 ② 클래스 E
③ 클래스 D ④ IPv6

29 서브넷 마스크의 목적이 아닌 것은?

① 네트워크 ID 축소
② 네트워크의 부하 감소
③ 네트워크의 논리적인 분할
④ 네트워크 ID와 호스트 ID의 구분

30 서브넷 마스크에 대한 설명으로 옳지 않은 것은?

① 서브넷 마스크는 라우터에서 서브넷 식별자를 구별하기 위해서 필요한 것이다.
② 서브넷 마스크는 IP 주소와 마찬가지로 32비트로 이루어져 있다.
③ 서브넷 마스크의 1에 해당하는 비트열이 네트워크 주소 부분으로 간주된다.
④ 서브넷 마스크를 적용하는 방법은 목적지 IP 주소의 비트열과 서브넷 마스크 비트열에 OR 논리 연산을 적용하는 것이다.

31 IP(IPv4)의 서브넷에 대한 설명으로 틀린 것은?

① IP 주소를 보다 효율적으로 낭비 없이 쓰기 위함과 적정한 주소 배정을 위함이 목적이다.
② 서브넷을 만들 때 사용하는 마스크를 서브넷 마스크라고 한다.
③ 모든 IP 주소에는 서브넷 마스크가 있는데 서브넷을 하지 않은 상태로, 즉 클래스의 기본 성질대로 쓰는 경우에는 디폴트 서브넷 마스크를 사용한다.
④ 서브넷을 한 후 IP 주소에서 호스트 부분을 전부 '1'로 한 것은 그 네트워크의 자체 주소가 되고, 전부 '0'으로 한 것은 그 네트워크의 브로드캐스트 주소가 된다.

32 IP 주소가 B Class이고, 전체를 하나의 네트워크로 사용하고자 할 때 적절한 서브넷 마스크 값은?

① 255.0.0.0 ② 255.255.0.0
③ 255.255.255.0 ④ 255.255.255.255

33 128.107.176.0/22 네트워크에서 호스트에 의해 사용될 수 있는 서브넷 마스크는?

① 255.0.0.0 ② 255.248.0.0
③ 255.255.252.0 ④ 255.255.255.255

34 IPv4의 C 클래스 네트워크를 26개의 서브넷으로 나누고, 각 서브넷에는 4~5개의 호스트를 연결하려고 한다. 이러한 서브넷을 구성하기 위한 서브넷 마스크 값은?

① 255.255.255.192 ② 255.255.255.224
③ 255.255.255.240 ④ 255.255.255.248

35 TCP/IP 네트워크를 구성하기 위해 1개의 C 클래스 주소를 할당받았다. C 클래스 주소를 이용하여 네트워크 상의 호스트들에게 실제로 할당할 수 있는 최대 IP 주소의 개수는?

① 253개 ② 254개
③ 255개 ④ 256개

36 어느 부서 또는 회사의 서브넷에 설정된 서브넷 마스크가 255.255.255.240이다. 이때 해당 서브넷에서 연결하여 사용할 수 있는 최대 컴퓨터 대수는?

① 11개 ② 12개 ③ 13개 ④ 14개

37 IP 주소가 192.110.121.32이고 서브넷 마스크가 255.255.255.0이라면 네트워크 주소는?

① 192.0.0.0 ② 192.110.0.0
③ 192.110.121.0 ④ 192.110.121.32

38 브로드캐스트 주소에 대한 설명으로 알맞은 것은?

① 데이터를 보낼 때 특정 노드에만 데이터를 보낸다.
② 네트워크 주소에서 호스트의 비트가 모두 1인 주소다.
③ 네트워크 검사용으로 예약된 주소다.
④ 호스트 식별자에 127를 붙여서 사용한다.

39 서브네팅subnetting을 하는 이유로 옳지 않은 것은?

① IP 주소를 효율적으로 사용할 수 있다.
② 트래픽의 관리 및 제어가 가능하다.
③ 불필요한 브로드캐스팅 메시지를 제한할 수 있다.
④ 서브넷을 분할하면 호스트 ID를 사용하지 않아도 된다.

40 클래스 B 주소를 가지고 서브넷 마스크 255.255.255.240으로 서브넷을 만들었을 때 나오는 서브넷의 수와 호스트의 수가 맞게 짝지어진 것은?

① 서브넷 2,048, 호스트 14
② 서브넷 14, 호스트 2,048
③ 서브넷 4,094, 호스트 14
④ 서브넷 14, 호스트 4,094

41 192.168.1.222/28이라는 IP가 소속되어 있는 네트워크 주소와 브로드캐스트 주소로 옳게 나열한 것은?

① 192.168.1.96, 192.168.1.127
② 192.168.1.192, 192.168.1.255
③ 192.168.1.208, 192.168.1.223
④ 192.168.1.224, 192.168.1.239

42 192.168.1.0/24 네트워크를 FLSM 방식을 이용하여 6개의 서브넷으로 나누고 ip subnet-zero를 적용했다. 이때 서브네팅된 네트워크 중 5번째 네트워크의 2번째 사용 가능한 IP 주소는?

① 192.168.1.255 ② 192.168.0.129
③ 192.168.1.130 ④ 192.168.1.64

43 10.0.0.0 네트워크 전체에서 마스크 값으로 255.240.0.0을 사용할 경우 유효한 서브넷 ID는?

① 10.240.0.0 ② 10.0.0.32
③ 10.1.16.3 ④ 10.29.240.0

44 네트워크 전체에서 255.255.255.128 서브넷 마스크를 사용하는 10.0.0.0 네트워크에서 유효하지 않은 서브넷 ID는?

① 10.0.0.0 ② 10.0.0.128
③ 10.1.1.192 ④ 10.255.255.0

45 사내 망에서 192.168.1.64/26 주소를 사용하고 있는 PC가 있다. 회사의 정책상 Default-Gateway는 해당 Subnet의 할당 가능한 영역 중에서 시작 IP Address를 사용하도록 되어 있다면 PC의 Default-Gateway는 어떠한 IP Address로 설정하여야 하는가?

① 192.168.9.64 ② 192.168.1.65
③ 192.168.1.66 ④ 192.168.1.67

46 인터넷 프로토콜인 IPv6에서 IP 주소는 몇 개의 비트로 구성되는가?

① 32개 ② 64개 ③ 128개 ④ 256개

47 IPv6에 대한 설명으로 옳지 않은 것은?

① IPv6 주소는 128비트 길이다.
② 암호화와 인증 옵션 기능을 제공한다.
③ IPv6 주소는 32개의 8진수로 구성된다.
④ 프로토콜의 확장을 허용하도록 설계되었다.

48 IPv6에 대한 설명으로 틀린 것은?

① 128비트의 주소 공간을 제공한다.
② 인증 및 보안 기능을 포함하고 있다.
③ 패킷 크기가 64Kbyte로 고정되어 있다.
④ IPv6 확장 헤더를 통해 네트워크 기능 확장이 용이하다.

49 IPv6에 대한 설명으로 틀린 것은?

① 더 많은 IP 주소를 지원할 수 있도록 주소의 크기는 64비트다.
② 프로토콜의 확장을 허용하도록 설계되었다.
③ 확장 헤더로 이동성을 지원하고, 보안 및 서비스 품질 기능 등이 개선되었다.
④ 유니캐스트, 멀티캐스트, 애니캐스트를 지원한다.

50 IPv4와 IPv6에 대한 설명으로 적합하지 않은 것은?

① 인터넷 프로토콜의 주소 표현 방식이다.
② IPv6의 주소 부족으로 IPv4가 개발되었다.
③ IPv4는 32비트로 구성되어 있다.
④ IPv6는 128비트로 구성되어 있다.

51 IPv6의 주소 체계로 거리가 먼 것은?

① Unicast ② Anycast
③ Broadcast ④ Multicast

52 라우터가 패킷을 수신하면 라우터 포트 중 단 하나만을 통해 패킷을 전달하는 라우팅은?

① 싱글캐스트 라우팅 ② 유니캐스트 라우팅
③ 멀티캐스트 라우팅 ④ 브로드캐스트 라우팅

53 IPv6 해당 그룹 내에 가장 가까운 노드를 연결시키는 네트워크 어드레싱 및 라우팅 방식은?

① 유니캐스트Unicast ② 멀티캐스트Multicast
③ 애니캐스트Anycast ④ 브로드캐스트Broadcast

54 IPv4에서 IPv6로 천이하는 데 사용되는 IETF에서 고안한 천이 전략 세 가지에 해당하지 않는 것은?

① Dual Stack
② Tunneling
③ Header Translation
④ IP control

55 IPv4에서 IPv6로의 천이 전략 중 캡슐화 및 역캡슐화를 사용하는 것은?

① Dual Stack ② Header translation
③ Map Address ④ Tunneling

56 IPv4에서 IPv6로의 천이를 위해 IETF에 의해 고안된 전략으로 옳은 것은?

① Tunneling ② Mobile IP
③ Hop Limit ④ Header Extension

57 외부 네트워크에서 알려진 공인 IP 주소와 사설 IP 주소를 사용하는 내부 네트워크에서 IP 주소를 변환하는 것은?

① NAT ② FTP
③ SMTP ④ SNMP

58 NATNetwork Address Translation에 대한 설명으로 옳지 않은 것은?

① 사설 IP 주소를 공인 IP 주소로 바꿔주는 데 사용하는 통신망의 주소 변환 기술이다.
② NAT를 사용할 경우 내부 사설 IP 주소는 C Class를 사용해야만 정상적인 동작이 가능하다.
③ 외부 침입자가 공격하기 위해서는 사설 망의 내부 사설 IP 주소를 알아야 하기 때문에 공격이 어려워지므로 내부 네트워크를 보호할 수 있다는 장점이 있다.
④ NAT를 이용하면 한정된 공인 IP 주소를 절약할 수 있다.

59 송수신 측 간의 전송 경로 중 최적의 패킷 교환 경로를 설정하는 기능인 경로의 설정 요소가 아닌 것은?

① 성능 기준 ② 경로 결정 시간
③ 정보 도착지 ④ 경로 배정 갱신 시간

60 패킷 교환망의 주요 기능 중 하나는 이용자들의 패킷 통신을 위한 경로 배정routing control이다. 다음 중 패킷 교환기에 들어가는 경로 배정 프로그램 작성 시 경로 배정 요소parameter가 아닌 것은?

① 성능 기준
② 경로의 결정 시간과 장소
③ 프로그램 처리 속도
④ 네트워크 정보 발생지

61 패킷 교환망의 기능 중 경로 배정 방법이 아닌 것은?

① 고정 경로 배정 방식 ② 우회 경로 배정 방식
③ 플러딩 방식 ④ 적응 경로 배정 방식

62 경로 배정 방법 중 네트워크의 상태를 반영하여 동적으로 전송 경로를 결정하는 것은?

① 적응 경로 배정adaptive routing
② 고정 경로 배정fixed routing
③ 범람 경로 배정flooding routing
④ 임의 경로 배정random routing

63 경로 배정 중 각 노드에 들어오는 패킷을 도착된 링크를 제외한 다른 모든 링크로 복사하여 전송하는 방식은?

① Flooding ② Random Routing
③ Fixed Routing ④ Adaptive Routing

64 경로 설정 알고리즘 중 네트워크 정보를 요구하지 않으며, 송신처와 수신처 사이에 존재하는 모든 경로로 패킷을 전송하는 방법은?

① random 라우팅 ② fixed 라우팅
③ flooding ④ adaptive 라우팅

65 비적응 경로 배정 방식인 플러딩flooding에 대한 설명으로 가장 옳은 것은?

① 각 노드에 들어오는 패킷을 도착된 링크를 제외한 다른 모든 링크로 복사하여 전송하는 방식이다.
② 네트워크의 모든 근원지, 목적지 노드의 쌍에 대해서 한 경로씩을 미리 결정해두는 방식이다.
③ 네트워크의 변화하는 상태에 따라 반응하여 경로를 결정한다.
④ 단순성과 견고성을 띠면서 트래픽의 부하를 훨씬 적게 한 방식으로 노드는 들어온 패킷에 대해 나가는 경로를 무작위로 1개만 선택한다.

66 라우팅 테이블이 가지고 있는 경로 정보의 세 가지 요소가 아닌 것은?

① 다음 홉
② 메트릭
③ 수신지 네트워크 주소
④ 디폴트 게이트웨이

67 라우팅routing 프로토콜에 해당하지 않은 것은?

① BGPBorder Gateway Protocol
② OSPFOpen Shortest Path First
③ SNMPSimple Network Management Protocol
④ RIPRouting Information Protocol

68 패킷을 목적지까지 전달하기 위해 사용되는 라우팅 프로토콜은?

① ICMPInternet Control Message Protocol
② RIPRouting Information Protocol
③ ARPAddress Resolution Protocol
④ HTTPHyperText Transfer Protocol

69 최단 경로 탐색에 Bellman-Ford 알고리즘을 사용하는 거리 벡터 라우팅 프로토콜은?

① ICMP ② RIP
③ ARP ④ HTTP

70 라우팅 프로토콜 중에서 최소 홉hop 수를 기준으로 목적지까지의 최적 경로를 결정하는 프로토콜은?

① RIP ② UDP
③ EIGRP ④ BGP

71 RIP 라우팅 프로토콜에 대한 설명으로 틀린 것은?

① 경로 선택 메트릭은 홉 카운트다.
② 최단 경로 탐색에 Bellman-Ford 알고리즘을 사용한다.
③ 링크 상태 라우팅 프로토콜이라고 한다.
④ 각 라우터는 이웃 라우터들로부터 수신한 정보를 이용하여 라우팅 표를 갱신한다.

72 RIPRouting Information Protocol에 대한 설명으로 틀린 것은?

① RIP는 거리 벡터 기반 라우팅 프로토콜로 홉 수를 기반으로 경로를 선택한다.
② 계층적 주소 체계를 기반으로 링크 상태 정보의 갱신 비용을 줄인 방법이다.
③ 최대 15홉 이하 규모의 네트워크를 주요 대상으로 하는 라우팅 프로토콜이다.
④ 최적의 경로를 산출하기 위한 정보로서 홉(거리 값)만을 고려하므로, RIP를 선택한 경로가 최적의 경로가 아닌 경우가 많이 발생할 수 있다.

73 다음이 설명하고 있는 라우팅 프로토콜은?

내부 라우팅 프로토콜이며 링크 상태 알고리즘을 사용하는 대규모 네트워크에 적합하다.

① BGP ② RIP ③ OSPF ④ EGP

74 다음이 설명하고 있는 라우팅 프로토콜은?

- 헬로우Hello 패킷을 주고받음으로써 이웃한 라우터를 서로 인식할 수 있게 된다.
- LSA 자료 구조를 사용한다.

① SMTP ② OSPF ③ RIP ④ ICMP

75 RIP의 한계를 극복하기 위해 IETF에서 고안한 것으로 네트워크의 변화가 있을 때에만 갱신하므로 대역을 효과적으로 사용할 수 있는 라우팅 프로토콜은?

① BGP ② IGRP ③ OSPF ④ RTP

76 OSPF 프로토콜이 최단 경로 탐색에 사용하는 기본 알고리즘은?

① Bellman-Ford 알고리즘
② Dijkstra 알고리즘
③ 거리 벡터 라우팅 알고리즘
④ Floyd-Warshall 알고리즘

77 라우팅 프로토콜인 OSPF에 대한 설명으로 틀린 것은?

① 네트워크 변화에 신속하게 대처할 수 있다.
② 최단 경로 탐색에 Dijkstra 알고리즘을 사용한다.
③ 멀티캐스팅을 지원한다.
④ 거리 벡터 라우팅 프로토콜이라고도 한다.

78 라우팅 프로토콜인 OSPF_{Open Shortest Path First}에 대한 설명으로 옳지 않은 것은?

① OSPF 라우터는 자신의 경로 테이블에 대한 정보를 LSA라는 자료 구조를 통하여 주기적으로 혹은 라우터의 상태가 변화되었을 때 전송한다.
② 라우터 간에 변경된 최소한의 부분만을 교환하므로 망의 효율을 저하시키지 않는다.
③ 도메인 내의 라우팅 프로토콜로서 RIP가 가지고 있는 여러 단점을 해결하고 있다.
④ 경로 수(Hop)가 16으로 제한되어 있어 대규모 네트워킹에 부적합하다.

79 인터네트워크 내에 라우터 6개와 네트워트 7개가 있다. 링크 상태 경로 지정방식을 이용하여 경로 지정을 한다면, 몇 개의 경로 배정 테이블이 존재하는가?

① 1개 ② 6개 ③ 7개 ④ 13개

80 외부 라우팅 프로토콜이며 거리 벡터인 프로토콜로 상이한 시스템에 있는 라우터 간에 라우팅 정보를 교환하는 데 사용하는 외부 라우팅 프로토콜은?

① RIP ② OSPF ③ EXP ④ BGP

81 EGP Exterior Gateway Protocol로 사용되며 AS-Path를 통해 L3 Looping이 발생하는 것을 방지하고, 다양한 Attribute 값을 통해 best path를 결정하는 데 있어 관리자의 의도를 반영할 수 있는 라우팅 프로토콜은?

① RIP ② OSPF
③ EIGRP ④ BGP

82 여러 자율 시스템 Autonomous System 간에 라우팅 정보를 교환하는 라우팅 프로토콜은?

① BGP Border Gateway Protocol
② RIP Routing Information Protocol
③ OSPF Open Shortest Path First
④ IGP Interior Gateway Protocol

83 다음이 설명하고 있는 라우팅 프로토콜은?

- 경로 벡터 제어 프로토콜이라 칭하는 외부 라우팅 프로토콜로 자율 시스템 AS: Autonomous System 간의 라우팅 테이블을 전달하는 데 주로 이용된다.
- 초기에 연결될 때에는 전체 경로 테이블의 내용을 교환하고, 이후에는 변화된 정보만을 교환한다.

① BGP Border Gateway Protocol
② RIP Routing Information Protocol
③ OSPF Open Shortest Path First
④ EGP Exterior Gateway Protocol

84 통신망을 상호 연결하면 거대한 통신망이 되어, 보다 다양한 정보와 서비스를 제공할 수 있다. 이때 상호망을 연결하는 기술은?

85 다른 네트워크나 같은 네트워크를 연결해 중추 역할을 하는 네트워크로 보통 인터넷의 주가 되는 기간망은?

86 스위치 전송 방식 중에서 목적지 주소만 확인하고 전송을 진행하는 방식은?

87 클래스 C에서 첫 번째 바이트의 최상위 비트는?

88 IP 주소 클래스 중에서 가장 많은 호스트를 포함할 수 있는 클래스는?

89 클래스 B 네트워크가 포함할 수 있는 호스트 개수는?

90 IP 주소가 클래스 B이고, 전체를 하나의 네트워크로 사용하여야 할 때, 적절한 서브넷 마스크 값은?

91 IPv6에서 주소의 크기는 몇 비트인가?

92 클래스 없이 IP 주소를 지정하는 방법은?

93 동일한 경로 배정(라우팅) 프로토콜을 이용하는 라우터들의 집합은?

94 IP 주소 클래스 중에서 멀티캐스팅을 위해서 사용되는 클래스는?

95 하나의 고정된 길이 서브넷 마스크만을 사용하여 하나의 주소 대역을 동일한 크기의 서브넷으로 나누는 방법은?

96 라우팅 프로토콜들이 최적 경로best route를 선택하는 기준을 의미하는 용어는?

97 RIP에서 라우팅 테이블을 구성하기 위해 사용하는 알고리즘은?

98 OSPF에서 라우팅 테이블을 구성하기 위해 사용하는 알고리즘은?

99 클라이언트-서버 모델에서 클라이언트 프로그램과 서버 프로그램의 역할은 각각 무엇인가?

100 IPv4 주소 체계에서 클래스 A, B, C, D의 IP 주소 범위를 적어보시오.

101 클래스 A와 클래스 B의 IP 주소가 모두 고갈되었다고 가정할 때, 5,000여 개의 호스트를 갖는 LAN을 구축하려고 한다. 몇 개의 클래스 C 주소가 있어야 하는지 설명하시오.

102 IP 주소가 212.254.70.180/25인 경우 네트워크 주소Netid를 구하시오.

103 202.31.233.240/28 네트워크에서 접속할 수 있는 호스트 개수를 구하시오.

104 192.168.1.0/24 네트워크를 FLSM 방식을 이용하여 3개의 subnet으로 나누고 서브넷 제로subnet-zero를 적용했다. 이때 서브네팅된 네트워크 중 2번째 네트워크의 브로드캐스트 주소를 구하시오.

105 주소가 202.31.232.0인 클래스 C 네트워크가 있다. 서브넷 기법을 이용해 8개의 서브넷을 구성하는 경우 각 서브넷 주소와 서브넷 마스크를 구하시오. 또한 각 서브넷이 포함할 수 있는 호스트 개수를 구하시오. 단, 서브넷 제로와 올 원스 서브넷을 적용한다고 가정한다.

106 사내 망에서 192.168.1.0/28 주소를 사용하고 있는 PC가 있다. 회사의 정책상 default-gateway는 해당 서브넷의 할당 가능한 영역 중에서 마지막 IP 주소를 사용하도록 되어 있다면 PC의 default-gateway의 IP 주소를 구하시오.

107 192.168.4.0~192.168.7.0/24 주소를 슈퍼네팅한 경우 네트워크 주소, 서브넷 마스크, 유효한 IP 주소 범위와 호스트 수를 구하시오.

108 다음 IPv6 주소를 축약하여 표시하시오.

0100:000F:0000:0000:0000:00FF:FF00:110F

109 IPv4 주소인 165.229.11.7을 16진 콜론 표기의 호환된 IPv6 주소와 매핑된 IPv6 주소로 나타내시오.

1 ④	2 ④	3 ④	4 ④	5 ①	6 ①	7 ④	8 ②	9 ④	10 ①
11 ④	12 ④	13 ④	14 ①	15 ①	16 ③	17 ④	18 ③	19 ④	20 ④
21 ③	22 ④	23 ④	24 ④	25 ②	26 ③	27 ③	28 ①	29 ①	30 ④
31 ④	32 ②	33 ③	34 ④	35 ②	36 ④	37 ③	38 ②	39 ④	40 ③
41 ③	42 ③	43 ①	44 ③	45 ②	46 ③	47 ③	48 ③	49 ①	50 ②
51 ③	52 ②	53 ③	54 ④	55 ④	56 ①	57 ①	58 ②	59 ③	60 ③
61 ②	62 ①	63 ①	64 ③	65 ①	66 ④	67 ③	68 ②	69 ②	70 ①
71 ③	72 ②	73 ③	74 ②	75 ③	76 ②	77 ④	78 ④	79 ②	80 ④
81 ④	82 ①	83 ①							

CHAPTER 13
TCP/IP

학습목표

- TCP/IP에 대해 개략적으로 설명할 수 있다.
- IP, ARP, RARP, ICMP, IGMP에 대해 설명할 수 있다.
- TCP, UDP, RTP, RTCP, VoIP에 대해 설명할 수 있다.
- DNS, Telent, FTP, SMTP, SNMP, HTTP, DHCP에 대해 설명할 수 있다.

01 TCP/IP 개요

TCP/IPTransmission Control Protocol/Internet Protocol는 현재 인터넷에서 사용되는 표준 프로토콜의 집합protocol suite이다. TCP/IP는 매우 다양한 프로토콜로 구성되어 있으나 가장 핵심적인 역할을 하는 프로토콜이 TCP와 IP이기 때문에 이와 같은 이름이 붙었다.

인터넷의 시초는 1969년 미국 국방성이 만든 ARPANET이다. 초기 ARPANET에 사용한 프로토콜의 결점을 극복하기 위해 새로운 프로토콜을 개발하기 시작하여 1980년 현재의 TCP/IP를 완성하였고, 1983년 인터넷의 표준 프로토콜로 채택하였다. TCP/IP는 특정 회사나 단체의 독점적인 표준이 아닌 개방형 프로토콜로, 누구나 표준화를 통해 제품을 개발할 수 있다는 특징이 있다. 또한 물리적인 네트워크나 하드웨어, 소프트웨어로부터 독립적이어서 어느 환경에서나 동작한다.

1 TCP/IP 프로토콜 구조

TCP/IP 프로토콜은 OSI 모델 이전부터 개발되어 OSI 모델의 계층 구조와 일치하지 않는다. [그림 13-1]은 OSI 모델과 TCP/IP 프로토콜의 계층 구조를 비교한 것이다. TCP/IP 프로토콜은 네트워크 접속 계층, 인터넷 계층, 전송 계층, 응용 계층의 4개 계층으로 구성된다. 네트워크 접속 계층을 물리 계층과 데이터링크 계층으로 나누어 5개 계층으로 구분하기도 한다. TCP/IP 프로토콜에는 OSI 모델의 표현 계층과 세션 계층이 없다.

■ **네트워크 접속 계층**Network Access Layer

네트워크 접속 계층에서는 특정 프로토콜이 아닌 모든 표준 프로토콜과 기술을 지원한다. OSI 모델의 물리 계층과 데이터링크 계층이 여기에 속한다. LAN에서는 LLC 및 MAC 부계층의 기능을 제공한다. 따라서 이더넷, 토큰 링, FDDI와 같은 LAN 프로토콜과 X.25와 같은 WAN 프로토콜, 무선 접속 프로토콜 등이 네트워크 접속 계층에 해당한다.

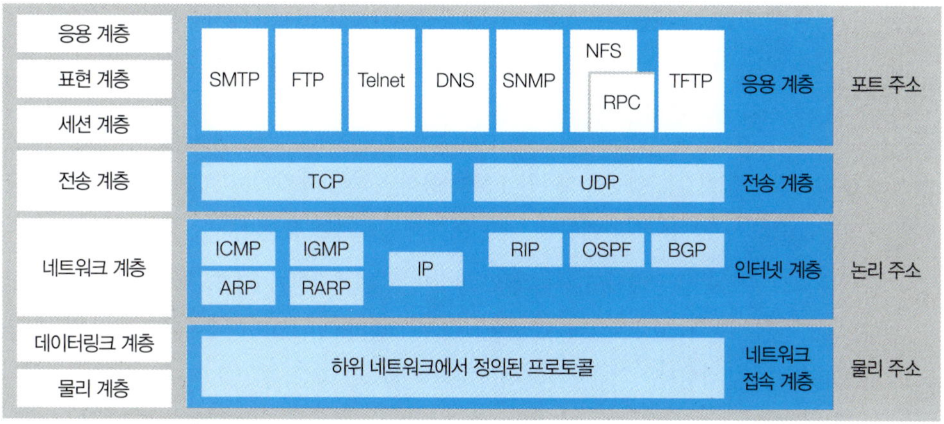

그림 13-1 OSI 모델과 TCP/IP 계층 구조 비교

■ 인터넷 계층Internet Layer

인터넷 계층은 네트워크 계층이라고도 하며, 네트워크의 패킷 전송을 제어한다. 인터넷 계층에는 데이터 전달을 지원하는 몇 가지 프로토콜이 있지만 주요 프로토콜은 IP다. IP는 네트워크의 주소 체계를 관리하고, 데이터그램datagram을 정의하며, 전송에 필요한 경로를 결정한다. 여기서 데이터그램은 IP 프로토콜에서 다루는 패킷 데이터를 말한다. 데이터그램에는 발신지 주소source address, 목적지 주소destination address, 보내려는 데이터에 대한 정보가 들어 있고, 그 외 몇 가지 제어 필드control field 등이 포함되어 있다.

■ 전송 계층Transport Layer

전송 계층은 네트워크 양단end-to-end의 송신 호스트와 수신 호스트 사이에서 신뢰성 있는 전송 기능을 제공한다. 대표적인 전송 계층의 프로토콜로 연결형 서비스를 제공하는 TCP와 비연결형 서비스를 제공하는 UDPUser Datagram Protocol가 있다. 연결형 서비스는 호스트 간의 연결 설정, 전송 유지, 연결 해제 기능뿐 아니라 흐름 제어, 오류 제어, 순서 제어를 수행하여 신뢰성 있는 통신을 제공한다. 반면, 비연결형 서비스는 연결 설정 및 유지 기능이 없는 비신뢰성 서비스다. 즉 비연결형 서비스는 데이터 손실이 발생해도 영향을 주지 않는 응용 서비스에서 사용될 수 있으며, 연결형 서비스에 비해 효율이 높다. 이러한 이유로 인터넷 전화VoIP와 같은 통신에서 전송 효율이 높은 비연결형 서비스를 사용하고 있다.

송신 호스트의 전송 계층에서는 효율적인 전송을 위해 상위 계층에서 전달받은 데이터를 패킷 단위로 분할한다. 수신 호스트는 하위 계층에서 전달받은 패킷을 원래의 데이터로 재결합한다. 송수신 호스트의 동작은 다음과 같다.

- 송신 호스트에서 패킷을 생성할 때, TCP를 사용하면 해당 패킷에는 TCP 헤더 정보가 포함되고, UDP를 사용하면 해당 패킷에는 UDP 헤더 정보가 포함된다.
- 수신 호스트는 전송받은 패킷의 헤더를 확인하여 TCP 패킷인지 UDP 패킷인지를 알 수 있다. TCP 패킷이면 TCP 프로토콜을 사용하여 재결합하고, UDP 패킷이면 UDP 프로토콜을 사용하여 재결합한다.

■ 응용 계층Application Layer

응용 계층은 다양한 유형의 응용 서비스를 개발할 수 있도록 공통의 응용 프로토콜을 정의하고 있다. 대표적인 응용 프로토콜로 SMTP, FTP, HTTP가 있으며 이러한 프로토콜들은 모두 TCP에서 구동된다. 이외에도 UDP에서 구동되는 DNS, SNMP 등의 프로토콜들이 있다.

2 TCP/IP 계층에 따른 주소

TCP/IP를 사용하는 인터넷에는 세 가지 주소가 있다. 데이터링크 계층에서 사용하는 주소가 물리 주소인 MAC 주소이며, 인터넷 계층(네트워크 계층)에서 사용하는 주소가 논리 주소인 IP 주소다. 응용 계층에서는 포트 주소를 사용한다.

■ 물리 주소

물리 주소physical address는 지역 네트워크에서만 유효한 주소로 보통 LAN 카드 주소, MAC 주소, NICNetwork Interface Card 주소라고도 한다. 물리 주소는 네트워크 내에서 프레임을 전달하는 데 사용되며, 이더넷에서는 물리 주소에 48비트를 사용한다. 이 주소는 목적지까지 전달되는 동안 중간 네트워크를 거칠 때마다 변경된다. 물리 주소에는 제조사 식별 번호와 카드의 일련번호가 표시되어 있다. [그림 13-2]는 물리 주소의 예를 나타낸다.

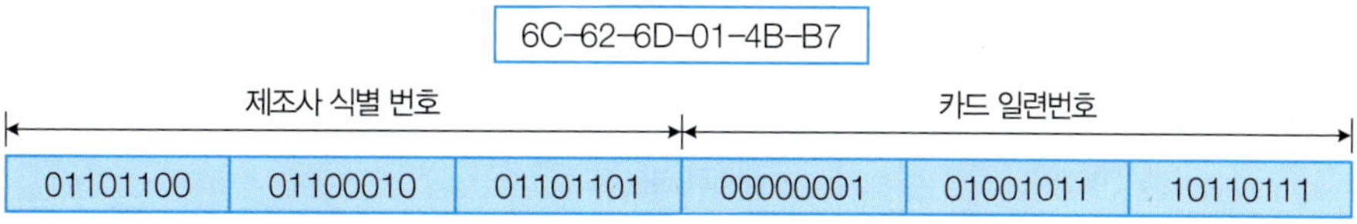

그림 13-2 물리 주소의 예

■ 논리 주소

논리 주소logical address는 물리적인 네트워크에 관계없이 각 호스트를 유일하게 식별할 수 있는 주소로, 인터넷에서 사용하는 논리 주소가 IP 주소다. 각 호스트에 할당된 IP 주소는 전 세계적으로 유일해야 한다. 즉, 중복되면 안 된다. 호스트 하나가 주소를 여러 개 사용할 수는 있지만 주소 하나가 여러 개의 호스트에 할당될 수는 없다. 논리 주소는 목적지까지 전달되는 동안 변경되지 않는다. IP 주소는 IPv4에서 32비트를 사용하고, IPv6에서 128비트를 사용한다.

■ 포트 주소

목적지 호스트에서는 여러 가지 프로세스가 동작한다. 물리 주소와 IP 주소를 이용하여 목적지 호스트까지 데이터가 도달하면, 데이터를 받게 될 프로세스를 식별하기 위해 포트 주소port address를 사용한다. 포트 주소는 포트 번호port number라고도 한다. 포트 번호는 16비트를 사용한다. 따라서 포트는 0~65535번으로 이루어져 있으며, 크게 세 가지 종류로 구분된다.

- 0~1023번 : 잘 알려진 포트well-known port, IANA에서 할당한 TCP, UDP 포트
- 1024~49151번 : 등록된 포트registered port, 기관이나 사업자들을 위해 IANA에서 관리하는 포트
- 49152~65535번 : 동적 포트dynamic port, 일반 사용자들이 자유롭게 사용할 수 있는 포트

잘 알려진 포트는 특정 용도로 할당한 TCP, UDP 포트 번호로 이루어져 있다. [표 13-1]은 잘 알려진 포트 중 자주 사용하는 포트를 정리한 것이다.

표 13-1 잘 알려진 포트 번호

포트 번호	프로토콜	용도
20	FTP⟨TCP⟩	FTP : 데이터 전송 포트
21	FTP⟨TCP⟩	FTP : 제어 포트
22	SSH⟨TCP⟩	Secure Shell : ssh, sftp 같은 프로토콜 및 포트 포워딩
23	Telnet⟨TCP⟩	텔넷 프로토콜 : 암호화되지 않은 텍스트 통신
25	SMTP⟨TCP⟩	Simple Mail Transfer Protocol : 이메일 전송 프로토콜
53	DNS⟨TCP, UDP⟩	Domain Name Server : 도메인 네임을 IP 주소로 변경해주는 서버
80	HTTP⟨TCP, UDP⟩	HyperText Transfer Protocol : 웹 페이지 전송 프로토콜
110	POP3⟨TCP⟩	Post Office Protocol 3 : 이메일 가져오기에 사용
123	NTP⟨UDP⟩	Network Time Protocol : 시간 동기화 프로토콜
443	HTTPS⟨TCP⟩	HyperText Transfer Protocol over Secure Sockets

IP 주소 뒤에 콜론(:)을 이용해 포트 번호를 표기한 IP 주소와 포트 번호의 조합을 소켓 주소 socket address라고 한다. 예를 들어, 포트 번호 443의 소켓 주소는 182.143.121.211:443 형태가 된다. TCP나 UDP 같은 전송 계층 프로토콜에서는 소켓 주소가 필요하다.

> **NOTE** IANA(Internet Assigned Numbers Authority)
>
> IANA는 인터넷 할당 번호 관리 기관의 약자로 IP 주소, 최상위 도메인 등을 관리하는 단체다. 현재 ICANN(Internet Corporation for Assigned Names and Numbers)이 관리하고 있다.

02 TCP/IP의 인터넷 계층 프로토콜

TCP/IP의 인터넷 계층은 OSI 모델의 네트워크 계층에서 수행하는 라우팅 기능을 담당한다. 전송 계층에서 내려온 세그먼트를 패킷으로 분할하여 데이터그램 방식으로 전달하므로 흐름 제어나 오류 제어를 수행하지 않는다. [그림 13-3]과 같이 일반적으로 네트워크를 구성하는 노드뿐 아니라 네트워크 간의 연결 역할을 하는 라우터에도 인터넷 계층의 라우팅 기능이 구현되어 있다.

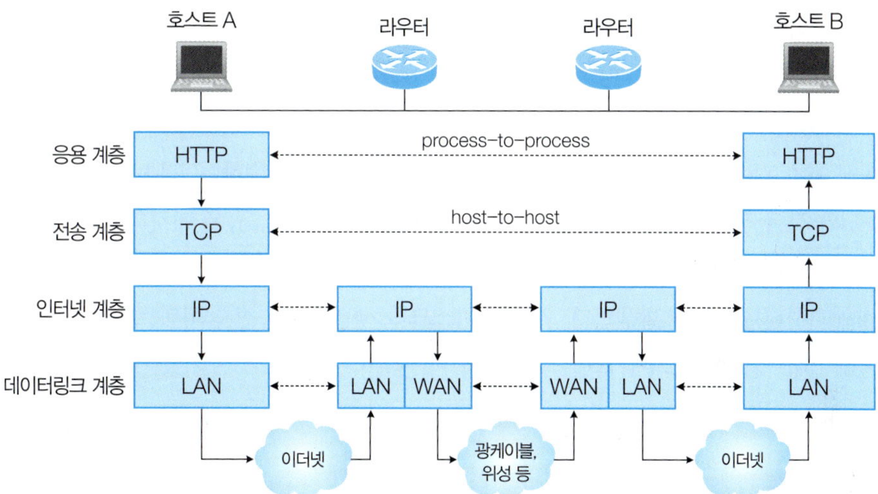

그림 13-3 TCP/IP의 네트워킹

TCP/IP의 인터넷 계층에는 [그림 13-4]와 같이 패킷 전달을 담당하는 IP 프로토콜 외에도 이를 지원하는 ICMP, IGMP, ARP, RARP 등이 있다. 그리고 라우팅 테이블을 갱신하는 데 사용하는 RIP, OSPF, BGP 등도 인터넷 계층에 들어 있다.

그림 13-4 TCP/IP의 인터넷 계층 프로토콜

1 IP

IPInternet Protocol는 TCP/IP에서 사용하는 네트워크 계층의 전송 메커니즘이다. IP는 신뢰성이 부족한 비연결형 데이터그램 프로토콜로, 최선의 노력으로 전송하는 서비스다. 여기서 최선의 노력best-effort이란 말은 IP가 오류 검사나 데이터그램 전송의 성공 여부 등에 대한 확인 기능을 제공하지 않는다는 의미다. 즉, IP는 패킷을 목적지까지 최선을 다해 전송하지만 전송을 보장하지는 않는다.

IP는 데이터그램datagram이라는 패킷으로 데이터를 전송한다. 각 데이터그램은 개별적으로 전송되며, 각기 다른 경로로 보내질 수 있으므로 순서대로 도착하지 않을 수도 있다. 또한 IP에는 목적지에 도착한 패킷을 순서대로 재정렬하는 기능도 없다. 따라서 IP는 최소한의 전송 기능만 제공한다. 그러나 주어진 응용에 필요한 다른 기능은 사용자가 자유롭게 추가할 수 있도록 함으로써 최대한의 효율성을 제공한다는 장점도 있다.

직접 전달과 간접 전달

IP는 송신 호스트와 수신 호스트의 IP 주소를 이용하여 패킷을 전송하며, 전송 방법에는 [그림 13-5]와 같이 직접 전달과 간접 전달이 있다. 직접 전달direct delivery은 패킷의 출발지와 목적지가 동일한 물리적인 네트워크에 연결되어 있을 때, 전달이 마지막 라우터와 목적지 호스트 사이에 수행되는 경우에 발생한다. 서브넷 마스크를 사용하여 송신자의 네트워크 주소Netid와 수신자의 네트워크 주소가 같으면 직접 전달이 수행된다.

간접 전달indirect delivery은 송신 호스트가 연결된 네트워크와 수신 호스트가 연결된 네트워크가 동일하지 않은 경우에 전달되는 방식이다. 간접 전달에서 패킷은 최종 목적지와 동일한 네트워크에 연결된 라우터에 도달할 때까지 여러 라우터를 경유하며, 마지막 라우터에서는 항상 직접 전달 방식으로 전달된다.

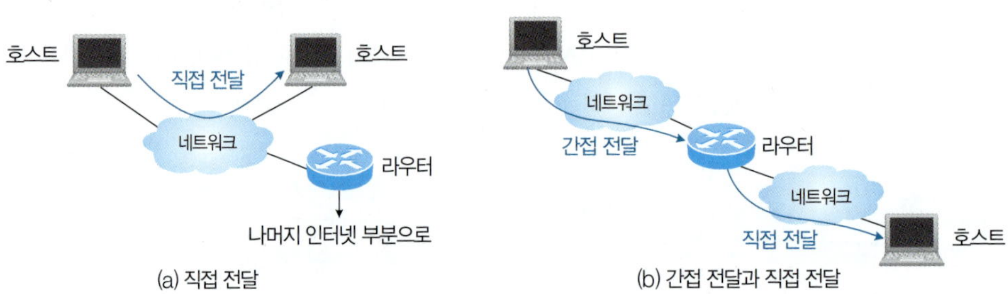

그림 13-5 패킷의 직접 전달과 간접 전달

IPv4 데이터그램 형식

인터넷 계층의 패킷을 데이터그램이라고 한다. [그림 13-6]과 같이 데이터그램은 헤더와 데이터의 두 부분으로 구성된 가변 길이의 패킷이다. 헤더는 기본 20바이트 크기에 옵션option 부분이 더해질 수 있어 최대 60바이트까지 확장된다. 헤더에는 경로 설정과 전달에 필요한 정보가 들어 있다. 헤더를 구성하는 각 필드의 기능은 다음과 같다.

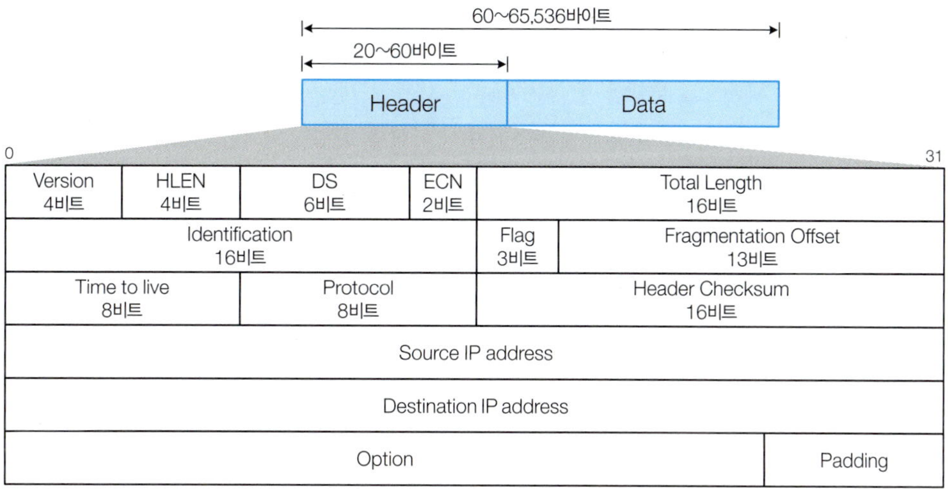

그림 13-6 IP 데이터그램 형식

- Version : IP 프로토콜의 버전을 나타낸다. IPv4에서 이 필드는 2진수로 0100(10진수로 4)이다.
- HLENHeader Length : 헤더의 전체 길이를 나타내며 4바이트(32비트)의 정수 배로 표시한다. 이 필드는 4비트이므로 필드 값은 최소 5(4×5=20바이트)에서 최대 15(4×15=60바이트)가 된다.
- DSDifferentiated Service : 트래픽의 서비스 등급을 나타낸다. DS는 6비트이므로 64개의 트래픽 클래스를 정의할 수 있다. 같은 서비스 등급에 대해서 라우터는 동일한 트래픽 처리를 한다. DS와 ECN 필드가 도입되기 전에는 8비트의 Service Type 필드로 정의되어 우선순위, 지연, 전송률, 신뢰성 등의 값을 지정할 수 있었다.
- ECNExplicit Congestion Notification : 혼잡 제어Congestion Control에 사용된다. 00이면 혼잡 제어를 수행하지 않음을 나타내고, 01이나 10이면 TCP가 혼잡 제어를 지원함을 나타낸다. 11이면 라우터가 혼잡이 발생했음을 표시하여 송신 측 TCP에게 알리는 역할을 한다.

- Total Length(전체 길이) : 데이터그램의 전체 길이를 바이트 단위로 나타낸다. 이 필드는 16비트이므로 최대 65,536바이트까지 나타낼 수 있지만 실제로는 데이터링크에서 전송하는 크기에 의해 제한된다. 보통 이더넷에서는 최대 1,500바이트 크기까지 전송할 수 있다.
- Identification(식별자) : 데이터그램이 다른 네트워크를 통과할 때 프레임의 크기를 맞추기 위해 송신 측에서 데이터그램을 분할한다. 분할되면 각각의 분할은 이 필드의 순서 번호로 구분된다.
- Flags(플래그) : 플래그 필드는 3비트로, 첫 번째 비트는 사용하지 않는다. 두 번째 비트는 DFDon't Fragment 플래그이고 세 번째 비트는 MFMore Fragment 플래그로 사용된다. 이 플래그들은 패킷이 더 작은 패킷으로 분할돼 전달되어야 하는 네트워크를 통과할 때 필요한 패킷 분할과 재조립에 사용된다. DF=0이면 분할화 가능, DF=1이면 불가능을 의미한다. MF=0이면 마지막 분할이거나 하나의 분할이고, MF=1이면 첫 번째 분할 또는 중간 분할을 의미한다.
- Fragmentation Offset(분할 옵셋) : 분할 옵셋은 패킷이 분할될 때 원래 데이터그램 내의 데이터 위치를 나타내는 포인터다. 예를 들어, 한 패킷을 3개의 패킷으로 분할하는 경우 첫 번째 패킷은 원 패킷의 맨 앞에 위치하므로 0 값을 갖는다. 두 번째 패킷은 첫 번째 패킷의 사용자 데이터 크기만큼 뒤에 위치하므로 그 위치 값을 갖는다. 첫 번째 패킷의 사용자 데이터가 400바이트인 경우 분할 옵셋 값은 400이 아니라 8의 정수 배인 50(= 400/8)이 된다. MF 비트는 뒤에 따라오는 분할된 패킷이 더 있는지를 나타낸다. 한 패킷을 3개로 분할한 경우 첫 번째와 두 번째 패킷은 바로 뒤에 연관된 분할 패킷이 있으므로 모두 1로 설정되며, 세 번째 패킷은 마지막 분할이므로 0으로 정해진다.
- TTLTime to Live : 패킷이 네트워크에 존재할 수 있는 수명을 나타낸다. 패킷이 목적지를 찾지 못하고 네트워크 내에서 떠돌아다니면 트래픽만 증가하고 네트워크 자원을 낭비하게 된다. TTL은 이러한 문제점을 방지하는 데 목적이 있다. 발신지 호스트는 데이터그램이 생성되면 이 필드에 초깃값을 설정한다. 데이터그램이 인터넷을 통해 전달되는 동안 각 라우터는 이 값을 1씩 감소하고, 이 값이 0이 되면 라우터가 데이터그램을 제거한다.
- Protocol(프로토콜) : IP 프로토콜을 사용하는 전송 계층 프로토콜을 나타낸다. 즉, 데이터 부분에 저장되는 정보가 어떤 상위 계층의 프로토콜 번호를 사용하는지 나타낸다. TCP이면 6, UDP이면 17이다.
- Header Checksum(헤더 검사합) : 헤더의 무결성을 검사하기 위하여 사용되는 필드로, 헤더만 검사하며 데이터 부분은 검사하지 않는다. 검출 방법은 1의 보수합 방법을 사용하는데, 오류가 검출되면 헤더 정보에 오류가 발생한 것이므로 패킷을 폐기한다.

- Source address(발신지 주소) : 32비트 크기로 송신 호스트의 IP 주소다.
- Destination address(목적지 주소) : 32비트 크기로 수신 호스트의 IP 주소다.
- Option(선택 사항) : 경로 기록, 타임 스탬프 등이 포함된다. 네트워크 시험이나 디버깅을 위한 ICMP 메시지에서 사용된다.
- Padding(패딩) : 헤더의 크기가 32비트의 정수 배가 되도록 무의미한 비트를 채우는 부분이다.

IPv6 데이터그램 형식

IPv6의 데이터그램은 [그림 13-7]과 같이 필수적인 기본 헤더Base Header와 페이로드Payload로 구성된다. 페이로드는 선택적인 확장 헤더Extension Header와 상위 계층 데이터의 두 부분으로 구성되어 있다. 기본 헤더의 길이는 40바이트이며, 확장 헤더와 상위 계층 데이터의 길이는 최대 65,536바이트다.

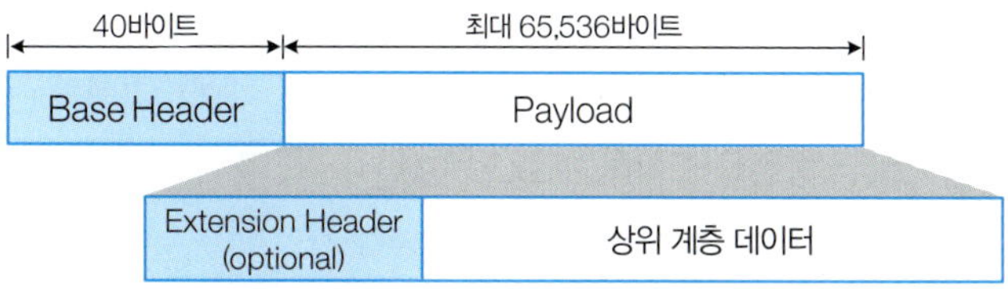

그림 13-7 IPv6 데이터그램 구조

기본 헤더와 확장 헤더의 구성은 [그림 13-8]과 같다.

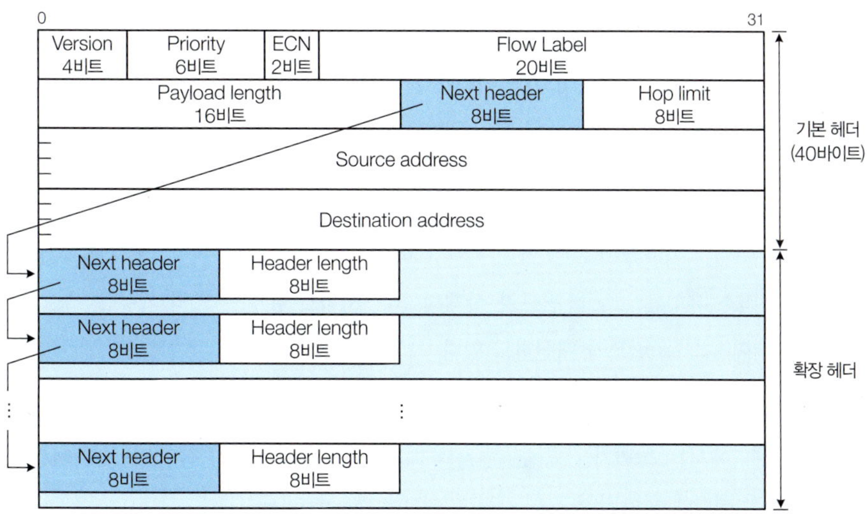

그림 13-8 IPv6 데이터그램의 기본 헤더와 확장 헤더 형식

- Version : IP 프로토콜의 버전을 나타낸다. IPv6에서 이 필드는 2진수로 0110(10진수로 6)이다.
- Priority(우선순위) : 트래픽 혼잡에 대한 패킷의 우선순위를 정의한다.
- ECNExplicit Congestion Notification : 혼잡 제어 가능 여부와 혼잡 발생을 알리기 위해 사용한다(상세한 내용은 IPv4에서 설명함).
- Flow Label(흐름 제어) : 특정 서비스의 스트림stream을 식별하는 데 사용한다. 동일한 흐름에 대해서는 동일한 처리가 이루어진다. 원래 IP는 비연결형으로 설계되었으나 IPv6를 연결 지향형 프로토콜로 사용할 수 있게 한다.
- Payload length(페이로드 길이) : 사용자 데이터의 크기를 바이트 단위로 나타낸다.
- Next header(다음 헤더) : 다음에 오는 헤더의 종류를 나타낸다. 이 필드에 표시할 수 있는 헤더는 IPv6의 확장 헤더일 수도 있고, 상위 계층인 TCP나 UDP의 헤더일 수도 있다. 확장 헤더가 없는 경우에는 TCP나 UDP 헤더가 된다.
- Hop limit(홉 제한) : 이 값은 송신 측에서 데이터그램이 전송될 때 정해진다. 데이터그램의 수명으로 작용하며, 네트워크에서 통과하는 라우터의 최대 개수를 의미한다. 각 라우터를 거쳐 전달될 때마다 1씩 감소되며, 0이 되면 라우터에서 데이터그램이 폐기된다.
- Source address(발신지 주소) : 16바이트(128비트) 크기로 데이터그램의 최초 발신지를 나타내는 인터넷 주소다.
- Destination address(목적지 주소) : 16바이트(128비트) 크기로 데이터그램의 최종 목적지를 나타내는 인터넷 주소다.

기본 헤더의 길이는 40바이트로 고정되어 있다. 그러나 IP 데이터그램에 보다 많은 기능을 제공하기 위하여 기본 헤더 뒤에 6개까지 확장 헤더를 둘 수 있다. IPv6의 헤더를 IPv4와 비교하면 다음과 같다.

❶ IPv6는 헤더의 길이가 고정되어 있기 때문에 헤더 길이header length 필드가 삭제되었다.

❷ IPv6에서는 서비스 유형service type 필드가 삭제되었다. 서비스 유형 필드의 기능을 우선순위priority와 흐름 제어flow label 필드가 대신하고 있다.

❸ IPv6에서는 전체 길이total length 필드가 삭제되고 페이로드 길이payload length 필드로 대체되었다.

❹ IPv6의 기본 헤더에서는 식별자identification, 플래그flag, 옵셋offset 필드가 삭제되었다. 이 필드들은 단편화 확장 헤더에 포함되었다.

❺ IPv6에서는 TTL 필드를 홉 제한hop limit 필드로 부른다.

❻ IPv6에서는 프로토콜 필드가 다음 헤더next header 필드로 대체되었다.

❼ IPv6에서는 헤더 검사합header checksum 필드가 삭제되었다. 검사합은 상위 계층 프로토콜에서 계산한다.

❽ IPv6에서는 선택 사항option 필드를 확장 헤더extension header로 구현한다.

2 ARP

ARPAddress Resolution Protocol는 IP 주소(인터넷 주소)를 물리 주소로 변환하는 프로토콜이다. LAN과 같은 네트워크에서 링크로 연결된 각 장치는 NICNetwork Interface Card의 물리 주소 또는 MAC 주소에 의해 구분된다. 물리 주소는 내부적으로 사용되는 주소이며 쉽게 변경할 수 있다. 예를 들어, 특정 호스트의 NIC가 고장 나면 물리 주소는 바뀐다. 그러나 IP 주소는 전 세계적으로 공인된 주소다. ARP는 IP 주소를 알고 있을 때 노드의 물리 주소를 찾는 데 사용된다.

[그림 13-9]와 같이 ARP는 ARP 요청 패킷을 네트워크로 방송(브로드캐스트)한다. 네트워크의 모든 호스트는 ARP 패킷을 수신하지만 해당 수신 호스트만 IP 주소를 인식하고 자신의 물리 주소를 ARP 응답 패킷에 포함시켜서 되돌려 보낸다. 여기서 주목할 점은 요청 패킷을 보낼 때는 모든 호스트에 브로드캐스트되지만 응답 패킷은 유니캐스트된다는 점이다.

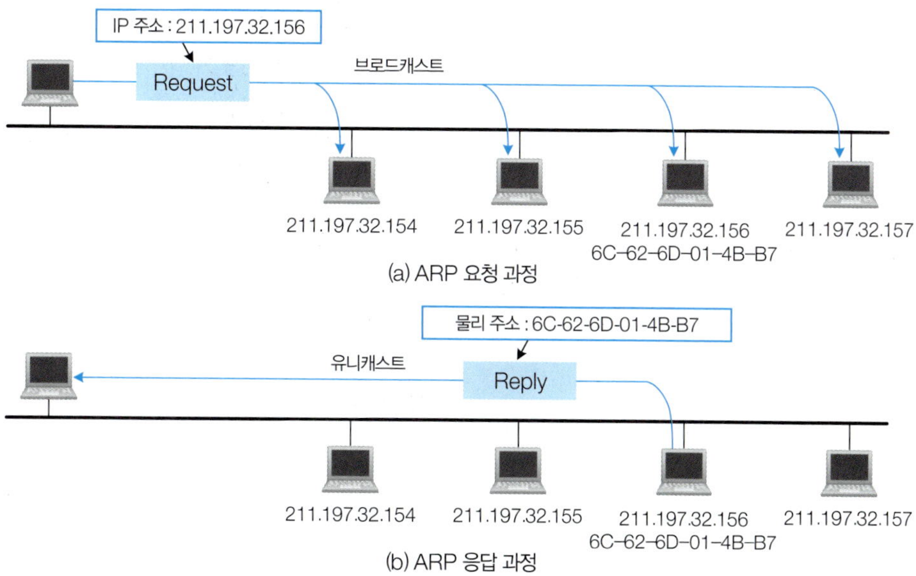

그림 13-9 ARP의 동작 과정

3 RARP

RARPReverse ARP는 호스트의 물리 주소를 알고 있을 때 IP 주소(논리 주소)를 알려주는 프로토콜이다. 이 프로토콜은 컴퓨터가 처음으로 네트워크에 접속될 때, 하드디스크와 같은 보조기억 장치가 없어서 IP 주소를 저장하고 있지 않은 컴퓨터가 부팅되었을 때 IP 주소를 획득하기 위하여 사용된다.

RARP는 ARP와는 별도로 RARP 기능을 수행할 서버가 필요하며, ARP와 비슷하게 동작한다. IP 주소를 검색하려는 호스트 A는 물리 주소를 포함한 RARP 요청 패킷을 네트워크로 브로드캐스트한다. 브로드캐스트된 RARP 요청 패킷은 네트워크에 있는 모든 호스트가 수신하지만 RARP 서버만 응답한다. 이때 RARP 서버는 실려온 물리 주소에 해당하는 IP 주소를 실어서 호스트 A에게 유니캐스트로 응답한다.

4 ICMP

ICMPInternet Control Message Protocol는 데이터그램에 문제가 발생한 경우 해당 데이터그램을 전송한 송신자에게 그 문제점을 알려주는 프로토콜이다. IP 프로토콜에는 오류 보고와 오류 수정 기능, 호스트 관리와 질의를 위한 메커니즘이 없기 때문에 이를 보완하기 위해 ICMP가 설계되었다. ICMP를 이용한 대표적인 예로 ping이 있다.

ICMP 메시지는 두 종류로 나눌 수 있는데, 하나는 오류 보고error-reporting 메시지이고 다른 하나는 질의query 메시지다. 오류 보고 메시지는 라우터나 목적지 호스트가 IP 패킷을 처리하는 도중에 발견한 문제를 보고하는 메시지다. 질의 메시지는 요구/응답의 쌍으로 발생하는데 호스트나 네트워크 관리자가 다른 호스트로부터 특정 정보를 획득하는 데 사용된다. ICMP는 제어와 오류 메시지를 처리할 때 문제점을 보고만 할 뿐 오류를 복구하지는 않는다. 복구에 대한 책임은 송신자에게 있다. [표 13-2]는 ICMP의 주요 메시지를 정리한 것이다.

ICMP 메시지는 IP 서비스를 이용하여 발신지에 전송된다. ICMP 메시지 형식은 일반 패킷과 마찬가지로 헤더와 사용자 데이터 부분으로 구성되는데, 사용자 데이터 부분은 문제가 발생한 패킷의 헤더 부분과 데이터의 앞쪽 8바이트로 구성된다. [그림 13-10]은 ICMP 메시지 형식을 보여준다.

표 13-2 ICMP의 주요 메시지

타입	메시지 이름	용도	종류
3	Destination unreachable	수신 측에 패킷이 전달될 수 없음	오류 보고
4	Source quench	혼잡 발생으로 패킷이 폐기됨을 알림	오류 보고
11	Time exceeded	수명이 다해 패킷이 폐기됨을 알림	오류 보고
12	Parameter problem	패킷 헤더에 문제 발생	오류 보고
8/0	Echo request/reply	메시지를 되돌려 보낼 것을 요구/응답	질의 메시지
13/14	Time stamp request/reply	패킷의 왕복 시간을 측정하기 위해 시간 정보 요구/응답	질의 메시지

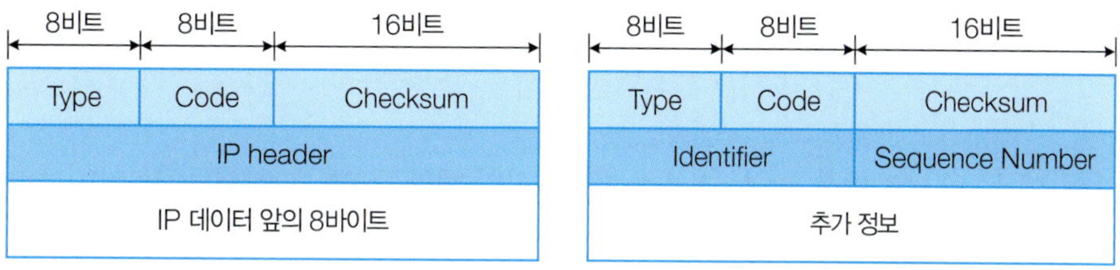

(a) 오류 보고 메시지 (b) 질의 메시지

그림 13-10 ICMP 메시지 형식

Type 필드는 ICMP 메시지의 유형을 나타내고, Code 필드는 특정 메시지 유형의 이유를 나타낸다. Checksum(검사합)은 전체 메시지에 대한 체크섬 기능을 지원한다. 오류 보고 메시지에서 IP 데이터의 앞 부분을 포함하는 것은 전송 계층 프로토콜의 헤더 부분을 포함시켜서 관련된 정보를 얻을 수 있게 하기 위함이다.

ICMP는 인터넷 계층(네트워크 계층) 프로토콜이지만 이 프로토콜 메시지는 직접 데이터링크 계층으로 전달되지 않는다. 대신 메시지는 하위 계층으로 가기 전에 [그림 13-11]과 같이 IP 데이터그램 내에 캡슐화된다.

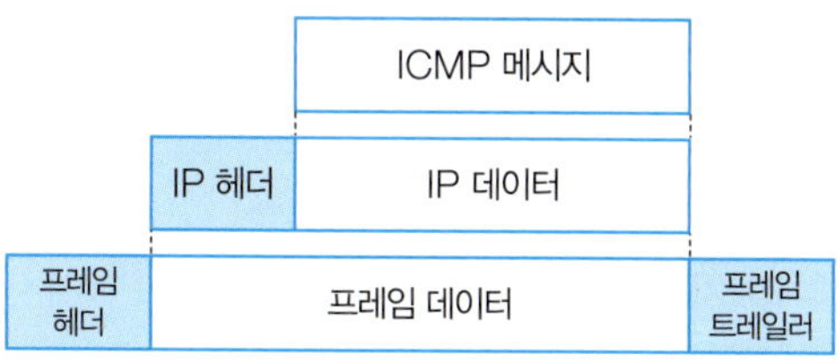

그림 13-11 ICMP 패킷의 캡슐화

5 IGMP

특정 그룹에 속하는 모든 호스트에게 메시지를 전송하는 방식을 멀티캐스팅multicasting이라고 한다. 그리고 이때 필요한 라우팅 알고리즘을 멀티캐스트 라우팅multicast routing이라고 한다. 멀티캐스트 라우팅에서는 다수의 호스트를 논리적인 하나의 단위로 관리하기 위한 그룹 관리 기능이 필요하다. 그룹 관리의 주요 기능에는 그룹의 생성 및 제거, 호스트의 그룹 참가 및 탈퇴 등이 있다.

IGMPInternet Group Management Protocol는 임의의 호스트가 멀티캐스트 주소로 정의된 그룹에 가입하거나 탈퇴할 때 사용하는 프로토콜이다. 또한 그룹에 가입한 호스트와 라우터 사이에 멤버 정보를 교환하는 용도로도 사용된다. IGMP 프로토콜은 멀티캐스트 네트워크를 기반으로 구성되는 IPTV 서비스에서 여러 호스트(수신자)에게 채널을 효과적으로 전송하는 데 많이 사용되고 있다.

[그림 13-12]는 IGMP 버전 2에서 사용하는 메시지의 헤더 구조를 나타낸다. IGMP 메시지는 ICMP 메시지처럼 IP 패킷에 실려서 전달된다. IGMP 메시지는 크게 질의 메시지query message와 보고 메시지report message로 구분된다. 멀티캐스트 라우터는 그룹에 대한 정보를 얻기 위해 호스트에 질의 메시지를 전달하며, 이에 대한 응답으로 호스트가 보고 메시지를 회신한다. 그림에 표시된 IPv4의 클래스 D 주소는 멀티캐스트 주소다.

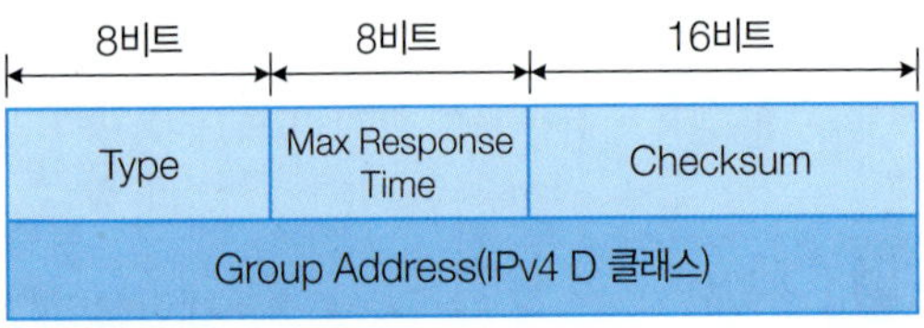

그림 13-12 IGMP 헤더 구조

- Type(유형) : 크게 세 가지 값을 갖는다. 0x11은 멀티캐스트 라우터가 전송하는 질의 메시지이며, 0x16은 호스트가 전송하는 보고 메시지다. 0x17은 그룹 탈퇴에 관한 메시지로, 특정 그룹에 소속된 마지막 멤버의 탈퇴와 관련된다. 이전 버전과의 호환성을 위해 0x12가 보고 메시지로 사용될 수 있다.
- Max Response Time(최대 응답 시간) : 질의 메시지에만 사용된다. 질의에 대해 보고 메시지가 전송되어야 하는 최대 응답 시간을 나타낸다. 라우터는 이 값을 조정해 탈퇴 지연시간을 조율할 수 있다. 탈퇴 지연시간은 특정 그룹에서 마지막 호스트가 탈퇴한 시간과 라우팅 프로토콜이 이 사실을 인지한 시간의 차이다.

- Checksum(검사합) : 오류 검출용으로 사용된다.
- Group Address(그룹 주소) : 질의 메시지는 0으로 채우고, 보고 메시지에는 호스트가 가입하길 원하는 그룹 주소를 표기한다. 특정 그룹 관련 질의 메시지에는 해당 그룹의 주소를 표기한다.

[그림 13-13]은 IGMP 동작 과정을 나타낸다. (a)처럼 그룹에 가입하려면 해당 멀티캐스트 주소를 표기한 IGMP 보고 메시지를 전송해야 한다. IGMP 헤더의 Group Address 필드에는 가입하길 원하는 멀티캐스트 주소를 기록한다. 멀티캐스트 라우터가 그룹에 속한 멤버 목록을 유효하게 관리하려면 IGMP 질의 메시지를 사용해 주기적으로 확인하는 과정이 필요하다. 개별 호스트가 자신의 그룹 멤버를 유지하려면 (b)처럼 IGMP 보고 메시지를 사용해 IGMP 질의에 응답해야 한다. (c)처럼 라우터의 질의 메시지에 대해 호스트의 보고 메시지 응답이 이루어지지 않으면 그룹에서 탈퇴한 것으로 간주된다.

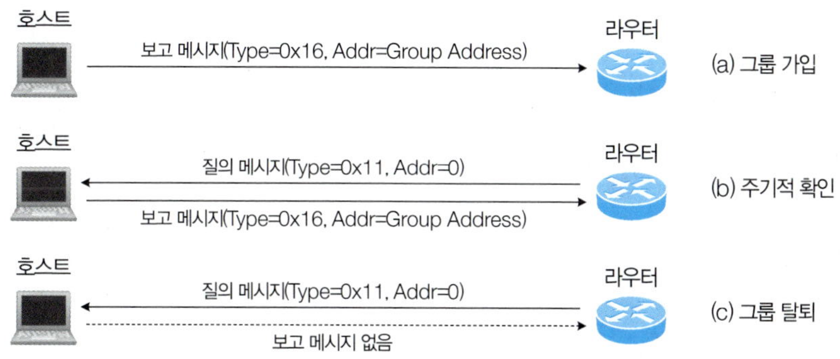

그림 13-13 IGMP 동작 과정

IGMP는 IP 프로토콜과 동등한 계층의 기능을 수행한다. 이 프로토콜 메시지는 직접 데이터링크 계층으로 전달되지는 않고 IP 패킷에 캡슐화되어 전송된다. [그림 13-14]와 같이 IGMP 메시지는 IP 프로토콜의 데이터로 처리되기 때문에 IP 패킷의 헤더에 실려서 데이터링크 계층 프로토콜로 전달된다.

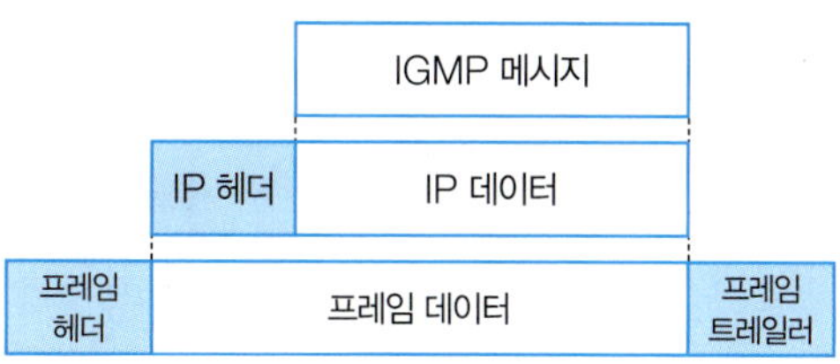

그림 13-14 IGMP 패킷의 캡슐화

03 TCP/IP의 전송 계층 프로토콜

TCP/IP의 전송 계층에는 TCPTransmission Control Protocol와 UDPUser Datagram Protocol 프로토콜이 있다. UDP는 TCP보다 단순하고 오버헤드가 작다. 신뢰성이나 보안성보다 크기와 속도가 더 중요할 때 UDP를 사용하고, 종단 간end-to-end 전달에서 신뢰성이 요구되면 TCP를 사용한다. IP는 발신지 호스트에서 목적지 호스트까지 패킷을 전달할 책임이 있는 네트워크 계층 프로토콜인 반면, TCP와 UDP는 각 호스트 내에서 동작하는 프로세스에서 프로세스까지 메시지를 전달할 책임이 있는 전송 계층 프로토콜이다.

프로세스process는 실행 프로그램을 말한다. 각 호스트는 동시에 여러 개의 프로세스를 실행할 수 있으며 그 프로세스 중 하나가 최종 목적지가 될 수도 있다. TCP/IP의 전송 프로토콜은 포트port라는 개별 프로세스에 대한 개념적인 연결을 규정하고 있다. 포트는 특정 프로세스가 사용하는 데이터를 저장하기 위한 목적지 포인트(일반적으로 버퍼)다. 호스트의 운영 체제Operating System, OS는 프로세스와 이에 대응하는 포트 간 인터페이스를 제공한다.

IP는 호스트 대 호스트 프로토콜이므로 패킷을 하나의 물리 주소로부터 다른 물리 주소로 전달할 수 있다. 마찬가지로 TCP/IP의 전송 계층 프로토콜은 포트 대 포트 프로토콜이므로 패킷을 발신지 포트에서 목적지 포트로 전송한다.

1 TCP

TCP는 신뢰성 있는 연결 지향connection-oriented 프로토콜이다. 또한 전이중 방식의 양방향 가상 회선을 제공하므로 스트림 데이터 서비스에 적합하다. 신뢰성이 있다는 말은 확인 응답을 사용하여 목적지에서 데이터를 오류 없이 수신하였는지 검사한다는 뜻이다. 또한 연결 지향은 송수신 간 데이터를 전송하기 전에 먼저 연결을 설정하고 데이터를 보낸다는 뜻이다.

연결 지향 프로토콜은 전송 도중에 발생한 오류를 제어하므로 데이터가 손실될 확률은 낮지만 시간과 비용이 든다는 단점이 있다. 따라서 TCP는 오류에 민감한 응용에 적합한 전송 프로토콜이다.

TCP 세그먼트 구조

TCP에서는 메시지를 세그먼트segment라는 작은 단위로 나누고, 각각의 세그먼트에 순서 번호를 부여하여 IP 데이터그램에 넣어서 네트워크 링크를 통해 전송한다. 수신 측에서는 데이터그램이 들어오는 대로 모아서 세그먼트의 순서 번호에 따라 재정렬하여 메시지를 복원한다. [그림 13-15]는 TCP 세그먼트의 구조를 나타낸다.

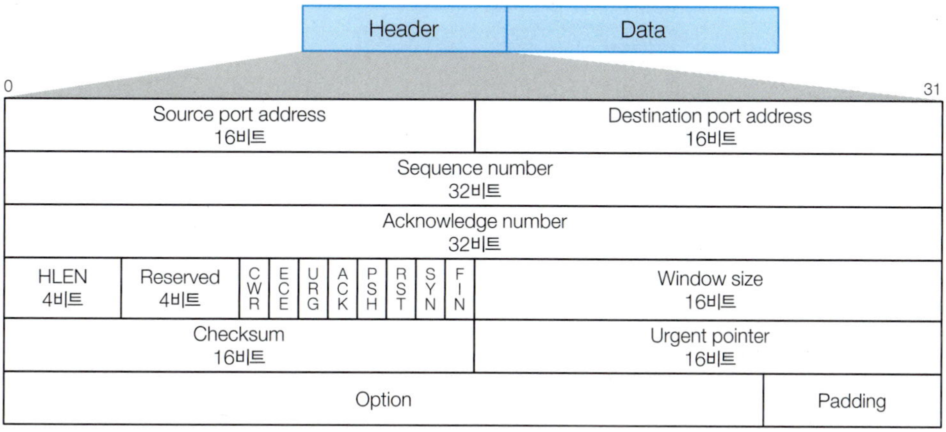

그림 13-15 TCP 세그먼트 구조

- Port address(포트 주소) : TCP 계층에서 사용하는 주소다. 포트 번호는 16비트 크기로 TCP 서비스를 이용하는 응용 프로세스와의 대응 관계를 나타낸다. 다수의 응용 프로세스가 동시에 TCP를 이용하기 때문에 송신 측과 수신 측 모두에서 TCP 사용자를 식별할 수 있는 포트 번호를 사용한다.
- Sequence number(순서 번호) : 송신 프로세스가 지정하는 순서 번호다. 세그먼트 전송 과정에서 전송되는 바이트 수를 기준으로 증가한다. 즉, TCP에서는 전송 데이터의 각 바이트마다 순서 번호가 존재한다. 예를 들어, 세그먼트의 크기가 0에서 999바이트까지 총 1,000바이트로 이루어져 있다면 이 세그먼트의 순서 번호는 0이 된다. 그리고 다음 세그먼트의 순서 번호는 1000이 된다. 순서 번호 필드는 32비트이므로 최대 범위가 2^{32}개로 충분히 커서 중복될 염려는 없다. 송신 프로세스가 최초 데이터를 전송할 때는 임의의 순서 번호를 선택해 전송한다. 이는 전송 연결이 예기치 않은 이유로 끊어졌을 때 순서 번호에 혼선이 일어나는 것을 방지하기 위함이다.

- Acknowledge number(확인 응답 번호) : 수신 측에서 수신한 세그먼트의 마지막 바이트의 순서 번호보다 1 큰 번호로 확인 응답한다. 이 숫자는 다음에 수신을 기대하는 바이트의 순서 번호다.
- HLEN(헤더 길이) : 헤더 길이를 4바이트 단위로 나타낸다. 4비트는 0~15까지의 수를 나타낼 수 있으므로 헤더의 최대 길이는 60(=4×15)바이트가 된다. 헤더의 최소 길이는 20바이트이므로 나머지 40바이트를 옵션으로 사용할 수 있다.
- Reserved(예약) : 나중에 사용할 수 있도록 예약된 필드다.
- Control(제어) : 6비트 제어 필드의 각 비트는 개별적으로 독립적인 기능을 수행한다. 각 비트는 세그먼트의 사용을 나타내거나 다른 필드의 유효성을 확인하는 역할을 한다.
  - CWRCongestion Window Reduced : 이 비트가 1로 설정되면 송신 측에서 혼잡 윈도 크기를 줄였음을 나타낸다.
  - ECEECN Echo : 혼잡이 발생하였음을 알리는 ECNExplicit Congestion Notification을 송신 측에 알리는 비트다.
  - URGurgent : 이 비트가 1로 설정되면 긴급 포인터Urgent pointer 필드가 유효하게 된다.
  - ACKacknowledgement : 이 비트가 1로 설정되면 확인 응답 번호 필드가 유효하게 된다.
  - PUHpush : 현재 세그먼트에 포함된 데이터를 상위 계층에 즉시 전달하도록 지시할 때 사용한다.
  - RSTreset : 순서 번호에 혼동이 있을 때 연결을 재설정하기 위해 사용한다.
  - SYNsynchronize : TCP 연결 설정을 요구하는 비트다.
  - FINfinish : TCP 연결 해제를 요구하는 비트다.
- Window size(윈도 크기) : 슬라이딩 윈도에서 수신 측이 수신할 수 있는 윈도 크기를 나타낸다.
- Checksum(검사합) : 오류 검출을 위한 16비트 체크섬으로, 세그먼트 전체에 대한 1의 보수 합 방식을 사용한다.
- Urgent pointer(긴급 포인터) : 제어 필드에서 URG 비트가 1로 설정되면 긴급 포인터는 유효하게 된다. 이 경우 송신자는 수신자에게 세그먼트 데이터 부분에 긴급 데이터가 있다는 것을 알려준다. 이 포인터는 긴급 데이터의 끝과 일반 데이터의 시작을 나타낸다.

- Options & padding : 선택 사항과 패딩(채우기) 필드는 수신자에게 추가 정보를 전달하거나 정렬하기 위한 목적으로 사용한다.

기존의 Reserved 필드를 사용하여 새롭게 추가된 CWR, ECE 플래그는 네트워크의 명시적 혼잡 통보Explicit Congestion Notification, ECN를 위한 플래그다. ECN을 사용하지 않는 기존 네트워크에서는 타임아웃을 이용하여 혼잡 상황을 인지하였다. 그러나 처리 속도에 민감한 응용 프로그램에서는 이런 대기 시간조차 아깝기 때문에 송신자와 수신자에게 네트워크의 혼잡 상황을 명시적으로 알리기 위한 특별한 메커니즘이 필요한데, 이것이 바로 ECN이다. 이때 CWR, ECE, ECT, CE 플래그를 사용하여 상대방에게 혼잡 상태를 알려줄 수 있는데, 이 중에서 CWR, ECE는 TCP 헤더에 존재하고 ECT, CE는 IP 헤더에 존재한다.

NOTE 혼잡 제어(congestion control)

네트워크에 트래픽이 증가하여 라우터에서 패킷을 전송 처리하는 시간이 길어지면 혼잡 제어 기능이 수행된다. 지연시간이 길어지면 네트워크의 경로 배정 기능에 의하여 상대적으로 지연이 적은 우회 경로로 패킷을 전송한다. 혼잡이 네트워크의 한 부분에서 국지적으로 발생하면 해당 부분의 라우터를 우회하는 경로 배정으로 혼잡을 해결할 수 있다.

그러나 트래픽이 꾸준히 증가하면 국지적인 혼잡에서 점차 네트워크 전체적인 혼잡으로 퍼지게 되어 경로 배정 기능만으로는 해결할 수 없게 된다. 따라서 혼잡 상황이 감지되면 혼잡 정도가 심해지기 전에 적절하게 대응해야 한다. 혼잡을 해결할 수 있는 기본적인 방법은 라우터에서 혼잡이 감지되었을 때 이 상황을 송신 측에 알려서 데이터 전송 시도를 줄이거나 막는 것이다.

TCP 연결 설정

TCP는 데이터를 전송하기 전에 두 프로세스 사이에 논리적인 연결을 설정한다. TCP 연결은 양방향 전송을 위한 것으로 3-단계 핸드셰이킹3-way handshaking을 통해서 이루어진다. 연결 요구와 이에 대한 응답 과정을 3-단계로 처리하는 이유는 연결 요구와 응답 메시지가 전송 도중 유실되거나 지연이 발생하면 추후에 발생하는 연결 요구와 응답 메시지에서 중복이 발생하여 잘못된 연결이 설정될 가능성이 있기 때문이다. 보안 측면에서 보면 공격에 따른 연결 가로채기 등의 가능성도 존재한다. 이와 같은 문제점을 피하기 위해 보다 엄격한 협상 과정인 3-단계 핸드셰이킹을 수행한다.

[그림 13-16]은 클라이언트-서버 모델의 TCP 연결 과정을 나타낸다. 3-단계 핸드셰이킹에서는 연결 설정을 위해 SYN 메시지를 주고받는다. 이때 SYN 메시지에 임의의 순서 번호를 붙여 전송하는데, 이 순서 번호는 연결이 완성된 후 메시지 전송이 시작될 때 사용된다. 메시지 전송이 양방향으로 이루어지므로 양방향에서 독립적으로 임의의 순서 번호를 설정하여 전송한다. 클라이언트에서 보낸 SYN 메시지를 수신한 서버는 이에 대한 응답으로 순서 번호를 1 증가시켜서 ACK 메시지를 보낸다. 이때 서버는 연결 요구를 위한 SYN 메시지도 함께 보낸다. 임의의 순서 번호를 사용함으로써 연결 요청이 다른 연결 요청과 겹치는 현상을 막는 효과와 보안 공격자들의 가로채기 공격을 어렵게 하는 효과를 볼 수 있다.

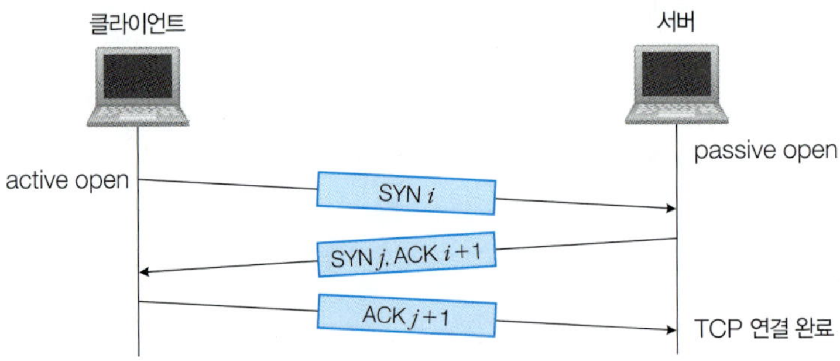

그림 13-16 TCP 연결 설정 과정

TCP 연결을 시도할 때 클라이언트와 서버의 동작이 다르다. 서버는 클라이언트의 연결 시도를 기다리는 수동적 열기passive open를 하지만, 클라이언트는 능동적 열기passive open를 시도하여 먼저 SYN 메시지를 전달한다. 서버의 수동적 열기란 열기를 수행하지만 SYN 메시지를 전송하지 않고 SYN 메시지가 오기를 기다리는 상태를 말한다. 이 경우 클라이언트가 전송한 SYN 메시지를 수신하면 이에 호응하여 ACK와 함께 SYN 메시지를 전송한다. 마지막으로 클라이언트가 서버에서 보낸 SYN 메시지에 ACK로 응답함으로써 연결이 완성된다. 만약 클라이언트가 능동적 열기로 SYN 메시지를 전달했는데 서버가 수동적 열기를 하지 않은 상태이면 SYN 메시지에 대한 호응이 없기 때문에 열기에 실패한다. 따라서 클라이언트의 능동적 열기 이전에 서버의 수동적 열기가 우선되어야 TCP 연결이 성공한다.

TCP 연결 해제

TCP 연결 해제는 [그림 13-17]과 같은 4-단계 핸드셰이킹4-way handshaking을 통해서 이루어진다. 연결 해제 요구 메시지로는 FIN 메시지가 사용되며, FIN 메시지가 전달될 때 순서 번호도 함께 전달된다. FIN 메시지를 수신한 쪽에서는 ACK 메시지를 전송한다. 이때 FIN 메시지의 순서 번호보다 1 증가된 번호를 ACK와 함께 전송해야 한다. 이와 같은 핸드셰이킹이 양방향 모두에서 독립적으로 발생한다. 한쪽의 메시지 전달이 끝났다고 해서 다른 방향의 메시지 전송이 끝나는 것이 아니고, 각 방향마다 독립적인 연결 해제 요구와 응답이 있어야 한다.

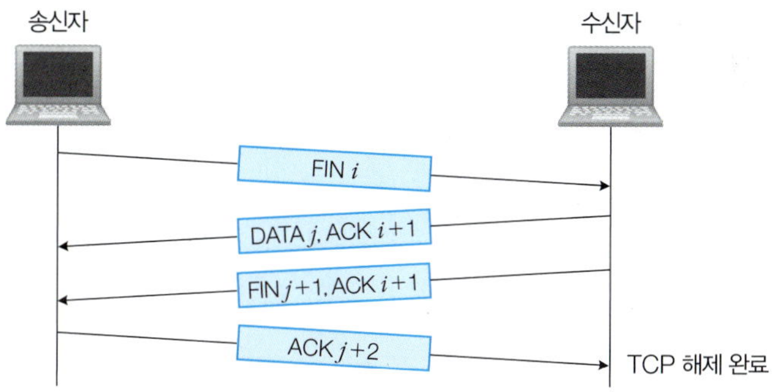

그림 13-17 TCP 연결 해제 과정

TCP 세그먼트 전달 과정

TCP는 신뢰성 있는 데이터 전송을 위해 슬라이딩 윈도sliding window 흐름 제어와 go-back-N ARQ 오류 제어를 사용한다. HDLC에서는 순서 번호로 프레임의 순서 번호를 사용하는 데 비해, TCP에서는 데이터의 바이트당 순서 번호를 사용한다는 점이 다르다. 또한 고정된 윈도 크기를 사용하지 않고 수신 측의 수신 버퍼 상태를 고려하여 가변적인 윈도 크기를 송신자에게 알려준다. 이것을 크레딧credit이라고 한다. 만약 윈도 크기를 0으로 하면 송신자는 더 이상 데이터를 보낼 수 없으며, 수신자가 다시 적절한 윈도 크기를 정해줄 때까지 데이터 전송을 멈추고 기다려야 한다.

수신된 데이터의 응답은 ACK 메시지를 보냄으로써 이루어지는데, 세그먼트를 받을 때마다 응답하는 것이 아니라 여러 개의 세그먼트를 받고 난 후 최종 세그먼트에 대해 한 번에 ACK를 보내는 누적된 응답 방식을 사용한다. 수신된 세그먼트에서 오류가 검출되면 부정 응답NAK을 보내지 않는다. 그러면 송신 측에서는 전송한 세그먼트에 대한 응답을 기다리다가 응답에 대한 타임아웃이 발생함에 따라 자동 재전송을 한다. 이를 위해서 송신 측에서는 전송되는 각 세그먼트마다 타임아웃을 위한 타이머를 설정한다. 또한 오류가 검출되지 않더라도 응답이 제때에 오지 않으면 타임아웃에 의한 자동 재전송이 이루어진다. 일반적으로 타임아웃 값은 왕복 시간Round Trip Time, RTT보다 약간 크게 설정된다. [그림 13-18]은 세그먼트 전송 과정에서 오류가 검출된 경우의 처리 과정을 나타낸다.

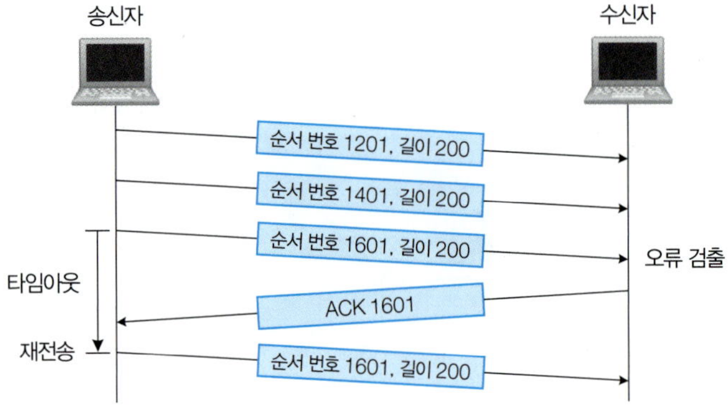

그림 13-18 TCP에서 오류 검출에 의한 재전송 과정

캡슐화와 역캡슐화

TCP는 전송 계층에서 정의된 대부분의 기능을 지원해야 한다. 한 응용 프로그램에서 다른 응용 프로그램으로 메시지를 전송하기 위해 TCP 프로토콜은 메시지를 캡슐화하고 역캡슐화한다. [그림 13-19]는 캡슐화와 역캡슐화 과정을 나타낸다.

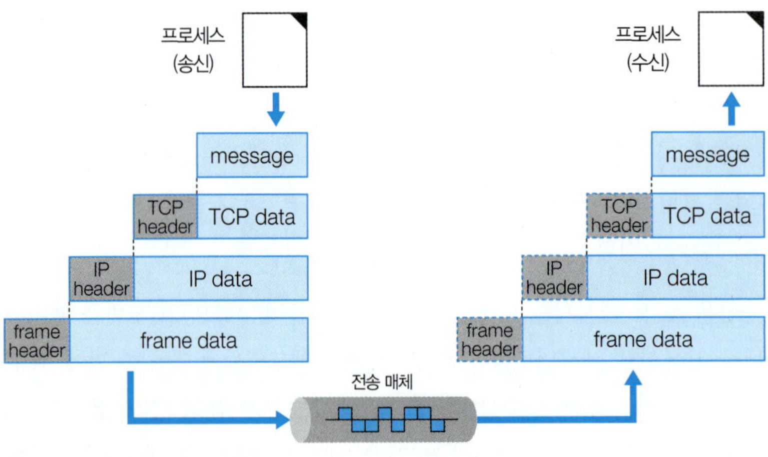

그림 13-19 캡슐화와 역캡슐화

다중화와 다중복구화

TCP/IP 프로토콜에서 TCP는 단지 하나이지만 TCP의 서비스를 이용하려는 응용 프로그램은 여러 개가 있을 수 있다. 이러한 상황을 처리하기 위해 TCP는 [그림 13-20]과 같이 다중화multiplexing와 다중복구화demultiplexing를 사용한다.

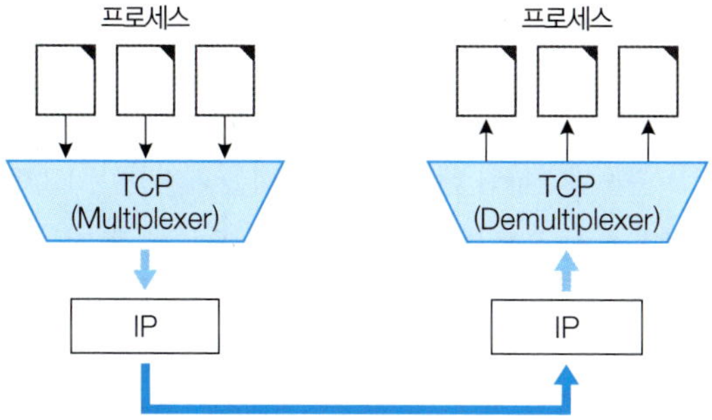

그림 13-20 다중화와 다중복구화

2 UDP

UDPUser Datagram Protocol는 비신뢰성의 비연결형 프로토콜이다. 즉, 연결하지 않고 바로 데이터를 보내며 오류 검사도 수행하지 않는다. 만약 데이터가 전달되지 않거나 오류가 발생하면 다른 수단(상위 프로토콜)을 사용하여 해결한다.

UDP에 의해 생성된 패킷을 사용자 데이터그램user datagram이라고 하며 [그림 13-21]과 같이 8바이트 헤더와 가변 길이의 데이터로 구성된다.

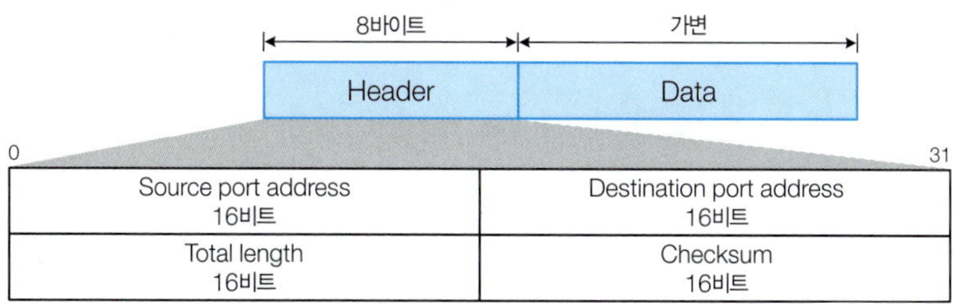

그림 13-21 UDP 데이터그램 구조

- Port address(포트 번호) : 송수신 프로세스에 할당된 네트워크 포트 번호다. 호스트에서 실행되는 프로세스를 구분하는 데 사용된다. 호스트는 IP 프로토콜의 IP 주소로 구분하므로 인터넷

에서 실행되는 네트워크 프로세스의 고유 구분자는 호스트의 IP 주소와 프로세스 포트 번호의 조합으로 구성된다. UDP 포트 번호는 TCP 포트 번호와 독립적으로 관리되고 할당된다.

- Total length(총 길이) : 헤더를 포함한 UDP 데이터그램의 전체 길이를 말하고, 단위는 바이트다. UDP 헤더의 길이가 8바이트이므로 최솟값은 8이다. 이 필드는 16비트이므로 데이터그램의 최대 크기는 이론상 65,535($0 \sim 2^{16}-1$)바이트가 된다. 그러나 응용 프로그램을 포함한 다른 계층과의 연관성 문제를 고려하여 일반적으로 8,192바이트를 넘지 않게 사용한다.
- Checksum(검사합) : 오류 검출을 위한 16비트 체크섬으로 헤더와 데이터에 대한 1의 보수합 방식을 사용한다. 수신 프로세스는 체크섬 오류를 발견하면 해당 데이터그램을 폐기한다. UDP의 체크섬 기능은 옵션이므로 필드 값이 0이면 수신 프로세스는 체크섬으로 오류 검출 기능을 수행하지 않는다. 이 경우 IP와 UDP는 모두 사용자 데이터에 대한 오류 검사를 수행하지 않는다.

UDP는 비연결형 서비스를 제공하므로 UDP로 전달된 각각의 사용자 데이터그램은 서로 독립적이다. 동일한 송신지 프로그램에서 동일한 수신지 프로그램으로 전송되더라도 서로 다른 데이터그램은 독립적으로 처리된다. 따라서 사용자 데이터그램에는 순서 번호가 없다. 또한 TCP 프로토콜에 있는 연결 설정과 연결 해제 과정도 없다.

UDP는 매우 간단하고 신뢰성이 없는 전송 프로토콜이다. 흐름 제어도 없고 윈도 메커니즘도 없다. 따라서 수신 측에서는 수신 메시지로 인해 오버플로가 발생할 수 있다. 또한 UDP에는 체크섬을 제외하면 오류 제어 메커니즘이 없다. 수신자가 체크섬을 사용하여 오류가 있음을 발견하면 사용자 데이터그램은 단순히 폐기된다.

일반적으로 UDP는 인터넷 전화, 실시간 비디오 회의, 저장된 오디오와 비디오의 스트리밍 같은 멀티미디어 응용 프로그램에 사용된다. 이러한 응용 프로그램에는 속도가 중요하고 약간의 패킷 손실은 허용할 수 있기 때문이다. UDP 프로토콜을 사용하는 경우는 다음과 같다.

- 단순한 요청–응답 통신을 필요로 하고, 흐름 제어와 오류 제어에는 관심이 없는 프로세스에 적절하다.
- 응용 프로그램 자체에 흐름 제어와 오류 제어 메커니즘이 있는 프로세스에 적합하다.
- 멀티캐스팅과 브로드캐스팅을 위한 전송 프로토콜로 적절하다.
- SNMPSimple Network Management Protocol와 같은 관리 프로세스에 사용된다.
- RIPRouting Information Protocol와 같은 라우팅 정보 갱신 프로토콜에 사용된다.

3 RTP

RTPReal-time Transport Protocol는 유니캐스트나 멀티캐스트 통신 서비스를 통하여 비디오나 오디오 스트림 같은 실시간real-time 특성을 갖는 데이터의 종단 간 전송을 제공하는 UDP 기반의 프로토콜이다. 여기서 실시간은 데이터 스트림을 보내자마자 수신자가 받는다는 게 아니라 스트림에 기초한 전송 특성을 나타낸다.

RTP가 실시간 전송에 적합한 이유는 우선 전송 부하가 적다는 데 있다. TCP는 안정적인 전송을 보장하기 위해 다양한 제어 과정을 포함하고 있다. 예를 들면, 패킷이 올바르게 전송됐는지 여부를 수신 측의 ACK를 이용하여 확인 과정을 거치며, 패킷이 손실된 경우에는 재전송 과정도 거친다. 하지만 멀티미디어 데이터의 경우 어느 정도의 패킷 손실은 무시할 수 있지만 재전송에 의한 시간 지연은 전송 속도에 문제를 일으킨다. 이처럼 RTP에는 안정성 확보보다 낮은 전송 부하가 더 요구되기 때문에 TCP보다는 UDP를 RTP의 하부 계층으로 채택하고 여기에 작은 크기의 RTP 헤더를 붙여 전송 지연 문제를 해결하였다. [그림 13-22]는 TCP/IP 프로토콜 스택에서 RTP의 위치를 나타낸 것이다. RTP의 가장 큰 특징은 순서를 보장하지만 일반적으로 전송 계층에서 제공하는 모든 기능을 지원하지 않는다는 점이다. 인터넷 전화VoIP나 화상 회의와 같은 응용은 전형적으로 UDP 위의 RTP에서 수행된다.

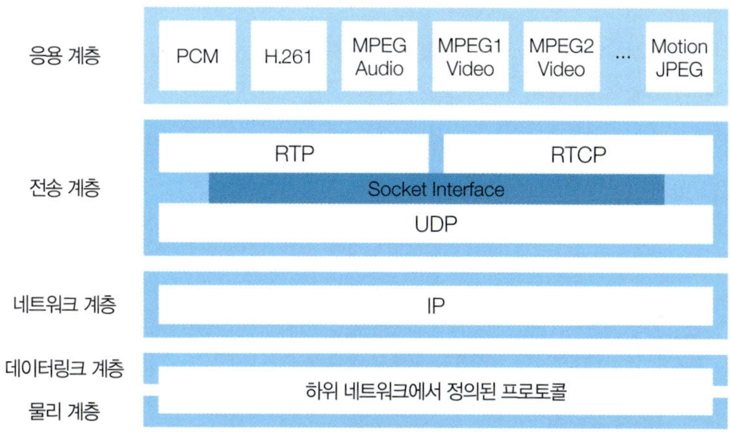

그림 13-22 TCP/IP 프로토콜 스택에서 RTP의 위치

RTP가 실시간 전송에 적합한 또 다른 이유는 RTP 헤더에 실시간 전송을 위한 필드를 포함하고 있다는 데 있다. TCP/IP 기반의 네트워크를 통해 실시간 데이터를 전송할 때 [그림 13-

23]과 같이 송신 측에서 전송한 패킷들 간의 시간 간격 관계가 수신 측에 그대로 유지되지는 않는다는 문제가 있다. 송신 측에서는 동일한 간격으로 패킷을 전송해도 수신 측에서는 그 시간 간격이 그대로 유지되지 않는 현상을 지연 변이 또는 지터jitter라고 한다. 심지어 도착 순서가 바뀌는 상황이 발생할 수도 있다.

그림 13-23 실시간 데이터 전송 시 발생하는 문제

RTP에서는 실시간 전송에서 발생하는 이러한 문제를 해결하기 위해 순서 번호와 타임 스탬프time stamp를 사용한다. RTP는 데이터의 송신지를 식별하는 동기 소스synchronization source와 공헌 소스contributing source라는 두 가지 개념을 사용한다. 동기 소스는 데이터를 동기화하여 전송하는 호스트를 말한다. 동기 소스는 보통 처음 데이터를 송신하는 호스트가 된다. 그러나 믹서mixer가 동기 소스가 되기도 한다. 믹서는 각 송신 호스트에서 송신된 데이터를 모두 수신한 다음, 수신한 데이터의 동기를 취하여 하나의 데이터로 합성해서 전송하는 장치다. 이 경우 원래의 데이터를 전송한 호스트는 데이터 요소에 공헌하기 때문에 공헌 소스가 된다. [그림 13-24]는 동기 소스와 공헌 소스의 동작 개념을 나타낸다. 호스트 A와 B는 호스트 M에 대한 동기 소스가 된다. 믹서인 호스트 M은 호스트 A와 B의 데이터를 합성하여 호스트 C에 전송한다. 이 경우 동기 소스는 호스트 M이 되고, 공헌 소스는 호스트 A와 B가 된다. 그림에서 번역기translator는 여러 송신 호스트에게서 받은 RTP 패킷의 부호화 형식을 변경하거나 전송 방식을 변경하는 장치를 말한다.

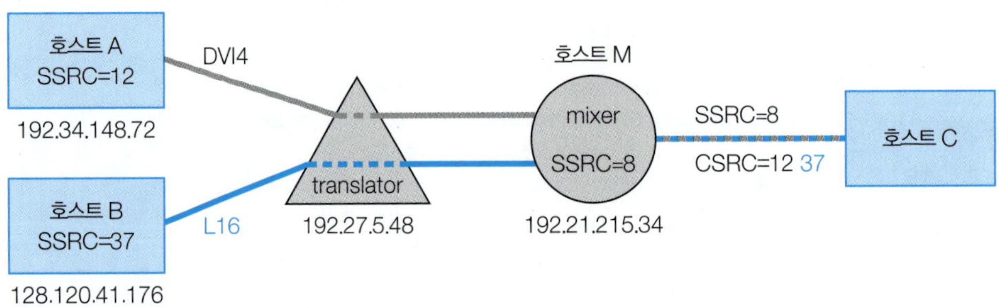

그림 13-24 동기 소스(SSRC)와 공헌 소스(CSRC)

RTP 패킷은 모든 메시지에 대해 동일한 형태를 사용한다. RTP 헤더는 오디오와 비디오 데이터를 동기화하여 화면에 출력할 수 있게 하고, 잃어버린 패킷이나 순서가 틀리게 도착하는 패킷을 검사하는 데 필요한 시간 정보를 제공한다. RTP 패킷은 12바이트의 헤더와 다음에 오는 페이로드로 구성된다. [그림 13-25]는 RTP 패킷의 구조를 보여준다.

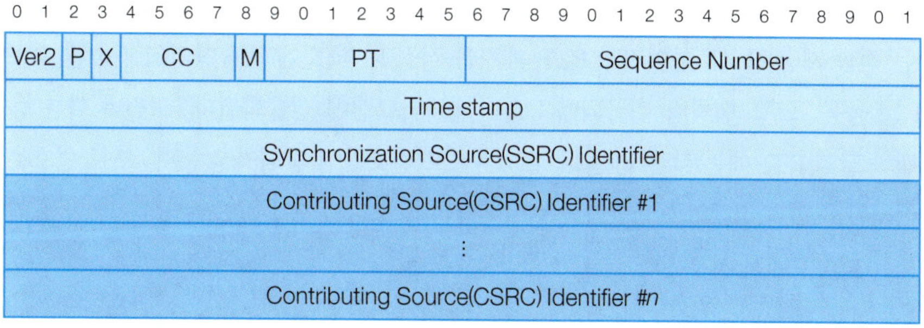

그림 13-25 RTP 패킷 구조

- Ver Version : RTP의 버전을 지정한다. 현재 버전은 2다.
- P Padding : P = 1이면 패킷의 끝에 패딩이 있음을 나타내며, P=0이면 패딩이 없음을 나타낸다.
- X Extension : X = 1이면 기본 헤더와 데이터 사이에 확장 헤더가 있음을 나타낸다. X = 0이면 확장 헤더가 없음을 나타낸다.
- CC CSRC Count : RTP 헤더의 마지막에 CSRC가 몇 개가 있는지를 지정한다. 이 필드에 4비트가 할당되어 있으므로 총 15개까지 추가될 수 있다.
- M Marker : RTP를 이용하는 응용 프로그램이 데이터 경계를 파악하기 위해 사용하는 필드다. 예를 들어, 영상 데이터를 전송하는 응용 프로그램에서는 프레임 사이의 경계를 표시하기 위해 프레임의 마지막 정보를 운반하는 패킷의 마지막 비트를 1로 설정하여 전송한다.
- PT Payload Type : 이 필드는 RTP 패킷에 의해 전송되는 데이터가 어떤 형식인지를 지정한다. 데이터 형식을 0~127의 수로 표시한다.
- Sequence Number : RTP 패킷의 순서 번호를 나타낸다. 첫 번째 패킷의 순서 번호는 무작위로 선택되며, 그다음 패킷들은 1씩 증가한다. 수신자는 순서 번호를 이용하여 손실 패킷이나 순서가 틀린 패킷을 알 수 있다.
- Time stamp : RTP 패킷이 운반한 데이터의 시간 정보를 나타낸다. 이 정보를 이용하여 수신 측은 수신한 데이터의 시간적인 관계를 파악할 수 있다.

- SSRCSynchronization Source Identifier : 동기 소스의 식별자다. 발신자가 하나면 SSRC는 발신자가 된다. 발신자가 여럿이면 믹서mixer가 SSRC가 되고, 다른 발신자들은 공헌자contributor가 된다.
- CSRCContributing Source Identifier : 각각의 발신자를 나타낸다. 최대 15개까지 있을 수 있다. 한 세션에 하나 이상의 발신자가 있으면 믹서가 SSRC가 되고 다른 발신자는 공헌자가 된다.

RTP 자체는 전송 계층 프로토콜이지만 RTP 패킷은 직접 IP 패킷에 캡슐화되어 전송될 수는 없다. RTP는 응용 프로그램처럼 취급되어 UDP 데이터그램에 캡슐화된다. 그러나 다른 응용 프로그램과 달리 RTP에는 잘 알려진well-known 포트 번호가 할당되지 않는다. 포트 번호는 단지 짝수이기만 하면 되고, 요구에 따라 선택할 수 있다. 그다음 홀수 번호는 RTP와 함께 짝으로 사용되는 RTCP에서 사용된다.

4 RTCP

RTCPReal-Time Control Protocol는 RTP 패킷의 전송 품질을 제어하기 위한 실시간 전송 제어 프로토콜이며 RTP를 보조한다. RTP가 비디오나 오디오 스트림 같은 실시간 데이터를 전송할 때 [그림 13-26]과 같이 RTP 세션의 모든 참여자는 IP 멀티캐스트 통신으로 세션 내 모든 참여자들에게 RTCP 패킷을 주기적으로 전송한다. RTCP 패킷에는 서비스 품질Quality of Service, QoS에 관련된 전송된 패킷 수, 패킷 손실, 패킷 지연 변화, 왕복 지연시간 등의 통계 정보가 들어 있다. 하위 프로토콜은 반드시 데이터와 제어 패킷에 대한 멀티플렉싱 기능을 제공해야 한다.

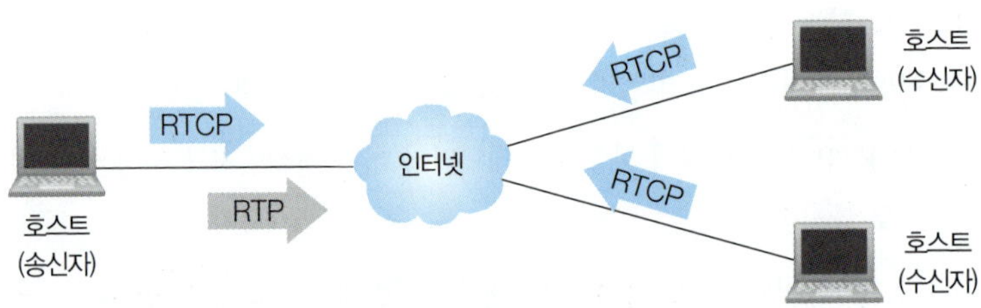

그림 13-26 송신 호스트와 수신 호스트의 RTCP 메시지 전송

RTP 세션마다 멀티캐스트 주소 하나가 사용되며, 세션에 속한 모든 RTP 패킷과 RTCP 패킷들은 이 멀티캐스트 주소를 사용한다. RTCP는 RTP와 마찬가지로 잘 알려진 포트를 사용하지 않는다. 단지 RTCP 패킷은 RTP 패킷이 사용하는 포트 번호(짝수)보다 1이 큰 번호(홀수)를 사용해서 서로 구분한다. 예를 들어, 한 RTP 세션에서 IP 주소와 포트 번호 224.1.2.3:6004를 사용한다면, 이 세션을 돕는 RTCP는 224.1.2.3:6005를 사용한다.

RTCP의 주요 기능은 RTP의 데이터 전송 상태에 대한 피드백을 받는 것이다. 이러한 피드백 정보를 이용하여 송신자는 데이터 전송 속도를 줄이거나 다른 코덱CODEC을 사용하여 인코딩 방법을 바꾸는 데 사용할 수 있고, 수신자는 전송 실패의 원인을 진단하는 데 사용할 수 있다.

RTCP 패킷은 RTP 미디어 스트림의 제어 정보를 송수신하기 위한 패킷이므로 RTCP 패킷은 RTP 미디어 스트림의 송수신 품질에 영향을 주지 않아야 한다. 권고안에서는 RTCP 패킷 양을 전체 트래픽의 5% 이내로 제한하고 있다. 이 제한 사항을 충족하려면 세션 참여자 수에 따라 RTCP 패킷의 전송 빈도를 달리하면 된다.

RTCP는 다양한 제어 정보를 전달하기 위해 5가지 제어 패킷 형식을 가지고 있다. 그리고 제어 패킷을 주기적으로 모든 참여자에게 전송한다.

- SRSender Report : 송신 호스트가 자신의 송수신에 대한 통계 정보를 알리는 데 사용한다. 통계 정보로는 미디어 간의 동기 정보, 누적된 패킷 수, 전송하는 바이트 수 등이 있다.
- RRReceiver Report : 데이터를 수신하는 참여자들이 자신의 송수신에 대한 통계 정보를 알리는 데 사용한다. 통계 정보로는 최대 패킷 수신 수, 분실된 패킷 수, 지터 간격, 타임 스템프에 의해 계산된 왕복 지연시간 등 데이터 전송에 관련된 피드백 정보가 있다.
- SDESSource Description : CNAMECanonical NAME(송신 소스의 이름)을 포함하여 보다 상세한 송신 호스트 정보(송신 사용자 이름, 이메일 주소, 전화번호, 소재지 정보 등)를 수신 호스트에게 통지하는 데 사용한다.
- BYE : RTP 세션에서 빠져 나올 때 사용한다.
- APPApplication specific : 해당 표준에서 정의되지 않은 새로운 응용 또는 새로운 기능을 시험할 때 그 응용에 한정된 기능을 지정하는 데 사용한다.

각 RTCP 패킷은 RTP 데이터 패킷과 유사하게 고정된 헤더와 패킷 타입에 따라 길이가 달라지는 필드를 가지고 있다. RTCP 패킷은 32비트의 배수가 되는 다양한 길이를 갖는다. [그림 13-27]은 RTCP 패킷 구조를 나타낸다.

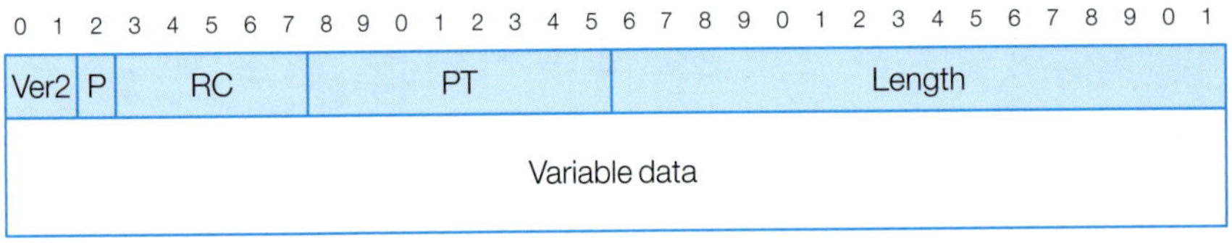

그림 13-27 RTCP 패킷 구조

- Ver Version : RTCP의 버전을 지정한다. 현재 버전은 2다.
- P Padding : P=1이면 데이터 외에 추가적인 페딩 정보가 있음을 나타낸다.
- RC Reception report Count : 패킷에 포함된 reception report 블록 수를 나타낸다.
- PT Packet Type : 패킷의 유형을 나타낸다.
  - PT=200 : SR 패킷
  - PT=201 : RR 패킷
  - PT=202 : SDES 패킷
  - PT=203 : BYE 패킷
  - PT=204 : APP 패킷
- Length : 32비트 길이를 단위로 하는 패킷 전체 길이(헤더와 페딩 포함)에서 1을 뺀 값을 나타낸다.
- Variable data : 각 데이터 부분은 PT에 따라 다르다.

5 VoIP

VoIP Voice over Internet Protocol는 인터넷의 IP 계층을 통하여 음성을 전송하는 기술을 말하며 인터넷 전화(IP 텔레포니, 인터넷 텔레포니)라고 부르기도 한다. VoIP는 아날로그 신호를 디지털화하고 압축한 후 IP 패킷으로 구성하여 인터넷을 통해 수신 측까지 전달하는 것이고, 인터넷 전화는 인터넷뿐 아니라 음성과 데이터를 전송할 수 있는 모든 망(ATM, Frame Relay)

을 통해 기존 전화망에서 제공하는 서비스를 지원하는 것이다. 따라서 음성 서비스를 전화망이 아닌 인터넷망에서 사용하는 경우에는 차이가 없으므로 두 용어가 같은 개념으로 사용되고 있다.

인터넷 전화의 장점은 다음과 같다. 첫째, VoIP는 일반 전화와 같은 별도의 PSTN 망을 이용하지 않고 데이터 통신을 위한 기존 인터넷을 그대로 사용하기 때문에 전화 비용을 크게 절감할 수 있다. VoIP의 음성 서비스에서는 PCM 속도(64Kbps)보다 훨씬 낮고 지연에도 덜 민감한 10Kbps 미만의 음성 코딩 방식을 사용하므로 통화 품질은 낮으나, 저렴한 가격으로 서비스할 수 있다. 둘째, 기존 전화 서비스의 기능 외에도 필요에 따라 다른 부가 서비스를 제공할 수 있다. 기존 사설 교환기PBX나 키폰 시스템 환경에서 사용하는 돌려주기, 당겨 받기, 대표 전화 서비스, 콜 착신 등의 기능들은 VoIP 망에서도 그대로 적용할 수 있다.

인터넷 전화의 단점은 다음과 같다. 첫째, 119와 같은 긴급 통화 시 위치 추적이 어렵다. 일반 전화로 긴급 통화를 하면 필요한 경우 위치를 추적해 신속하게 조치할 수 있지만 인터넷 전화를 사용하면 주소를 자동으로 파악할 수 없다. 둘째, 정전이 되거나 인터넷이 끊기면 전화 통화가 불가능하다. 셋째, 보안에 취약하여 도청으로 인해 각종 정보가 그대로 유출될 수 있다.

VoIP에서 제공하는 서비스 유형은 [그림 13-28]과 같다. 여기서 ❹는 기존 PSTN의 서비스 유형이므로 VoIP 범주에는 포함되지 않는다.

❶ IP 전화기 대 IP 전화기 : PSTN을 경유하지 않고 인터넷을 통하여 IP 프로토콜과 착신 또는 발신 번호를 할당받은 IP 전화기 간의 음성 서비스

❷ IP 전화기 대 기존 일반 전화 : PSTN을 상호 연동하여 IP 프로토콜과 발신 또는 착신 번호를 할당받은 IP 전화기와 일반 전화기 간의 음성 서비스

❸ 기존 일반 전화 대 기존 일반 전화 : PSTN의 일반 전화가 인터넷을 경유하여 다른 PSTN의 일반 전화와 연결되는 음성 서비스

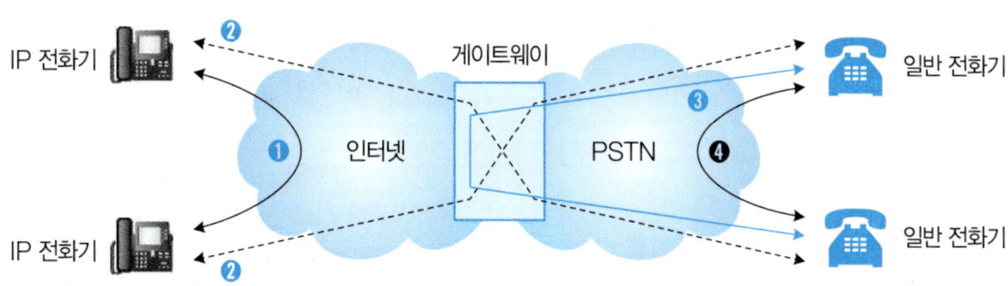

그림 13-28 인터넷 전화 서비스 유형

VoIP를 이해하기 위해서는 먼저 시그널링signaling을 이해할 필요가 있다. 시그널링은 호call의 접속과 해제 또는 호의 제어 및 관리와 관련된 정보를 교환하는 것이다. 음성을 전송하기 위해 인터넷에서 사용되는 시그널링은 다음과 같은 역할을 수행한다.

- 주소 번역address translation : 인터넷에서는 192.126.115.34와 같은 32비트 IP 주소를 사용하지만 전화망에서는 02-1234-5678과 같은 전화번호(E.164 주소 체계)를 사용한다. 따라서 서로 다른 주소 체계인 전화번호와 IP 주소 간의 매핑을 위한 데이터베이스가 필요하다. 수신자의 전화번호를 입력하면 시그널링으로 수신자의 IP 주소를 얻어서 연결시켜 준다.
- 코덱 협상CODEC negotiation : 시그널링 과정에서 전달할 음성을 어떤 방식으로 압축해서 보낼지를 결정해야 한다. G.711, G.722, G.723, G.729 등의 코덱 가운데 적당한 코덱을 선택하는 과정이다. 기존 PSTN 전화망은 회선 교환이고 1개 채널은 64Kbps이므로 G.711 코덱을 사용하지만 인터넷은 패킷 교환이므로 네트워크의 대역폭 상황에 따라 적당한 코덱을 사용해야 한다. VoIP에서 보편적인 코덱은 G.729다.
- 호 수락 제어call admission control : 송신자가 허가받은 사용자인지, 상대방은 전화를 받을 수 있는 권한이 있는지를 결정해야 한다. 예를 들어, 일반 방문객이 사용하는 전화기는 사내의 사무실로만 전화할 수 있도록 하거나 해외 업무 파트가 아닌 직원의 전화기는 국제 통화를 하지 못하게 설정할 수 있다.

인터넷에서 시그널링이 완료된 후, 실제 음성을 실시간으로 전달하기 위한 프로토콜은 RTP다. 또한 RTP 패킷의 전송 품질을 제어하기 위해 RTCP가 함께 사용된다. RTCP를 이용하여, 송신 측은 타임 스템프를 근거로 재생 간에 동기를 취해서 지연이 생기지 않도록 하며 수신 측에서는 전송 지연이나 대역폭을 등을 점검해 송신 측으로 통지한다.

VoIP 서비스 구현을 위한 프로토콜로는 H.323, SIP, MGCP, MEGACO/H.248 등이 있고 ITU와 IETF가 표준화 작업을 진행하였다. VoIP 서비스를 제공하기 위해서는 [그림 13-29]와 같이 인터넷망과 공중전화망PSTN의 연동이 필요하며, 연동 기능은 게이트웨이gateway에서 수행된다. 게이트웨이는 시그널링signaling의 변환을 제공하는 SGSignaling Gateway와 음성 및 비디오 같은 미디어의 전송 형태를 변환하는 MGMedia Gateway, 이들과 전체적인 시그널링 제어를 관장하는 MGCMedia Gateway Controller로 구분되어 있다.

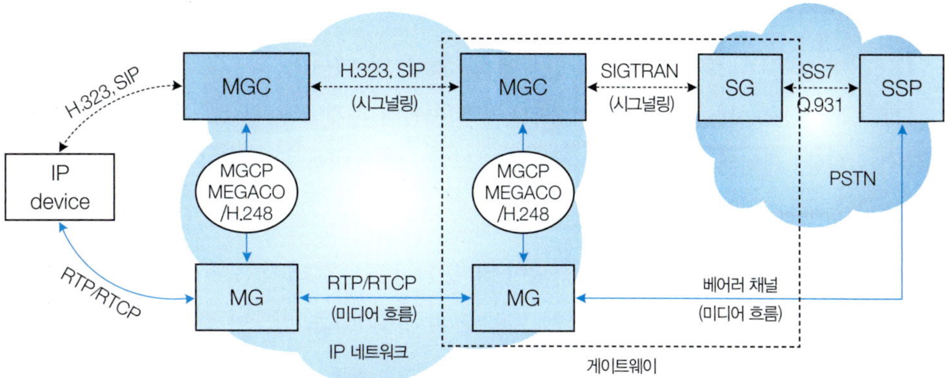

그림 13-29 인터넷과 PSTN 연동을 위한 관련 VoIP 프로토콜

또한 기능에 따라 VoIP에서 사용되는 프로토콜을 분류하면 [그림 13-30]과 같이 나타낼 수 있다.

- 호 제어 및 시그널링 프로토콜 : H.323, SIP, SIGTRAN 등
- 게이트웨이 제어 프로토콜 : MGCP, MEGACO/H.248
- 미디어 코딩 및 전송 프로토콜 : RTP, RTCP, RTSP, Audio/Video 코덱 등

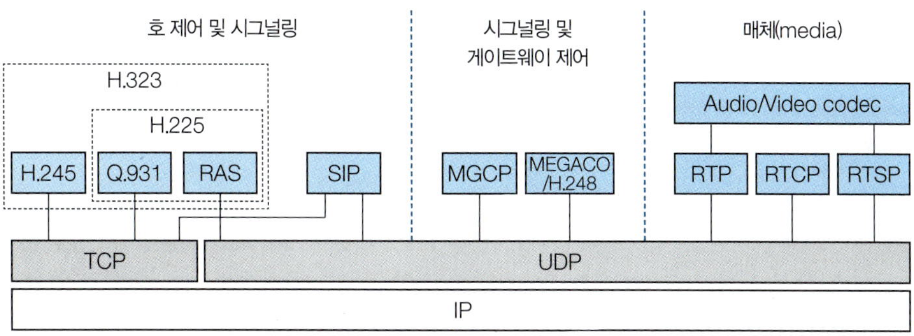

그림 13-30 기능에 따른 VoIP 프로토콜 분류

■ H.323

H.323은 패킷 네트워크에서 실시간 음성, 영상 및 데이터를 전송하기 위해 1996년 ITU-T에서 표준화한 프로토콜이다. H.323은 원래 패킷 교환 방식의 LAN에서 다자간 음성 · 화상 · 데이터 통신을 위해 개발된 방식이므로 광대역 네트워크와 대규모 사용자를 지원하기에는 한계가 있다.

H.323은 다수의 프로토콜로 세분화되어 있다. H.225는 호의 세션 관리(호 설정 및 종료) 프로토콜이며, H.245는 장치들 간에 호 관련 파라미터(포트 번호나 코덱 등)에 관한 협상을 제공하는 프로토콜이다.

■ SIP

SIPSession Initiation Protocol는 H.323과 마찬가지로 IP 네트워크상에서 다수의 이용자들 간에 멀티미디어 세션을 생성하고 종료하는 역할을 수행하는 프로토콜이다. H.323이 이미 사용되고 있는데도 IETF에서 SIP를 발표한 이유는 H.323 프로토콜이 복잡하다는 취약점 때문이다.

SIP는 단순하고 호환성이 뛰어나다. 즉, 인터넷에서 사용되는 다른 많은 프로토콜과 결합하여 다양한 서비스를 만들 수 있는 유연성과 확장성이 있다. TCP와 UDP에서 모두 사용할 수 있으며 Request/Response 구조를 갖는다. 또한 HTTP와 유사한 트랜잭션을 가지며, 텍스트 기반이기 때문에 H.323에 비해 구현이 용이하다.

■ MGCP

MGCPMedia Gateway Control Protocol는 MG와 MGC 간의 통신을 외부에서 제어할 수 있게 개발된 게이트웨이 제어용 프로토콜이며 IETF에서 제안하였다. MGCP는 음성 정보만 제어한다.

■ MEGACO/H.248

MGCP가 음성 정보만 제어하는 데 비해 MEGACOMedia Gateway Control/H.248은 음성 및 멀티미디어 제어 기능을 제공한다. MEGACO/H.248은 MGC가 MG를 제어할 때 사용되며 주종master/slave 방식으로 동작한다. MGCP는 IETF에서 제안하였고 H.248은 ITU-T에서 제안하였으나 MEGACO/H.248 프로토콜은 IETF와 ITU-T에서 공동으로 제안하였다.

■ SIGTRAN

SIGTRANSignaling Transport은 IP 망을 통해 PSTN 시그널링 메시지(Q.931, SS7 ISUP, MTP)를 전송하기 위한 프로토콜(SS7 over IP)이며, SG와 MGC 간에 사용된다.

04 TCP/IP의 응용 계층 프로토콜

TCP/IP에서 응용 계층은 OSI 모델의 세션 계층, 표현 계층, 응용 계층을 합한 것과 같다. 응용 계층은 클라이언트-서버client-server 모델을 기반으로 한다. 한 프로그램이 다른 장소에서 실행 중인 프로그램의 서비스를 요청할 때, 이 시스템을 클라이언트-서버 시스템이라고 한다. 클라이언트 응용 프로그램은 서비스 요구request를 서버 응용 프로그램으로 보내고, 서버 응용 프로그램은 요구한 서비스를 제공한다response. TCP/IP 프로토콜의 많은 응용 프로그램은 [그림 13-31]과 같은 클라이언트-서버 모델을 사용한다.

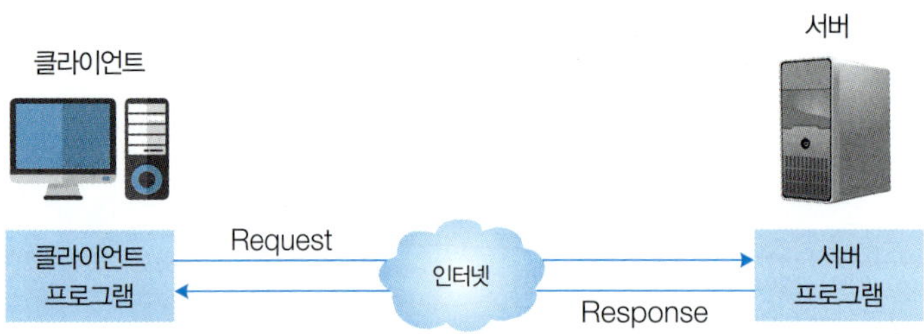

그림 13-31 클라이언트-서버 모델

1 DNS

숫자로 주어지는 IP 주소 대신 사용되는 도메인 네임을 관리하기 위한 시스템이 DNSDomain Name System다. DNS는 인터넷의 도메인 네임을 계층적 구조를 지닌 분산 데이터베이스 체계로 관리한다. 즉, 인터넷에 존재하는 모든 도메인 네임을 하나의 데이터베이스에서 총괄하지 않고, 도메인의 계층 구조에 따라 적절한 규모의 데이터베이스로 분할하여 관리하는 방식을 채택하고 있다.

도메인은 '.' 또는 루트root라 불리는 도메인 이하에 [그림 13-32]와 같은 구조로 구성되어 있다. 루트 도메인 바로 아래 단계를 1단계 도메인 또는 최상위 도메인TLD, Top Level Domain이라고 하며, 그다음 단계를 2단계 도메인SLD, Second Level Domain이라고 한다.

도메인에는 국가 도메인ccTLD, country code Top Level Domain과 일반 도메인gTLD, generic Top Level Domain이 있다. 국가 도메인은 인터넷상에서 국가를 나타내는 도메인으로 '.kr(대한민국), .jp(일본), .cn(중국), .us(미국)'와 같은 영문 국가 도메인과 '.한국, .중국, .러시아, .이집트'와 같은 자국어 국가 도메인이 있다.

일반 도메인은 '.com(회사), .net(네트워크 관련 기관), .org(비영리 기관), .biz(사업)' 등 등록인의 특성에 따라 사용할 수 있는 도메인이다.

[그림 13-33]은 일반 도메인과 국가 도메인 표시 방법을 보여준다. 일반 도메인gTLD은 (a)와 같이 기관명과 기관 유형을 나타내는 2단계로 구성되며 맨 앞에 호스트 이름이 붙는다. 국가 도메인ccTLD은 (b)와 같이 기관명, 기관 유형, 국가명을 나타내는 3단계로 표현되며 맨 앞에 호스트 이름이 붙는다.

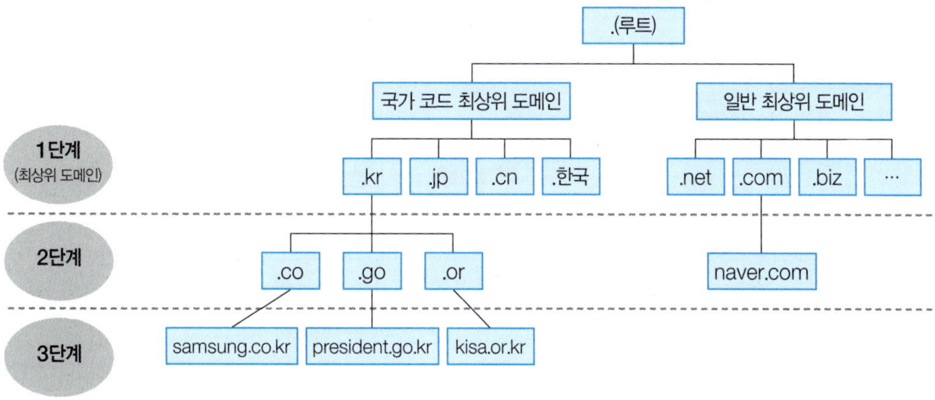

그림 13-32 도메인 네임 트리

(a) 일반 도메인

(b) 국가 도메인

그림 13-33 일반 도메인과 국가 도메인 표시 방법

TCP/IP 프로토콜은 인터넷에서 호스트를 연결하기 위해 유일하게 식별되는 IP 주소를 사용한다. 그러나 사람들은 2진수로 된 IP 주소보다 네임을 사용하는 것이 훨씬 쉽다. DNS는 호스트 네임을 IP 주소로 바꾸고, 반대로 IP 주소를 호스트 네임으로 바꾸는 기능을 수행한다. 즉, 도메인 네임이 주어지면 프로그램은 클라이언트-서버 세션에서 네임 서버의 서비스를 이용하여 도메인 네임과 연관된 IP 주소를 얻을 수 있다.

DNS에는 질의query와 응답response의 두 종류 메시지가 있다. [그림 13-34]는 DNS의 메시지 구조를 나타낸다. 질의 메시지에는 헤더와 질의 섹션이 있다. 응답 메시지에는 헤더와 질의 섹션, 응답 섹션, 권한 섹션, 추가적인 정보 섹션이 있다. 질의 메시지와 응답 메시지의 헤더 형태는 동일하며, 질의 메시지에서 몇 개의 필드는 0으로 지정된다. 헤더 길이는 12바이트다.

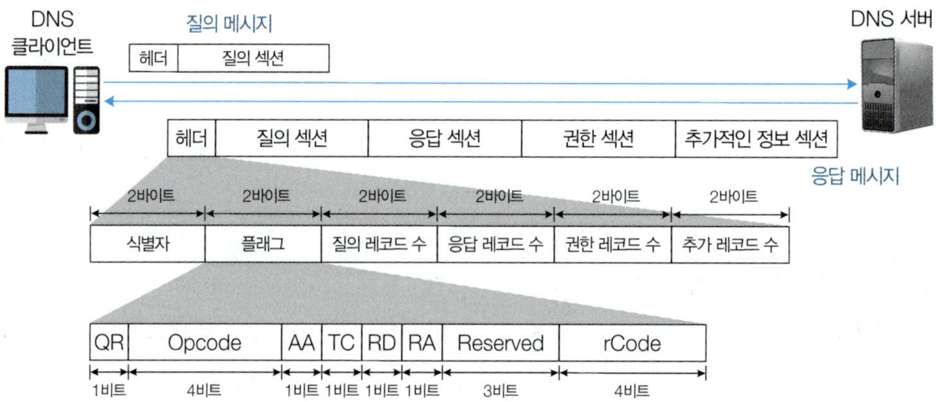

그림 13-34 DNS의 질의와 응답 메시지 구조

- 식별자Identification : 클라이언트의 질의를 응답과 비교하기 위해 사용되는 필드다. 클라이언트는 질의를 보낼 때마다 서로 다른 식별자 번호를 사용한다. 서버는 해당 응답에 이 번호를 복사하여 넣는다.
- 플래그flag : 8개의 서브 필드로 구성되어 있다.
  - QRQuery/Response : 메시지의 종류를 나타낸다. 0이면 질의 메시지이고, 1이면 응답 메시지다.
  - Opcode : 질의나 응답의 종류를 나타낸다. 0이면 표준 요청, 1이면 주소 정보를 주고 네임 정보를 찾는 역방향 요청, 2이면 서버 상태에 대한 요청이다.

- AAAuthoritative Answer : 이 비트가 1이면 네임 서버가 권한이 인정된 서버임을 나타낸다. 응답 메시지에만 사용된다.
- TCTruncated : 이 비트가 1이면 응답이 512바이트 이상이어서 512바이트로 분할됨을 나타낸다. DNS가 UDP 서비스를 이용할 때 사용된다.
- RDRecursion Desired : 이 비트가 1이면 질의에 대한 응답 결과를 얻을 때까지 DNS 서버가 반복 질의를 수행하도록 요청함을 의미한다. 질의 메시지에서 사용된다.
- RARecursion Available : 응답에서 지정될 경우 반복적인 응답이 가능함을 나타낸다. 응답 메시지에서만 사용된다.
- Reserved : 000으로 지정된 예비 필드다.
- rCode : 응답에 들어가는 오류의 상태를 보여준다. 0이면 오류가 없다는 의미다. 서버가 질의를 처리할 수 없을 때 그 원인에 따라 해당하는 오류 코드를 기록하여 응답한다. 권한이 인정된 서버만 이러한 판단을 내릴 수 있다.

- 질의 레코드 수Number of question records : 질의 메시지의 질의 섹션에 있는 질의 수를 나타낸다.
- 응답 레코드 수Number of answer records : 응답 메시지의 응답 섹션에 있는 응답 레코드 수를 나타낸다. 질의 메시지에서는 0이다.
- 권한 레코드 수Number of authoritative records : 응답 메시지의 권한 섹션 내에 있는 권한 레코드 수를 나타낸다. 질의 메시지에서는 0이다.
- 추가 레코드 수Number of additional records : 응답 메시지의 추가 섹션에 있는 추가 레코드 수를 나타낸다. 질의 메시지에서는 0이다.
- 질의 섹션Question section : 하나 이상의 질의 레코드로 구성된다. 질의와 응답 메시지에 모두 존재한다.
- 응답 섹션Answer section : 하나 이상의 자원resource 레코드로 구성된다. 이것은 응답 메시지에만 존재하고 클라이언트에 대한 서버의 응답을 포함한다.
- 권한 섹션Authoritative section : 하나 이상의 자원 레코드로 구성된다. 이것은 응답 메시지에만 존재하며, 질의에 대해 하나 이상의 권한이 있는 서버에 대한 정보(도메인 네임)를 제공한다.
- 추가적인 정보 섹션Additional section : 하나 이상의 자원 레코드로 구성된다. 이것은 응답 메시지에만 존재하며, 질의 해결에 도움이 되는 추가적인 정보를 제공한다.

2 DHCP, BOOTP

네트워크에 접속하는 각 호스트에 하나의 IP 주소를 수동으로 지정할 수 있지만, 할당할 수 있는 주소보다 더 많은 호스트가 접속하려는 경우에는 각 호스트에 고정적인 IP 주소를 할당할 수 없다. 이런 경우 현재 인터넷 서비스를 사용하는 호스트에게만 IP 주소를 할당하고, 사용이 끝난 호스트의 IP 주소는 회수하는 방식으로 IP 주소를 관리할 수 있다. 동시에 모든 호스트가 인터넷을 사용하는 경우는 드물기 때문에 적은 IP 주소를 가지고도 많은 호스트에게 IP 주소를 할당할 수 있다. DHCPDynamic Host Configuration Protocol는 각 호스트에서 IP 관리를 쉽게 하기 위한 프로토콜이며, TCP/IP 통신 실행에 필요한 설정 정보를 자동적으로 할당·관리하기 위한 통신 규약으로서 RFC 1541에 규정되어 있다.

DHCP를 통한 IP 주소 할당에는 '임대'라는 개념이 들어 있다. 이는 DHCP 서버가 IP 주소를 영구적으로 클라이언트에게 할당하는 것이 아니고 임대 기간IP Lease Time을 명시하여 그 기간에만 클라이언트가 IP 주소를 사용하도록 하는 것이다. 클라이언트가 임대 기간 이후에도 계속 해당 IP 주소를 사용하고자 한다면 IP 주소 임대 기간 연장IP Address Renewal을 DHCP 서버에 요청해야 한다. 또한 클라이언트는 임대 받은 IP 주소가 더 이상 필요하지 않게 되면 IP 주소 반납 절차IP Address Release를 수행한다.

IP 주소 할당(임대) 과정은 [그림 13-35]와 같이 4개의 DHCP 메시지로 구성된다. DHCP 서버는 가용한 주소를 가지고 있다가 클라이언트로부터 주소 요구DHCPdiscover 메시지가 방송(브로드캐스트)되면, 이를 수신한 DHCP 서버는 가용한 IP 주소 중에서 하나를 할당하여 DHCPoffer 메시지를 통해서 유니캐스트로 전송한다. 2개 이상의 DHCP 서버로부터 응답이 있을 수 있으므로 클라이언트는 이 중에서 자신이 원하는 IP 주소를 지정하여 DHCPrequest를 방송한다. 해당 주소를 제공하는 DHCP 서버가 이에 대한 응답으로 DHCPpack 메시지로 응답한다. 이때 할당되는 IP 주소의 임대 시간이 주어진다. 임대 시간이 종료되면 더 이상 사용할 수 없기 때문에 연장을 원하는 클라이언트는 다시 DHCPrequest 메시지를 전달해야 한다.

BOOTPBootstrap Protocol는 디스크가 없는 컴퓨터나 처음으로 부팅된 컴퓨터를 위해 네 가지 정보(자신의 IP 주소, 서브넷 마스크, 디폴트 게이트웨이 주소, DNS 서버 주소)를 제공하도록 설계된 클라이언트-서버 프로토콜이다. 앞에서 설명한 RARP도 디스크가 없는 컴퓨터를 위해 IP 주소를 제공하는 프로토콜이다. RARP는 단지 IP 주소만 제공하고 다른 정보는 제공하지 않는다. 만약 BOOTP를 사용하면 RARP는 필요 없다.

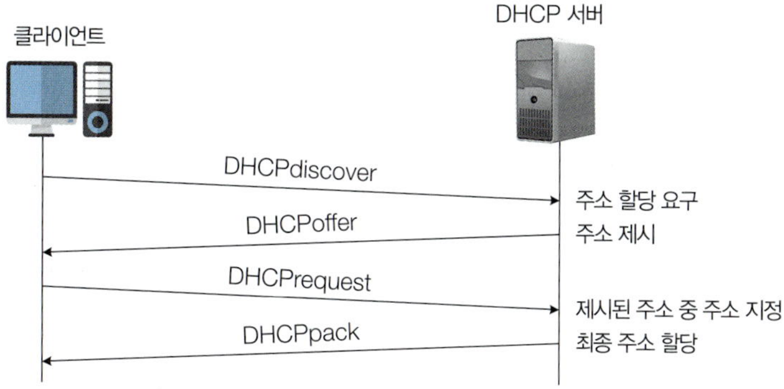

그림 13-35 DHCP의 주소 할당 과정

BOOTP는 서버에서 클라이언트로 네트워크 정보를 유동적으로 할당할 수 있는 프로토콜이다. BOOTP 서버는 클라이언트로부터 Request(요청) 메시지를 받으면, 서버 내에 미리 설정된 표Table List에서 MAC 주소에 매핑된 네트워크 정보를 클라이언트로 할당한다. 그래서 DHCP에 대응하여 BOOTP를 동적 호스트 구성 프로토콜Static Host Configuration Protocol이라고 한다.

DHCP는 이러한 BOOTP의 동작에 동적인 기능이 확장된 프로토콜이다. DHCP는 BOOTP를 확장한 프로토콜인 만큼 패킷 구조를 BOOTP와 동일하게 사용한다. 그래서 BOOTP 클라이언트를 이용하여 IP 주소를 할당받고 싶을 때 DHCP 서버로부터 IP 주소를 할당받을 수 있다.

DHCP 서버는 2개의 데이터베이스를 가지고 있다.

- IP 주소와 MAC 주소를 매핑한 정적인 데이터베이스BOOTP
- 유효한(사용하지 않은) IP 주소의 동적인 데이터베이스. DHCP 클라이언트가 IP 주소를 요청할 때, 할당할 IP 정보가 저장된 데이터베이스

클라이언트가 요청 메시지를 보내면, 서버는 먼저 정적 데이터베이스를 살펴보고 BOOTP 클라이언트가 있다면 매핑된 IP 주소를 할당한다. 만약 정적 데이터베이스에 해당되지 않는

다면, 유효한 IP 주소 중 하나를 선택하여 클라이언트에게 할당하며, 할당한 IP를 동적 데이터베이스에 할당하였다는 내역을 추가한다.

3 Telnet, SSH

Telnet(텔넷)은 인터넷이나 로컬 영역 네트워크를 통하여 원격지의 호스트 컴퓨터에 접속할 때 지원되는 프로토콜이다. 사용자는 Telnet을 이용해 원격지 컴퓨터에 로그인하여 프로그램을 동작시키고 여러 가지 시스템 자원을 이용하는 등의 작업을 수행할 수 있다. 이때 원격지 컴퓨터에 사용자가 이용할 수 있는 계정ID이 있어야 한다. Telnet 서버는 TCP 포트 번호 23을 사용한다.

원격 로그인remote login은 네트워크를 통해 한 호스트에서 다른 호스트로 접속하는 것을 말한다. Telnet은 서로 다른 운영 체제operating system 호스트 간의 원격 로그인을 가리키고, rlogin은 유닉스UNIX 호스트 간의 원격 로그인을 가리킨다. Telnet은 일종의 터미널 에뮬레이션 프로토콜로 NVTNetwork Virtual Terminal라고 불리는 가상 터미널 개념을 사용한다. NVT는 원격지 시스템과 로컬 시스템이 다를 경우에도 원활하게 통신할 수 있도록 데이터를 변환해주는 가상 장치다. NVT는 기본적인 터미널 제어 문자를 정의한다.

Telnet에 보안 문제가 생겨 사용률이 감소하자 원격 제어를 위해 SSH로 대체되기도 하였다. SSHSecure SHell는 네트워크상의 다른 컴퓨터에 로그인하거나 원격 시스템에서 명령을 실행하고 다른 시스템으로 파일을 복사할 수 있도록 해주는 응용 프로그램 또는 그 프로토콜을 가리킨다. 기존의 rsh, rlogin, Telnet 등을 대체하기 위해 설계되었다. SSH는 강력한 인증 방법을 사용하며 불안전한 네트워크에서 안전하게 통신할 수 있는 기능을 제공한다. 암호화 기법을 사용하기 때문에 통신이 노출되어도 이해할 수 없는 암호화된 문자로 보인다. SSH는 기본적으로는 22번 포트를 사용한다.

4 FTP, TFTP

FTPFile Transfer Protocol는 한 호스트에서 다른 호스트로 파일을 복사하기 위한 프로토콜이다. 전송 프로토콜로 TCP를 사용하여 신뢰성 있는 전송을 수행한다. FTP는 FTP 프로토콜을 사용하여 파일을 전송하기 전에 사용자에게 ID와 패스워드 확인을 요구한다. FTP는 [그림 13-36]과 같이 호스트 간에 2개의 연결을 설정한다는 점에서 다른 클라이언트-서버 응용과 다르다. 두 연결 중 하나는 데이터 전송을 위한 것이고 다른 하나는 제어 정보 전송을 위한 것이다. FTP는 잘 알려진 TCP 포트인 20번과 21번을 사용한다(20번은 데이터 포트, 21번은 제어 포트).

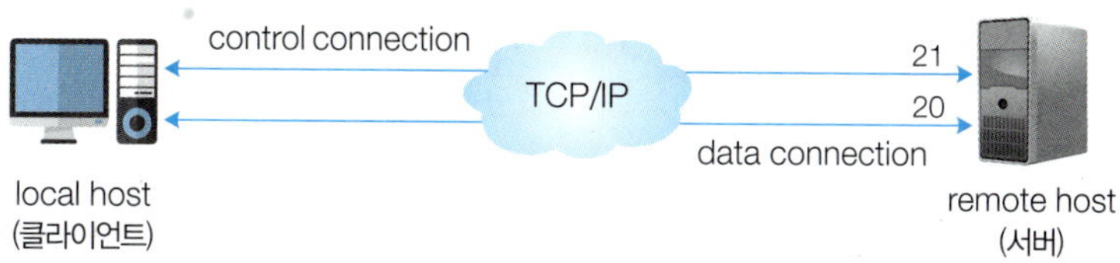

그림 13-36 FTP의 두 가지 연결

TFTPTrivial FTP는 FTP보다 더 간단하고, 전송 프로토콜로 UDP를 사용하기 때문에 클라이언트와 서버 간에 복잡한 대화가 필요 없는 응용에 사용된다. 포트 번호 69번을 사용한다. TFTP는 로컬 호스트가 원격지 호스트로부터 파일을 받는 것을 허용하지만 보안과 신뢰성을 제공하지 않는다. TFTP는 단순하고 크기가 작기 때문에 간단한 파일을 전송할 때 유용하다.

5 NFS, RPC

NFSNetwork File System는 1980년대에 썬SUN 마이크로시스템즈사가 처음 개발하였고, 현재 유닉스나 윈도우즈 운영 체제에서 널리 사용되고 있다. NFS는 파일 접근 프로토콜이다. FTP와 TFTP는 서버에서 클라이언트로 파일을 전송한다. 그러나 NFS는 파일을 실제로 전송하지 않으며, 마치 사용자가 시스템에 파일을 가지고 있는 것처럼 원격 시스템에 있는 파일 시스템을 다룰 수 있다. NFS는 다른 시스템에 있는 파일을 자신의 시스템에 있는 것처럼 편집할 수도 있다.

NFS는 RPCRemote Procedure Call라는 프로토콜 서비스를 이용할 수 있다. RPC는 원격 호스트에 있는 프로시저를 호출하는 프로토콜이다.

6 SMTP, POP3, IMAP, MIME

SMTPSimple Mail Transfer Protocol는 메일 서버와 메일 서버 간의 이메일 전달 프로토콜이다. 메일 서버와 호스트 간의 메일 전달에는 POP3Post Office Protocol 3나 IMAPInternet Mail Access Protocol이 사용된다. 이메일 시스템은 [그림 13-37]과 같이 구성된다.

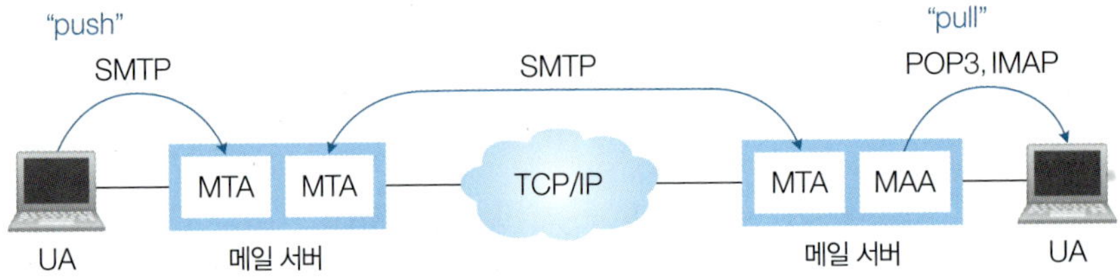

그림 13-37 이메일 시스템의 구성

- UAUser Agent : 사용자가 메일을 읽고, 작성하고, 전송할 수 있도록 한다. UA의 예로 Gmail, Berkely mail, Outlook Express, Eudora 등이 있다.
- MTAMessage Transfer Agent : 메일을 중계하고 전달하는 기능을 수행한다. UNIX에서는 주로 sendmail을 많이 사용한다.
- MAAMessage Access Agent : 메일 액세스용 프로토콜을 말한다. 예를 들어 POP3, IMAP 등이 있다.
- SMTP : 한 메일 서버에서 다른 메일 서버로 메시지를 전송할 때, 송신자의 UA에서 본인의 메일 서버로 메일을 전송할 때 사용한다.
- 메일 서버 : 사용자가 메일 작성을 끝내면 UA는 메시지를 송신자의 메일 서버로 보내고, 여기서 메시지는 메일 서버의 출력 메시지 큐queue에 들어간다. 송신자의 메일 서버에서 수신자의 메일 서버로 메시지가 전송되면, 메일은 수신자 메일 서버의 메일박스mailbox에 저장되고 유지된다.
- POP3, IMAP : 수신자의 UA는 메일을 가져오기 위해 SMTP를 사용할 수는 없다. 왜냐하면 SMTP는 푸시push용 프로토콜인 반면, 메시지를 가져오는 것은 풀pull 동작이기 때문이다. 메일 서버로부터 자신의 UA로 메시지를 가져오기 위해 POP3, IMAP 등이 사용된다.

대부분의 응용 계층 프로토콜처럼 SMTP도 송신자의 메일 서버에서 동작하는 클라이언트와 수신자의 메일 서버에서 동작하는 서버를 가지고 있다. 메일 서버가 상대 메일 서버로 메시지를 전송할 때는 클라이언트 SMTP로 동작하는 것이고, 메일 서버가 상대 메일 서버로부터 메일을 받을 때는 서버 SMTP로 동작하는 것이다.

메일 서버에서 상대 메일 서버로 메일을 전송할 경우, 먼저 클라이언트 SMTP는 서버 SMTP의 25번 포트로 TCP 연결을 설정한다. 만약 서버가 다운되어 있으면 클라이언트는 나중에 다시 시도한다. TCP 연결이 설정되면, 클라이언트와 서버는 SMTP 핸드셰이킹을 수행한다. SMTP 핸드셰이킹 과정에서 클라이언트는 송신자와 수신자의 이메일 주소를 제공한다. 이메일 주소는 [그림 13-38]과 같이 두 부분으로 구성된다. 앞부분은 우편함을 식별하는 이름이고, 뒷부분은 목적지 도메인 네임이다. 두 부분은 @심벌로 구분된다. 도메인명 대신 해당 서버의 IP 주소를 사용해도 된다.

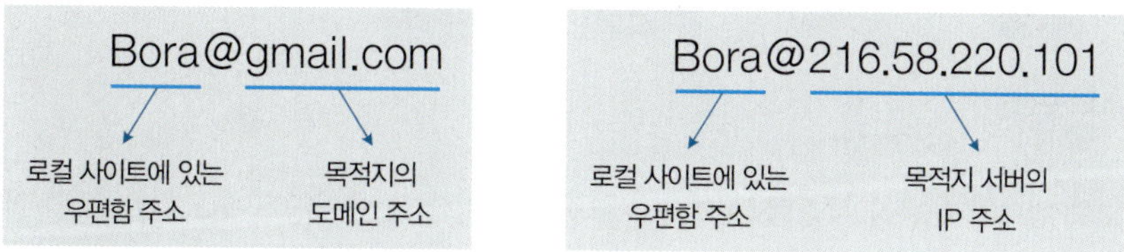

그림 13-38 이메일 주소 형식

이메일 전송 프로토콜인 SMTP는 기본적으로 7비트 ASCII 문자만 지원한다. 이것은 7비트 ASCII 문자로 표현할 수 없는, 영어 이외의 언어로 쓰여진 이메일은 올바르게 전송될 수 없다는 것을 의미한다. MIMEMultipurpose Internet Mail Extensions는 ASCII가 아닌 문자 인코딩encoding을 이용해 영어가 아닌 다른 언어로 된 이메일을 보낼 수 있는 방식을 정의한다. 또한 그림, 음악, 영화, 컴퓨터 프로그램과 같은 8비트짜리 2진 파일을 이메일로 보낼 수 있도록 한다. 메시지를 MIME 형식으로 변환하는 것은 이메일 프로그램이나 서버상에서 자동으로 이루어진다.

7 SNMP

SNMPSimple Network Management Protocol는 네트워크 장비를 관리 및 감시하기 위한 목적으로 UDP상에 정의된 응용 계층의 프로토콜이며, RFC 1157에 규정되어 있다. SNMP는 관리자manager(매니저)와 관리 대상 장치라는 개념을 사용한다. 모든 호스트, 라우터, 프린터는 관리 대상 장치가 될 수 있고, 특정 호스트가 관리자가 된다. 원활한 감시를 위해 모든 관리 대상 장치에는 하드웨어와 소프트웨어가 결합된 형태의 에이전트agent가 있다. 관리자는 에이전트에 접속할 수 있으며, 에이전트는 관리자를 위한 모든 사항을 기록하는 시스템 역할을 수행한다. [그림 13-39]는 SNMP 구성도를 나타낸다.

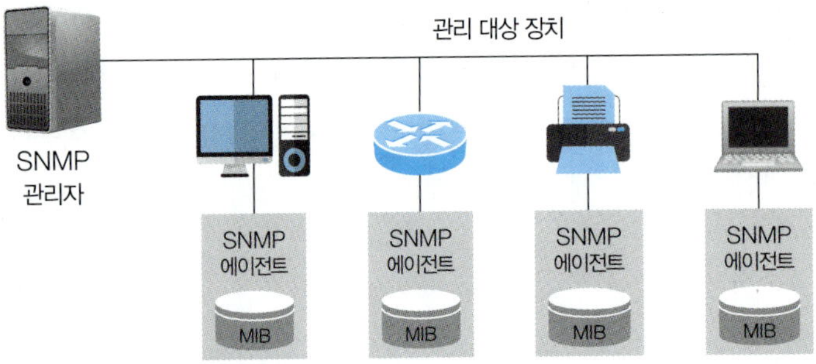

그림 13-39 SNMP 구성도

- 관리자manager : 네트워크 관리 시스템NMS의 프로그램을 의미한다. 에이전트에 요청request을 전송하고, 요청에 대한 응답response을 수신하며, MIB를 조작하거나 네트워크 장치의 이벤트를 인식한다. 관리자는 포트 번호 162번을 이용한다.
- 관리 장치managed device : 관리 대상인 모든 호스트, 라우터, 프린터 등의 네트워크 장치를 말한다.
- 에이전트agent : 관리 정보를 수집하고 관리자에게 받은 요청에 대해 응답하며 네트워크 장치의 이벤트를 전송한다. 에이전트는 포트 번호 161번을 이용한다.
- MIBManagement Information Base : 관리할 특정 정보나 자원을 객체object라 하고, 이러한 객체들을 모아놓은 집합체를 MIB라 한다. 즉, 관리자가 조회하거나 설정할 수 있는 객체들의 데이터베이스다. MIB는 객체별로 트리 형식의 구조를 이룬다.

[그림 13-40]과 같이 SNMP에서 데이터를 수집하는 방식에는 두 가지가 있다. 폴링polling 방식은 관리자가 에이전트에게 정보를 요청하면 응답하는 방식이다. 이벤트 보고event reporting 방식은 이벤트event가 발생하면 에이전트가 이를 관리자에게 알리는 방식이다.

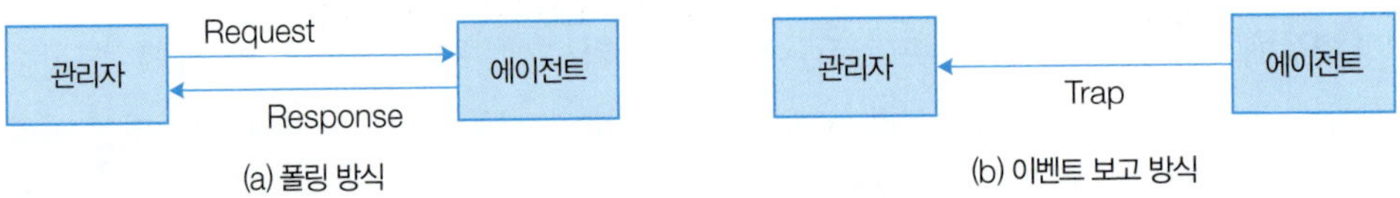

그림 13-40 SNMP의 데이터 수집 방식

SNMP는 에이전트의 MIB에 저장된 변수 값을 조회하거나 변경하는 데 사용된다. SNMP 관리자와 에이전트 간의 통신은 메시지 교환에 의해 이루어지며, 메시지는 UDP 데이터그램의 데이터 부분으로 구성되어 전송된다. [그림 13-41]과 같이 SNMP에서 관리자와 에이전트 간의 통신에 사용되는 메시지에는 PDUProtocol Data Unit 형태에 따라 5가지가 있다.

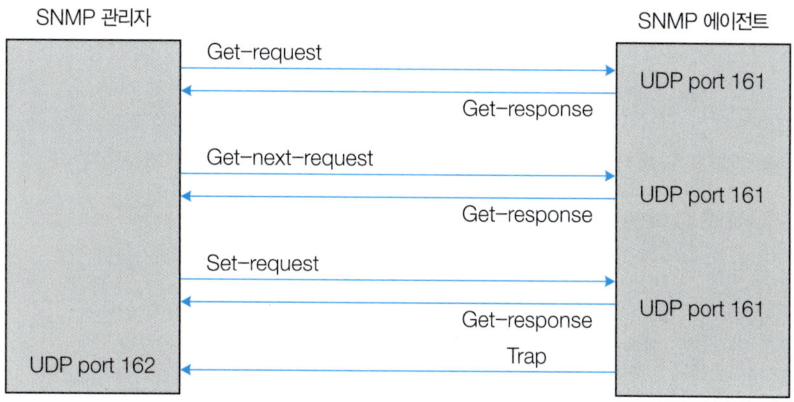

그림 13-41 SNMP 관리자와 에이전트 간의 통신 메시지

- Get-request : 관리자가 원하는 객체의 특정 정보를 에이전트에게 요청한다.
- Get-next-request : 관리자가 이미 요청한 정보의 다음 정보를 에이전트에게 요청한다.
- Set-request : 관리자가 에이전트에게 특정한 값을 설정하도록 요청한다.
- Get-response : 에이전트가 관리자의 요청에 해당하는 변수 값을 전송한다.
- Trap : 에이전트가 관리자에게 특정 상황 정보를 비동기적으로 알리기 위해 사용한다. Trap을 제외하고는 모두 동기적으로 동작한다. 장비가 꺼졌다 켜졌을 때, 특정 포트의 장애로 인해 port down되었을 때 트랩이 발생한다.

[그림 13-42]는 SNMP 메시지 구조를 보여준다.

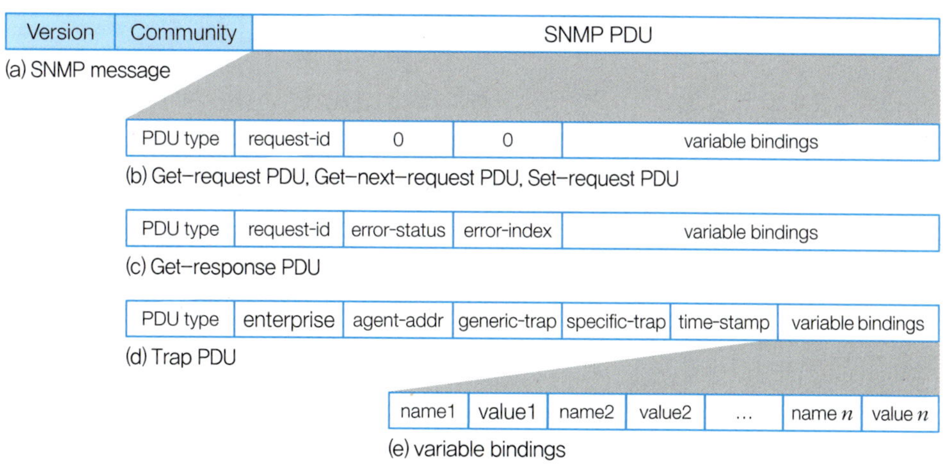

그림 13-42 SNMP 메시지 구조

- Version(버전) : SNMP의 버전을 나타낸다. 관리자와 에이전트 간의 버전 정보는 동일해야 한다.
- Community(공동체) : 타 시스템과 구분하기 위한 이름이다. 관리자와 에이전트 간에는 서로 같은 공동체명을 가지고 있어야 하며, 이것은 최소한의 인증 절차를 위한 암호 기능을 한다
- PDU type : Get-request=0, Get-next-request=1, Get-response=2, Set-request=3, Trap=4
- request-id : 순서 번호로서 요청과 응답을 일치시키는 데 사용한다.
- error-status(에러 상태) : 응답 메시지에만 사용되는 정수이며 오류의 종류를 나타낸다.

에러 상태	이름	설명
0	noError	모든 것이 OK
1	toobig	응답을 단일 SNMP 메시지에 맞출 수 없음
2	noSuchName	존재하지 않는 변수 지정
3	badValue	설정 시 무효인 값 혹은 문맥 지정
4	readOnly	관리자가 읽기만 가능한 값의 변경
5	genErr	그 밖의 에러 상황

- error index : variable bindings에서 오류의 발생 위치를 나타낸다.
- name/value(이름/값), variable bindings(변수 영역)
- Trap 메시지 : enterprise(회사명), agent-addr(에이전트 주소), generic-trap(트랩 일반 코드), specific-trap(세부 트랩 코드), time-stamp(타임 스템프, 시간 값 확인)

SNMP는 UDP로 만든 간단한 요청/응답 프로토콜로, UDP처럼 신뢰성이나 보안을 제공하지 않는다. 대부분의 감시와 유지 보수가 하나의 데이터그램을 사용하여 이루어지기 때문에 UDP를 사용한 신뢰성 수준 정도로도 충분하다. 그러나 기밀 시스템 관리에서 보안상의 문제가 발생할 수도 있다. SNMP 버전은 4까지 나와 있으나 3과 4에 큰 차이는 없다.

- Ver. 1 : 요청/응답Request/Response의 종류가 적어 단순하다. 보안 기능이 없다.
- Ver. 2 : Ver. 1의 문제점을 보완하기 위해 암호화와 해시 기능을 추가하였다. SNMPv2c를

가장 많이 사용하며, 이 버전은 SNMPv2에서 복잡한 보안 기능을 제거한 것으로 상업적 성공을 거두었다.

- Ver. 3 : 전반적인 성능이 향상되었다. 보안 기능이 강화되었으나 아직 널리 사용되지 않는다.

8 HTTP

웹WWW, World Wide Web 서비스는 가장 많이 사용되는 인터넷 응용 서비스 중 하나다. 사용자는 웹 클라이언트인 웹 브라우저browser 프로그램을 이용하여 원하는 정보를 제공하는 웹 서버에 접속해서 웹 문서를 검색한다.

이러한 경우 웹 문서들은 하이퍼텍스트hypertext나 하이퍼미디어hypermedia 구조로 되어 있다. 하이퍼텍스트는 일반 문서text들 사이의 연관성을 고려하여 연관성이 있는 문서들을 하이퍼링크hyperlink로 연결한 문서의 집합을 의미한다. 대표적인 하이퍼텍스트에는 HTMLHyper Text Makeup Language 문서가 있다. HTML은 웹 문서를 작성하기 위해 사용하는 언어를 말한다. 하이퍼미디어는 텍스트뿐 아니라 멀티미디어 정보인 텍스트, 음성, 영상들도 포함하여 정보를 구성한 것이다. HTTPHyper Text Transfer Protocol는 하이퍼텍스트나 하이퍼미디어hypermedia를 전달하기 위한 프로토콜이다.

원하는 정보를 얻기 위해서는 정보가 들어 있는 문서의 주소를 알아야 한다. 웹 서비스에서는 자원의 주소를 URLUniform Resource Locator이라 한다. [그림 13-43]은 URL 형식의 예를 보여준다. 여기서 http는 접근 프로토콜, www.example.com은 서버의 도메인 네임, 1234는 포트 번호, docs는 문서 경로, myfile.html은 문서 이름이다.

NOTE URI와 URL

URI(Uniform Resource Identifier)는 인터넷에 있는 자원을 나타내는 유일한 주소다. URL(Uniform Resource Locator)은 네트워크에서 자원이 어디 있는지를 알려주기 위한 규약이다.

예를 들어, https://www.google.co.kr/search?q=uri 같은 주소가 있다고 하자. 이 주소에는 https 프로토콜과 호스트 네임이 있다. 그 뒤에는 /search?q=uri와 같은 문자열이 붙어 있는데 이것은 query string인 q의 값에 따라 여러 가지 결과 값을 가져올 수 있다.

이 주소에서 URL은 https://www.google.co.kr/search까지다. 그런데 사용자가 원하는 정보를 얻으려면 q=uri라는 식별자가 필요하다. 따라서 https://www.google.co.kr/search?q=uri는 URI가 된다.

즉, URI > URL이다.

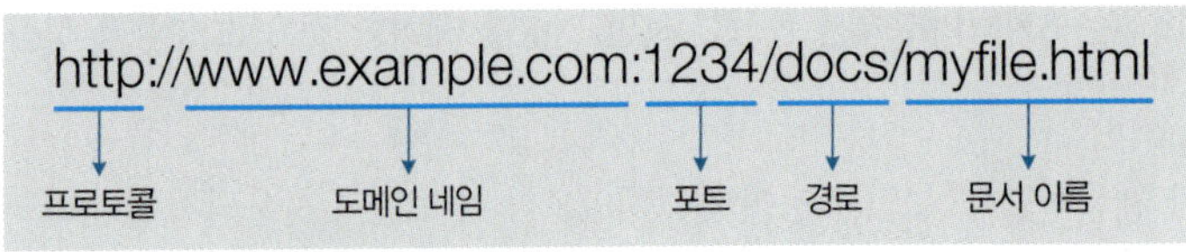

그림 13-43 URL 형식의 예

서버의 도메인 네임domain name은 DNS에 의해 IP 주소로 변환된다. 사용자가 웹 브라우저에서 URL 주소를 가지고 서비스를 요청하면 HTTP에 의하여 TCP 연결이 요청될 때 변환된 IP 주소가 사용된다. [그림 13-44]는 이 과정을 보여준다.

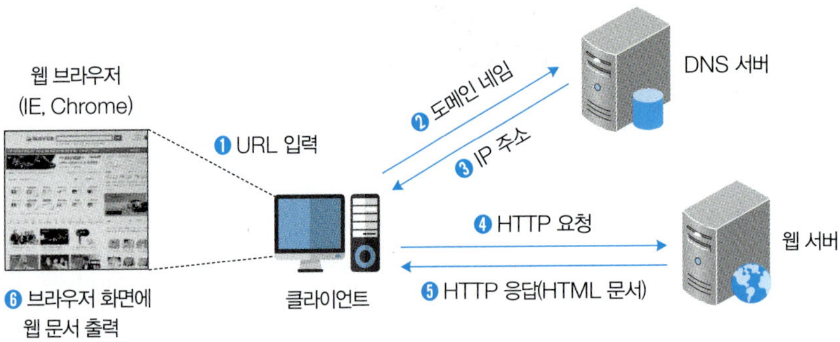

그림 13-44 웹 서비스 처리 과정

HTTP도 서버-클라이언트 모델을 따른다. 클라이언트에서 요청request을 보내면 서버는 요청을 처리해서 응답response한다.

- 클라이언트 : 클라이언트 소프트웨어가 설치된 컴퓨터를 말한다. 클라이언트 소프트웨어에는 Chrome, Firefox, IE, Safari 등이 있다. 클라이언트는 URL을 이용해서 서버에 접속하고, 데이터를 요청할 수 있다.
- 서버 : 클라이언트의 요청을 받아서 해석하고 응답하는 소프트웨어가 설치된 컴퓨터를 말한다. Apache, nginx, IIS, GWS 등이 서버 소프트웨어다. 웹 서버는 표준 포트인 80번 포트로 서비스한다.

HTTP는 비지속non-persistent 연결과 지속persistent 연결 두 가지를 모두 사용한다. HTTP/1.0은 비지속 연결을 사용하고, HTTP/1.1은 지속 연결을 기본 모드로 사용한다. 비지속 연결은 클라이언트가 요청한 객체를 서버가 클라이언트에게 보낸 후에 연결을 끊어버리는 방식이다.

각 TCP 연결에서는 하나의 요청 메시지와 하나의 응답 메시지만 전송한다. 예를 들어 사용자가 어떤 웹 페이지를 요청할 경우, 기본 HTML 페이지 외에 사진, 오디오 등 해당 페이지 구성에 들어가는 10개의 객체가 있다고 하면 TCP는 10개의 연결을 구성한다.

지속 연결은 서버 측에서 응답을 보낸 후에 TCP 연결을 유지하는 방식이다. 이후 계속되는 요청–응답은 같은 연결을 통해서 전송된다. 이 경우, 앞의 예에 나온 전체 페이지(10개 객체)를 하나의 지속 연결을 통해 전송할 수 있다. 또한 같은 서버의 여러 다른 페이지들도 하나의 지속 TCP 연결을 통해 전송할 수 있다.

비지속 연결은 불특정 다수를 대상으로 하는 서비스에 적합한 방식이다. 수십 만 명이 웹 서비스를 사용하더라도 접속 유지는 최소한으로 할 수 있기 때문에 더 많은 사용자의 요청을 처리할 수 있다. 하지만 하나의 요청–응답이 완료되면 연결을 끊어버리기 때문에 클라이언트의 이전 상태를 알 수가 없다. 이러한 HTTP의 특징을 stateless라고 한다. 클라이언트의 이전 상태 정보를 알 수 없으면 웹 서비스 제공에 문제가 생긴다. 예를 들면, 클라이언트가 과거에 로그인에 성공했더라도 로그 정보를 유지할 수 없다. HTTP는 쿠키cookie를 이용해서 이 문제를 해결한다. 쿠키는 클라이언트와 서버의 상태 정보를 담고 있는 정보 조각이다. 클라이언트가 로그인에 성공하면, 서버는 로그인 정보를 자신의 데이터베이스에 저장하고 동일한 값을 쿠키 형태로 클라이언트에게 보낸다. 클라이언트는 다음 번 요청 때 쿠키를 서버에 보내는데, 서버는 쿠키 값으로 자신의 데이터베이스를 조회해서 로그인 여부를 확인할 수 있다.

메서드method는 요청의 종류를 서버에게 알려주는 데 사용된다.

- GET : 주어진 URL에서 자원을 요청한다.
- POST : 주어진 URL로 자원 생성을 요청한다.
- PUT : 주어진 URL로 자원 대체를 요청한다.
- DELETE : 주어진 URL로 자원 삭제를 요청한다.
- HEAD : 주어진 URL에서 자원의 헤더만 요청한다. 해당 자원이 존재하는지, 서버에 문제가 없는지를 확인하기 위해서 사용한다.
- OPTIONS : 주어진 URL에서 처리 가능한 메서드의 목록을 요청한다.

웹 브라우저는 웹 서버에 데이터를 요청하는 클라이언트 프로그램이다. 요청은 서버가 인식할 수 있는 약속된 형식(HTTP 형식)을 따라야 한다. HTTP 명세서 1.0(RFC 1945)과

1.1(RFC 2616)에서 HTTP 메시지 형식을 정의하였다. 일반적으로 HTTP에는 요청 메시지와 응답 메시지라는 두 가지 유형의 메시지가 있다. 요청 메시지는 요청 줄request line, 헤더header, 본문body으로 구성된다. 응답 메시지는 상태 줄status line, 헤더, 본문으로 구성된다. [그림 13-45]는 요청 메시지와 응답 메시지 예를 나타낸다.

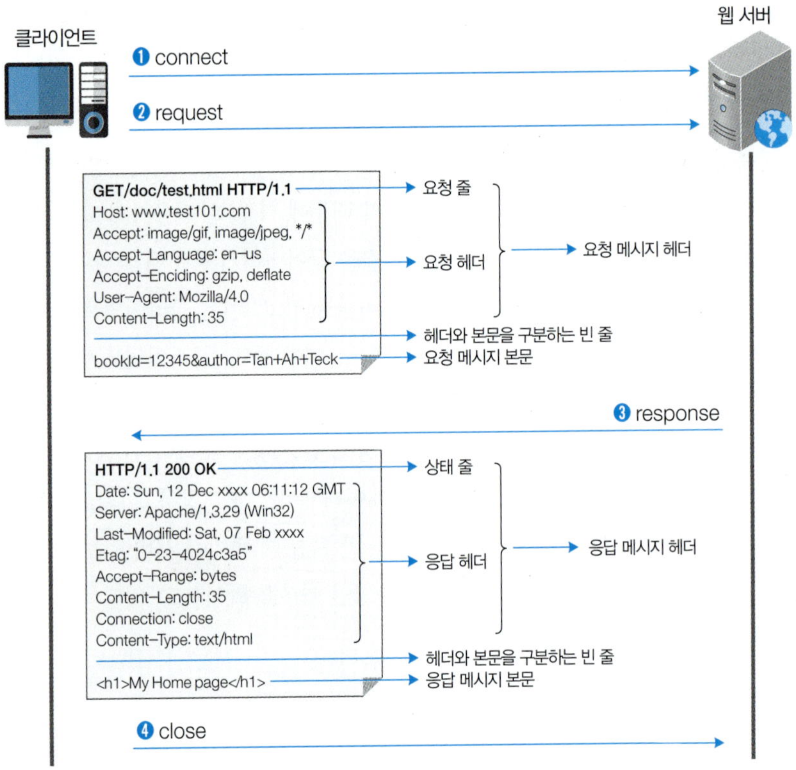

그림 13-45 HTTP 메시지 구조 예

1991년 HTTP/0.9가 등장했는데, 당시에는 단순히 서버에서 특정 문서를 다운로드하는 것이었다. 1996년에 이르러 업로드를 포함하여 기능을 확대한 HTTP/1.0이 발표되었다. 이것은 오늘날 HTTP의 원형이라고 할 수 있다. HTTP/1.0에서는 모든 요청에 대해 새로운 TCP 연결을 만들기 때문에 핸드셰이크handshake 지연이 문제가 되었다. 1996년에는 이 문제를 해결한 HTTP/1.1이 발표되었다. HTTP/1.1에는 킵 얼라이브keep-alive를 도입해 여러 요청을 하나의 연결로 처리할 수 있었다. HTTP/1.1은 오랫동안 웹 통신을 지원하였으며, 2015년 다음 버전인 HTTP/2.0이 공식 사양이 된 후에도 많은 사이트에서 지속적으로 사용되고 있다.

2015년 HTTP/2.0이 등장하면서 하나의 TCP 연결에서 여러 자원을 동시에 다운로드할 수 있게 되어 효율성이 높아졌다. 2018년에는 UDP로 통신이 이루어지는 HTTP/3.0이 등장하였다. HTTP/3.0에는 QUICQuick UDP Internet Connections이라는 새로운 프로토콜이 사용된다. [그림 13-46]은 HTTP 변화 과정을 보여준다.

그림 13-46 HTTP 변화 과정

NOTE HTTPS

HTTPS는 인터넷상에서 정보를 암호화하는 SSL(Secure Socket Layer) 프로토콜을 이용하여 웹 브라우저(클라이언트)와 서버가 데이터를 주고받는 통신 규약이다. 즉, HTTPS는 기존 HTTP에 비해 보안성을 강화한 프로토콜이다. SSL은 표현 계층의 프로토콜로 응용 계층 아래에 있기 때문에 어떤 응용 계층의 데이터라도 암호화해서 보낼 수 있다.

- HTTP URL은 "http://"로 시작한다. 기본 포트 번호는 80이다.
- HTTPS URL은 "https://"로 시작한다. 기본 포트 번호는 443이다.

연습문제

1 **TCP/IP 모델에 해당하는 계층이 아닌 것은?**

① Network Access ② Transport

③ Application ④ Session

2 **TCP/IP 프로토콜에서 TCP가 해당하는 계층은?**

① 데이터링크 계층 ② 네트워크 계층

③ 트랜스포트 계층 ④ 세션 계층

3 **TCP/IP 프로토콜 중 전송 계층 프로토콜은?**

① HTTP ② SMTP

③ FTP ④ TCP

4 **TCP/IP 프로토콜의 IP 계층에 대응하는 OSI 참조 모델의 계층은?**

① 물리 계층 ② 전송 계층

③ 네트워크 계층 ④ 세션 계층

5 **TCP/IP 계층은 OSI 모델 7계층 중 각각 어느 계층에 대응되는가?**

① 물리 계층–데이터링크 계층

② 네트워크 계층–세션 계층

③ 전송 계층–물리 계층

④ 전송 계층–네트워크 계층

6 **TCP/IP 프로토콜에 관한 설명으로 잘못된 것은?**

① TCP는 OSI 참조 모델의 네트워크 계층에 대응되고, IP는 트랜스포트 계층에 대응된다.

② OSI 표준 프로토콜과 가까운 망 구조를 가지고 있다.

③ TCP 프로토콜과 IP 프로토콜의 결합적 의미로서 TCP가 IP보다 상위 층에 존재한다.

④ 네트워크 환경에 따라 여러 개의 프로토콜을 허용한다.

7 **OSI 7계층과 TCP/IP 프로토콜의 관계에 대한 설명으로 옳지 않은 것은?**

① TCP/IP 프로토콜은 OSI 참조 모델보다 먼저 개발되었다.

② TCP/IP 프로토콜의 계층 구조는 OSI 모델의 계층 구조와 정확하게 일치하지 않는다.

③ OSI 모델은 7개 계층으로, TCP/IP 프로토콜은 4개 계층으로 구성되어 있다.

④ OSI 모델의 상위 4개 계층은 TCP/IP 프로토콜에서 응용 계층으로 표현된다.

8 **근거리 통신망에 접속된 PC를 통해 인터넷 접속을 하기 위해서 PC에 구성되어야 할 프로토콜 구조는?**

①

IP
TCP
MAC
PHYSICAL

②

TCP
IP
MAC
PHYSICAL

③

TCP
IP
PHYSICAL
MAC

④

IP
TCP
PHYSICAL
MAC

9 **TCP/IP 모델 중 패킷을 목적지까지 전달하기 위해 경로 선택과 폭주 제어 기능을 가지고 있으며, ARP, RARP, ICMP 등의 프로토콜이 제공되는 계층은?**

① 응용 계층 ② 전송 계층

③ 인터넷 계층 ④ 물리 계층

10 **네트워크 계층의 핵심적인 프로토콜로 상위 계층으로부터 메시지를 받아 이를 패킷 형태로 전송하는 프로토콜은?**

① IP$_{\text{Internet Protocol}}$

② UDP$_{\text{User Datagram Protocol}}$

③ ICMP$_{\text{Internet Control Message Protocol}}$

④ ARP$_{\text{Address Resolution Protocol}}$

11 **IP$_{\text{Internet Protocol}}$에 대한 설명 중 옳지 않은 것은?**

① 비연결형 전송 서비스를 제공한다.

② 비신뢰성 전송 서비스를 제공한다.

③ 데이터그램이라는 데이터 전송 형식을 갖는다.

④ 스트림$_{\text{stream}}$ 전송 기능을 제공한다.

12 IP 프로토콜의 특징으로 옳지 않은 것은?

① 라우팅과 단편화 기능을 수행한다.
② 비신뢰성 프로토콜이다.
③ IP 헤더는 항상 20바이트의 고정된 길이를 가진다.
④ IP 데이터그램은 전송 순서와 도착 순서가 다를 수 있다.

13 $IP_{Internet\ Protocol}$ 프로토콜에 대한 설명으로 틀린 것은?

① 비연결형 프로토콜이다.
② 최선의 $노력_{Best\ Effort}$ 원칙에 따른 전송 기능을 제공한다.
③ IP 패킷이 다른 경로를 통해 전달될 수 있기 때문에 송신된 순서와 다르게 목적지에 도착할 수 있다.
④ IP 패킷에서 헤더 체크섬은 제공하지 않고, 데이터 체크섬만 제공한다.

14 $IP_{Internet\ Protocol}$ 프로토콜에 대한 설명 중 틀린 것은?

① 신뢰성이 부족한 비연결형 서비스를 제공하기 때문에 상위 프로토콜에서 이러한 단점을 보완해야 한다.
② IP 프로토콜은 직접 전송과 간접 전송으로 나누어지며, 직접 전송은 패킷의 최종 목적지와 같은 물리적인 네트워크에 연결된 라우터에 도달할 때까지를 말한다.
③ 송신자가 데이터그램을 여러 개 보내면서 순서가 뒤바뀌어 도달할 수 있다.
④ 각 데이터그램이 독립적으로 처리되고 목적지까지 다른 경로를 통해 전송될 수 있다.

15 $비연결형_{connectionless}$ 네트워크 프로토콜은?

① HTTP ② TCP
③ IP ④ FTP

16 TCP/IP 모델의 인터넷 계층에 대한 설명으로 틀린 것은?

① IP 프로토콜을 사용한다.
② 경로 선택과 폭주 제어 기능을 수행한다.
③ 최선형의 비연결형 패킷 전달 서비스를 제공한다.
④ End-to-End의 통신 서비스를 제공한다.

17 $IP_{Internet\ Protocol}$ 데이터그램 구조에 포함되지 않는 것은?

① Version ② Reserved Len
③ Protocol ④ Identification

18 IP 헤더의 구조에 속하지 않는 것은?

① $버전_{Version}$ ② 헤더 $길이_{Header\ length}$
③ IP 주소 ④ 긴급 $포인터_{Urgent\ Pointer}$

19 IPv4 헤더 내 필드의 내용 중 해당 패킷이 분할된 조각 중의 하나임을 알 수 있게 하는 것은?

① 'Identification' 필드 = 1000
② 'Do Not Fragment' 비트 = 0
③ 'More Fragment' 비트 = 0
④ 'Fragment Offset' 필드 = 1000

20 IPv4와 IPv6의 패킷 헤더를 비교 설명한 것으로 틀린 것은?

① IPv4의 프로토콜 필드는 IPv6에서 트래픽 클래스 $_{Traffic\ Class}$필드로 대치된다.
② IPv4의 TTL 필드는 IPv6에서 홉 $제한_{hop\ limit}$으로 불린다.
③ IPv4의 옵션 $필드_{option\ field}$는 IPv6에서 확장 헤더로 구현된다.
④ IPv4의 총 길이 필드는 IPv6에서 제거되고 페이로드 길이 필드로 대치된다.

21 IP 주소로부터 물리적 주소로 변환하는 프로토콜은?

① ARP ② RARP
③ ICMP ④ DNS

22 TCP/IP 네트워크에서 IP 주소를 MAC 주소로 변환하는 프로토콜은?

① UDP ② ARP
③ TCP ④ ICMP

23 네트워크에 연결된 시스템은 논리 주소를 가지고 있다. 이 논리 주소를 물리 주소로 변환하는 프로토콜은?

① RARP ② NAR
③ PVC ④ ARP

24 ARP_{Address Resolution Protocol}에 대한 설명으로 틀린 것은?

① 네트워크에서 두 호스트가 성공적으로 통신하기 위하여 각 하드웨어의 물리적인 주소 문제를 해결해줄 수 있다.

② 목적지 호스트의 IP 주소를 MAC 주소로 바꾸는 역할을 한다.

③ ARP 캐시를 사용하므로 캐시에서 대상이 되는 IP 주소의 MAC 주소를 발견하면 이 MAC 주소가 통신을 위해 바로 사용된다.

④ ARP 캐시를 유지하기 위해서는 TTL 값이 0이 되면 이 주소는 ARP 캐시에서 영구히 보존된다.

25 호스트의 물리 주소를 통하여 논리 주소인 IP 주소를 얻기 위해 사용되는 프로토콜은?

① ICMP ② IGMP

③ ARP ④ RARP

26 ARP와 RARP에 대한 설명으로 옳지 않은 것은?

① RARP는 로컬 디스크가 없는 네트워크상에 연결된 시스템에도 사용된다.

② ARP는 IP 데이터그램을 정확한 목적지 호스트로 보내기 위해 IP에 의해 보조적으로 사용되는 프로토콜이다.

③ RARP는 IP Address를 알고 있는 상태에서 그 IP Address에 대한 MAC Address를 알아낼 때 사용한다.

④ ARP와 RARP의 패킷 구조는 매우 비슷하다.

27 IP 프로토콜에서는 오류 보고와 오류 수정 기능, 호스트와 관리 질의를 위한 메커니즘이 없기 때문에 이를 보완하기 위해 설계된 것은?

① SMTP

② TFTP

③ SNMP

④ ICMP

28 다음이 설명하고 있는 프로토콜은?

- IP 프로토콜에서는 오류 보고와 오류 수정 기능, 호스트와 관리 질의를 위한 메커니즘이 없기 때문에 이를 보완하기 위해 설계되었다.
- 메시지는 크게 오류 보고_{error-reporting} 메시지와 질의_{query} 메시지로 나눌 수 있다.

① IGMP_{Internet Group Management Protocol}

② ICMP_{Internet Control Message Protocol}

③ BOOTP_{Bootstrap Protocol}

④ IPv4_{Internet Protocol version 4}

29 ICMP_{Internet Control Message Protocol}에 관한 설명으로 틀린 것은?

① IP 프로토콜에서는 오류 보고와 수정을 위한 메커니즘이 없기 때문에 이를 보완하기 위해 설계되었다.

② ICMP는 네트워크 계층 프로토콜이다.

③ ICMP 메시지는 하위 계층으로 가기 전에 IP 프로토콜 데이터그램 내에 캡슐화된다.

④ ICMP 메시지는 4바이트의 헤더와 고정 길이의 데이터 영역으로 나뉜다.

30 TCP/IP 관련 프로토콜 중 인터넷 계층에 해당하는 것은?

① SNMP ② HTTP

③ SMTP ④ ICMP

31 TCP/IP에서 네트워크 계층과 관련이 없는 프로토콜은?

① IGMP ② SNMP

③ ICMP ④ IP

32 IP 계층의 프로토콜에 해당되지 않는 것은?

① PMA ② ICMP

③ ARP ④ IP

33 멀티캐스트를 지원하는 라우터가 멀티캐스트 그룹에 가입한 네트워크 내의 호스트를 관리하기 위한 프로토콜은?

① SMTP ② ICMP
③ SCTP ④ IGMP

34 IGMP 패킷의 필드에 대한 설명 중 옳지 않은 것은?

① 체크섬$_{\text{checksum}}$은 데이터가 전송 도중에 문제가 생기지 않았음을 보장하는 역할을 한다.
② Message Type은 질의 보고서 등의 메시지 종류를 나타내는 데 사용된다.
③ Version 필드에는 값이 0으로 설정된다.
④ 그룹 동보 통신에 포함된 그룹에서 질의를 요청할 때 이 필드는 모든 값이 0으로 설정된다.

35 IGMP 쿼리 메시지는 (A)에서 (B)로 보내지는 메시지이다. 빈칸에 해당하는 것은?

① A-호스트, B-호스트 ② A-호스트, B-라우터
③ A-라우터, B-호스트 ④ A-라우터, B-라우터

36 Internet Layer를 구성하는 프로토콜들에 대한 설명으로 옳지 않은 것은?

① IP는 TCP와 같이 신뢰성 있는 통신을 제공한다.
② ARP는 상대방의 IP Address는 알고 있으나, 상대방의 MAC Address를 모를 경우에 사용되는 프로토콜이다.
③ RARP는 Disk가 없는 터미널에서 자신의 랜 카드상의 MAC Address는 알고 있으나 자신의 IP Address를 모를 경우에 사용되는 프로토콜이다.
④ ICMP는 Ping 등을 지원할 수 있는 프로토콜이며, 또한 IP 데이터그램의 전달 과정 중에 발생할 수 있는 에러에 대한 보고용으로 사용된다.

37 TCP/IP 모델 중 전송 계층 프로토콜로 순서 제어와 에러 제어를 수행하는 것은?

① IP ② TCP
③ UDP ④ FTP

38 OSI 7계층에서 연결 지향형 서비스를 제공하고 신뢰성 있는 데이터 전송을 보장하는 전송 계층 프로토콜은?

① IP ② TCP
③ UDP ④ FTP

39 인터넷 프로토콜로 사용되는 TCP/IP의 계층화 모델 중 Transport 계층에서 사용되는 프로토콜은?

① FTP ② IP
③ ICMP ④ UDP

40 TCP의 특징이 아닌 것은?

① 접속형 프로토콜 ② 신뢰성 서비스
③ 데이터그램 서비스 ④ 혼잡 제어

41 TCP$_{\text{Transmission Control Protocol}}$의 특징이 아닌 것은?

① 접속형$_{\text{Connection-Oriented}}$ 서비스
② 경로 설정$_{\text{Routing}}$ 서비스
③ 전이중$_{\text{Full-Duplex}}$ 전송 서비스
④ 신뢰성$_{\text{Reliability}}$ 서비스

42 TCP 프로토콜에 대한 설명으로 틀린 것은?

① 스트림 데이터 서비스를 제공한다.
② 비연결형 서비스이다.
③ 전이중 서비스를 제공한다.
④ 신뢰성 있는 전송 프로토콜이다.

43 TCP/IP 프로토콜에 대한 설명으로 틀린 것은?

① TCP/IP 프로토콜은 인터넷에서 기본 프로토콜로 사용한다.
② IP는 데이터의 전달을 위해 연결성 방식을 사용한다.
③ TCP/IP 모델은 OSI 모델과는 달리 엄격한 계층적인 구조를 요구하지 않는다.
④ TCP는 OSI 7계층 중 전송 계층에 해당한다.

44 TCP Transmission Control Protocol의 주요 서비스 기능이 아닌 것은?

① 두 프로세스 간의 연결을 설정, 유지, 종료시키는 기능
② 에러 제어를 위한 메커니즘 제공
③ 포트 번호를 사용하여 송수신 간 다중 연결 허용
④ 데이터 표현 방식, 상이한 부호 체계 간의 변화에 대하여 규정

45 TCP 헤더에 포함되는 정보가 아닌 것은?

① 긴급 포인터 ② 호스트 주소
③ 순서 번호 ④ 체크섬

46 TCP 프로토콜의 세그먼트 구조에 포함되지 않는 것은?

① Source Port Address
② Sequence Number
③ Time to live
④ Window size

47 TCP 프로토콜의 플래그(제어) 비트에 대한 설명으로 틀린 것은?

① ACK 비트는 확인 응답 번호가 기술되어 있음을 표시한다.
② PSH 비트는 데이터를 가능한 천천히 보내도 무방함을 표시한다.
③ SYN 비트는 연결을 초기화하기 위해 순서 번호를 동기화할 때 사용한다.
④ FIN 비트는 송신 측이 데이터 전송을 종료할 때 사용한다.

48 TCP 프레임의 헤더 구조에 대한 설명으로 틀린 것은?

① 순서 번호sequence number 필드는 송신 TCP로부터 수신 TCP로 송신되는 데이터 스트림 중 마지막 바이트를 지정한다.
② 응답 번호acknowledgement number는 응답 제어 비트가 설정되어 있을 때만 제공된다.
③ 헤더 길이HLEN는 TCP segment에 있는 헤더의 길이를 4바이트 워드 단위로 나타낸다.
④ Window size는 수신부가 응답 필드에서 지정한 번호부터 수신할 수 있는 바이트의 수를 표시한다.

49 TCP 헤더 포맷에 대한 설명으로 옳지 않은 것은?

① Checksum은 1의 보수라 불리는 수학적 기법을 사용하여 계산된다.
② Source 포트 32bit 필드는 TCP 연결을 위해 지역 호스트가 사용하는 TCP 포트를 포함한다.
③ Sequence Number 32bit 필드는 세그먼트들이 수신지 호스트에서 재구성되어야 할 순서다.
④ HLEN 4bit 필드는 32bit 워드에서 TCP 헤더의 크기를 가리킨다.

50 TCP 세션의 성립에 대한 설명으로 옳지 않은 것은?

① 세션 성립은 TCP Three-Way Handshake 응답 확인 방식이라 한다.
② 실제 순서 번호는 송신 호스트에서 임의로 선택된다.
③ 세션 성립을 원하는 컴퓨터가 ACK 플래그를 '0'으로 설정하는 TCP 패킷을 보낸다.
④ 송신 호스트는 데이터가 성공적으로 수신된 것을 확인하기까지는 복사본을 유지한다.

51 TCP와 UDP에 대한 설명으로 틀린 것은?

① TCP는 전이중 서비스를 제공한다.
② UDP는 연결형 서비스다.
③ TCP는 신뢰성 있는 전송 계층 프로토콜이다.
④ UDP는 검사합을 제외하면 오류 제어 메커니즘이 없다.

52 TCP/IP 프로토콜에서 UDP가 해당하는 계층은?

① 전송 계층
② 응용 계층
③ 데이터링크 계층
④ 물리 계층

53 TCP/IP 트랜스포트 계층에서 오버헤드가 적고 매우 빠른 전달 서비스를 제공하며, 신뢰성이 없는 비연결형 프로토콜은?

① IP ② TCP
③ UDP ④ ARP

54 UDP User Datagram Protocol에 대한 설명으로 거리가 먼 것은?

① 데이터 전달의 신뢰성을 확보한다.
② 비연결형 프로토콜이다.
③ 복구 기능을 제공하지 않는다.
④ 수신된 데이터의 순서 재조정 기능을 지원하지 않는다.

55 UDP 특성에 해당되는 것은?

① 데이터 전송 후, ACK를 받는다.
② 송신 중에 링크를 유지 관리하므로 신뢰성이 높다.
③ 흐름 제어나 순서 제어가 없어 전송 속도가 빠르다.
④ 제어를 위한 오버헤드가 크다.

56 UDP 헤더에 포함되지 않는 것은?

① Checksum
② Length
③ Sequence number
④ Source port

57 UDP의 특징으로 옳지 않은 것은?

① 비연결형 서비스다.
② ACK를 사용하지 않는다.
③ 체크섬 필드가 필요 없다.
④ 경량의 오버헤드를 갖는다.

58 TCP와 UDP 헤더의 구조에 대한 설명으로 틀린 것은?

① TCP 세그먼트의 헤더는 8바이트인 반면, UDP는 20바이트의 크기를 갖는다.
② TCP 포트 번호는 UDP 포트 번호와 서로 독립적이다.
③ TCP에서는 강제적으로 검사합checksum을 수행하는 반면, UDP는 검사합을 선택적으로 수행한다.
④ UDP는 비연결형 방식이고, TCP는 연결형 방식이다.

59 TCP와 UDP의 차이점을 설명한 것 중 옳지 않은 것은?

① TCP는 전이중 방식 스트림 중심의 연결형 프로토콜이고, UDP는 비연결형 프로토콜이다.
② TCP는 전달된 패킷에 대한 수신 측의 인증이 필요하지만 UDP는 그렇지 않다.
③ 일반적으로 동영상과 같은 실시간 데이터 전송에는 UDP가 사용된다.
④ UDP는 TCP에 비해 오버헤드가 크다.

60 다음이 설명하는 프로토콜은?

> 멀티캐스트나 유니캐스트 통신 서비스를 통하여 비디오와 오디오 스트림 또는 시뮬레이션과 같은 실시간 특성을 가지는 데이터의 종단 간 전송을 제공해주는 UDP 기반의 프로토콜이다.

① IP ② TCP
③ RTP ④ FTP

61 다음 설명에 알맞은 프로토콜은?

> • 음성, 영상, 데이터 등과 같은 실시간 정보를 멀티캐스트나 유니캐스트 서비스를 통해서 전송하는 데 적합한 프로토콜이다.
> • QoS Quality of Service와 종단 간 데이터 전송을 감시하는 RTCP를 필요로 한다.

① TCP Transmission Control Protocol
② SIP Session Initiation Protocol
③ RSVP ReSource reserVation Protocol
④ RTP Real-time Transfer Protocol

62 RTP Real-time Transport Protocol 헤더의 각 필드에 대한 설명으로 틀린 것은?

① Padding(P) 필드가 세팅되어 있는 경우는 그 패킷의 끝에 전송하려는 데이터 외에 추가적인 데이터들이 포함되어 있다.
② Marker(M) 필드는 패킷 스트림에서 프레임들 간의 경계에 존재하는 특별한 경우를 표시한다.
③ Extension(X) 필드가 세팅되어 있는 경우는 RTP 헤더 앞에 확장 헤더가 있음을 의미한다.
④ Payload Type(PT) 필드는 데이터가 어떤 형식인지를 지정한다.

63 RTCP Real-Time Control Protocol의 특징으로 틀린 것은?

① Session의 모든 참여자에게 컨트롤 패킷을 주기적으로 전송한다.

② 데이터 분배에 대한 피드백을 제공하지 않는다.

③ 하위 프로토콜은 데이터 패킷과 컨트롤 패킷의 멀티플렉싱을 제공한다.

④ 데이터 전송을 모니터링하고 최소한의 제어와 인증 기능만을 제공한다.

64 RTCP Real-Time Control Protocol의 특징으로 옳지 않은 것은?

① Session의 모든 참여자에게 컨트롤 패킷을 주기적으로 전송한다.

② RTCP 패킷은 항상 16비트의 경계로 끝난다.

③ 하위 프로토콜은 데이터 패킷과 컨트롤 패킷의 멀티플렉싱을 제공한다.

④ 데이터 전송을 모니터링하고 최소한의 제어와 인증 기능을 제공한다.

65 RTCP Real-Time Control Protocol의 기능으로 틀린 것은?

① 데이터 분배에 대한 피드백을 제공한다.

② RTP 소스의 transport-level의 identifier를 전달한다.

③ minimal session control information을 전송한다.

④ 데이터 전송을 모니터링하고 최대한의 제어와 인증 기능을 제공한다.

66 VoIP 기술의 특징을 설명한 것으로 옳지 않은 것은?

① PSTN에 비해 요금이 저렴하다.

② 이미 구축된 인터넷 장비를 활용함으로써 구축 비용이 상대적으로 적게 들어간다.

③ 인터넷과 연계된 다양한 부가 서비스 기능이 가능하다.

④ 기능 및 동작이 PSTN에 비해 단순하고, 보안에 강하다.

67 광대역 통합 네트워크에서 VoIP 서비스를 제공하기 위한 프로토콜이 아닌 것은?

① SIP	② R2 CAS
③ H.323	④ Megaco

68 VoIP 서비스의 핵심 기술로 옳지 않은 것은?

① H.323	② H.264
③ SIP	④ MGCP

69 인터넷망IP network과 유선 전화망PSTN 간을 상호 연동시키는 데 사용되는 시그널링 프로토콜은?

① ISDN	② R2 CAS
③ H.323	④ SIGTRAN

70 TCP/IP 프로토콜의 계층 구조 중 응용 계층에 해당하는 프로토콜로 옳지 않은 것은?

① UDP	② Telnet
③ FTP	④ SMTP

71 TCP/IP 관련 프로토콜 중 응용 계층에서 동작하는 프로토콜은?

① ARP	② ICMP
③ UDP	④ HTTP

72 TCP/IP 관련 프로토콜 중 응용 계층에 해당하지 않는 것은?

① SMTP	② FTP
③ ICMP	④ SNMP

73 TCP/IP 응용 계층 프로토콜 중 트랜스포트 계층의 UDP에서 동작하는 것은?

① ICMP Internet Control Message Protocol

② SNMP Simple Network Management Protocol

③ SMTP Simple Mail Transfer Protocol

④ HTTP Hyper Text Transfer Protocol

74 TCP 프로토콜을 사용하는 응용 계층의 서비스가 아닌 것은?

① SNMP	② FTP
③ Telnet	④ HTTP

75 인터넷에서 도메인 주소를 IP 주소로 변환하여주는 서버는?

① 웹 서버	② DNS 서버
③ 파일 서버	④ 팝 서버

76 IP 주소와 호스트 이름 간의 변환을 제공하는 분산 데이터베이스를 무엇이라고 하는가?

① DNS ② NFS
③ 라우터 ④ 웹 서버

77 다음 인터넷 도메인에 대한 설명 중 옳지 않은 것은?

> www.hankook.co.kr

① www : 호스트 컴퓨터 이름
② hankook : 소속 기관
③ co : 소속 기관의 서버 이름
④ kr : 소속 국가

78 DNS에 관한 설명으로 옳지 않은 것은?

① IP Address를 기억하기 힘들다는 단점을 극복하기 위해 만들어졌다.
② DNS명에는 반드시 '호스트, 기관명, 기관 종류, 국가명'이 모두 포함되어야 한다.
③ 한국의 경우 최상위 Domain은 'kr'이다.
④ 최상위에는 Root Domain이 있으며, Top Level, Second Level, Third Level의 형식으로 계층화되어 있다.

79 DNS 메시지 헤더 형식에 대한 설명 중 옳지 않은 것은?

① ID : 질의를 일으키는 프로그램에 의해 할당되는 16비트 인식자
② QR : 메시지가 요구(1)인지 응답(0)인지를 나타내는 1비트 영역
③ Opcode : 공식적으로 나타난 질의의 유형에 대해 명시
④ RA : 반복 질의를 수행하는 응답 네임 서버를 지정하는 1비트 영역

80 DNS Domain Name System 메시지 구조 중 헤더에 포함되어 있는 플래그 필드는 8개의 서브 필드로 구성되어 있다. 다음 설명에 해당되는 서브 필드는?

> 1비트로 구성되어 있으며, 1일 경우 네임 서버가 권한이 인정된 서버임을 나타낸다.

① QR ② RA
③ AA ④ RD

81 네트워크에 연결될 때마다 특정 서버가 가용한 IP 주소를 동적으로 배정해주는 프로토콜은?

① ICMP ② ARP
③ UDP ④ DHCP

82 다음이 설명하고 있는 프로토콜은?

> 각 컴퓨터에서 IP 관리를 쉽게 하기 위한 프로토콜이며, TCP/IP 통신을 실행하기 위해 필요한 정보를 자동적으로 할당, 관리하기 위한 통신 규약으로서 RFC 1541에 규정되어 있다.

① LDP ② DHCP
③ ARP ④ RTCP

83 인터넷 응용 서비스 중 가상 터미널 Virtual Terminal 기능을 갖는 것은?

① FTP ② Archie
③ Gopher ④ Telnet

84 Telnet에 대한 설명으로 옳지 않은 것은?

① Telnet은 네트워크 가상 단말 NVT의 표준 단말 타입을 정의한다.
② 원격에 있는 호스트에 접속할 수 있도록 해주는 프로토콜이다.
③ 명령 형식은 Telnet '도메인 네임'(또는 IP Address)이다.
④ 로컬 네트워크에서만 적용된 프로토콜이다.

85 Telnet에 대한 설명 중 옳지 않은 것은?

① 원격 접속을 하기 위한 프로토콜이다.
② 호스트 컴퓨터에 자신이 이용할 수 있는 계정(ID)이 있어야 한다.
③ 포트 번호는 23번을 사용한다.
④ 데이터가 암호화 처리되어 전송된다.

86 원격지 컴퓨터에 접속해서 파일을 다운로드하거나 업로드할 수 있는 서비스를 제공하는 서버는 어느 것인가?

① 프록시Proxy 서버　② FTP 서버
③ 텔넷Telnet 서버　④ POP 서버

87 전송 지연보다 데이터 무결성Data Integrity이 중요한 서비스는?

① 전화 서비스
② 파일 전송 서비스FTP
③ TV 서비스
④ 오디오 스트리밍 서비스

88 FTP의 기능으로 옳지 않은 것은?

① 인터넷에서 파일을 송수신하는 전송 규약이다.
② 파일을 업로드할 수 있다.
③ 다른 컴퓨터의 파일을 실행한다.
④ 서버에 접속해 자료를 전송받는다.

89 TFTP에 대한 설명으로 올바른 것은?

① TCP/IP 프로토콜에서 데이터의 전송 서비스를 규정한다.
② 인터넷상에서 전자 우편E-mail의 전송을 규정한다.
③ UDP 프로토콜을 사용하여 두 호스트 사이에 파일 전송을 가능하게 해준다.
④ 네트워크의 구성원에게 패킷을 보내기 위한 하드웨어 주소를 정한다.

90 TCP/IP 프로토콜에서 통신망 이용자 간의 전자 우편을 위한 프로토콜은?

① FTP　② VT
③ SMTP　④ SNMP

91 네트워크의 호스트를 감시하고 유지 관리하는 데 사용되는 TCP/IP상의 프로토콜은?

① SNMP　② VT
③ FTP　④ SMTP

92 통신망Network 관리 중 아래 내용에 해당되는 것은?

- 네트워크 장비를 관리, 감시하기 위한 목적
- 관리 시스템, 관리 대상 에이전트, MIBManagement Information Base 등으로 구성
- 원격 장치 구성, 네트워크 성능 모니터링, 네트워크 사용 감시의 역할

① SNMPSimple Network Management Protocol
② TMNTelecommunications Management Network
③ SMAPSmart Management Application Protocol
④ TINA-CTelecommunication Information Network Architecture Consortium

93 다음이 설명하는 것은?

> 데이터베이스 검색 프로그램과 유사한 단순 프로토콜이다. 관리 대상 장치의 데이터베이스에는 CPU, 네트워크 인터페이스, 버퍼와 같은 구성 요소가 제대로 동작하는지와 인터페이스를 통과하는 트래픽의 양으로 표시되는 처리량이 얼마인지에 대한 정보가 들어 있다.

① DNS　② SNMP
③ OSPF　④ TCP/IP

94 SNMP에 대한 설명으로 옳지 않은 것은?

① TCP를 이용하여 신뢰성 있는 통신을 한다.
② 네트워크 관리를 위한 표준 프로토콜이다.
③ 응용 계층 프로토콜이다.
④ RFC 1157에 규정되어 있다.

95 SNMP 클라이언트 프로그램을 실행하는 주체와 SNMP 서버 프로그램을 실행하는 주체가 옳게 묶인 것은?

① 매니저, 매니저　② 매니저, 에이전트
③ 에이전트, 매니저　④ 에이전트, 에이전트

96 SNMPSimple Network Management Protocol에서 네트워크 장치를 감시하는 요소는?

① NetBEUI　② 에이전트Agent
③ 병목　④ 로그

97 TCP/IP 응용 모듈 프로토콜들 중 하이퍼텍스트 전송을 맡고 있는 것은?

① Telnet ② FTP
③ HTTP ④ SMTP

98 인터넷의 서버와 클라이언트 사이의 멀티미디어를 송수신하기 위한 프로토콜과 웹 문서를 작성하기 위해 사용하는 언어를 순서대로 바르게 나열한 것은?

① URI, URL ② HTTP, MHS
③ HTTP, HTML ④ WWW, HTTP

99 HTTP Hyper Text Transfer Protocol에 대한 설명으로 틀린 것은?

① 클라이언트 프로그램과 서버 프로그램으로 구현된다.
② 지속persistent 연결과 비지속non-persistent 연결 두 가지를 모두 허용한다.
③ HTTP 명세서 1.0(RFC 1945)과 1.6(RFC 2616)에서 HTTP의 메시지 형식을 정의한다.
④ WWW World Wide Web에서 데이터를 액세스하는데 이용되는 프로토콜이다.

100 TCP/IP 계층 구조에서 IP에게 서비스를 제공하는 계층은?

101 IP 데이터그램에서 혼잡 제어를 위해 사용하는 필드는?

102 TCP 헤더의 최대 길이는 몇 바이트인가?

103 ASCII가 아닌 문자 인코딩encoding을 이용해 영어가 아닌 다른 언어로 된 전자 우편을 보낼 수 있는 방식을 정의한 프로토콜은?

104 기존의 rsh, rlogin, Telnet 등을 대체하기 위해 설계되었으며, 강력한 인증 방법 및 불안전한 네트워크에서 안전하게 통신할 수 있는 기능을 제공하는 프로토콜은?

105 IP 자동 주소 지정을 위해서 사용되는 프로토콜은?

106 IPv4 프로토콜의 헤더 필드 중에서 데이터그램의 수명을 나타내는 필드는?

107 TCP가 연결을 설정할 때 사용하는 방법은?

108 송신 측 TCP 사용자가 현재 TCP 버퍼에 있는 데이터를 즉시 수신 측으로 전송하라는 요청이 있을 때 설정되는 비트는?

109 TCP가 흐름 제어와 오류 제어로 사용하는 방식은 각각 무엇인가?

110 TCP 헤더에서 혼잡이 발생했음을 송신 측에 알리기 위해 사용하는 비트는?

111 웹 서비스에서 사용하는 주소는?

112 기존 HTTP에 비해 보안성을 강화한 프로토콜은?

113 NVT Network Virtual Terminal에 대해 간략하게 설명하시오.

114 IP 데이터그램의 전체 길이는 3,000바이트이고, 헤더 길이 필드 값은 5다. 이 패킷 내의 데이터 필드의 길이는 얼마인가?

115 전체 길이가 1,200바이트이고 이 중 1,176바이트가 상위 계층에서 온 데이터일 경우 IPv4의 HLEN을 계산하시오.

116 전송 중인 IP 데이터그램의 크기가 헤더 20바이트를 포함해서 2,000바이트라고 한다. 만약 최대 전송 데이터의 크기가 헤더 20바이트를 포함하여 800바이트인 네트워크를 통과해야 한다면 분할되는 패킷의 크기와 분할 옵셋 값은 얼마인가?

118 TCP 연결에 있어서 3-단계 핸드셰이킹을 나타낸 그림이다. ①~④에 들어갈 번호를 써보시오. 단, 서버로부터의 초기 시퀀스 번호는 '323998684'이다.

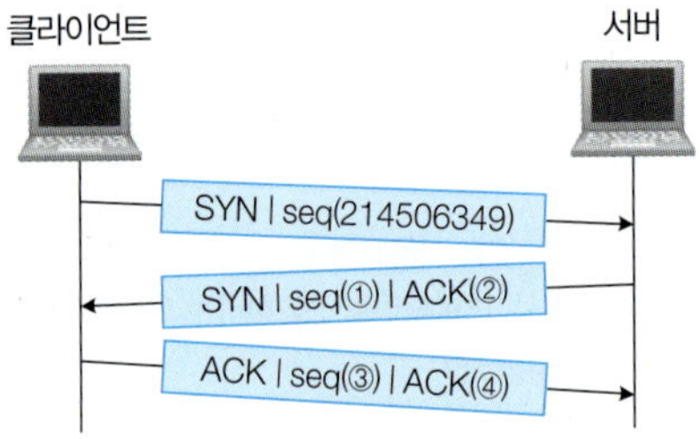

119 흐름 제어와 혼잡 제어의 차이점에 대해 설명하시오.

120 TCP 프로토콜에는 신뢰성 있는 데이터 전송을 위한 여러 가지 방법이 있다. 신뢰성 있는 전송을 위한 방법인 오류 제어와 혼잡 제어를 설명하시오.

121 UDP는 사용자에게 데이터그램 서비스를 제공한다. 그리고 확인 응답이 없기 때문에 데이터그램 수신을 확인할 수 없다. 즉, 신뢰성을 보장하지 않는다. 이와 같은 기능을 이용하는 응용에는 어떠한 것이 있는가?

122 HTTP/1.1부터는 keep-alive 기능을 지원한다. keep-alive의 필요성에 대해 설명하시오.

123 ARP 패킷의 종류는 ARP 요청$_{request}$ 패킷과 ARP 응답$_{reply}$ 패킷이 있다. 이 두 패킷은 전송 방식에 있어 차이가 있는데 이것을 설명하시오.

124 16진수로 다음의 정보를 헤더에 가지고 있는 IP 데이터그램이 도착하였다. 다음의 질문에 답하시오.

45 00 00 54
00 03 00 00
20 06 00 00
7C 4E 03 02
B4 0E 0F 02

(1) 옵션은 있는가?
(2) 패킷은 단편화되었는가?
(3) 데이터 크기는 얼마인가?
(4) 검사합은 사용되었는가?
(5) 이 패킷은 얼마나 많은 라우터를 더 방문할 수 있는가?
(6) 이 패킷의 식별자 번호는 무엇인가?

1 ④	2 ③	3 ④	4 ③	5 ④	6 ①	7 ④	8 ②	9 ③	10 ①
11 ④	12 ③	13 ④	14 ②	15 ③	16 ④	17 ②	18 ④	19 ④	20 ①
21 ①	22 ②	23 ④	24 ④	25 ④	26 ③	27 ④	28 ②	29 ④	30 ④
31 ②	32 ①	33 ④	34 ③	35 ③	36 ①	37 ②	38 ②	39 ④	40 ③
41 ②	42 ②	43 ②	44 ④	45 ②	46 ③	47 ②	48 ①	49 ②	50 ③
51 ②	52 ①	53 ③	54 ①	55 ③	56 ③	57 ③	58 ①	59 ④	60 ③
61 ④	62 ③	63 ②	64 ②	65 ④	66 ④	67 ②	68 ②	69 ④	70 ①
71 ④	72 ③	73 ②	74 ①	75 ②	76 ①	77 ③	78 ②	79 ②	80 ③
81 ④	82 ②	83 ④	84 ④	85 ④	86 ②	87 ②	88 ③	89 ③	90 ③
91 ①	92 ①	93 ②	94 ①	95 ②	96 ②	97 ③	98 ③	99 ③	

참고문헌

[01] 네트워크 이론과 분석, 정익사, 김남선, 배성수 한종수, 정원근 저, 2005.

[02] 데이터 통신과 네트워킹, 한빛아카데미, 강문식 저, 2014.

[03] 데이터 통신, 생능출판사, 정진욱, 한정수 저, 2018.

[04] 데이터 통신(3rd), 맥그로힐에듀케이션코리아, 이재광 저, 2017.

[05] 데이터 통신과 네트워킹(3rd), 교보문고, 김한규, 박동선, 이재광 저, 2005.

[06] 데이터 통신과 정보통신 개론, 한티미디어, 조용석, 임동균 저, 2016.

[07] 데이터 통신과 컴퓨터 네트워크, 한빛아카데미, 박기현 저, 2016.

[08] 데이터 통신 및 컴퓨터 네트워크, 정익사, 김영탁, 김종근, 조유제, 한기준 저, 2006.

[09] 정보통신 배움터, 생능출판사, 정진욱, 안성진, 김현철, 구자환, 이원혁 저, 2011.

[10] 컴퓨터 네트워크, 생능출판사, 정진욱, 김현철, 조강홍, 안성진 저, 2006

[11] 핵심 데이터 통신, 북스홀릭, 조현준 저, 2018.

[12] 최신 이동통신 입문, 한빛아카데미, 곽경섭, 고영채 편역, 2016.

[13] Computer Networking(A top-down approach) 7th Edition, Pearson, Kuros and Ross, 2017.

[14] Computer Networks: A system Approach 4th Edition, Morgan Kaufmann, Peterson, 2007.

[15] Data Communications and Networking 5th Edition, McGraw Hill, Forouzan, 2013.

[16] Data and Computer Communications 8th Edition, William Stallings, Pearson Prentice Hall, 2007.

[17] 위키피디아, www.wikipedia.org

[18] 전자신문, www.etnews.com

[19] 정보통신산업진흥원 주간기술동향, www.nipa.kr

[20] 한국전자통신연구원 전자통신동향분석, www.etri.re.kr

[21] 한국정보통신기술협회, www.tta.or.kr

ㄴ ㄷ

ㅅ

ㅊ ㅋ

ㅌ ㅍ ㅎ